최신판
2022

에너지관리 산업기사 필기

과년도 문제풀이 10개년

권오수

PREFACE

머리말

필요한 에너지의 대부분을 해외에 의존하고 있는 우리나라에서 에너지의 중요성은 새삼 말할 필요도 없는 일이다. 현재 우리나라의 에너지 수입량은 97%에 육박하며, 2008년도에는 에너지 수입액이 전체 수입액의 32%인 1,400억 달러로 에너지의 해외 의존도는 심각한 수준이다.

더욱이 과다한 화석연료의 사용으로 인한 대기 중의 이산화탄소 농도 증가 및 평균온도 상승은 에너지 사용량을 줄이지 않으면 지구는 치명적인 위험에 빠지게 될 것이라는 경고라 할 수 있다. 특히 에너지 소비량이 전 세계의 9위인 우리나라의 경우 에너지 절약은 매우 시급한 과제이다.

이러한 상황에서 에너지 관련 분야의 전문인력에 대한 관심과 수요 또한 급격히 증가하는 추세이며, 이 분야의 자격시험에 도전하는 수험생들의 요구 또한 다양해지고 있다. 이러한 요구에 부응하고자 이번에 새로운 기획으로 과년도 출제문제 교재를 출간하게 되었다.

특히, 2010년도부터 신재생에너지 분야가 추가되는 것을 염두에 두고 기존의 문제마다 자세한 해설을 첨부하였으나 부족한 점은 추후에 더욱 보충하여 나갈 것이다.

아무쪼록 새로운 교재에 대한 독자들의 많은 성원을 기대하며, 초판에서 발생되는 오류 및 문제점에 대해서는 독자들의 의견을 수렴하여 지속적으로 수정 보완할 것을 약속드리며, 출간에 도움을 주신 도서출판 예문사에 감사의 말씀을 전한다.

권오수

I N F O R M A T I O N

최신 출제기준

직무분야	환경 · 에너지	중직무분야	에너지 · 기상	자격종목	에너지관리산업기사	적용기간	2020. 1. 1 ~2022.12.31
○ 직무내용 : 에너지 관련 설비 장치에 대한 구조 및 원리를 정확히 이해하고 산업, 건물 등의 에너지 관련 설비를 시공, 보수, 유지 · 관리하는 직무							
필기검정방법	객관식	문제수	80	시험시간	2시간		

필기과목명	문제수	주요항목	세부항목	세세항목
열역학 및 연소관리	20	1. 열역학 일반	1. 열역학적 상태량	1. 온도 2. 비체적, 비중량, 밀도 3. 압력
			2. 일 및 열에너지	1. 일 2. 열에너지 3. 동력
			3. 열역학 법칙	1. 내부에너지 2. 엔탈피 3. 에너지 관계 식 4. 엔트로피 5. 유효 및 무효에너지
		2. 이상기체 및 가스동력 사이클	1. 이상기체	1. 상태방정식 2. 상태변화
			2. 가스동력사이클	1. 내연기관의 작동원리 2. 가스동력사이클의 종류 및 특징
		3. 증기 및 증기 동력사이클	1. 증기	1. 증기의 일반적 성질 2. 증기의 상태변화
			2. 증기동력사이클	1. 증기동력사이클의 종류 및 특징 2. 성능에 영향을 미치는 인자
		4. 냉동 및 공기 조화	1. 냉매와 습공기	1. 냉매의 구비조건 및 종류 2. 습공기선도
			2. 냉동사이클	1. 냉동사이클의 종류 및 특성 2. 열펌프시스템의 특성 3. 냉동능력, 냉동률, 성능계수
		5. 연소이론	1. 연소일반	1. 연료의 종류 및 특성 2. 연료의 분석방법 및 관리 3. 연소반응 4. 연소현상 5. 연료의 연소방법
			2. 연소계산	1. 공기량 및 공기비 2. 연소가스발생량 3. 발열량 4. 연소온도 5. 연소효율
		6. 연소설비	1. 연소장치	1. 고체연료의 연소장치 2. 액체연료의 연소장치 3. 기체연료의 연소장치

필기과목명	문제수	주요항목	세부항목	세세항목
			2. 통풍장치	1. 통풍방법 2. 통풍장치 3. 송풍기의 종류 및 특징
		7. 연소안전 및 안전장치	1. 연소안전장치	1. 점화장치 2. 화염검출장치 3. 연소제어장치 4. 연료차단장치 5. 경보장치
			2. 화재 및 폭발	1. 화재 및 폭발 이론 2. 가스폭발 3. 유증기폭발 4. 분진폭발 5. 자연발화
계측 및 에너지 진단	20	1. 계측의 원리	1. 단위계	1. 단위 및 단위계 2. SI 기본단위 3. 차원 및 차원식
			2. 측정의 종류와 방식	1. 측정의 종류 2. 측정의 방식 및 특성
			3. 측정의 오차	1. 오차의 종류 2. 측정의 정도(精度)
		2. 계측계의 구성 및 제어	1. 계측계의 구성	1. 계측계의 구성요소 2. 계측의 변환
			2. 측정의 제어회로 및 장치	1. 자동제어의 종류 및 특징 2. 제어동작의 특성 3. 보일러의 자동제어
		3. 유체 측정	1. 압력측정	1. 압력측정방법 2. 압력계의 종류 및 특징
			2. 유량측정	1. 유량측정방법 2. 유량계의 종류 및 특징
			3. 액면측정	1. 액면측정방법 2. 액면계의 종류 및 특징
			4. 가스분석	1. 가스분석방법 2. 가스분석계의 종류 및 특징
		4. 열 측정	1. 온도측정	1. 온도측정방법 2. 온도계의 종류 및 특징
			2. 열량측정	1. 열량측정방법 2. 열량계의 종류 및 특징
			3. 습도측정	1. 습도측정방법 2. 습도계의 종류 및 특징

I N F O R M A T I O N

최신 출제기준

필기과목명	문제수	주요항목	세부항목	세세항목
		5. 열에너지 진단	1. 폐열회수	1. 폐열회수 및 이용 2. 폐열회수장치
			2. 열전달	1. 열전달 이론 2. 열관류율 3. 열교환기의 전열량
			3. 열정산	1. 입열, 출열 2. 손실열 3. 열효율
열설비구조 및 시공	20	1. 요로	1. 요로의 개요	1. 요로의 일반 2. 요로의 종류 및 특징 3. 요로 내의 분위기 및 가스의 흐름
			2. 요로의 종류 및 특징	1. 철강용로의 구조 및 특징 2. 제강로의 구조 및 특징 3. 주물용해로의 구조 및 특징 4. 금속가열 열처리로의 구조 및 특징 5. 축로의 방법 및 특징
		2. 내화물, 단열재, 보온재	1. 내화물	1. 내화물의 일반적 성질 2. 내화물의 종류 및 특성
			2. 단열재	1. 단열재의 일반적 성질 2. 단열재의 종류 및 특성
			3. 보온재	1. 보온재의 일반적 성질 2. 보온재의 종류 및 특성 3. 단열효과
		3. 배관 및 밸브	1. 배관	1. 배관자재 및 용도 2. 신축이음 3. 관지지 기구 4. 패킹
			2. 밸브	1. 밸브의 종류 및 용도
		4. 보일러	1. 보일러의 종류 및 특징	1. 보일러의 개요 2. 보일러의 분류 3. 원통보일러의 구조 및 특성 4. 수관보일러의 구조 및 특성 5. 주철제보일러의 구조 및 특성 6. 특수보일러의 구조 및 특성
		5. 보일러 부속장치 및 부속품	1. 급수장치	1. 급수탱크, 급수관계 및 급수내관 2. 급수펌프의 종류 및 특성
			2. 송기장치	1. 기수분리기 및 비수방지관 2. 증기밸브, 증기관 및 감압밸브 3. 증기헤더 및 부속품 4. 응축수회수 장치

필기과목명	문제수	주요항목	세부항목	세세항목
			3. 열교환장치	1. 과열기 및 재열기 2. 급수예열기(절탄기) 3. 공기예열기 4. 열교환기
			4. 기타 부속장치	1. 연료공급장치 2. 분출장치 3. 슈트블로우 장치 4. 대기오염방지 장치
		6. 보일러 설치 시공 및 검사 기준	1. 보일러 설치 시공 기준	1. 설치 시공기준
			2. 보일러 계속사용 검사 기준	1. 계속사용 검사기준 2. 계속사용검사 중 운전성능 검사 기준
			3. 보일러 개조 검사 기준	1. 개조 검사기준
			4. 보일러 설치장소 변경 검사기준	1. 설치장소 변경검사기준
열설비취급 및 안전관리	20	1. 보일러 취급	1. 보일러 운전 및 조작	1. 증기 보일러의 운전 및 조작 2. 온수 보일러의 운전 및 조작
			2. 보일러 가동 전의 준비사항	1. 신설 보일러의 가동 전 준비 2. 사용 중인 보일러의 가동 전 준비
			3. 점화 및 운전 중의 취급	1. 기름 연소 보일러의 점화 2. 가스 연소 보일러의 점화 3. 증기 발생 시의 취급
			4. 보일러 정지시의 취급	1. 정상 정지시의 취급 2. 비상 정지시의 취급
			5. 보일러 보존	1. 보일러 청소 2. 보일러 보존법
			6. 보일러 용수관리	1. 보일러 용수의 개요 2. 보일러 용수처리 방법 3. 청관제의 사용방법 및 보일러 세관
		2. 보일러 안전 관리	1. 안전관리의 개요	1. 안전일반 2. 작업 및 공구 취급 시의 안전 3. 화재안전
			2. 보일러 손상과 방지대책	1. 보일러 손상의 종류와 특징 2. 보일러 손상 방지대책
			3. 보일러 사고와 방지대책	1. 보일러 사고의 종류와 특징 2. 보일러 사고 방지대책
		3. 에너지 관련 법규	1. 에너지법	1. 법, 시행령, 시행규칙
			2. 에너지이용합리화법	1. 법, 시행령, 시행규칙

수험자 정보 확인

시험장 감독위원이 컴퓨터에 나온 수험자 정보와 신분증이 일치하는지를 확인하는 단계입니다. 수험번호, 성명, 주민등록번호, 응시종목, 좌석번호를 확인합니다.

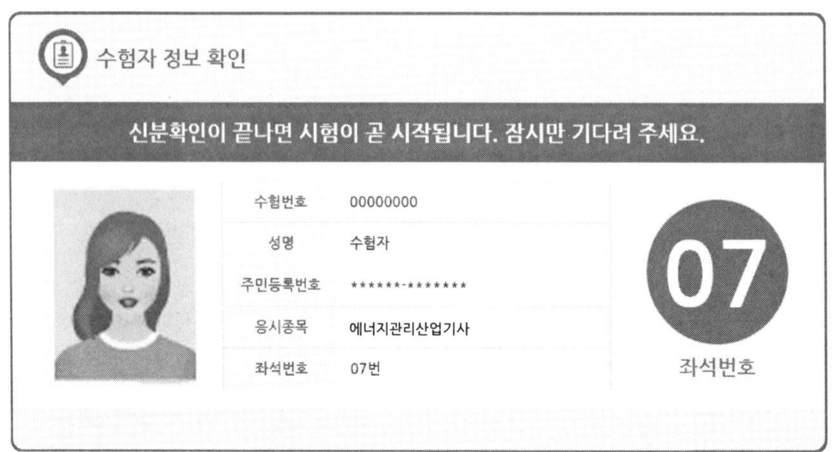

안내사항

시험에 관련된 안내사항이므로 꼼꼼히 읽어보시기 바랍니다.

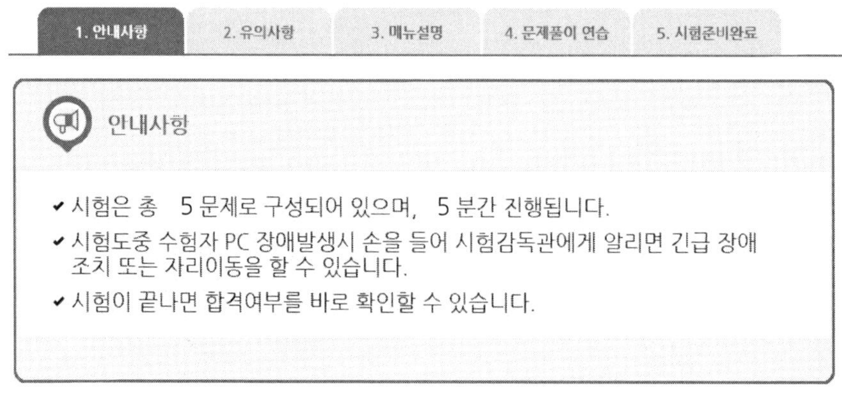

유의사항

부정행위는 절대 안 된다는 점, 잊지 마세요!

유의사항 - [1/3]

- **다음과 같은 부정행위가 발각될 경우 감독관의 지시에 따라 퇴실 조치되고, 시험은 무효로 처리되며, 3년간 국가기술자격검정에 응시할 자격이 정지됩니다.**

✔ 시험 중 다른 수험자와 시험에 관련한 대화를 하는 행위
✔ 시험 중에 다른 수험자의 문제 및 답안을 엿보고 답안지를 작성하는 행위
✔ 다른 수험자를 위하여 답안을 알려주거나, 엿보게 하는 행위
✔ 시험 중 시험문제 내용과 관련된 물건을 휴대하여 사용하거나 이를 주고받는 행위

다음 유의사항 보기 ▶

문제풀이 메뉴 설명

문제풀이 메뉴에 대한 주요 설명입니다. CBT에 익숙하지 않다면 꼼꼼한 확인이 필요합니다. (글자크기/화면배치, 전체/안 푼 문제 수 조회, 남은 시간 표시, 답안 표기 영역, 계산기 도구, 페이지 이동, 안 푼 문제 번호 보기/답안 제출)

문제풀이 메뉴 설명

- **아래 문제풀이 기능 설명을 유의해서 읽고 기능을 숙지해 주십시오.**

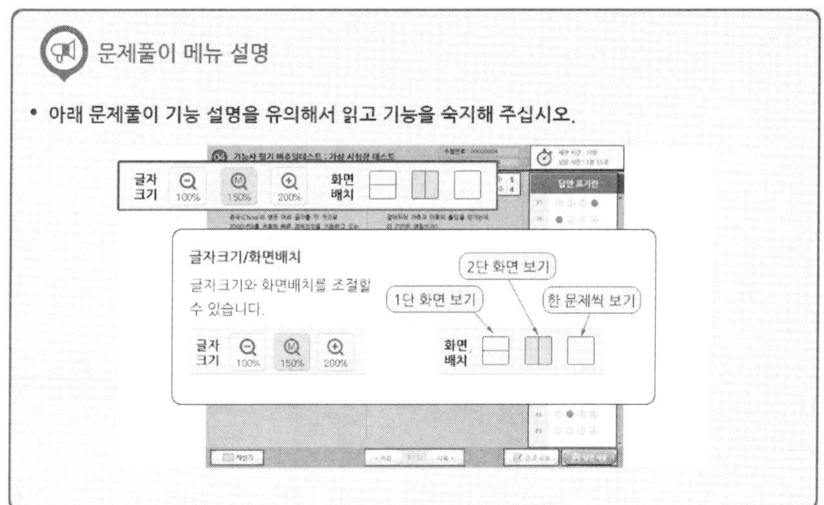

시험준비 완료!

이제 시험에 응시할 준비를 완료합니다.

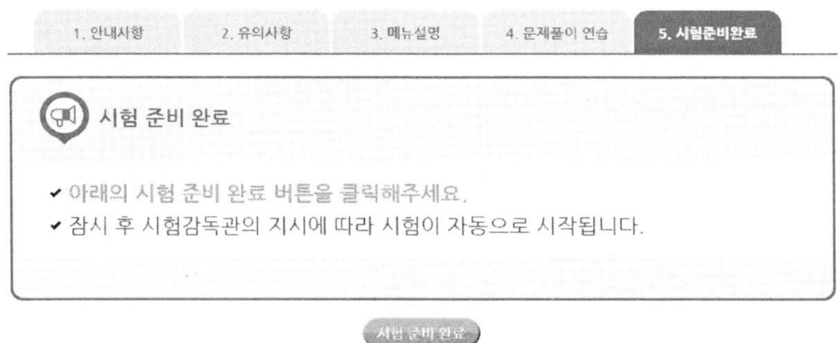

시험화면

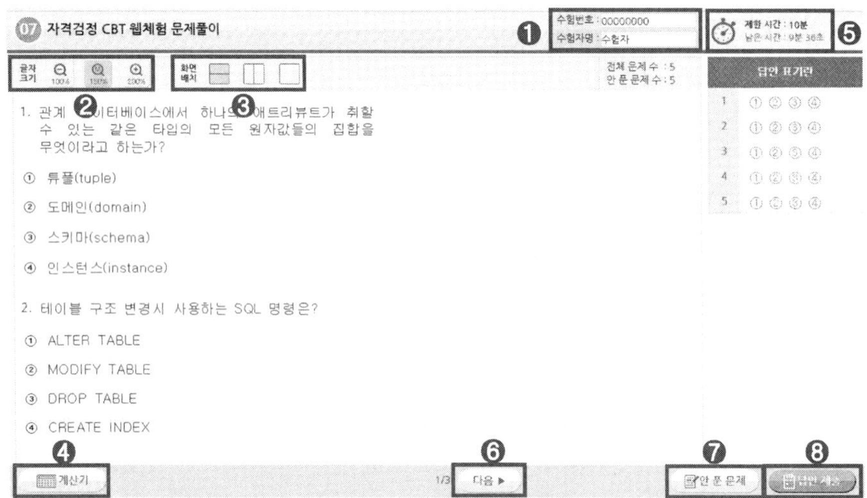

❶ 수험번호, 수험자명 : 본인이 맞는지 확인합니다.
❷ 글자크기 : 100%, 150%, 200%로 조정 가능합니다.
❸ 화면배치 : 2단 구성, 1단 구성으로 변경합니다.
❹ 계산기 : 계산이 필요할 경우 사용합니다.
❺ 제한 시간, 남은 시간 : 시험시간을 표시합니다.
❻ 다음 : 다음 페이지로 넘어갑니다.
❼ 안 푼 문제 : 답안 표기가 되지 않은 문제를 확인합니다.
❽ 답안 제출 : 최종답안을 제출합니다.

답안 제출

문제를 다 푼 후 답안 제출을 클릭하면 위와 같은 메시지가 출력됩니다.
여기서 '예'를 누르면 답안 제출이 완료되며 시험을 마칩니다.

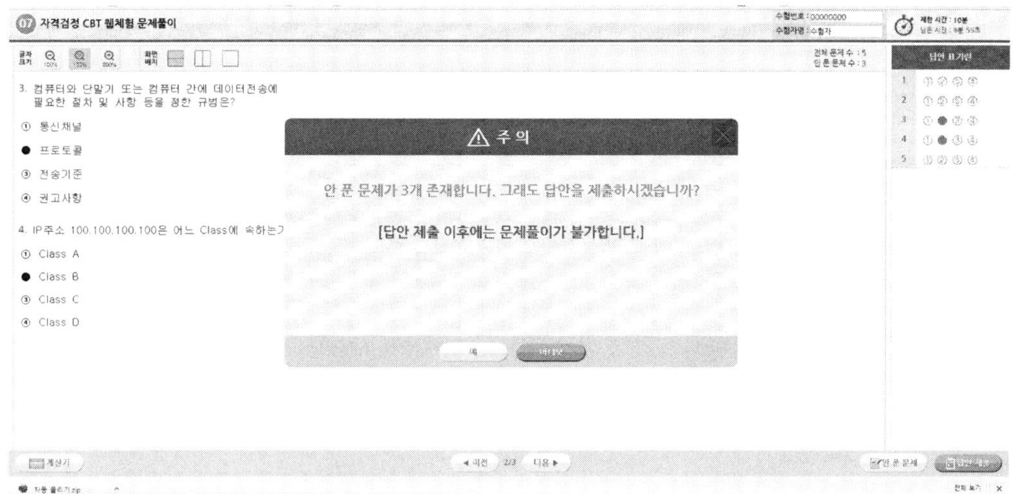

알고 가면 쉬운 CBT 4가지 팁

1. 시험에 집중하자.
기존 시험과 달리 CBT 시험에서는 같은 고사장이라도 각기 다른 시험에 응시할 수 있습니다. 옆 사람은 다른 시험을 응시하고 있으니, 자신의 시험에 집중하면 됩니다.

2. 필요하면 연습지를 요청하자.
응시자의 요청에 한해 시험장에서는 연습지를 제공하고 있습니다. 연습지는 시험이 종료되면 회수되므로 필요에 따라 요청하시기 바랍니다.

3. 이상이 있으면 주저하지 말고 손을 들자.
갑작스럽게 프로그램 문제가 발생할 수 있습니다. 이때는 주저하며 시간을 허비하지 말고, 즉시 손을 들어 감독관에게 문제점을 알려주시기 바랍니다.

4. 제출 전에 한 번 더 확인하자.
시험 종료 이전에는 언제든지 제출할 수 있지만, 한 번 제출하고 나면 수정할 수 없습니다. 맞게 표기하였는지 다시 확인해보시기 바랍니다.

C O N T E N T S

이책의 차례

제1편 과년도 기출문제

2017년

2018년

2019년

2020년

에너지관리산업기사는 2020년 4회 시험부터 CBT(Computer – Based Test)로 전면 시행됩니다.

CONTENTS

이책의 차례

제2편 CBT 실전모의고사

MEMO

에너지관리산업기사 필기 과년도 문제풀이 10개년

INDUSTRIAL ENGINEER ENERGY MANAGEMENT

PART

01

과년도 기출문제

! 출제기준이 대폭 변경된 이후인 2014~2020 기출문제는 특히 더 많이 공부하기 바랍니다.

2011년 1회 에너지관리산업기사

SECTION 01 연소공학

01 중유를 연소시킬 때 그을음(Soot)의 발생방지 대책으로 가장 옳은 것은?

① 공기비를 1.5 이상으로 한다.
② 무화입자를 작게 한다.
③ 노내압(爐內壓)을 높인다.
④ 황분이 많은 연료를 사용한다.

해설 중유 연소 시 Soot 발생방지 대책은 중유의 무화입자(안개방울입자)를 작게 하여 완전연소하는 것이다.

02 다음 중 저온부식과 관련 있는 물질은?

① 황산화물 ② 바나듐
③ 나트륨 ④ 염소

해설 S(황) + $O_2 \rightarrow SO_2$(아황산가스)
$SO_2 + \frac{1}{2}O_2 \rightarrow SO_3$(무수황산)
$SO_3 + H_2O \rightarrow H_2SO_4$(진한 황산) : 저온부식 발생

03 연소가스를 송풍기로 빨아들여 연도 끝에서 배출하도록 하는 방식으로서 노 내의 압력이 대기압 이하가 되는 통풍방식은?

① 압입통풍 ② 흡입통풍
③ 평형통풍 ④ 자유통풍

해설 흡입강제통풍
배기가스를 연도 끝에서 배출하여 노 내 압력이 대기압 이하가 되는 통풍

04 목탄, 코크스 같은 연료가 고체 표면에서 산화반응을 일으키는 연소의 형태는?

① 증발연소 ② 표면연소
③ 혼합연소 ④ 확산연소

해설 표면연소
목탄, 코크스 같은 연료가 고체 표면에서 산화반응을 일으킨다.

05 대기압 0.1MPa하에서 게이지압력이 0.8MPa이었다. 이때 절대압력은 몇 MPa인가?

① 0.7 ② 0.8
③ 0.9 ④ 1

해설 절대압력 = 게이지압력 + 대기압력
∴ 0.1 + 0.8 = 0.9MPa

06 어떤 굴뚝가스가 50mol% N_2, 20mol% CO_2, 10mol% O_2와 나머지가 H_2O인 조성을 가지고 있다. 이 기체 중 CO_2 가스의 건기준의 물분율은?

① 0.125 ② 0.2
③ 0.25 ④ 0.55

해설 $v = 50 + 20 + 10 = 80\text{mol}$
$\therefore CO_2 = \frac{20}{80} = 0.25$

07 다음 중 공기 과잉률(과잉 공기율)을 나타내는 식은?(단, A는 실제공기량, A_o는 이론공기량이다.)

① $\frac{A_o}{A}$ ② $A_o - A$
③ $\frac{(A_o - A)}{A}$ ④ $\frac{(A - A_o)}{A_o}$

해설 과잉 공기율 = (공기비 − 1) × 100(%)

$$= \left(\frac{\text{실제공기량}}{\text{이론공기량}} - 1\right) \times 100(\%)$$

$$= \frac{\text{실제공기량} - \text{이론공기량}}{\text{이론공기량}} \times 100(\%)$$

08 다음 중 주로 공업용으로 사용되는 액체연료의 연소방식은?

① 증발연소방식 ② 무화연소방식
③ 기화연소방식 ④ 표면연소방식

해설 공업용 액체연료 연소방식 : 무화연소방식

1. ② 2. ① 3. ② 4. ② 5. ③ 6. ③ 7. ④ 8. ② | ANSWER

09 중유에 대한 설명으로 틀린 것은?

① 점도에 따라 A, B, C 등 3종류로 나눈다.
② 비중은 약 0.79~0.85이다.
③ 보일러용 연료로 사용된다.
④ 인화점은 약 60~150℃ 정도이다.

해설 중유의 비중은 일반적으로 0.78~1의 값을 가지며 측정환경, 중유의 종류, 환산법에 따라 값이 달라진다.

10 대규모 저탄장에 석탄을 옥외저장 시 자연발화의 위험이나 풍화의 장해를 줄이기 위한 조치로 적절치 않은 것은?

① 완만한 경사로 가급적 낮게 층을 쌓는다.
② 내풍화성이 좋은 석탄을 선택한다.
③ 저탄면적이 넓을 경우 적절히 통기구를 설치한다.
④ 가급적 입자가 미세한 석탄을 선정하여 탄탄히 쌓는다.

해설 입자가 미세한 석탄을 60일 이상 쌓아두어 내부 1m 이내에서 온도 60℃ 이상이 되면 자연발화가 발생한다.

11 회전 분무식 버너에 대한 설명으로 틀린 것은?

① 자동제어가 편리하다.
② 분무각도는 40~80° 정도이다.
③ 유량조절 범위는 1 : 5 정도로서 비교적 넓다.
④ 연료소비량 10L/h 이하에서 주로 사용된다.

해설 회전 분무식 버너(수평 로터리 버너)는 연료소비량 10L/h 이상에서 주로 사용

12 저위발열량이 9,750kcal/kg인 중유를 연소시키는 10ton/h의 증기보일러에 적합한 버너의 용량은 몇 L/h인가?(단, 중유 비중은 0.915, 보일러 효율은 88%이다.)

① 530.3　　② 604.2
③ 628.2　　④ 686.6

해설 물의 증발잠열 = 539kcal/kg
1,000×10ton/h×539kcal/kg = 5,390,000kcal/h

$$\therefore \text{버너용량} = \frac{5,390,000}{9,750 \times 0.915 \times 0.88} = 686.6\text{kg/h}$$

13 어떤 원소 C_mH_n 1Sm^3을 완전연소시킬 때 발생되는 H_2O는 몇 Sm^3인가?(단, m, n은 상수이다.)

① $2n$　　② n
③ $\frac{n}{2}$　　④ $\frac{n}{4}$

해설

$$C_mH_n + \left(m + \frac{n}{4}\right)O_2 \rightarrow mCO_2 + \frac{n}{2}H_2O$$

14 다음 중 발생로 가스의 성분을 옳게 나타낸 것은?

① CH_4 85%, C_2H_6 7.5%, C_3H_8 5%, C_4H_{10} 2%
② CO 6%, H_2 18%, CH_4 33%, C_2H_4 22%, C_3H_8 8%, N_2 6%
③ CO 9%, H_2 51%, CH_4 29%, C_2H_4 3%, N_2 5%
④ CO 24%, H_2 13%, CH_4 3%, N_2 55%, CO_2 5%

해설 석탄 건류 시 발생하는 발생로 가스
일산화탄소, 수소, 메탄, 질소, 이산화탄소

15 과잉공기량이 다소 많을 경우 발생되는 현상을 설명한 것으로 틀린 것은?

① 배기가스 중 CO_2%가 낮게 된다.
② 연소실 온도가 낮게 된다.
③ 배기가스에 의한 열손실이 증가한다.
④ 불완전연소를 일으키기 쉽다.

해설 과잉공기량이 다소 많으면
㉠ 완전연소가 가능
㉡ 배기가스 열손실 발생
㉢ 노 내 온도 저하
㉣ 배기가스 중 탄산가스 저하, 산소량 증가

16 옥탄(C_8H_{18}) 1mol을 이론공기비로 완전연소 시 발생하는 생성물의 총 몰수는?

① 40　　② 46
③ 60　　④ 64

해설

$$\text{반응식} : C_8H_{18} + 12.5O_2 + \frac{79}{21} \times 12.5N_2 \rightarrow 8CO_2 + 9H_2O + \frac{79}{21} \times 12.5N_2$$

$\therefore 8 + 9 + 3.76 \times 12.5 \fallingdotseq 64\text{mol}$

ANSWER | 9. ② 10. ④ 11. ④ 12. ④ 13. ③ 14. ④ 15. ④ 16. ④

17 중유의 비중이 크면 C/H비가 커지며 이때 발열량은 어떻게 되겠는가?

① 적어진다. ② 커진다.
③ 관계없다. ④ 불규칙하게 변한다.

해설 탄화수소비(C/H)가 커지면 탄소량 증가, 수소량 감소
※ 발열량
탄소 : 8,100kcal/kg, 수소 : 34,000kcal/kg

18 액화석유가스(LPG)의 관리방법 중 틀린 것은?

① 찬 곳에 저장한다.
② 접속부분의 누출 여부를 정기적으로 점검한다.
③ 용기주위에 체류가스가 없도록 통풍을 잘 시킨다.
④ 용기의 온도는 60℃ 이하가 되도록 한다.

해설 LPG(액화석유가스 = 프로판 + 부탄가스)
가스연료는 용기 내의 온도가 40℃ 이하가 되도록 한다.

19 천연가스가 순수 메탄으로 구성되었다고 가정할 때, 1kg의 연료를 완전연소시키는 데 필요한 이론공기량은 약 몇 kg인가?

① 2.0 ② 9.5
③ 17.3 ④ 27.2

해설 $CH_4 + 2O_2 \rightarrow CO_2 + 2H_2O$
O_2 분자량 = 32
메탄 분자량 = 16
공기 중 산소중량 = 23.2%
$\therefore \frac{32 \times 2}{0.232} \times \frac{1}{16} = 17.24\text{kg}$

20 역청탄의 참비중은 1.45, 겉보기 비중은 0.78이다. 이때의 기공률은 약 몇 %인가?

① 46.2% ② 61.5%
③ 66.7% ④ 78%

해설 기공률 $= \frac{1.45 - 0.78}{1.45} \times 100$
$= 46.2\%$

SECTION 02 열역학

21 하나의 열원으로부터 열을 공급받아 이를 일로 계속적으로 바꾸는 영구기관은 어느 법칙에 위배되는가?

① 열역학 제0법칙 ② 열역학 제1법칙
③ 열역학 제2법칙 ④ 질량 보존의 법칙

해설 ㉠ 열역학 제2법칙 : 에너지 변환의 방향성과 비가역성 명시
㉡ 제2종 영구기관 : 열효율이 100%인 기관이다. 즉, 제2법칙에 위배된다.

22 이상기체에 관한 식으로 옳은 것은?(단, R[J/kg · K]은 기체상수, $\overline{R}$[J/mol · K]는 일반기체상수, N은 기체 몰수, M은 기체의 분자량, ρ는 기체의 밀도이다.)

① $PN = \overline{R}T$ ② $PV = M\overline{R}T$
③ $PV = NRT$ ④ $P = \rho RT$

해설 이상기체$(P) = \rho RT$
※ $PV = RT,\ V = \frac{RT}{P},\ T = \frac{PV}{GR},\ G = \frac{PV}{RT}$

23 어떤 냉동기에서 응축기용 냉각수 유량이 5,000 kg/h이고, 응축기 입구와 출구의 냉각수 온도는 각각 15℃, 30℃이다. 냉각수의 평균 비열이 4.183kJ/kg · K이면 응축기를 거치면서 냉각수가 흡수한 열량은 약 몇 kJ/h인가?

① 2.715×10^5 ② 3.137×10^5
③ 3.792×10^5 ④ 4.185×10^5

해설 $Q = 5{,}000 \times 4.183 \times (30 - 15)$
$= 313{,}725 \fallingdotseq 3.137 \times 10^5\text{kJ/h}$

24 재생 랭킨 사이클을 사용하는 주된 목적으로 가장 타당한 것은?

① 펌프 일의 감소 ② 공급열량 감소
③ 터빈 출구 건도 향상 ④ 터빈 일의 증가

해설 재생사이클은 급수가열기를 이용하여 공급열량을 될 수 있는 한 줄임으로써 열효율을 개선하기 위해 고안된 사이클이다.

17. ① 18. ④ 19. ③ 20. ① 21. ③ 22. ④ 23. ② 24. ② | ANSWER

25 그림과 같은 $T-S$ 선도에서 빗금 친 부분의 면적 a, b, c, d는 무엇을 나타내는가?

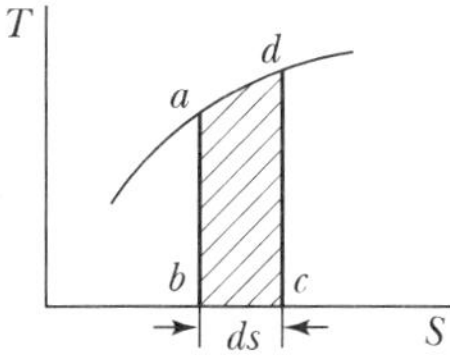

① 일량 ② 열량
③ 비체적 ④ 압력

해설 $T-S$ 선도에서 a, b, c, d 빗금 친 부분 : 열량을 표시한다.

26 그림과 같이 유체가 단면적이 변하는 관로를 흐르고 있을 때 B점에서의 유속이 A점에서의 유속의 2배라 할 때 A점과 B점에서의 엔탈피는 어떠한 관계가 있는가?(단, 관로는 단열재로 싸여 있다.)

① A점의 엔탈피가 B점의 엔탈피보다 크다.
② A점의 엔탈피가 B점의 엔탈피보다 작다.
③ A점의 엔탈피와 B점의 엔탈피는 서로 같다.
④ A점의 엔탈피는 유체의 물리적 성질에 따라 B점의 엔탈피보다 클 수도 있고, 작을 수도 있다.

해설 A점 : 유속 느림, B점 : 유속 증가
A점의 엔탈피가 B점의 엔탈피보다 크다.

27 겨울에 주위로부터 열을 흡수하여 건물 내에 열을 방출함으로써 난방에 이용되는 기기를 무엇이라고 하는가?

① 에어컨 ② 히트파이프
③ 제습기 ④ 열펌프

해설 열펌프(히트펌프)
겨울에 주위로부터 열을 흡수하여 압축기 냉매를 가스화 압축 후 응축기를 통해 건물 내로 열을 방출하여 난방에 이용

28 압력 0.1MPa, 온도 20℃의 공기가 6m×10m×4m인 실내에 존재할 때 공기의 질량은 몇 kg인가?(단, 공기의 기체상수 R은 0.287kJ/kg · K이다.)

① 270.7 ② 285.4
③ 299.1 ④ 303.6

해설 $PV=GRT$이므로
$(0.1\times1,000)\times(6\times10\times4)=G\times0.287\times(273+20)$
$\therefore\ G=\dfrac{100\times240}{0.287\times293}\fallingdotseq285.4$

29 몰리에 선도에서 직접적으로 알아내기가 가장 어려운 것은?

① 과열증기의 엔탈피
② 과열증기의 비열
③ 과열증기의 과열도
④ 건포화증기의 엔트로피

해설 증기 몰리에 선도($h-s$)에서 포화수의 엔탈피나 과열증기의 비열은 알 수 없다.

30 일정한 압력하에서 25℃의 공기에 의해 100℃의 포화수증기 1kg이 100℃의 포화액으로 변화되었다면 이 과정에 대한 전체 엔트로피 변화는 몇 kJ/K인가?(단, 100℃의 수증기에 대한 증발잠열(h_{fg})은 2,257kJ/kg이고, 공기의 온도 변화는 없다.)

① 6.048 ② −6.048
③ 1.522 ④ 7.570

해설 $S_2-S_1=\left(\dfrac{2,257}{273+25}\right)-\left(\dfrac{2,257}{273+100}\right)$
$=7.5738-6.050=1.523\text{kJ/K}$

31 가로, 세로, 높이가 각각 3m, 4m, 5m인 직육면체 상자에 들어 있는 어떤 이상기체의 질량이 80kg이다. 상자 안의 기체의 압력이 100kPa이면 온도는 몇 ℃인가?(단, 기체상수 R은 250J/kg · K이다.)

① 27 ② 31
③ 34 ④ 44

ANSWER | 25. ② 26. ① 27. ④ 28. ② 29. ② 30. ③ 31. ①

해설 용적 = 3×4×5 = 60m³

$PV = GRT,\ T = \frac{PV}{GR}$

$\therefore\ T = \frac{100 \times 60}{80 \times 0.25} - 273 = 27℃$

32 체적이 $6m^3$일 때 무게가 4,800kgf인 유체의 비중은?

① 0.6 ② 0.7
③ 0.8 ④ 0.9

해설 유체의 비중량 $= \frac{4,800}{6} = 800kg/m^3$

물의 비중량 $= 1,000kg/m^3$

유체의 비중 $= \frac{800}{1,000} = 0.8$

33 엔탈피는 내부에너지와 무엇을 더한 것인가?

① 엑서지
② 엔트로피
③ 유동 일(Flow Work)
④ 잠열(Latent Heat)

해설 ㉠ 엔탈피(Enthalpy, H) : 열량을 공급받는 동작. 유체에 있어서 유동에너지의 합

$H = u + APV$ = 내부에너지 + 유동에너지

㉡ 비엔탈피(h) $= u + APV$(단위 : kJ/kg)

34 이상기체의 등온변화에 대한 관계식으로 옳은 것은?(단, Q는 열량, k는 비열비, U는 내부에너지, H는 엔탈피이다.)

① $Q = \Delta H$ ② $\frac{V^2}{V_1} = \left(\frac{P_1}{P_2}\right)^{\frac{1}{k}}$
③ $dQ = dU$ ④ $\Delta H = 0$

해설 등온변화에서 엔탈피 변화(ΔH)

$dH = C_P dH,\ dT = 0\ \therefore\ \Delta H = 0$

$\Delta H = H_2 - H_1 = 0$

$\therefore\ H_1 = H_2$ (엔탈피 변화가 없다.)

35 냉매의 일반적인 구비조건이 아닌 것은?

① 증발잠열이 클 것
② 증발압력은 가급적 대기압보다 높을 것
③ 단위 냉동능력당 냉매순환량이 적을 것
④ 액체의 비열은 크고 기체의 비열은 작을 것

해설 냉매는 기체의 비열은 크고 액체의 비열은 작아야 한다.

36 온도 100℃, 압력 2MPa의 일정한 질량의 이상기체가 있다. 압력이 일정한 과정하에서 체적이 원래 체적의 2배가 되었을 때 기체의 온도는 몇 ℃인가?

① 173 ② 273
③ 373 ④ 473

해설 $T_2 = T_1 \times \frac{V_2}{V_1} = (273 + 100) \times \frac{2}{1} = 746K$

$\therefore\ T = 746 - 273 = 473℃$

37 어떤 용기 내의 기체의 압력이 계기압력으로 P_g이다. 대기압을 P_a라고 할 때 기체의 절대압력은?

① $P_g - P_a$ ② $P_g + P_a$
③ P_g ④ P_a

해설 절대압력 $P = P_g + P_a$

38 $P-V$ 선도의 각 과정을 옳게 나타낸 것은?(단, ㉣은 PV^k = 일정이며, k는 비열비, n은 폴리트로프 지수이다.)

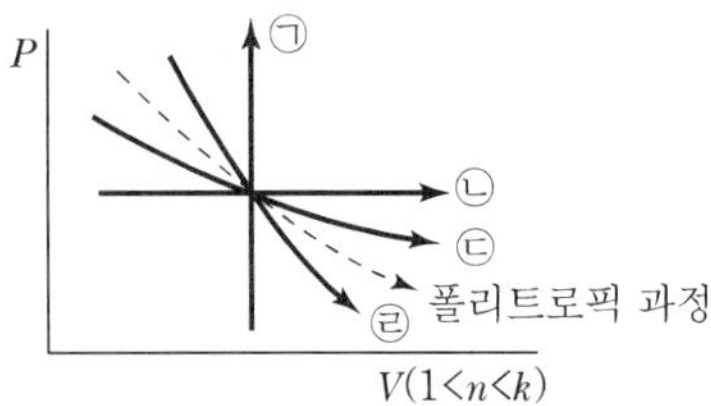

① ㉠ − 단열과정 ② ㉡ − 정압과정
③ ㉢ − 정적과정 ④ ㉣ − 등온과정

해설 $P-V$ 선도

㉠ 정적과정 ㉡ 정압과정
㉢ 등온과정 ㉣ 단열과정

32. ③ 33. ③ 34. ④ 35. ④ 36. ④ 37. ② 38. ② | ANSWER

39 절대압력 800kPa인 증기의 엔탈피를 측정하니 2,724kJ/kg이었다. 이때 증기의 건도는 얼마인가? (단, 같은 압력하에서의 건포화증기 엔탈피는 2,765kJ/kg이고 포화수 엔탈피는 718.3kJ/kg이다.)

① 0.92　② 0.94
③ 0.96　④ 0.98

해설 $2,724-718.3=2,005.7\text{kJ/kg}$
$2,765-718.3=2,046.7\text{kJ/kg}$
$\therefore x=\dfrac{2,005.7}{2,046.7}=0.98$

40 에어컨이 실내에서 400kJ의 열을 흡수하여 실외로 500kJ을 방출할 때의 성능계수는?

① 0.8　② 1.25
③ 2.0　④ 4.0

해설 $500-400=100\text{kJ}$(압축일량)
$\therefore$ 성능계수(COP)$=\dfrac{400}{100}=4$

SECTION 03 계측방법

41 열전대가 있는 보호관 속에 MgO, Al_2O_3를 넣고 다져서 길게 만든 것으로서 진동이 심하고 가소성이 있는 곳에 주로 사용되는 열전대는?

① 시스(Sheath) 열전대
② CA(K형) 열전대
③ 더미스트
④ 석영관열전대

해설 Sheath 열전대
㉠ 굵기 0.25~12mm 정도이며 구부릴 수 있는 반경은 직경의 1~5배 정도이다.
㉡ 보호관 안에 MgO(마그네시아), Al_2O_3(알루미나)를 넣고 다져 매우 가늘고 가소성이 있다.

42 유압식 신호전달 방식의 특징에 대한 설명으로 틀린 것은?

① 전달의 지연이 적고 조작량이 강하다.
② 주위의 온도변화에 영향을 받지 않는다.
③ 인화의 위험성이 있다.
④ 비압축성이므로 조작속도 및 응답이 빠르다.

해설 유압식 신호전달 방식은 주위의 온도변화에 영향을 받는다.

43 보일러에 사용하는 급수조절장치로 수위제어 방식에 적용되는 검출방식이 아닌 것은?

① 플로트식
② 전극식
③ 전압식
④ 열팽창식

해설 전압식 수위조절장치는 제작되지 않는다.

44 다음 중 액면 측정방법이 아닌 것은?

① 플로트식
② 액압측정식
③ 정전용량식
④ 박막식

해설 박막식, 즉 격막식은 주로 압력측정용으로, 유량계 등에 사용된다.(박막은 금속 1mm 이하의 금속판)

45 가스분석계의 측정법 중 전기적 성질을 이용한 것은?

① 세라믹법
② 자화율법
③ 오르자트(Orsat)법
④ 기체크로마토그래피(Gas Chromatography)법

해설 세라믹 O_2 검출계[지르코니아(ZrO_2) 이용]는 세라믹의 온도를 높여주면 산소이온만 통과시키는 성질에 의해 세라믹 파이프 내외의 산소 농담 전지를 형성하게 하여 기전력을 측정하여 산소(O_2)농도를 측정한다.

ANSWER | 39. ④ 40. ④ 41. ① 42. ② 43. ③ 44. ④ 45. ①

46 최근 널리 보급되어 사용되고 있는 초음파 유량계에 대한 설명으로 틀린 것은?

① 고주파의 펄스를 이용하여 유체의 유속을 측정함으로써 유량을 측정하는 장치이다.
② 초음파가 유속을 진행할 때, 유체의 속도에 따른 유체와 초음파의 공명현상을 이용한 것이다.
③ 싱어라운드법, 시간차법, 위상차법 등이 있다.
④ 주로 대유량의 측정에 적합하고 측정에 따른 압력손실이 거의 없다.

해설 초음파 유량계
초음파가 유속을 진행할 때 유체의 속도에 따른 주파수 변화를 계측하여 이용한 것이다.

47 다음 중 차압식 유량계가 아닌 것은?

① 벤투리 유량계 ② 오리피스 유량계
③ 피스톤형 유량계 ④ 플로 노즐 유량계

해설 Piston Type 유량계
용적식 유량계로서 가솔린 등의 유량 측정에 사용한다.(피스톤이 유입 측 유출 측의 압력차에 따라 작용)

48 다음 중 탄성식 압력계가 아닌 것은?

① 부르동관 압력계 ② 다이어프램 압력계
③ 벨로스 압력계 ④ 환상천평식 압력계

해설 환상천평식 압력계
Ring Balance Manometer 압력계로서 진동이나 충격이 없는 장소에 수평 또는 수직으로 부착한다. 도압관은 굵고 짧게 압력원에 가깝게 설치한다.

49 2개의 제어계를 조합하여 1차 제어장치가 제어량을 측정하여 제어, 명령하고 2차 제어장치가 이 명령을 바탕으로 제어량을 조절하는 제어방식을 무엇이라 하는가?

① 비율 제어 ② 시퀀스 제어
③ 프로그램 제어 ④ 캐스케이드 제어

해설 캐스케이드 제어(Cascade Control)
㉠ 측정제어
㉡ 1차 제어계가 제어량 측정
㉢ 2차 제어장치가 제어량 조절

50 보일러 등 연소장치의 통풍력을 측정하는 데 주로 사용되는 것은?

① 탄산가스미터 ② 파이로미터
③ 드래프트 게이지 ④ 부르동관 압력계

해설 드래프트 게이지 : 통풍력 측정 압력계

51 일정량의 측정가스와 수소(H_2) 등 가연성 가스를 혼합하고 이 혼합가스에 촉매를 넣고 연소시키는 분석계는?

① 연소식 O_2계
② 자기식 O_2계
③ H_2+CO계
④ 자동화학식 CO_2계

해설 연소식 O_2계는 선택성은 있으나 H_2 가스 등의 가연성 가스를 준비 후 산소를 측정한다.

52 서미스터(Thermistor)에 대한 설명 중 틀린 것은?

① 응답이 빠르다.
② 온도저항 특성이 비직선적이다.
③ 좁은 장소에서의 온도 측정에 적합하다.
④ 충격에 대한 기계적 강도가 양호하고, 흡습 등에 열화되지 않는다.

해설 서미스터 저항온도계
니켈, 망간, 코발트 등의 산화물을 혼합 소결하여 만든 온도계(전기저항은 온도가 높아지면 줄어든다.)로서 형상은 봉상, 원판상, 구상이 있고 기계적 강도가 약하다.

53 유속 3m/s의 물속에 피토관을 설치할 때 수주의 높이는 약 몇 m인가?

① 0.46m ② 0.92m
③ 4.6m ④ 9.2m

해설 $V=\sqrt{2gh}$

$$h=\frac{V^2}{2g}=\frac{3^2}{2\times 9.8}=0.46\text{m}$$

46. ② 47. ③ 48. ④ 49. ④ 50. ③ 51. ① 52. ④ 53. ① | ANSWER

54 오리피스에 의한 유량측정에서 유량은 압력차와 어떤 관계인가?

① 압력차에 비례한다.
② 압력차에 반비례한다.
③ 압력차의 평방근에 비례한다.
④ 압력차의 평방근에 반비례한다.

해설 $Q=\frac{\pi}{4}d^2 \cdot \frac{C_V}{\sqrt{1-m^2}} \cdot \sqrt{2g\left(\frac{P_1-P_2}{r}\right)}\,(\mathrm{m^3/s})$

• 유량은 압력차의 평방근(제곱근)에 비례한다.
• 유량은 관 직경의 제곱에 비례한다.

55 다음 중 진공계의 종류가 아닌 것은?

① 맥라우드 진공계
② 열전도형 진공계
③ 전리 진공계
④ 음향식 진공계

해설 진공계
㉠ McLeod계
㉡ 열전도형계(피라니, 서미스터 열전대)
㉢ 전리 진공계
㉣ 방전전리 진공계(가이슬러관, 열전자, a선 등)

56 자동제어장치에 대한 설명으로 틀린 것은?

① 증기압력제어는 공기량과 연료량을 제어하는 것이다.
② 연소제어는 증기의 압력 및 온도가 일정한 값이 되도록 연소의 양을 자동으로 제어하는 방식이다.
③ 신호를 전달하는 공기식은 파일럿 밸브식과 분사관식이 있다.
④ 수위제어의 3요소식은 수위, 급수량, 증기량을 검출해서 조작부로 신호를 전한다.

해설 공기압식 자동제어장치
㉠ 노즐 플래퍼
㉡ 파일럿 밸브

57 방사온도계의 방사에너지는 절대온도의 몇 승에 비례하는가?

① 2　　② 3
③ 4　　④ 5

해설 $Q=4.88\times\varepsilon\times\left(\frac{T}{100}\right)^4(\mathrm{kcal/m^2h})$

58 열전대 온도계는 어떤 현상을 이용한 온도계인가?

① 치수의 증대
② 전기저항의 변화
③ 기전력의 발생
④ 압력의 발생

해설 열전대 온도계
기전력을 이용한 온도계

59 자기식 O_2계의 특징에 대한 설명으로 틀린 것은?

① 가동부분이 없다.
② 측정가스 중에 가연성 가스가 포함되면 사용할 수 없다.
③ 시료가스의 유량, 점성, 압력 등의 변화에 대하여 측정오차가 크게 발생한다.
④ 열선이 유리로 피복되어 있어서 측정가스 중의 가연성가스에 대한 백금의 촉매작용을 막아준다.

해설 자기식 O_2계 시료가스의 유량
점성, 압력변화에 대해 측정오차가 생기지 않는다.

60 광전관식 온도계의 특징에 대한 설명으로 옳은 것은?

① 응답속도가 느리다.
② 고정 물체의 측정만 가능하다.
③ 구조가 다소 복잡하다.
④ 기록의 제어가 불가능하다.

해설 광전관식 온도계(비접촉식)
㉠ 응답성이 빠르다.
㉡ 이동 물체의 온도 측정이 가능하다.
㉢ 온도의 자동 기록이 가능하다.
㉣ 700℃ 이상의 온도측정만 가능하다.

ANSWER | 54. ③ 55. ④ 56. ③ 57. ③ 58. ③ 59. ③ 60. ③

SECTION 04 열설비재료 및 설계

61 최고 사용압력이 0.7MPa 이상인 보일러의 증기 공급, 차단을 위하여 설치하는 밸브는?

① 스톱밸브　② 게이트밸브
③ 감압밸브　④ 체크밸브

해설 스톱밸브
압력 $7kg/cm^2$(0.7MPa) 이상 보일러에서 견딜 수 있는 밸브(일명 정지밸브)

62 고온 · 고압보일러에서 발생하는 가성취화를 방지하기 위한 억제제가 아닌 것은?

① 인산나트륨　② 탄닌
③ 폴리아미드　④ 리그닌

해설 가성취화 억제제
인산나트륨, 탄닌, 리그닌

63 용광로에 장입하는 코크스의 역할이 아닌 것은?

① 열원　② SiO_2, P의 환원
③ 광석의 환원　④ 선철에 흡수

해설 용광로 장입용 코크스의 역할
㉠ 열원
㉡ 광석의 환원
㉢ 선철에 흡수

64 장치 내의 전수량이 2,000L인 온수보일러에 8℃의 물을 넣고 96℃로 가열하였다면 온수의 팽창량은 약 몇 L인가?(단, 8℃의 물의 밀도는 0.99988kg/L, 96℃의 물의 밀도는 0.96122kg/L이다.)

① 70.8　② 80.5
③ 90.5　④ 100.6

해설

$$\text{온수팽창량}(V) = 2{,}000 \times \left(\frac{1}{0.96122} - \frac{1}{0.99988}\right)$$
$$= 2{,}000 \times (1.0403 - 1.000) \fallingdotseq 80.5\text{L}$$

65 다음 중 시멘트 소성로의 종류가 아닌 것은?

① 보일러 장치 건식로(Dry Kiln with Waste Heat Boiler)
② 서스펜션 프리히터 장치 킬른(Suspension Preheater Kiln)
③ 롤러 하스 킬른(Roller Hearth Kiln)
④ 뉴서스펜션 프리히터 장치 킬른(New Suspension Preheater Kiln)

해설 롤러 하스 킬른은 시멘트 소성로가 아닌 요업용이다.

66 Q_1을 미보온 상태에서 표면으로부터의 방산열량, Q_2를 보온 시공 상태에서 표면으로부터의 방산열량이라고 할 때, 보온효율을 바르게 나타낸 것은?

① $\eta = \frac{Q_1}{Q_2}$　② $\eta = \frac{Q_1 - Q_2}{Q_1}$
③ $\eta = \frac{Q_1}{Q_1 + Q_2}$　④ $\eta = \frac{Q_2}{Q_1 + Q_2}$

해설

$$\text{보온효율}(\eta) = \frac{Q_1 - Q_2}{Q_1}$$

67 주증기관에 설치하는 익스팬션 조인트의 설치목적은?

① 증기의 통과를 원활하게 하기 위하여
② 증기 속의 복수를 제거하기 위하여
③ 열팽창에 의한 관의 고장을 막기 위하여
④ 증기 속의 수분을 제거하기 위하여

해설 익스팬션 조인트(신축 조인트)
증기관에서 열팽창에 의한 관의 고장을 방지한다.

68 배관의 열팽창을 흡수할 수 있는 이음의 종류가 아닌 것은?

① 슬리브형 이음　② 스프링식 이음
③ 루프형 이음　④ 오프셋 배관

해설 스프링
감압밸브, 안전밸브 등에 많이 사용

61. ① 62. ③ 63. ② 64. ② 65. ③ 66. ② 67. ③ 68. ② | ANSWER

69 돌로마이트(Dolomite)의 주요 화학성분은?

① SiO_2 ② SiO_2, Al_2O_3
③ $CaCO_3$, $MgCO_3$ ④ Al_2O_3

해설 돌로마이트(염기성)의 주요 화학성분은 탄산칼슘($CaCO_3$), 탄산마그네슘($MgCO_3$)으로서 SK 36~39에 사용

70 예비급수용으로 사용되는 인젝터(Injector)에 대한 설명으로 옳은 것은?

① 보일러에서 발생되는 압력으로 열에너지를 이용하는 장치이다.
② 급수의 온도가 일정 온도이면 사용이 불가능하다.
③ 별도의 소요동력이 필요하여 장치가 크다.
④ 급수량의 조절이 용이하고 급수시간이 적게 걸린다.

해설 인젝터의 특징
㉠ 압력 $2kg/cm^2$ 이하에서는 사용 불가
㉡ 급수온도 50℃ 이상에서는 사용 불가
㉢ 공기가 침입하면 사용 불능
㉣ 체크밸브 고장 시 사용 불능
㉤ 소요동력 불필요
㉥ 급수량 조절이 어려움
㉦ 증기의 열에너지 이용

71 관류보일러의 일반적인 특징에 대한 설명으로 옳은 것은?

① 수면계가 필요하다.
② 급수의 압력이 매우 느리다.
③ 증기발생속도가 매우 느리다.
④ 염분리기(기수분리기)가 필요하다.

해설 관류보일러
습포화증기가 다량 발생하여 수분을 분리하는 기수분리기 부착이 필요하다.

72 단조용 가열로 중 산화 스케일(Scale)이 가장 많이 발생하는 방식은?

① 직화식 ② 반간접식
③ 무산화 가열방식 ④ 급속 가열방식

해설 직화식 단조용 가열로는 공기의 투입으로 산화 스케일 발생이 심하다.

73 고온용 요로의 벽 구조로서 가장 합리적인 것은?

① 내화벽돌만으로 쌓은 것
② 고온부는 내화벽돌로 하고, 저온부는 보통벽돌로 한 것
③ 고온부는 내화벽돌로 쌓고, 저온부분은 보통벽돌로 하되, 그 사이에 단열벽돌을 쌓은 것
④ 저온부는 보통벽돌로 고온부는 단열벽돌로 한 것

해설 고온용 요로 벽 구조

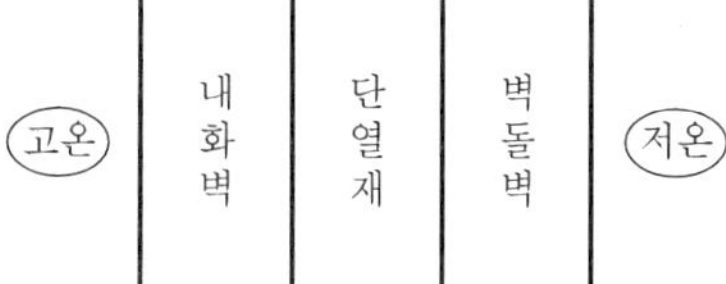

74 머플로(Muffle Furnace)에 대한 설명으로 옳은 것은?

① 직화식이 아닌 간접 전열방식의 가마이다.
② 불꽃의 진행방향이 도염식인 가마이다.
③ 석탄을 연료로 하는 직화식 가마이다.
④ 철광석을 용융하는 가마이며 축열식을 갖춘 가마이다.

해설 머플로
간접가열로이다.(고급 요의 생산)

75 조업방식에 따른 요의 분류 시 불연속 요에 해당되지 않는 것은?

① 횡염식 요 ② 터널식 요
③ 승염식 요 ④ 도염식 요

해설 연속요
㉠ 터널요
㉡ 윤요(고리요)
㉢ 시멘트 소성요

ANSWER | 69. ③ 70. ② 71. ④ 72. ① 73. ③ 74. ① 75. ②

76 다음 중 주물 용해로가 아닌 것은?

① 반사로　　② 큐폴라
③ 회전로　　④ 불림로

해설 불림로(Normalizing Furnace)
변태점 A_3보다 30~50℃ 높게 가열하여 공기 중에서 방랭한다.(연신율과 단면수축률이 좋아진다.)

77 전기 저항로의 발열체에서 1kWh의 전력량으로 발생되는 열량은?

① 0.24kcal　　② 550kcal
③ 780kcal　　④ 860kcal

해설 1kWh

$=102\text{kg}\cdot\text{m/s}\times1\text{hr}\times3{,}600\text{sec/hr}\times\dfrac{1}{427}\text{kcal/kg}\cdot\text{m}$

$=860\text{kcal}$

78 다음 보온재 중 가장 높은 온도에서 사용이 가능한 것은?

① 유리섬유　　② 규산칼슘
③ 규조토　　④ 폼글라스

해설 ㉠ 유리섬유 : 350℃ 이하
㉡ 폼글라스 : 300℃ 이하
㉢ 규조토 : 500℃ 이하
㉣ 규산칼슘 : 650℃ 이하

79 전기로나 시멘트 소성용 회전가마의 소성대 내벽에 사용하기 가장 적합한 내화물은?

① 내화점토질 내화물
② 마그-크롬 내화물
③ 고알루미나 내화물
④ 규석질 내화물

해설 마그-크롬 염기성 내화물
전기로, 시멘트 소성용 회전가마 소성대 내벽용 내화물로, 1,600℃ 이상에서 산화철을 흡수하여 팽창한 후 붕괴하는 버스팅(Busting) 현상 발생

80 판두께가 12mm, 용접길이가 30cm인 판을 맞대기 용접했을 때 4,500kgf의 인장하중이 작용한다면 인장응력은 약 몇 kgf/cm^2인가?

① 125　　② 155
③ 185　　④ 195

해설 인장응력 $=\dfrac{4{,}500}{1.2\times30}=125\text{kg/cm}^2$

※ 12mm=1.2cm

76. ④ 77. ④ 78. ② 79. ② 80. ① | ANSWER

SECTION 01 연소공학

01 다음 연소반응식 중 발열량(kcal/kg－mol)이 가장 큰 것은?

① $C+\frac{1}{2}O_2=CO$　② $CO+\frac{1}{2}O_2=CO_2$

③ $C+O_2=CO_2$　④ $S+O_2=SO_2$

해설 ㉠ CO : 2,428kcal/kg
㉡ CO_2 : 8,100kcal/kg
㉢ SO_2 : 2,500kcal/kg

02 일반적으로 고체연료는 액체연료에 비하여 어떠한가?

① H의 함량이 많고, O의 함량이 적다.
② N의 함량이 많고, O의 함량이 적다.
③ O의 함량이 많고, N의 함량이 적다.
④ O의 함량이 많고, H의 함량이 적다.

해설 일반적으로 고체연료(석탄, 목재)는 액체연료보다는 고정탄소, 산소의 함량이 많고 수소(H)의 함량이 적다.

03 다음 중 BLEVE(Boiling Liquid Expanding Vapour Explosion) 현상을 가장 올바르게 설명한 것은?

① 물이 점성의 뜨거운 기름 표면 아래서 끓을 때 연소를 동반하지 않고 Overflow되는 현상
② 물이 연소유(Oil)의 뜨거운 표면에 들어갈 때 발생되는 Overflow되는 현상
③ 탱크 바닥에 물과 기름의 에멀션이 섞여 있을 때 물의 비등으로 인하여 급격하게 Overflow되는 현상
④ 과열상태의 탱크에서 내부의 액화가스가 분출하여 기화되어 착화되었을 때 폭발하는 현상

해설 BLEVE
과열상태의 탱크에서 내부의 액화가스가 분출하여 기화되어 착화되었을 때의 폭발현상

04 다음 중 유량조절범위가 가장 큰 오일 버너는?

① 환류식 압력분무식
② 비환류식 압력분무식
③ 고압기류식
④ 저압기류식

해설 유량조절범위
㉠ 환류식 1 : 2
㉡ 비환류식 1 : 2
㉢ 고압기류식 1 : 10
㉣ 저압기류식 1 : 5 ~ 1 : 6
㉤ 회전무화식 1 : 5

05 수소의 연소하한계는 4v%이고, 연소상한계는 75v%이다. 수소가스의 위험도는 얼마인가?

① 15.75　② 16.75
③ 17.75　④ 18.75

해설 가스위험도$(H)=\frac{\text{상한계}-\text{하한계}}{\text{하한계}}=\frac{75-4}{4}=17.75$
※ 위험도가 큰 가스는 폭발력이 심각하다.

06 연도의 끝이나 연돌 하부에 송풍기를 설치하여 연소가스를 빨아내는 방법으로 노 안이 항상 부(－)압이 되는 통풍방법은?

① 자연통풍　② 압입통풍
③ 평형통풍　④ 유인통풍

해설 노 내 부압
㉠ 자연통풍(－압)
㉡ 강제통풍 : 유인통풍(－압)

07 CH_4 45%, H_2 30%, CO_2 10%, O_2 8%, N_2 7%로 구성된 혼합기체연료 $1Nm^3$이 있을 때 이 혼합가스를 $6Nm^3$의 공기로 연소시킨다면 공기비는 약 얼마인가?

① 1.2　② 1.3
③ 1.4　④ 3.0

ANSWER | 1. ③ 2. ④ 3. ④ 4. ③ 5. ③ 6. ④ 7. ②

해설 연소반응식

㉠ $CH_4+2O_2 \rightarrow CO_2+2H_2O$

㉡ $H_2+\frac{1}{2}O_2 \rightarrow H_2O$

$$이론공기량=이론산소량\times\frac{1}{0.21}$$
$$=\{(2\times0.45+0.5\times0.3)-1\times0.08)\}\times\frac{1}{0.21}$$
$$\fallingdotseq 4.62Nm^3/Nm^3$$

$$공기비=\frac{실제공기량}{이론공기량}=\frac{6}{4.62}\fallingdotseq 1.3$$

08 액체연료를 분석한 결과 그 성분이 다음과 같았다. 이 연료의 연소에 필요한 이론공기량(Nm^3/kg)은?

탄소 : 80%, 수소 : 15%, 산소 : 5%

① 10.9 ② 12.3
③ 13.3 ④ 14.3

해설 고체 · 액체연료의 이론공기량(A_o)

$$A_o=8.89C+26.67\left(H-\frac{O}{8}\right)+3.33S$$
$$=8.89\times0.8+26.67\left(0.15-\frac{0.05}{8}\right)$$
$$=10.9Nm^3/kg$$

※ 황(S) 성분이 없으므로 3.33S는 제외된다.

09 연돌입구의 온도가 200℃, 출구온도가 30℃일 때 배출가스의 평균온도는 약 몇 ℃인가?

① 85℃ ② 90℃
③ 100℃ ④ 115℃

해설

$$평균온도(t)=\frac{t_1-t_2}{\ln\left(\frac{t_1}{t_2}\right)}=\frac{200-30}{\ln\left(\frac{200}{30}\right)}$$
$$=90℃$$

10 다음 연료 중 발열량이 가장 큰 것은?

① 아세틸렌
② 프로판
③ 메탄
④ 코크스로 가스

해설 발열량

㉠ 아세틸렌 : 14,080kcal/m^3
㉡ 프로판 : 24,370kcal/m^3
㉢ 메탄 : 9,530kcal/m^3
㉣ 코크스로 가스 : 1,100kcal/m^3

11 수소 1kg을 완전연소시키는 데 필요한 이론산소량은 몇 Nm^3인가?

① 1.86 ② 2
③ 5.6 ④ 26.7

해설 수소(H_2)의 연소반응식

$H_2+0.5O_2 \rightarrow H_2O$

$2kg+11.2m^3 \rightarrow 22.4m^3$

$$\therefore 이론산소량=\frac{11.2}{2}=5.6Nm^3/kg$$

※ H_2 분자량 : 2

12 중유의 분무연소에 있어서 가장 적당한 기름방울의 평균입경(μm)은?

① 1,000~2,000 ② 500~1,000
③ 50~100 ④ 10~50

해설 중유의 무화(기름방울) 입경 : 50~100μm 정도

13 연료의 불완전연소에서 발생되는 그을음(Soot, 검댕)에 대한 설명으로 옳은 것은?

① 연료 중 탄소와 수소의 비(C/H)가 작을수록 그을음이 발생하기 쉽다.
② 기체연료의 확산연소는 예혼합연소에 비해 그을음이 발생하기 어렵다.
③ 탈수소반응이나 방향족 생성반응 등이 일어나기 쉬운 탄화수소일수록 그을음 발생이 어렵다.
④ 분해나 산화하기 쉬운 탄화수소는 그을음을 적게 발생시킨다.

해설 ① 탄소수비$\left(\frac{C}{H}\right)$가 클수록 그을음이 발생하기 쉽다.
② 확산연소는 예혼합연소보다 그을음 발생이 심하다.
③ 탈수소 반응이나 방향족 생성반응 등이 일어나기 쉬운 탄화수소가 그을음 발생이 심하다.

8. ① 9. ② 10. ② 11. ③ 12. ③ 13. ④ | ANSWER

14 공기와 혼합 시 폭발범위가 가장 넓은 것은?

① 메탄 ② 프로판
③ 일산화탄소 ④ 메틸알코올

해설 가스폭발범위(하한치~상한치)
㉠ 메탄 : 5~15%
㉡ 프로판 : 2.1~9.5%
㉢ 일산화탄소 : 12.5~74%
㉣ 메틸알코올(메탄올, CH_3OH) : 7.3~36%

15 고체연료를 사용하는 어느 열기관의 출력이 2,800 kW이고 연료소비율이 매시간 1,300kg일 때 이 열기관의 열효율은 약 몇 %인가?(단, 이 고체연료의 저위발열량은 28MJ이다.)

① 28 ② 32
③ 36 ④ 40

해설 1kWh = 3,600kJ=3.6MJ
연료의 발열량 = 1,300×28 = 36,400MJ
열기관 출력 = 2,800×3.6 = 10,080MJ
$\therefore$ 열효율 $= \dfrac{\text{출력}}{\text{발열량}} \times 100 = \dfrac{10,080}{36,400} \times 100 \fallingdotseq 28\%$

16 연료를 연소시키는 경우의 공기비에 대한 설명 중 옳지 않은 것은?

① 공기비가 클 경우 연소실 내의 온도가 올라간다.
② 공기비가 작을 경우 역화의 위험성이 있다.
③ 공기비는 배기가스 중의 산소 %가 최저가 되도록 하는 것이 좋다.
④ 공기비는 이론공기량에 대한 실제공기량의 비를 의미한다.

해설 공기비(m)가 크면 과잉공기량이 많아져서 노 내 온도가 하강한다.

17 고체연료가 갖는 장점에 대한 설명으로 옳은 것은?

① 설비비 및 유지비가 저렴하다.
② 공연비 조절이 용이해 부하변동에 쉽게 대처할 수 있다.
③ 발열량이 크고 완전연소가 가능하다.
④ 연소용 공기를 예열하므로 연소효율이 높다.

해설 고체연료는 설비비 및 유지비가 타 연료에 비하여 적게 든다.(화격자 설치)

18 B-C유 100리터에서 발생하는 이산화탄소 배출량은 약 몇 tCO_2인가?(단, B-C유의 석유환산계수는 0.935TOE/kL이며, 중유의 탄소 배출계수는 0.875 TC/TOE이다.)

① 0.08181 ② 0.0989
③ 0.3 ④ 0.5

해설 100L = 0.1kL
TOE 환산 : 0.1×0.935 = 0.0935TOE
$\therefore$ CO_2 배출량 $= 0.0935 \times \dfrac{44}{12} \fallingdotseq 0.3tCO_2$
※ 탄소분자량 : 12, 탄산가스분자량 : 44
$C + O_2 \rightarrow CO_2$
12kg + 32kg → 44kg

19 연료유에는 여러 목적 때문에 각종 첨가제를 가한다. 다음 중 연료류 첨가제의 종류와 약제가 옳지 않게 짝지어진 것은?

① 산화방지제 : 페놀류, 방향족아민화합물
② 세탄가향상제 : 요오드화합물
③ 빙결방지제 : 계면활성제
④ 회분개질제 : 마그네슘화합물

해설
- 액체연료 세탄가향상제 : 아질산아밀 등 사용
- 세탄가 $= \dfrac{\text{노르말세탄}}{\text{노르말세탄} + \text{알파} - \text{메틸나프탈렌}} \times 100(\%)$

20 어떤 보일러의 효율을 산출하기 위한 측정결과가 다음과 같았다. 이 경우의 효율은 약 몇 %인가?

- 매시간당 석탄소비량 200kg/h(발열량 5,300kcal/kg)
- 증기압력 $8kg/cm^2$
- 발생증기의 전열량 662kcal/kg
- 급수온도 15℃
- 매시간당 증발량 1,000kg/h

① 50 ② 61
③ 72 ④ 83

ANSWER | 14. ③ 15. ① 16. ① 17. ① 18. ③ 19. ② 20. ②

해설 석탄 전발열량 : 200×5,300=1,060,000kcal/h
증기발생량 : 1,000×(662−15)=647,000kcal/h

$$효율(\eta)=\frac{유효율}{공급열}\times 100=\frac{647,000}{1,060,000}\times 100 ≒ 61\%$$

SECTION 02 열역학

21 다음 중 건도가 0일 때의 상태로 적합한 것은?

① 습증기
② 건포화증기
③ 과열증기
④ 포화액체

해설 ㉠ 포화액 : 건도 0
㉡ 건포화증기, 과열증기 : 건도 1
㉢ 습포화증기 : 건도 1 이하

22 열기관의 실제 사이클이 이상 사이클보다 낮은 열효율을 가지는 이유에 대한 설명 중 틀린 것은?

① 과정이 가역적으로 이루어진다.
② 유체의 마찰손실이 있다.
③ 유한한 온도 차이에서 열전달이 이루어진다.
④ 엔트로피가 생성된다.

해설 가역사이클
사이클을 여러 번 진행해도 결과가 동일하며 자연계에 아무런 변화도 남기지 않는 사이클

23 증기터빈에 36kg/s의 증기를 공급하고 있다. 터빈의 출력이 3×10^4kW이면 터빈의 증기 소비율은 몇 kg/kW · h인가?

① 3.00 ② 4.32
③ 6.25 ④ 7.18

해설 3×10^4kW=30,000kW(터빈 출력)
1시간=3,600초, 36×3,600=129,600kg/h(증기 공급)

$$\therefore 증기\ 소비율=\frac{129,600}{30,000}=4.32\text{kg/kWh}$$

24 "일을 열로 바꾸는 것도, 이것의 역도 가능하다."는 것과 가장 관계가 깊은 법칙은?

① 열역학 제1법칙
② 열역학 제2법칙
③ 줄(Joule)의 법칙
④ 푸리에(Fourier)의 법칙

해설 열역학 제1법칙 : 일을 열로 바꾸는 것도 이것의 역도 가능하다는 법칙(에너지보존의 법칙)
㉠ $Q=AW,\ A=\frac{1}{427}$kcal/kg · m(일의 열당량)
㉡ $W=\frac{1}{A}Q=JQ,$
$J=\frac{1}{A}=427$kg · m/kcal(열의 일당량)

25 보일의 법칙을 나타내는 식으로 옳은 것은?(단, C는 일정한 상수를 나타낸다.)

① $\frac{T}{V}=C$
② $\frac{V}{T}=C$
③ $PV=C$
④ $\frac{PV}{T}=C$

해설 ㉠ 보일의 법칙 : $PV=C,\ P_1V_1=P_2V_2$
㉡ 샤를의 법칙 : $\frac{V}{T}=C,\ \frac{V_1}{T_1}=\frac{V_2}{T_2}$
㉢ 보일−샤를의 법칙 : $\frac{PV}{T}=C,\ \frac{P_1V_1}{T_1}=\frac{P_2V_2}{T_2}$

26 디젤기관의 열효율은 압축비 ε, 차단비(또는 단절비) σ와 어떤 관계가 있는가?

① ε와 σ가 증가할수록 열효율이 커진다.
② ε와 σ가 감소할수록 열효율이 커진다.
③ ε가 감소하고, σ가 증가할수록 열효율이 커진다.
④ ε가 증가하고, σ가 감소할수록 열효율이 커진다.

해설 디젤기관은 압축비가 증가하고 차단비(단절비)가 감소할수록 열효율이 커진다.

21. ④ 22. ① 23. ② 24. ① 25. ③ 26. ④ | ANSWER

27 부피가 일정한 공간 내에서 공기 10kg을 온도 20℃에서 100℃까지 가열하는 경우 내부에너지 변화량은 몇 kJ인가?(단, 공기의 정적비열은 0.71kJ/kg · K이고 정압비열은 1.0kJ/kg · K이다.)

① 514　　② 568
③ 800　　④ 932

해설 정적변화(등적변화) : $G \times C_v \times \Delta t$
내부에너지 변화량$(H) = 10 \times 0.71 \times (100-20) = 568$kJ

28 진공압력 740mmHg는 절대압력으로 약 몇 kPa인가?

① 1.89　　② 2.67
③ 74.0　　④ 98.7

해설 표준대기압(1atm) = 102kPa=760mmHg
절대압력 = 대기압 − 진공압력 = 760 − 740 = 20mmHg
∴ 절대압력(abs) $= 102 \times \dfrac{20}{760} \fallingdotseq 2.67$kPa

29 탱크 내에 900kPa의 공기 20kg이 충전되어 있다. 공기 1kg을 뺄 때 탱크 내 공기온도가 일정하다면 탱크 내 공기압력은 몇 kPa이 되는가?

① 655　　② 755
③ 855　　④ 900

해설 탱크 내 공기 1kg당 압력 $= \dfrac{900\text{kPa}}{20\text{kg}} = 45$kPa/kg
∴ 탱크 내 공기압력$(P) = 900 - 45 = 855$kPa

30 430K에서 500kJ의 열을 공급받아 300K에서 방열시키는 카르노사이클의 열효율과 일량을 옳게 나타낸 것은?

① 30.2%, 349kJ　　② 30.2%, 151kJ
③ 69.8%, 151kJ　　④ 69.8%, 349kJ

해설 카르노 열효율 $= 1 - \dfrac{T_1}{T_{11}} = 1 - \dfrac{300}{430} = 0.302$
∴ 일량 $= 500 \times 0.302 = 151$kJ

31 다음 중 이상기체의 등온과정에 대하여 항상 성립하는 것은?(단, W는 일, Q는 열, U는 내부 에너지를 나타낸다.)

① $W=0$　　② $Q=0$
③ $|Q| \neq |W|$　　④ $\Delta U = 0$

해설 등온과정에서 내부 에너지 변화는 0이다.(내부 에너지 변화가 없다.)
$\Delta U = U_2 - U_1 = 0$
∴ $U_1 = U_2$

32 압력 700kPa, 온도 250℃인 공기가 축소－확대 노즐에서 가역단열팽창할 때 노즐 목(Throat)에서의 공기속도는 약 몇 m/s인가?(단, 노즐 출구에서는 초음속이며 공기의 비열비는 1.4이고, 기체상수는 0.287K/kg · K이다.)

① 463　　② 452
③ 430　　④ 418

해설 축소－확대 노즐에서
노즐 속도$(W_2) = \sqrt{2\dfrac{k}{k-1}P_1V_1\left\{1-\left(\dfrac{P_2}{P_1}\right)^{\frac{k-1}{k}}\right\}}$
250 + 273 = 523K, 1atm = 101.3kPa
$W_2 = \sqrt{2 \times \left(\dfrac{1.4}{1.4-1}\right) \times 0.287 \times 10^3 \times 523\left\{1-\left(\dfrac{101.3}{700}\right)^{\frac{1.4-1}{1.4}}\right\}}$
$= 418$m/s

33 증기 사이클의 효율을 올리기 위한 방법이 아닌 것은?

① 유입되는 증기의 온도를 높인다.
② 배출되는 증기의 온도를 높인다.
③ 배출증기의 압력을 낮춘다.
④ 유입증기의 압력을 높인다.

해설 증기 사이클은 배출되는 증기의 온도는 낮추고 유입되는 증기의 온도는 높여야 열효율이 좋아진다.

34 클라우지우스(Clausius)의 부등식을 옳게 나타낸 것은?

① $\oint \frac{\delta Q}{T} \geq 0$　② $\oint \delta Q \geq 0$

③ $\oint \delta Q \leq 0$　④ $\oint \frac{\delta Q}{T} \leq 0$

해설 클라우지우스의 부등식

- $\oint \frac{\delta Q}{T} \leq 0$
- 비가역과정 : $\oint \frac{\delta Q}{T} < 0$, 가역과정 : $\oint \frac{\delta Q}{T} = 0$

35 어떤 이상기체를 가역단열과정으로 압축하여 압력이 P_1에서 P_2로 변하였다. 압축 후의 온도를 구하는 식은?(단, 1은 초기상태, 2는 최종상태, k는 비열비를 나타낸다.)

① $T_2 = T_1\left(\frac{P_2}{P_1}\right)^{\frac{k-1}{k}}$　② $T_2 = T_1\left(\frac{P_2}{P_1}\right)^{\frac{1-k}{k}}$

③ $T_2 = T_1\left(\frac{P_2}{P_1}\right)^{\frac{k}{k-1}}$　④ $T_2 = T_1\left(\frac{P_2}{P_1}\right)^{\frac{k}{1-k}}$

해설 압축 후 온도(가역단열과정)

$$T_2 = T_1\left(\frac{P_2}{P_1}\right)^{\frac{k-1}{k}}$$

36 압력을 일정하게 유지하면서 200kg의 이상기체를 300K에서 600K까지 가열한다면 엔트로피 변화량은 약 몇 kJ/K인가?(단, 이 기체의 정압비열은 1.0035kJ/kg · K이다.)

① 117.2　② 139.1

③ 227.3　④ 240.1

해설 등압변화에서 엔트로피 변화량$(\Delta S) = S_2 - S_1 = C_p \ln\frac{T_2}{T_1}$

$$\Delta S = 200 \times 1.0035 \times \ln\left(\frac{600}{300}\right) = 139.1\text{kJ/K}$$

37 가솔린 기관의 이론 표준 사이클인 오토 사이클(Otto Cycle)의 4가지 기본과정에 포함되지 않는 것은?

① 정압가열 과정

② 단열팽창 과정

③ 단열압축 과정

④ 정적방열 과정

해설 오토 사이클(내연기관 사이클)

㉠ 1 → 2 : 단열압축(등엔트로피)

㉡ 3 → 4 : 단열팽창(등엔트로피)

㉢ 2 → 3 : 등적가열(폭발)

㉣ 4 → 1 : 등적방열(방열)

38 압력 500kPa, 온도 320℃의 공기 3kg을 일정 압력으로 체적을 $\frac{1}{2}$까지 압축시키면 방출된 열량은 약 몇 kJ인가?(단, 공기의 기체상수는 0.287kJ/kg · K이고, 정압비열은 1.0kJ/kg · K이다.)

① 217　② 445

③ 634　④ 890

해설 등압변화(정압변화)

$$\text{방출열량}(Q) = mC_pT_1\left(\frac{V_2}{V_1} - 1\right)$$

$$= 3 \times 1.0 \times (273 + 320) \times \left(\frac{0.5}{1} - 1\right)$$

$$= -890\text{kJ}(\Rightarrow 890\text{kJ 방출})$$

39 과열증기에 대한 설명으로 옳은 것은?

① 대기압력보다 압력이 높은 증기

② 동일한 압력에서 건포화증기의 온도보다 높은 온도를 갖는 증기

③ 건포화증기와 습포화증기를 혼합한 증기

④ 동일한 온도에서 건포화증기에 압력을 가한 증기

해설 ㉠ 과열증기 : 동일 압력에서 건포화증기 온도보다 높은 온도의 증기

㉡ 과열도 : 과열증기온도 − 포화증기온도

34. ④ 35. ① 36. ② 37. ① 38. ④ 39. ② | ANSWER

40 **랭킨사이클의 효율을 높이기 위한 방법으로 옳은 것은?**

① 보일러의 가열 온도를 높인다.
② 응축기의 응축 온도를 높인다.
③ 펌프 소요 일을 증대시킨다.
④ 터빈의 출력을 줄인다.

해설 랭킨사이클
터빈 입구에서 온도와 압력이 높을수록 또는 배압(복수기 압력)이 낮을수록 열효율이 좋아진다.

SECTION 03 계측방법

41 **큐폴라 상부의 배기가스 온도를 측정하고자 한다. 어떤 온도계가 가장 적당한가?**

① 광고온계 ② 열전대온도계
③ 색온도계 ④ 수은온도계

해설 큐폴라(용해로) 배기가스 온도측정계
열전대 온도계(백금-백금로듐 온도계 : 600~1,600℃ 측정)

42 **링밸런스식 압력계에 대한 설명 중 옳은 것은?**

① 압력원에 가깝도록 계기를 설치한다.
② 부식성 가스나 습기가 많은 곳에는 다른 압력계보다 정도가 높다.
③ 도압관은 될 수 있는 한 가늘고 긴 것이 좋다.
④ 측정 대상 유체는 주로 액체이다.

해설 링밸런스식 압력계(환산천평식)의 특징
㉠ 부식성 가스나 습기가 적은 장소에 설치한다.
㉡ 도압관은 굵고 짧게 하며 될 수 있는 대로 압력원에 가깝도록 설치한다.
㉢ 봉입액은 액체(수은)이므로 기체측정에만 사용된다.

43 **열기전력에 의한 제벡(Seebeck)효과를 이용한 온도계는?**

① 서미스터 ② 열전대온도계
③ 백금저항온도계 ④ 니켈저항온도계

해설 열기전력 제벡효과 이용 온도계 : 열전대온도계(접촉식 온도계이다.)

44 **[그림]에서와 같이 탱크에 물이 들어 있다. 탱크 하부에서의 압력은 얼마인가?(단, 물의 비중은 1.0이다.)**

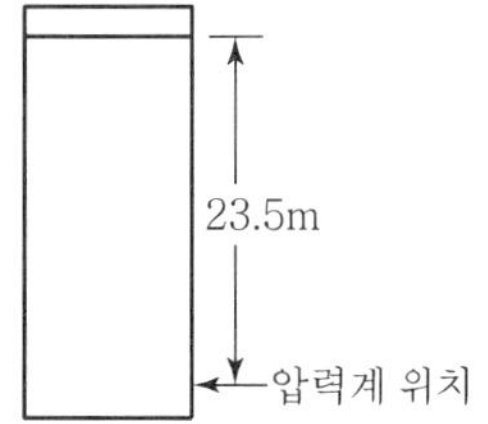

① 2.35kg/cm^2 ② 23.5kg/cm^2
③ $23.5\text{cmH}_2\text{O}$ ④ 23.5Pa

해설 H_2O 10m의 수두압 $= 1\text{kg/cm}^2$
$\therefore$ 23.5m의 압력 $= \frac{23.5}{10} = 2.35\text{kg/cm}$

45 **온도측정에 대한 하나의 방법으로 색(色)을 이용하는 비교측정 방법이 사용되고 있는데 눈부신 황백색이라면 이에 대한 온도로서 가장 적합한 것은?**

① 1,000℃ ② 1,200℃
③ 1,500℃ ④ 2,000℃

해설 ㉠ 1,000℃ : 오렌지색
㉡ 1,200℃ : 노란색
㉢ 1,500℃ : 황백색(눈 부신)
㉣ 2,000℃ : 눈 부신 흰색
㉤ 2,500℃ : 푸른기가 있는 눈 부신 흰색

46 **부르동관 압력계는 어떤 압력을 측정하는가?**

① 절대압력 ② 게이지압력
③ 진공압 ④ 대기압

해설 ㉠ 모든 압력계 지시치 : 게이지압력
㉡ 절대압력
• 게이지압력+대기압력
• 대기압력-진공압력

ANSWER 40. ① 41. ② 42. ① 43. ② 44. ① 45. ③ 46. ②

47 전자유량계는 어떤 유체의 유량을 측정하는 데 주로 사용되는가?

① 순수한 물 ② 과열된 증기
③ 도전성 유체 ④ 비전도성 유체

해설 전자식 유량계는 패러데이 법칙 이용(전기도체가 자계 내에서 자력선을 자를 때 기전력 발생 이용)

48 관로의 유속을 피토관으로 측정할 때 마노미터 수주의 높이가 1m였다. 이때 유속은 약 몇 m/s인가?

① 0.44 ② 0.89
③ 4.43 ④ 8.86

해설 유속(V) $= \sqrt{2gh} = \sqrt{2\times9.8\times1} = 4.43$m/s

49 보일러의 자동제어에서 제어량 대상이 아닌 것은?

① 증기압력 ② 보일러 수위
③ 증기온도 ④ 급수온도

해설 급수온도는 상수도, 응축수 등을 사용하며 보일러 외부에서 공급되므로 자동제어와는 관련이 없다.

50 니켈, 망간, 코발트 등의 금속 산화물 분말을 혼합, 소결시켜 만든 반도체로서 전기저항이 온도에 따라 크게 변화하므로 응답이 빠른 감열소자로 이용할 수 있는 온도계는?

① 광온도계 ② 서미스터
③ 열전대온도계 ④ 서모컬러

해설 서미스터 저항온도계 재료
㉠ 니켈(Ni)
㉡ 망간(Mn)
㉢ 코발트(Co) ─ 금속산화물 반도체
㉣ 철(Fe)
㉤ 구리(Cu)

51 연소가스 중의 O_2를 측정하는 방법이 아닌 것은?

① 자기식 ② 밀도식
③ 연소열식 ④ 세라믹식

해설 밀도식(물리적 가스분석계)
CO_2의 밀도가 공기보다 큰 것을 이용하여 CO_2 측정
비중 $= \dfrac{CO_2\text{분자량 } 44}{\text{공기분자량 } 29} = 1.52$

52 면적식 유량계의 특징에 대한 설명으로 틀린 것은?

① 유체의 밀도를 미리 알고 측정하여야 한다.
② 정도가 아주 높아 정밀측정이 가능하다.
③ 슬러리나 부식성 액체의 측정이 가능하다.
④ 압력 손실이 적고 균등한 유량 눈금을 얻을 수 있다.

해설 면적식 유량계(순간 유량계)
㉠ 부자식(로터미터)
㉡ 게이트식
㉢ 정도가 1~2% ±라서 정밀측정에는 사용 불가
㉣ 소유량, 고점도 유체 측정 가능

53 부자식 액면계에 대한 설명 중 틀린 것은?

① 기구가 간단하고 고장이 적다.
② 측정범위가 넓다.
③ 액면이 심하게 움직이는 곳에서는 사용하기가 곤란하다.
④ 습기가 있거나 전극에 피측정체를 부착하는 곳에서는 사용하기가 부적당하다.

해설 부자식(플로트식) 액면계
습기가 있거나 전극에 피측정체를 부착하여도 사용이 가능한 직접식 액면계이다.

54 프로세스계 내에 시간지연이 크거나 외란이 심할 경우 조절계를 이용하여 설정점을 작동시키게 하는 제어방식은?

① 프로그램 제어 ② 캐스케이드 제어
③ 피드백 제어 ④ 시퀀스 제어

해설 캐스케이드 제어
프로세스계 내에 시간지연이 크거나 외란이 심할 경우 조절계를 이용하여 설정점을 동작시키는 제어방식

47. ③ 48. ③ 49. ④ 50. ② 51. ② 52. ② 53. ④ 54. ② | ANSWER

55 액주식 압력계(Manometer)에 사용하는 액체의 구비조건으로 틀린 것은?

① 화학적으로 안정할 것
② 점도가 클 것
③ 팽창계수가 적을 것
④ 모세관 현상이 적을 것

해설 ㉠ 액주식 압력계(마노미터)에 사용되는 액체(물, 수은 등)는 점도나 팽창계수가 작아야 한다.
㉡ 마노미터의 종류
- 경사관식 압력계
- 단관식 압력계
- U자관식 압력계

56 적외선 분광분석계에서 고유 흡수스펙트럼을 갖지 못하기 때문에 분석이 불가능한 것은?

① CH_4　② CO
③ CO_2　④ O_2

해설 적외선 가스분석계는 H_2, O_2, N_2 등의 가스 분석이 불가능하다.(2원자 분자 가스)

57 모세관의 상부에 보조 구부를 설치하고 사용온도에 따라 수은의 양을 조절하여 미세한 온도차를 측정할 수 있는 온도계는?

① 액체팽창식 온도계　② 열전대 온도계
③ 가스압력 온도계　④ 베크만 온도계

해설 베크만 온도계
모세관의 상부에 보조구부를 설치하고 사용온도에 따라 수은의 양을 조절하여 미세한 온도차를 측정하는 온도계

58 [그림]과 같은 경사압력계에서 $P_1 - P_2$는 어떻게 표시되는가?(단, 유체의 밀도는 ρ, 중력가속도는 g로 표시된다.)

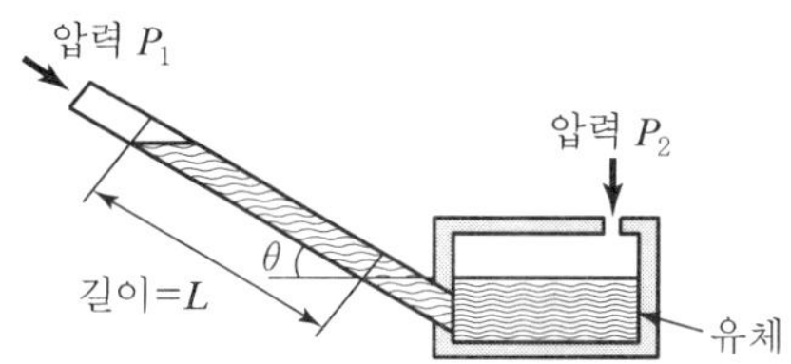

① $P_1 - P_2 = \rho g L$
② $P_1 - P_2 = -\rho g L$
③ $P_1 - P_2 = \rho g L \sin\theta$
④ $P_1 - P_2 = -\rho g L \sin\theta$

해설 경사압력계
$P_1 - P_2 = -\rho g L \sin\theta$
$P_2 - P_1 = \rho g L \sin\theta$
$P_2 = P_1 + \rho g L \sin\theta$

59 다음 중 가스의 비중을 이용하는 가스 분석계는?

① 도전율식 CO_2계
② 열전도율식 CO_2계
③ 지르코니아식 O_2계
④ 밀도식 CO_2계

해설 ㉠ 밀도식 CO_2계(CO_2가 공기보다 무겁다.)
- CO_2 : 1kmol = 22.4m^3 = 44kg
- 공기 : 1kmol = 22.4m^3 = 29kg

㉡ CO_2 비중 = $\frac{44}{29}$ = 1.52

60 다음 중 와류식 유량계가 아닌 것은?

① 칼만식 유량계
② 델타식 유량계
③ 스와르미터 유량계
④ 전자 유량계

해설 와류식 유량계(칼만 와류, 레이놀즈수 측정)
- St(Strouhal) : Re = 500~100,000 범위에서 0.2가 된다.

$$St = \frac{\text{원주직경} \times \text{소용돌이 매초 발생수}}{\text{유속}}$$

- 종류 : 델타, 스와르미터, 칼만 등

SECTION 04 열설비재료 및 설계

61 **큐폴라(Cupola)에 대한 설명으로 옳은 것은?**

① 열효율이 나쁘다.
② 용해시간이 느리다.
③ 제강로의 한 형태이다.
④ 대량의 쇳물을 얻을 수 있다.

해설 큐폴라
- 큐폴라 장입물로 주물 용해로(대량 주철 용해)
- 코크스+석회석+선철을 넣는다.

62 **보일러수에 관계되는 탄산염 경도에 대한 설명으로 틀린 것은?**

① 물의 경도 중 칼슘, 마그네슘의 중탄산염에 의한 경도이다.
② 탄산염 경도는 물속의 Ca^{2+}, Mg^{2+} 양을 나타내는 지수이다.
③ 탄산염 경도는 계속해서 끓이면 침전을 생성하므로 일시경도라고도 한다.
④ 탄산염 경도 값에서 비탄산염 경도 값을 뺀 값을 경도라고 하며 그 값이 높을수록 보일러수에 적합하다.

해설
- 경도 : 물속의 Ca, Mg 농도
- 보일러수는 연수(경도 10 이하)가 좋다.
- 경수 : 경도 10 초과(센물)

63 **보일러 급수의 탈기법 중 물리적인 방법에 대한 설명이 아닌 것은?**

① 아황산나트륨을 보일러 급수에 첨가하면 탈산소가 이루어진다.
② 진공으로 하면 기체의 분압이 낮게 되고, 물의 용해도가 감소하여 탈기된다.
③ 증기로 가열시키면 기체의 용해도는 감소하고 다시 교반, 비등에 의한 탈기가 용이하게 된다.
④ 물을 진공의 용기 속에 작은 물방울로 하는 방법과 증기를 물속에 불어넣어 물을 교반, 비등시키는 방법을 병용한 보일러 급수의 탈기법이 있다.

해설 아황산나트륨(아황산소다)은 탈산소제로서 청관제이며 약품첨가법(화학적 방법)이다.

64 **내벽은 내화벽돌로 두께 220mm, 열전도율 1.1kcal/m · h · ℃, 중간벽은 단열벽돌로 두께 9cm, 열전도율 0.12kcal/m · h · ℃, 외벽은 붉은 벽돌로 두께 20cm, 열전도율 0.8kcal/m · h · ℃로 되어 있는 노벽이 있다. 내벽 표면의 온도가 1,000℃일 때 외벽의 표면온도는 약 몇 ℃인가?(단, 외벽 주위 온도는 20℃, 외벽 표면의 열전달률은 7kcal/m · h · ℃로 한다.)**

① 104℃　　② 124℃
③ 141℃　　④ 267℃

해설

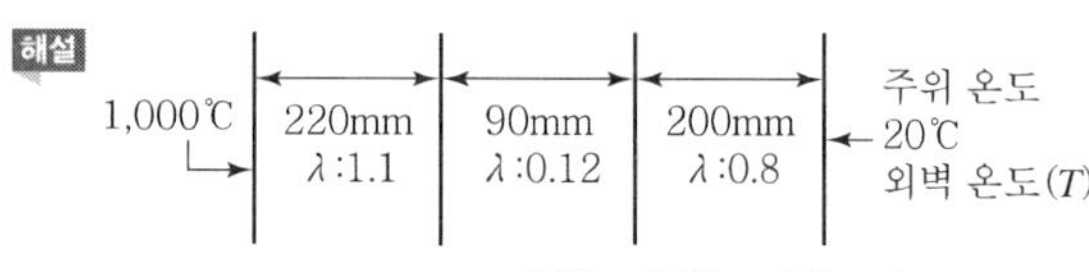

㉠ 전열저항계수$(R_1)=\frac{0.22}{1.1}+\frac{0.09}{0.12}+\frac{0.2}{0.8}+\frac{1}{7}$
$=1.3428\text{m}^2\text{h℃/kcal}$

㉡ 전열저항계수$(R_2)=\frac{0.22}{1.1}+\frac{0.09}{0.12}+\frac{0.2}{0.8}$
$=1.2\text{m}^2\text{h℃/kcal}$

∴ 외벽표면온도$(T)=1,000-\frac{1.2\times(1,000-20)}{1.3428}$
$=124℃$

65 **보일러 부속장치에 대한 설명으로 틀린 것은?**

① 공기예열기란 연소배가스의 폐열로 공급 공기를 가열시키는 장치이다.
② 절탄기란 연료공급을 적당히 분배하여 완전 연소를 위한 장치이다.
③ 과열기란 포화증기를 가열시키는 장치이다.
④ 재열기란 원동기(증기터빈)에서 팽창한 증기를 재가열시키는 장치이다.

해설 이코너마이저(절탄기)
연소 후 배기가스의 여열로 보일러용 급수를 예열하여 보일러동 내로 급수하는 열효율장치

61. ④ 62. ④ 63. ① 64. ② 65. ② | ANSWER

66 다음 중 급수 중의 불순물이 직접 보일러 과열의 원인이 되는 물질은?

① 탄산가스　　② 수산화나트륨
③ 히드라진　　④ 유지

해설 급수 중 유지분 : 보일러 과열의 원인

67 염기성 제강로의 용강이나 광재가 접촉되는 부분에 사용하는 내화물로 가장 적합한 것은?

① 규석질 내화물
② 마그네시아질 내화물
③ 고알루미나질 내화물
④ 샤모트질 내화물

해설 염기성 제강로는 염기성 내화물인 마그네시아질 내화물이 가장 이상적이다.

68 두께 10mm, 인장강도 $40kgf/mm^2$의 연강판으로 $8kgf/cm^2$의 내압을 받는 원통을 만들려고 한다. 이때 안전율을 4로 한다면 원통의 내경은 몇 mm로 하여야 하는가?

① 1,500　　② 2,000
③ 2,500　　④ 3,000

해설
원통두께$(t)=\dfrac{PDS}{200\cdot\sigma\cdot\eta}+a$(mm)

$10=\dfrac{8\times D\times 4}{200\times 40}$

$D=\dfrac{200\times 40\times 10}{8\times 4}=2{,}500$mm

※ η(효율)=1 (100%), $\alpha=0$(부식여유치)

69 다음 중 대차(Kiln Car)를 쓸 수 있는 가마는?

① 등요(Up hil Kiln)
② 선가마(Shaft Kiln)
③ 회전요(Rotary Kiln)
④ 셔틀가마(Shuttle Kiln)

해설 대차 이용 가마 : 셔틀가마, 터널가마(연속가마)

70 내경 600mm, 압력 $8kgf/cm^2$, 두께 10mm의 얇은 두께의 원통 실린더에 가스가 들어 있다면 원주응력은 약 몇 kgf/mm^2인가?

① 2.4　　② 3.2
③ 4.8　　④ 8.8

해설
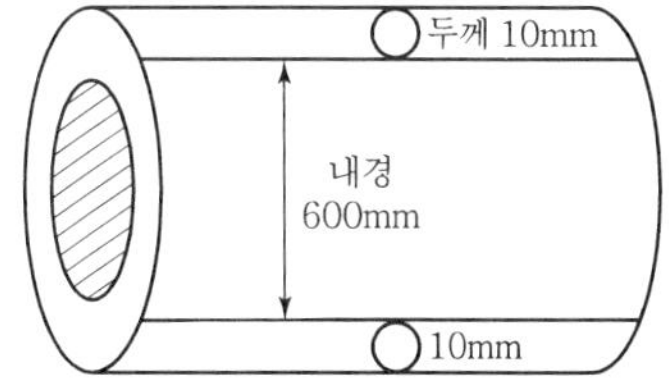

$PDl=2tl\sigma_2$

$\sigma_2=\dfrac{PD}{2t}=\dfrac{8\times 600}{2\times 10}=240kg/cm^2=2.4kg/mm^2$

71 금속 공업로의 에너지 절감대책으로 가장 거리가 먼 것은?

① 처리 재료 보유열을 유효하게 이용한다.
② 연소용 공기의 여열을 곧바로 방열시킨다.
③ 배열을 유효하게 이용하고 방사열량의 저감대책을 마련한다.
④ 공연비의 개선 및 노 설비의 유기적 결합에 의한 배열의 효율적인 이용을 기한다.

해설 연소용 공기의 여열을 노 내로 투입하여야 에너지가 절감된다.

72 허용인장응력 $10kgf/mm^2$, 두께 12mm의 강판을 160mm V홈 맞대기 용접이음을 할 경우 그 효율이 80%라면 용접두께 t는 얼마로 하여야 하는가?(단, 용접부의 허용응력 σ는 $8kgf/mm^2$이다.)

① 6mm　　② 8mm
③ 10mm　　④ 12mm

해설 용접두께$(t)=\dfrac{10\times 12}{8}\times 0.8=12$mm

ANSWER | 66. ④ 67. ② 68. ③ 69. ④ 70. ① 71. ② 72. ④

73 터널가마의 레일과 바퀴부분이 연소가스에 의해서 부식되지 않도록 하는 부분은?

① 샌드실(Sand Seal)
② 에어커튼(Air Curtain)
③ 내화갑
④ 칸막이

해설 샌드실
터널 연속요에서 레일과 바퀴부분이 연소가스에 의해서 부식되지 않도록 한다.

74 방열유체의 전열유닛수(NTU_h)가 3.2이고 온도차가 96℃인 열교환기의 전열효율을 1로 할 때 $LMTD$는 몇 ℃인가?

① 0.03℃　② 3.2℃
③ 30℃　④ 307.2℃

해설 대수평균온도차($LMTD$) $= \dfrac{\Delta t}{NTU_h \cdot \eta} = \dfrac{96}{3.2 \times 1} = 30$℃

75 축열식 반사로를 사용하여 선철을 용해, 정련하는 방법으로 시멘스마틴법(Siemens－martins Process)이라고도 하는 것은?

① 불림로　② 용선로
③ 평로　④ 전로

해설
• 평로 : 제강로로서 반사로이다(시멘스마틴법). 제강로 중 가장 크다.
• 제강로 : 평로, 전기로, 도가니로, 전로 등

76 보일러수 중 알칼리 용액의 농도가 높을 때 응력이 큰 금속 표면에 미세한 균열이 일어나는 것을 무엇이라고 하는가?

① 피팅(Pitting)　② 가성취화
③ 그루빙(Grooving)　④ 포밍(Foaming)

해설 가성취화
보일러수의 알칼리 용액 농도가 높아서 응력이 큰 금속 표면에 미세한 균열을 발생시킨다.

77 증기보일러에는 원칙적으로 2개 이상의 안전밸브를 설치하여야 한다. 1개만 설치해도 되는 전열면적의 기준은?

① $10m^2$ 이하　② $30m^2$ 이하
③ $50m^2$ 이하　④ $100m^2$ 이하

해설 전열면적 $50m^2$ 이하에서는 증기보일러의 경우 안전밸브를 1개 이상만 설치하여도 된다.

78 배관 도면상의 그림과 같은 표시는 어떤 종류의 밸브를 의미하는가?

① 앵글밸브(Angle Valve)
② 체크밸브(Check Valve)
③ 게이트밸브(Gate Valve)
④ 자동밸브(Automatic Valve)

해설 역류방지밸브(체크밸브)

79 온도의 급격한 변화, 불균일한 가열냉각 등에 의해 노재(내화물)에 열응력이 생겨 균열이 생기거나 표면이 갈라지는 현상을 의미하는 것은?

① 스폴링(Spalling)　② 슬래킹(Slaking)
③ 버스팅(Bursting)　④ 하중연화현상

해설 열적 스폴링 현상
온도 급변화, 불균일한 가열냉각 등에 의해 노재에 열응력이 생겨 균열이나 표면이 갈라지는 현상

80 다음 중 터널요(Tunnel Kiln)의 장점이 아닌 것은?

① 다품종 소량생산에 적합하다.
② 열효율이 높아 연료가 절약된다.
③ 노 내의 분위기나 온도 조절이 쉽다.
④ 소성이 균일하여 제품의 품질이 좋다.

해설 터널요
대량 생산용 가마로서(다품종 생산에는 부적당하다.) 예열대, 소성대, 냉각대가 있다.

73. ① 74. ③ 75. ③ 76. ② 77. ③ 78. ② 79. ① 80. ① ANSWER

SECTION 01 연소공학

01 부하 변동에 따른 연료량의 조절범위가 가장 큰 버너의 형식은?

① 유압식 버너
② 회전식 버너
③ 고압공기 분무식 버너
④ 저압증기 분무식 버너

해설 오일분무 버너 유량조절범위
㉠ 유압식 1 : 2 정도
㉡ 회전식 1 : 5 정도
㉢ 고압공기식 1 : 10 정도
㉣ 저압증기식 1 : 5 정도

02 수소 31.9%, 일산화탄소 6.3%, 메탄 22.3%, 에틸렌 3.9%, 이산화탄소 3.8%, 질소 31.8%의 조성을 갖는 가스 연료의 고위발열량은 약 몇 MJ/Sm³인가?

① 10.5 ② 11.3
③ 14.2 ④ 16.3

해설 기체연료의 고위발열량(H_h)
$=12.68CO+12.749H_2+39.835CH_4+63.87C_2H_4$
$=12.68\times0.063+12.749\times0.319+39.835\times0.223+63.87\times0.039$
$=16.3MJ/Sm^3$
※ 고체 · 액체연료의 고위발열량(H_h)
$$H_h=8,100C+34,000\left(H-\frac{O}{8}\right)+2,500S$$

03 거리의 제한이 없고 주위 환경 오차가 적으나 연돌 상부의 지름 크기에 따라 측정오차가 큰 매연 측정 방법은?

① 바카락 스모그 테스터
② 망원경식 매연 농도계
③ 광전관식 매연 농도계
④ 링겔만 매연 농도계

해설 망원경식 매연 농도계의 특징
㉠ 측정거리에 제한이 없다.
㉡ 주위 환경 오차가 적다.
㉢ 연돌(굴뚝) 상부의 지름 크기에 따라 측정오차가 크다.

04 연소의 3요소에 해당하지 않는 것은?

① 가연물 ② 인화점
③ 산소공급원 ④ 점화원

해설 연소의 3요소
㉠ 가연물
㉡ 점화원
㉢ 산소공급원

05 기체연료의 일반적인 특징에 대한 설명으로 가장 거리가 먼 것은?

① 저장하기 쉽다.
② 열효율이 높다.
③ 점화 및 소화가 간단하다.
④ 연소용 공기 예열에 의해 저발열량이라도 전열효율을 높일 수 있다.

해설 기체연료
폭발위험과 온도상승 시 압력 상승에 따른 위험과 체적용량을 줄이고, 많은 양을 저장하기 위해 압축하여 저장되므로 저장이 매우 까다롭다.

06 기체연료의 연소에는 층류확산연소, 난류확산연소 및 예혼합연소가 있다. 이 중 가장 고부하 연소가 가능한 연소방식은?

① 층류확산연소 ② 난류확산연소
③ 예혼합연소 ④ 모두 가능하다.

해설 기체연료 연소방식
㉠ 확산연소(층류, 난류)
㉡ 예혼합연소 : 역화의 위험이 따르나 고부하 연소가 가능하다.

ANSWER | 1. ③ 2. ④ 3. ② 4. ② 5. ① 6. ③

07 질량조성비가 탄소 0.87, 수소 0.1, 황 0.03인 연료가 있다. 이론공기량(Sm^3/kg)은?

① 7.2 ② 8.3
③ 9.4 ④ 10.5

해설 고체 · 액체의 이론공기량(A_0)

$$A_0 = 8.89C + 26.67\left(H - \frac{O}{8}\right) + 3.33S$$
$= 8.89 \times 0.87 + 26.67 \times 0.1 + 3.33 \times 0.003$
$= 7.7343 + 2.667 + 0.00999$
$= 10.5Sm^3/kg$

08 다음 기체연료 중 고위발열량(MJ/Sm^3)이 가장 큰 것은?

① 고로가스 ② 천연가스
③ 석탄가스 ④ 수성가스

해설 기체연료의 고위발열량
㉠ 고로가스 : $900kcal/Sm^3$ (N_2, CO, CO_2)
㉡ 액화천연가스 : $9,550kcal/Sm^3$ (LNG : CH_4)
㉢ 석탄가스 : $5,670kcal/Sm^3$ (H_2, CH_4, CO)
㉣ 수성가스 : $2,800kcal/Sm^3$ (H_2, CO, N_2)

09 입경이 작아질수록 석탄의 착화온도의 변화를 나타내는 것으로 옳은 것은?

① 착화온도가 높아진다.
② 착화온도가 낮아진다.
③ 입경의 크기와 무관하다.
④ 착화온도의 차이가 없다.

해설 석탄의 입경이 작아질수록 공기소통이 원활하고 연소상태가 양호하며 착화온도가 낮아진다.

10 일반적인 중유의 인화점 범위로서 가장 옳은 것은?

① 60~150℃ ② 300~350℃
③ 520~580℃ ④ 730~780℃

해설 ㉠ 일반 중유의 인화점 : 60~150℃
㉡ 점성에 의한 중유의 분류 : A급, B급, C급(보일러용)

11 석탄을 공업분석하였더니 수분이 3.35%, 휘발분이 2.65%, 회분이 25.50%이었다. 고정탄소분은 몇 %인가?

① 37.69 ② 49.48
③ 59.87 ④ 68.50

해설 고정탄소분(F) = 100 − (수분 + 휘발분 + 회분)
= 100 − (3.35 + 2.65 + 25.50)
= 68.50%

12 다음 조성의 수성가스 연소 시 필요한 공기량은 약 몇 Sm^3/Sm^3인가?(단, 공기비는 1.25, 사용 공기는 건조공기이다.)

[조성비]
CO_2 : 4.5%, CO : 45%, N_2 : 11.7%, O_2 : 0.8%, H_2 : 38%

① 0.97 ② 1.22
③ 2.42 ④ 3.07

해설 기체연료의 실제공기량(A) = 이론공기량(A_0) × 공기비(m)
이론공기량(A_0) = $2.38H_2 + 2.38CO + 9.52CH_4 + 14.3C_2H_4 + 23.8C_3H_8 + 40.0C_4H_{10} - 4.762O_2$
$= (2.38 \times 0.45) + (2.38 + 0.38) - (4.762 \times 0.008)$
$= 1.071 + 0.9044 - 0.0380$
$= 1.9374\ Sm^3/Sm^3$
∴ 실제공기량(A) = $1.9374 \times 1.25 = 2.42Sm^3/Sm^3$

13 다음 중 풍화의 영향이 크지 않은 것은?

① 석탄의 휘발분 ② 석탄의 고정탄소
③ 석탄의 회분 ④ 석탄의 수분

해설 석탄에서 풍화의 영향이 큰 성분
㉠ 휘발분
㉡ 고정탄소
㉢ 수분

14 다음 중 매연의 방지조치로서 옳지 않은 것은?

① 공기비를 최소화하여 연소한다.
② 보일러에 적합한 연료를 선택한다.

7. ④ 8. ② 9. ② 10. ① 11. ④ 12. ③ 13. ③ 14. ① | ANSWER

③ 연료가 연소하는 데 충분한 시간을 준다.
④ 연소실 내의 온도가 내려가지 않도록 공기를 적정하게 보낸다.

해설 공기비가 적으면 투입공기량(실제공기량)이 적어서 매연이 발생될 우려가 있다.

15 **고체연료인 석탄, 장작 등이 불꽃을 내면서 타는 형태의 연소로서 가장 옳은 것은?**

① 확산연소 ② 증발연소
③ 분해연소 ④ 표면연소

해설 분해연소
석탄 장작 등에서 불꽃을 내면서 타는 형태의 연소이다.

16 **회분이 연소에 미치는 영향에 대한 설명으로 옳지 않은 것은?**

① 연소실의 온도를 높인다.
② 통풍에 지장을 주어 연소효율을 저하시킨다.
③ 보일러 벽이나 내화벽돌에 부착되어 장치를 손상시킨다.
④ 용융 온도가 낮은 회분은 클링커를 작용시켜 통풍을 방해한다.

해설 고체 연료 중 회분(타고 남은 재의 성분)이 많으면 연소실의 온도가 저하한다.

17 **탄소 84.0%, 수소 13.0%, 황 2.0%, 질소 1.0%인 중유 1kg을 15Sm³의 공기로 완전연소시켰을 때의 습연소 배기가스 중의 SO_2는 약 몇 ppm인가?(단, 황은 연소하여 모두 SO_2로 되었다.)**

① 700 ② 740
③ 890 ④ 1,000

해설 ㉠ 탄소 = $8.89 \times 0.84 = 7.4676\text{Sm}^3$
㉡ 수소 = $32.27 \times 0.13 = 4.1821\text{Sm}^3$
㉢ 황 = $3.33 \times 0.02 = 0.0666\text{Sm}^3$
㉣ 질소 = $0.8 \times 0.010 = 0.008\text{Sm}^3$
이론공기량 = $7.4676 + 4.1821 + 0.0666 = 11.7157$
공기비 = $\dfrac{15}{11.7157} = 1.28$
이론습배기 = $(1-0.21)\times 11.7157 + 1.867 \times 0.84 + 11.2 \times 0.13 + 0.7 \times 0.02 + 0.8 \times 0.01 = 12.30\text{m}^3/\text{kg}$
실제습배기가스양 = $12.30 + (1.28-1) \times 11.7157 = 15.58\text{Sm}^3/\text{kg}$
황(S)의 배기가스 = $0.7\text{S} = 0.7 \times 0.02 = 0.014\text{m}^3/\text{kg}$
$\therefore \dfrac{0.014}{15.58} \times 1{,}000{,}000 = 898\text{ppm}$
※ $1\text{ppm} = \dfrac{1}{10^6} = \dfrac{1}{100\text{만}}$

18 **다음 중 이론공기량에 대하여 가장 올바르게 나타낸 것은?**

① 완전 연소에 필요한 1차 공기량
② 완전 연소에 필요한 2차 공기량
③ 완전 연소에 필요한 최소 공기량
④ 완전 연소에 필요한 최대 공기량

해설 이론공기량(A_0) : 완전연소에 필요한 최소 공기량

19 **다음 중 보염장치(保炎裝置)가 아닌 것은?**

① 에어레지스터 ② 버너타일
③ 컴버스터 ④ 크레이머

해설 보염장치
㉠ 에어레지스터(착화 보호장치)
㉡ 버너타일
㉢ 보염기
㉣ 컴버스터

20 **프로판 1Sm³을 이론공기량으로 완전연소 시 건연소 가스양은?**

① 3.81Sm³ ② 18.81Sm³
③ 21.81Sm³ ④ 25.81Sm³

해설 프로판가스(C_3H_8)
연소반응식 : $C_3H_8 + 5O_2 \rightarrow 3CO_2 + 4H_2O$
이론건연소가스양(G_{od}) = $(1-0.21)A_0 + CO_2$
이론공기량(A_0) = 이론산소량 × $\dfrac{1}{0.21}$ (m³/m³)
$\therefore G_{od} = (1-0.21) \times \dfrac{5}{0.21} + 3 = 21.81\text{Sm}^3/\text{Sm}^3$

ANSWER | 15. ③ 16. ① 17. ③ 18. ③ 19. ④ 20. ③

SECTION 02 열역학

21 **공기냉동 Cycle은 어느 Cycle의 역Cycle인가?**

① Otto ② Diesel
③ Sabathe ④ Brayton

해설 ㉠ 공기냉동표준 사이클 : 브레이턴 사이클(가스터빈 사이클)의 역사이클
㉡ 브레이턴 사이클 : 정압가열, 정압방열, 단열압축, 단열팽창

22 **오토사이클에 대한 설명으로 틀린 것은?**

① 등엔트로피 압축과정이 있다.
② 일정한 압력에서 열방출을 한다.
③ 압축비가 클수록 이론적인 열효율은 증가한다.
④ 효율은 압축비의 함수이다.

해설 오토사이클(내연기관 사이클)
㉠ 정적가열, 정적방열, 단열압축, 단열팽창
㉡ 정적방열 : 일정한 체적에서 열을 방출한다.
㉢ 압축비가 커질수록 열효율이 증가한다.

23 **냉동 사이클의 작업유체(Working Fluid)인 냉매(Refrigerant)의 구비조건으로 가장 거리가 먼 것은?**

① 증발잠열이 클 것
② 임계온도가 낮을 것
③ 응축압력이 낮을 것
④ 열전달 특성이 좋을 것

해설 냉매는 언제나 액상으로 변화 가능해야 하기 때문에 임계온도가 높아야 한다.

24 **체적 20m³의 용기 내에 공기가 채워져 있으며, 이때 온도는 25℃이고, 압력은 200kPa이다. 용기 내의 공기온도를 65℃까지 가열시키는 경우에 소요 열량은 약 몇 kJ인가?(단, $R=0.287$kJ/kg · K, $C_v=0.71$kJ/kg · K이다.)**

① 240 ② 330
③ 1,330 ④ 2,840

해설 공기의 질량 계산
$PV=GRT$
$G=\frac{PV}{RT}=\frac{200\times20}{0.287\times(25+273)}=46.78\text{kg(질량)}$
소요열량$(Q)=G\cdot C_v\cdot(T_2-T_1)$
$=46.78\times0.71(338-298)=1{,}330\text{kJ}$

25 **엔트로피에 대한 설명 중 틀린 것은?**

① 엔트로피는 열역학적 상태량이다.
② 계의 엔트로피 변화는 가역 및 비가역 과정에서 경로와 무관하다.
③ 엔트로피는 모든 과정에 대하여 전달 열량을 온도로 나눈 것으로 정의된다.
④ 몰리에 선도는 엔탈피와 엔트로피 관계를 나타내는 선도이다.

해설
엔트로피$(ds)=\frac{\delta Q}{T}=\frac{GCdT}{T}$(kcal/k)
비엔트로피$(ds)=\frac{\delta q}{T}=\frac{CdT}{T}$(kcal/k · kg)

26 **압력 0.2MPa, 온도 200℃의 어떤 기체(이상기체) 2kg이 가역단열과정으로 팽창하여 압력이 0.1MPa로 변한다. 이 기체의 최종온도는 약 몇 ℃인가?(단, 이 기체의 비열비는 1.4이다.)**

① 92 ② 115
③ 365 ④ 388

해설
단열과정 $P.V.T.$: $T_2=T_1\times\left(\frac{P_2}{P_1}\right)^{\frac{K-1}{K}}$
$=(200+273)\times\left(\frac{0.1}{0.2}\right)^{\frac{1.4-1}{1.4}}$
$=388\text{K}$
∴ 최종온도$(t)=388-273=115$℃

27 **다음은 물의 압력 – 온도 선도를 나타낸 것이다. 임계점은 어디를 말하는가?**

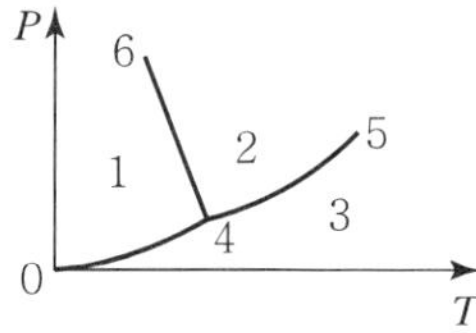

① 점 0 ② 점 4
③ 점 5 ④ 점 6

해설

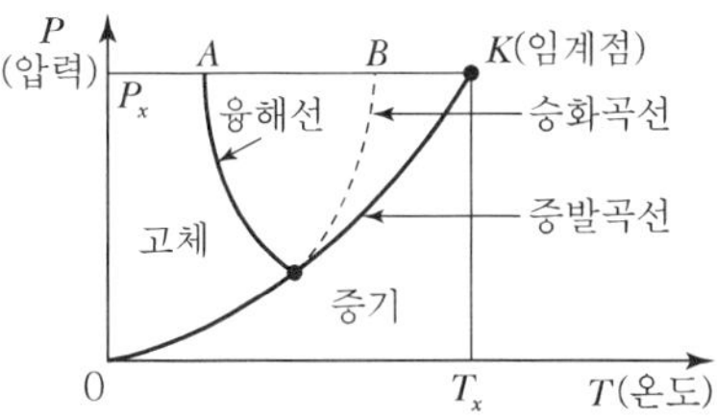

28 압력 2.5MPa일 때 포화수 엔탈피는 960kJ/kg, 포화수증기의 엔탈피는 2,800kJ/kg이다. 이때 동일 압력하에서 습증기 5kg의 엔탈피는 10,000kJ이다. 이 습증기의 건도는?

① 0.27 ② 0.37
③ 0.47 ④ 0.57

해설 증발잠열 = 2,800 − 960 = 1,840kJ/kg

습증기잠열 = $\frac{10,000}{5} - 960 = 1,040$kJ/kg

건조도(x) = $\frac{r_2}{r_1} = \frac{1,040}{1,840} = 0.57$ (57%)

29 다음 중 같은 액체에 대한 표현이 아닌 것은?

① 밀도가 800kg/m^3이다.
② 0.2 m^3의 질량이 160kg이다.
③ 비중량이 800N/m^3이다.
④ 비체적이 0.00125m^3/kg이다.

해설 물의 비중량 = 1,000kg/m^3 = 9,800N/m^3

③에서 1,000 : 9,800 = 800 : x

$x = 9,800 \times \frac{800}{1,000} = 7,840$N/$m^3$

30 고열원의 온도 800K, 저열원의 온도 300K인 두 열원 사이에서 작동하는 이상적인 카르노 사이클이 있다. 고열원에서 사이클에 가해지는 열량이 120kJ이면 사이클 일은 몇 kJ인가?

① 60 ② 75
③ 85 ④ 120

해설 효율(η_c) = $\frac{Aw}{Q_1} = 1 - \frac{T_2}{T_1} = 1 - \frac{300}{800} = 0.625$

∴ 120 × 0.625 = 75kJ

31 발열량이 47,300kJ/kg인 휘발유를 시간당 40kg씩 연소시키는 기관의 열효율이 30%라면, 이 관의 발생 동력은 몇 kW인가?

① 158 ② 527
③ 1,548 ④ 1,752

해설 이용열량(Q) = 47,300 × 0.3 = 14,190 kJ/kg

1 kWh = 3,600 kJ

발생동력(P) = $\frac{14,190 \times 40}{3,600} = 158$kW

32 그림은 초기 체적이 V_1 상태에 있는 피스톤이 외부로 일을 하여 최종적으로 체적이 V_f인 상태로 된 것을 나타낸다. 외부로 가장 많은 일을 한 과정은?

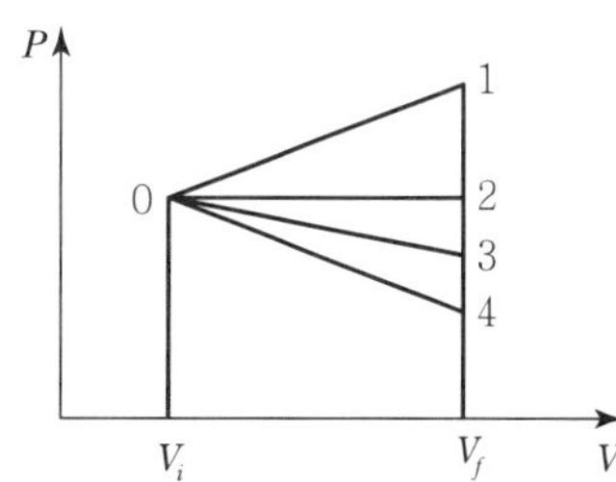

① 0−1 과정
② 0−2 과정
③ 0−3 과정
④ 0−4 과정

해설 ㉠ 외부에 일을 하면 ⊕

㉡ 외부에서 일을 받으면 ⊖

∴ 0 → 1 : 일의 체적 변화가 가장 크다.

※ 일량(W) = $\frac{1}{A}Q = JQ$, $J = \frac{1}{A} = 427$kg · m/kcal

$\delta Q = du + APdv$(kcal/kg)

33 보일러에서 포화증기의 압력을 올리면 증기의 잠열은 어떻게 변하는가?

① 증가한다. ② 변하지 않는다.
③ 감소한다. ④ 상황에 따라 다르다.

해설 보일러 포화증기의 압력에서 잠열
㉠ 1.033kg/cm^2 : 539kcal/kg
㉡ 225.65kg/cm^2 : 0kcal/kg
(압력이 높을수록 증발잠열값은 감소)

34 압력이 300kPa, 체적이 0.5m^{3}인 공기가 일정한 압력에서 체적이 0.7m^{3}로 팽창했다. 이 팽창 중에 내부에너지가 50kJ 증가하였다면 팽창에 필요한 열량은 몇 kJ인가?

① 50 ② 60
③ 100 ④ 110

해설 팽창일량(절대일)

$${}_1W_2 = \int_1^2 PdV = P(V_2 - V_1) = R(T_2 - T_1)$$
$$= 300(0.7 - 0.5) = 60\text{kJ}$$

∴ 팽창에 필요한 열량(W)=60+50=110kJ

35 관로에서 외부에 대한 열의 출입이 없고 외부에 대한 일과 유압속도를 무시할 때, 유출속도 W_2에 대한 식으로 옳은 것은?(단, i는 단위질량당 엔탈피이며, 1, 2는 각각 입구와 출구를 의미한다.)

① $W_2 = \sqrt{2(i_1 - i_2)}$ ② $W_2 = \sqrt{2(i_1 + i_2)}$
③ $W_2 = 2\sqrt{(i_1 - i_2)}$ ④ $W_2 = 2\sqrt{(i_1 + i_2)}$

해설 유출속도(관로 내에서) $W_2 = \sqrt{2(i_1 - i_2)}$ (m/s)

36 이상기체에 대한 설명으로 가장 거리가 먼 것은?

① 기체분자 간의 인력을 무시할 수 있고 이상기체의 상태방정식을 만족하는 기체
② Boyle−Charles의 법칙(Pv/T=Const)을 만족하는 기체
③ 분자 간에 완전 탄성충돌을 하는 기체
④ 일상생활에서 실제로 존재하는 기체

해설 실제기체 : 일상생활에서 실제로 존재하는 기체

37 습증기의 건도를 잘 설명한 것은?

① 습증기 1kg 중에 포함되어 있는 액체의 양을 습증기 1kg 중에 포함된 건포화증기 양으로 나눈 값
② 습증기 1kg 중에 포함되어 있는 건포화증기의 양을 습증기 1kg 중에 포함된 액체 양으로 나눈 값
③ 습증기 1kg 중에 포함되어 있는 액체의 양을 습증기 1kg으로 나눈 값
④ 습증기 1kg 중에 포함되어 있는 건포화증기의 양을 습증기 1kg으로 나눈 값

해설 습증기건도(x)

$$x = \frac{\text{습증기 1kg 중 건포화증기의 양}}{\text{습증기1kg}}$$

38 물에 대한 임계점에서의 온도와 압력을 옳게 표현한 것은?

① 273.16℃, 0.61kPa
② 273.16℃, 221bar
③ 374.15℃, 0.61kPa
④ 374.15℃, 221bar

해설 물(水)
㉠ 임계온도 : 374.15℃
㉡ 임계압력 : 221bar(225.65kg/cm^2)

39 폴리트로픽(Polytropic) 과정에서 폴리트로픽 지수가 무한히 큰 수($n = \infty$)인 경우는 다음 중 어느 과정에 가장 가까운가?

① 정압(Constant Pressure) 과정
② 정적(Constant Volume) 과정
③ 등온(Constant Temperature) 과정
④ 단열(Adiabatic) 과정

해설 폴리트로픽 지수
㉠ 정압변화(0)
㉡ 등온변화(1)
㉢ 단열변화(K)
㉣ 정적변화(∞)

33. ③ 34. ④ 35. ① 36. ④ 37. ④ 38. ④ 39. ② | ANSWER

40 물의 기화열은 1기압에서 2,257kJ/kg이다. 1기압 하에서 포화수 1kg을 포화수증기로 만들 때 물의 엔트로피의 변화는 몇 kJ/K인가?

① 0 ② 6.05
③ 539 ④ 2,257

해설 1기압(atm) : 포화온도 100℃ = 100 + 273 = 373K
비엔트로피 변화(ds) = $\frac{\delta q}{T} = \frac{2,257}{373}$
= 6.05kJ/K

SECTION 03 계측방법

41 피토관을 사용하여 해수의 유속을 측정하였더니 마노미터의 차가 10cm이었다. 이때 유속은 약 몇 m/s인가?

① 1.4 ② 1.96
③ 14 ④ 18.6

해설 유속(V) = $\sqrt{2gh} = \sqrt{2\times 9.8\times 0.1} = 1.4$m/s

42 프로세스 제어의 난이 정도를 표시하는 낭비시간(Dead Time : L)과 시정수(T)와의 비$\left(\frac{L}{T}\right)$는 어떤 성질을 갖는가?

① 작을수록 제어가 용이하다.
② 클수록 제어가 용이하다.
③ 조작정도에 따라 다르다.
④ 비에 관계없이 일정하다.

해설 프로세스 제어에서 $\frac{\text{낭비시간}(L)}{\text{시정수}(T)}$의 값이 작을수록 제어가 용이하다.

43 휘도를 표준온도의 고온 물체와 비교하여 온도를 측정하는 온도계는?

① 액주온도계 ② 광고온계
③ 열전대온도계 ④ 기체팽창온도계

해설 광고온계
700~3,000℃까지 측정하는 비접촉식 고온계로서 휘도를 표준온도의 고온 물체와 비교하여 온도를 측정한다.

44 지름이 200mm인 관에 비중이 0.9인 기름이 평균속도 5m/s로 흐를 때 유량은 약 몇 kg/s인가?

① 14 ② 15.7
③ 141.3 ④ 157

해설 유량(Q) = 단면적(A) × 유속(V)
비중 0.9 기름의 밀도 = 900kg/m^3
단면적(A) = $\frac{\pi}{4}d^2 = \frac{3.14}{4}\times(0.2)^2 = 0.0314\text{m}^2$
∴ 질량유량 = $(0.0314\times 5)\times 900 = 141.3$kg/s

45 다음 중 화학적 가스분석계가 아닌 것은?

① 오르자트식 ② 연소식
③ 자동화학식 CO_2계 ④ 밀도식

해설
- 밀도식 가스분석계(밀도식 CO_2계) : 물리적 가스분석계
- 밀도 = $\frac{\text{분자량}}{\text{체적}}$(kg/m^3)

46 자동제어에 대한 설명으로 틀린 것은?

① 블록선도(Block Diagram)란 자동제어계의 각 요소의 명칭이나 특성을 각 블록 내에 기입하고, 신호의 흐름을 표시한 계통도이다.
② 제어량은 출력이라고도 하며, 제어하고자 하는 양으로서 목표치와 같은 종류의 양이다.
③ 비교부란 검출한 제어량과 조작량을 비교하는 부분으로 그 오차를 제어편차라 한다.
④ 외란이란 제어계의 상태를 혼란케 하는 외적 작용이다.

해설 비교부 : 검출부에서 검출한 제어량과 목표치를 비교하는 부분이며 그 오차가 제어편차이다.

ANSWER | 40. ② 41. ① 42. ① 43. ② 44. ③ 45. ④ 46. ③

47 "$CO+H_2$" 분석계란 어떤 가스를 분석하는 계기인가?

① 과잉공기계 ② CO_2계
③ 미연가스계 ④ N_2계

해설 미연소가스계
$CO+H_2$ 가스의 화학적인 가스분석계

48 밀폐 고압탱크나 부식성 탱크의 액면 측정에 가장 적절한 액면계는?

① 차압식 ② 플로트(Float)식
③ 노즐식 ④ 감마(γ)선식

해설 감마선식 액면계
㉠ 방사선원으로 코발트(^{60}Co) 등의 감마(γ)선이 사용된다.
㉡ 밀폐 고압탱크용 액면계
㉢ 부식성 탱크의 액면 측정
㉣ 종류 : 투과식, 추종식 등

49 전기저항 온도계에서 측온저항체의 구비조건으로 틀린 것은?

① 물리 · 화학적으로 안정하고 동일 특성을 갖는 재료이어야 한다.
② 일정 온도에서 일정한 저항을 가져야 한다.
③ 저항온도계수가 적고 규칙적이어야 한다.
④ 내열성이 있어야 한다.

해설 전기저항온도계
㉠ 특성 : 문제의 보기 ①, ②, ④ 외에도 저항온도계수가 크고 규칙적이어야 한다.
㉡ 700℃ 이하의 온도 측정용
㉢ 종류 : 백금, 니켈, 구리, 서미스터

50 액주식 압력계에 사용하는 액체에 필요한 특성이 아닌 것은?

① 점성이 클 것
② 열팽창계수가 작을 것
③ 모세관 현상이 작을 것
④ 일정한 화학성분을 가질 것

해설 액주식 압력계 특성
문제의 보기 ②, ③, ④ 외에 점도나 팽창계수가 작아야 한다.

51 차압식 유량계의 압력손실의 크기를 바르게 표기한 것은?

① Flow-Nozzle > Venturi > Orifice
② Venturi > Flow-Nozzle > Orifice
③ Orifice > Venturi > Flow-Nozzle
④ Orifice > Flow-Nozzle > Venturi

해설 차압식 유량계 압력손실 크기
오리피스 > 플로-노즐 > 벤투리

52 0℃에서 수은주의 높이가 760mm에 상당하는 압력을 1표준기압 또는 대기압이라 할 때 다음 중 1atm과 다른 것은?

① 1,013mbar ② 101.3Pa
③ 1.033kg/cm^2 ④ 10.332mH_2O

해설 1atm=760mmHg=1,013mbar=1.033kg/cm^2
=10.332mH_2O=101,325Pa=101,325N/m^2=14.7psi

53 다음 중 온도를 높여주면 산소 이온만을 통과시키는 성질을 이용한 가스분석계는?

① 세라믹 O_2계
② 갈바닉 전자식 O_2계
③ 자기식 O_2계
④ 적외선 가스분석계

해설 세라믹 산소계
㉠ 주원료는 ZrO_2(지르코니아)이다.
㉡ 온도를 높여주면 산소이온만 통과시킨다.
㉢ 응답이 빠르다.
㉣ 연속측정, 측정범위가 넓다.
㉤ 측정가스 중에 가연성 가스가 있으면 사용불가

54 통풍력의 단위로 사용하기에 가장 적합한 것은?

① 수은주(mmHg)
② 수주(mmH_2O)
③ 수주(mH_2O)
④ kg/cm^2

해설 통풍력의 단위 : 수주(mmH_2O, mmAq)

47. ③ 48. ④ 49. ③ 50. ① 51. ④ 52. ② 53. ① 54. ② | ANSWER

55 다음 중 보일러의 화염온도를 측정하는 데 가장 적합한 온도계는?

① 알코올온도계
② 광고온계
③ 수은유리온도계
④ 표면온도계

해설 광고온계
㉠ 비접촉식 온도계
㉡ 측정범위 : 700~3,000℃
㉢ 특정한 파장인 0.65μm인 적외선 방사에너지 사용
㉣ 비교적 정도가 높다.(±15deg)

56 다음 중 구조상 보상도선을 반드시 사용하여야 하는 온도계는?

① 열전대식 온도계 ② 광고온계
③ 방사온도계 ④ 전기식 온도계

해설 열전대식 온도계
㉠ 보상도선(동, 동-니켈)을 사용한다.
㉡ 온도계 종류 : 철-콘스탄탄, 크로멜-알루멜, 백금로듐-백금, 동-콘스탄탄

57 다음과 같은 압력측정장치에서 용기압력은 어떻게 표시되는가?(단, 유체의 밀도 ρ, 중력가속도 g로 표시한다.)

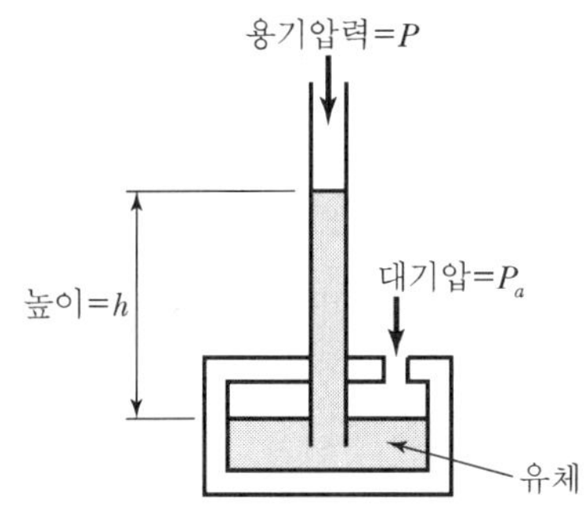

① $P=P_a$ ② $P=\rho gh$
③ $P=P_a+\frac{1}{2}\rho gh$ ④ $P=P_a+\rho gh$

해설 용기압력(P)=대기압+유체밀도×중력가속도×높이차
$=P_a+\rho gh$

58 방사온도계로 금속의 온도를 측정하였더니 970℃이었다. 전방사율이 0.84일 때의 진온도는 약 몇 ℃인가?

① 815 ② 970
③ 1,025 ④ 1,298

해설 진온도(T) $=\dfrac{R}{\sqrt[4]{\varepsilon}}$에서 전방사율($\varepsilon$)=0.84

$\therefore\ T=\dfrac{970+273}{\sqrt[4]{0.84}}=1,298\text{K}$

∴ 진온도 = (1,298 − 273) = 1,025℃

59 보일러 출구의 배기가스를 측정하는 세라믹 O_2계의 특징이 아닌 것은?

① 응답이 신속하다.
② 연속측정이 가능하다.
③ 측정부의 온도유지를 위하여 온도조절용 히터가 필요하다.
④ 분석하고자 하는 가스를 흡수 용액에 흡수시켜, 전극으로 그 용액에서의 굴절률 변화를 이용하여 O_2 농도를 측정한다.

해설 세라믹 산소(O_2)계의 특징
문제의 보기 ①, ②, ③, 그 외 53번 문제 해설 참조

60 다음 중 서보(Servo)기구의 제어량은?

① 압력
② 유량
③ 온도
④ 물체의 방향

해설 자동제어 서보기구의 제어량
물체의 방향, 위치, 자세 등

ANSWER | 55. ② 56. ① 57. ④ 58. ③ 59. ④ 60. ④

SECTION 04 열설비재료 및 설계

61 다음 중 큐폴라의 구성품이 아닌 것은?

① 코크스 베드(Cokes Bed)
② 트러니언(Trunnion)
③ 우구(Tuyere)
④ 윈드박스(Wind Box)

해설 ㉠ 큐폴라(용선로) : 주물 용해용(대량의 쇳물을 얻는다.)
㉡ 트러니언 : 대포의 포이(砲耳), 기계의 이축(耳軸)

62 전형적으로 흑운모의 변질작용으로 생성되는 광물로서 급열처리에 의하여 겉보기 비중과 열전도율이 낮아 단열재로 주로 사용되는 광물은?

① 질석(Vermiculite)
② 펄라이트(Perlite)
③ 팽창혈암(Expanded Shale)
④ 팽창점토(Expanded Clay)

해설 ㉠ 단열재 재료 : 규조토, 석면, 팽창성 점토, 질석(버미큘라이트)
㉡ 질석 : 질석을 1,000℃로 가열하여 다공질로 만든다.

63 어떤 내화벽돌의 열전도율이 0.8kcal/m · h · ℃인 재질의 평면벽 양쪽 온도가 800℃와 200℃이며 이 벽을 통한 열전달률이 1,500kcal/m² · h · ℃일 때 벽의 두께는 약 몇 cm인가?

① 25 ② 32
③ 43 ④ 49

해설
$$Q=\lambda\times\frac{A(t_1-t_2)}{b}$$
$$1{,}500=0.8\times\frac{1(800-200)}{b}$$
$$b=\frac{0.8\times1\times(800-200)}{1{,}500}=0.32\text{m}$$

64 2개 이상의 엘보(Elbow)로 나사의 회전을 이용하여 온수 또는 저압증기용 배관에 사용하는 신축이음방식은?

① 루프형(Loop Type)
② 벨로즈형(Bellows Type)
③ 슬리브형(Sleeve Type)
④ 스위블형(Swivel Type)

해설

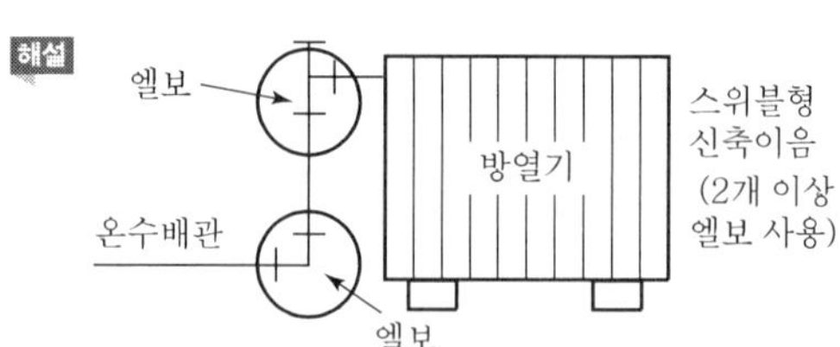

65 단열벽돌을 요로에 사용할 때의 특징에 대한 설명으로 틀린 것은?

① 축열 손실이 적어진다.
② 전열 손실이 적어진다.
③ 노 내 온도가 균일해지고, 내화물의 배면에 사용하면 내화물의 내구력이 커진다.
④ 효과적인 면도 적지 않으나 가격이 비싸므로 경제적인 이익은 없다.

해설

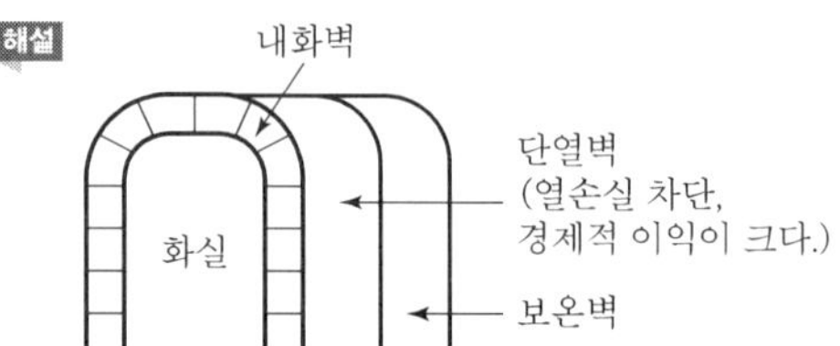

66 내화 몰탈의 종류가 아닌 것은?

① 열경성 몰탈
② 기경성 몰탈
③ 압경성 몰탈
④ 수경성 몰탈

해설 내화 몰탈(부정형 내화물) 종류
㉠ 열경성
㉡ 기경성
㉢ 수경성

61. ② 62. ① 63. ② 64. ④ 65. ④ 66. ③ ANSWER

67 열전도에 대한 설명 중 옳지 않은 것은?

① 전도에 의한 열전달 속도는 전열면적에 비례한다.
② 열전도율은 온도의 함수이다.
③ 열전도율은 물질 특유의 상수로 코사인 법칙이라 고 한다.
④ 전도에 의한 열전달 속도는 온도구배에 비례한다.

해설 열전도 : 푸리에의 열전도 법칙

68 열유체의 물성을 표시하는 무차원인 Prandtl수는? (단, ρ는 유체의 밀도, c는 유체의 비열, μ는 점성계수, λ는 열전도율이다.)

① $\frac{\mu\lambda}{c}$ ② $\frac{c\lambda}{\rho}$
③ $\frac{c\rho}{\lambda}$ ④ $\frac{c\mu}{\lambda}$

해설 무차원 프란틀수 : $\frac{c\mu}{\lambda}$

㉠ 물리적 의미 : $\frac{\text{열확산}}{\text{열전도}}$
㉡ 중요성 : 열대류

69 탄화규소질 내화물에 대한 설명으로 옳은 것은?

① 알칼리 조건에서 사용이 제한된다.
② 소결성이다.
③ 고온에서 부피 변화가 적다.
④ 하중연화온도가 낮다.

해설 탄화규소질 벽돌(SiC)
㉠ 규소(65%), 탄소(30%), 기타(10% : 알루미나, 산화제2철, 석회)
㉡ 고온에서 부피변화가 적다.
㉢ 고온에서 하중에 대한 저항이 매우 높다.
㉣ 열이나 전기 전도율이 높다.

70 다음 중 보온재의 보온효과에 가장 큰 영향을 미치는 것은?

① 보온재의 화학성분 ② 보온재의 조직
③ 보온재의 광물조성 ④ 보온재의 내화도

해설 보온재의 보온효과에 가장 큰 영향을 미치는 것은 보온재의 조직이다.

71 도시가스 연소식 노통연관보일러에 설치하는 증기압력계의 적정한 눈금은 어느 범위에 있어야 하는가?

① 사용압력의 1.5~3배
② 최고사용압력의 1.5~3배
③ 사용압력의 2~3배
④ 최고사용압력의 2~3배

해설 증기압력계 눈금범위 : 최고사용압력의 1.5배~3배

72 공기예열기의 효과에 대한 설명 중 틀린 것은?

① 수분이 많은 저질탄의 연소에 유효하다.
② 폐열을 이용하므로 열손실이 적게 된다.
③ 노 내 온도를 높이고, 노 내의 열전도를 좋게 한다.
④ 공기의 온도가 높게 되므로 통풍저항이 감소한다.

해설

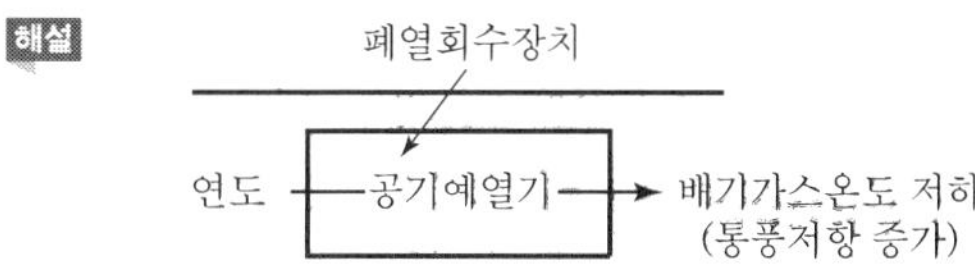

73 가마 내의 온도를 비교적 균일하게 할 수 있어 도자기, 내화벽돌의 소성에 적합한 가마는?

① 직염식 가마
② 승염식 가마
③ 횡염식 가마
④ 도염식 가마

해설 도염식 가마(불연속 가마) : 꺾임불꽃가마
㉠ 가마 내의 온도를 비교적 균일하게 할 수 있다.
㉡ 도자기, 내화벽돌 소성 가마
㉢ 종류는 원요, 각요가 있다.

ANSWER | 67. ③ 68. ④ 69. ③ 70. ② 71. ② 72. ④ 73. ④

74 길이방향으로 배치된 관 구멍부의 효율(η)은 피치가 같을 경우, 어떤 식으로 나타낼 수 있는가?(단, P는 관 구멍의 피치[mm], d는 관 구멍의 지름[mm]이다.)

① $\eta = \frac{d-P}{P}$ ② $\eta = \frac{P}{d-P}$
③ $\eta = \frac{P-d}{P}$ ④ $\eta = \frac{P}{P-d}$

해설 길이방향 배치 관 구멍부의 효율(η)
피치가 같을 경우 $\eta = \frac{P-d}{P}$

75 다음 중 주철관의 접합방법으로 사용되지 않는 것은?

① 소켓접합 ② 플랜지접합
③ 기계식 접합 ④ 용접접합

해설 • 용접접합 : 강관, 동관, 스테인리스관
• 주철관 : 탄소(C) 함량이 많고 너무 강하여 용접이 순조롭지 못하다.

76 유리를 연속적으로 대량 용융하여 규모가 큰 판유리 등의 대량생산용에 가장 적당한 가마는?

① 회전 가마 ② 탱크 가마
③ 터널 가마 ④ 도가니 가마

해설 유리의 대량생산용 가마 : 탱크가마(직화식 옆불꽃가마)
㉠ 연속식 가마
㉡ 불연속식 가마

77 재생식 공기예열기로서 일반 대형 보일러에 주로 사용되는 것은?

① 엘레멘트 조립식 공기예열기
② 융그스트롬식 공기예열기
③ 판형 공기예열기
④ 관형 공기예열기

해설 ㉠ 재생식 공기예열기 : 융그스트롬식
㉡ 전열식 : 판형, 관형 열교환기

78 돌로마이트질 내화물의 주요 화학 성분은?

① SiO_2 ② SiO_2, Al_2O_3
③ Al_2O_3 ④ CaO, MgO

해설 염기성 돌로마이트질 내화물의 화학성분
CaO, MgO(조성광물 : 페리클레스), 주원료는 백운석

79 크롬질 벽돌의 특징에 대한 설명으로 옳지 않은 것은?

① 내화도가 높고 하중연화점이 낮다.
② 마모에 대한 저항성이 크다.
③ 온도 급변에 잘 견딘다.
④ 고온에서 산화철을 흡수하여 팽창한다.

해설 중성 크롬질 벽돌
내스폴링성이 적어서 온도 급변화에 잘 견디지 못한다.
(주원료는 크롬철광 : Cr_2O_3, FeO 등)

80 노벽이 두께 24cm의 내화벽돌, 두께 10cm의 절연벽돌 및 두께 15cm의 적색벽돌로 만들어질 때 벽 안쪽과 바깥쪽 표면 온도가 각각 900℃, 90℃라면 열손실은 약 몇 kcal/h · m²인가?(단, 내화벽돌, 절연벽돌 및 적색벽돌의 열전도율은 각각 1.2, 0.15, 1.0kcal/h · m · ℃이다.)

① 351 ② 797
③ 1,501 ④ 4,057

해설
$$\text{다층벽 손실열량}(Q) = \frac{A(t_1 - t_2)}{\frac{b_1}{\lambda_1}+\frac{b_2}{\lambda_2}+\frac{b_3}{\lambda_3}}(\text{kcal/m}^2\cdot\text{h})$$
$$= \frac{1\times(900-90)}{\frac{0.24}{1.2}+\frac{0.1}{0.15}+\frac{0.15}{1.0}}$$
$$= \frac{1\times 810}{0.2+0.666+0.15}$$
$$= 797\text{kcal/m}^2\cdot\text{h}$$

74. ③ 75. ④ 76. ② 77. ② 78. ④ 79. ③ 80. ② | ANSWER

2014년 1회 에너지관리산업기사

SECTION 01 연소공학

01 어떤 압력하에서 포화수의 엔탈피를 h, 물의 증발잠열을 γ, 건도를 x라 할 때, 습포화증기의 엔탈피 h''를 구하는 식은?

① $h''=h+\gamma x$ ② $h''=h+\gamma$
③ $h''=h-\gamma x$ ④ $h''=h-\gamma$

해설 습포화증기 엔탈피(h'') 계산식
h''=포화수엔탈피+물의 증발잠열×증기의 건도
$=h+\gamma x$(kJ/kg)

02 폴리트로픽지수 n의 값이 특정 값을 가질 때 상태변화가 된다. 다음 중 옳은 것은?

① $n=0$일 때 등온변화
② $n=1$일 때 정압변화
③ $n=\infty$일 때 정적변화
④ $n=0.5$일 때 단열변화

해설 폴리트로픽지수(n)
㉠ $n=0$: 정압변화
㉡ $n=k$: 단열변화
㉢ $n=1$: 등온변화
㉣ $n=\infty$: 정적변화

03 다음 [그림]은 물의 압력－온도 선도를 나타낸 것이다. 액체와 기체의 혼합물은 어디에 존재하는가?

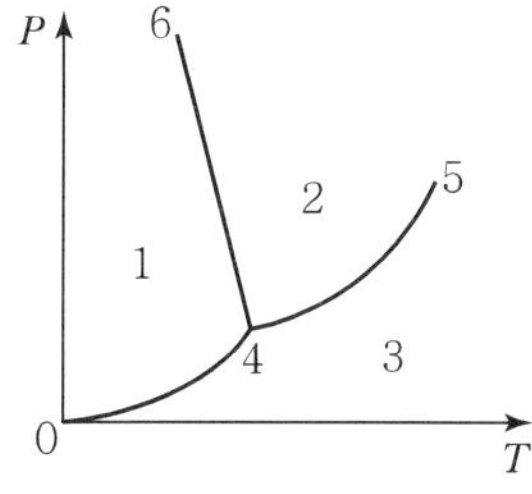

① 영역 1 ② 선 4－6
③ 선 0－4 ④ 선 4－5

해설

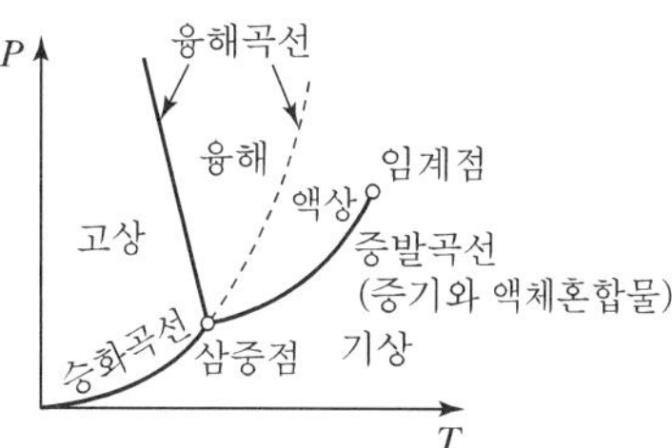

[$P-T$ 선도상 물의 상변화]

04 수증기의 증발잠열에 대한 설명으로 옳은 것은?

① 포화온도가 감소하면 감소한다.
② 포화압력이 증가하면 증가한다.
③ 건포화증기와 포화액의 엔탈피 차이다.
④ 약 540kcal/kg(2,257kJ/kg)으로 항상 일정하다.

해설 물의 잠열 : '건포화증기 엔탈피－포화액 엔탈피'이며 1atm에서 약 538.8kcal/kg 정도

05 수증기의 내부에너지 및 엔탈피가 터빈 입구에서 각각 u_1[kJ/kg], h_1[kJ/kg]이고 터빈 출구에서 u_2[kJ/kg], h_2[kJ/kg]이다. 터빈의 출력은 몇 kW인가?(단, 발생되는 수증기의 질량유량은 m[kg/s]이다.)

① (u_1-u_2) ② $m(u_1-u_2)$
③ (h_1-h_2) ④ $m(h_1-h_2)$

해설 터빈의 출력(kW)
=수증기 질량(터빈 입구 엔탈피－터빈 출구 엔탈피)
$=m(h_1-h_2)$(kW)

06 열역학 제1법칙은?

① 질량 불변의 법칙
② 에너지 보존의 법칙
③ 엔트로피 보존의 법칙
④ 작용, 반작용의 법칙

해설 열역학 제1법칙
에너지 보존의 법칙

ANSWER | 1. ① 2. ③ 3. ④ 4. ③ 5. ④ 6. ②

07 **잠열변화 과정에 해당하는 것은?**

① -20℃의 얼음을 0℃의 얼음으로 변화시켰다.
② 0℃의 얼음을 0℃의 물로 변화시켰다.
③ 0℃의 물을 100℃의 물로 변화시켰다.
④ 100℃의 증기를 110℃의 증기로 변화시켰다.

해설 잠열변화
㉠ 물의 증발잠열
㉡ 얼음의 융해잠열(보기 ②)
㉢ 승화잠열

08 **1mol의 프로판이 이론 공기량으로 완전연소되면 연소가스는 몇 mol이 생성되는가?**

① 6 ② 18.8
③ 23.8 ④ 25.8

해설 프로판가스(C_3H_8)
$C_3H_8+5O_2 \rightarrow 3CO_2+4H_2O$
㉠ 이론공기량(A_o)$=$산소$\times\frac{1}{0.21}=5\times\frac{1}{0.21}$
$=23.81$mol
㉡ 이론습연소가스양$=(1-0.21)A_o+CO_2+H_2O$
$=(1-0.21)\times23.81+(3+4)$
$=25.8$mol

09 **압축비가 5인 오토사이클에서의 이론 열효율은?(단, 비열비(k)는 1.3으로 한다.)**

① 32.8% ② 38.3%
③ 41.6% ④ 43.8%

해설 오토사이클(내연기관 사이클) 열효율(η_o)
$$\eta_o=1-\frac{1}{\varepsilon^{k-1}}=1-\left(\frac{1}{5}\right)^{1.3-1}=0.3829\ (38.3\%)$$

10 **이상기체의 가역단열변화를 가장 바르게 표시하는 식은?(단, P : 절대압력, V : 체적, K : 비열비, C : 상수이다.)**

① $P^k\ V=C$ ② $P^{k-1}\ V^m=C$
③ $PV^k=C$ ④ $PV^{k-1}=C$

해설 이상기체 가역단열변화(k : 비열비)
$PV^k=C$(일정), $\frac{P_1}{P_2}=\left(\frac{V_2}{V_1}\right)^k$, $P_1V_1{}^k=P_2V_2{}^k$

11 **다음 중 열역학 제2법칙과 가장 직접적인 관련이 있는 물리량은?**

① 엔트로피 ② 엔탈피
③ 열량 ④ 내부에너지

해설 엔트로피(Entropy)는 출입하는 열량의 이용가치를 나타내는 양(에너지도 아니고 온도와 같이 감각으로도 알 수 없고 측정할 수도 없는 물리학상의 상태량)으로 열역학 제2법칙과 가장 직접적인 관련이 있다.

12 **다음 [보기]의 특징을 가지는 고체연료 연소방법은?**

> • 미분쇄할 필요가 없다.
> • 부하변동에 따른 적응력이 좋지 않다.
> • 도시쓰레기 및 오물의 소각로로서 많이 사용된다.

① 유동층 연소 ② 화격자 연소
③ 미분탄 연소 ④ 스토커식 연소

해설 유동층 연소
㉠ 미분쇄가 필요없다.
㉡ 부하변동에 따른 적응력이 좋지 않다.
㉢ 도시 쓰레기나 오물의 소각로 많이 사용된다.

13 **프로판가스 1Sm³를 공기과잉계수 1.1의 공기로 완전연소시켰을 때의 습연소가스양은 약 몇 Sm³인가?**

① 14.5 ② 25.8
③ 28.2 ④ 33.9

해설 프로판가스 연소 : $C_3H_8+5O_2 \rightarrow 3CO_2+4H_2O$
실제 습연소가스양(G_w)$=(m-0.21)A_o+CO_2+H_2O$
이론공기량(A_o)$=$이론산소량$\times\frac{1}{0.21}=5\times\frac{1}{0.21}=23.81$
$\therefore\ G_w=(1.1-0.21)\times23.81+(3+4)$
$=28.2$Sm³/Sm³

14 **오토사이클에 대한 설명으로 틀린 것은?**

① 등엔트로피 압축, 정적 가열, 등엔트로피 팽창, 정적 방열의 과정으로 구성된다.
② 작동유체의 비열비가 클수록 열효율이 높아진다.
③ 압축비가 높을수록 열효율이 높아진다.
④ 저속 디젤기관에 주로 적용된다.

7. ② 8. ④ 9. ② 10. ③ 11. ① 12. ① 13. ③ 14. ④ | ANSWER

해설 오토사이클(Otto Cycle)

㉠ 가솔린기관의 기본 사이클(전기점화기관의 이상 사이클 : 정적사이클)
㉡ 압축비가 커지면 열효율도 증가한다.(※ 불꽃착화기관은 디젤사이클에 속한다.)
㉢ 일정한 체적하에서 연소가 일어난다.

15 증기 동력사이클의 기본 사이클인 랭킨 사이클(Rankine Cycle)에서 작동유체(물, 수증기)의 흐름을 옳게 나타낸 것은?

① 펌프 → 응축기 → 보일러 → 터빈 → 펌프
② 펌프 → 보일러 → 응축기 → 터빈 → 펌프
③ 펌프 → 보일러 → 터빈 → 응축기 → 펌프
④ 펌프 → 터빈 → 보일러 → 응축기 → 펌프

해설 랭킨사이클 작동유체의 유동순서
펌프 → 보일러 → 터빈 → 응축기 → 펌프

16 보일러 연소안전장치에서 화염의 방사선을 전기신호로 바꾸어 화염 유무를 검출하는 플레임아이에 대한 설명으로 옳은 것은?

① PbS셀, CdS셀 등은 자외선 파장의 영역에서 감지한다.
② 가스화염은 방사선이 적으므로 자외선 광전관을 사용한다.
③ 광전관은 100℃ 이상 고온에서 기능이 파괴되므로 주의하여 사용한다.
④ 플레임 아이는 가열된 적색 노벽에 직시하도록 설치하여 사용한다.

해설 가스화염은 오일에 비하여 방사선이 적으므로 화염검출기는 적외선 광전관이 아닌 자외선 광전관을 사용하여야 유리하다.

17 메탄(CH_4)의 가스상수는 몇 J/kg · K인가?

① 29.3
② 53
③ 287
④ 519.6

해설

$$\text{가스상수} = \frac{8.314\text{kJ/kmol} \cdot \text{K}}{\text{메탄 분자량}} = \frac{8.314}{16} = 0.5196\text{kJ/kg} \cdot \text{K} = 519.6\text{J/kg} \cdot \text{K}$$

18 천연가스는 약 몇 ℃에서 액화되는가?

① −122℃ ② −132℃
③ −152℃ ④ −162℃

해설 천연가스(LNG)

- 주성분 : 메탄(CH_4)
- 비점 : −162℃(기화 시 부피가 600배 증가)
- 연소식 : $CH_4 + 2O_2 \rightarrow CO_2 + 2H_2O$

19 탄소 0.87, 수소 0.1, 황 0.03의 연료가 있다. 과잉공기 50%를 공급할 경우 실제건배기가스양(Sm^3/kg)은?

① 8.89 ② 9.94
③ 10.5 ④ 15.19

해설 실제건배기가스양(G_d) $= G_{od} + (m-1)A_o$

이론공기량(A_o) $= 8.89C + 26.67\left(H - \frac{O}{8}\right) + 3.33S$
$= 8.89 \times 0.87 + 26.67 \times 0.1 + 3.33 \times 0.03$
$= 10.50$

이론건배기가스양(G_{od}) $= (1-0.21)A_o + 1.87C + 0.7S + 0.8N$
$= (1-0.21) \times 10.50 + 1.87 \times 0.87 + 0.7 \times 0.03$
$= 9.94$

$\therefore\ G_d = 9.94 + (1.5-1) \times 10.50 = 15.19Sm^3/kg$

20 질량 m[kg]의 어떤 기체로 구성된 밀폐계가 Q[kJ]의 열을 받아 일을 하고, 이 기체의 온도가 ΔT ℃ 상승하였다면 이 계가 한 일은 몇 kJ인가?(단, 이 기체의 정적비열은 C_v[kJ/kg · K], 정압비열은 C_p[kJ/kg · K]이다.)

① $Q - mC_v\Delta T$ ② $mC_v\Delta T - Q$
③ $Q - mC_p\Delta T$ ④ $mC_p\Delta T - Q$

해설 계가 한 일 = 받은 열 − 질량×정적비열×온도상승
$= Q(\text{kJ}) - mC_v\Delta T(\text{kJ})$

SECTION 02 열역학

21 SI 단위계의 기본단위에 해당되지 않는 것은?

① 길이　② 질량
③ 압력　④ 시간

해설 압력, 부피, 속도, 일량, 열량, 유량 : 유도단위

22 계측기의 보전관리사항에 해당되지 않는 것은?

① 정기 점검과 일상 점검
② 정기적인 계측기의 교체
③ 보전 요원의 교육
④ 계측기의 시험 및 교정

해설 계측기의 보전관리
①, ③, ④항 외 검사 및 수리, 시험 및 교정, 예비부품 및 예비계기의 상비, 관리자료의 정비 등

23 다음 중 1N(뉴턴)에 대한 설명으로 옳은 것은?

① 질량 1kg의 물체에 가속도 $1m/s^2$이 작용하여 생기게 하는 힘이다.
② 질량 1g의 물체에 가속도 $1cm/s^2$이 작용하여 생기게 하는 힘이다.
③ 면적 $1cm^2$에 1kg의 무게가 작용할 때의 응력이다.
④ 면적 $1cm^2$에 1g의 무게가 작용할 때의 응력이다.

해설 1뉴턴(N)
- 질량 1kg의 물체에 가속도 $1m/s^2$이 작용하여 생기게 하는 힘
- $1N = 1kg \cdot m/s^2$ (SI 단위계)

24 다음 중 비접촉식 온도계가 아닌 것은?

① 광고온계
② 방사온도계
③ 열전온도계
④ 색온도계

해설 열전대온도계 : 접촉식 고온용 온도계

25 내경 25.4mm인 관도에서 물의 평균유속이 1m/s일 때 중량유량은 약 몇 kg/s인가?

① 0.51　② 1.67
③ 2.34　④ 2.87

해설 체적유량(Q)=관의 단면적(A)×물의 유속(V)

관의 단면적(A)$=\frac{\pi}{4}d^2=\frac{3.14}{4}\times(0.0254)^2$
$=0.0005064506m^2$

체적유량(Q)$=0.0005064506\times1$
$=0.0005064506m^3/s$

중량유량=체적유량×밀도

$\therefore 0.0005064506\times10^3 ≒ 0.51kg/s$

※ 4℃에서 물 $1m^3=1,000L=10^3kg$

26 다음 중 측정제어방식이 아닌 것은?

① 캐스케이드 제어　② 비율 제어
③ 시퀀스 제어　④ 프로그램 제어

해설 자동제어방식
㉠ 시퀀스 제어
㉡ 피드백 제어

27 장치 내에 공급된 열량 중에서 그 일을 유효하게 이용한 열량과의 비율을 나타낸 것은?

① 열정산　② 발열량
③ 유효출열　④ 열효율

해설 열효율$=\frac{유효열}{공급열}\times100(\%)$

28 보일러 자동제어인 연소제어(ACC)에서 조작량에 해당되지 않는 것은?

① 연료량　② 연소가스양
③ 공기량　④ 전열량

해설 (1) 자동연소제어(ACC)
- 노 내 압력 조작량 : 연소가스양
- 증기 압력 조작량 : 연료량, 공기량

(2) 과열증기 온도제어(STC)
증기 온도 조작량 : 전열량

21. ③ 22. ② 23. ① 24. ③ 25. ① 26. ③ 27. ④ 28. ④ | ANSWER

29 다음 [그림]과 같은 조작량의 변화는?

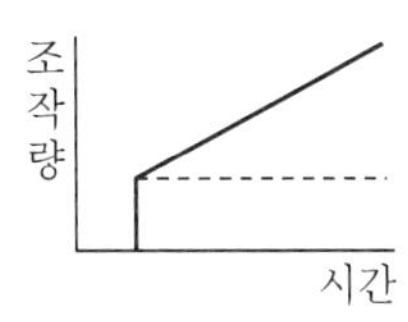

① P 동작 ② I 동작
③ PI 동작 ④ PID 동작

해설

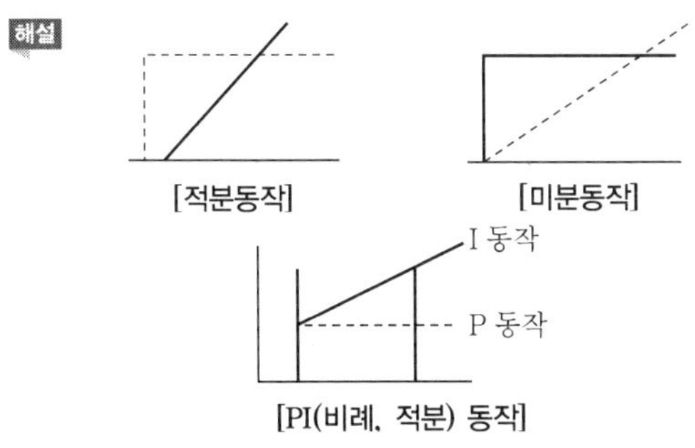

30 냉각식 노점계를 자동화한 습도계로서 저습도의 측정은 가능하지만 기구가 다소 복잡한 것은?

① 듀셀 노점계
② 광전관식 노점습도계
③ 모발 습도계
④ 냉각식 노점계

해설 광전관식 노점습도계
㉠ 냉각식 노점계를 자동화시킨 습도계이다.(저습도 측정계)
㉡ 금속 거울에 맺힌 이슬로 인하여 광원의 반사광의 양이 감소하여 광전관에 들어가는 빛의 양이 감소한다.
㉢ 금속 거울에 열전도 온도계를 부착하여 열기전력을 이용한다.

31 다음 중 아르키메데스의 원리를 이용한 압력계는?

① 플로트식 ② 침종식
③ 단관식 ④ 링밸런스식

해설 기체 측정용 침종식 압력계
㉠ 단종식
㉡ 복종식

32 운전조건에 따른 보일러 효율에 대한 설명으로 틀린 것은?

① 전부하 운전에 비하여 부분부하 운전 시 효율이 좋다.
② 전부하 운전에 비하여 과부하 운전에서는 효율이 낮아진다.
③ 보일러의 배기가스 온도가 높아지면 열손실이 커진다.
④ 보일러의 운전효율을 최대로 유지하려면 효율－부하 곡선이 평탄한 것이 좋다.

해설 보일러는 연속부하 운전 시 효율이 좋다. 부분부하 운전은 에너지 손실이 매우 크다.

33 보일러 열정산 시 측정할 필요가 없는 것은?

① 급수량 및 급수온도
② 연소용 공기의 온도
③ 배기가스의 압력
④ 과열기의 전열면적

해설 과열기는 과열기 부하 계산이 필요하다.
(폐열회수장치)

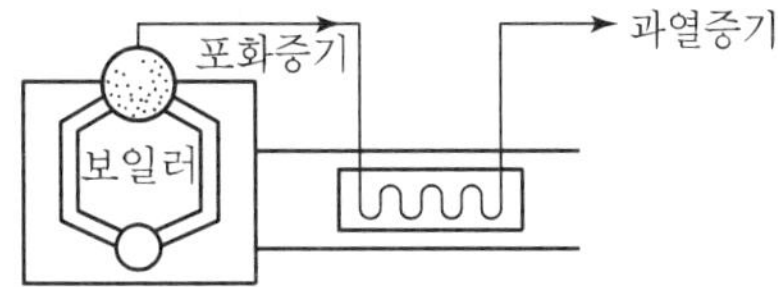

34 보일러 열정산에서 입열항목에 해당하는 것은?

① 발생증기의 흡수열량
② 배기가스의 열량
③ 연소잔재물이 갖고 있는 열량
④ 연소용 공기의 열량

해설 ①, ②, ③ : 열정산 시 출열
④ : 열정산 시 공급열(입열)

35 다음 중 다이어프램의 재질로서 옳지 않은 것은?

① 고무 ② 양은
③ 탄소강 ④ 스테인리스강

ANSWER | 29. ③ 30. ② 31. ② 32. ① 33. ④ 34. ④ 35. ③

해설 다이어프램(격막) 압력계의 재질
㉠ 금속(인청동, 양은, 스테인리스강 등) : 10mmHg~2kg/cm^2
㉡ 비금속(고무, 가죽, Teflon(테플론) 등) : 1~200mmH_2O

36 보일러 실제증발량에 증발계수를 곱한 값은?

① 상당증발량
② 단위시간당 연료소모량
③ 연소실 열부하
④ 전열면 열부하

해설 상당증발량 = 실제증발량 × 증발계수(kg/h)

37 Bomb 열량계에서 수당량을 계산하는 식은 $W = \dfrac{(H\times m)+e_1+e_2}{\Delta t}$(cal/℃)이다. 여기서 e_1이 나타내는 것은 무엇인가?

① NO의 생성열　② NO의 연소열
③ CO_2의 생성열　④ CO_2의 연소열

해설
• 수당량 : 장치의 열용량이 얼마만 한 물에 상당하는지 나타낸 수
• e_1 : NO의 생성열

38 열전온도계의 열전대 종류 중 사용온도가 가장 높은 것은?

① K형 : 크로멜 – 알로멜
② R형 : 백금 – 백금 · 로듐
③ J형 : 철 – 콘스탄탄
④ T형 : 구리 – 콘스탄탄

해설 열전온도계의 열전대 종류별 사용온도
• K형 : –20~1,200℃　• R형 : 0~1,600℃
• J형 : –20~800℃　• T형 : –180~350℃

39 물속에 피토관을 설치하였더니 전압이 12mH_2O, 정압이 6mmH_2O 이었다. 이때 유속은 약 몇 m/s인가?

① 12.4　② 10.8
③ 9.8　④ 7.6

해설 6mmH_2O = 6kg/m^2
동압 = 12 – 6 = 6mH_2O
유속(V) = $\sqrt{2gh} = \sqrt{2\times 9.8\times 6}$ = 10.8m/s

40 제어동작 중 비례 적분 미분 동작을 나타내는 기호는?

① PID　② PI
③ P　④ ON – OFF

해설
• P : 비례 동작
• I : 적분 동작
• D : 미분 동작

SECTION 03 열설비구조 및 시공

41 육용강재 보일러에서 관판의 롤 확관 부착부는 완전한 고리형을 이룬 접촉면의 두께가 몇 mm 이상이어야 하는가?

① 7mm　② 10mm
③ 13mm　④ 16mm

해설

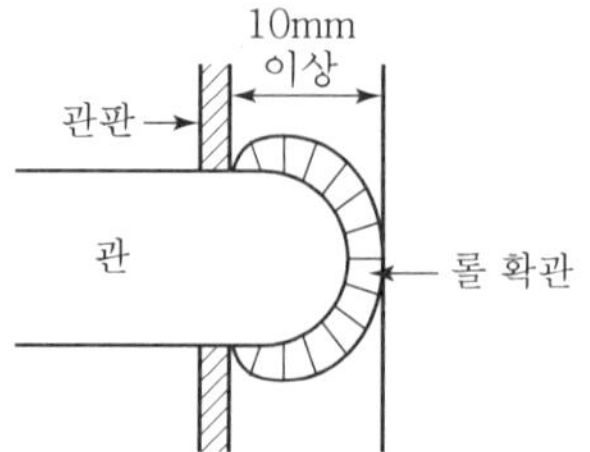

42 특수 유체 보일러에 사용되는 열매체의 종류가 아닌 것은?

① 다우삼　② 모빌썸
③ 바아크　④ 카네크롤

해설
• 특수 유체(열매체) 보일러의 열매체 : 다우삼(Dowtherm), 모빌썸(Mobiltherm), 카네크롤, 수은 등
• 특수 연료 보일러의 연료 : 바아크(Bark, 나무껍질), 바가스(Bagasse, 사탕수수 찌꺼기) 등

36. ① 37. ① 38. ② 39. ② 40. ① 41. ② 42. ③ | ANSWER

43 **검사대상기기인 보일러의 연료 또는 연소방법을 변경한 경우 받아야 하는 검사는?**

① 구조검사
② 개조검사
③ 계속사용 성능검사
④ 설치검사

해설 개조검사
연료나 연소방법 변경 시 받는 검사(유효기간은 없는 검사)

44 **알루미늄 용해 조업에서 고온을 피하고 노 온도를 700~750℃로 지정한 주된 이유는?**

① 연료 절약
② 가스의 흡수 및 산화방지
③ 노재의 침식방지
④ 알루미늄의 증발방지

해설 고온을 피하는 이유
가스의 흡수 및 산화방지

45 **신축이음 중 온수 혹은 저압증기의 배관분기관 등에 사용되는 것으로 2개 이상의 엘보를 사용하여 나사맞춤부의 작용에 의하여 신축을 흡수하는 것은?**

① 벨로즈 이음(Bellows Expansion Joint)
② 슬리브 이음(Sleeve Joint)
③ 스위블 이음(Swivel Joint)
④ 신축곡관(Expansion Loop Bend)

해설 스위블 이음
㉠ 온수난방 및 저압의 증기난방용 신축이음
㉡ 2개 이상의 엘보 사용
㉢ 나사 맞춤부의 작용 이용

46 **보일러의 응축수를 회수하여 재사용하는 이유로서 가장 거리가 먼 것은?**

① 용수비용 절감
② 보일러 효율 향상
③ 절탄기 사용 억제
④ 보일러 급수질 향상

해설 절탄기
• 급수가열기(폐열회수장치)로서 보일러 열효율 상승
• 보일러 → 과열기 → 재열기 → 절탄기 → 공기예열기

47 **신 · 재생에너지 설비 중 수소에너지 설비에 대하여 바르게 나타낸 것은?**

① 물이나 그 밖에 연료를 변환시켜 수소를 생산하거나 이용하는 설비
② 물의 유동에너지를 변환시켜 전기를 생산하는 설비
③ 수소와 산소의 전기화학반응을 통하여 전기 또는 열을 생산하는 설비
④ 물, 지하수 및 지하의 열 등의 온도차를 변환시켜 에너지를 생산하는 설비

해설 수소에너지 설비
물이나 그 밖에 연료를 변환시켜 수소(H_2)를 생산하거나 이용하는 설비

48 **직경 200mm 배관을 이용하여 매분 2,500L의 물을 흘려보낼 때 배관 내의 유속은 약 몇 m/s인가?**

① 1.1 ② 1.3
③ 1.5 ④ 1.8

해설

$$유속(V)(m/s) = \frac{유량(m^3/s)}{단면적(m^2)}$$

물 2,500L = 2.5m³

$$\therefore V = \frac{\left(\frac{2.5}{60}\right)}{\frac{3.14}{4}(0.2)^2} = 1.3m/s$$

49 **보일러에서 보염장치를 설치하는 목적이 아닌 것은?**

① 연소 화염을 안정시킨다.
② 안정된 착화를 도모한다.
③ 연소가스 체류시간을 짧게 해준다.
④ 저공기비 연소를 가능하게 한다.

해설 보염장치(불꽃보호장치)는 오일 버너 등에서 연소가스의 체류시간을 노 내에서 길게 하여 전열효율을 높여준다.

50 코크스로용 내화물로 사용되는 규석벽돌의 특징이 아닌 것은?

① 열전도율이 비교적 크다.
② 이상 팽창을 한다.
③ 고온강도가 크다.
④ 내식성, 내마모성이 크다.

해설 규석벽돌(내화벽 : 산성 내화물)
㉠ 고온에서 이상 팽창이 적다.
㉡ 내화도가 SK 31~33 정도이다.
㉢ 하중 연화점이 높다.

51 소용량 강철제 보일러의 규격을 옳게 나타낸 것은?

① 강철제 보일러 중 전열면적이 $1m^2$ 이하이고 최고 사용압력이 0.35MPa 이하인 것
② 강철제 보일러 중 전열면적이 $5m^2$ 이하이고 최고 사용압력이 0.35MPa 이하인 것
③ 강철제 보일러 중 전열면적이 $10m^2$ 이하이고 최고 사용압력이 0.1MPa 이하인 것
④ 강철제 보일러 중 전열면적이 $15m^2$ 이하이고 최고 사용압력이 0.1MPa 이하인 것

해설 소용량 강철제 보일러
전열면적이 $5m^2$ 이하이고 최고 사용압력이 0.35MPa 이하 보일러

52 도시가스 공급설비인 정압기의 기능을 바르게 설명한 것은?

① 1차 압력을 일정하게 유지
② 2차 압력을 일정하게 유지
③ 1차 압력과 2차 압력을 모두 일정하게 유지
④ 1차 압력과 2차 압력의 합을 일정하게 유지

해설 정압기(거버너)의 용도
도시가스의 2차 압력을 사용처에서 일정하게 유지시킨다.

53 돌로마이트(Dolomite) 내화물에 대한 설명으로 틀린 것은?

① 염기성 슬래그에 대한 저항이 크다.
② 소화성이 크다.
③ 내화도는 SK 26~30 정도이다.
④ 내스폴링성이 크다.

해설 돌로마이트 내화물(염기성 내화물)
㉠ 안정화/준안정화 내화물
㉡ CaO－MgO(Periclase)
㉢ 사용온도 : 1,650℃(SK 36~39 정도)

54 다음 중 무기질 보온재에 속하는 것은?

① 펠트 ② 콜크
③ 규조토 ④ 우레탄폼

해설 • ①, ②, ④ : 유기질 보온재
• 규조토 : 무기질 보온재(안전사용온도 500℃ 정도)로서 증기관용으로 사용한다.

55 다음 A, B에 들어갈 안지름 크기로 맞는 것은?

> 압력계와 연결된 증기관은 최고사용압력에 견디는 것으로서 그 크기는 황동관 또는 동관을 사용할 때는 안지름이 (A)mm 이상, 강관을 사용할 때는 (B)mm 이상이어야 한다.

① A : 6.5, B : 12.7
② A : 8.5, B : 13.7
③ A : 5.5, B : 11.8
④ A : 4.8, B : 10.7

해설 • A : 6.5
• B : 12.7

56 용광로의 종류가 아닌 것은?

① 전로식 ② 철피식
③ 철대식 ④ 절충식

해설 제강 방법
평로제강, 전로제강

50. ② 51. ② 52. ② 53. ③ 54. ③ 55. ① 56. ① | ANSWER

57 분말 철광석을 괴상화하는 데 적합한 노는?

① 소결로 ② 저항로
③ 가열로 ④ 도가니로

해설 소결로
분말 철광석을 괴상(지름 50mm 이상 덩어리)화하는 데 필요한 노이다.

58 증기와 응축수의 온도 차이를 이용한 증기트랩은?

① 단노즐식 ② 상향버킷식
③ 플로트식 ④ 바이메탈식

해설 증기트랩
㉠ 플로트식, 상향버킷식 : 비중차 이용
㉡ 바이메탈식, 벨로스식 : 온도차 이용
㉢ 오리피스식, 디스크식 : 열역학 및 유체역학 이용

59 보일러를 본체의 구조에 따라 분류한 방법으로 가장 올바른 것은?

① 연관보일러, 원통보일러, 수관보일러
② 원통보일러, 수관보일러, 관류보일러
③ 노통보일러, 수관보일러, 관류보일러
④ 연관보일러, 수관보일러, 관류보일러

해설 보일러 본체 구조에 의한 분류
㉠ 원통형 보일러 ㉡ 수관식 보일러 ㉢ 특수보일러

60 $5kg/cm^2 \cdot g$의 응축수열을 회수하여 재사용하기 위하여 설치한 다음 조건의 Flash Tank의 재증발 증기량(kg/h)은 약 얼마인가?

- 응축수량 : 3t/h
- 응축수 엔탈피 : 162kcal/kg
- Flash Tank에서의 재증발 증기엔탈피 : 645kcal/kg
- Flash Tank 배출 응축수 엔탈피 : 120kcal/kg

① 1,050 ② 360
③ 240 ④ 195.3

해설 3t/h=3,000kg/h
재증발 증기 내 잠열=645−120=525kcal/kg
재증발열량=162−120=42kcal/kg
재증발증기량=$\frac{42}{525}$=0.08kg/kg
전체 재증발증기량=3,000×0.08=240kg/h

SECTION 04 열설비 취급 및 안전관리

61 보통 가연성 물질의 위험성은 무엇을 기준으로 하는가?

① 착화점 ② 연소점
③ 산화점 ④ 인화점

해설 인화점
- 가연성 물질의 위험성 기준
- 불씨에 의해 불이 붙는 최저 온도

62 자발적 협약에 포함하여야 할 내용이 아닌 것은?

① 협약 체결 전년도 에너지소비현황
② 에너지이용효율 향상 목표
③ 온실가스배출 감축 목표
④ 고효율기자재의 생산 목표

해설 자발적 협약의 포함 사항
①, ②, ③항 외 효율 향상 목표 등을 이행하기 위해 필요한 사항, 에너지관리 체제 및 에너지 관리방법

63 보일러 본체가 과열되는 원인이 아닌 것은?

① 보일러 동 내부에 스케일이 부착한 경우
② 안전수위 이상으로 급수한 경우
③ 국부적으로 심하게 복사열을 받는 경우
④ 보일러수의 순환이 좋지 않은 경우

해설

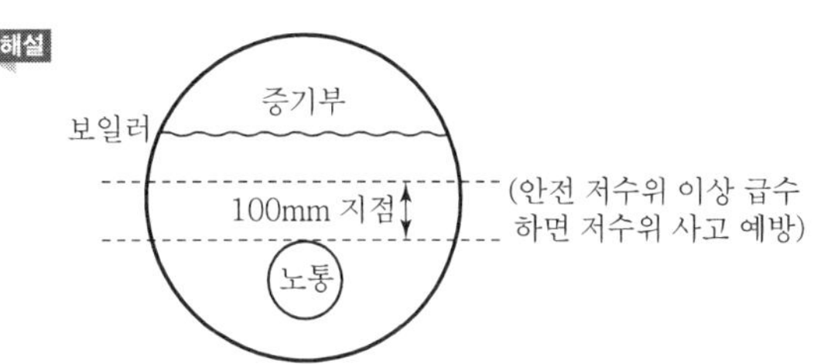

64 버킷 트랩을 사용하여 응축수를 위로 배출시키려면 트랩 출구에 어떤 밸브를 설치하는가?

① 앵글 밸브
② 게이트 밸브
③ 글로브 밸브
④ 체크 밸브

해설

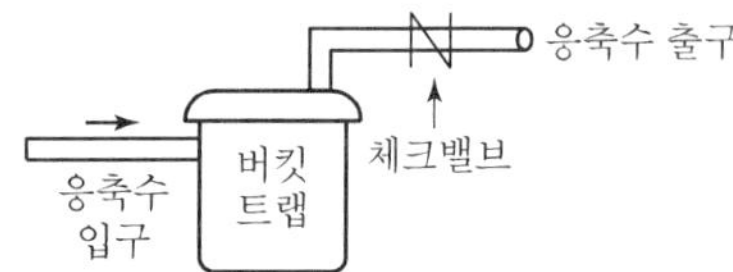

65 검사대상기기관리자의 선임에 대한 설명으로 틀린 것은?

① 에너지관리기사 소지자는 모든 검사대상기기를 조정할 수 있다.
② 최고사용압력이 1MPa 이하이고, 전열면적이 $10m^2$ 이하인 증기보일러는 인정검사대상기기 조종자가 조종할 수 있다.
③ 1구역당 1인 이상의 조종자를 채용해야 한다.
④ 조종자를 선임치 아니한 경우 2천만 원 이하의 벌금에 처할 수 있다.

해설 ④ : 1천만 원 이하의 벌금에 해당

66 증기보일러의 과열(소손) 방지대책이 아닌 것은?

① 보일러 수위를 이상 저하시키지 말 것
② 보일러수를 과도하게 농축시키지 말 것
③ 보일러수 중에 유지를 혼입시키지 말 것
④ 화염을 국부적으로 집중시킬 것

해설 화염을 국부적(전열면 한곳에 집중)으로 집중시키면 과열이나, 심하면 소손 발생

67 에너지법에서 정한 에너지 공급설비가 아닌 것은?

① 전환설비
② 수송설비
③ 개발설비
④ 생산설비

해설 에너지 공급설비(법 제2조)
에너지를 생산, 전환, 수송 또는 저장하기 위하여 설치하는 설비

68 에너지사용계획을 수립하여 산업통상자원부 장관에게 제출하여야 하는 자는?

① 민간사업주관자로 연간 5천 티오이 이상의 연료 및 열을 사용하는 시설
② 공공사업주관자로 연간 2천 티오이 이상의 연료 및 열을 사용하는 시설
③ 민간사업주관자로 연간 1천만 킬로와트시 이상의 전력을 사용하는 시설
④ 공공사업주관자로 연간 2백만 킬로와트시 이상의 전력을 사용하는 시설

해설 에너지사용계획 수립 제출(영 제20조)
㉠ 공공사업주관자
• 연간 2천5백 티오이 이상의 연료 및 열을 사용하는 시설
• 연간 1천만 킬로와트시 이상의 전력을 사용하는 시설
㉡ 민간사업주관자
• 연간 5천 티오이 이상의 연료 및 열을 사용하는 시설
• 연간 2천만 킬로와트시 이상의 전력을 사용하는 시설

69 보일러 급수 중 철염이 함유되어 있는 경우 처리하는 방법으로 가장 적합한 것은?

① 기폭법 ② 탈기법
③ 가열법 ④ 이온교환법

해설 ㉠ 기폭법 : CO_2, Fe(철염) 제거 급수처리
㉡ 탈기법 : O_2 제거
㉢ 가열법 : 용해고형물 제거
㉣ 이온교환법 : Ca(칼슘), Mg(마그네슘) 제거

70 보일러수 이온교환 처리 시 주의사항으로 틀린 것은?

① 이온교환 처리에 앞서 현탁물, 유리염소 등을 제거하여야 한다.
② 강산성 양이온 교환수지의 경우는 수지를 보충할 필요가 없다.
③ 원수에 대하여 수질 감시를 하여야 한다.
④ 처리수의 수질과 수량을 감시하여야 한다.

해설 음이온 · 양이온 교환수지는 필요시 수지를 보충하여 Ca, Mg를 제거하여 연수를 만든다.

65. ④ 66. ④ 67. ③ 68. ① 69. ① 70. ② | ANSWER

71 보일러에서 증기를 송기할 때의 조작방법으로 틀린 것은?

① 증기헤더의 드레인 밸브를 열어 응축수를 배출한다.
② 주증기관 내에 관을 따뜻하게 하기 위해 다량의 증기를 급격히 보낸다.
③ 주증기 밸브의 열림 정도를 단계적으로 한다.
④ 주증기 밸브를 완전히 연 다음 약간 되돌려 놓는다.

해설 주증기관에 다량의 증기를 급격히 보내면 관 내 응축수(드레인)에 의한 수격작용(워터해머)이 일어나 관이나 밸브의 파손이 발생한다.

72 사용 중인 보일러의 점화 전 점검 또는 준비사항이 아닌 것은?

① 수위와 압력 확인
② 노벽 및 내화물 건조
③ 노 내의 환기, 송풍 확인
④ 부속장치 확인

해설 노벽이나 내화물 건조는 보일러 설치 시의 점검사항이다.

73 보일러 관수처리가 부적당할 때 나타나는 현상으로 가장 거리가 먼 것은?

① 잦은 분출로 열손실이 증대된다.
② 프라이밍이나 포밍이 발생한다.
③ 보일러수가 농축되는 것을 방지한다.
④ 보일러 판과 관에 부식을 일으킨다.

해설 관수처리가 적당하거나 이상적이면 보일러수가 농축되는 것을 방지한다.

74 관류보일러에서 보일러와 압력방출장치 사이에 체크밸브가 설치되어 있다. 압력방출장치는 안전을 위하여 규정상 몇 개 이상 설치되어 있는가?

① 1개 ② 2개
③ 3개 ④ 4개

해설 안전밸브나 압력방출장치는 안전관리를 위해 2개 이상 설치가 이상적이다.

75 급수용으로 사용되는 표준대기압에서 물의 일반적 성질 중 맞지 않는 것은?

① 응고점은 100℃이다.
② 임계압력은 22MPa이다.
③ 임계온도는 374℃이다.
④ 증발잠열은 539kcal/kg이다.

해설 표준대기압(1.033kg/cm^2, 760mmHg)하에서는 물의 응고점이 0℃, 끓는점(비점)이 10℃이다.

76 보일러 운전이 끝난 후 노 내 및 연도에 체류하고 있는 가연성 가스를 취출시키는 작업은?

① 분출작업
② 댐퍼작동
③ 프리퍼지
④ 포스트퍼지

해설 ㉠ 프리퍼지 : 보일러 운전 전 노 내 환기
㉡ 포스트퍼지 : 보일러 운전이 끝난 후 노 내나 연도에 체류하고 있는 가연성 가스를 취출하는 노 내 환기

77 산세관 시 부식 발생 방지를 위한 대책이 아닌 것은?

① 산화성 이온에 의한 부식방지
② 농도차 및 온도차에 의한 부식방지
③ 금속조직의 변화에 의한 부식방지
④ 세관액의 처리조건에 의한 부식방지

해설 보일러 산세관(염산, 황산, 인산, 설파민산 사용) 시 부식 발생 방지대책으로 인히비터를 사용하는데 그 목적은 ①, ②, ③항이다.

78 방열기의 전 응축수량이 5,000kg/h일 때 응축수 펌프의 양수량은?

① 63kg/min ② 150kg/min
③ 200kg/min ④ 250kg/min

해설 응축수 펌프용량 계산

$$\frac{\text{전 장치 내 응축수량(kg/h)}}{60}\times 3=\frac{5,000}{60}\times 3$$
$$=250\text{kg/min}$$

79 보일러 청관제 중 슬러지 조정제가 아닌 것은?

① 탄닌　　② 리그닌
③ 전분　　④ 수산화나트륨

해설 보일러 경수연화제
㉠ 수산화나트륨(NaOH)
㉡ 탄산나트륨(Na_2CO_3)
㉢ 인산나트륨

80 보일러의 동판에 점식(Pitting)이 발생하는 가장 큰 원인은?

① 급수 중에 포함되어 있는 산소 때문
② 급수 중에 포함되어 있는 탄산칼슘 때문
③ 급수 중에 포함되어 있는 인산마그네슘 때문
④ 급수 중에 포함되어 있는 수산화나트륨 때문

해설 점식
- 발생 인자 : 급수 중의 산소(O_2)
- 방지법 : 산소 제거(탈산소제 : 아황산나트륨, 히드라진)

79. ④ 80. ① | ANSWER

2014년 2회 에너지관리산업기사

SECTION 01 열역학 및 연소관리

01 열펌프의 성능계수를 나타낸 식은?(단, Q_1은 고열원의 열량, Q_2는 저열원의 열량이다.)

① $\dfrac{Q_1}{Q_1-Q_2}$　② $\dfrac{Q_2}{Q_1-Q_2}$

③ $\dfrac{Q_1-Q_2}{Q_1}$　④ $\dfrac{Q_1-Q_2}{Q_2}$

해설 ① : 열펌프(히트펌프) 성능계수
② : 냉동기 성능계수

02 −10℃의 얼음 1kg에 일정한 비율로 열을 가할 때 시간과 온도의 관계를 바르게 나타낸 그림은?(단, 압력은 일정하다.)

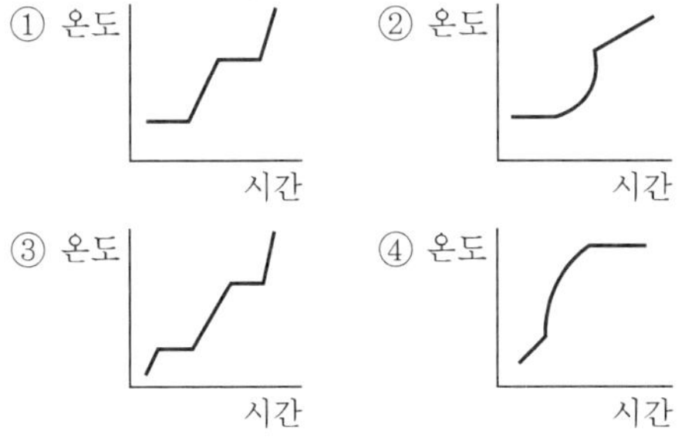

해설 '−10℃ → 0℃ → 100℃ 포화수 → 100℃ 증기'의 관계는 ③항처럼 나타난다.

03 열역학 제1법칙을 가장 잘 설명한 것은?

① 열에너지가 기계적 에너지보다 고급의 에너지 형태이다.
② 열은 일과 같이 에너지의 이동 형태의 하나로 일과 열은 서로 변환될 수 있다.
③ 제1종의 영구기관은 에너지의 공급 없이 영구히 일할 수 있는 기관으로 실현 가능하다.
④ 시스템과 주위의 총 엔트로피는 계속 증가한다.

해설 열역학 제1법칙
열은 일과 같이 에너지의 이동 형태의 하나로 일과 열은 서로 변환될 수 있다.
※ 제1종 영구기관 : 열역학 제1법칙에 위배되는 기관(입력보다 출력이 더 큰 기관, 즉 열효율이 100% 이상인 기관이다.)

04 기체가 가역 단열팽창할 때와 가역 등온팽창할 때 내부에너지의 감소량은?

① 같다.(변화가 없다.)
② 알 수 없다.
③ 등온팽창 때가 크다.
④ 단열팽창 때가 크다.

해설 기체 내부에너지 감소량(가역과정)
단열팽창 > 등온팽창
※ 등온변화에서는 내부에너지 변화량이 0이다. 단열과정에서 엔트로피 변화는 없다.

05 몰리에 선도로부터 파악하기 어려운 것은?

① 포화수의 엔탈피
② 과열증기의 과열도
③ 포화증기의 엔탈피
④ 과열증기의 단열팽창 후 상대습도

해설 ㉠ 증기 Mollier chart(몰리에 선도) : $h-s$ 선도(엔탈피−엔트로피)에서는 건도가 60% 이하인 습증기와 포화액, 압축액의 값은 나타나지 않는다. 즉 포화수의 엔탈피 값은 잘 알 수 없다.
㉡ 다만, 냉매가스의 $P-h$ 냉동 몰리에 선도에서는 포화수 엔탈피 값의 파악이 가능하다.

06 1kg의 공기가 일정 온도 200℃에서 팽창하여 처음 체적의 6배가 되었다. 전달된 열량은 약 몇 kJ인가?(단, 공기의 기체상수는 0.287kJ/kg · K이다.)

① 243　② 321
③ 413　④ 582

해설 등온변화 전달열량($_1Q_2$)

$_1Q_2 = AGRT$

$L_n\frac{V_2}{V_1} = 1\times0.287\times473\times L_n\left(\frac{6}{1}\right) = 243\text{kJ/kg}$

※ SI 단위에서는 A(일의 열당량)가 삭제된다.

07 증기 동력 사이클에서 열효율을 높이기 위하여 사용하는 방식으로 가장 적합한 것은?

① 재열－팽창 사이클 ② 재생－흡열 사이클
③ 재생－재열 사이클 ④ 재열－방열 사이클

해설 증기 동력 사이클(랭킨 사이클)에서는 열효율을 높이기 위해 재열 사이클, 재생 사이클을 사용한다.

08 15℃인 공기 4kg이 일정한 체적을 유지하며 400kJ의 열을 받는 경우 엔트로피 증가량은 약 몇 kJ/K인가?(단, 공기의 정적비열은 0.71kJ/kg · K이다.)

① 1.13 ② 26.7
③ 100 ④ 400

해설 등적변화

$Q = m\cdot C_v\times(T_2 - T_1)$이므로

$400 = 4\times0.71\times\{T_2-(273+15)\}$

$T_2 = \frac{400}{4\times0.71}+288 = 428.845$

$\therefore\ \Delta S = mC_v\ln\frac{T_2}{T_1}$

$= 4\times0.71\times\ln\frac{428.845}{288} \fallingdotseq 1.13$

09 다음 중 Mollier 선도를 이용하여 증기의 상태를 해석할 경우 가장 편리한 계산은?

① 터빈효율 계산
② 엔탈피 변화 계산
③ 사이클에서 압축비 계산
④ 증발 시의 체적 증가량 계산

해설 증기 Mollier 선도(몰리에 선도)

㉠ P－v 선도(압력－비체적)
㉡ T－s 선도(온도－엔트로피)
㉢ h－s 선도(엔탈피－엔트로피) : 증기 Mollier
㉣ P－h 선도(압력－엔탈피) : 냉매 Mollier

10 절대온도 T, 압력 P로 표시되는 가역 단열과정에 대한 식으로 올바른 것은?(단, 비열비 $k = C_p\ /\ C_v$이다.)

① $TP^{k-1} = C$ ② $TP^k = C$
③ $TP^{\frac{k+1}{k}} = C$ ④ $TP^{\frac{1-k}{k}} = C$

해설 가역단열과정(온도 · 압력 표시)

$PV^k = C,\ TV^{k-1} = C$

$\frac{T_2}{T_1} = \left(\frac{V_1}{V_2}\right)^{k-1} = \left(\frac{P_2}{P_1}\right)^{\frac{k-1}{k}} = TP^{\frac{1-k}{k}} = C$

11 증기를 터빈 내부에서 팽창하는 도중에 몇 단으로 나누어 그중 일부를 빼내어 급수의 가열에 사용하는 증기 사이클은?

① 랭킨 사이클(Rankine Cycle)
② 재열 사이클(Reheating Cycle)
③ 재생 사이클(Regenerative Cycle)
④ 추가 사이클(Supplement Cycle)

해설 재생 사이클

랭킨 사이클의 열효율을 높이기 위해 증기를 터빈 내부에서 팽창하는 도중에 몇 단으로 나누어 그중 일부를 빼내어 급수의 가열에 사용하는 증기 사이클

12 "어떤 물체의 온도를 1℃ 높이는 데 필요한 열량"으로 정의되는 것은?

① 열관류량 ② 열전도율
③ 열전달률 ④ 열용량

해설
- 열용량(cal/℃) : 어떤 물체의 온도를 1℃ 높이는 데 필요한 열량
- 비열의 단위 : cal/g · ℃

13 화력발전소에서 저위발열량 27,500kJ/kg인 유연탄을 시간당 170ton을 사용하여 500,000kW의 전기를 생산하고 있다. 이 화력발전소의 효율(%)은 얼마인가?

① 34 ② 38
③ 42 ④ 46

7. ③ 8. ① 9. ② 10. ④ 11. ③ 12. ④ 13. ② | ANSWER

해설 1kWh = 3,600kJ, 170ton = 170,000kg

500,000kWh × 3,600 = 1,800,000,000kJ

$$\text{효율}(\eta) = \frac{1,800,000,000}{170,000 \times 27,500} \times 100 = 38.5\%$$

14 압력 0.4MPa, 체적 0.8m³인 용기에 습증기 2kg이 들어 있다. 액체의 질량은 약 몇 kg인가?(단, 0.4MPa에서 비체적은 포화액이 0.001m³/kg, 건포화증기가 0.46m³/kg이다.)

① 0.131 ② 0.262
③ 0.869 ④ 1.738

해설 $0.8m^3 = 800L$

건포화 증기 $= 2 \times 0.46 = 0.92m^3$

포화액 $= 2 \times 0.001 = 0.002m^3$

$$\text{습포화 증기 비체적} = \frac{0.8}{2} = 0.4m^3/kg$$

$$\text{증기 건도} = \frac{V - V'}{V'' - V'} = \frac{0.4 - 0.001}{0.46 - 0.001} = 0.869$$

∴ 액체의 질량 $= 2 \times (1 - 0.869) = 0.262kg$

15 "2개의 물체가 또 다른 물체와 서로 열평형을 이루고 있으면 그들 상호 간에도 서로 열평형 상태에 있다." 라는 것은 열역학 몇 법칙인가?

① 열역학 제0법칙 ② 열역학 제1법칙
③ 열역학 제2법칙 ④ 열역학 제3법칙

해설
- 열역학 제0법칙 : 2개의 물체가 또 다른 물체와 서로 열평형을 이루고 있으면 그들 상호 간에도 서로 열평형 상태에 있다.
- 열역학 제1법칙 : 에너지 보존의 법칙
- 열역학 제2법칙 : 100% 열효율을 갖는 열기관을 만드는 것은 불가능하다.
- 열역학 제3법칙 : 어떠한 열기관도 절대온도(−273℃)에 이르게 할 수 없다.

16 여과 집진장치를 설명한 것으로 틀린 것은?

① 건식 집진장치의 한 종류이다.
② 외형상의 여과속도가 느릴수록 미세한 입자를 포집할 수 있다.
③ 100℃ 이상의 고온가스, 습가스의 처리에 적합하다.
④ 집진효율이 좋고, 설비비용이 적게 든다.

해설 여과식(백필터) 집진장치

200℃ 이하의 중저온용으로 사용되며 건조가스의 처리에 적합한 집진장치이다.

17 1kg의 메탄올 20kg을 공기와 연소시킬 때 과잉공기율은 약 몇 %인가?

① 5% ② 14%
③ 17% ④ 21%

해설 메탄의 연소반응식(CH_4 분자량=16)

$CH_4 + 2O_2 \rightarrow CO_2 + 2H_2O$

체적당 산소에 의한 공기량 계산 :

$$\left(2 \times \frac{1}{0.21}\right) = 9.52(Nm^3/Nm^3)$$

중량당 산소에 의한 공기량 계산 :

$$\left(\frac{2 \times 32}{16} \times \frac{1}{0.232}\right) = 17.24(kg/kg)$$

$$\text{공기비}(m) = \frac{20}{17.24} = 1.17$$

∴ 과잉공기율 $= (m-1) \times 100 = (1.17 - 1) \times 100 = 17\%$

(공기 중 산소 : 용적당 21%, 중량당 23.2% 함유)

18 다음 연료의 이론공기량(Sm³/Sm³)의 개략치가 가장 큰 것은?

① 오일가스 ② 석탄가스
③ 천연가스 ④ 액화석유가스

해설 분자량이 큰 액화석유가스(프로판+부탄)는 연소 시 이론공기량이 많이 필요하다.
- 프로판[$C_3H_8 + 5O_2 \rightarrow 3CO_2 + 4H_2O$]
- 부탄[$C_4H_{10} + 6.5O_2 \rightarrow 4CO_2 + 5H_2O$]

19 500℃와 0℃ 사이에서 운전되는 카르노 기관의 열효율은?

① 49.9% ② 64.7%
③ 85.6% ④ 100%

해설 500 + 273 = 773K, 0 + 273 = 273K

$$\text{열효율} = \left(1 - \frac{273}{773}\right) \times 100 = 64.7\%$$

ANSWER | 14. ② 15. ① 16. ③ 17. ③ 18. ④ 19. ②

20 메탄 $1Sm^3$의 연소에 소요되는 이론공기량(Sm^3)은?

① 8.9　② 9.5
③ 11.1　④ 13.2

해설 메탄 $1Sm^3$의 이론공기량

$CH_4 + 2O_2 \rightarrow CO_2 + 2H_2O$ (화학반응식)

$22.4m^3 \quad 2\times22.4m^3$

이론산소량(O_0)$=\dfrac{2\times22.4}{22.4}=2Nm^3/Nm^3$

∴ 이론공기량$(A_0)=2\times\dfrac{1}{0.21}=9.5Sm^3/Sm^3$

(공기 중 산소량=체적당 21%, 중량당 23.2%)

SECTION 02 계측 및 에너지 진단

21 시료가스를 채취할 때의 주의사항으로 틀린 것은?

① 채취구로부터 공기 침입이 없어야 한다.
② 시료가스의 배관은 가급적 짧게 한다.
③ 드레인 배출장치 설치 여부와는 무관하다.
④ 가스성분과 화학성분을 발생시키는 부품을 사용하지 않아야 한다.

해설 배기가스 분석 시 일부의 시료가스를 채취할 경우 가스분석기 내부의 드레인 배출장치가 원활하게 작동하여야 배기가스 분석이 정확하다.

22 검출기에서 검출한 신호를 증폭하거나 다른 신호로 변환시켜 전달시키는 제어기기를 무엇이라 하는가?

① 조작부
② 조절기
③ 증폭기
④ 전송기

해설 전송기
검출기에서 검출한 신호를 증폭하거나 다른 신호로 변환시켜 전달시키는 제어기기

23 열전대의 접점온도가 T_1, T_3일 때 열기전력은 접점온도가 T_1, T_2일 때와 T_2, T_3일 때의 열기전력을 합한 것과 같다. 이는 다음 어느 열전대 원리에 해당하는가?

① 제벡(Seebeck) 효과
② 톰슨(Thomson) 효과
③ 중간금속의 법칙
④ 중간온도의 법칙

해설 열전대 온도계 접점온도가 T_1, T_3일 때 열기전력(제벡 효과)은 접점온도가 T_1, T_2일 때와 T_2, T_3일 때의 열기전력을 합한 것과 같다는 원리는 열전대 중간온도의 법칙이다.

24 압력계 선택 시 유의하여야 할 사항으로 틀린 것은?

① 진동이나 충격 등을 고려하여 필요한 부속품을 준비하여야 한다.
② 사용 목적에 따라 크기, 등급, 정도를 결정한다.
③ 사용압력에 따라 압력계의 범위를 결정한다.
④ 사용 용도는 고려하지 않아도 된다.

해설 압력계 사용 시 재질에 따라 사용 용도가 고려되어야 한다.

25 수소(H_2)가 연소되면 증기를 발생시킨다. 이 증기를 복수시키면 증발열이 발생한다. 만약 수소 1kg을 연소시켜 증기를 완전 복수시키면 얼마의 증발열을 얻을 수 있는가?

① 600kcal　② 1,800kcal
③ 5,400kcal　④ 10,800kcal

해설 $H_2+0.5O_2 \rightarrow H_2O$

2kg + 16kg → 18kg

1kg + 8kg → 9kg

H_2O 1kg의 증발열 = 600kcal/kg

∴ 9kg × 600kcal/kg = 5,400kcal

26 보일러 열정산에서 출열 항목인 것은?

① 사용 시 연료의 발열량
② 연료의 현열
③ 공기의 현열
④ 배기가스의 보유열

해설 출열
㉠ 배기가스 보유열
㉡ 방사손실열
㉢ 불완전 손실열
㉣ 미연탄소분에 의한 열
㉤ 노 내 분입증기에 의한 손실열

27 무게를 기준으로 한 단위로 힘(F), 길이(L), 시간(T)을 기준으로 하는 단위계는?

① 절대단위　② 중력단위
③ 국제단위　④ 실용단위

해설 ㉠ 기본 절대단위계 : M(질량), L(길이), T(시간)
㉡ 중력단위계 : 힘(F), 길이(L), 시간(T)

28 증기보일러의 용량표시 방법으로 일반적으로 가장 많이 사용되는 것으로 일명 정격용량이라고도 하는 것은?

① 상당증발량　② 최고사용압력
③ 상당방열면적　④ 시간당 발열량

해설 ㉠ 증기보일러 용량 : 정격용량(kg_f/h)은 상당증발량으로 표시한다.
㉡ 온수보일러 용량 : 정격출력(kcal/h)

29 다음 압력값 중 그 크기가 다른 것은?

① 760mmHg　② $1kg/cm^2$
③ 1atm　④ 14.7psi

해설 공학기압(1at) $= 1kg/cm^2 = 735mmHg = 14.2psi = 98kPa$
표준대기압(1atm) $= 1.033kg/cm^2$
$= 760mmHg = 14.7psi = 102kPa$
$= 101,325N/m^2$

30 매시간 1,600kg의 연료를 연소시켜서 11,200kg/h의 증기를 발생시키는 보일러의 효율은?(단, 석탄의 저위발열량은 6,040kcal/kg, 발생증기의 엔탈피는 742kcal/kg, 급수온도는 23℃이다.)

① 73.3%　② 83.3%
③ 93.3%　④ 98.6%

해설 증기발생열량 $= 11,200 \times (742-23) = 8,052,800kcal/h$
공급열량 $= 1,600 \times 6,040 = 9,664,000kcal/h$
$\therefore$ 효율 $= \frac{8,052,800}{9,664,000} \times 100 = 83.3\%$

31 다음 중 액면 측정방법이 아닌 것은?

① 퍼지식　② 부자식
③ 정전 용량식　④ 박막식

해설 박막식(격막식)
얇은 판을 이용하는 다이어프램식 압력계(탄성식 압력계)를 사용한다.

32 다음 중 보일러 배기가스 중의 O_2 농도 제어를 통해 연소 공기량을 미세하게 제어하는 시스템은?

① O_2 트리밍　② O_2 분석기
③ O_2 컨트롤러　④ O_2 센서

해설 산소(O_2) 트리밍
보일러 배기가스 중의 산소 농도 제어를 통해 연소용 공기량을 미세하게 제어하는 시스템

33 다음 중 물리적 가스 분석계에 해당하는 것은?

① 오르자트 가스분석계
② 연소식 O_2계
③ 미연소가스계
④ 열전도율형 CO_2계

해설 ①, ②, ③의 가스분석계는 화학적 분석계이다.

34 실제 증발량 1,300kg/h, 급수온도 35℃, 전열면적 $50m^2$인 노통연관식 보일러의 전열면 열부하는 약 몇 $kcal/m^2 \cdot h$인가?(단, 발생 증기 엔탈피는 660kcal/kg이다.)

① 13,580　② 16,250
③ 18,675　④ 20,458

해설 전열면적의 열부하 $= \frac{\text{증기의 시간당 발생 열량(kcal/h)}}{\text{전열면적}(m^2)}$
$= \frac{1,300 \times (660-35)}{50} = 16,250kcal/m^2h$

35 보일러 열정산 시의 측정사항이 아닌 것은?

① 배기가스 온도
② 급수 압력
③ 연료사용량 및 발열량
④ 외기온도 및 기압

해설 열정산에서 급수 압력이 아닌 급수 온도를 측정한다.

36 방사된 열에너지의 성질과 양을 이용하여 온도를 측정하는 계기가 아닌 것은?

① 압력식 온도계 ② 광고온도계
③ 광전관식 온도계 ④ 방사 온도계

해설 ㉠ 압력식 온도계
- 액체식(알코올, 아닐린, 수은)
- 기체식(질소, 헬륨, 불활성 가스)
- 증기식(프레온, 에틸에테르, 아닐린, 에틸알코올, 염화메틸, 톨루엔 등)

㉡ 압력에 사용되는 유체에 따라 사용 온도가 다르다.

37 고온 측정용으로 가장 적합한 온도계는?

① 금속저항온도계 ② 유리온도계
③ 열전대온도계 ④ 압력온도계

해설 ① 금속저항온도계 : 500℃ 이하
② 유리제온도계 : 200℃ 이하
③ 열전대온도계 : 1,600℃ 이하
④ 압력식 온도계 : 500℃ 이하

38 여러 가지 주파수의 정현파(sine파)를 입력신호로 하여 출력의 진폭과 위상각의 지연으로부터 계의 동특성을 규명하는 방법은?

① 시정수 ② 프로그램제어
③ 주파수응답 ④ 비례제어

해설 주파수 자동제어 응답
여러 가지의 주파수 정현파(사인파)를 입력신호로 하여 출력의 진폭과 위상각의 지연으로부터 계의 동특성을 규명하는 방법

39 노 내의 온도 측정이나 벽돌의 내화도 측정용으로 사용되는 온도계는?

① 제게르콘 ② 바이메탈온도계
③ 색온도계 ④ 서미스터온도계

해설 제게르콘(SK26번 : 1,580℃, SK42번 : 2,000℃)은 벽돌의 내화도 측정에 이용된다.

콘의 종류 및 시험 시 세우는 각도
㉠ SK콘 : 80° 각도로 측정
㉡ PCE콘 : 90° 각도로 측정

40 보일러 냉각기의 진공도가 730mmHg일 때 절대압력으로 표시하면 약 몇 kg/cm^2a인가?

① 0.02 ② 0.04
③ 0.12 ④ 0.18

해설 절대압력(abs) = 대기압 − 진공도 = 760 − 730 = 30mmHg
표준대기압 = 1atm = 760mmHg = $1.033kg/cm^2$

$\therefore \frac{30}{760} \times 1.033 = 0.04kg/cm^2$

SECTION 03 열설비구조 및 시공

41 보일러의 계속사용 안전검사 유효기간은?

① 1년 ② 2년
③ 3년 ④ 없음

해설 계속사용검사 유효기간
㉠ 보일러(안전검사, 운전성능검사) : 1년
㉡ 압력용기(안전검사), 철금속가열로(운전성능검사) : 2년

42 에너지이용 합리화법 시행규칙상 인정검사대상기기 관리자의 교육을 이수한 자의 조종범위가 아닌 것은?

① 용량이 10t/h 이하인 보일러
② 압력용기
③ 증기보일러로서 최고사용압력이 1MPa 이하이고, 전열면적이 $10m^2$ 이하인 것
④ 열매체를 가열하는 보일러로서 용량이 581.5kW 이하인 것

35. ② 36. ① 37. ③ 38. ③ 39. ① 40. ② 41. ① 42. ① ANSWER

해설 용량 10t/h 이하 : 기능사 자격증 취득자가 필요하다.
※ • 581.5kW : 50만 kcal/h
• 50만 kcal/h 초과는 기능사 이상 필요

43 입형 보일러의 특징에 대한 설명으로 틀린 것은?
① 설치면적이 작다.
② 설치가 간편하다.
③ 전열면적이 작다.
④ 열효율이 좋고 부하능력이 크다.

해설 입형 보일러는 전열면적이 작아서 열효율이 낮고 부하능력(kcal/h)이 작다.(연소상태가 불완전하다.)

44 복사열에 대한 반사 특성을 이용하여 보온효과를 얻는 보온재 중 가장 효과가 큰 것은?
① 실리카 화이버 ② 염화비닐 강판
③ 마스틱(Mastic) ④ 알루미늄 판

해설 알루미늄 판
복사열에 대한 반사 특성을 이용하여 보온효과를 얻는 금속질 보온재이며, Alumaseal Reflective Insulation, Ferrotherm Insulation 등이 있다.

45 여러 용도에 쓰이는 물질과 그 물질을 구분하는 기준 온도에 대한 설명으로 틀린 것은?
① 내화물이란 SK26 이상 물질을 말한다.
② 단열재는 800~1,200℃ 및 단열효과가 있는 재료를 말한다.
③ 무기질 보온재는 500~800℃에 견디어 보온하는 재료를 말한다.
④ 내화단열재는 SK20 이상 및 단열효과가 있는 재료를 말한다.

해설 ㉠ 내화물 : SK26번(1,580℃) 이상
㉡ 내화단열재 : 800~1,300℃ 이하(SK20 이하가 이상적이다.)

46 검사대상 증기보일러의 안전밸브로 사용하는 것은?
① 스프링식 안전밸브 ② 지렛대식 안전밸브
③ 중추식 안전밸브 ④ 복합식 안전밸브

해설 검사대상기기 증기보일러에 사용되는 안전밸브
스프링식 안전밸브(저양정식, 고양정식, 전양정식, 전양식 등)

47 연료전지 중 작동온도가 높고 고효율이며 유연성이 좋으나 전지부품의 고온부식이 일어나는 단점이 있는 것은?
① 용융탄산염 연료전지
② 재생형 연료전지
③ 고분자전해질 연료전지
④ 인산형 연료전지

해설 신재생에너지 연료전지(용융탄산염)
연료전지 중 작동온도가 높고 고효율이며 유연성이 좋으나 전지부품의 고온부식이 일어나는 단점이 있다.

48 가마를 사용하는 데 있어 내용수명(耐用壽命)과의 관계가 가장 먼 것은?
① 열처리 온도
② 가마 내의 부착물(휘발분 및 연료의 재)
③ 온도의 급변
④ 피열물의 열용량

해설 피열물(내화물, 도자기 등)의 열용량(kcal/℃)과 가마(요)의 내용수명과는 관계가 멀다.

49 에너지이용 합리화법상 검사대상기기의 설치자가 그 사용 중인 검사대상기기를 폐기한 때에는 그 폐기한 날로부터 며칠 이내에 신고하여야 하는가?
① 15일
② 20일
③ 30일
④ 60일

해설 검사대상기기
㉠ 폐기신고 : 15일 이내
㉡ 사용중지신고 : 15일 이내
㉢ 설치자 변경신고 : 15일 이내
㉣ 조종자 선 · 해임신고 : 30일 이내

ANSWER | 43. ④ 44. ④ 45. ④ 46. ① 47. ① 48. ④ 49. ①

50 관의 안지름을 D(cm), 평균유속을 V(m/s)라 하면 평균 유량 Qm³/s를 구하는 식은?

① $Q = DV$
② $Q = \pi D^2 V$
③ $Q = \frac{\pi}{4}\left(\frac{D}{100}\right)^2 V$
④ $Q = \left(\frac{V}{100}\right)^2 D$

해설 유량(Q) = 단면적 × 유속 $= \frac{\pi}{4}D^2 \times V(\text{m}^3/\text{s})$

※ 단면적(m^2) 계산 시 cm는 m로 고쳐서 대입

51 파이프 바이스의 크기 표시는?

① 레버의 크기
② 고정 가능한 관경의 치수
③ 죠를 최대로 벌려 놓은 전체 길이
④ 프레임(Frame)의 가로 및 세로 길이

해설 파이프 바이스의 크기 표시
고정 가능한 관경의 치수

52 에너지이용 합리화법 시행규칙에서 정한 특정열사용 기자재 및 그 설치 · 시공범위의 구분에서 품목명에 포함되지 않는 것은?

① 용선로
② 태양열 집광기
③ 1종 압력용기
④ 구멍탄용 온수보일러

해설 특정열사용기자재 설치 · 시공범위 품목명(규칙 별표 3의2)

구분	품목명
보일러	강철제 보일러, 주철제 보일러, 온수보일러, 구멍탄용 온수보일러, 축열식 전기보일러, 가정용 화목보일러
태양열 집열기	태양열 집열기
압력용기	1종 압력용기, 2종 압력용기
요업요로	연속식유리용융가마, 불연속식유리용융가마, 유리용융도가니가마, 터널가마, 도염식각가마, 셔틀가마, 회전가마, 석회용선가마
금속요로	용선로, 비철금속용융로, 금속소둔로, 철금속가열로, 금속균열로

53 증기보일러의 전열면에서 벽의 두께는 22mm, 열전도율은 50kcal/m · h · ℃이고 열전달률은 열가스 측이 18kcal/m² · h · ℃, 물 측이 5,200kcal/m² · h · ℃이다. 물 측에 평균두께 3mm의 물때(열전도율 1.8 kcal/m · h · ℃)와 가스 측에 평균두께 1mm의 그을음(열전도율 0.1kcal/m · h · ℃)이 부착되어 있는 경우 열관류율은 약 몇 kcal/m² · h · ℃인가?(단, 전열면은 평면이다.)

① 11.7
② 14.7
③ 25.3
④ 28.7

해설 열관유율$(K) = \dfrac{1}{\dfrac{1}{a_1} + \dfrac{b_1}{\lambda_1} + \dfrac{b_2}{\lambda_2} + \dfrac{b_3}{\lambda_3} + \dfrac{1}{a_2}}$

$$= \dfrac{1}{\dfrac{1}{18} + \dfrac{0.022}{50} + \dfrac{0.003}{1.8} + \dfrac{0.001}{0.1} + \dfrac{1}{5,200}}$$

$$= \left(\dfrac{1}{0.06785}\right) = 14.73\text{kcal/m}^2 \cdot \text{h} \cdot ℃$$

※ 1m = 1,000mm

54 에너지이용 합리화법 시행규칙에 따라 가스를 사용하는 소형 온수보일러 중 검사대상기기에 해당되는 것은 가스사용량이 몇 kg/h를 초과하는 경우인가?

① 10kg/h
② 13kg/h
③ 17kg/h
④ 15kg/h

해설 검사대상 소형 온수보일러(가스용) 기준
㉠ 가스사용량 17kg/h 초과 보일러
㉡ 도시가스 사용량 232.6kW(20만 kcal/h) 초과 보일러

55 보온재 선정 시 고려하여야 할 조건 중 틀린 것은?

① 부피비중이 적어야 한다.
② 열전도율이 가능한 높아야 한다.
③ 흡수성이 적고, 가공이 용이하여야 한다.
④ 불연성이고 화재 시 유독가스를 발생하지 않아야 한다.

해설 보온재, 단열재는 열전도율(kcal/m · h · ℃)이 낮아야 한다.

50. ③ 51. ② 52. ② 53. ② 54. ③ 55. ② | ANSWER

56 2개의 증기드럼 하부에 하나의 물드럼을 배치하고 삼각형 순환도를 형성하는 급경사 곡관형 보일러는?

① 가르베 보일러　② 야로 보일러
③ 스털링 보일러　④ 타쿠마 보일러

해설 급경사 보일러
㉠ 스털링 보일러(곡관용)
㉡ 가르베 보일러(직관용)

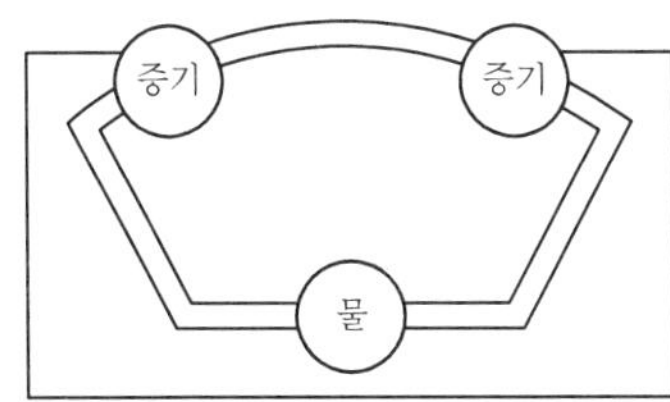

57 다음 중 관류 보일러로 맞는 것은?

① 술저(Sulzer) 보일러
② 라몬트(Lamont) 보일러
③ 벨럭스(Velox) 보일러
④ 타쿠마(Takuma) 보일러

해설 관류 보일러
㉠ 술저 보일러
㉡ 벤슨 보일러

58 피열물을 부압의 가마 내에서 가열 시 피열물이 받는 영향은?

① 환원되기 쉽다.　② 내부 열이 유출된다.
③ 산화되기 쉽다.　④ 중성이 유지된다.

해설 내화물 제조용인 부압의 가마(요)에서 피열물(벽돌, 도자기 등)은 환원되기 쉽다.

59 다음 중 노재가 갖추어야 할 조건이 아닌 것은?

① 사용 온도에서 연화 및 변형이 되지 않을 것
② 팽창 및 수축이 잘될 것
③ 온도 급변에 의한 파손이 적을 것
④ 사용목적에 따른 열전도율을 가질 것

해설 노재(내화벽돌 등)는 팽창 · 수축이 적어야 한다.

60 증기 엔탈피가 2,800kJ/kg이고, 급수 엔탈피가 125kJ/kg일 때 증발계수는 약 얼마인가?(단, 100℃ 포화수가 증발하여 100℃의 건포화증기로 되는 데 필요한 열량은 2,256.9kJ/kg이다.)

① 1.0　② 1.2
③ 1.4　④ 1.6

해설
$$\text{증발계수} = \frac{\text{증기엔탈피} - \text{급수엔탈피}}{\text{증발열}} = \frac{2{,}800 - 125}{2{,}256.9} = 1.2$$

※ 539kcal/kg = 2,256.9kJ/kg
※ 증발계수가 클수록 성능이 좋다.

SECTION 04 열설비 취급 및 안전관리

61 보일러 외부 청소법 중 수관보일러에 대한 가장 적합한 기구는?

① 수트 블로어　② 워터 쇼킹
③ 스크랩퍼　④ 샌드 블라스트

해설 수트 블로어(그을음 제거기)
수관식 보일러 연소실 주위 보일러 본체 청소에 적합한 기구이다.

62 보일러의 급수처리 방법에 해당되지 않는 것은?

① 이온교환법　② 증류법
③ 희석법　④ 여과법

해설 보일러 급수처리 방법
㉠ 외처리법(이온교환법, 여과법, 증류법 등)
㉡ 내처리법(청관제법)
㉢ 기계적 처리법(스케일 제거)

63 보일러의 고온부식 방지대책으로 틀린 것은?

① 회분 개질제를 첨가하여 바나듐의 융점을 낮춘다.
② 연료 중의 바나듐 성분을 제거한다.
③ 고온가스가 접촉되는 부분에 보호피막을 한다.
④ 연소가스 온도를 바나듐의 융점온도 이하로 유지한다.

ANSWER | 56. ③ 57. ① 58. ① 59. ② 60. ② 61. ① 62. ③ 63. ①

해설 ㉠ 회분 개질제를 첨가하여 바나듐(V_2O_5)의 융점을 높여서 고온부식을 방지한다.
㉡ 저온부식에서는 노점을 내려서 저온부식을 방지한다.
㉢ 고온부식 발생장소 : 과열기, 재열기

64 다음 중 저온부식의 원인이 되는 성분은?

① 휘발성분 ② 회분
③ 탄소분 ④ 황분

해설 • S(황) + O_2 → SO_2(아황산가스)
$SO_2 + \frac{1}{2}O_2 \rightarrow SO_3$(무수황산)
$SO_3 + H_2O \rightarrow H_2SO_4$(진한 황산) : 저온부식 발생
• 저온부식 발생장소 : 절탄기(급수가열기), 공기예열기

65 에너지다소비사업자는 연료 · 열 및 전력의 연간 사용량의 합계가 몇 티오이 이상인 자를 말하는가?

① 500 ② 1,000
③ 1,500 ④ 2,000

해설 에너지다소비사업자
연간 에너지 사용량이 석유환산 2,000티오이 이상인 자

66 다음 반응 중 경질 스케일 반응식으로 옳은 것은?

① $Ca(HCO_3)$ + 열 → $CaCO_3 + H_2O + CO_2$
② $3CaSO_4 + 2Na_3PO_4 \rightarrow Ca_3(PO_4)_3 + 3Na_2SO_4$
③ $MgSO_4 + CaCO_3 + H_2O \rightarrow CaSO_4 + Mg(OH)_2 + CO_2$
④ $MgCO_3 + H_2O \rightarrow Mg(OH)_2 + CO_2$

해설 경질 스케일 성분(황산마그네슘 : $MgSO_4$)
$MgSO_4 + CaCO_3 + H_2O \rightarrow CaSO_4 + Mg(OH)_2 + CO_2$

67 보일러에서 습증기의 발생으로 증기수송관의 방열손실로 이어지는 원인이 아닌 것은?

① 저수위 운전
② 피크(Peak) 부하 발생
③ 보일러의 저압운전
④ 보일러수 내에 고형물 과다

해설 저수위 운전
보일러 폭발사고와 관련성이 있다.

68 환수관이 고장을 일으켰을 때 보일러의 물이 유출하는 것을 막기 위하여 하는 배관방법은?

① 리프트 이음 배관법
② 하트포드 연결법
③ 이경관 접속법
④ 증기 주관 관말 트랩 배관법

해설 하트포드 연결법(저압증기 난방에서 균형관 유지법)은 드레인 환수관의 고장 시 보일러 물이 유출되는 것을 방지한다.

69 에너지이용 합리화 기본계획을 수립하는 기관의 장은?

① 안전행정부장관
② 국토교통부장관
③ 산업통상자원부장관
④ 고용노동부장관

해설 에너지이용합리화 기본계획 수립기관 기관장 : 산업통상자원부장관

70 에너지사용량의 신고 대상인 자가 매년 1월 31일까지 신고해야 할 사항이 아닌 것은?

① 전년도의 수지계산서
② 전년도의 에너지이용 합리화 실적
③ 해당 연도의 에너지사용 예정량
④ 에너지사용기자재의 현황

해설 에너지사용량의 신고 대상인 자는 매년 1월 31일까지 신고해야 하며, 내용에는 전년도의 에너지사용량 · 제품생산량, 에너지이용합리화 실적 및 해당 연도의 계획 등이 포함되어야 한다.

71 보일러가 급수 부족으로 과열되었을 때의 조치로 가장 적합한 것은?

① 급속히 급수하여 냉각시킨다.
② 연도 댐퍼를 닫고, 증기를 취출한다.
③ 연소를 중지하고, 서서히 냉각시킨다.
④ 소량의 연료 및 연소용 공기를 계속 공급한다.

해설 보일러 급수 부족
저수위사고(보일러 파열 우려 시) 시 보일러가 과열되면 연소를 중지하고 서서히 냉각시킨다.

64. ④ 65. ④ 66. ③ 67. ① 68. ② 69. ③ 70. ① 71. ③ | ANSWER

72 보일러실 내의 유류화재 시 소화설비로 가장 적합한 것은?

① 스프링클러 설비 ② 분말소화 설비
③ 연결살수 설비 ④ 옥내소화전 설비

해설 유류화재 시 소화설비
분말소화, 포말소화가 이상적이다.

73 에너지사용계획을 수립하여 산업통상자원부장관에게 제출하여야 하는 사업주관자에 해당되지 않는 사업은?

① 에너지개발사업 ② 관광단지개발사업
③ 철도건설사업 ④ 주택개발사업

해설 사업주관자의 해당 사업
㉠ 도시개발사업 ㉡ 산업단지개발사업
㉢ 에너지개발사업 ㉣ 항만건설사업
㉤ 철도건설사업 ㉥ 공항건설사업
㉦ 관광단지개발사업

74 다음 ( ) 안에 각각 들어갈 말은?

> 산업통상자원부장관은 효율관리기자재가 (㉠)에 미달하거나 (㉡)를(을) 초과하는 경우에는 생산 또는 판매금지를 명할 수 있다.

① ㉠ 최대소비효율기준, ㉡ 최저사용량기준
② ㉠ 적정소비효율기준, ㉡ 적정사용량기준
③ ㉠ 최저소비효율기준, ㉡ 최대사용량기준
④ ㉠ 최대사용량기준, ㉡ 저소비효율기준

75 보일러 안전밸브에서 증기의 누설 원인으로 틀린 것은?

① 밸브와 밸브 시트 사이에 이물질이 존재한다.
② 밸브 입구의 직경이 증기압력에 비해서 너무 작다.
③ 밸브 시트가 오염되어 있다.
④ 밸브가 밸브 시트를 균일하게 누르지 못한다.

해설 안전밸브 입구의 직경이 증기압력에 비해 너무 작으면 용량에 맞는 걸로 교체하여야 한다.

76 보일러의 만수보존을 실시하고자 할 때 사용되는 약제가 아닌 것은?

① 가성소다 ② 생석회
③ 히드라진 ④ 아황산소다

해설 보일러 건조보존(밀폐식) 시 필요한 재료(보일러 장기보존법)
㉠ 생석회 ㉡ 실리카 겔
㉢ 활성 알루미나 ㉣ 염화칼슘
㉤ 방수제 ㉥ 기화성 방청제
※ 생석회는 외부에 뿌린다.

77 증기난방의 응축수 환수방법 중 증기의 순환속도가 가장 빠른 환수방식은?

① 진공환수식 ② 기계환수식
③ 중력환수식 ④ 강제환수식

해설 증기난방 진공환수식 응축수 회수법
대규모 난방에 사용하며 진공도 100~250mmHg 상태에서 증기의 순환속도가 매우 빠르다.

78 어떤 보일러수의 불순물 허용농도가 500ppm이고, 급수량이 1일 50톤이며, 급수 중의 고형물 농도가 20ppm일 때 분출률은 약 얼마인가?

① 2.4% ② 3.2%
③ 4.2% ④ 5.4%

해설 $분출률 = \frac{d}{r-d} \times 100 = \frac{20}{500-20} \times 100 = 4.2\%$

79 보일러 내처리제 중 가성취화 방지에 사용되는 약제는?

① 히드라진 ② 염산
③ 암모니아 ④ 인산나트륨

해설 가성취화 억제제(가성소다에 의한 재질 약화 방지제)
㉠ 질산나트륨 ㉡ 인산나트륨
㉢ 탄닌 ㉣ 리그린

80 다음 중 2년 이하의 징역 또는 2,000만 원 이하의 벌금에 처하는 경우는?

① 에너지 저장의무를 이행하지 아니한 경우
② 검사대상기기관리자를 선임하지 아니한 경우
③ 검사대상기기의 사용정지 명령에 위반한 경우
④ 검사대상기기를 설치하고 검사를 받지 아니하고 사용한 경우

해설 ①항 : 2년 이하의 징역 또는 2,000만 원 이하의 벌금
②항 : 1천만 원 이하의 벌금
③, ④항 : 1년 이하의 징역 또는 1천만 원 이하의 벌금

ANSWER | 72. ② 73. ④ 74. ③ 75. ② 76. ② 77. ① 78. ③ 79. ④ 80. ①

SECTION 01 열역학 및 연소관리

01 다음 중 사이클 상태변화 과정이 틀린 것은?

① 오토 사이클 : 단열압축 → 등적가열 → 단열팽창 → 등적방열
② 디젤 사이클 : 단열압축 → 등압가열 → 단열팽창 → 등적방열
③ 사바테 사이클 : 단열압축 → 등압가열 → 등적가열 → 단열팽창
④ 브레이턴 사이클 : 단열압축 → 등압가열 → 단열팽창 → 등압방열

해설

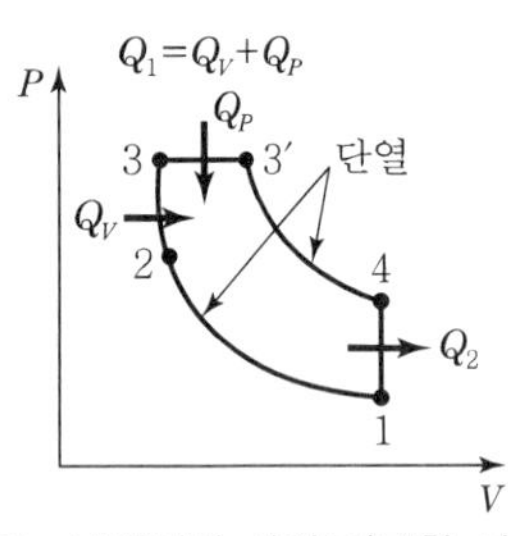

사바테 사이클 : 내연기관 사이클(복합 사이클)
㉠ 1 → 2 : 가역 단열압축
㉡ 2 → 3 : 정적 가열(연소)
㉢ 3 → 3′ : 정압 가열(연소)
㉣ 3 → 4 : 가역 단열팽창
㉤ 4 → 1 : 정적 방열

02 카르노 사이클로 작동되는 효율 28%인 기관이 고온체에서 100kJ의 열을 받아들일 때, 방출열량은 몇 kJ인가?

① 17 ② 28
③ 44 ④ 72

해설 방출 열량(Q_2)

카르노 열효율$(\eta) = \dfrac{AW}{Q_1} = \dfrac{Q_1 - Q_2}{Q_1} = 1 - \dfrac{Q_2}{Q_1}$

$28\% = 1 - \dfrac{Q_2}{100}$, $Q_2 = 100 \times (1 - 0.28) = 72\text{kJ}$

03 전기식 집진장치의 특징에 대한 설명으로 틀린 것은?

① 집진효율이 90~99.5% 정도로 높다.
② 고전압장치 및 정전설비가 필요하다.
③ 미세입자 처리도 가능하다.
④ 압력손실이 크다.

해설 전기식 집진장치는 코트렐식이 대표적이며 압력손실이 작고, 집진효율이 매우 높다.

04 냉매가 갖추어야 하는 조건으로 거리가 먼 것은?

① 증발잠열이 작아야 한다.
② 임계온도가 높아야 한다.
③ 화학적으로 안정되어야 한다.
④ 증발온도에서 압력이 대기압보다 높아야 한다.

해설 냉매
㉠ 증발잠열이 커야 좋은 냉매이다.
㉡ 프레온, 암모니아, 브라인

05 보일러 절탄기 등에서 발생할 수 있는 저온부식의 원인이 되는 물질은?

① 질소가스 ② 아황산가스
③ 바나듐 ④ 수소가스

해설 S(황) + O_2 → SO_2(아황산)
$SO_2 + H_2O$ → H_2SO_3(무수황산)
$H_2SO_3 + \dfrac{1}{2}O_2$ → H_2SO_4(진한 황산) : 저온 부식

06 다음 중 가장 높은 온도는?

① 20℃ ② 295K
③ 530°R ④ 68°F

해설 ② 295K = (295 − 273)℃ = 22℃
③ $530°\text{R} = \dfrac{5}{9}(530 - 491.67)℃ = 21.294℃$
④ $68°\text{F} = \dfrac{5}{9}(68 - 32)℃ = 20℃$

1. ③ 2. ④ 3. ④ 4. ① 5. ② 6. ② | ANSWER

07 어떤 가역 열기관이 400℃에서 1,000kJ을 흡수하여 일을 생산하고 100℃에서 열을 방출한다. 이 과정에서 전체 엔트로피 변화는 약 몇 kJ/K인가?

① 0　② 2.5
③ 3.3　④ 4

해설 ㉠ 엔트로피 변화(ΔS) $= \dfrac{\delta Q}{T} = \dfrac{GCdT}{T}$(kJ/K)
㉡ 가역 사이클
• 엔트로피는 항상 일정하다.
• 엔트로피 : 종량성 상태량
• 가역과정 엔트로피$= \oint \dfrac{dQ}{T} = 0$

08 비열 1.3kJ/kg · ℃, 온도 30℃인 어떤 물질 10kg을 온도 520℃까지 가열하는 데 필요한 열량(kcal)은?(단, 가열과정에서 물질의 상(相) 변화는 없다.)

① 5,147　② 6,370
③ 4,490　④ 4,900

해설 열량(Q) $= GC_p\Delta t = 10 \times 1.3 \times (520-30) = 6{,}370$kcal

09 다음 연료 중 단위 중량당 발열량이 가장 큰 것은?

① C　② H_2
③ CO　④ S

해설 발열량
탄소(C) = 8,100kcal/kg, 수소(H_2) = 34,000kcal/kg,
황(S) = 2,500kcal/kg, 일산화탄소(CO) = 2,414kcal/kg

10 1Sm^3의 메탄(CH_4)가스를 공기와 같이 연소시킬 경우 이론공기량(Sm^3)은?

① 2.52　② 4.52
③ 7.52　④ 9.52

해설 메탄(CH_4, LNG의 성분)
$CH_4 + 2O_2 \rightarrow CO_2 + 2H_2O$
이론공기량(A_0) = 이론산소량 $\times \dfrac{1}{0.21}$
$= 1 \times 2 \times \dfrac{1}{0.21} = 9.52Sm^3$

11 공기 중에서 수소의 연소반응식이 $H_2 + \dfrac{1}{2}O_2 \rightleftarrows H_2O$일 때 건연소가스양($Sm^3/Sm^3$)은?

① 1.88　② 2.38
③ 2.88　④ 3.33

해설 건연소가스양은 연소가스 중 수분(w, H_2O)이 제외된다.
이론건연소가스양(G_{od}) $= (1-0.21)A_0 + H_2O$
이론공기량(A_0) = 이론산소량(O_0) $\times \dfrac{1}{0.21}$
$H_2 + \dfrac{1}{2}O_2 \rightarrow H_2O$
∴ 이론건연소가스양(G_{od}) $= (1-0.21) \times \dfrac{0.5}{0.21}$
$= 1.88Sm^3/Sm^3$

12 27℃에서 12L의 체적을 갖는 이상기체가 일정 압력에서 127℃까지 온도가 상승하였을 때 체적은 얼마인가?

① 12L　② 16L
③ 27L　④ 56.4L

해설 $27 + 273 = 300K$, $127 + 273 = 400K$
$V_2 = V_1 \times \dfrac{T_2}{T_1} = 12 \times \dfrac{400}{300} = 16L$

13 다음 연소장치 중 연소부하율이 가장 높은 것은?

① 마플로　② 가스터빈
③ 중유 연소 보일러　④ 미분탄 연소 보일러

해설 연소장치 연소부하율(kcal/m^3h)
가스터빈 > 미분탄 연소 보일러 > 중유 연소 보일러 > 마플로(간접 가열 가마)

14 보일러의 부속장치 중 원심력을 이용한 집진장치는?

① 루버식 집진장치　② 코로나식 집진장치
③ 사이클론식 집진장치　④ 백 필터식 집진장치

해설 사이클론식(원심력식) 집진장치
㉠ 사이클론식
㉡ 멀티 사이클론식

ANSWER | 7. ① 8. ② 9. ② 10. ④ 11. ① 12. ② 13. ② 14. ③

15 이상기체의 성질에 대한 표현으로 틀린 것은?(단, u는 내부에너지, h는 엔탈피, k는 비열비, C_V는 정적비열, C_P는 정압비열, R은 기체상수, T는 온도이다.)

① $h = u + RT$
② $R = \dfrac{dh}{dT} - \dfrac{du}{dT}$
③ $C_V = \dfrac{1}{k-1}R$
④ $C_P = \dfrac{k}{k-1}C_V$

해설 • 엔탈피(h) = 내부에너지 + 유동에너지
$= u + APV = u + RT$
• SI 단위에서
기체상수(R) = $C_P - C_V$
정적비열(C_V) = $\dfrac{1}{k-1}R$
정압비열(C_P) = $\dfrac{k}{k-1}R = k \cdot C_V$
※ 공학 단위 : $R \to AR$

16 일반기체상수의 단위를 바르게 나타낸 것은?

① kg/K ② kJ/kg
③ kJ/kmol ④ kJ/kmol · K

해설 기체상수 R ≒ 8.3143kJ/kmol · K

17 탄소(C) 1kg을 완전 연소시킬 때 생성되는 CO_2의 양은 약 얼마인가?

① 1.67kg ② 2.67kg
③ 3.67kg ④ 6.34kg

해설 C + O_2 → CO_2
12 + 32 → 44
12 : 44 = 1 : x
∴ x = 3.67kg
※ 분자량 : 탄소=12, 산소=32, 탄산가스=44

18 보일러 연소가스 폭발의 가장 큰 원인은?

① 중유가 불완전 연소할 때
② 저수위로 보일러를 운전할 때
③ 증기의 압력이 지나치게 높을 때
④ 연소실 내에 미연가스가 차 있을 때

해설 연소실 내 미연가스가 차 있으면 노 내 연소가스의 폭발 위험이 있는데, 이를 방지하기 위해 프리퍼지, 포스트퍼지(치환)를 실시한다.

19 물 1kmol이 100℃, 1기압에서 증발할 때 엔트로피 변화는 몇 kJ/K인가?(단, 물의 기화열은 2,257kJ/kg이다.)

① 22.57 ② 100
③ 109 ④ 139

해설 엔트로피 변화(ΔS) = $\dfrac{\delta Q}{T} = \dfrac{2{,}257 \times 18}{100 + 273}$ = 109kJ/K
※ 물(H_2O)1kmol = 22.4Sm^3 = 18kg

20 이상기체의 특성이 아닌 것은?

① $dU = C_v dT$ 식을 만족한다.
② 비열은 온도만의 함수이다.
③ 엔탈피는 압력만의 함수이다.
④ 이상기체상태방정식을 만족한다.

해설 ③ 내부에너지와 엔탈피는 온도만의 함수이다.
• 내부에너지 변화(du) = $C_v dT = f(T)$
• 엔탈피 변화(dh) = $C_p dT = f(T)$

SECTION 02 계측 및 에너지 진단

21 열전대 온도계의 원리로 맞는 것은?

① 전기적으로 온도를 측정한다.
② 두 물체의 열기전력을 이용한다.
③ 히스테리시스의 원리를 이용한다.
④ 물체의 열전도율이 큰 것을 이용한다.

해설 열전대 온도계 원리
두 물체(백금로듐－백금 등)의 열기전력(제백효과)을 이용하여 온도를 측정하는 접촉식 온도계

15. ④ 16. ④ 17. ③ 18. ④ 19. ③ 20. ③ 21. ② | ANSWER

22 **배가스 중 산소농도를 검출하여 적정 공연비를 제어하는 방식을 무엇이라 하는가?**

① O_2 트리밍 제어 ② 배가스양 제어
③ 배가스 온도 제어 ④ CO 제어

해설 O_2 트리밍(Trimming) 제어
배기가스 중 산소의 농도를 검출하여 적정 공연비(공기소비량/연료소비량)를 제어하는 방식

23 **압력의 차원을 절대단위계로 바르게 나타낸 것은?**

① MLT^{-2} ② $ML^{-1}T^{-1}$
③ $ML^{-1}T^{-2}$ ④ $ML^{-2}T^{-2}$

해설 압력의 차원
㉠ 절대단위계 : $ML^{-1}T^{-2}$ (M.L.T계)
㉡ 중력단위계 : FL^{-2} (F.L.T계)
㉢ 조합단위계 : FL^{-2} (F.L.M.T계)
※ 질량(M), 길이(L), 시간(T), 힘(F)

24 **비접촉식 온도계에 해당하는 것은?**

① 유리 온도계 ② 저항 온도계
③ 압력 온도계 ④ 광고 온도계

해설 비접촉식 온도계(고온 측정 온도계)
㉠ 광고온도계
㉡ 광전관 온도계
㉢ 방사 온도계
㉣ 색 온도계

25 **연료가 보유하고 있는 열량으로부터 실제 유효하게 이용된 열량과 각종 손실에 의한 열량 등을 조사하여 열량의 출입을 계산한 것은?**

① 열정산 ② 보일러 효율
③ 전열면 부하 ④ 상당 증발량

해설 열정산(입열-출열 정산)
열량의 입출열을 계산하여 열설비의 개선을 도모한다.

26 **오차의 종류로서 계통오차에 해당되지 않는 것은?**

① 고유오차 ② 개인오차
③ 우연오차 ④ 이론오차

해설 우연오차
필연적으로 생기는 오차. 즉, 아무리 노력하여도 피할 수 없는 오차로서 이러한 상대적인 분포현상을 산포라고 한다.

27 **다음 유량계 중 용적식 유량계가 아닌 것은?**

① 오벌식 유량계
② 로터미터
③ 루츠식 유량계
④ 로터리 피스톤식 유량계

해설 면적식 유량계(베르누이 정리 이용 유량계)
㉠ 종류 : 로터미터, 게이트식
㉡ 버저식 유량계로서 유량에 따라 균등 눈금을 얻을 수 있다.
㉢ 압력 손실이 적고 고점도, 슬러리 유체 측정이 가능하다.

28 **보일러 자동제어와 관련된 약호가 틀린 것은?**

① FWC : 급수제어
② ACC : 자동연소제어
③ ABC : 보일러 자동제어
④ STC : 증기압력제어

해설 ㉠ STC : 과열증기온도제어(증기온도제어)
㉡ S : 스팀, F : 밀어줌, C : 컨트롤, W : 급수, T : 증기온도, B : 보일러, A : 자동

29 **증기보일러의 상당 증발량(≥)에 대한 표기로 옳은 것은?(단, 실제 증발량 : Ga, 발생증기엔탈피 : h_2, 급수엔탈피 : h_1 이다.)**

① $\dfrac{Ga(h_2+h_1)}{450}$
② $\dfrac{Ga(h_2-h_1)}{450}$
③ $\dfrac{Ga(h_2+h_1)}{539}$
④ $\dfrac{Ga(h_2-h_1)}{539}$

해설 보일러 상당 증발량(≥) $= \dfrac{Ga(h_2-h_1)}{539}$ (kg/h)
※ 539kcal/kg : 100℃ 물의 증발잠열(2,256kJ/kg)

30 보일러의 열정산을 하는 목적이 아닌 것은?

① 열의 분포상태를 알 수 있다.
② 보일러 조업 방향을 개선하는 데 이용할 수 있다.
③ 노의 개축, 축로의 자료로 이용할 수 있다.
④ 시험부하는 원칙적으로 정격부하로 한다.

해설 ㉠ 열정산 목적은 ①, ②, ③ 외에 조업방법의 개선, 열설비의 성능 파악, 열의 손실 방지 등이다.
㉡ 열정산으로 보일러 운전에서 공급열(입열), 출열을 비교하여 손실열을 줄여 나간다.
※ • 부상상태 : 정격부하
• 가동시간 : 2시간 이상의 운전 결과

31 오르자트(Orsat)법에 의한 가스분석법에서 가스성분에 따른 흡수제의 연결이 바르게 된 것은?

① CH_4 : 가성소다 수용액
② CO : 알칼리성 피로갈롤 용액
③ CO_2 : 30% 수산화칼륨 수용액
④ O_2 : 암모니아성 염화제1구리 용액

해설 오르자트법의 흡수제
㉠ 메탄(CH_4) 등의 탄화수소, 중탄화수소 : 발연황산 등
㉡ CO : 암모니아성 염화제1동(구리) 용액
㉢ O_2 : 알칼리성 피로카롤 용액

32 원리 및 구조가 간단하고, 고온 · 고압에도 사용할 수 있어 공업적으로 가장 많이 사용되는 액면 측정 방식은?

① 버저식　　② 기포식
③ 차압식　　④ 음향식

해설 버저식 액면계(직접식) : 고온 · 고압의 공업적 액면계(일명 플로트식)로서 개방형 탱크에 사용

33 잔류편차를 남기기 때문에 단독으로 사용하지 않고 다른 동작과 결합시켜 사용되는 것은?

① D 동작　　② P 동작
③ I 동작　　④ PI 동작

해설 P 동작(비례동작)
잔류편차(오프셋)가 발생한다. 단독사용이 아니고 다른 자동제어동작과 결합시켜 사용하는 연속동작이다.

34 슈테판-볼츠만의 법칙에서 완전흑체 표면에서의 복사열 전달열과 절대온도의 관계로 옳은 것은?

① 절대온도에 비례한다.
② 절대온도의 제곱에 비례한다.
③ 절대온도의 3제곱에 비례한다.
④ 절대온도의 4제곱에 비례한다.

해설 복사열(Q)

$$Q=\varepsilon \cdot Cb\left[\left(\frac{T_1}{100}\right)^4-\left(\frac{T_2}{100}\right)^4\right]F(\text{kcal/h})$$

㉠ 흑제 방사 정수(Cb) : $4.88\text{kcal/m}^2\text{h}(100\text{K})^4$
㉡ 고온물체 방사율(흑도) : ε
㉢ 방사에너지$=\varepsilon \cdot \sigma T^4(\text{kcal/m}^2\text{h})$

35 액면계의 측정방법에 대한 설명으로 틀린 것은?

① 직접 측정방법으로 직관식이 있다.
② 직접 측정방법으로 다이어프램식이 있다.
③ 간접 측정방법으로 초음파식이 있다.
④ 간접 측정방법으로 방사선식이 있다.

해설 ㉠ 직접 측정방법
• 직관식(게이지 글라스식)
• 버저식(플로트식)
• 검척식
㉡ 간접식(차압식) : 다이어프램식(힘 평형식)

36 저항식 습도계에 대한 설명으로 옳은 것은?

① 직류전압에 의한 저항치를 측정하여 비교습도를 표시
② 직류전압에 의한 저항치를 측정하여 상대습도를 표시
③ 교류전압에 의한 저항치를 측정하여 비교습도를 표시
④ 교류전압에 의한 저항치를 측정하여 상대습도를 표시

해설 저항식 습도계(전기 저항식 습도계)
교류전압에 의한 저항치를 측정하여 상대습도를 측정한다. 저온도의 측정이 가능하고 응답이 빠르며 감도가 크다. 주로 연속기록, 원격측정, 자동제어에 이용된다.

30. ④ 31. ③ 32. ① 33. ② 34. ④ 35. ② 36. ④ | ANSWER

37 증기 발생을 위해 쓰인 열량과 보일러에 공급된 열량(입열량)의 비를 무엇이라고 하는가?

① 전열면 열부하 ② 보일러 효율
③ 증발계수 ④ 전열면의 증발률

38 보일러 열정산 시 입열 항목에 해당되지 않는 것은?

① 방산에 의한 손실열 ② 연료의 연소열
③ 연료의 현열 ④ 공기의 현열

해설 열정산 출열
㉠ 방산에 의한 손실열
㉡ 배기가스 손실열
㉢ 미연탄소분에 의한 손실열
㉣ 불완전 열손실
㉤ 노내분입증기에 의한 열손실

39 오리피스 유량계의 교축기구 바로 직전과 직후에 차압을 추출하는 방식의 탭으로서 정압분포가 편중되어도 환상 실에 의하여 평균된 차압을 추출할 수 있는 것은?

① 베나탭 ② 코너탭
③ 니플탭 ④ 플랜지탭

해설 코너탭
오리피스 유량계의 교축기구 바로 직전과 직후에 차압을 추출하는 방식의 탭으로, 정압분포가 편중되어도 환상 실에 의하여 평균된 차압을 추출할 수 있다.

40 어떠한 조건이 충족되지 않으면 다음 동작을 저지하는 제어방법은?

① 인터록 제어 ② 피드백 제어
③ 자동연소 제어 ④ 시퀀스 제어

SECTION 03 열설비구조 및 시공

41 검사대상기기의 설치자의 변경신고 사항으로 옳은 것은?

① 기존 설치자가 15일 이내에 신고
② 기존 설치자가 30일 이내에 신고
③ 새로운 설치자가 15일 이내에 신고
④ 새로운 설치자가 30일 이내에 신고

해설 검사대상기기의 설치자 변경신고 : 새로운 설치자가 15일 이내에 한국에너지공단이사장에게 변경신고서를 제출 한다.

42 20℃ 상온에서 재료의 열전도율(kcal/mh℃)이 큰 순서대로 나열된 것으로 옳은 것은?

① 구리－알루미늄－철－물－고무
② 구리－알루미늄－철－고무－물
③ 알루미늄－구리－철－물－고무
④ 알루미늄－철－구리－고무－물

해설 열전도율(kcal/mh℃) 크기
구리(동) > 알루미늄 > 철 > 물 > 고무

43 유리용융용 탱크가마의 구성요소 중 브리지벽(Bridge Wall)의 역할은?

① 2차 공기를 취입한다.
② 청진(淸塵)된 유리액을 내보낸다.
③ 연소가스(Gas)가 조업부로 넘어가는 것을 막아준다.
④ 미청진(未淸塵) 유리액이 조업부로 넘어가는 것을 막아준다.

해설 ㉠ 유리용융탱크가마 브리지벽의 역할 : 미청진 유리액이 조업부로 넘어가는 것을 막아준다.
㉡ 유리용융가마의 종류 : 용융가마(도가니가마, 탱크가마), 서랭가마, 도가니예열가마

44 동관의 경납용접 시의 특징을 설명한 것으로 틀린 것은?

① 용접온도는 200~300℃ 정도이다.
② 용접재는 인동납이나 은납이 사용된다.
③ 연납용접보다 이음부의 강도가 높다.
④ 연납용접보다 사용압력이 높은 곳에 적용한다.

해설 경납용접 시 용접온도는 450℃ 이상이며 450℃ 미만은 연납용접이다.

45 태양에너지 이용 기술재료 중 에너지 교환재료가 아닌 것은?

① 집열재료 ② 열매(熱媒)재료
③ 반사재료 ④ 투과재료

해설 태양에너지 이용 에너지 교환재료
㉠ 집열재료
㉡ 반사재료
㉢ 투과재료

46 LD 전로법을 평로법에 비교한 것으로 틀린 것은?

① 평로법보다 생산 능률이 높다.
② 평로법보다 공장 건설비가 싸다.
③ 평로법보다 작업비, 관리비가 싸다.
④ 평로법보다 고철의 배합량이 많다.

해설 LD 전로(재강로)
- 용융 선철을 노에 장입하고 고압의 공기나 순수 산소를 취입시켜 재련한다.
- 종류 : 염기성전로, 산성전로, 순산소전로, 칼도법

47 열전도율이 0.8kcal/m·h·℃인 콘크리트 벽의 안쪽과 바깥쪽의 온도가 각각 25℃와 20℃이다. 벽의 두께가 5cm일 때 $1m^2$당 매시간 전달되어 나가는 열량은 약 몇 kcal인가?

① 0.8 ② 8
③ 80 ④ 800

해설 열전도에 의한 손실열량(Q)

$$Q=\lambda\times\frac{(t_1-t_2)F}{b}=0.8\times\frac{(25-20)1}{0.05}=80\text{kcal/h}$$

※ 5cm = 0.05m

48 보일러 보급수 펌프의 양수량이 500 L/min, 양정이 100m, 펌프효율이 45%, 안전율이 5%일 때 펌프의 축동력(kW)은 약 얼마인가?

① 19.0 ② 20.9
③ 22.7 ④ 25.1

해설 펌프의 축동력(P)

$$P=\frac{r\cdot Q\cdot H}{102\times60\times\eta}(\text{kW})$$

$500\text{L}=0.5\text{m}^3$, $1\text{kW}=102\text{kg}\cdot\text{m/sec}$,
물의 비중량 $=1{,}000\text{kg/m}^3$

$$\therefore\ P=\frac{1{,}000\times0.5\times100}{102\times60\times0.45\times(1-0.05)}=19\text{kW}$$

49 보일러에 진동이 있거나 충격이 가해져도 안전하게 작동하는 안전밸브는?

① 추식 안전밸브
② 레버식 안전밸브
③ 지레식 안전밸브
④ 스프링식 안전밸브

해설 스프링식 안전밸브(저양정식, 고양정식, 전양정식, 전양식)
보일러에 진동이 있거나 충격이 가해져도 안전하게 작동한다. 보일러 본체 상부 증기부에 수직으로 설치한다.

50 검사대상기기인 보일러의 계속사용검사 중 운전성능 검사의 유효기간은?

① 6개월 ② 1년
③ 2년 ④ 3년

해설 보일러 계속사용검사의 유효기간
㉠ 안전검사 : 1년
㉡ 운전성능검사 : 1년(성능검사 : 난방용은 5톤 이상, 산업용은 1톤 이상만 검사 실시)

51 가열로의 내벽온도를 1,200℃, 외벽온도를 200℃로 유지하고 매시간당 $1m^2$에 대한 열손실을 400kcal로 설계할 때 필요한 노벽의 두께(cm)는 약 얼마인가? (단, 노벽 재료의 열전도율은 0.1kcal/m·h·℃이다.)

① 10 ② 15
③ 20 ④ 25

44. ① 45. ② 46. ④ 47. ③ 48. ① 49. ④ 50. ② 51. ④ | ANSWER

해설 열전도 노벽 두께(t)

$$Q = \lambda \times \frac{(t_1 - t_2)F}{t}$$

$$400 = \frac{0.1 \times (1,200 - 200) \times 1}{t}$$

$$\therefore \text{노벽두께}(t) = \frac{0.1 \times 1,000 \times 1}{400} = 0.25\text{m} = 25\text{cm}$$

52 내화재의 스폴링(Spalling)에 대한 설명 중 맞는 것은?

① 온도의 급격한 변화로 인하여 균열이 생기는 현상
② 내화재료의 자기 변태점
③ 내화재료 표면에 헤어 크랙(Hair Crack)이 생기는 현상
④ 어떤 면을 경계로 하여 대칭이 되는 것

해설 ① 열적 스폴링에 대한 설명이다.

내화재 스폴링의 종류
㉠ 열적 스폴링 ㉡ 조직적 스폴링
㉢ 기계적 스폴링

53 내열범위가 −260~260℃ 정도이고 탄성이 부족하고 기름에 침해되지 않는 패킹제는?

① 오일 실 패킹 ② 합성수지 패킹
③ 네오프렌 ④ 석면 조인트 시트

해설 합성수지 패킹(테플론)
플랜지 패킹이며 내열범위는 −260~260℃ 정도이다. 기름에도 침해되지 않는다.

54 에너지이용 합리화법에서의 검사대상기기 계속사용검사에 관한 내용으로 틀린 것은?

① 계속사용검사 신청서는 유효기간 만료 10일 전까지 제출하여야 한다.
② 유효기간 만료일이 9월 1일 이후인 경우에는 5개월 이내에 계속사용검사를 연기할 수 있다.
③ 검사대상기기 검사연기신청서는 한국에너지공단 이사장에게 제출하여야 한다.
④ 계속사용검사신청서에는 해당 검사기기의 설치검사 중 사본을 첨부하여야 한다.

해설 유효기간의 만료일이 9월 1일 이후인 경우에는 4개월 이내에서 계속사용검사 연기가 가능하다.

55 검사대상기기관리자의 선임기준에 관한 설명으로 틀린 것은?

① 1구역마다 1인 이상을 선임하여야 한다.
② 에너지관리기사 자격증 소지자는 모든 검사대상기기 조종자로 선임될 수 있다.
③ 압력용기의 경우 한 시야로 볼 수 있는 범위마다 2인 이상의 조종자를 선임하여야 한다.
④ 중앙통제 · 조종설비를 갖춘 경우는 1인이 통제 · 조종할 수 있는 범위마다 1인 이상을 선임하여야 한다.

해설 ③ 1구역은 검사대상기기관리자가 한 시야로 볼 수 있는 범위 또는 중앙통제 · 관리설비를 갖추어 검사대행기기관리자 1명이 통제 · 관리할 수 있는 범위로 한다. 다만, 압력용기의 경우에는 검사대상기기관리자 1명이 관리할 수 있는 범위로 한다.

56 보온재 중 무기질의 보온재가 아닌 것은?

① 석면 ② 탄산마그네슘
③ 규조토 ④ 펠트

해설 펠트
- 양모, 우모로 제조한다.
- 안전사용온도는 100℃ 이하이다.
- 열전도율은 0.042~0.050kcal/mh℃이다.
- 방습처리가 필요하다.(아스팔트 방습제는 −60℃까지 사용 가능)

57 급수처리에 연관되는 설명으로 틀린 것은?

① 보일러수는 연수보다는 경수가 좋다.
② 수질이 불량하면 각종 용기나 배관계에 관석이 발생한다.
③ 수질이 불량하면 보일러 수명과 열효율에 영향을 줄 수 있다.
④ 관류보일러는 반드시 급수처리를 하여 수질이 좋아야 한다.

해설 ㉠ 보일러수 : '순수 – 연수 – 경수' 순으로 적합하다.
㉡ 경수 : Ca(칼슘), Mg(마그네슘)이 함유되어 보일러수로서 연수보다 나쁜 물이다.

ANSWER | 52. ① 53. ② 54. ② 55. ③ 56. ④ 57. ①

58 다음 오일버너 중 유량 조절범위가 가장 큰 것은?

① 유압식　② 회전식
③ 저압 기류식　④ 고압 기류식

해설 오일 분무식 유량조절 범위
㉠ 유압식 1 : 2(모터 이용)
㉡ 회전식 1 : 5(분무컵 이용)
㉢ 저압 기류식 1 : 5 (공기, 증기 이용)
㉣ 고압 기류식 1 : 10(공기, 증기 이용)

59 다음 중 관류보일러에 해당되는 것은?

① 슐처 보일러
② 레플러 보일러
③ 열매체 보일러
④ 슈미트－하트만 보일러

해설 관류보일러의 종류에는 슐처 보일러, 벤슨 보일러 등이 있다. 레플러 보일러, 슈미트－하트만 보일러는 간접가열식이며, 열매체 보일러는 다우섬, 모빌섬, 카네크롤, 세큐리티, 수은을 사용한다.

60 스코치(Scotch) 보일러에서 화실 천장판의 강도보강에 사용되는 스테이(Stay)의 종류는?

① 볼트 스테이(Bolt Stay)
② 튜브 스테이(Tube Stay)
③ 거싯 스테이(Gusset Stay)
④ 가이드 스테이(Guide Stay)

SECTION 04 열설비 취급 및 안전관리

61 보일러가 과열되는 경우와 가장 거리가 먼 것은?

① 보일러수가 농축되었을 때
② 보일러수의 순환이 빠를 때
③ 보일러의 수위가 너무 저하되었을 때
④ 전열면에 관석(Scale)이 부착되었을 때

해설 보일러수의 순환이 빠르면 보일러 과열이 방지되며, 전열이 좋아진다.

62 다음 증기난방법 중에서 응축수 환수법이 아닌 것은?

① 중력환수식　② 건식환수관식
③ 기계환수식　④ 진공환수식

해설 증기난방 응축수 환수법
㉠ 진공환수식 : 진공도 100~250mmHg(대규모 난방용)
㉡ 기계환수식 : 순환펌프 사용
㉢ 중력환수식 : 밀도차 이용

63 화학세관에서 사용하는 유기산에 해당되지 않는 것은?

① 인산　② 초산
③ 구연산　④ 포름알데히드

해설 ㉠ 산 세관 : 염산, 황산, 인산, 질산, 광산 사용
㉡ 유기산 세관 : 구연산, 시트릭산, 옥살산, 설파민산, 초산, 포름알데히드 사용
㉢ 알칼리 세관 : 암모니아, 가성소다, 탄성소다, 인산소다 사용

64 산업재해 발생의 원인으로 볼 수 없는 것은?

① 과실　② 숙련 부족
③ 장기근속　④ 신체적인 결함

해설 산업재해 발생 원인
㉠ 과실 ㉡ 숙련 부족 ㉢ 신체적인 결함

65 제3자로부터 위탁받아 에너지사용시설의 에너지절약을 위한 관리 · 용역과 에너지절약형 시설투자에 관한 사업을 하는 기업은?

① 한국에너지공단　② 수요관리전문기관
③ 에너지절약전문기업　④ 에너지관리진단기업

해설 에너지절약전문기업(ESCO)
제3자로부터 위탁받아 에너지사용시설의 에너지절약을 위한 관리 · 용역과 에너지절약형 시설투자에 관한 사업을 하는 기업

66 보일러를 건조보존방법으로 보존할 때의 설명으로 틀린 것은?

① 모든 뚜껑, 밸브, 콕 등은 전부 개방하여 둔다.
② 습기를 제거하기 위하여 생석회를 보일러 안에 둔다.

58. ④ 59. ① 60. ④ 61. ② 62. ② 63. ① 64. ③ 65. ③ 66. ① | ANSWER

③ 연도를 습기가 없게 항상 건조한 상태가 되도록 한다.
④ 보일러수를 전부 빼고 스케일 제거 후 보일러 내에 열풍을 통과시켜 완전 건조시킨다.

해설 보일러 밀폐건조보존법(6개월 이상 장기 보존법) 시에는 보일러의 뚜껑, 밸브, 콕 등을 전부 닫아준다.(공기 투입 방지)

67 **보일러 급수에 포함되는 불순물 중 경질 스케일을 만드는 물질은?**

① 황산칼슘($CaSO_4$)
② 탄산칼슘($CaCO_3$)
③ 탄산마그네슘($MgCO_3$)
④ 수산화칼슘($Ca(OH)_2$)

해설 ㉠ 경질 스케일 물질 : 황산칼슘, 황산마그네슘
㉡ 연질 스케일 물질 : 보기 ②, ③, ④의 물질

68 **에너지이용 합리화법에 의한 검사대상기기의 검사에 관한 설명으로 틀린 것은?**

① 검사대상기기를 개조하는 경우에는 시 · 도지사의 검사를 받아야 한다.
② 검사대상기기는 유효기간 만료 10일 전에 검사신청을 하여야 한다.
③ 검사대상기기의 설치장소를 변경한 경우에는 시 · 도지사의 검사를 받아야 한다.
④ 검사대상기기를 설치하는 경우에는 설치계획을 산업통상자원부장관의 검사를 받아야 한다.

해설 검사대상기기 설치검사
설치검사신청서를 작성하여 시장, 도지사가 위탁한 기관인 한국에너지공단이사장에게 제출하고 검사를 받는다.(검사 미필자는 1년 이하의 징역 또는 1천만 원 이하의 벌금에 처한다.)

69 **보일러를 사용하지 않고 장기간 보존할 경우 가장 적합한 보존법은?**

① 만수 보존법 ② 건조 보존법
③ 밀폐 만수 보존법 ④ 청관제 만수 보존법

해설 ㉠ 보일러의 6개월 이상 장기 보존법 : 건조 보존법
㉡ 보일러의 6개월 이하 단기 보존법 : ①, ③, ④ 보존법

70 **증기사용 중 유의사항에 해당되지 않는 것은?**

① 수면계 수위가 항상 상용수위가 되도록 한다.
② 과잉공기를 많게 하여 완전연소가 되도록 한다.
③ 배기가스 온도가 갑자기 올라가는지를 확인한다.
④ 일정 압력을 유지할 수 있도록 연소량을 가감한다.

해설 ㉠ 연료의 연소 시 과잉공기가 많으면 노 내 온도 저하 및 배기가스 열손실 증가(공기비 1에 가깝게 공기 투입)
㉡ 공기비$(m)=\dfrac{\text{실제공기량}}{\text{이론공기량}}$

71 **보일러 내 스케일(Scale) 부착 방지대책으로 잘못된 것은?**

① 청관제를 적절히 사용한다.
② 급수 처리된 용수를 사용한다.
③ 관수 분출 작업을 적절히 행한다.
④ 응축수를 보일러 급수로 재사용하지 않는다.

해설 응축수 사용 목적
㉠ 불순물 제거 ㉡ 스케일 방지
㉢ 열효율 증가 ㉣ 연료소비량 증가

72 **실외와 접촉하는 북향의 벽체의 면적이 $40m^2$이고, 실외온도는 -10℃, 실내온도는 24℃일 때 난방부하는 약 몇 kcal/h인가?(단, 방위계수는 1.15, 열관류율은 $0.47kcal/m^2h$℃이다.)**

① 628.1 ② 735.1
③ 745.4 ④ 828.3

해설 난방부하(H)
H= 면적 × 열관류율 × 온도차 × 방위에 따른 부가계수
$\therefore\ 40\times0.47\times\{24-(-10)\}\times1.15=735.1\text{kcal/h}$

73 **에너지이용 합리화법상 국내외 에너지 사정의 변동으로 에너지 수급에 중대한 차질이 발생하거나 발생할 우려가 있다고 인정될 경우, 에너지 수급의 안정을 위한 조치사항에 해당되지 않는 것은?**

① 에너지의 배급
② 에너지의 비축과 저장
③ 에너지 판매시설의 확충
④ 에너지사용기자재의 사용 제한

ANSWER | 67. ① 68. ④ 69. ② 70. ② 71. ④ 72. ② 73. ③

해설 에너지 수급 차질 발생 시 에너지 판매시설의 확충은 에너지 수급의 안정을 해친다.

74 에너지 사용의 제한 또는 금지에 관한 조정 · 명령, 그 밖에 필요한 조치를 위반한 자에 대한 벌칙은?

① 3백만 원 이하의 벌금
② 1천만 원 이하의 벌금
③ 3백만 원 이하의 과태료
④ 1천만 원 이하의 과태료

해설 에너지 사용의 제한 또는 금지에 관한 조정, 명령, 그 밖에 필요한 조치 위반자에 대한 벌칙
3백만 원 이하의 과태료 부과

75 연간 에너지 사용량이 대통령령으로 정하는 기준량 이상이면 누구에게 신고하여야 하는가?

① 시 · 도지사
② 산업통상자원부장관
③ 한국난방시공협회장
④ 한국에너지공단 이사장

해설 에너지 사용 대통령령 기준량인 연간 2,000 TOE 이상 사용자는 매년 1월 31일까지 시장 · 도지사에게 신고하여야 한다.

76 포밍과 프라이밍이 발생했을 때 나타나는 현상이 아닌 것은?

① 캐리오버 현상이 발생한다.
② 수격작용이 발생할 수 있다.
③ 수면계의 수위 확인이 곤란하다.
④ 수위가 급히 올라가고 고수위 사고의 위험이 있다.

해설 운전 중 포밍(거품), 프라이밍(비수)이 발생하면 보일러 운전을 중지하고 원인을 파악하여야 한다. 발생 시 부작용은 ①, ②, ③항과 같다.

77 증기난방의 응축수 환수방법 중 증기의 순환이 가장 빠른 것은?

① 기계환수식 ② 진공환수식
③ 단관식 중력환수식 ④ 복관식 중력환수식

해설 진공환수식
관 내 100~250mmHg로 진공이 유지되어 증기가 이용된 후 응축수가 되어 순환이 매우 빨라서 대규모 증기 설비에 적합하다.

78 보일러 점화 전에 역화와 폭발을 방지하기 위하여 다음 중 가장 먼저 취해야 할 조치는?

① 포스트퍼지를 실시한다.
② 화력의 상승속도를 빠르게 한다.
③ 댐퍼를 열고 체류가스를 배출시킨다.
④ 연료의 점화가 빨리 그리고 신속하게 전파되도록 한다.

해설 노 내 가스폭발 방지
댐퍼를 열고 화실 내 체류가스를 배출시키는 프리퍼지 실시(보일러 운전이 끝나고 잔류 체류가스를 제거하는 것은 포스트퍼지)

79 연료의 연소 시 고온부식의 주된 원인이 되는 성분은?

① 황 ② 질소
③ 탄소 ④ 바나듐

해설 보일러 외부 부식 인자
㉠ 고온부식 : 나트륨, 바나듐, 500℃ 이상의 과열기, 재열기에서 발생
㉡ 저온부식 : 황에 의한 진한황산(H_2SO_4)이 절탄기(급수가열기), 공기예열기에서 발생

80 보일러 내에 스케일이 다량으로 생성되었을 때의 장해에 해당되지 않는 것은?

① 연료손실이 크고 효율이 나빠진다.
② 수관이 과열되고 팽출과 파열이 발생할 수 있다.
③ 국부적인 과열이 발생하고 전열효율이 나빠진다.
④ 보일러 연소가스의 통풍저항이 증가한다.

해설 보일러 연소가스의 통풍저항이 증가하는 것은 연도 내 폐열회수장치 설치에 의한 현상이다. 폐열회수장치를 지나는 배기가스는 온도가 저하되고 통풍력이 감소한다.

폐열회수장치
- 과열기
- 재열기
- 절탄기
- 공기예열기

74. ③ 75. ① 76. ④ 77. ② 78. ③ 79. ④ 80. ④ | ANSWER

SECTION 01 열역학 및 연소관리

01 교축과정(Throttling Process)을 거친 기체는 다음 중 어느 양이 일정하게 유지되는가?

① 압력 ② 엔탈피
③ 체적 ④ 엔트로피

해설 교축과정
유체가 흐르는 관로에 작은 구멍을 갖는 다공성 마개 또는 관로의 밸브 · 코크 등으로 개도를 극히 작게 하여 흐름의 저항이 일어나는 현상이며 일은 하지 않고(엔탈피 일정, 비가역 변화로 엔트로피는 증가) 압력만 강하한다.

02 축소 노즐에서 가역 단열팽창할 때 일어나는 현상은?

① 압력 감소 ② 엔트로피 감소
③ 온도 증가 ④ 엔탈피 증가

해설 ㉠ 축소 노즐 : 속도를 크게 하고 단면적을 작게 한 것(가역 단열팽창 시 압력 감소)
㉡ 확대 노즐 : 탄성유체의 경우 속도를 증가시키기 위해 항상 단면적만 작게 하면 되는 것이 아니므로 경우에 따라서 속도 증가를 위해 열낙차가 운동에너지로 회복되도록 한 노즐

03 상태량이 아닌 것은?

① U(내부 에너지) ② H(엔탈피)
③ Q(열) ④ G(깁스 자유에너지)

해설 ㉠ 강도성 상태량 : 온도, 압력, 비체적, 밀도(크기나 질량과 무관)
㉡ 종량성 상태량 : 체적, 내부에너지, 엔탈피, 엔트로피, 전기저항(물질의 질량에 따라 변화하는 양)

04 압축비에 대한 설명으로 틀린 것은?

① 오토사이클의 효율은 압축비의 함수이다.
② 압축비가 감소하면 일반적으로 오토사이클의 효율은 증가한다.
③ 디젤사이클의 효율은 압축비와 차단비(Cut－off Ratio)의 함수이다.
④ 동일한 압축비에서는 디젤 사이클의 효율이 오토 사이클의 효율보다 낮다.

해설 오토사이클
전기점화기관의 공기표준사이클(열효율은 압축비만의 함수로서 압축비가 커질수록 열효율은 증가한다.)

05 이상기체의 온도가 T_1에서 T_2로 변하고 압력이 P_1에서 P_2로 변하였다. 이때 비체적이 v_1에서 v_2로 변하였다고 하면, 엔트로피의 변화는 어떻게 표시되는가?(단, C_v는 정적비열, C_p는 정압비열이며, R은 기체상수다.)

① $\Delta s = C_p \ln\frac{T_2}{T_1} + R\ln\frac{P_2}{P_1}$

② $\Delta s = C_v \ln\frac{T_2}{T_1} - R\ln\frac{v_2}{v_1}$

③ $\Delta s = C_p \ln\frac{T_2}{T_1}$

④ $\Delta s = C_v \ln\frac{P_2}{P_1} + C_p\ln\frac{v_2}{v_1}$

해설 온도변화, 압력변화, 비체적변화 시 엔트로피(Δs) 변화
$= C_v \ln\frac{P_2}{P_1} + C_p \ln\frac{V_2}{V_1}$

06 탱크 내에 900kPa의 공기 20kg이 충전되어 있다. 공기 1kg을 뺄 때 탱크 내 공기온도가 일정하다면 탱크 내 공기압력은?

① 655kPa ② 755kPa
③ 855kPa ④ 900kPa

해설 20kg : 900kPa = 1kg : x
$x = 900 \times \frac{1}{20} = 45$kPa (공기 1kg의 압력)
∴ 900 − 45 = 855kPa (공기 19kg의 압력)

07 기체 동력 사이클과 관계가 없는 것은?

① 증기원동소　　② 가스터빈
③ 디젤기관　　④ 불꽃 점화 자동차기관

해설 증기원동소(정미일을 얻는 외연기관)
증기동력 사이클의 기본 밀폐 사이클이다. 2개의 등압과정과 2개의 단열과정 사이클이다.

08 그림과 같은 관로에 펌프를 설치하여 계속 가동시키면 관로를 움직이는 유체의 온도는 어떻게 변하는가?(단, 관로에 외부로부터의 열 출입은 없는 것으로 가정한다.)

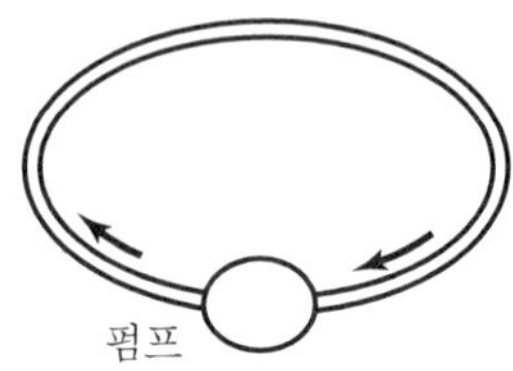

① 온도가 일단 낮아진 후 원래의 온도로 된다.
② 상승한다.
③ 하강한다.
④ 변화가 없다.

해설 단열상태에서 펌프의 계속 작동 시 급수가 압축되어 급수펌프 일에 의해 유체의 온도가 상승된다.

09 카르노 열기관의 효율(η)을 열역학적 온도(θ)로 표시한 것은?(단, $\theta_1 > \theta_2$)

① $\eta = 1 - \dfrac{\theta_2}{\theta_1}$　　② $\eta = \dfrac{\theta_2 - \theta_1}{\theta_2}$
③ $\eta = \dfrac{\theta_1 - \theta_2}{\theta_2}$　　④ $\eta = \dfrac{\theta_1}{\theta_2}$

해설 카르노 사이클

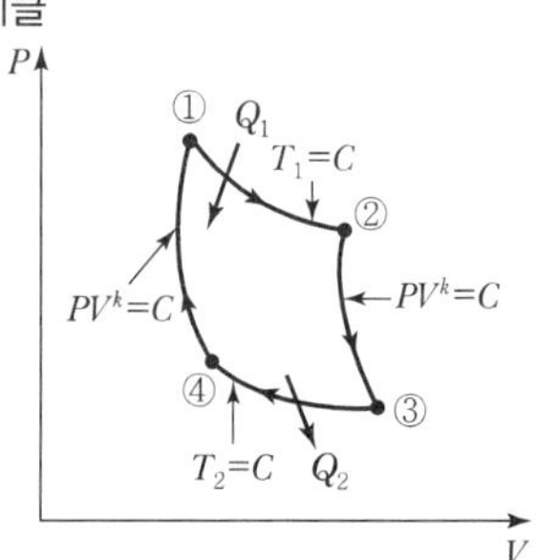

- 가역등온 팽창 : ① → ②
- 가역단열 팽창 : ② → ③
- 가역등온 압축 : ③ → ④
- 가역단열 압축 : ④ → ①

※ 열효율(η_c)$= \dfrac{Q_1 - Q_2}{Q_1} = 1 - \dfrac{Q_2}{Q_1} = 1 - \dfrac{T_1}{T_2}$(%)

10 표준대기압 상태에서 진공도 90%에 해당하는 압력은?

① 0.92988ata　　② 0.10332ata
③ 684mmHg　　④ 1.013bar

해설 표준대기압(atm) = 760mmHg = 1.033kgf/cm^2
= 1.013bar
760×0.9 = 684mmHg(진공압)
$684 \times \dfrac{1.033}{760} = 0.9297\text{kg/cm}^2$
∴ 1.033 − 0.9297 = 0.1033ata(절대압)
섭씨온도와 화씨온도가 같을 때의 값을 X라하고 화씨를 섭씨로 변환하는 식에 대입하면

11 섭씨와 화씨의 온도 눈금이 같은 경우는 몇 도인가?

① 20℃　　② 0℃
③ −20℃　　④ −40℃

해설 섭씨온도와 화씨온도가 같을 때의 값을 x라 하고 화씨를 섭씨로 변환하는 식에 대입하면
$\dfrac{5}{9}(x-32) = x$
$-4x = 32 \times 5$
$x = -40$
∴ −40℃ = −40°F

12 압력 400kPa, 체적 2m^{3}인 공기가 가역 단열팽창하여 100kPa로 되었다. 이때 외부에 대한 절대일(Absolute Work)은 얼마인가?(단, 공기의 비열비는 1.4이다.)

① 262kJ　　② 600kJ
③ 655kJ　　④ 832kJ

해설 단열절대일(내부에너지 감소량)
㉠ 절대일(팽창일)
㉡ 압축기일(공업일)

7. ① 8. ② 9. ① 10. ② 11. ④ 12. ③ | ANSWER

체적 $2m^3$, $P_1=400kPa$, $P_2=100kPa$, 단열변화($k=1.4$)
단열변화 절대일($_1W_2$)

$$=\int_1^2 PdV=\frac{P_1\times V_1}{k-1}\times\left\{1-\left(\frac{P_2}{P_1}\right)\right\}^{\frac{k-1}{k}}$$

$$=\frac{400\times 2}{1.4-1}\left\{1-\left(\frac{100}{400}\right)\right\}^{\frac{1.4-1}{1.4}}=655kJ$$

13 댐퍼에서 형상에 따른 분류가 아닌 것은?

① 터보형 댐퍼 ② 버터플라이 댐퍼
③ 시로코형 댐퍼 ④ 스플리트 댐퍼

해설 터보형
압입형 송풍기, 압축기용으로 많이 사용한다(일명 원심식이다).

14 어떤 이상기체를 가역단열과정으로 압축하여 압력이 P_1에서 P_2로 변하였다. 압축 후의 온도를 구하는 식은?(단, 1은 초기상태, 2는 최종상태, k는 비열비를 나타낸다.)

① $T_2=T_1\left(\frac{P_2}{P_1}\right)^{\frac{k-1}{k}}$ ② $T_2=T_1\left(\frac{P_2}{P_1}\right)^{\frac{1-k}{k}}$

③ $T_2=T_1\left(\frac{P_2}{P_1}\right)^{\frac{k}{k-1}}$ ④ $T_2=T_1\left(\frac{P_2}{P_1}\right)^{\frac{k}{1-k}}$

해설 가역단열과정 압축 후의 온도(T_2)

$$T_2=T_1\times\left(\frac{P_2}{P_1}\right)^{\frac{k-1}{k}}=\left(\frac{V_1}{V_2}\right)^{k-1}$$

단열변화
동작유체가 상태 1에서 2로 변화하는 동안 계에 열의 출입이 전혀 없는 상태변화(등엔트로피 변화)이며 $dq=0$이다.

$$\left(C_p=C_v+R,\ k=\frac{C_p}{C_v}\right)$$

15 단열처리된 밀폐용기 내에 물이 $0.09m^3$ 채워져 있을 때 800℃의 철 3kg을 넣어 평형온도가 20℃로 되었다면 이때 물의 온도 상승은 약 얼마인가?(단, 철의 비열은 0.46kJ/kg · ℃이며, 물의 비열은 4.2kJ/kg · ℃이다.)

① 2.85℃ ② 19.61℃
③ 27.65℃ ④ 47.36℃

해설 물 $0.09m^3=0.09\times1,000=90L=90kg$, $1m^3=1,000L$
철의 현열$=3\times0.46\times(800-20)=1,076.4kJ$
물의 현열$=90\times4.2\times\Delta t$

$\therefore$ 물의 온도상승$(\Delta t)=\frac{1,076.4}{90\times4.2}=2.85℃$

16 어떠한 계의 초기상태를 i, 최종상태를 f, 중간경로를 p라 할 때 이 계에 의해 행해진 일은?

① i와 f에만 관계가 있다.
② i와 p에만 관계가 있다.
③ f와 p에만 관계가 있다.
④ i와 f와 p 모두와 관계가 있다.

해설
- 이상기체(초기상태 i, 최종상태 f, 중간경로 p)라 하면 이 계에 행해진 일($_1W_2$)은 i와 f와 p 모두와 관계된다.
- 공업일 : 압축일(유동일), 팽창일 : 절대일(비유동일), $\delta Q=dE+\delta W$

17 중유 5kg을 완전 연소시켰을 때 총 저위발열량은?(단, 중유의 고위발열량은 41,860kJ/kg이고, 중유 1kg 속에는 수소 0.2kg, 수분 0.1kg이 함유되어 있다.)

① 185.4MJ ② 172.1MJ
③ 165.2MJ ④ 161.3MJ

해설 저위발열량(H_L)=고위발열량$(H_h)-2,520(9H+W)$
$=41,860-2,520(9\times0.2+0.1)$
$=41,860-4,788=37,072kJ/kg$
$37,072\times5=185,360kJ(≒185.4MJ)$
※ 물의 증발잠열=2,520kJ/kg

18 이상기체 0.5kg을 압력이 일정한 과정으로 50℃에서 150℃로 가열할 때 필요한 열량은?(단, 이 기체의 정적비열은 3kJ/kg · K, 정압비열은 5kJ/kg · K이다.)

① 150kJ ② 250kJ
③ 400kJ ④ 550kJ

해설 일정압력에서 현열$=G\times C_p\times\Delta t$
$=0.5\times5\times(150-50)=250kJ$

ANSWER | 13. ① 14. ① 15. ① 16. ④ 17. ① 18. ②

19 황의 연소반응식이 $S+O_2 \rightarrow SO_2$일 때, 이론공기량은?

① $1.88Nm^3/kg$ ② $2.38Nm^3/kg$
③ $2.88Nm^3/kg$ ④ $3.33Nm^3/kg$

해설 $S + O_2 \rightarrow SO_2$

32kg 22.4Nm³

이론산소량 $= 22.4 \times \frac{1}{32} = 0.7Nm^3/kg$

이론공기량 $=$ 이론산소량 $\times \frac{1}{0.21} = 0.7 \times \frac{1}{0.21}$

$= 3.33 \times 1 = 3.33Nm^3/kg$

※ 황(분자량 32kg : $22.4Nm^3/kmol$)

20 공기보다 비중이 커서 누설이 되면 낮은 인화폭발의 원인이 되는 가스는?

① 수소 ② 메탄
③ 일산화탄소 ④ 프로판

해설
- 공기비중 $= \frac{29}{29} = 1$, 수소비중 $= \frac{2}{29} = 0.069$

  메탄비중 $= \frac{16}{29} = 0.55$, 프로판비중 $= \frac{44}{29} = 1.52$

  ※ 분자량 : 공기(29), 수소(2), 메탄(16), 프로판(44)
- 비중이 1보다 큰 기체는 공기보다 무거워서 누설 시 바닥으로 하강하여 인화폭발의 원인을 제공한다.

SECTION 02 계측 및 에너지 진단

21 방사온도계에 대한 설명으로 틀린 것은?

① 방사율에 의한 보정량이 적다.
② 계기에 따라 거리계수가 정해지므로 측정거리에 제한이 있다.
③ 측온체와의 사이에 있는 수증기, CO_2 등의 영향을 받는다.
④ 물체 표면에서 방출하는 방사열을 이용하여 온도를 측정한다.

해설 방사온도계(비접촉식 온도계)

㉠ 측정범위 : 50~3,000℃
㉡ 방사율에 의한 보정량이 크다.
㉢ 연속측정이 가능하고 기록이나 제어가 가능하다.

22 열정산 시 연료의 입열량에 가장 큰 영향을 미치는 물질은?

① 물과 질소 ② 탄소와 수소
③ 수소와 산소 ④ 질소와 수소

해설 ㉠ 연료의 입열량 인자 : 탄소(C), 수소(H)

㉡ 가연성 성분 : 탄소, 수소, 황(S)
- $CO_2 = C + O_2$
- $H_2O = H_2 + \frac{1}{2}O_2$
- $SO_2 = S + O_2$

23 배기가스 분석방법 중 현저히 낮은 열전도율을 이용한 가스 분석계는?

① 미연가스계 ② 적외선식 가스분석계
③ 전기식 CO_2계 ④ 가스 크로마토그래피

해설 전기식 CO_2계(열전도율형)
- CO_2는 열전도율이 공기보다 매우 낮다는 것을 이용하여 연소가스의 CO_2 분석에 사용한다.
- CO_2 열전도율 : 0.349×10^{-4}cal/cm · s · deg

24 배관 시공 시 적당한 온도계의 설치 높이는 약 몇 m인가?

① 4.5 ② 3.5
③ 2.5 ④ 1.5

해설 배관 시공 시 적당한 온도계 설치높이 : 1.5m 정도

25 계측기의 구비조건으로 틀린 것은?

① 취급과 보수가 용이해야 한다.
② 견고하고 신뢰성이 높아야 한다.
③ 설치되는 장소의 주위 조건에 대하여 내구성이 있어야 한다.
④ 구조가 복잡하고, 전문가가 아니면 취급할 수 없어야 한다.

해설 계측기는 구조가 간단하고 취급이 쉬우며 보수가 용이해야 한다. 또한 원격지시나 기록이 연속적으로 가능해야 한다.

19. ④ 20. ④ 21. ① 22. ② 23. ③ 24. ④ 25. ④ | ANSWER

26 보일러 수위 검출 및 조절을 위해 사용되는 장치 중 코프식이 적용되는 방식은?

① 전극식 ② 차압식
③ 열팽창식 ④ 부자(Float)식

해설 금속 열팽창식 수위검출기(단요소식) : 코프식

27 계측기의 특성에서 시간적 변화가 작은 정도를 나타내는 것은?

① 안정성 ② 신뢰도
③ 내구성 ④ 내산성

해설 안정성
계측기의 특성에서 시간적 변화가 작은 정도이다.

28 자동제어장치에서 입력을 정현파상의 여러 가지 주파수로 진동시켜서 계나 요소의 특성을 알아내는 방법은?

① 주파수 응답
② 시정수(Time Constant)
③ 비례동작
④ 프로그램 제어

해설 ㉠ 주파수 응답 : 자동제어 동특성으로서 입력을 정현파상의 여러 가지 주파수로 진동시켜 계나 요소의 특성을 알아내는 방법이다.
㉡ 응답 : 과도응답(임펄스, 스텝), 주파수 응답

29 비열 0.3kcal/m^3℃인 배기가스의 유량 및 온도가 각각 2,000m^3/h, 210℃이고 외기온도가 －10℃라고 할 때, 이와 같은 배기가스로 인한 손실열량은?

① 125,000kcal/h
② 132,000kcal/h
③ 140,000kcal/h
④ 147,000kcal/h

해설 배기가스현열$(Q) = G \times C_p \times \Delta t$
$= 2{,}000 \times 0.3 \times \{210-(-10)\}$
$= 132{,}000\text{kcal/h}$

30 차압식 유량계로 유량을 측정 시 차압이 2,500mm H_2O일 때 유량이 300m^3/h라면, 차압이 900mm H_2O일 때의 유량은?

① 108m^3/h ② 150m^3/h
③ 180m^3/h ④ 200m^3/h

해설
입력차$= \dfrac{\sqrt{900}}{\sqrt{2{,}500}} = 0.6$
$\therefore$ 유량$(Q) = 300 \times 0.6 = 180\text{m}^3/\text{h}$

31 자동제어장치에서 조절계의 입력신호 전송방법에 따른 분류로 가장 거리가 먼 것은?

① 공기식 ② 유압식
③ 전기식 ④ 수압식

해설 자동제어 조절계 전송방법
㉠ 공기압식(0.2~1.0kg/cm^2 압력) : 전송거리 100~150m
㉡ 유압식 : 전송거리 300m
㉢ 전기식 : 전송거리 4~20km, 10~50mA DC 전류 사용. 전송거리가 매우 길다.

32 보일러의 용량 표시방법과 관계가 없는 것은?

① 상당증발량 ② 전열면적
③ 보일러마력 ④ 연료소비량

해설 보일러 용량(크기) 표시법
㉠ 상당증발량(kg/h)
㉡ 전열면적(m^2)
㉢ 보일러 마력(1마력 : 8,435kcal/h)
㉣ 정격출력(kcal/h)
㉤ 상당방열면적(m^2) : 라디에이터 면적

33 보일러 열정산 시 보일러 최종 출구에서 측정하는 값은?

① 급수온도 ② 예열공기온도
③ 과열증기온도 ④ 배기가스온도

해설 보일러 배기가스온도 측정 위치
보일러 전열면적의 최종 출구에서 온도 검출

ANSWER | 26. ③ 27. ① 28. ① 29. ② 30. ③ 31. ④ 32. ④ 33. ④

34 열팽창계수가 서로 다른 박판을 사용하여 온도 변화에 따라 휘어지는 정도를 이용한 온도계는?

① 제게르콘 온도계 ② 바이메탈 온도계
③ 알코올 온도계 ④ 수은 온도계

해설 바이메탈 온도계(고체 팽창식 온도계) : 박판온도계
㉠ '황동+인바'나 합금 사용
㉡ 사용온도 : −50~500℃
㉢ 관의 두께 : 0.1~0.2mm 정도
㉣ 히스테리시스(Hysteresis)가 발생

35 출력이 일정한 값에 도달한 이후의 제어계의 특성을 무엇이라고 하는가?

① 과도특성 ② 스텝특성
③ 정상특성 ④ 주파수응답

해설 정상특성
자동제어에서 출력이 일정한 값에 도달한 이후의 제어계 특성

36 보일러의 능력에 대한 표기인 보일러 마력이란 어떤 값인가?(단, 실제증발량 및 상당증발량 단위는 kgf/h이다.)

① $\frac{\text{실제증발량}}{15.65}$ ② $\frac{\text{상당증발량}}{15.65}$
③ $\frac{\text{실제증발량}}{539}$ ④ $\frac{\text{상당증발량}}{539}$

해설 보일러 마력$=\frac{\text{상당증발량(kg/h)}}{15.65}$

37 모세관의 상부에 보조 구부를 설치하고 사용온도에 따라 수은의 양을 조절하여 미세한 온도차를 측정할 수 있는 온도계는?

① 액체팽창식 온도계 ② 열전대 온도계
③ 가스압력 온도계 ④ 베크만 온도계

해설 베크만 온도계
모세관의 상부에 보조 구부를 설치하고 사용용도에 따라 수은의 양을 조절하며 미세한 온도차를 측정할 수 있는 온도계이다. 즉 0.01℃까지 측정이 가능하고 정도는 ±0.05℃이다.

38 안지름 10cm인 관에 물이 흐를 때 피토관으로 측정한 유속이 3m/s이면 유량은?

① 13.5kg/s ② 23.5kg/s
③ 33.5kg/s ④ 53.5kg/s

해설 체적유량(Q)=유속×단면적(m^2/s)
단면적(A) $=\frac{\pi}{4}d^2=\frac{3.14}{4}\times(0.1)^2$
∴ 유량 $=\frac{3.14}{4}\times(0.1)^2\times3\times1,000=23.5\text{kg/s}$
※ 물 1m^3=1,000L=1,000kg

39 헴펠 분석법에서 가스가 흡수되는 순서로 옳은 것은?

① $CO_2 \rightarrow O_2 \rightarrow CO \rightarrow C_mH_n \rightarrow H_2 \rightarrow CH_4$
② $CO_2 \rightarrow C_mH_n \rightarrow O_2 \rightarrow CO \rightarrow H_2 \rightarrow CH_4$
③ $CO_2 \rightarrow CO \rightarrow O_2 \rightarrow H_2 \rightarrow C_mH_n \rightarrow CH_4$
④ $CO_2 \rightarrow O_2 \rightarrow CO \rightarrow H_2 \rightarrow CH_4 \rightarrow C_mH_n$

해설 헴펠식 가스분석법(화학적 가스분석계) 가스의 흡수 순서
$CO_2 \rightarrow C_mH_n$(중탄화수소) $\rightarrow O_2 \rightarrow CO \rightarrow H_2 \rightarrow CH_4$

40 다음 중 탄성식 압력계로서 가장 높은 압력 측정에 사용되는 것은?

① 다이어프램식
② 벨로스식
③ 부르동관식
④ 링밸런스식

해설 압력의 측정
㉠ 다이어프램식 : $10\text{mmH}_2\text{O} \sim 2\text{kgf/cm}^2$
㉡ 벨로스식 : $10\text{mmH}_2\text{O} \sim 10\text{kgf/cm}^2$
㉢ 부르동관식 : $0.5 \sim 3,000\text{kgf/cm}^2$
㉣ 링밸런스식 : $25 \sim 3,000\text{mmH}_2\text{O}$

34. ② 35. ③ 36. ② 37. ④ 38. ② 39. ② 40. ③ | ANSWER

SECTION 03 열설비구조 및 시공

41 액체연료 연소장치 중 고압기류식 버너의 선단부에 혼합실을 설치하고 공기, 기름 등을 혼합시킨 후 노즐에서 분사하여 무화하는 방식은?

① 내부혼합식 ② 외부혼합식
③ 무화혼합식 ④ 내 · 외부혼합식

해설 내부혼합식
액체연료 연소장치 중 고압기류식 버너의 선단부에 혼합실을 설치하고 공기, 기름 등을 혼합시켜서 노즐에서 분사하는 무화방식

42 두께 50mm인 보온재로 시공한 기기의 방열량이 160kcal/h일 때, 보온재의 열전도율은?(단, 보온판의 내 · 외부 온도는 각각 300℃, 100℃이고, 단면적은 $1m^2$이다.)

① 0.02kcal/m · h · ℃
② 0.04kcal/m · h · ℃
③ 0.05kcal/m · h · ℃
④ 0.08kcal/m · h · ℃

해설
보온재손실열량$(Q) = \dfrac{\lambda(t_2 - t_1)A}{C}$, 50mm = 0.05m

$160 = \dfrac{\lambda(300-100)\times 1}{0.05}$

∴ 열전도율$(\lambda) = \dfrac{160 \times 0.05}{(300-100)\times 1} = 0.04$kcal/m · h · ℃

43 청동 또는 스테인리스강을 파형으로 주름을 잡아서 아코디언과 같이 만들고, 이 주름의 신축으로 온도 변화에 따른 배관의 길이 방향 신축을 흡수하는 이음은?

① 루프형 ② 스위블형
③ 슬리브형 ④ 벨로즈형

해설 벨로즈형(주름통) 신축이음
청동 또는 스테인리스강을 파형으로 주름을 잡아서 아코디언과 같이 만들고 이 주름의 신축으로 온도 변화 시 배관의 길이 방향 신축을 흡수한다.

44 열교환기의 열전달 성능을 직접적으로 향상시키는 방법으로 가장 거리가 먼 것은?

① 유체의 유속을 빠르게 한다.
② 유체의 흐르는 방향을 향류로 한다.
③ 열교환기의 입출구 높이 차를 크게 한다.
④ 열전도율이 높은 재료를 사용한다.

해설 열교환기는 입구, 출구의 높이 차가 아닌 온도 차를 크게 하여야 열전달 성능이 우수하다.

45 크롬이나 크롬 – 마그네시아 벽돌이 고온에서 산화철을 흡수하여 표면이 부풀어 오르거나 떨어져 나가는 현상을 의미하는 것은?

① 열화 ② 스폴링(Spalling)
③ 슬래킹(Slaking) ④ 버스팅(Bursting)

해설 내화물(버스팅 현상)
크롬이나, 크롬 – 마그네시아 벽돌이 고온에서 산화철을 흡수하여 표면이 부풀어 오르거나 떨어져 나가는 현상

46 수관식 보일러의 특징이 아닌 것은?

① 부하변동에 따른 압력변화가 적다.
② 전열면적이 크나 보유수량이 적어서 증기발생 시간이 단축된다.
③ 증발량이 많아서 수위변동이 심하므로 급수조절에 유의해야 한다.
④ 고압, 대용량에 적합하다.

해설 수관식 보일러, 관류 보일러 : 부하변동 시 압력변화가 크다.

47 증기보일러의 부속장치에 해당되지 않는 것은?

① 급수장치
② 송기장치
③ 통풍장치
④ 팽창장치

해설 팽창장치 : 온수보일러용 압력 흡수장치

ANSWER | 41. ① 42. ② 43. ④ 44. ③ 45. ④ 46. ① 47. ④

48 **관류 보일러 설계에서 순환비란?**

① 순환수량과 포화수량의 비
② 포화수량과 발생증기량의 비
③ 순환수량과 발생증기량의 비
④ 순환수량과 포화증기량의 비

해설 수관식 관류보일러 순환비= $\frac{\text{물 순환수량}}{\text{발생증기량}}$
순환비가 1이면 단관식, 1 이상이면 다관식 관류 보일러

49 **검사를 받아야 하는 검사대상기기의 종류에 포함되지 않는 것은?**

① 강철제 보일러
② 태양열 집열기
③ 주철제 보일러
④ 2종 압력용기

해설 태양열 집열기
열사용기자재이나 보일러나 압력용기 등 검사대상기기에서는 제외된다.

50 **유리섬유(Glass Wool) 보온재의 최고 안전사용온도는?**

① 200℃ ② 300℃
③ 400℃ ④ 500℃

해설 유리면(무기질 보온재)
㉠ 종류 : 유리면, 펠트, 매트, 블랭킷 등
㉡ 안전사용온도 : 300℃
㉢ 운반 시 비나 물에 젖지 않게 한다.

51 **보일러수에 포함된 성분 중 포밍(Foaming) 발생 원인과 가장 거리가 먼 것은?**

① 나트륨(Na) ② 칼륨(K)
③ 칼슘(Ca) ④ 산소(O_2)

해설 ㉠ 산소 : 피팅(Pitting), 즉 점식이라는 부식의 원인을 제공하며 탈기법으로 제거한다.
㉡ 포밍 : 보일러 수면 부근에 거품의 층 발생(수위 불안의 원인이 된다.)

52 **검사대상기기의 설치자가 그 검사대상기기의 사용을 중지한 경우에는 중지한 날부터 며칠 이내에 사용중지신고서를 한국에너지공단이사장에게 제출하여야 하는가?**

① 15일 ② 20일
③ 25일 ④ 30일

해설 검사대상기기(보일러, 압력용기) 설치자가 그 검사대상기기의 사용을 중지한 경우 중지한 날로부터 15일 이내에 사용중지신고서를 한국에너지공단이사장에게 제출하여야 한다.

53 **특수보일러에 해당하지 않는 것은?**

① 벤슨 보일러
② 다우섬 보일러
③ 레플러 보일러
④ 슈미트 – 하트만 보일러

해설 벤슨보일러, 슐처보일러 : 관류형(수관식) 보일러

54 **주철관의 소켓 접합 시 얀(Yarn)을 삽입하는 주된 이유는?**

① 누수 방지 ② 외압의 완화
③ 납의 이탈 방지 ④ 납의 강도 증가

해설 주철관의 소켓 접합 시 얀을 삽입하는 주된 이유는 누수 방지이다.

55 **대표적인 연속식 가마로 조업이 쉽고 인건비, 유지비가 적게 들며, 열효율이 좋고 열손실이 적은 가마는?**

① 등요(Up Hill Kiln)
② 셔틀요(Shuttle Kiln)
③ 터널요(Tunnel Kiln)
④ 승염식요(Up Draft Kiln)

해설 ㉠ 터널요, 윤요 : 연속식 가마로서 조업이 쉽고 인건비, 유지비가 적게 들며 열효율이 좋은 연속식 가마요이다.
㉡ 등요, 셔틀요 : 반연속식 가마
㉢ 승염식 요, 도염식 요, 횡염식 요 : 불연속가마

48. ③ 49. ② 50. ② 51. ④ 52. ① 53. ① 54. ① 55. ③ | ANSWER

56 에너지이용 합리화법 시행규칙에서 검사의 종류 중 개조검사 대상이 아닌 것은?

① 보일러의 설치장소를 변경하는 경우
② 연료 또는 연소방법을 변경하는 경우
③ 증기보일러를 온수보일러로 개조하는 경우
④ 보일러 섹션의 증감에 의하여 용량을 변경하는 경우

해설 ①의 내용은 검사대상기기의 설치장소변경검사에 해당한다.

57 규석질 벽돌의 특징에 대한 설명이 틀린 것은?

① 내화도가 높으며 내마모성이 좋다.
② 열전도율이 샤모트질 벽돌보다 작다.
③ 저온에서 스폴링이 발생되기 쉽다.
④ 용융점 부근까지 하중에 견딘다.

해설 규석질 벽돌(산성벽돌)
㉠ 실리카(SiO_2)가 주체이다.
㉡ 팽창률이 적다.(영구수축이 없다 : 평로용)
㉢ 내화도는 약 SK33이다.
㉣ 전기로용은 열전도율이 작다.[단, 샤모트(Chamotte)보다는 열전도율이 높다.]

58 배관지지장치 중 열팽창에 의한 이동을 구속하기 위한 레스트레인트(Restraint)에 해당되지 않는 것은?

① 앵커(Anchor) ② 스토퍼(Stopper)
③ 가이드(Guide) ④ 브레이스(Brace)

해설 브레이스 : 진동 억제용
㉠ 방진기 : 진동 방지
㉡ 완충기 : 분출 시 반력 등의 충격 완화

59 에너지이용 합리화법 시행규칙에서 검사의 종류 중 계속사용검사에 포함되는 것은?

① 설치검사 ② 개조검사
③ 안전검사 ④ 재사용검사

해설 계속사용검사
㉠ 안전검사
㉡ 성능검사

60 보일러 절탄기(Economizer)에 대한 설명으로 옳은 것은?

① 보일러의 연소량을 일정하게 하고 과잉열량을 물에 저장하여 과부하 시 증기 방출하여 증기 부족을 보충시키는 장치이다.
② 연소가스의 여열을 이용하여 보일러 급수를 예열하는 장치이다.
③ 연도로 흐르는 연소가스의 여열을 이용하여 연소실에 공급되는 연소공기를 예열시키는 장치이다.
④ 보일러에서 발생한 습포화 증기를 압력은 일정하게 유지하면서 온도만 높여 과열증기로 바꾸어 주는 장치이다.

해설 ①은 증기축열기, ②는 절탄기, ③은 공기예열기, ④는 과열기를 설명하는 것이다.
※ 절탄기 : 폐열회수장치로서 보일러 열효율을 높이는 장치

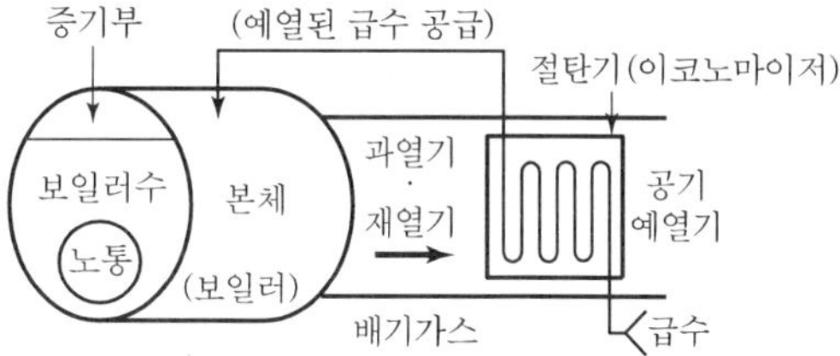

SECTION 04 열설비 취급 및 안전관리

61 보일러 내면의 상당히 넓은 범위에 걸쳐 거의 똑같이 생기는 상태의 부식으로 가장 적합한 것은?

① 국부부식 ② 응력부식
③ 틈부식 ④ 전면부식

해설 보일러 전면부식
보일러 내면의 상당히 넓은 범위에 걸쳐 거의 똑같이 생기는 상태의 부식

62 보일러수의 이상증발 예방대책이 아닌 것은?

① 송기에 있어서 증기밸브를 빠르게 연다.
② 보일러수의 블로다운을 적절히 하여 보일러수의 농축을 막는다.

ANSWER | 56. ① 57. ② 58. ④ 59. ③ 60. ② 61. ④ 62. ①

③ 보일러의 수위를 너무 높이지 않고 표준수위를 유지하도록 제어한다.
④ 보일러수의 유지분이나 불순물을 제거하고 청관제를 넣어 보일러수 처리를 한다.

해설 증기보일러 운전에서 증기이송(송기) 시 증기밸브를 천천히 열어야 관 내 응축수에 의한 워터해머(수격작용)가 방지 된다.

63 **보일러 사고에 관한 내용으로 틀린 것은?**

① 압궤는 고온의 화염을 받는 전열면이 과열이 지나쳐서 견디지 못하고 안쪽으로 눌리어 오목하게 들어간 현상이다.
② 팽출은 전열면의 과열이 지나쳐 내압력 작용에 견디지 못하고 밖으로 부풀어 나오는 현상이다.
③ 라미네이션은 기포 및 가스구멍이 혼재된 강괴를 압연할 경우 강판 및 강관이 기포에 의해 내부에서 두 장으로 분리되는 현상이다.
④ 블리스터는 라미네이션 상태에서 가열이 지나쳐 내부로 오목하게 들어간 현상이다.

해설 ④의 내용은 압궤현상이다.

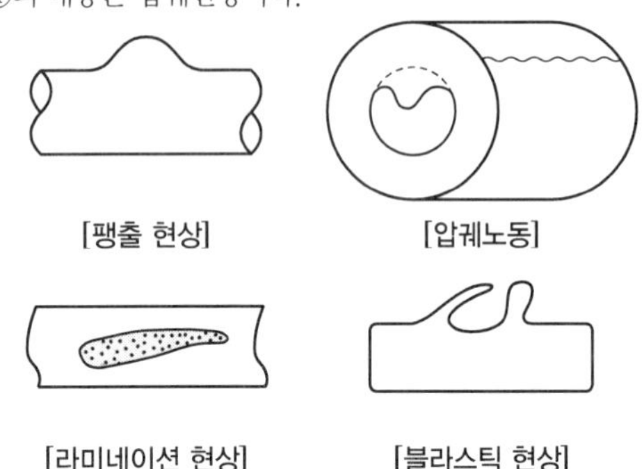

[팽출 현상] [압궤노동]

[라미네이션 현상] [블라스틱 현상]

64 **보일러 시공 작업장의 환경조건에 관한 설명으로 틀린 것은?**

① 작업장의 조명은 작업면과 바닥 등에 너무 짙은 그림자가 생기지 않아야 한다.
② 보일러실은 통풍이 양호하고 배수가 잘 되어야 한다.
③ 소음이 심한 작업을 할 경우에는 귀마개 등의 보호구를 착용한다.
④ 작업장에서 발생하는 분진의 허용기준은 탄산칼슘($CaCO_3$)의 함량에 따라 좌우한다.

해설 탄산칼슘($CaCO_3$)은 스케일의 주원인이다.(청관제나 경수연화장치로 제거한다.)

65 **보일러나 배관 내에서 온수의 온도 상승으로 인한 물의 팽창에 따른 위험을 방지하기 위해 설치하는 탱크는?**

① 순환탱크 ② 팽창탱크
③ 압력탱크 ④ 서지탱크

해설 팽창탱크(개방형 : 저온수용, 밀폐형 : 고온수용)는 온수의 온도 상승에 따른 압력흡수장치 탱크이다.

66 **방열기의 방열량이 700kcal/m² · h이고, 난방부하가 5,000kcal/h일 때 5－650주철방열기(방열면적 a = 0.26m²/쪽)를 설치하고자 한다. 소요되는 쪽수는?**

① 24쪽 ② 28쪽
③ 32쪽 ④ 36쪽

해설

$$\text{방열기 소요 쪽수} = \frac{\text{난방부하}}{\text{방열기 방열량} \times \text{쪽당 방열면적}} = \frac{5{,}000}{700 \times 0.26} = 28$$

67 **에너지기본계획의 효율적인 달성과 지역경제의 발전을 위한 지역에너지계획기간은?**

① 1년 이상 ② 3년 이상
③ 5년 이상 ④ 10년 이상

해설 지역에너지계획기간 : 5년 이상(에너지법 제7조)

68 **산업통상자원부장관이 냉 · 난방온도를 제한온도에 적합하게 유지 관리하지 않은 기관에 시정조치를 명할 때 포함되지 않는 사항은?**

① 시정조치 명령의 대상 건물 및 대상자
② 시정결과 조치 내용 통지사항
③ 시정조치 명령의 사유 및 내용
④ 시정기한

해설 에너지이용 합리화법 제36조3항에 의거 시행령 제42조3의 건물의 난방온도 유지 · 관리조치에 관한 시정조치 명령의 방법으로 보기 ①, ③, ④항이 해당한다.

63. ④ 64. ④ 65. ② 66. ② 67. ③ 68. ② | ANSWER

69 **산업통상자원부장관은 에너지의 이용효율을 높이기 위하여 에너지를 사용하여 만드는 제품 또는 건축물의 무엇을 정하여 고시하여야 하는가?**

① 제품의 단위당 에너지 생산 목표량
② 제품의 단위당 에너지 절감 목표량
③ 건축물의 단위면적당 에너지 사용 목표량
④ 건축물의 단위면적당 에너지 저장 목표량

해설 산업통상자원부장관은 에너지의 이용효율을 높이기 위하여 제품의 단위당 에너지사용목표량 또는 건축물의 단위면적당 에너지 사용 목표량을 정하여 고시해야 한다.

70 **보일러 수면계 유리관의 파손 원인으로 가장 거리가 먼 것은?**

① 프라이밍 또는 포밍 현상이 발생한 때
② 수면계의 너트를 너무 무리하게 조인 경우
③ 유리관의 재질이 불량한 경우
④ 외부에서 충격을 받았을 때

해설 프라이밍(비수 : 증기에 수분 흡입), 포밍(거품 발생)이 발생하면 보일러 외부 증기관으로 배출되고 캐리오버(기수공발) 현상에 의해 관 내 부식, 수격작용이 발생한다.

71 **에너지이용 합리화법 시행규칙에서 정한 효율관리기자재가 아닌 것은?**

① 보일러 ② 자동차
③ 조명기기 ④ 전기냉장고

해설 효율관리기자재(규칙 제7조)
㉠ 전기냉장고 ㉡ 전기냉방기
㉢ 전기세탁기 ㉣ 조명기기
㉤ 삼상유도전동기 ㉥ 자동차

72 **효율관리기자재의 제조업자가 광고매체를 이용하여 효율관리기자재의 광고를 하는 경우 광고내용에 포함되어야 할 사항은?**

① 에너지의 절감량 ② 에너지의 효율등급기준
③ 에너지의 사용량 ④ 에너지의 소비효율

해설 효율관리기자재의 제조업자는 광고매체 광고내용에 반드시 에너지소비효율 또는 에너지소비효율등급을 포함하여야 한다.

73 **산업통상자원부장관이 에너지다소비사업자에게 개선명령을 할 수 있는 경우는 에너지관리지도 결과 몇 퍼센트 이상의 에너지효율 개선이 기대되는 경우인가?**

① 5% ② 10%
③ 15% ④ 20%

해설 에너지관리지도 결과 에너지효율 개선이 10% 이상 기대되고 효율 개선을 위한 투자의 경제성이 있다고 인정되는 경우 에너지다소비업자(연간 2,000TOE 이상 사용자)에게 개선명령이 가능하다.

74 **가스폭발의 방지대책으로 틀린 것은?**

① 버너까지의 전 연료배관 속의 공기는 완전히 빼둘 것
② 연료 속의 수분이나 슬러지 등을 충분히 배출할 것
③ 점화 시의 분무량은 당해 버너의 고연소율 상태의 양으로 할 것
④ 연소량을 증가시킬 경우에는 먼저 공기 공급량을 증가시킨 후에 연료량을 증가시킬 것

해설 점화 시 분무(공기, 증기)량은 노 내의 중질유(중유 등)가 점화와 오일 분무를 돕도록 최초 점화 시 적당하게 조절하여 노 내 충격을 완화하기 위해 저연소량으로 알맞게 분무한다.

75 **보일러 사고 중 취급상의 원인으로 가장 거리가 먼 것은?**

① 압력초과 ② 재료불량
③ 수위감소 ④ 과열

해설 재료불량, 설계불량, 강도불량, 부속기기불량은 제작상의 원인이다.

76 **권한의 위임 또는 업무의 위탁사항으로 한국에너지공단이 행하지 않는 것은?**

① 에너지절약전문기업의 등록
② 진단기관의 관리 · 감독
③ 과태료의 부과 및 징수
④ 검사대상기기의 검사

해설 과태료의 부과 및 징수권자
산업자원부장관 또는 시 · 도지사가 부과나 징수한다.

ANSWER | 69. ③ 70. ① 71. ① 72. ④ 73. ② 74. ③ 75. ② 76. ③

77 보일러수를 분출하는 목적으로 틀린 것은?

① 저수위 운전 방지
② 관수의 농축 방지
③ 관수의 pH 조절
④ 전열면에 스케일 생성 방지

해설 저수위 운전 방지 검출기기
㉠ 맥도널식
㉡ 전극봉식
㉢ 차압식

78 에너지이용 합리화법에서 티오이(T.O.E)란?

① 에너지탄성치 ② 전력경제성
③ 에너지소비효율 ④ 석유환산톤

해설 석유환산 티오이(T.O.E, Ton of Oil Equivalent)
원유 1톤 값이며 10^7kcal이다.(1kcal=4.1868kJ이다.)

79 바나듐 어택이란 바나듐 산화물에 의한 어떤 부식을 말하는가?

① 산화부식 ② 저온부식
③ 고온부식 ④ 알칼리부식

해설 바나듐 어택
㉠ 바나듐, 나트륨 : 고온부식인자
㉡ 고온부식 발생장소 : 과열기, 재열기
㉢ 고온부식 발생온도 : 550~650℃
㉣ V_2O_5, Na_2O 발생으로 고온부식 촉진

80 다음 중 보일러 내부를 청소할 때 사용하는 물질로 가장 적절한 것은?

① 염화나트륨
② 질소
③ 수산화나트륨
④ 유황

해설 수산화나트륨(NaOH) 사용용도
㉠ pH, 알칼리도 조정제
㉡ 관수의 연화제
㉢ 내부 청소 물질

보일러 급수 외처리-용존물처리(화학적 방법)
- 기폭법(철 · 망간 제거)
- 탈기법(용존산소 제거)
- 페록서 처리(철 · 망간 제거)
- 증류법
- 염소법

보일러 급수 내처리
- pH, 알칼리도 조정제 : 가성소다, 탄산소다, 제3인산나트륨
- 관수연화제 : 수산화타트륨, 탄산나트륨, 각종 인산나트륨
- 슬러지 조정제 : 탄닌, 리그린, 전분
- 탈산소제 : 아황산소다, 히드라진
- 가성취화 억제제 : 질산나트륨, 인산나트륨, 탄닌, 리그린
- 기포방지제 : 고급지방산에스테르, 폴리아미드, 고급지방산알코올, 프탈산아미드

77. ① 78. ④ 79. ③ 80. ③ | ANSWER

SECTION 01 열역학 및 연소관리

01 탄소 1kg을 완전 연소시키는 데 필요한 산소량은 약 몇 kg인가?

① 1.67 ② 1.87
③ 2.67 ④ 3.67

해설 $\underline{\text{탄소(C)}} + \underline{O_2} \rightarrow \underline{CO_2}$
12kg + 32kg → 44kg

탄소 1kg에 대한 산소 요구량 $= \frac{32}{12} = 2.67\text{kg/kg}$

※ 탄소분자량(12), 산소분자량(32), 탄산가스분자량(44)

02 기체의 가역 단열압축에서 엔트로피는 어떻게 되는가?

① 감소한다. ② 증가한다.
③ 변하지 않는다. ④ 증가하다 감소한다.

해설 단열변화

- 외부의 열의 출입을 완전히 차단한 후 팽창이나 압축의 상태변화를 수행하는 변화
- $\frac{P_1}{T_1} = \frac{P_2}{T_2} =$ 일정, $\frac{T_2}{T_1} = \left(\frac{P_2}{P_1}\right)^{\frac{k-1}{k}} = \left(\frac{V_1}{V_2}\right)^{k-1}$
- 단열변화의 가열량 $\delta Q = 0$(열의 변동이 전혀 없으므로 엔트로피는 변하지 않는다.)

03 동일한 고온열원과 저온열원에서 작동할 때, 다음 사이클 중 효율이 가장 높은 것은?

① 정적(Otto) 사이클 ② 카르노(Carnot) 사이클
③ 정압(Diesel) 사이클 ④ 랭킨(Rankine) 사이클

해설 상태변화가 가역과정인 변화는 등온변화와 단열변화로 이루어진 열기관사이클이 가장 이상적인 사이클이다.(사이클로는 카르노사이클이 있다.)

카르노사이클 열효율$(\eta_c) = 1 - \frac{T_2}{T_1} = 1 - \frac{Q_2}{Q_1}$ 로서

열기관 중 가역사이클로 이루어진 카르노사이클이 가장 효율이 좋다.

04 압력이 200kPa인 이상기체 200kg이 있다. 온도를 일정하게 유지하면서 압력을 40kPa로 변화시켰다면 엔트로피 변화량은?(단, 기체상수는 0.287kJ/kg·K이다.)

① 40.1kJ/K ② 52.8kJ/K
③ 73.1kJ/K ④ 92.4kJ/K

해설 압력 200kPa → 40kPa, 온도 일정에서 엔트로피 변화

엔트로피변화$(\Delta s) = GR\ln\frac{P_1}{P_2}$

$\therefore \Delta s = 200 \times 0.287 \times \ln\left(\frac{200}{40}\right) = 92.4\text{kJ/k}$

05 통풍기를 크게 원심식과 축류식으로 구분할 때 축류식에서 주로 사용되는 풍향조절방식은?

① 회전수를 변화시켜 풍량을 조절한다.
② 댐퍼를 조절하여 풍량을 조절한다.
③ 흡입 베인의 개도에 의해 풍량을 조절한다.
④ 날개를 동익가변시켜 풍량을 조절한다.

해설 ㉠ 축류식(디스크식, 프로펠러형) 송풍기는 날개를 동익가변시켜 풍량을 조절한다.
㉡ 원심식의 풍량조절은 보기 ①, ②, ③항에 의한다.

06 카르노 사이클로 작동되는 기관이 250℃에서 300kJ의 열을 공급받아 25℃에서 방열했을 때의 일은 얼마인가?

① 30kJ ② 129kJ
③ 171kJ ④ 225kJ

해설 $T_1 = 250 + 273 = 523\text{K}$, $T_2 = 25 + 273 = 298\text{K}$

${}_1W_2 = 300 \times \frac{523 - 298}{523} = 129\text{kJ}$

$\eta_c = 1 - \frac{T_2}{T_1} = \frac{AW}{Q_1} \rightarrow AW = \eta_c Q_1$

ANSWER | 1. ③ 2. ③ 3. ② 4. ④ 5. ④ 6. ②

07 430K에서 500kJ의 열을 공급받아 300K에서 방열시키는 카르노사이클의 열효율과 일량으로 옳은 것은?

① 30.2%, 349kJ ② 30.2%, 151kJ
③ 69.8%, 151kJ ④ 69.8%, 349kJ

해설 열효율$(\eta_c) = 1 - \frac{T_2}{T_1} = 1 - \frac{300}{430} = 0.302$ (30.23%)
일량$({}_1W_2) = \eta_c Q_1 = 0.302 \times 500 = 151\text{kJ}$

08 내부에너지와 엔탈피에 대한 설명으로 틀린 것은?

① 내부에너지 변화량은 공급열량에서 외부로 한 일을 차감한 것이다.
② 엔탈피는 유체가 가지는 에너지로서 내부에너지와 유동에너지의 합을 말한다.
③ 내부에너지는 시스템의 분자구조 및 분자의 운동과 관련된 운동에너지이다.
④ 내부에너지는 물체를 구성하는 분자운동의 강도와는 관련이 없다.

해설
- 총에너지=내부에너지+외부에너지
- 분자는 분자력에 의해서 서로 위치에너지를 가지며, 또한 운동에너지를 가진다. 이와 같은 분자의 집단인 물질의 내부에 보유되는 에너지가 그 물질의 내부에너지다.

09 검출된 증기압력이 설정된 압력에 이르면 연료공급을 차단하는 신호를 발생하는 발신기는?

① 압력 경보기 ② 압력 발신기
③ 압력 설정기 ④ 압력 제한기

해설 압력 제한기
검출된 증기압력이 설정된 압력에 이르면 연료공급을 차단하는 신호를 발생하는 발신기이다.

10 물 1kg이 대기압에서 증발할 때 엔트로피의 증가량은? (단, 대기압에서 물의 증발잠열은 2,260kJ/kg이다.)

① 1.41kJ/K ② 6.05kJ/K
③ 10.32kJ/K ④ 22.63kJ/K

해설 엔트로피 증가량$(\Delta S) = \frac{\delta Q}{T} = \frac{2,260}{273+100} = 6.05\text{kJ/K}$
※ 물의 대기압상태 비등점은 100℃(373K)이다.

11 압력을 나타내는 관계식으로 잘못된 것은?

① $1\text{Pa} = 1\text{N/m}^2$
② $1\text{bar} = 10^3\text{Pa}$
③ $1\text{atm} = 1.01325\text{bar}$
④ 절대압력=대기압력+게이지압력

해설 1.013bar=1,013mbar=101,300Pa

12 어떤 이상기체가 체적 V_1, 압력 P_1으로부터 체적 V_2, 압력 P_2까지 등온팽창하였다. 이 과정 중에 일어난 내부 에너지의 변화량$(\Delta U = U_2 - U_1)$과 엔탈피의 변화량$(\Delta H = H_2 - H_1)$을 옳게 나타낸 것은?

① $\Delta U = 0,\ \Delta H = 0$
② $\Delta U < 0,\ \Delta H = 0$
③ $\Delta U = 0,\ \Delta H < 0$
④ $\Delta U > 0,\ \Delta H > 0$

해설 등온팽창
㉠ 등온팽창 내부에너지(ΔU) 변화량=0
㉡ 등온팽창 엔탈피(ΔH) 변화량=0
$du = C_v dT$에서
$dT = 0$, $T_1 = T_2$이므로 $U_2 - U_1 = C_v(T_2 - T_1) = 0$
내부에너지와 엔탈피는 변화량이 없다.

13 프로판 1kg의 연소 시 저발열량을 계산하면 약 얼마인가?(단, $C + O_2 \rightarrow CO_2 + 406.9\text{MJ}$, $H_2 + \frac{1}{2}O_2 \rightarrow H_2O + 284.65\text{MJ}$)

① 43.6MJ/kg ② 53.6MJ/kg
③ 63.6MJ/kg ④ 73.6MJ/kg

해설 프로판 가스(C_3H_8)

$$\underset{44\text{kg}}{\underline{C_3H_8}} + 5O_2 \rightarrow \underset{3\times 44\text{kg}}{\underline{3CO_2}} + \underset{4\times 18\text{kg}}{\underline{4H_2O}}$$

44=12×3+1×8, 탄소분자량 : 12, 수소분자량 : 2

탄소의 발열량$= \frac{406.9}{12}$, 수소의 발열량$= \frac{284.65}{2}$

$\therefore$ 저위발열량$(H_L) = \left(\frac{406.9}{12} \times \frac{36}{44}\right) + \left(\frac{284.65}{2} \times \frac{8}{44}\right)$
$= 53.6\text{MJ/kg}$

7. ② 8. ④ 9. ④ 10. ② 11. ② 12. ① 13. ② | ANSWER

14 다음의 압력 – 엔탈피 선도에 나타낸 냉동사이클에서 압축과정을 나타내는 구간은?

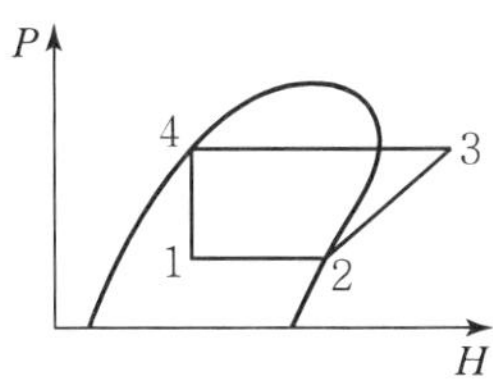

① 1→2　② 2→3
③ 3→4　④ 4→1

해설 냉동사이클
- 1→2 : 증발과정
- 2→3 : 압축과정
- 3→4 : 응축과정
- 4→1 : 팽창과정

15 집진장치의 선택을 위한 고려사항으로 거리가 먼 것은?

① 분진의 색상
② 설치장소
③ 예상 집진효율
④ 분진의 입자크기

해설 집진장치 선택 시 고려사항
㉠ 설치장소
㉡ 예상집진효율
㉢ 분진의 입자크기

16 다음 연소반응식 중 발열량(kcal/kg – mol)이 가장 큰 것은?

① $C+\frac{1}{2}O_2=CO$

② $CO+\frac{1}{2}O_2=CO_2$

③ $C+O_2=CO_2$

④ $S+O_2=SO_2$

해설 ① 29,600kcal/kg – mol
② 67,600kcal/kg – mol
③ 97,200kcal/kg – mol
④ 80,000kcal/kg – mol

17 피스톤 – 실린더 안에 있는 압력 300kPa, 온도 400K의 일정 질량의 이상기체가 등엔트로피 과정을 통하여 압력이 100kPa으로 변화한 후 평형을 이루었다. 비열비가 1.4이면 최종 온도는?

① 275K　② 283K
③ 292K　④ 301K

해설 300kPa → 100kPa, 400K – xK, 등엔트로피(단열변화)

$$\frac{T_1}{T_2}=\left(\frac{V_1}{V_2}\right)^{k-1}=\left(\frac{P_2}{P_1}\right)^{\frac{k-1}{k}}$$

$$\therefore T_2=T_1\times\left(\frac{P_2}{P_1}\right)^{\frac{k-1}{k}}=400\times\left(\frac{100}{300}\right)^{\frac{1.4-1}{1.4}}=292\text{K}$$

18 공기비(m)에 대한 설명으로 옳은 것은?

① 공기비가 크면 연소실 내의 연소온도는 높아진다.
② 공기비가 적으면 불완전연소의 가능성이 있어서 매연이 발생할 수 있다.
③ 공기비가 크면 SO_2, NO_2 등의 함량이 감소하여 장치의 부식이 줄어든다.
④ 연료의 이론연소에 필요한 공기량을 실제 연소에 사용한 공기량으로 나눈 값이다.

해설 공기비(m) $=\frac{\text{실제공기량}}{\text{이론공기량}}$ (1보다 크다.)
공기비가 1보다 작으면 불완전연소(공기비가 너무 크면 노내 온도 하강, 배기가스 열손실 증가, NO_2 증가)

19 이상기체의 상태방정식은?

① $Pv=RT$
② $PvT=R$
③ $Tv=RP$
④ $PT=Rv$

해설 이상기체 상태방정식
$Pv=RT$
※ R : 기체상수, $\overline{R}$: 일반기체상수

20 기체 연료의 고위발열량(kcal/Nm^3)이 높은 것에서 낮은 순서로 바르게 나열된 것은?

① 오일가스 > 수성가스 > 고로가스 > 발생로가스 > LNG
② LNG > 발생로가스 > 고로가스 > 수성가스 > 오일가스
③ LNG > 오일가스 > 수성가스 > 발생로가스 > 고로가스
④ LNG > 오일가스 > 발생로가스 > 수성가스 > 고로가스

해설 고위 발열량(kcal/Nm^3)
- LNG : 10,500
- 오일가스 : 4,710
- 수성가스 : 2,500
- 발생로가스 : 1,100
- 고로가스 : 900

SECTION 02 계측 및 에너지 진단

21 SI 단위(국제단위)계의 기본단위가 아닌 것은?

① cd　② A
③ V　④ K

해설 SI 기본단위
㉠ 길이(m)　㉡ 질량(kg)
㉢ 시간(s)　㉣ 전류(A)
㉤ 온도(K)　㉥ 물질의 양(mol)
㉦ 광도(cd)

22 면적식 유량계 중 로터미터에 대한 설명으로 틀린 것은?

① 부식성 유체나 슬러리 유체 측정이 가능하다.
② 고점도 유체나 소유량에 대한 측정도 가능하다.
③ 진동이 적고 수직으로 설치해야 한다.
④ 압력손실이 크며 가격이 저렴하다.

해설 로터미터 면적식 유량계는 압력손실이 적고 구경 100mm 이상 대형의 것은 가격이 비싸다. 또한 정밀측정에는 사용이 불가능하고 균등유량눈금이 얻어진다.

23 보일러의 열정산의 조건으로 가장 거리가 먼 것은?

① 측정시간은 3시간으로 한다.
② 발열량은 연료의 총발열량으로 한다.
③ 기준온도는 시험 시의 외기온도를 기준으로 한다.
④ 증기의 건도는 0.98 이상으로 한다.

해설 열정산 측정시간은 2시간 이상 측정결과에 따른다.

24 전열면 열부하를 가장 바르게 나타낸 것은?

① 보일러 연소실 용적 $1m^3$당 연료를 소비시켜 발생한 총 열량[kcal/m^3 · h]
② 보일러 전열면적 $1m^2$당 1시간 동안의 보일러 열출력[kcal/m^2 · h]
③ 보일러 전열면적 $1m^2$당 1시간 동안의 실제 증발량[kg/m^2 · h]
④ 화격자 면적 $1m^2$당 1시간 동안 연소시키는 석탄의 양[kg/m^2 · h]

해설 전열면의 열부하율(kcal/m^2 · h)

$$=\frac{\text{1시간 동안의 보일러 열출력(kcal/h)}}{\text{보일러 전열면적}(m^2)}=$$

25 열전대 온도계의 보호관 중 상용 사용온도가 약 1,000℃로서 급열, 급랭에 잘 견디고, 산에는 강하나 알칼리에는 약한 비금속 온도계 보호관은?

① 자기관　② 석영관
③ 황동관　④ 카보랜덤관

해설 사용온도(열전대 보호관)
㉠ 자기관 : 1,450℃　㉡ 황동관 : 400℃
㉢ 카보랜덤관 : 1,600℃　㉣ 13Cr 강관 : 800℃

26 보일러의 효율계산과 관계없는 것은?

① 급수량　② 고위발열량
③ 연료반입량　④ 배기가스온도

해설 보일러 효율(η)

$$\eta=\frac{\text{시간당 증기발생량 (발생증기엔탈피}-\text{급수엔탈피)}}{\text{시간당 연료소비량}\times\text{연료의 발열량}}\times 100(\%)$$

20. ③ 21. ③ 22. ④ 23. ① 24. ② 25. ② 26. ③ | ANSWER

27 T형 열전대의 (－) 측 재료로 사용되는 것은?

① 구리(Copper)
② 알루멜(Alummel)
③ 크로멜(Crommel)
④ 콘스탄탄(Constantan)

해설 열전대

금속 또는 반도체(Ⅰ)

㉠ N 타입 [⊕니켈, 실리콘 / ⊖니켈, 실리콘]

㉡ K타입 [⊕니켈, 크롬 / ⊖니켈, 알루미늄]

㉢ E 타입 [⊕니켈, 크롬 / ⊖구리, 니켈]

㉣ J 타입 [⊕철 / ⊖구리, 니켈]

㉤ T 타입 [⊕구리 / ⊖콘스탄탄]

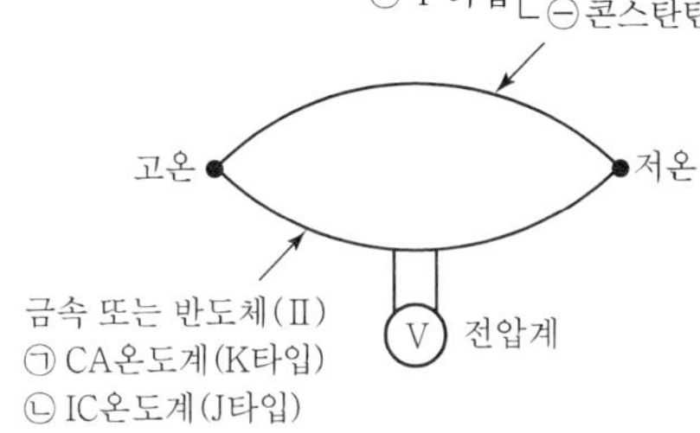

금속 또는 반도체(Ⅱ)
㉠ CA온도계(K타입)
㉡ IC온도계(J타입)
㉢ CC온도계(T타입)
㉣ PR온도계(R타입)

28 보일러에서 열전달 형태에 대한 설명으로 옳은 것은?

① 복사만으로 된다.
② 전도만으로 된다.
③ 대류만으로 된다.
④ 전도, 대류, 복사가 동시에 일어난다.

해설 보일러 열전달 형태
전도, 대류, 복사가 동시에 일어난다.

29 측온 저항체로 사용할 수 없는 것은?

① 백금 ② 콘스탄탄
③ 고순도 니켈 ④ 구리

해설 측온저항체 온도계
㉠ 백금(정밀측정용) : －200～500℃
㉡ 니켈 : －50～300℃
㉢ 구리 : 0～120℃
㉣ 서미스터 : －100～300℃(온도계수가 백금의 10배)

30 제어대상과 그 제어장치를 짝지은 것 중 틀린 것은?

① 증기압력 제어 : 압력조절기
② 공기 · 연료 제어 : 모듀트럴모터
③ 연소제어 : 맥도널
④ 노내압 조절 : 배기댐퍼조절장치

해설 ㉠ 자동연소제어(ACC)
• 제어량 : 증기압력, 노내압력
• 조작량 : 연료량, 공기량, 연소가스양
㉡ 노내압 조절 : 배기댐퍼 조절장치
㉢ 급수제어 : 맥도널(저수위 경보장치)

31 극저온 가스 저장탱크의 액면 측정에 주로 사용되는 것은?

① 로터리식 ② 슬립튜브식
③ 다이어프램식 ④ 햄프슨식

해설 햄프슨식 액면계
온도가 아주 낮은 극저온 가스 저장탱크의 액면 측정에 사용

32 개방형 마노미터로 측정한 용기의 압력이 2,000 mmH_2O일 때, 용기의 절대압력은 약 몇 MPa인가?

① 0.12 ② 1.21
③ 12.07 ④ 30.03

해설 절대압력(abs) = 게이지 압력 + 표준대기압
표준대기압(1atm) = 760mmHg = 10,332mmH_2O = 1.033kg/cm^2 = 102kPa = 101,325Pa

$\therefore\ 101{,}325\text{Pa} \times \frac{2{,}000}{10{,}332} = 19{,}613.8 = 0.12\text{MPaPa}$

절대압력=19,613.8 + 101,325 = 120,938.8Pa ≒ 0.12MPa
※ 1MPa = 10^6Pa

33 목표 값이 시간에 따라 미리 결정된 일정한 제어는?

① 추종제어 ② 비율제어
③ 프로그램제어 ④ 캐스케이드제어

해설 프로그램제어는 목표값이 시간에 따라 미리 결정된 일정한 자동제어이다.

자동제어 분류
• 정치제어(목표값이 일정한 제어)
• 추치제어 : 추종제어, 비율제어, 프로그램제어

ANSWER | 27. ④ 28. ④ 29. ② 30. ③ 31. ④ 32. ① 33. ③

34 중력을 이용한 압력 측정기기는?

① 액주계 ② 부르동관
③ 벨로우즈 ④ 다이어프램

해설 액주식 압력계(물과 수은을 이용한 중력 이용)
㉠ 유자관식
㉡ 경사관식(정밀한 측정 가능)
㉢ 침종식(단종식, 복종식)
㉣ 환상천평식(링밸런스식)
㉤ 표준분동식(탄성식 압력계 교정용)

35 상당증발량(Ge)과 보일러 효율(η)과의 관계가 옳은 것은?(단, 연료 소비량은 G, 연료의 저위발열량은 H_L이다.)

① $539 \cdot Ge = G \cdot H_L \cdot \eta$
② $539 \cdot H_L = Ge \cdot G \cdot \eta$
③ $539 \cdot G = H_L \cdot Ge \cdot \eta$
④ $539 \cdot \eta = G \cdot Ge \cdot H_L$

해설 ㉠ 보일러 포화수의 증발잠열=539kcal/kg
539×상당증발량=보일러 정격용량(kcal/h)
㉡ 보일러 공급열량(kcal/h)
연료소비량×연료의 저위발열량×연소효율(보일러 효율)
$\therefore 539 \cdot Ge = G \cdot H_L \cdot \eta$

36 광전관식 온도계의 측정온도 범위로 옳은 것은?

① 700~3,000℃ ② −20~350℃
③ −50~650℃ ④ −260~1,000℃

해설 비접촉식 광전관식 온도계
- 700~3,000℃의 온도 측정이 가능하다.
- 온도의 자동 기록이 가능하고 응답성이 빨라서 이동 물체의 측온이 가능하다.

37 원인을 알 수 없는 오차로서 측정 때마다 측정치가 일정하지 않고 산포에 의하여 일어나는 오차는?

① 과오에 의한 오차 ② 우연오차
③ 계통적 오차 ④ 계기오차

해설 우연오차
원인을 알 수 없는 오차로서 측정 때마다 측정치가 일정하지 않고 산포(흩어짐)에 의하여 오차가 일어난다.

38 프로세스계 내에 시간지연이 크거나 외란이 심할 경우 조절계를 이용하여 설정점을 작동시키게 하는 제어방식은?

① 프로그램 제어 ② 캐스케이드 제어
③ 피드백 제어 ④ 시퀀스 제어

해설 캐스케이드 제어
프로세스계 내에 시간 지연이 크거나 외란이 심할 경우 조절계를 이용하여 설정점을 작동시키게 하는 제어방식

39 자동제어에 대한 설명으로 틀린 것은?

① 제어장치의 전기식 조절기의 전류신호는 보통 약 4~20mA이다.
② 검출계에서 측정한 양 또는 조건을 측정변수라고 한다.
③ 조작부는 조절기에서 나오는 신호를 조작량으로 변환시켜 제어대상에 조작을 가하는 부분이다.
④ 플래퍼 노즐은 변위를 공기압으로 바꾸는 일반적인 기구이다.

해설 검출부
압력, 온도, 유량 등의 제어량을 검출하여 이 값을 공기압, 전기 등의 신호로 변환시켜 비교부에 전송한다.

40 미터 자체의 오차 또는 계측기가 가지고 있는 고유의 오차이며 제작 당시 가지고 있는 계통적인 오차는?

① 감차 ② 공차
③ 기차 ④ 정차

해설 기차
계측기기 미터기 자체의 오차, 계측기가 가지고 있는 고유의 오차이며 제작 당시 가지고 있는 계통적 오차

34. ① 35. ① 36. ① 37. ② 38. ② 39. ② 40. ③ ANSWER

SECTION 03 열설비구조 및 시공

41 신 · 재생에너지 설비 설치전문기업의 설비 설치대상이 되는 에너지원이 두 종류 이상인 경우 기술인력에 대한 신고기준으로 옳은 것은?

① 국가기술자격법에 따른 기계 · 전기 · 토목 · 건축 · 에너지 · 환경 분야 등의 기능사 2명 이상
② 국가기술자격법에 따른 기계 · 전기 · 토목 · 건축 · 에너지 · 환경 분야 등의 기사 2명 이상
③ 국가기술자격법에 따른 기계 · 전기 · 토목 · 건축 · 에너지 · 환경 분야 등의 기능사 3명 이상
④ 국가지술자격법에 따른 기계 · 전기 · 토목 · 건축 · 에너지 · 환경 분야 등의 기사 3명 이상

해설 신 · 재생에너지 전문기업의 신고기준에서 설비 설치 대상이 되는 에너지원이 두 종류 이상인 경우 자본금 1억 원 이상, 국가기술자격법에 따라 '기계, 금속, 화공, 세라믹, 전기, 토목, 건축, 에너지, 환경 분야의 기사 3인 이상'

42 보일러의 형식을 원통형, 수관식, 특수식 보일러로 구분할 때 원통형 보일러로만 구성되어 있는 것은?

① 코르니시 보일러, 베록스 보일러, 슈미트 보일러
② 코르니시 보일러, 코크란 보일러, 캐와니 보일러
③ 스코치 보일러, 벤슨 보일러, 슐처 보일러
④ 베록스 보일러, 라몽트 보일러, 슈미트 보일러

해설 원통형 보일러
코르니시 보일러, 코크란 입형 보일러, 캐와니 연관식 보일러, 랭커셔 보일러, 노통 연관식 보일러, 입형 보일러 등

43 증기 축열기에 대한 설명으로 틀린 것은?

① 열을 저장하는 매체는 증기이다.
② 변압식은 보일러 출구 증기 측에 설치한다.
③ 저부하 시 잉여증기의 열량을 저장한다.
④ 정압식은 보일러 입구 급수 측에 설치한다.

해설 증기이송장치인 증기축열기(어큐뮬레이터)에 잉여증기(여유 있는 증기)를 공급하여 열매를 온수로 저장한다.

44 열관류율 $K = 2\text{W/m}^2 \cdot \text{K}$인 벽체를 사이에 두고 실내온도와 외기온도가 각각 20℃와 −10℃라고 한다. 실내표면 열전달계수 $\alpha_r = 8.34\text{W/m}^2 \cdot \text{K}$라고 할 때, 실내 측 벽면온도는?

① 11.3℃ ② 11.8℃
③ 12.3℃ ④ 12.8℃

해설

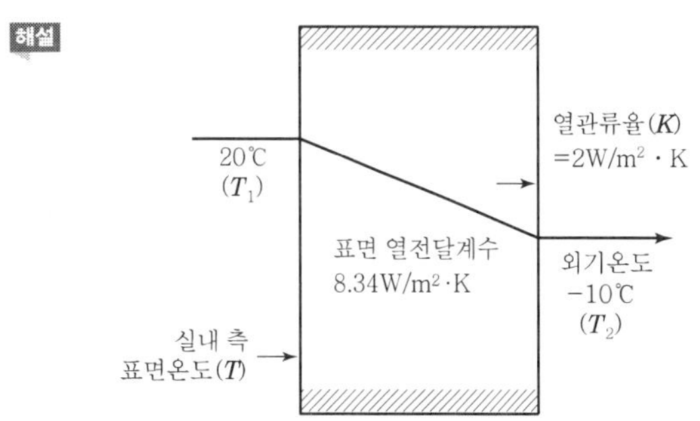

$$\text{온도차} = \frac{2 \times \{20 - (-10)\}}{8.34} = 7.19$$

∴ 실내 측 표면온도(T) = 20 − 7.19 = 12.8℃

45 다음 내화물 중 내화도가 가장 낮은 것은?

① 샤모트질 벽돌
② 고알루미나질 벽돌
③ 크롬질 벽돌
④ 크롬−마그네시아 벽돌

해설 내화물의 내화도
㉠ 샤모트질 : SK 28~34
㉡ 고알루미나질 : SK 35 이상
㉢ 크롬질 : SK 38
㉣ 크롬−마그네시아 : SK 42
※ SK 26 : 1,580℃, SK 40 : 1,920℃, SK 42 : 2,000℃

46 배관의 식별표시 중 물질의 종류와 식별 색이 틀린 것은?

① 산, 알칼리 : 회보라색
② 기름 : 어두운 주황
③ 공기 : 흰색
④ 증기 : 어두운 파랑

해설 증기배관 : 빨간색

ANSWER | 41. ④ 42. ② 43. ① 44. ④ 45. ① 46. ④

47 두께 200mm인 콘크리트(열전도도 $k = 1.6$W/m · K)에 두께 10mm인 석고판(열전도도 $k = 0.2$W/m · K)을 부착하였다. 실내 측 표면열전달계수 $\alpha_r = 8.4$ W/m² · K, 실외 측 표면열전달계수 $\alpha_0 = 23.2$ W/m² · K라고 하면 열관류율은?

① 2.37W/m² · K ② 2.57W/m² · K
③ 2.77W/m² · K ④ 2.97W/m² · K

해설 열관류율$(K) = \dfrac{1}{\dfrac{1}{a_1} + \dfrac{b_1}{\lambda_1} + \dfrac{b_2}{\lambda_2} + \dfrac{1}{a_2}}$

$= \dfrac{1}{\dfrac{1}{8.4} + \dfrac{0.2}{1.6} + \dfrac{0.01}{0.2} + \dfrac{1}{23.2}}$

$= \dfrac{1}{0.33715} = 2.97\text{W/m}^2 \cdot \text{K}$

48 동관의 끝 부분을 확관하는 데 사용하는 공구는?

① 익스팬더 ② 사이징 툴
③ 튜브 벤더 ④ 티뽑기

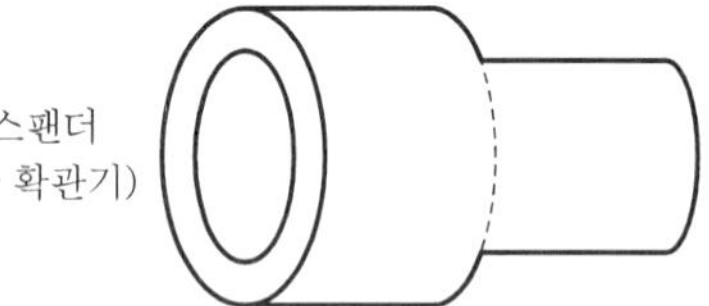

49 과열기 설치 형식에서 대향류의 특징을 설명한 것으로 옳은 것은?

① 과열관은 고온가스에 의한 소손율이 적다.
② 가스와 증기의 평균 온도차가 적다.
③ 열전달량이 다른 배열에 비해 적다.
④ 열전달이 양호하고 고온에서 배열관의 손상이 크다.

해설 과열기의 종류(열가스 흐름방향에 의한 분류)
향류형 > 혼류형 > 병류형

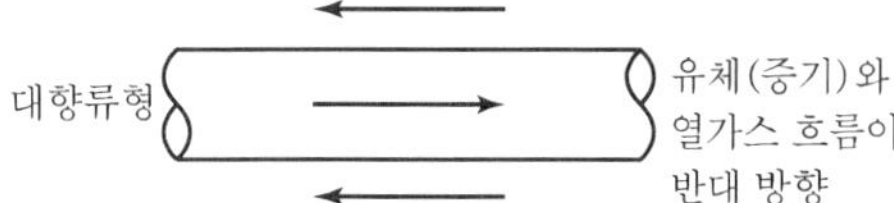

※ 열전달이 양호하고 고온에서 배열관의 손상이 크다.

50 다음과 같이 도면에 표기된 방열기의 방열량은 약 얼마인가?(단, 표준발열량 : 756W/m², 방열량보정계수 : 0.948, 1쪽당 방열면적 : 0.26m²이다.)

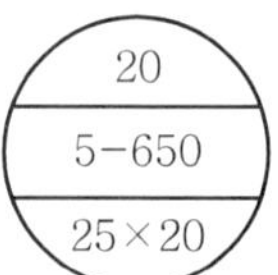

① 3,546W ② 3,627W
③ 3,727W ④ 4,147W

해설 방열기 전체 면적(A) = 20(EDR)×0.26 = 5.2m²
방열기 방열량 = 5.2×756×0.948 = 3,727W

51 현장에서 많이 사용되며 상온에서 수동식은 50A, 동력식은 100A까지의 관을 벤딩할 수 있는 특징을 지닌 파이프 벤딩기는?

① 로터리식 ② 다이헤드식
③ 램식 ④ 호브식

해설 유압식 파이프 벤딩머신
㉠ 현장용 : 램식(0~90°)
㉡ 공장생산용 : 로터리식(0~180°)

52 일정량의 연료를 연소시킬 때 보일러의 전열량을 많게 하는 방법으로 틀린 것은?

① 연소가스의 유동을 빠르게 하고, 관수 순환을 느리게 한다.
② 전열면에 부착된 스케일 등을 제거한다.
③ 연소율을 증가시키기 위해 양질의 연료를 사용한다.
④ 적당한 양의 공기로 연료를 완전 연소시킨다.

해설 보일러는 관수의 순환을 빠르게 해야 전열량이 증가한다.

53 터널요(Tunnel Kiln)의 구성요소가 아닌 것은?

① 예열대 ② 소성대
③ 냉각대 ④ 건조대

해설 연속요(터널요)의 3대 구성요소
예열대, 소성대, 냉각대

47. ④ 48. ① 49. ④ 50. ③ 51. ③ 52. ① 53. ④ | ANSWER

54 관류보일러의 특징에 대한 설명으로 틀린 것은?

① 수관군의 배치가 자유롭다.
② 전열면적당 보유수량이 적어 시동시간이 적다.
③ 부하변동에 따른 압력 변화가 적다.
④ 드럼이 없어 순환비가 1이다.

해설 관류보일러는 동 내부에 보유수량이 적어서 부하변동 시 압력변화가 크다.

55 보일러 급수펌프의 구비조건으로 틀린 것은?

① 고온 고압에 견딜 것
② 저부하에서도 효율이 좋을 것
③ 병렬운전을 할 수 없을 것
④ 작동이 간단하고 취급이 용이할 것

해설

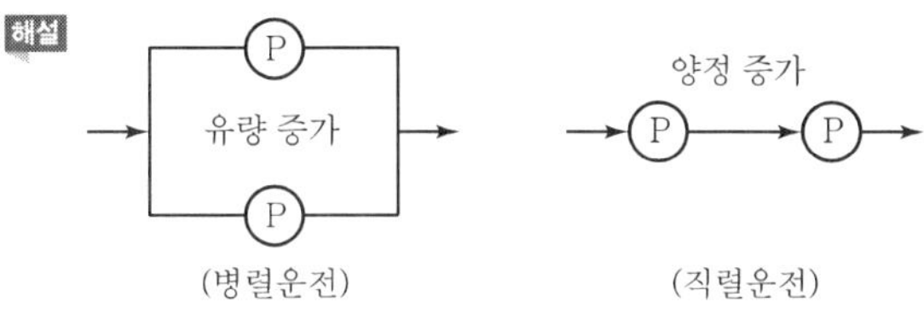

56 검사대상기기설치자는 검사대상기기관리자를 해임하거나 관리자가 퇴직하는 경우 다른 검사대상기기관리자를 언제까지 선임해야 하는가?

① 해임 또는 퇴직 후 5일 이내
② 해임 또는 퇴직 후 10일 이내
③ 해임 또는 퇴직 후 20일 이내
④ 해임 또는 퇴직 이전

해설 검사대상기기(보일러, 압력용기)관리자 선임
기존의 관리자가 퇴직 또는 해임하기 이전에 선임하여야 한다.

57 부정형 내화물이 아닌 것은?

① 내화 모르타르 ② 플라스틱 내화물
③ 세라믹 파이버 ④ 캐스터블 내화물

해설 세라믹 파이버
융해석영을 섬유상으로 만든 실리카울이나 고석회질로 만든 탄산 글라스로부터 섬유를 산 처리해서 고규산으로 만든 고온용 무기질 보온재(사용온도 1,300℃)

58 다음 중 무기질 보온재가 아닌 것은?

① 석면 ② 암면
③ 코르크 ④ 규조토

해설 ㉠ 유기질 보온재 : 코르크, 우레탄
㉡ 유기질 : 130℃ 이하 사용

59 내화 모르타르의 구비조건으로 틀린 것은?

① 필요한 내화도를 가질 것
② 건조, 소성에 의한 수축, 팽창이 적을 것
③ 화학 조성이 사용 벽돌과 같지 않을 것
④ 시공성이 좋을 것

해설 내화 모르타르(내화 시멘트)
- 벽돌의 줄눈 접합용이나, 노벽 손상 시 보수용으로 사용하며 화학조성이 사용 내화물과 비슷해야 한다.
- 종류 : 열경화성, 기경성, 수경성이 있다.

60 증기트랩 불량으로 인한 증기 누출 원인으로 가장 거리가 먼 것은?

① 간헐적 작동 ② 밸브 개폐 불량
③ 오리피스의 고장 ④ 트랩 작동부의 고장

해설 증기트랩의 응축수 배출 작동 분류
㉠ 연속 작동
㉡ 간헐적 작동

SECTION 04 열설비 취급 및 안전관리

61 보일러 사고 중 취급상의 원인으로 가장 거리가 먼 것은?

① 공작시공 및 사용재료의 불량
② 저수위로 인한 보일러의 과열
③ 보일러수의 처리불량 등으로 인한 내부 부식
④ 보일러수의 농축이나 스케일 부착으로 인한 과열

해설 공작시공 및 사용재료의 불량은 보일러 사고의 제조상 원인이다.

ANSWER | 54. ③ 55. ③ 56. ④ 57. ③ 58. ③ 59. ③ 60. ① 61. ①

62 다음의 방열기 중 대류작용으로만 열 이동을 시키는 것은?

① 길드 방열기 ② 주형 방열기
③ 벽걸이형 방열기 ④ 컨벡터

해설 대류방열기(컨벡터)
철제 캐비닛 속에 핀 튜브를 넣은 것으로 외관도 미려하고 열효율도 좋아 널리 사용된다. 노출형과 은폐형이 있으며 높이가 낮으면 베이스보드히터라 한다.(유닛히터는 핀 튜브 위에 송풍기를 설치하여 대류작용을 촉진하는 방열기이다.)

63 산업통상자원부장관이 에너지관리지도 결과 에너지다소비사업자에게 개선명령을 할 수 있는 경우는?

① 3% 이상의 효율개선이 기대되고 투자경제성이 인정되는 경우
② 5% 이상의 효율개선이 기대되고 투자경제성이 인정되는 경우
③ 7% 이상의 효율개선이 기대되고 투자경제성이 인정되는 경우
④ 10% 이상의 효율개선이 기대되고 투자경제성이 인정되는 경우

해설 에너지 개선명령 조건
10% 이상의 효율 개선이 기대되고 투자경제성이 인정되는 경우(에너지다소비사업자 : 연간 2,000티오이 이상 사용자)

64 보일러 수처리에서 이온교환체와 관계가 있는 것은?

① 천연산 제올라이트
② 탄산소다
③ 히드라진
④ 황산마그네슘

해설 보일러 용해고형물 처리법에서 경수연화장치(이온교환체)에는 석회소다법, 제올라이트법, 이온교환법이 있다. 물속의 칼슘, 마그네슘을 제거하여 연수화한다.
㉠ 이온교환수지법 : 역세(LV) → 재생(SV) → 압출(SV) → 수세(SV) → 통수(SV)
㉡ SV(Space Velocity) : 공간 속도로 단위가 없다.

65 보일러의 용수처리는 관내처리와 관외처리로 분류되는데 다음 중 관내처리에 해당되는 것은?

① pH 조절 ② 이온교환
③ 진공탈기 ④ 침강분리

해설 청관제 : pH, 알칼리도 조정제(급수처리 내처리법)
적당량의 가성소다(NaOH), 소다회(Na_2CO_3), 인산소다(NaH_2PO_4), 제3인산나트륨 등을 첨가하여 조정한다.

66 보일러 수격작용의 방지법이 틀린 것은?

① 응축수가 고이는 곳에 트랩을 설치한다.
② 증기관을 경사지게 설치한다.
③ 증기관의 보온을 잘 한다.
④ 주증기밸브를 열 때는 신속히 개방한다.

해설 증기보일러에서 주증기밸브를 신속하게 열면 프라이밍(비수), 수격작용(워터해머)이 발생하므로 천천히 개방해야 한다.

67 온수난방에서 방열기의 입구온도가 90℃, 출구온도가 75℃, 방열계수가 6.8kcal/m² · h · ℃이고, 실내온도가 18℃일 때 방열기의 방열량은?

① 352.7kcal/m² · h ② 364.2kcal/m² · h
③ 392.8kcal/m² · h ④ 438.6kcal/m² · h

해설 방열기(라디에이터)의 소요방열량
=방열기계수×(방열기 평균온도－실내온도)

$$=6.8\left(\frac{90+75}{2}-18\right)=438.6\text{kcal/m}^2 \cdot \text{h}$$

68 보일러 급수 중의 용해 고형물을 제거하기 위한 방법이 아닌 것은?

① 약품처리법 ② 이온교환법
③ 탈기법 ④ 증류법

해설 ㉠ 탈기법(급수처리 외처리법) : 수중의 산소나 가스분을 처리한다.
㉡ 탈산소법(급수처리 내처리법) : 급수 중 산소(O_2) 제거법으로 아황산소다, 히드라진(N_2H_4)과 같은 환원성이 강한 약제를 사용한다.(점식 부식 방지)

62. ④ 63. ④ 64. ① 65. ① 66. ④ 67. ④ 68. ③ | ANSWER

69 **가마울림현상의 방지대책이 아닌 것은?**

① 2차 공기의 가열, 통풍 조절을 개선한다.
② 연소실과 연도를 개조한다.
③ 수분이 많은 연료를 사용한다.
④ 연소실 내에서 완전연소시킨다.

해설 가마울림(화실, 노 내의 요란한 공명음)이 발생하면 수분이 적은 연료를 사용하여야 한다.

70 **다관원통형 열교환기에서 U자관형 열교환기의 특징으로 옳은 것은?**

① 구조가 복잡하다.
② 제작비가 비싸다.
③ 열팽창에 대해 자유롭다.
④ 고압유체에는 부적합하다.

해설 U자형은 열팽창에 영향을 받지 않는다.

다관원통형 열교환기
㉠ 고정관판형　　㉡ 유동두형
㉢ U자관형　　㉣ 캐틀형

71 **보일러 급수처리의 목적을 설명한 것으로 틀린 것은?**

① 전열면의 스케일 생성을 방지하기 위하여
② 점식 등의 내면 부식을 방지하기 위하여
③ 보일러수의 농축을 방지하기 위하여
④ 라미네이션 현상을 방지하기 위하여

해설

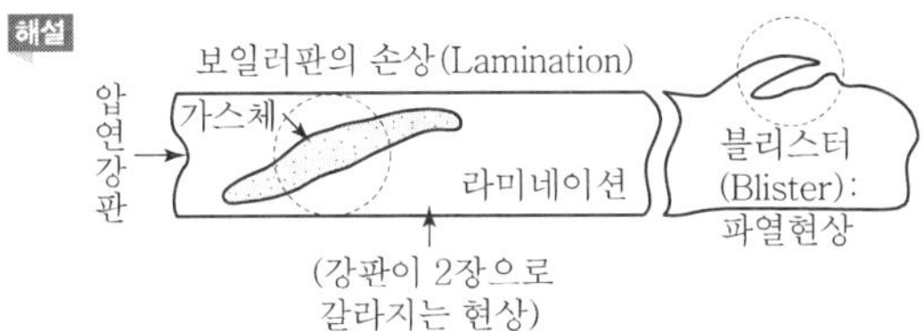

72 **가스용 보일러의 연료배관에 대한 설명으로 틀린 것은?**

① 배관은 외부에 노출하여 시공해야 한다.
② 배관이음부와 절연전선과의 거리는 5cm 이상 유지해야 한다.
③ 배관이음부와 전기접속기와의 거리는 30cm 이상 유지해야 한다.
④ 배관이음부와 전기계량기와의 거리는 60cm 이상 유지해야 한다.

해설 [가스용 연료배관] ← 10cm 이상 이격거리 → [절연전선]

(절연전선이 아닌 일반전선 : 15cm 이상)

73 **에너지다소비사업자가 에너지 손실요인의 개선명령을 받은 때는 개선 명령일로부터 며칠 이내에 개선계획을 수립하여 제출하여야 하는가?**

① 20일　　② 30일
③ 50일　　④ 60일

해설 개선명령을 받으면 개선계획을 수립하여 개선명령일로부터 60일 이내에 산업통상자원부장관에게 제출한다.

74 **에너지법상 지역에너지계획은 5년마다 수립하여야 한다. 이 지역에너지계획에 포함되어야 할 사항은?**

① 국내외 에너지수요와 공급추이 및 전망에 관한 사항
② 에너지의 안전관리를 위한 대책에 관한 사항
③ 에너지 관련 전문인력의 양성 등에 관한 사항
④ 에너지의 안정적 공급을 위한 대책에 관한 사항

해설 에너지법 제7조에 의거, 지역에너지계획 포함 내용은 보기 ④ 외에 에너지 수급의 추이와 전망에 관한 사항, 에너지의 안정적 공급을 위한 대책에 관한 사항 등이다.

75 **관로 속을 흐르는 물 등의 유체속도를 급격히 변화시킬 때 생기는 압력변화로 밸브를 급격히 개폐할 때 발생하는 이상 현상은?**

① 수격작용　　② 캐비테이션
③ 맥동현상　　④ 포밍

해설 수격작용
관로 속을 흐르는 물 등의 유체속도를 급격히 변화시킬 때 생기는 압력의 변화로 밸브를 급격히 개폐할 때 발생하는 워터해머작용

ANSWER | 69. ③ 70. ③ 71. ④ 72. ② 73. ④ 74. ④ 75. ①

76 증기보일러에서 안전밸브는 2개 이상 설치하여야 하지만 전열면적이 몇 m^2 이하이면 1개 이상으로 해도 되는가?

① $10m^2$ 이하
② $30m^2$ 이하
③ $50m^2$ 이하
④ $100m^2$ 이하

해설 증기보일러 전열면적 $50m^2$ 이하에서는 안전밸브를 1개 이상 설치하여도 된다.

77 검사대상기기의 검사를 받지 아니하고 사용한 자에 대한 벌칙으로 옳은 것은?

① 5백만 원 이하의 벌금
② 2천만 원 이하의 벌금
③ 2년 이하의 징역
④ 1천만 원 이하의 벌금

해설 검사대상기기의 검사(계속사용안전검사 등)를 받지 아니하고 사용하면 1년 이하의 징역 또는 1천만 원 이하의 벌금에 처한다.

78 에너지이용 합리화법에 따라 에너지사용계획을 수립하여 제출하여야 하는 대상사업이 아닌 것은?

① 도시개발사업 ② 공항건설사업
③ 철도건설사업 ④ 개발제한지구개발사업

해설 에너지이용 합리화법 시행령 제20조에 의거하여 산업통상자원부장관에게 에너지사용계획을 제출해야 하는 대상사업은 ①, ②, ③항 외 산업단지개발, 에너지개발사업, 항만건설사업, 관광단지개발사업, 개발촉진지구개발사업 또는 지역종합개발사업 등이다.

79 에너지이용 합리화법에 따라 제3자로부터 에너지절약형 시설투자에 관한 사업을 위탁받아 수행하는 자를 무엇이라고 하는가?

① 에너지진단기업
② 수요관리투자기업
③ 에너지절약전문기업
④ 에너지기술개발전담기업

해설 에너지절약 전문기업(ESCO)의 해당 사업(법 제25조)
㉠ 에너지사용시설의 에너지절약을 위한 관리용역사업
㉡ 에너지절약형 시설투자에 관한 사업
㉢ 그 밖에 대통령령으로 정하는 에너지절약을 위한 사업

80 보일러 관수의 pH 값이 산성인 것은?

① 4 ② 7
③ 9 ④ 12

해설 pH(수소이온농도지수)
물이 산성인지 알칼리성인지는 수(水)중의 수소이온(H^+)과 수산화이온(OH^-)양에 따라 정해진다.(상온에서 pH 7 미만은 산성, 7은 중성, 7을 넘으면 알칼리성이다.)

76. ③ 77. ④ 78. ④ 79. ③ 80. ① | ANSWER

SECTION 01 열역학 및 연소관리

01 열은 일로, 일은 열로 전환시킬 수 있다는 것은 열역학 제 몇 법칙에 해당되는가?

① 제0법칙 ② 제1법칙
③ 제2법칙 ④ 제3법칙

해설 열역학 제1법칙
열은 일로, 일은 열로 전환이 가능하다는 법칙
• 일의 열당량 : $\frac{1}{427}$kcal/kg · m
• 열의 일당량 : 427kg · m/kcal

02 지름이 3m인 완전한 구(Sphere)형의 풍선 안에 6kg의 기체가 있다. 기체의 비체적(m^3/kg)은?

① $\frac{\pi}{4}$ ② $\frac{\pi}{2}$
③ $\frac{3\pi}{4}$ ④ π

해설
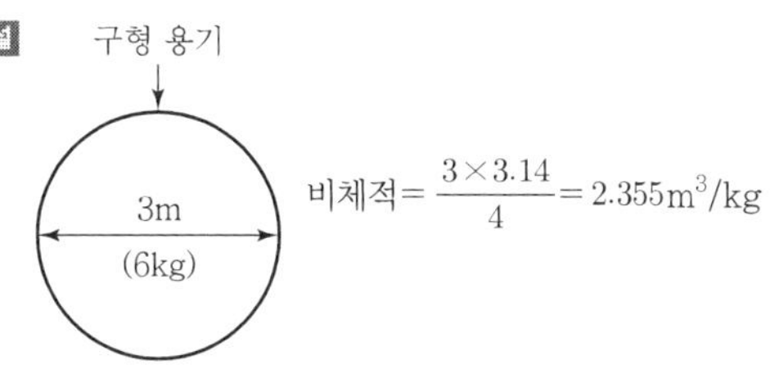

03 그림은 증기원동소의 재열사이클을 $T-S$ 선도상에 표시한 것이다. 재열과정에 해당하는 것은?

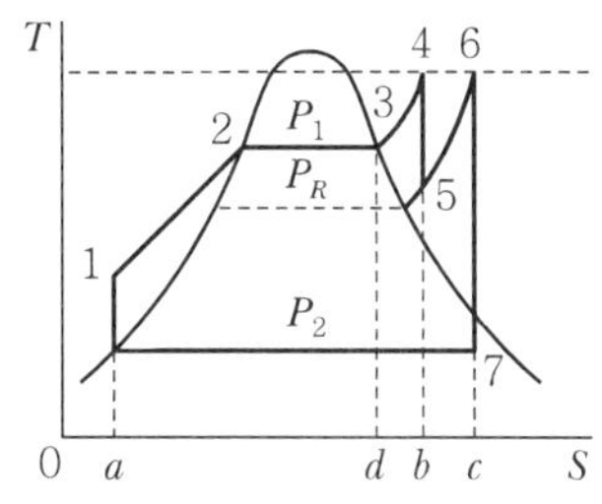

① 3 → 4 ② 5 → 6
③ 2 → 3 ④ 7 → 1

해설 재열사이클
• 1 → 4 : 정압가열과정
• 4 → 5 : 고압터빈 단열팽창
• 5 → 6 : 정압가열(보일러 재가열)
• 6 → 7 : 저압터빈 단열팽창

04 물 120kg을 20℃에서 80℃까지 가열하는 데 필요한 열량은?(단, 물의 비열은 4.2kJ/kg℃이다.)

① 252kJ ② 3,600kJ
③ 7,200kJ ④ 30,240kJ

해설 물의 현열$(Q) = G \cdot C_p(t_2 - t_1)$
$= 120 \times 4.2 \times (80-20) = 30,240$kJ

05 급수의 비탄산염 경도가 크고 보일러 내 처리를 행하지 않거나 행하여도 pH 조정제의 투입이 불충분하여 보일러수의 pH가 상승되지 않는 경우에 주로 생성되는 스케일의 종류는?

① 황산칼슘 ② 규산칼슘
③ 탄산칼슘 ④ 염화칼슘

해설 황산칼슘 스케일($CaSO_3$)
급수의 비탄산염 경도가 크거나 보일러 내 처리를 하지 않거나 행하여도 수소이온 농도지수(pH) 조정제 투입이 불충분하여 보일러수 pH가 상승되지 않은 경우에 주로 생성된다.

06 보일러 연소실 내 미연가스의 폭발에 대비하여 설치하는 안전장치는?

① 방폭문 ② 안전밸브
③ 가용전 ④ 화염검출기

해설
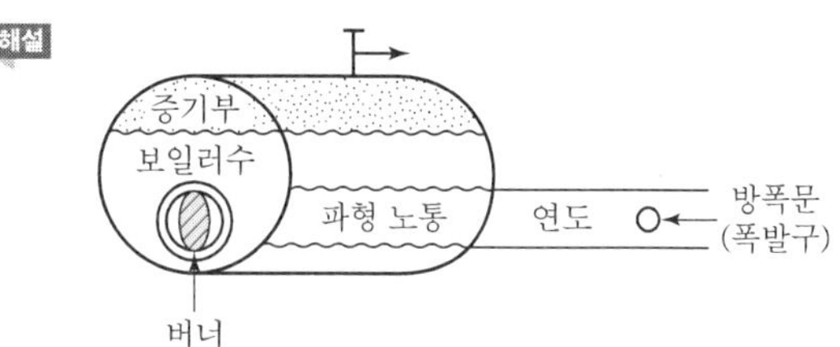

07 탄소(C) 20kg을 완전히 연소시키는 데 요구되는 이론공기량은 약 몇 Nm^3인가?

① 178 ② 155
③ 47 ④ 37

해설 $C+O_2 \rightarrow CO_2$
12kg+22.4Nm^3 → 22.4Nm^3

이론공기량(A_0)=이론산소량$\times \frac{1}{0.21}$

$\therefore A_0 = \frac{22.4}{12} \times 20 \times \frac{1}{0.21} = 178Nm^3$

탄소 1kmol=12kg(분자량)

08 음속에 대한 설명으로 옳은 것은?

① 분자량이 클수록 음속은 증가한다.
② 기체상수가 클수록 음속은 증가한다.
③ 압력이 높을수록 음속은 감소한다.
④ 온도가 낮을수록 음속은 증가한다.

해설 ㉠ 가스 기체상수=$\frac{8.314}{\text{분자량}}$kJ/kg · K

㉡ 일반 기체상수$(\overline{R}) = \frac{PV}{T} = \frac{101.300 \times 22.4}{273}$
$= 8.314$kJ/kmol · K

㉢ 기체상수가 클수록 음속은 증가한다.

09 습증기 영역에 대한 표현 중 옳은 것은?(단, x는 건도이다.)

① $x=0$ ② $0<x<1$
③ $x=1$ ④ $x>1$

해설 건도(x)
㉠ x=1 : 건포화 증기
㉡ $x<1$: 습포화 증기
㉢ x=0 : 포화액

10 계 내에 이상기체(기체상수 : 0.35kJ/kg · K, 정압비열 : 0.75kJ/kg · K)가 초기상태 75kPa, 50℃인 조건에서 5kg이 들어 있다. 이 기체를 일정 압력하에서 부피가 2배가 될 때까지 팽창시킨 다음, 일정 부피에서 압력이 2배가 될 때까지 가열하였다면 전 과정에서 이 기체에 전달된 전열량은?

① 565kJ ② 1,210kJ
③ 1,290kJ ④ 2,503kJ

해설 부피와 압력이 2배 증가해야 한다.
일정 압력(등압변화)에서 가열량은 모두 엔탈피 변화로 나타난다.
75×2=150kPa

$T_2 = T_1 \times \frac{V_2}{V_1} = (50+273) \times \frac{2}{1} = 646K$

$R = C_P - C_V$에서 $C_V = C_p - R = 0.75 - 0.35 = 0.4$

$Q_1 = mC_P(T_2 - T_1) = 5 \times 0.75 \times (646-323) = 1{,}211kJ$

$Q_2 = mC_V(T_2 - T_1) = 5 \times 0.4 \times (646-323) \times 2$
$= 1{,}292kJ$

$\therefore Q = 1{,}211 + 1{,}292 = 2{,}503kJ$

11 기체연료와 그 제조방법에 대한 설명 중 옳은 것은?

① 액화천연가스 : 석유정제과정에서 생성되는 프로판 · 부탄을 주체로 하는 가스를 압축 액화한다.
② 액화석유가스 : 석유의 경질유분을 ICI식, CRG식, 사이클링식 등의 개질장치로 분해한다.
③ 나프타 분해가스 : 알래스카, 중동 등지에서 생산되는 가스를 그대로 액화시킨다.
④ 대체천연가스 : 납사 등을 특수조건하에서 분해하여 천연가스와 동등한 특성을 가진 가스로 제조한다.

해설 ㉠ 액화천연가스(LNG) : 메탄이 주성분
㉡ 액화석유가스 : 프로판, 부탄이 주성분이며, 석유 생산 시 부산물로 제조
㉢ 나프타 : 비점 200℃ 이하의 유분

12 기체연료 연소장치인 가스버너의 특징에 대한 설명으로 틀린 것은?

① 연소 성능이 좋고 고부하 연소가 가능하다.
② 연소 조절이 용이하며 속도가 빠르다.
③ 연소의 조절범위가 좁고 보수가 어렵다.
④ 매연이 적어 공해대책에 유리하다.

해설 가스버너
연소의 조절범위가 크고 보수가 용이하다.

7. ① 8. ② 9. ② 10. ④ 11. ④ 12. ③ | ANSWER

13 25℃, 1기압에서 10L의 산소를 100L까지 등온 팽창시킬 경우, 단위 질량당 엔트로피 변화는?(단, 기체상수 R = 0.26kJ/kg · K이다.)

① 0.2kJ/kg · K ② 0.6kJ/kg · K
③ 23.4kJ/kg · K ④ 90.8kJ/kg · K

해설 등온변화 엔트로피($T=C$, $T_1=T_2$)

$$\Delta S = S_2 - S_1 = R\ln\frac{V_2}{V_1} = 0.26\ln\frac{100}{10} = 0.6\text{kJ/kg} \cdot \text{K}$$

14 배기가스의 회전운동으로 원심력에 의하여 매진(煤塵)을 분리하는 장치는?

① 전기집진장치 ② 사이클론 집진장치
③ 세정집진장치 ④ 여과집진장치

해설 사이클론 집진장치
매연집진장치(건식)이며 원심력에 의해 매진을 분리시킨다.

15 석탄의 공업분석 시 필수적으로 측정하는 항이 아닌 것은?

① 수분 ② 황분
③ 휘발분 ④ 회분

해설
- 석탄의 공업분석 : 수분, 휘발분, 회분, 고정탄소 등의 분석
- 황분 : 원소분석치

16 기체연료를 1m³씩 완전연소시켰을 때 연소가스가 가장 많이 발생하는 것은?

① 일산화탄소 ② 프로판
③ 수소 ④ 부탄

해설 연소반응식

① 일산화탄소 : $CO + \frac{1}{2}O_2 \rightarrow CO_2$ (1몰)

② 프로판 : $C_3H_8 + 5O_2 \rightarrow 3CO_2 + 4H_2O$ (7몰)

③ 수소 : $H_2 + \frac{1}{2}O_2 \rightarrow H_2O$ (1몰)

④ 부탄 : $C_4H_{10} + 6.5O_2 \rightarrow 4CO_2 + 5H_2O$ (9몰)

17 기체연료의 특징에 대한 설명으로 틀린 것은?

① 화염온도의 상승이 비교적 용이하다.
② 연소장치의 온도 및 온도분포의 조절이 어렵다.
③ 다량으로 사용하는 경우 수송 및 저장 등이 불편하다.
④ 연소 후에 유해성분의 잔류가 거의 없다.

해설 기체연료는 연소장치의 온도 및 온도분포의 조절이 용이하다.

18 0.4kmol의 CO_2가 온도 150℃, 압력 80kPa일 때의 체적은?(단, 기체상수 $\overline{R}$은 8.314kJ/kmol · K이다.)

① 2.7m³ ② 17.5m³
③ 20.7m³ ④ 30.5m³

해설 $V_2 = V_1 \times \frac{T_2}{T_1} \times \frac{P_1}{P_2} = 0.4 \times \frac{273+150}{273} \times \frac{101}{80} = 0.79\text{kmol}$

1kmol = 22.4m³

∴ 0.79×22.4 = 17.5m³

1atm(표준대기압)≒101kPa

19 과열증기에 대한 설명으로 옳은 것은?

① 건포화증기를 가열하여 압력과 온도를 상승시킨 증기이다.
② 건포화증기를 온도의 변동 없이 압력을 상승시킨 증기이다.
③ 건포화증기를 압축하여 온도와 압력을 상승시킨 증기이다.
④ 건포화증기를 가열하여 압력의 변동 없이 온도를 상승시킨 증기이다.

해설

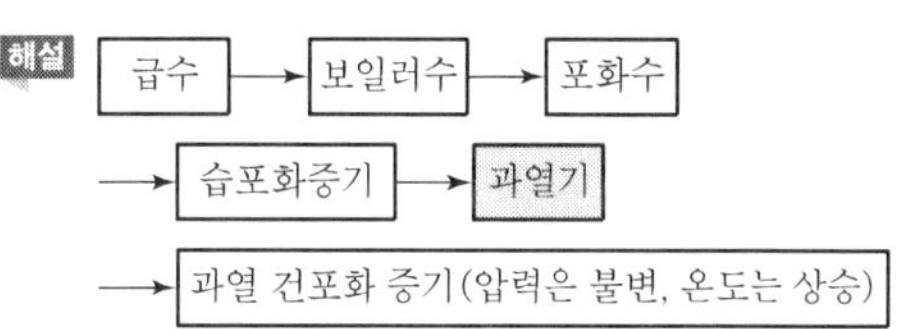

20 작동 유체에 상(Phase)의 변화가 있는 사이클은?

① 랭킨사이클 ② 오토사이클
③ 스터링사이클 ④ 브레이턴사이클

해설 랭킨사이클(상 변화 과정)
포화수 → 압축수 → 과열증기 → 습증기 → 포화수

SECTION 02 계측 및 에너지 진단

21 아래 자동제어계에 대한 블록선도로부터 ⓐ, ⓑ, ⓒ를 옳게 표기한 것은?

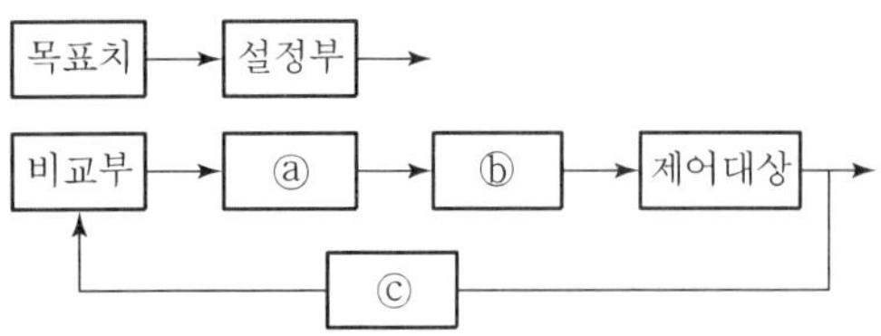

① ⓐ : 조작부, ⓑ : 조절부, ⓒ : 검출부
② ⓐ : 조절부, ⓑ : 조작부, ⓒ : 검출부
③ ⓐ : 조절부, ⓑ : 검출부, ⓒ : 조작부
④ ⓐ : 조작부, ⓑ : 검출부, ⓒ : 조절부

해설 블록선도(ⓐ : 조절부, ⓑ : 조작부, ⓒ : 검출부)

22 다음 중 접촉식 온도계가 아닌 것은?

① 바이메탈온도계 ② 백금저항온도계
③ 열전대온도계 ④ 광고온계

해설 광고온계(비접촉식)
700~3,000℃까지 측정 가능. 고온 물체의 방사선 중 특성 파장 0.65μm의 적색 방사에너지는 온도계 내부에 장치한 표준온도의 광온체(방사율의 보정량이 적고 비접촉식에서는 가장 정확한 온도 측정용)

23 보일러 열정산에서 출열 항목에 속하는 것은?

① 연료의 현열
② 연소용 공기의 현열
③ 노내 분입 증기의 보유열량
④ 미연분에 의한 손실열

해설 '불완전 열손실 및 증기의 보유열, 방사열, 미연분에 의한 열손실'은 보일러 열정산에서 출열항목에 해당한다.

24 저항온도계의 종류가 아닌 것은?

① 서미스터 온도계 ② 백금 저항 온도계
③ 니켈 저항 온도계 ④ CA 저항 온도계

해설 CA(크로멜, 알루멜 열전대 온도계)
0~1,200℃까지 측정이 가능하고 열기전력이 IC 온도계 다음으로 크다. 환원분위기에 강하고 열기전력이 직선적이다.

25 제어계의 동작을 위한 기구요소에 대한 설명으로 틀린 것은?

① 스프링(Spring) : 노즐의 변위를 압력으로 변화시킨다.
② 파일럿 밸브(Pilot Valve) : 변위량을 증폭시키는 데 이용된다.
③ 벨로스(Bellows) : 일종의 주름통이며 단독보다는 스프링과 조합하여 사용하고 압력제한기나 압력조절기 등이 이에 속한다.
④ 다이어프램(Diaphragm) : 얇은 박판으로서 외압의 변화로 격막판이 팽창이나 수축을 하면서 압력변화를 위치변화로 전환한다.

해설 스프링
압력을 변위로 변환한다.

26 여러 성분의 가스를 분석할 수 있으며 분리성능이 매우 좋고 선택성이 뛰어나 기체 및 비점 300℃ 이하의 액체시료 분석에 사용되는 분석기는?

① 오르자트 분석기
② 적외선 가스분석기
③ 가스크로마토그래피
④ 도전율식 가스분석기

해설 가스크로마토그래피
비점 300℃ 이하의 기체 및 액체시료 분석에 이용되는 분리성능이 좋은 가스분석기로서 여러 성분의 가스를 분석할 수 있다.

27 접촉식 온도계로서 내화물의 내화도 측정에 주로 사용되는 온도계는?

① 제게르 콘(Seger cone)
② 백금 저항온도계
③ 기체식 압력온도계
④ 백금－백금 · 로듐 열전대온도계

21. ② 22. ④ 23. ④ 24. ④ 25. ① 26. ③ 27. ① | ANSWER

해설 제게르 콘

㉠ 내화물의 내화도 측정

• SK 26 : 1,580℃ • SK 42 : 2,000℃

㉡ Al_2O_3, SiO_2, K_2O, CaO 등으로 제조

28 자동제어의 특징으로 가장 거리가 먼 것은?

① 생산성이 향상되어 원가 절감이 가능하다.
② 제품의 균일화 등 품질 향상을 기할 수 있다.
③ 사람이 할 수 없는 곤란한 작업도 가능하다.
④ 자동화에 의한 안전성 저해와 인건비 증가를 수반한다.

해설 자동제어는 안전성을 확보하고 인건비를 감소시킨다.

29 상당증발량에 대한 정의로 옳은 것은?

① 보일러 발생열량을 이용하여 표준대기압하에서 100℃의 포화증기를 100℃의 포화수로 만들 수 있는 증기량을 말한다.
② 보일러 발생열량을 이용하여 표준대기압하에서 80℃의 환수를 100℃의 포화증기로 만들 수 있는 증기량을 말한다.
③ 보일러 발생열량을 이용하여 표준대기압하에서 100℃의 포화수를 100℃의 포화증기로 만들 수 있는 증기량을 말한다.
④ 보일러 발생열량을 이용하여 표준대기압하에서 0℃의 물을 100℃의 포화증기로 만들 수 있는 증기량을 말한다.

해설 보기 ③은 보일러 용량을 표시하는 상당증발량에 대한 설명이다.

30 유체의 정의에 대한 설명으로 틀린 것은?

① 유체는 그것을 담은 용기에 따라 형상이 달라진다.
② 유체는 정지 상태에 있을 때에는 전단력을 받지 않는다.
③ 유체는 분자 상호 간의 거리와 운동범위가 고체보다 작다.
④ 아무리 작은 전단력을 받더라도 저항하지 못하고 연속적으로 변형한다.

해설 유체는 분자 상호 간의 거리와 운동범위가 고체보다 매우 크다.

31 다음 그림은 증기압력제어에서 병렬제어 방식의 구성을 표시한 것이다. ( ) 안에 적당한 용어는?

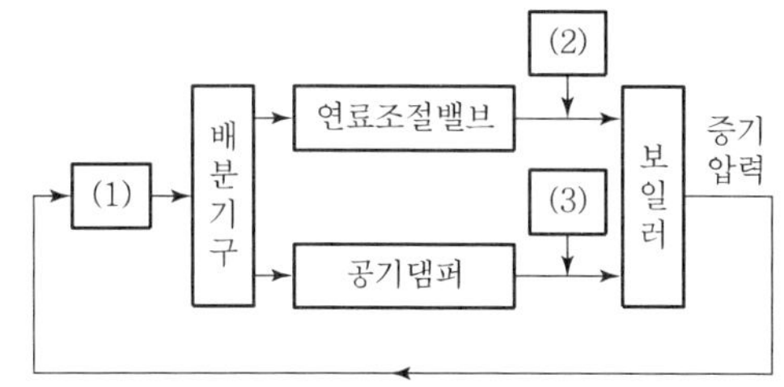

① (1) : 압력조절기, (2) : 목표치, (3) : 제어량
② (1) : 조작량, (2) : 설정신호, (3) : 공기량
③ (1) : 압력조절기, (2) : 연료공급량, (3) : 공기량
④ (1) : 연료공급량, (2) : 공기량, (3) : 압력조절기

해설 증기압력제어(병렬제어)의 구성 그림의 빈칸에 (1) 압력조절기, (2) 연료공급량, (3) 공기량이 들어가야 한다.

32 아래 그림과 같은 피드백(Feed－back) 제어계의 등가 합성 전달함수는?

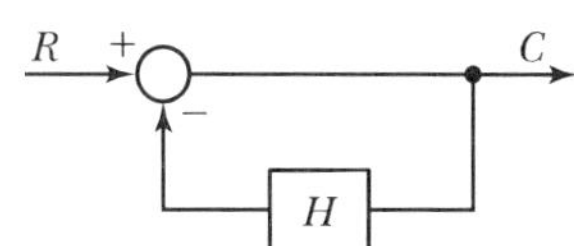

① $\frac{1}{H}$　　② $1+H$

③ H　　④ $\frac{1}{1+H}$

해설 전달함수

• 모든 초기값을 0으로 하였을 때 출력신호의 라플라스 변환과 입력신호의 라플라스 변환의 비이다.

• $G(s)=\frac{C(s)}{R(s)}$

입력 $r(t)$ / $R(s)$ → 시스템 $G(s)$ → 출력 $c(t)$ / $C(s)$

33 펌프로 물을 양수할 때, 흡입관의 압력이 진공압력계로 50mmHg일 때, 절대압력은?(단, 대기압은 750mmHg으로 가정한다.)

① 1.13MPa　　② 0.09MPa
③ 0.03MPa　　④ 0.01MPa

해설 절대압력 = 대기압 − 진공압 = 750 − 50 = 700mmHg

$1.033 \times \dfrac{700}{760} = 0.95\text{kg/cm}^2$

$0.95 \times \dfrac{1}{10} \times \dfrac{750}{760} = 0.09\text{MPa}$

※ $1\text{MPa} = 10\text{kg/cm}^2$, $1\text{kg/cm}^2 = 0.1\text{MPa}$

34 동일 측정 조건하에서 어떤 일정한 영향을 주는 원인에 의하여 생기는 오차를 무슨 오차라고 하는가?

① 우연오차　　② 계통오차
③ 과실오차　　④ 필연오차

해설 계통오차
원인에 의해서 생기는 오차(평균치와 진실치와의 차이가 생기는 오차), 원인을 알 수 있고 제거가 가능한 오차

35 미세한 압력 측정용으로 가장 적절한 압력계는?

① 부르동관식　　② 벨로스식
③ 경사관식　　④ 분동식

해설 경사관식 액주식 압력계
미세한 압력 측정용이다.

$P_1 - P_2 = \gamma x \sin\theta,\ x = \dfrac{h}{\sin\theta}$

36 부르동관식 압력계에서 부르동관의 재료로 가장 거리가 먼 것은?

① 납　　② 인청동
③ 스테인리스강　　④ 황동

해설 부르동관식 탄성식 압력계의 재료는 ②, ③, ④ 외에도 알루미늄브론즈, 베릴륨구리, K−모넬메탈, 합금강 등이 있다.

37 국제단위계(SI)의 유도단위계에 속하는 것은?

① 미터(m)　　② 켈빈(K)
③ 칸델라(cd)　　④ 라디안(rad)

해설 SI 단위
㉠ 각속도 유도단위 : 라디안매초
㉡ 기본단위 : ①, ②, ③ 외 kg, s, mol, A로 7개이다.

38 보일러 수위 제어용으로 액면에서 부자가 상하로 움직이며 수위를 측정하는 방식은?

① 직관식　　② 플로트식
③ 압력식　　④ 방사선식

해설
- 플로트식(부자식) 액면계 : 수위검출기로서 맥도널식(기계식)이 사용된다.(원통형, 수관식 보일러용)
- 관류보일러 : 전극식 수위검출기 사용

39 보일러에서 3요소식 수위제어장치의 검출 대상은?

① 수위, 급수량, 증기량
② 수위, 급수량, 연소량
③ 급수량, 연소량, 증기량
④ 급수량, 증기량, 공기량

해설 수위제어 검출
㉠ 단요소식(1 요소식) : 수위
㉡ 2요소식 : 수위, 증기량
㉢ 3요소식 : 수위, 증기량, 급수량

40 초음파 유량계의 원리는 무엇을 응용한 것인가?

① 제백 효과　　② 도플러 효과
③ 바이메탈 효과　　④ 펠티에 효과

해설 초음파 유량계
도플러 효과 이용(유체의 흐름에 따라서 초음파를 발사하면 그 전송 시간은 유속에 비례하여 감소하는 것을 이용한 유량계)

33. ② 34. ② 35. ③ 36. ① 37. ④ 38. ② 39. ① 40. ② | ANSWER

SECTION 03 열설비구조 및 시공

41 다음 중 가마 내의 부력을 계산하는 식은?(단, 가스의 밀도(kg/m³) : ρ, 가마의 높이(m) : H, 외기의 온도(K) : To, 가스의 평균 온도(K) : Tc이다.)

① $355 \times \rho \times H\left(\frac{1}{To} - \frac{1}{Tc}\right)\text{mmHg}$

② $355 \times \rho\left(\frac{1}{To} - \frac{1}{Tc}\right)\text{mmHg}$

③ $273 \times \rho \times H\left(\frac{1}{To} - \frac{1}{Tc}\right)\text{mmHg}$

④ $273 \times H\left(\frac{1}{To} - \frac{1}{Tc}\right)\text{mmHg}$

해설 가마 내의 부력(Z) : 통풍력 계산

$Z = 273 \times \rho \times H\left(\frac{1}{To} - \frac{1}{Tc}\right)(\text{mmHg})$

42 내화물이 구비하여야 할 물리적 · 화학적 성질이 아닌 것은?

① 팽창 또는 수축이 적을 것
② 사용온도에서 연화 또는 변화하지 않을 것
③ 온도의 급격한 변화에 의한 파손이 적을 것
④ 상온에서는 압축강도가 작아도 좋으나 사용온도에서는 커야 함

해설 내화물은 상용온도, 사용온도에서 충분한 압축강도를 가져야 한다.

43 아래 벽체구조의 열관류율(kcal/h · m² · ℃) 값은?(단, 이때 내측 열저항 값은 0.05m² · h · ℃/kcal, 외측 열저항 값은 0.13m² · h · ℃/kcal이다.)

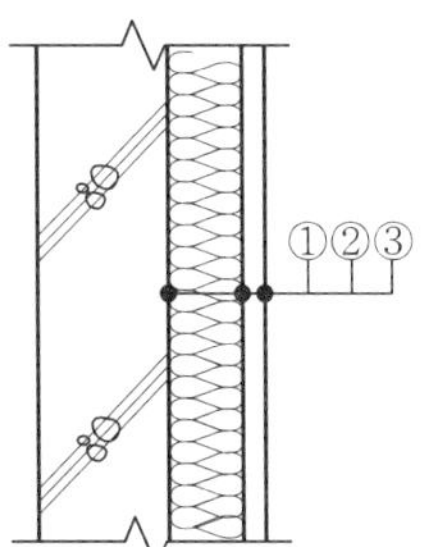

재료	두께(mm)	열전도율(kcal/h · m · ℃)
내측		
① 콘크리트	250	1.4
② 글라스울	100	0.031
③ 석고보드	20	0.20
외측		

① 0.27
② 0.37
③ 0.47
④ 0.57

해설 전열저항계수 $\frac{1}{a_1} = 0.05$, 전열저항계수 $\frac{1}{a_2} = 0.13$

열관류율(K)

$= \frac{1}{0.05 + \left(\frac{0.25}{1.4}\right) + \left(\frac{0.1}{0.031}\right) + \left(\frac{0.02}{0.20}\right) + 0.13}$

$= 0.27\text{kcal/m}^2 \cdot \text{h} \cdot ℃$

※ 250mm = 0.25m, 100mm = 0.1m, 20mm = 0.02m

44 벽돌을 105~120℃ 사이에서 건조시킨 무게를 W, 이것을 물속에서 3시간 끓인 후 물속에서 유지시킨 무게를 W_1, 물속에서 꺼내어 표면 수분을 닦은 무게를 W_2라고 할 때 겉보기 비중을 구하는 식은?

① $\frac{W}{W - W_1}$
② $\frac{W}{W - W_2}$
③ $\frac{W}{W_2 - W_1}$
④ $\frac{W - W_2}{W_2 - W_1}$

해설 내화물의 겉보기 비중

$\frac{W}{W - W_1}$

45 층류와 난류의 유동상태 판단의 척도가 되는 무차원 수는?

① 마하수
② 프란틀수
③ 넛셀수
④ 레이놀즈수

해설 레이놀즈수(Re)

층류 ← Re(2,320) → 난류

46 입형 보일러의 특징에 대한 설명으로 틀린 것은?

① 내분식 보일러이다.
② 설치면적을 작게 할 수 있다.
③ 대용량, 고압용으로 사용된다.
④ 내부청소 및 검사가 곤란하다.

해설 ㉠ 수관식 보일러 : 대용량, 고압용 보일러
㉡ 입형 보일러 : 저용량, 저압용 보일러

47 배관의 이음법 중 폴리에틸렌관의 이음법에 해당하지 않는 것은?

① 융착 슬리브 이음
② 테이퍼 조인트 이음
③ 인서트 이음
④ 콤포 이음

해설 콤포 이음(시멘트와 모래의 배합) : 수분의 양은 17%

48 보일러 설비에 관한 설명으로 틀린 것은?

① 보일러 본체는 온수 또는 증기를 발생시키는 부분이다.
② 절탄기, 공기 예열기 등은 보일러 열효율 증대장치이다.
③ 연소열을 보일러수에 전달하는 면을 전열면이라 한다.
④ 관 속에 물이 흐르고 외부의 연소가스에 의해 가열되는 관은 연관이다.

해설

[수관]　　[연관]

49 열역학적 트랩의 종류로 옳은 것은?

① 디스크 트랩　② 플로트 트랩
③ 버킷 트랩　④ 바이메탈 트랩

해설 ②, ③ : 기계적 트랩
④ : 온도 조절 트랩

열역학적 증기트랩
㉠ 오리피스형
㉡ 디스크형

50 다음 중 산성 내화물이 아닌 것은?

① 샤모트질 내화물
② 반규석질 내화물
③ 돌로마이트질 내화물
④ 납석질 내화물

해설 돌로마이트질 내화물
㉠ 염기성 내화물
㉡ '탄산칼슘+탄산마그네슘'으로 구성
㉢ 내화도는 SK 36~39
㉣ 산화성 분위기에 약함
㉤ 내스폴링성

51 머플(Muffle)로에 대한 설명 중 틀린 것은?

① 간접 가열로이다.
② 열원은 주로 가스가 사용된다.
③ 노 내는 높은 진공 분위기가 된다.
④ 소형품의 담금질과 뜨임가열에 이용된다.

해설 머플가마
- 단가마의 일종이며 직화식 가마가 아닌 간접가열식 가마이다.(주로 꺾임 불꽃 가마가 많다.)
- 노 내는 진공이 아니며 압력이 발생한다.

52 탄산마그네슘 보온재에 관한 설명으로 틀린 것은?

① 물 반죽을 하여 사용한다.
② 안전 사용 온도는 약 250℃ 이하이다.
③ 석면 85%, 탄산마그네슘 15%를 배합한 것이다.
④ 방습 가공한 것은 습기가 많은 곳의 옥외배관에 적합하다.

해설 탄산마그네슘 무기질 보온재
㉠ 열전도율 : 0.05~0.07kcal/m · h · ℃
㉡ 석면이 8~15%, 염기성 탄산마그네슘이 85~92% 함유된 보온재이다.

46. ③ 47. ④ 48. ④ 49. ① 50. ③ 51. ③ 52. ③ | ANSWER

53 증기의 압력에너지를 이용하여 피스톤을 작동시켜 급수를 행하는 비동력 펌프는?

① 볼류트 펌프 ② 터빈 펌프
③ 워싱턴 펌프 ④ 프로펠러 펌프

해설 워싱턴 펌프, 웨어 펌프
- 비동력 펌프(보일러 증기의 압력에너지 사용)
- 워싱턴 펌프는 고양정에 사용

54 착화를 원활하게 하는 보염기(Stabilizer)의 종류가 아닌 것은?

① 축류식 선회기 ② 반경류식 선회기
③ 대류식 선회기 ④ 혼류식 선회기

해설 보염기(화염안정기, 스테빌라이저)의 종류
㉠ 축류식 ㉡ 반경류식 ㉢ 혼류식

55 보일러 분출장치의 설치 목적으로 가장 거리가 먼 것은?

① 보일러수의 농축을 방지한다.
② 전열면에 스케일 생성을 방지한다.
③ 보일러의 저수위 운전을 방지한다.
④ 프라이밍이나 포밍의 발생을 방지한다.

해설 보일러 분출장치(수면분출, 수저분출)의 설치 목적은 보기 ①, ②, ④이다. 단, 분출작업 시 2명이 한 조가 되어야 하며 저수위 운전에 주의하여야 한다.

56 연속식 요에서 터널요의 구성요소가 아닌 것은?

① 건조대 ② 예열대
③ 소성대 ④ 냉각대

해설 ㉠ 연속요의 3대 구성요소 : 예열대, 소성대, 냉각대
㉡ 연속요의 종류 : 터널요, 윤요

57 노통연관 보일러의 특징에 대한 설명으로 틀린 것은?

① 전열면적이 넓어서 노통 보일러보다 효율이 좋다.
② 패키지형으로 설치공사의 시간과 비용을 절약할 수 있다.
③ 노통에 의한 내분식이므로 열손실이 적다.
④ 증발량이 많아 증기 발생 소요시간이 길다.

해설 수관식 보일러에 비해 보유수가 많고 전열면적이 작아서 증발량이 적고 증기 발생 소요시간이 길어진다.

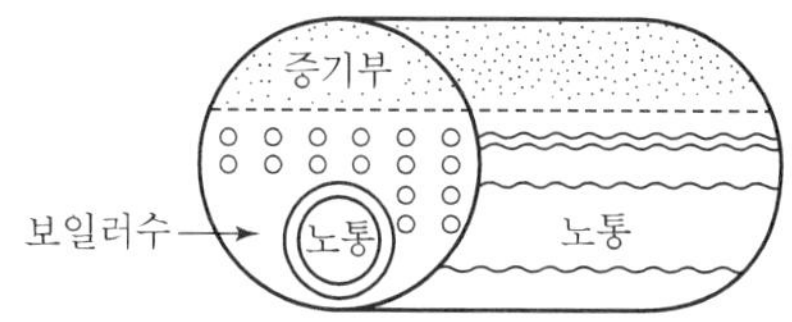

58 노통 보일러에서 노통에 직각으로 설치한 것으로 전열면적을 증가시키고 물의 순환도 좋게 하며, 노통을 보강하는 역할도 하는 것은?

① 파형 노통
② 아담슨 조인트(Adamson Joint)
③ 갤로웨이관(Galloway Tube)
④ 거싯 스테이(Gusset Stay)

해설 갤로웨이관(횡관)
입형 보일러나 노통보일러에 직각으로 화실 내에 설치하고 전열면적 증가, 물의 순환 촉진, 노통의 강도 보강을 하는 횡관이다.

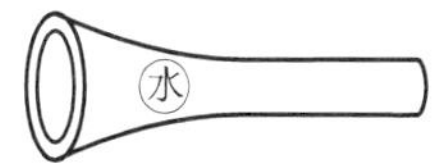

59 플레어 접합은 일반적으로 관경 몇 mm 이하의 동관에 대하여 적용하는가?

① 10mm ② 20mm
③ 30mm ④ 40mm

해설 플레어 접합
관경 20mm 이하의 동관의 압축접합이다.

60 인젝터의 특징에 관한 설명으로 틀린 것은?

① 구조가 간단하고 소형이다.
② 별도의 소요 동력이 필요하다.
③ 설치장소를 적게 차지한다.
④ 시동과 정지가 용이하다.

ANSWER | 53. ③ 54. ③ 55. ③ 56. ① 57. ④ 58. ③ 59. ② 60. ②

해설 인젝터 급수설비는 증기를 이용하여 펌핑하므로 별도의 소요 동력이 필요 없다.

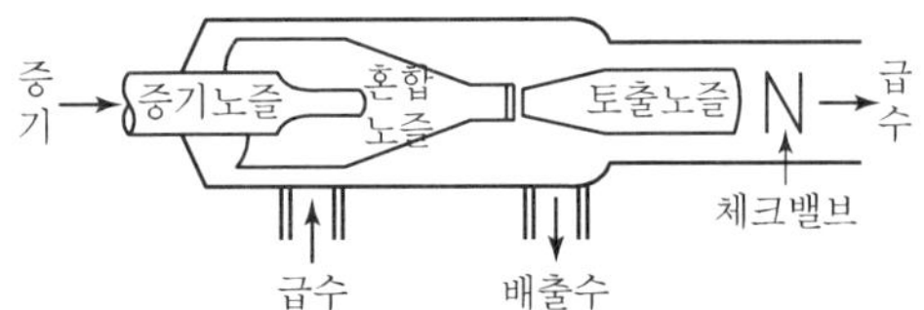

SECTION 04 열설비 취급 및 안전관리

61 부식의 종류 중 균열을 동반하는 부식에 속하는 것은?

① 점식 ② 틈새부식
③ 수소취화 ④ 탈성분 부식

해설 수소취화
㉠ 균열을 동반하는 부식이다.

$$Fe_3C + 2H_2 \xrightarrow{\text{고온·고압}} CH_4 + 3Fe$$

㉡ 탈탄작용에 의해 수소취성이 발생한다.

62 보일러의 외부의 청소방법이 아닌 것은?

① 산세법 ② 수세법
③ 스팀 쇼킹법 ④ 워터 쇼킹법

해설 보일러 내부 처리법
㉠ 기계적 처리법
㉡ 화학적 처리법(산세법, 중성세법, 알칼리세법)

63 중유보일러의 연소가스 중 부식을 일으키는 성분은?

① 공기 ② 황화수소
③ 아황산가스 ④ 이산화탄소

해설 황(S) + O_2 → SO_2(아황산가스)
$SO_2 + H_2O$ → H_2SO_3(무수황산)
$H_2SO_3 + O_2$ → H_2SO_4(황산) : 저온부식 발생

64 에너지이용 합리화법에서 정한 에너지관리자에 대한 교육기간은?

① 1일 ② 2일
③ 3일 ④ 5일

해설 에너지관리자, 검사대상기기관리자의 교육기간 : 1일

65 에너지이용 합리화법상 에너지의 이용효율을 높이기 위하여 관계 행정기관의 장과 협의하여 건축물의 단위 면적당 에너지사용목표량을 정하여 고시하여야 하는 자는?

① 산업통상자원부장관 ② 환경부장관
③ 시 · 도지사 ④ 국무총리

해설 건축물의 단위면적당 에너지 사용 목표량을 정하여 고시하는 자는 산업통상자원부장관이다.(법 제35조)

66 보일러 운전 중 연소장치 이상에 따른 소화현상의 발생 사고에 대한 원인으로 틀린 것은?

① 연소 장치의 기계적 고장의 경우
② 통풍장치의 고장으로 공기량이 부족한 경우
③ 수분의 혼입이나 통풍에 의한 통풍교란의 경우
④ 스트레이너가 막혀서 펌프 흡입구에서 급유온도가 상승하여 압력이 갑자기 올라갈 경우

해설 보일러 운전 중 연소장치 소화현상(불꺼짐)의 원인은 보기 ①, ②, ③이며 스트레이너가 막히면 연료 공급 차단으로 점화가 불량이 된다.

67 에너지법에 따른 에너지 공급자가 아닌 자는?

① 에너지 수입사업자
② 에너지 저장사업자
③ 에너지 전환사업자
④ 에너지 사용시설의 소유자

해설 에너지 사용자
㉠ 에너지 사용시설의 소유자
㉡ 에너지 사용시설의 관리인

61. ③ 62. ① 63. ③ 64. ① 65. ① 66. ④ 67. ④ | ANSWER

68 **수질이 산성인지 알칼리성인지를 판단할 수 있는 값을 나타내는 기호는?**

① °dH ② pH
③ ppm ④ ppb

해설 ㉠ 상온 25℃ 물의 이온적(K)
$K=(H^+)\times(OH^-)=10^{-14}$
㉡ 중성의 물$(H^+)=(OH^-)=10^{-7}$
$pH=\log\frac{1}{(H^+)}=-\log(H^+)=-\log 10^{-7}=7$

69 **보일러수처리에서 용해 고형물의 불순물을 처리하는 순환기 외처리 방법은?**

① 여과 ② 응집침전
③ 전염탈염 ④ 침강분리

해설 ㉠ 고형물 처리법 : 침강법, 응집법, 여과법
㉡ 용존물 처리법 : 중화법, 기폭법, 페록스처리, 염소처리, 증류법, 전염탈염

70 **보일러의 설계에 있어 고려해야 할 사항으로 틀린 것은?**

① 보일러는 최대 사용량에 대하여 충분한 증발과 표면적을 갖도록 설계되어야 하며 모든 관군에서 순환이 잘 되어야 한다.
② 보일러와 부속기기는 운전 및 보수, 청소 등이 용이하게 설계되어야 하며 수시 점검을 위한 검사구 및 맨홀 등을 갖추어야 한다.
③ 보일러 노벽은 서냉이 되도록 하고 연소실은 완전연소가 이루어지도록 충분한 체적이 되게 한다.
④ 연소실은 공기가 잘 통하도록 하여야 하며 물청소를 할 수 없는 구조로 설계한다.

해설 보일러 설계 시 연소실은 공기가 잘 통하도록 하며 때에 따라서 물청소가 가능하여야 한다.

71 **보일러 운전 중 역화 방지대책에 대한 설명으로 옳은 것은?**

① 점화 시 착화는 천천히 한다.
② 노 내에 연료를 우선 공급한 후 공기를 공급한다.
③ 점화 시 댐퍼를 닫고 미연소가스를 배출시킨 뒤 점화한다.
④ 실화 시 재점화할 때는 노 내를 충분히 환기시킨 후 점화한다.

해설 ① 점화는 5초 이내에 신속하게 한다.
② 공기를 항상 먼저 공급하고(프리퍼지용) 연료는 그 후에 투입한다.
③ 점화 시 댐퍼는 열고 미연가스를 배출시키는 프리퍼지(치환)를 실시한다.

72 **산업통상자원부장관이 에너지이용 합리화를 위하여 에너지를 소비하는 에너지사용기자재 중 산업통상자원부령이 정하는 기자재에 대하여 고시할 수 있는 사항이 아닌 것은?**

① 에너지의 소비효율 또는 사용량의 표시
② 에너지의 소비효율 등급기준 및 등급표시
③ 에너지의 소비효율 또는 생산량의 측정방법
④ 에너지의 최저소비효율 또는 최대사용량의 기준

해설 효율관리기자재의 지정(에너지이용 합리화법 제15조)
에너지사용기자재의 고시사항은 보기 ①, ②, ④ 외에
- 에너지의 목표소비효율 또는 목표사용량의 기준
- 에너지의 소비효율 또는 사용량의 측정방법
- 그 밖에 산업통상자원부령으로 정하는 사항

73 **에너지법에서 사용하는 용어에 대한 설명으로 틀린 것은?**

① “에너지”란 연료 · 열 및 전기를 말한다.
② “에너지사용자”란 에너지시설의 판매자 또는 공급자를 말한다.
③ “에너지사용기자재”란 열사용기자재나 그 밖에 에너지를 사용하는 기자재를 말한다.
④ “에너지사용시설”이란 에너지를 사용하는 공장 · 사업장 등의 시설이나 에너지를 전환하여 사용하는 시설을 말한다.

해설 에너지법 제2조(정의) 에너지사용자란 에너지 사용시설의 소유자 또는 관리자를 말한다.

ANSWER | 68. ② 69. ③ 70. ④ 71. ④ 72. ③ 73. ②

74 에너지이용 합리화법에 따라 국가 · 지방자치단체 등이 추진하여야 하는 에너지의 효율적 이용과 온실가스의 배출 저감을 위하여 필요한 조치의 구체적인 내용은 무엇으로 정하는가?

① 산업통상자원부령 ② 고용노동부령
③ 대통령령 ④ 환경부령

해설 법 제8조에 의해 필요한 조치의 구체적인 내용은 대통령령으로 정한다.

75 백색 분말로 흡습성은 없으나, 승화와 강의 부식 억제성을 가지고 있는 약품은?

① 생석회
② VCI(Volatile Corrosion Inhibitor)
③ 실리카겔
④ 활성알루미나

해설 VCI(인히비터)
백색 분말로 흡습성은 없으나 승화와 강의 부식 억제성을 가지는 약품이다. 보일러 산세관 시 사용된다.

76 증기의 건도(x)가 '0'이면 무엇을 말하는가?

① 포화수 ② 습증기
③ 과열증기 ④ 건포화 증기

해설 건도(x)
㉠ $x=1$: 건포화 증기
㉡ $x=0$: 포화수
㉢ $x<1$: 습포화 증기

77 보일러 급수 중의 불순물이 용해되어 전열면 벽에 고착하지 않고 동체 저부(低部)에 침전되는 것은?

① 스케일 ② 부유물
③ 슬러지 ④ 슬래그

해설 ㉠ 슬러지 : 급수 중 용해되어 전열면에 고착하지 않고 동체 저부에 침전하는 물질(조정제 : 탄닌, 리그린, 전분)
㉡ 스케일 성분 : 슬러지가 고착하여 생기며 탄산마그네슘, 수산화마그네슘, 인산칼슘 등이다.

78 신설 보일러의 소다 끓이기(Soda Boiling) 작업 시 사용할 수 있는 약품으로 가장 거리가 먼 것은?

① 염화나트륨
② 탄산나트륨
③ 수산화나트륨
④ 제3인산나트륨

해설 신설보일러 소다 보링(소다 끓이기) 시 사용되는 약품
탄산나트륨, 수산화나트륨, 제3인산나트륨 등

79 보일러의 정상 정지 시 유의사항으로 틀린 것은?

① 남은 열로 인한 증기 압력 상승을 확인한다.
② 노벽 및 전열면의 급랭을 방지할 수 있는 조치를 한다.
③ 작업 종료 시까지 필요한 증기를 남겨놓고 운전을 정지한다.
④ 상용수위보다 낮게 급수한 후 드레인 밸브를 연다.

해설

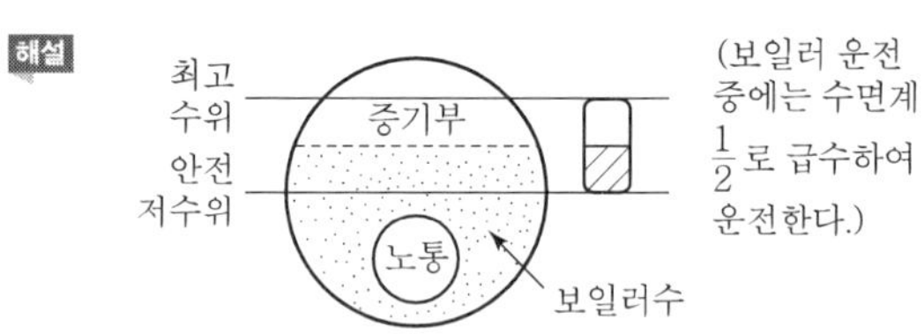

80 증발관과 같이 열부하가 높은 관의 집중과열점 부근에서 수산화나트륨의 농도가 대단히 높아져 pH의 상승으로 부식이 심하게 일어나는 것을 무엇에 의한 부식이라고 하는가?

① 알칼리에 의한 부식
② 염화마그네슘에 의한 부식
③ 증기분해에 의한 부식
④ 산세척에 의한 부식

해설 알칼리 부식
보일러수 중의 수산화나트륨의 농도가 너무 높아지면 $Fe(OH)_2$가 용해되고 강은 알칼리에 의해서 부식된다.

74. ③ 75. ② 76. ① 77. ③ 78. ① 79. ④ 80. ① | ANSWER

SECTION 01 열역학 및 연소관리

01 기체연료 연소장치 중 가스버너의 특징으로 틀린 것은?

① 공기비 제어가 불가능하다.
② 정확한 온도제어가 가능하다.
③ 연소상태가 좋아 고부하 연소가 용이하다.
④ 버너의 구조가 간단하고 보수가 용이하다.

해설 기체연료는 연소장치(버너)에서 공기비(실제공기량/이론공기량) 제어가 가능하다.

02 고열원 300℃와 저열원 30℃의 사이클로 작동되는 열기관의 최고 효율은?

① 0.47 ② 0.52
③ 1.38 ④ 2.13

해설 300+273=573K, 30+273=303K

∴ 열기관 최고 효율 $= 1-\frac{T_1}{T_2} = 1-\frac{303}{573} = 0.47\ (47\%)$

03 공기 1kg을 15℃로부터 80℃로 가열하여 체적이 0.8m³에서 0.95m³로 되는 과정에서의 엔트로피 변화량은?(단, 밀폐계로 가정하며, 공기의 정압비열은 1.004kJ/kg·K이며, 기체상수는 0.287kJ/kg·K이다.)

① 0.2kJ/K ② 1.3kJ/K
③ 3.8kJ/K ④ 6.5kJ/K

해설 15+273=288K, 80+273=353K

엔트로피 변화량$(\Delta S) = C_p \ln\frac{T_2}{T_1}$

∴ $1.004\times\ln\left(\frac{353}{288}\right) = 0.2$kJ/K

04 열역학 제2법칙에 대한 설명으로 옳은 것은?

① 음식으로 섭취한 화학에너지는 운동에너지로 변한다.
② 0℃의 물과 0℃의 얼음은 열적 평형상태를 이루고 있다.
③ 증기 기관의 운동에너지는 연료로부터 나온 에너지이다.
④ 효율이 100%인 열기관은 만들 수 없다.

해설
- 열역학 제2법칙 : 효율이 100%인 열기관은 만들 수 없다.
- 제2종 영구기관(제2종 영구운동기계) : 열역학 제2법칙에 위배되는 기관, 입력과 출력이 같은 기관
- 제1종 영구기관 : 열역학 제1법칙에 위배되는 기관, 입력보다 출력이 큰 기관

05 안전밸브의 크기에 대한 선정원칙은?

① 증발량과 증기압력에 비례한다.
② 증발량과 증기압력에 반비례한다.
③ 증발량에 반비례하고, 증기압력에 비례한다.
④ 증발량에 비례하고, 증기압력에 반비례한다.

해설 안전밸브(스프링식, 레버식, 지렛대식)의 크기
㉠ 증발량에 비례하여 제작한다.(압력에는 반비례)
㉡ 압력이 높으면 증기 비체적이 작아서 안전밸브 크기를 작게 한다.(압력이 낮으면 반대)

06 폴리트로픽 지수가 무한대$(n=\infty)$인 변화는?

① 정온(등온)변화 ② 정적(등적)변화
③ 정압(등압)변화 ④ 단열변화

해설 폴리트로픽 지수(n)
㉠ 정압변화 : 0
㉡ 등온변화 : 1
㉢ 단열변화 : K
㉣ 정적변화 : ∞

ANSWER | 1. ① 2. ① 3. ① 4. ④ 5. ④ 6. ②

07 **가솔린 기관의 이론 표준 사이클인 오토사이클(Otto Cycle)의 4가지 기본과정에 포함되지 않는 것은?**

① 정압가열 ② 단열팽창
③ 단열압축 ④ 정적방열

해설 오토사이클(내연기관) : 정적사이클

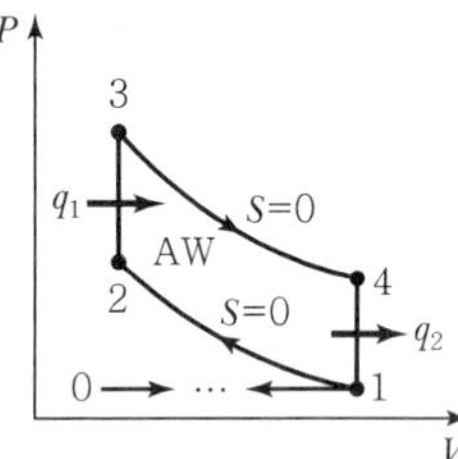

• 1 → 2 : 가역단열압축
• 2 → 3 : 정적가열
• 3 → 4 : 가역단열팽창
• 4 → 1 : 정적방열

08 **기름 5kg을 15℃에서 115℃까지 가열하는 데 필요한 열량은?(단, 기름의 평균 비열은 0.65kcal/kg · ℃이다.)**

① 325kcal ② 422kcal
③ 510kcal ④ 525kcal

해설 열량$(Q) = G \cdot C_p \cdot \Delta m$

$\therefore 5 \times 0.65 \times (115 - 15) = 325\text{kcal}$

09 **탄소 72.0%, 수소 5.3%, 황 0.4%, 산소 8.9%, 질소 1.5%, 수분 0.9%, 회분 11.0%의 조성을 갖는 석탄의 고위 발열량은?**

① 4,990kcal/kg ② 5,890kcal/kg
③ 6,990kcal/kg ④ 7,266kcal/kg

해설 고체연료의 고위발열량(H_h)

$$H_h = 8,100\text{C} + 34,000\left(\text{H} - \frac{\text{O}}{8}\right) + 2,500\text{S}$$

$$\therefore 8,100 \times 0.72 + 34,000\left(0.053 - \frac{0.089}{8}\right) + 2,500 \times 0.004$$
$$= 5,832 + 1,423.75 + 10 = 7,266\text{kcal/kg}$$

10 **증발잠열이 0kcal/kg이고, 액체와 기체의 구별이 없어지는 지점을 무엇이라고 하는가?**

① 포화점 ② 임계점
③ 비등점 ④ 기화점

해설 임계점(임계온도, 임계압력)

• 증발잠열이 0 kcal/kg(액=증기, 증기=액)가 된다.
• 액체와 기체의 구별이 없어지는 점

11 **표준대기압하에서 메탄(CH_4), 공기의 가연성 혼합 기체를 완전연소시킬 때 메탄 1kg을 연소시키기 위해서 필요한 공기량은?(단, 공기 중의 산소는 23.15wt%이다.)**

① 4.4kg ② 17.3kg
③ 21.1kg ④ 28.8kg

해설 메탄 $CH_4 + 2O_2 \rightarrow CO_2 + 2H_2O$

CH_4 1kmol=16kg (분자량)

$$\therefore \frac{CH_4}{16\text{kg}} + \frac{2O_2}{2 \times 32\text{kg}}$$

$$\rightarrow \text{이론공기량}(A_0) = \frac{2 \times 32}{16} \times \frac{1}{0.2315} = 17.3\text{kg/kg}$$

12 **C중유 1kg을 연소시켰을 때 생성되는 수증기 양은?(단, C중유의 수소함량은 11%로 하고, 기타 수분은 없는 것으로 가정한다.)**

① $0.52\text{Nm}^3/\text{kg}$ ② $0.75\text{Nm}^3/\text{kg}$
③ $1.00\text{Nm}^3/\text{kg}$ ④ $1.23\text{Nm}^3/\text{kg}$

해설 $C + O_2 \rightarrow CO_2$

$$\underset{2\text{kg}}{H_2} + \underset{16\text{kg}}{\frac{1}{2}O_2} \rightarrow \underset{22.4\text{Nm}^3}{H_2O}$$

$$\therefore H_2O = \frac{22.4}{2} \times 0.11 = 1.23\text{Nm}^3/\text{kg}$$

13 **과열증기에 대한 설명으로 가장 적합한 것은?**

① 보일러에서 처음 발생한 증기이다.
② 습포화증기의 압력과 온도를 높인 것이다.
③ 건포화증기를 가열하여 온도를 높인 것이다.
④ 액체의 증발이 끝난 상태로 수분이 전혀 함유되지 않는 증기이다.

해설 포화수 → 습포화증기 → 건포화증기 → 온도상승 → 과열증기

7. ① 8. ① 9. ④ 10. ② 11. ② 12. ④ 13. ③ | ANSWER

14 **공기비(m)에 대한 설명으로 옳은 것은?**

① 공기비는 이론공기량을 실제공기량으로 나눈 값이다.
② 어떠한 연료든 연료를 연소시킬 경우 이론 공기량보다 더 적은 공기량으로 완전연소가 가능하다.
③ 일반적으로 연료를 완전연소시키기 위해 실제 공기량이 적을수록 좋으며 열효율도 증대된다.
④ 실제 공기비는 연료의 종류에 따라 다르며, 연료와 공기의 접촉면적 비율이 작을수록 커진다.

해설 공기비(m : 과잉공기계수) $= \dfrac{\text{실제공기량}(A)}{\text{이론공기량}(A_0)}$

공기비는 항상 1보다 크고, 연료와 공기의 접촉면의 비율이 클수록 작아진다.

15 **다음 랭킨사이클에서 1-2과정은 보일러 및 과열기에서의 열 흡수, 2-3은 터빈에서의 일, 3-4는 응축기에서의 열 방출, 4-1은 펌프의 일을 표시할 때, 열효율을 나타내는 식은?(단, h_1, h_2, h_3, h_4는 각 지점에서의 엔탈피를 나타낸다.)**

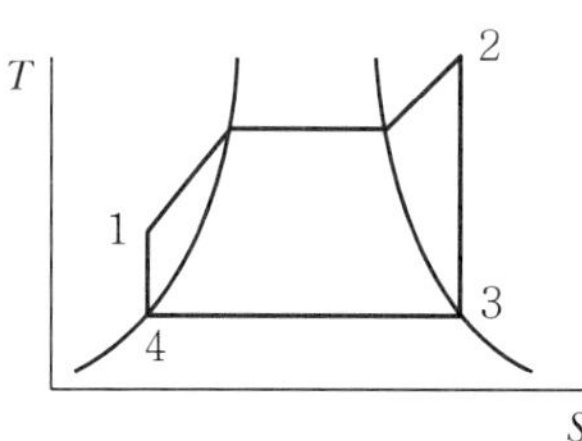

① $\dfrac{h_3-h_4}{h_2-h_1}$

② $1-\dfrac{h_3-h_4}{h_2-h_1}$

③ $1-\dfrac{h_2-h_3}{h_2-h_1}$

④ $\dfrac{h_1-h_4}{h_2-h_1}$

해설 RanKine 사이클

이론열효율(η_R) $=1-\dfrac{h_3-h_4}{h_2-h_1}=\dfrac{\text{유효일}(W)}{\text{공급열량}(q_1)}$

16 **다음 과정 중 등온과정에 가장 가까운 것으로 가정할 수 있는 것은?**

① 공기가 500rpm으로 작동되는 압축기에서 압축되고 있다.
② 압축공기를 이용하여 공기압 이용 공구를 구동한다.
③ 압축공기 탱크에서 공기가 작은 구멍을 통해 누설된다.
④ 2단 공기 압축기에서 중간냉각기 없이 대기압에서 500kPa까지 압축한다.

해설 등온과정(온도 일정)

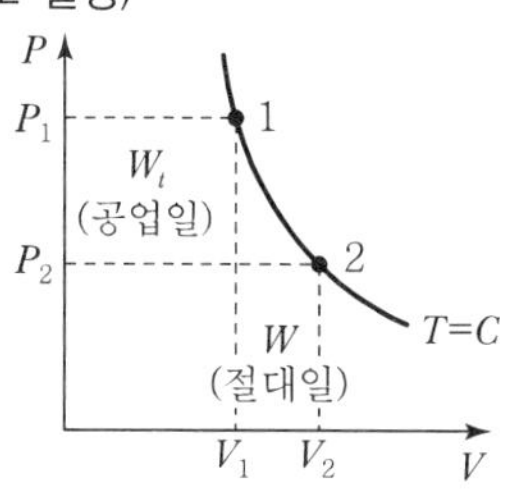

계에 출입하는 열량은 절대일(밀폐계)과 공업일이 같다.

17 **공급열량과 압축비가 일정한 경우에 다음 중 효율이 가장 좋은 것은?**

① 오토사이클
② 디젤사이클
③ 사바테사이클
④ 브레이턴사이클

해설 ㉠ 압축비가 일정한 경우 효율 크기
오토사이클>사바테사이클>디젤사이클
㉡ 가열량이나 최고압력이 일정할 경우 효율 크기
디젤사이클>사바테사이클>오토사이클

18 **물질의 상 변화와 관계있는 열량을 무엇이라 하는가?**

① 잠열 ② 비열
③ 현열 ④ 반응열

해설 ㉠ 온변화 시 : 현열
㉡ 상변화 시 : 잠열
㉢ 물 : 0~100℃(현열이 필요하다.)
㉣ 포화수물~포화증기(잠열이 필요하다.)

ANSWER | 14. ④ 15. ② 16. ③ 17. ① 18. ①

19 어떤 계가 한 상태에서 다른 상태로 변할 때, 이 계의 엔트로피의 변화는?

① 항상 감소한다.
② 항상 증가한다.
③ 항상 증가하거나 불변이다.
④ 증가, 감소, 불변 모두 가능하다.

해설 계의 어떤 상태에서 다른 상태로의 변화 : 엔트로피는 증가나 감소 또는 불변이 가능하다.

20 어떤 증기의 건도가 0보다 크고 1보다 작으면 어떤 상태의 증기인가?

① 포화수 ② 습증기
③ 포화증기 ④ 과열증기

해설 증기의 건조도(x)
㉠ 포화수 : 0
㉡ 습증기 : $0 < x < 1$
㉢ 건포화 증기 : 1

SECTION 02 계측 및 에너지 진단

21 아르키메데스의 원리를 이용하여 측정하는 액면계는?

① 액압측정식 액면계 ② 전극식 액면계
③ 편위식 액면계 ④ 기포식 액면계

해설 편위식 액면계
아르키메데스의 원리를 이용하여 액면을 측정한다.

22 증기보일러에서 부하율을 올바르게 설명한 것은?

① 최대연속증발량(kg/h)을 실제증발량(kg/h)으로 나눈 값의 백분율이다.
② 실제증발량(kg/h)을 상당증발량(kg/h)으로 나눈 값의 백분율이다.
③ 실제증발량(kg/h)을 최대연속증발량(kg/h)으로 나눈 값의 백분율이다.
④ 상당증발량(kg/g)을 실제증발량(kg/h)으로 나눈 값의 백분율이다.

해설 $\text{보일러 부하율(\%)} = \dfrac{\text{실제증기발생량(kg/h)}}{\text{최대연속증발량(kg/h)}} \times 100$

23 보일러 자동제어의 장점으로 가장 거리가 먼 것은?

① 효율적인 운전으로 연료비가 절감된다.
② 보일러 설비의 수명이 길어진다.
③ 보일러 운전을 안전하게 한다.
④ 급수처리 비용이 증가한다.

해설 보일러 자동제어에서 급수제어(FWC)를 하면 급수처리 비용이 감소한다.

24 자동제어계에서 제어량의 성질에 의한 분류에 해당되지 않는 것은?

① 서보기구 ② 다수변제어
③ 프로세스제어 ④ 정치제어

해설 자동제어(목표값에 따른 분류)
㉠ 정치제어
㉡ 추치제어(추종제어, 프로그램제어, 비율제어)

25 직각으로 굽힌 유리관의 한쪽을 수면 바로 밑에 넣고 다른 쪽은 연직으로 세워 수평 방향으로 설치하였다. 수면 위로 상승된 높이가 13mm일 때 유속은?

① 0.1m/s ② 0.3m/s
③ 0.5m/s ④ 0.7m/s

해설 13mm=0.013m
유속(V) $= \sqrt{2gh} = \sqrt{2 \times 9.8 \times 0.013} = 0.5\text{m/s}$

26 다음 화염검출기 중 가장 높은 온도에서 사용할 수 있는 것은?

① 플레임 로드 ② 황화카드뮴 셀
③ 광전관 검출기 ④ 자외선 검출기

해설 화염검출기 플레임 로드
전기전도성을 이용한 가스보일러에서 많이 사용하고 고온에서 사용 가능하다.

19. ④ 20. ② 21. ③ 22. ③ 23. ④ 24. ④ 25. ③ 26. ① | ANSWER

27 보일러의 점화, 운전, 소화를 자동적으로 행하는 장치에 관한 설명으로 틀린 것은?

① 긴급연료차단 밸브 : 버너에 연료 공급을 차단시키는 전자밸브
② 유량조절 밸브 : 버너에서의 분사량 조절
③ 스택 스위치 : 풍압이 낮아진 경우 연료의 차단신호를 송출
④ 전자개폐기 : 연료 펌프, 송풍기 등의 가동 · 정지

해설 스택 스위치(바이메탈)
보일러 연도에 설치하여 온수 보일러 등에서 화염검출기로 많이 사용한다(저용량 보일러용).

28 지르코니아식 O_2 측정기의 특징에 대한 설명 중 틀린 것은?

① 응답속도가 빠르다.
② 측정범위가 넓다.
③ 설치장소 주위의 온도 변화에 영향이 적다.
④ 온도 유지를 위한 전기로가 필요 없다.

해설 지르코니아식 O_2계(세라믹 산소계)
세라믹은 850℃ 이상에서 O_2 이온만 통과시키는 성질을 이용한 물리적 산소검출기 가스분석계이다. 세라믹 파이프 내외 측에 백금 다공질 전극판을 부착하고 히터를 사용하여 세라믹의 온도를 850℃ 이상 유지시킨다.

29 0℃에서의 저항이 100Ω인 저항온도계를 노 안에서 측정 시 저항이 200Ω이 되었다면, 이 노 안의 온도는?(단, 저항온도계수는 0.005이다.)

① 100℃
② 150℃
③ 200℃
④ 250℃

해설 $R_t = R_0 \times (1 + a \cdot \Delta t)$

$\therefore R_t = 100\Omega \times (1 + 0.005 \times 200) = 200\Omega$

$$t = t_0 + \frac{1}{a}\left(\frac{R_t}{R_0} - 1\right) = 0 + \frac{1}{0.005}\left(\frac{200}{100} - 1\right) = 200℃$$

30 서로 다른 금속의 열팽창계수 차이를 이용하여 온도를 측정하는 것은?

① 열전대 온도계 ② 바이메탈 온도계
③ 측온저항체 온도계 ④ 서미스터

해설 바이메탈 온도계 재질(열팽창계수 차이)
㉠ 황동(아연 30%, 구리 70%)
㉡ 인바(니켈 36%, 철 64%)
- 사용온도 : −50~500℃
- 사용용도 : 현장 지시용, 자동제어용

31 보일러 연도에서 가스를 채취하여 분석할 때 분석계 입구에서 2차 필터로 주로 사용되는 것은?

① 아런덤 ② 유리솜
③ 소결금속 ④ 카보런덤

해설

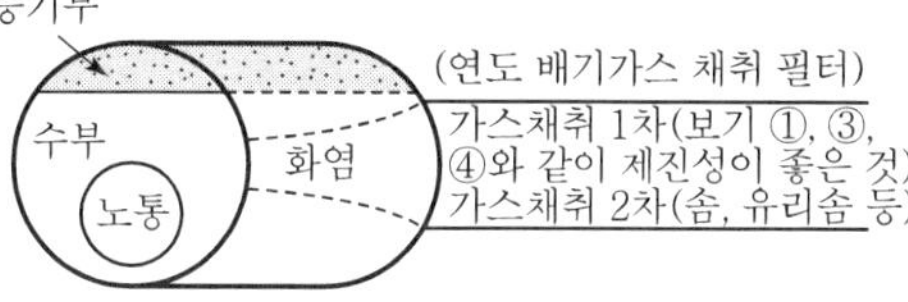

32 탄성식 압력계가 아닌 것은?

① 부르동관 압력계 ② 벨로즈 압력계
③ 다이어프램 압력계 ④ 경사관식 압력계

해설 정밀압력측정용 경사관식 압력계(액주식)

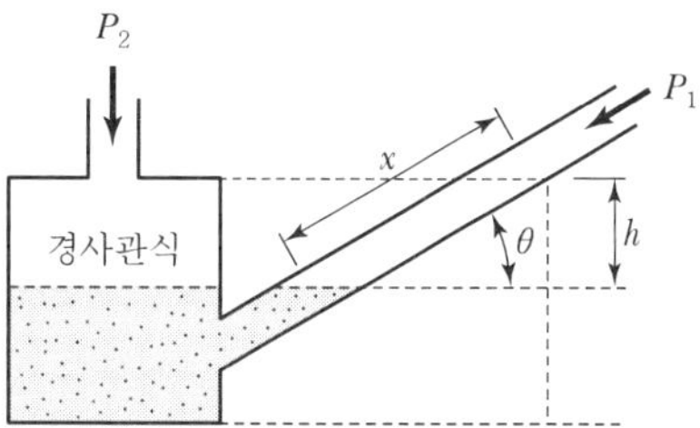

$P_1 - P_2 = \gamma h,\ h = x \cdot \sin\theta$

$P_1 - P_2 = \gamma \cdot x\sin\theta$

$\therefore P_1 = P_2 + \gamma \cdot x\sin\theta$

33 다음 중 차압식 유량계가 아닌 것은?

① 벤투리 유량계 ② 오리피스 유량계
③ 피스톤형 유량계 ④ 플로우 노즐 유량계

ANSWER | 27. ③ 28. ④ 29. ③ 30. ② 31. ② 32. ④ 33. ③

해설 피스톤형(Piston Type) 유량계
㉠ 용적식 유량계이다.
㉡ 정도가 0.2~0.5% 정도로 높아서 상업거래용이다.
㉢ 높은 점도의 유체나 점도 변화가 있는 유체를 유량측정한다.
㉣ 맥동에 의한 영향이 비교적 적다.

34 1ppm이란 용액 몇 kgf의 용질 1mg이 녹아 있는 경우인가?

① 1kgf ② 10kgf
③ 100kgf ④ 1,000kgf

해설
- 1ppm : 용액 1kg 중의 용질 1mg(mg/kg) 단위
- 1ppb : 용액 1ton 중의 용질 1mg(mg/ton) 단위
- 1epm : 용액 1kg 중의 용질 1mg 당량(백만 단위 중량 당량 중 1단위 중량 당량(mg/l))

35 다음 중 패러데이(Faraday) 법칙을 이용한 유량계는?

① 전자유량계 ② 델타유량계
③ 스와르미터 ④ 초음파유량계

해설
- 기전력 전자식 유량계 : 패러데이의 법칙을 이용한 유량계
- 기전력(E, 단위 : Volt)
- 기전력=자속밀도×Z축 방향 길이×y축 방향 속도 ($E=BZV$[V])

36 보일러 5마력의 상당증발량은?

① 55.65kg/h ② 78.25kg/h
③ 86.45kg/h ④ 98.35kg/h

해설 1마력 보일러 : 상당증발량 15.65kg/h 발생
∴ 5마력=15.65×5=78.25kg/h

37 용적식 유량계의 특징에 대한 설명으로 틀린 것은?

① 맥동의 영향이 적다.
② 직관부는 필요 없으며, 압력손실이 크다.
③ 유량계 전단에 스트레이너가 필요하다.
④ 점도가 높은 경우에도 측정이 가능하다.

해설 용적식 유량계는 압력손실이 적다. 또한 발산 기취부의 전후 직관부가 필요 없다.

38 다음의 블록 선도에서 피드백제어의 전달함수를 구하면?

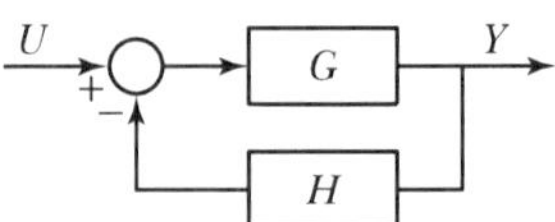

① $F=\dfrac{G}{1-H}$ ② $F=\dfrac{G}{1+H}$
③ $F=\dfrac{G}{1-GH}$ ④ $F=\dfrac{G}{1+GH}$

해설 $(U-YH)G=Y,\ UG=Y+YGH=Y(1+GH)$
∴ 전달함수 $F(S)=\dfrac{Y}{U}=\dfrac{G}{1+GH}$

39 한 시간 동안 연도로 배기되는 가스량이 300kg, 배기가스 온도 240℃, 가스의 평균 비열이 0.32kcal/kg · ℃이고, 외기 온도가 −10℃일 때, 배기가스에 의한 손실열량은?

① 14,100kcal/h ② 24,000kcal/h
③ 32,500kcal/h ④ 38,400kcal/h

해설 배기가스 손실열량(Q)
$Q=G\cdot C_p\cdot \Delta t=300\times 0.32\times\{240-(-10)\}$
$=24,000$kcal/h

40 다음 공업 계측기기 중 고온측정용으로 가장 적합한 온도계는?

① 유리 온도계 ② 압력 온도계
③ 방사 온도계 ④ 열전대 온도계

해설 열전대 온도계(접촉식 온도계)
㉠ I−C(철−콘스탄탄) : −20~800℃
㉡ C−A(크로멜−알루멜) : −20~1,200℃
㉢ C−C(동−콘스탄탄) : −180~350℃
㉣ P−R(백금−백금로듐) : 0~1,600℃

34. ① 35. ① 36. ② 37. ② 38. ④ 39. ② 40. ④ ANSWER

SECTION 03 열설비구조 및 시공

41 마그네시아를 원료로 하는 내화물이 수증기의 작용을 받아 $Mg(OH)_2$을 생성하는데 이때 큰 비중 변화에 의한 체적 변화를 일으켜 노벽에 균열이 발생하는 현상은?

① 슬래킹(Slaking) ② 스폴링(Spalling)
③ 버스팅(Bursting) ④ 해밍(Hamming)

해설 슬래킹
마그네시아를 원료로 하는 내화물이 수증기의 작용을 받아 $Mg(OH)_2$를 생성하는데 이때 큰 비중 변화에 의한 체적 변화를 일으켜 노벽에 균열이 발생하는 현상

42 보일러 관석(Scale)에 대한 설명 중 틀린 것은?

① 관석이 부착하면 열전도율이 상승한다.
② 수관 내에 관석이 부착하면 관수 순환을 방해한다.
③ 관석이 부착하면 국부적인 과열로 산화, 팽창파열의 원인이 된다.
④ 관석의 주성분은 크게 나누어 황산칼슘, 규산칼슘, 탄산칼슘 등이 있다.

해설 관석(스케일)이 전열면에 부착하면 전열면의 열전도율(W/m℃)이 감소한다.

43 큐폴라에 대한 설명으로 틀린 것은?

① 규격은 매시간당 용해할 수 있는 중량(ton)으로 표시한다.
② 코크스 속의 탄소, 인, 황 등의 불순물이 들어가 용탕의 질이 저하된다.
③ 열효율이 좋고 용해시간이 빠르다.
④ Al 합금이나 가단주철 및 칠드 롤러(Chilled Roller)와 같은 대형 주물 제조에 사용된다.

해설 큐폴라(용해도)
주철을 용해시키는 노이다. 즉, 주물을 용해시킨다. Al(알루미늄) 주물 제조는 불가하다.

44 산소를 노(爐) 속에 공급하여 불순물을 제거하고 강철을 제조하는 노(爐)는?

① 큐폴라 ② 반사로
③ 전로 ④ 고로

해설 전로(제강로)
용융선철을 장입하고 고압의 공기나 순수 O_2를 취입시켜 제련하며 산화열에 불순물이 제거된다.(염기성전로, 산성전로, 순산소전로, 칼도법 등이 있다.)

45 매초당 20L의 물을 송출시킬 수 있는 급수 펌프에서 양정이 7.5m, 펌프효율이 75%일 때, 펌프의 소요 동력은?

① 4.34kW ② 2.67kW
③ 1.96kW ④ 0.27kW

해설 펌프의 소요동력(P)

$$P=\frac{\gamma \cdot Q \cdot H}{102\times\eta}=\frac{1\times20\times7.5}{102\times0.75}=1.96\text{kW}$$

※ 1kW = 102kg · m/s, 물 1L = 1kg

46 검사대상기기의 계속사용검사 중 산업통상자원부령으로 정하는 항목의 검사에 불합격한 경우 일정 기간 내 그 검사에 합격할 것을 조건으로 계속 사용을 허용한다. 그 기간은 몇 개월 이내인가?(단, 철금속가열로는 제외한다.)

① 6개월 ② 7개월
③ 8개월 ④ 10개월

해설 검사대상기기 계속사용검사 중 운전성능검사(산업통상부령으로 정하는 검사)에 불합격하면 6개월 이내 합격하는 조건으로 계속 사용을 허가한다.

47 강판의 두께가 12mm이고 리벳의 직경이 20mm이며, 피치가 48mm의 1줄 겹치기 리벳조인트가 있다. 이 강판의 효율은?

① 25.9% ② 41.7%
③ 58.3% ④ 75.8%

해설 리벳이음 효율 $=1-\frac{d}{P}=\frac{P-d}{P}=\frac{48-20}{48}\times100=58.3\%$

48 다음 중 수관식 보일러에 속하는 것은?

① 노통보일러 ② 기관차형 보일러
③ 바브콕 보일러 ④ 횡연관식 보일러

해설 WIF형 바브콕 웰콕스 수관식 보일러

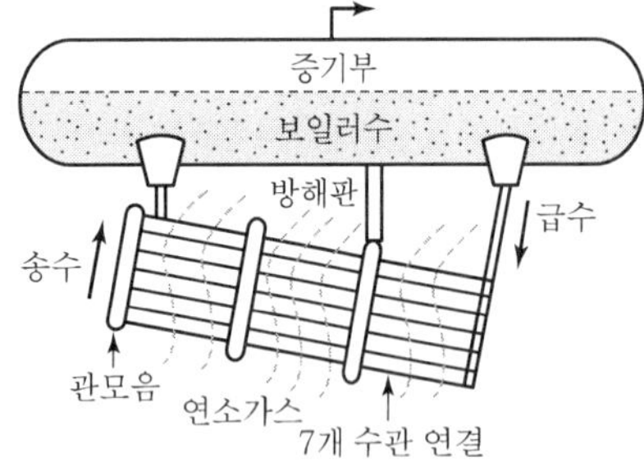

49 다음 중 산성내화물의 주요 화학 성분은?

① SiO_2 ② MgO
③ FeO ④ SiC

해설 (1) 산성내화물 화학성분
㉠ SiO_2계
㉡ $SiO_2-Al_2O_3$계
(2) 중성내화물 화학성분
㉠ Al_2O_3계
㉡ SiO계
(3) 염기성내화물 화학성분
㉠ MgO계
㉡ $MgO-SiO_2$계

50 증기배관에서 감압밸브 설치 시 주의점에 대한 설명으로 가장 거리가 먼 것은?

① 감압밸브는 부하설비에 가깝게 설치한다.
② 감압밸브 앞에는 스트레이너를 설치하여야 한다.
③ 감압밸브 1차 측의 관 축소 시 동심 리듀서를 설치하여야 한다.
④ 감압밸브 앞에는 기수분리기나 트랩을 설치하여 응축수를 제거한다.

해설 1차 측보다 2차 측을 확관시킨다.(편심을 사용)

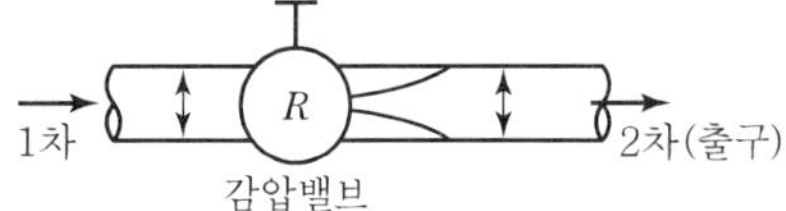

51 수관보일러와 비교하여 원통보일러의 특징으로 틀린 것은?

① 형상에 비해서 전열면적이 적고, 열효율은 수관보일러보다 낮다.
② 전열면적당 수부의 크기는 수관보일러에 비해 크다.
③ 구조가 간단하므로 취급이 쉽다.
④ 구조상 고압용 및 대용량에 적합하다.

해설

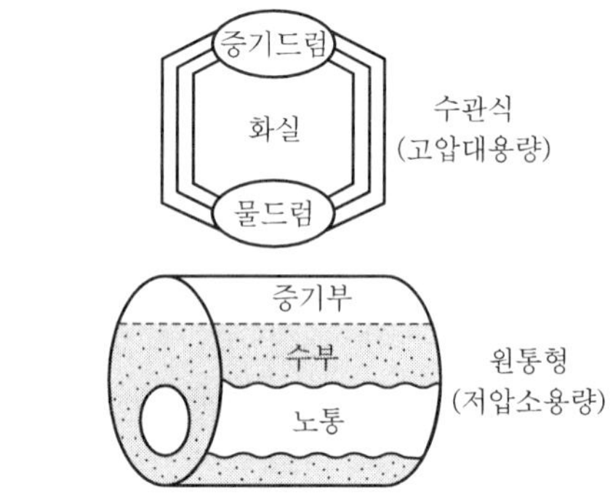

52 관류보일러의 특징으로 틀린 것은?

① 관(管)으로만 구성되어 기수드럼이 필요하지 않기 때문에 간단한 구조이다.
② 전열면적당 보유수량이 많기 때문에 증기 발생까지의 시간이 많이 소요된다.
③ 부하변동에 의해 압력변동이 생기기 쉽기 때문에 급수량 및 연료량의 자동제어 장치가 필요하다.
④ 충분히 수처리된 급수를 사용하여야 한다.

해설 ②항은 원통형 보일러의 특징이다.

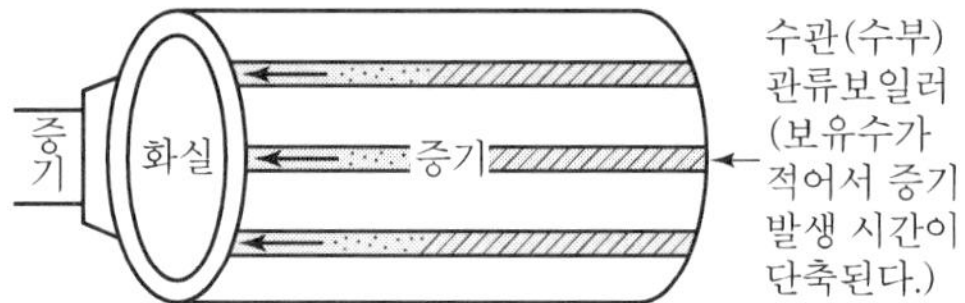

53 검사대상기기의 검사종류 중 제조검사에 해당되는 것은?

① 구조검사 ② 개조검사
③ 설치검사 ④ 계속사용검사

해설 제조검사 : 용접검사, 구조검사

48. ③ 49. ① 50. ③ 51. ④ 52. ② 53. ① 54. ③ | ANSWER

54 **큐폴라(Cupola)의 다른 명칭은?**

① 용광로 ② 반사로
③ 용선로 ④ 평로

해설 큐폴라(용선로, 용해로) : 주물 용해로

55 **오르자트(Orsat) 가스분석기로 측정할 수 있는 성분이 아닌 것은?**

① 산소(O_2) ② 일산화탄소(CO)
③ 이산화탄소(CO_2) ④ 수소(H_2)

해설 오르자트 가스화학분석기 분석가스 종류
㉠ CO_2
㉡ O_2
㉢ CO
㉣ $N_2 = 100 - (CO_2 + O_2 + CO)$

56 **어느 대향류 열교환기에서 가열유체는 80℃로 들어가서 30℃로 나오고 수열유체는 20℃로 들어가서 30℃로 나온다. 이 열교환기의 대수 평균온도차는?**

① 25℃ ② 30℃
③ 35℃ ④ 40℃

해설

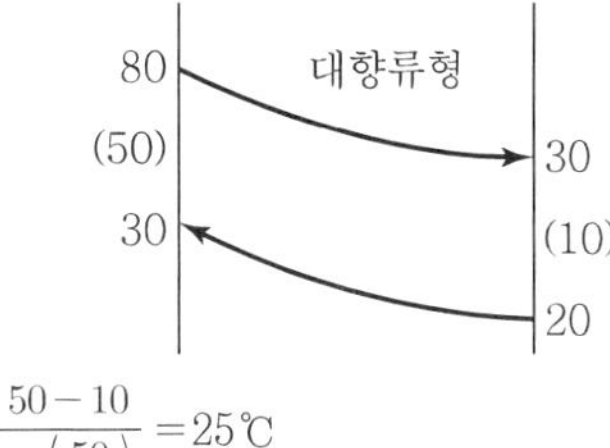

$$\Delta t_m = \frac{50-10}{L_n\left(\frac{50}{10}\right)} = 25℃$$

57 **단열벽돌을 요로에 사용 시 특징에 대한 설명으로 틀린 것은?**

① 축열 손실이 적어진다.
② 전열 손실이 적어진다.
③ 노 내 온도가 균일해지고, 내화물의 배면에 사용하면 내화물의 내구력이 커진다.
④ 효과적인 면도 적지 않으나 가격이 비싸므로 경제적인 이익은 없다.

해설

단열벽돌
(열손실 감소 경제적 이득)
화실
내화벽

58 **다음 중 박스 트랩(Box Trap)의 하나로 주로 아파트 및 건물의 발코니 등의 바닥 배수에 사용하여 상층의 배수 침투 및 악취 분출 방지역할을 하는 트랩은?**

① 벨 트랩 ② S트랩
③ 관 트랩 ④ 그리스 트랩

해설 벨 트랩(Bell Trap)
바닥 배수에 사용(건물이나, 아파트)하여 상층의 배수 침투 및 악취 분출방지

59 **보일러 검사를 받는 자에게는 그 검사의 종류에 따라 필요한 사항에 대한 조치를 하게 할 수 있다. 그 조치에 해당되지 않는 것은?**

① 비파괴검사의 준비
② 수압시험의 준비
③ 운전성능 측정의 준비
④ 보온단열재의 열전도 시험준비

해설 보일러 검사 시 보온단열재 열전도 시험은 검사의 종류에서 제외된다.

60 **열사용기자재 중 검사대상기기에 해당되는 것은?**

① 태양열 집열기 ② 구멍탄용 가스보일러
③ 제2종 압력용기 ④ 축열식 전기보일러

해설 검사대상기기(시행규칙 별표 3의3)
㉠ 보일러 : 강철제 보일러, 주철제 보일러, 소형 온수보일러로서 각각의 적용범위에 해당하는 것
㉡ 압력용기 : 1종 압력용기, 2종 압력용기로서 각각의 적용범위에 해당하는 것
㉢ 요도 : 철금속가열로로서 적용범위에 해당하는 것

ANSWER | 55. ④ 56. ① 57. ④ 58. ① 59. ④ 60. ③

SECTION 04 열설비 취급 및 안전관리

61 강철제 보일러의 최고 사용압력이 1.6MPa일 때 수압시험 압력은 최고 사용압력의 몇 배로 계산하는가?

① 최고 사용압력의 1.3배
② 최고 사용압력의 1.5배
③ 최고 사용압력의 2배
④ 최고 사용압력의 3배

해설 1.5MPa 이상의 고압보일러는 수압시험에서 최고사용압력의 1.5배로 계산한다.
∴ 1.6×1.5=2.4MPa

62 일반적으로 보일러를 정지시키기 위한 순서로 옳은 것은?

① 연료차단 → 공기차단 → 주증기밸브 폐쇄 → 댐퍼 폐쇄
② 연료차단 → 공기차단 → 주증기밸브 폐쇄 → 댐퍼 개방
③ 공기차단 → 연료차단 → 주증기밸브 폐쇄 → 댐퍼 폐쇄
④ 주증기밸브 폐쇄 → 공기차단 → 연료차단 → 댐퍼 개방

해설 일반적인 보일러운전 정지순서
연료차단 → 공기차단 → 증기밸브차단 → 댐퍼 차단

63 증기보일러 가동 중 과부하 상태가 될 때 나타나는 현상으로 틀린 것은?

① 프라이밍(Priming) 발생이 적어진다.
② 단위연료당 증발량이 작아진다.
③ 전열면 증발률은 증가한다.
④ 보일러 효율이 떨어진다.

해설 프라이밍(비수) : 증기에 물이 혼입되는 현상이며 과부하 시 많이 발생한다.

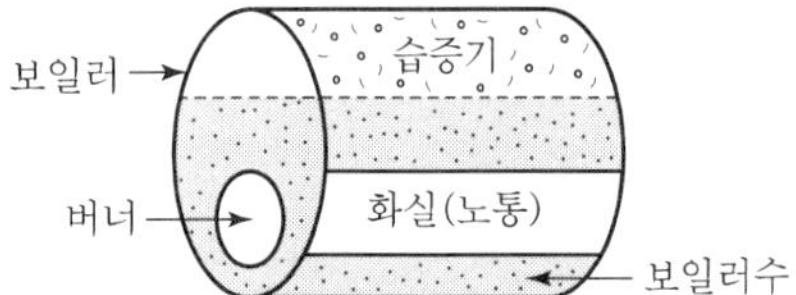

64 pH가 높으면 보일러 수중의 경도 성분인 (①), (②) 등의 화합물의 용해도가 감소되기 때문에 스케일 부착이 어렵게 된다. ①, ②에 들어갈 적당한 용어는?

① ① : 망간, ② : 나트륨
② ① : 인산, ② : 나트륨
③ ① : 탄닌, ② : 나트륨
④ ① : 칼슘, ② : 마그네슘

해설 보일러수(水) 중의 경도성분
칼슘, 마그네슘

65 보일러 가동 중 연료소비의 과대 원인으로 가장 거리가 먼 것은?

① 연료의 발열량이 낮을 경우
② 연료의 예열온도가 높을 경우
③ 연료 내 물이나 협잡물이 포함된 경우
④ 연소용 공기가 부족한 경우

해설 연료의 예열온도가 높으면 점성이 적어지고 완전연소가 가능하다(유증기 발생 주의).

66 압력 $0.1kg/cm^2$의 증기를 이용하여 난방을 하는 경우 방열기 내의 증기 응축량은?(단, $0.1kg/cm^2$에서의 증발잠열은 538kcal/kg이다.)

① $13.5kg/m^2 \cdot h$ ② $12.1kg/m^2 \cdot h$
③ $1.35kg/m^2 \cdot h$ ④ $1.21kg/m^2 \cdot h$

해설
$$\text{증기방열기응축수량} = \frac{650}{\text{잠열}} \times \text{방열기면적}(m^2)$$
$$= \frac{650}{538} \times 1 = 1.21kg/m^2 \cdot h$$

67 다음 소형 온수보일러 중 에너지이용 합리화법에 의한 검사대상기기는?

① 전기 및 유류겸용 소형 온수보일러
② 유류를 연료로 쓰는 가정용 소형온수보일러
③ 도시가스 사용량이 20만 kcal/h 이하인 소형 온수보일러
④ 가스 사용량이 17kg/h를 초과하는 소형 온수보일러

61. ② 62. ① 63. ① 64. ④ 65. ② 66. ④ 67. ④ | ANSWER

해설 소형 온수보일러 적용범위(검사대상기기)
㉠ 가스사용량 : 17kg/h 초과
㉡ 도시가스 사용량 : 232.6kW 초과(20만 kcal/h 초과용 온수보일러)

68 에너지이용 합리화법에 따라 다음 중 효율관리 기자재가 아닌 것은?

① 자동차 ② 컴퓨터
③ 조명기기 ④ 전기세탁기

해설 효율관리 기자재(시행규칙 제7조)
보기 ①, ③, ④ 외에 삼상유도전동기, 전기냉장고, 전기냉방기 등이다.

69 보일러에서 압력계에 연결하는 증기관(최고사용 압력에 견디는 것)을 강관으로 하는 경우 안지름은 최소 몇 mm 이상으로 하여야 하는가?

① 6.5mm ② 12.7mm
③ 15.6mm ④ 17.5mm

해설 보일러 압력계 기준

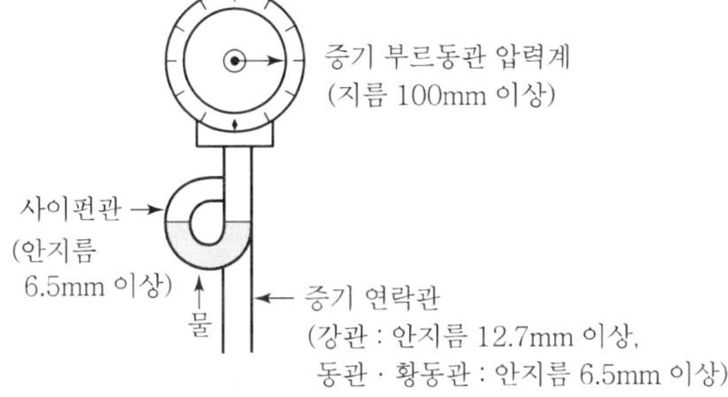

70 에너지이용 합리화법에 따른 한국에너지공단의 사업이 아닌 것은?

① 열사용 기자재의 안전관리
② 도시가스 기술의 개발 및 도입
③ 신에너지 및 재생에너지 개발사업의 촉진
④ 에너지이용 합리화 및 이를 통한 온실가스의 배출을 줄이기 위한 사업과 국제협력

해설 도시가스는 도시가스회사 및 한국가스공사의 역할이다.

71 보일러설비 계획 시 연소장치의 버너를 선정할 때 검토해야 할 사항으로 가장 거리가 먼 것은?

① 연료의 종류
② 안전밸브 여부
③ 유량조절 및 공기조절
④ 연소실의 분위기(압력, 온도조절)

해설 안전밸브는 연소장치가 아닌 보일러 안전장치이다.

72 신설 보일러의 가동 전 준비사항에 대한 설명으로 틀린 것은?

① 공구나 기타 물건이 동체 내부에 남아 있는지 반드시 확인한다.
② 기수분리기나 부속품의 부착상태를 확인한다.
③ 신설 보일러에 대해서는 가급적 가열건조를 시키지 않고 자연건조(1주 이상)를 시킨다.
④ 제작 시 내부에 부착한 페인트, 유지, 녹 등을 제거하기 위해 내면을 소다 끓이기 등을 통하여 제거한다.

해설 신설 보일러 자연건조기간은 10~15일, 그다음 가열건조는 3~4주야(72~96시간) 정도 노 내 건조

73 보일러에서 저수위로 인한 사고의 원인으로 가장 거리가 먼 것은?

① 저수위 제어장치의 고장
② 보일러 급수장치의 고장
③ 증기 발생량의 부족
④ 분출장치의 누수

해설

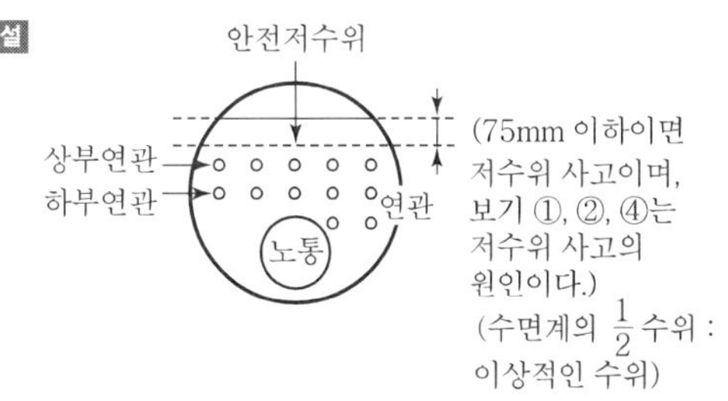

74 보일러에서 압력차단(제한) 스위치의 작동압력은 어떻게 조정하여야 하는가?

① 사용압력과 같게 조정한다.
② 안전밸브 작동압력과 같게 조정한다.
③ 안전밸브 작동압력보다 약간 낮게 조정한다.
④ 안전밸브 작동압력보다 약간 높게 조정한다.

해설 압력조절 : 안전밸브 > 압력차단기 > 압력비례조절기

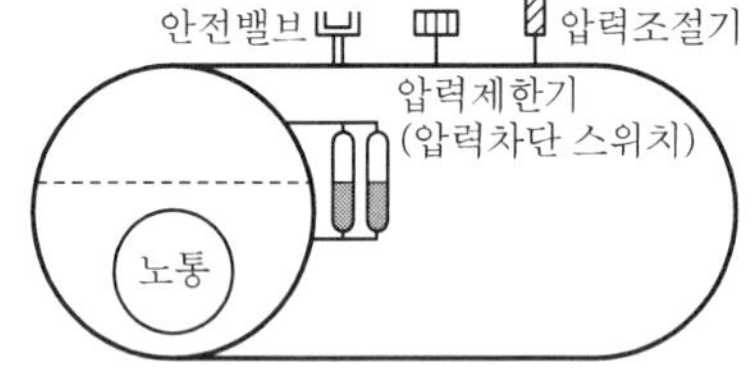

75 에너지관리자에 대한 교육을 실시하는 기관은?

① 시 · 도
② 한국에너지공단
③ 안전보건공단
④ 한국산업인력공단

해설 에너지관리자(에너지사용량이 연간 2,000TOE 이상인 자의 에너지 관련 업무 담당자)의 법정 교육기관은 한국에너지공단이다.

76 다음 석탄재의 조성 중 많을수록 석탄재의 융점을 낮아지게 하는 성분이 아닌 것은?

① Fe_2O_3 ② CaO
③ SiO_2 ④ MgO

해설 SiO_2
산성내화물의 주원료이다. 또한 악성 스케일의 주성분이다.

77 감압밸브 설치 시 배관시공법에 대한 설명으로 틀린 것은?

① 감압밸브는 가급적 사용처에 근접시공한다.
② 감압밸브 앞에는 여과기를 설치해야 한다.
③ 감압 후 배관은 1차 측보다 확관되어야 한다.
④ 감압장치의 안전을 위하여 밸브 앞에 안전밸브를 설치한다.

해설

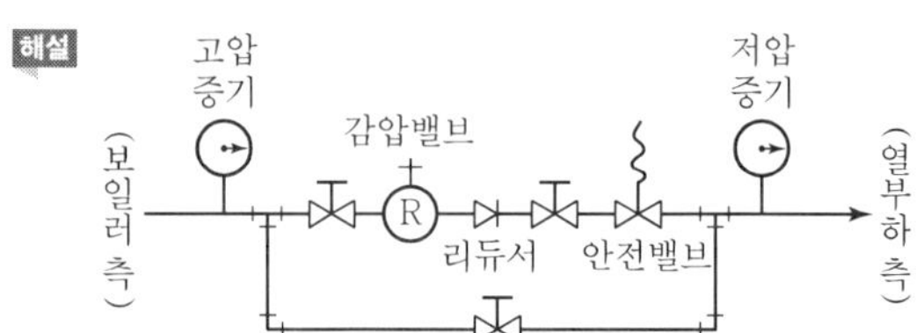

78 에너지이용 합리화법에 의한 에너지 사용시설이 아닌 것은?

① 발전소
② 에너지를 사용하는 공장
③ 에너지를 사용하는 사업장
④ 경유 등을 사용하는 가정

해설 가정집은 에너지사용량이 적어서 법률상 에너지 사용시설에서 제외된다.

79 에너지법에 의하면 에너지 수급에 차질이 발생할 경우를 대비하여 비상시 에너지수급 계획을 수립하여야 하는 자는?

① 대통령
② 국방부장관
③ 산업통상자원부장관
④ 한국에너지공단이사장

해설 에너지수급계획 수립 : 산업통상자원부장관

80 온수보일러에서 물의 온도가 393K(120℃)를 초과하는 온수보일러에 안전장치로 설치하는 것은?

① 안전밸브 ② 압력계
③ 방출밸브 ④ 수면계

해설 온수보일러 온수온도 제한조치 안전장치
㉠ 120℃ 이하 : 방출밸브(릴리프밸브) 설치
㉡ 120℃ 초과 : 안전밸브 설치

74. ③ 75. ② 76. ③ 77. ④ 78. ④ 79. ③ 80. ① | ANSWER

SECTION 01 열역학 및 연소관리

01 가로, 세로 높이가 각각 3m, 4m, 5m인 직육면체 상자에 들어 있는 이상기체의 질량이 80kg일 때, 상자 안의 기체의 압력이 100kPa이면 온도는?(단, 기체상수는 250J/kg · K이다.)

① 27℃ ② 31℃
③ 34℃ ④ 44℃

해설 $PV = GRT,\ T = \frac{PV}{GR},\ 1\text{kJ} = 1{,}000\text{J}$

$\therefore\ T = \frac{100 \times (3 \times 4 \times 5)}{80 \times 0.25} = 300\text{K} = 27℃$

02 랭킨 사이클의 효율을 올리기 위한 방법이 아닌 것은?

① 유입되는 증기의 온도를 높인다.
② 배출되는 증기의 온도를 높인다.
③ 배출되는 증기의 압력을 낮춘다.
④ 유입되는 증기의 압력을 높인다.

해설 랭킨 사이클(Rankine Cycle)
터빈 입구에서 온도와 압력이 높을수록, 또 복수기의 배압이 낮을수록 그 열효율이 좋아진다.

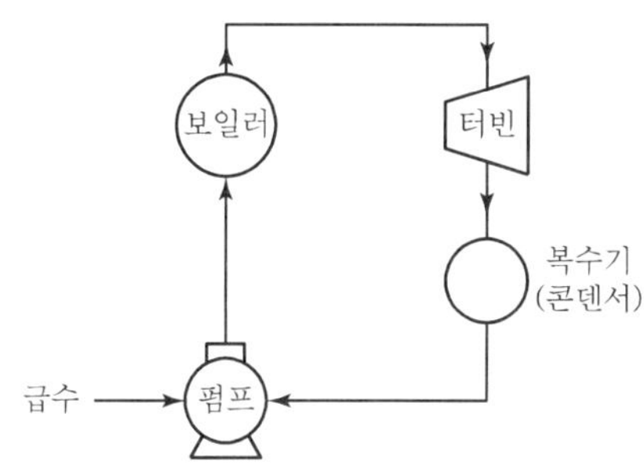

03 프로판(C_3H_8) 20vol%, 부탄(C_4H_{10}) 80vol%의 혼합가스 1L를 완전연소하는 데 50%의 과잉 공기를 사용하였다면 실제 공급된 공기량은?(단, 공기 중 산소는 21vol%로 가정한다.)

① 27L ② 34L
③ 44L ④ 51L

해설 프로판 : $C_3H_8 + 5O_2 \rightarrow 3CO_2 + 4H_2O$
부탄 : $C_4H_{10} + 6.5O_2 \rightarrow 4CO_2 + 5H_2O$
실제공기량(A) = 이론공기량 × 공기비
공기비 = 100 + 50 = 150%(1.5)

$\therefore\ A = \frac{(5 \times 0.2) + (6.5 \times 0.8)}{0.21} \times 1.5 = 44\text{L}$

04 압력이 300kPa인 공기가 가역 단열변화를 거쳐 체적이 처음 체적의 5배로 증가하는 경우의 최종 압력은?(단, 공기의 비열비는 1.4이다.)

① 23kPa ② 32kPa
③ 143kPa ④ 276kPa

해설 단열변화$(P_2) = P_1 \times \left(\frac{V_1}{V_2}\right)^K$

$\therefore\ P_2 = 300 \times \left(\frac{1}{5}\right)^{1.4} = 32\text{kPa}$

05 압력(유압)분무식 버너에 대한 설명으로 틀린 것은?

① 유지 및 보수가 간단하다.
② 고점도의 연료도 무화가 양호하다.
③ 압력이 낮으면 무화가 불량하게 된다.
④ 분출 유량은 유압의 평방근에 비례한다.

해설 유압분무식 버너는 대용량 버너로 유량조절 범위가 1 : 2로 좁으며 점도가 낮은 연료의 무화가 가능하다. 압력 0.5~2MPa의 유압으로 분무하는 버너이다.

06 저위발열량이 27,000kJ/kg인 연료를 시간당 20kg씩 연소시킬 때 발생하는 열을 전부 활용할 수 있는 열기관의 동력은?

① 150kW ② 900kW
③ 9,000kW ④ 540,000kW

해설 1kWh = 860kcal = 3,600kJ

$\therefore\ \frac{20 \times 27{,}000}{3{,}600} = 150\text{kW}$

ANSWER | 1. ① 2. ② 3. ③ 4. ② 5. ② 6. ①

07 보일러의 부속장치 중 안전장치가 아닌 것은?

① 화염검출기
② 가용전
③ 증기압력제한기
④ 증기축열기

해설 증기축열기(어큐뮬레이터)
과잉증기를 탱크에 온수로 저장 후 과부하 시 다시 배출하여 사용하는 증기축열기(증기이송장치 : 송기장치)

08 대기압이 750mmHg일 때, 탱크의 압력계가 9.5 kg/cm²를 지시한다면 이 탱크의 절대압력은?

① 7.26kg/cm² ② 10.52kg/cm²
③ 14.27kg/cm² ④ 18.45kg/cm²

해설 1atm = 760mmHg = 1.0332kg/cm²
절대압력(abs) = atg + atm
대기압(atm) = 1.0332×(750/760) = 1.0196kg/cm²
절대압력 = 9.5 + 1.0196 = 10.52kg/cm²

09 다음 열기관 사이클 중 가장 이상적인 사이클은?

① 랭킨사이클
② 재열사이클
③ 재생사이클
④ 카르노사이클

해설 Carnot 사이클은 완전가스를 작업 물질로 하는 이상적인 사이클이다. 2개의 등온변화와 2개의 단열변화로 구성한다.

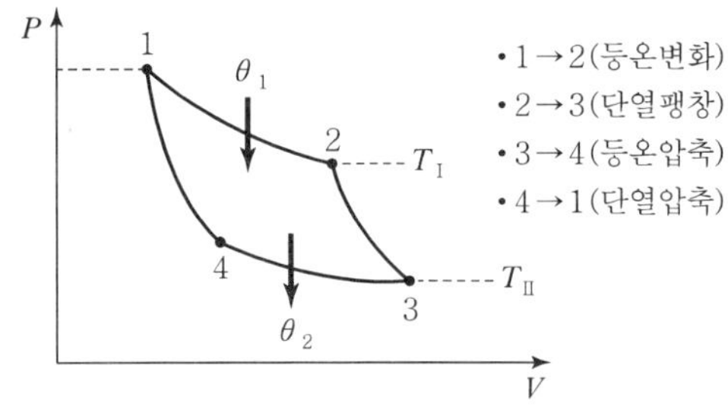

10 프로판(C_3H_8) 5Nm³을 이론 산소량으로 완전연소시켰을 때 건연소가스양은?

① 10Nm³ ② 15Nm³
③ 20Nm³ ④ 25Nm³

해설 $C_3H_8 + 5O_2 \rightarrow 3CO_2 + 4H_2O$이므로
프로판 5Nm³에 대한 수분을 제외한 건연소가스양을 구하면
1 : 3 = 5 : x에서
$x = 3 \times 5 = 15\text{Nm}^3$

11 기체의 C_p(정압비열)와 C_v(정적비열)의 관계식으로 옳은 것은?

① $C_p = C_v$ ② $C_p \leq C_v$
③ $C_p < C_v$ ④ $C_p > C_v$

해설 '비열비(k) = $\dfrac{\text{정압비열}(C_p)}{\text{정적비열}(C_v)}$'은 항상 1보다 크다.
$\therefore\ C_p > C_v$

12 다음 중 연료품질평가 시 세탄가를 사용하는 연료는?

① 중유 ② 등유
③ 경유 ④ 가솔린

해설 경유
연료품질평가 시 세탄가를 사용한다.

13 100℃ 건포화증기 2kg이 온도 30℃인 주위로 열을 방출하여 100℃ 포화액으로 변했다. 증기의 엔트로피 변화는?(단, 100℃에서의 증발잠열은 2,257kJ/kg이다.)

① −14.9kJ/K ② −12.1kJ/K
③ −11.3kJ/K ④ −10.2kJ/K

해설 엔트로피 변화량(ΔS) = $\dfrac{-2{,}257}{(100+273)} \times 2 = -12.1\text{kJ/K}$
※ $\Delta S = \dfrac{\delta Q}{T}$(kJ/kg · K)

7. ④ 8. ② 9. ④ 10. ② 11. ④ 12. ③ 13. ② | ANSWER

14 **보일러 송풍기의 형식 중 원심식 송풍기가 아닌 것은?**

① 다익형　　② 리버스형
③ 프로펠러형　　④ 터보형

해설 축류형 송풍기
㉠ 프로펠러형
㉡ 디스크형

15 **보일러의 수면이 위험수위보다 낮아지면 신호를 발신하여 버너를 정지시켜주는 장치는?**

① 노내압 조절장치　　② 저수위 차단장치
③ 압력 조절장치　　④ 증기트랩

해설 최고 수위

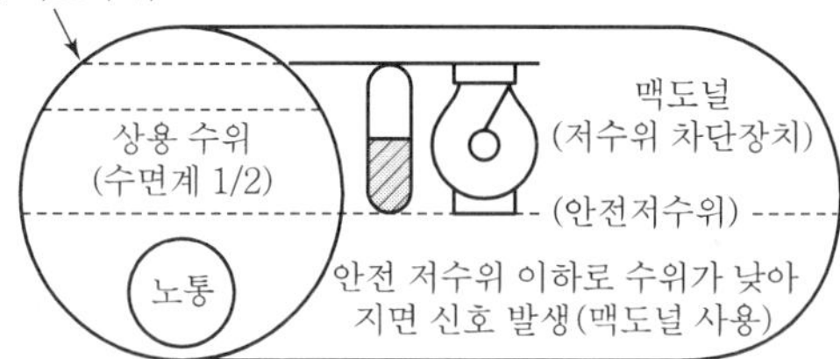

16 **500L의 탱크에 압력 1atm, 온도 0℃인 산소가 채워져 있다. 이 산소를 100℃까지 가열하고자 할 때 소요열량은?(단, 산소의 정적비열은 0.65kJ/kg · K이며, 가스상수는 26.5kg · m/kg · K이다.)**

① 20.8kJ　　② 46.4kJ
③ 68.2kJ　　④ 100.6kJ

해설 $500\text{L} = 0.5\text{m}^3,\ 0.5 \times \dfrac{32\text{kg}}{22.4\text{m}^3} = 0.72\text{kg}$

∴ 소요열량(Q) $= 0.72 \times 0.65 \times (100-0) = 46.4\text{kJ}$

17 **가역 및 비가역 과정에 대한 설명으로 틀린 것은?**

① 가역과정은 실제로 얻어질 수 없으나 거의 근접할 수 있다.
② 비가역과정의 인자로는 마찰, 점성력, 열전달 등이 있다.
③ 가역과정은 이상적인 과정으로 최대의 열효율을 갖는 과정이다.
④ 가역과정은 고열원, 저열원 사이의 온도차와 작동 물질에 따라 열효율이 달라진다.

해설 가역사이클
사이클이 역방향으로 최종상태로 되돌아갈 때 주위에 하등의 변화도 남기지 않는 사이클(열역학 제2법칙은 비가역적 현상을 말한다.)

18 **"일과 열은 서로 변환될 수 있다."는 것과 가장 관계가 깊은 법칙은?**

① 열역학 제1법칙
② 열역학 제2법칙
③ 줄(Joule)의 법칙
④ 푸리에(Fourier)의 법칙

해설 일의 열당량(A) : $\dfrac{1}{427}$ kcal/kg · m
열의 일당량(J) : 427kg · m/kcal
열역학 제1법칙 : 일과 열은 서로 변환이 가능하다.

19 **어떤 냉동기의 냉각수, 냉수의 온도 및 유량을 측정하였더니 다음 표와 같이 나타났다. 이 냉동기의 성능계수(COP)는?**

항목	유량(Ton/h)
냉수	30
냉각수	47

① 3.65　　② 3.95
③ 4.25　　④ 4.55

해설 냉수 $= 30 \times 10^3 \times (12-7) = 150{,}000\text{kcal/h}$
냉각수 $= 47 \times 10^3 \times (33-29) = 188{,}000\text{kcal/h}$

∴ 냉동기 성능계수(COP) $= \dfrac{150{,}000}{188{,}000 - 150{,}000} = 3.95$

20 **다음 연료 중 단위중량당 고위발열량이 가장 큰 것은?**

① 탄소　　② 황
③ 수소　　④ 일산화탄소

해설 단위중량당 고위발열량(kcal/kg)
㉠ 탄소 : 8,100　　㉡ 황 : 2,500
㉢ 수소 : 34,000　　㉣ CO : 2,450

ANSWER | 14. ③ 15. ② 16. ② 17. ④ 18. ① 19. ② 20. ③

SECTION 02 계측 및 에너지 진단

21 물이 들어 있는 저장탱크의 수면에서 5m 깊이에 노즐이 있다. 이 노즐의 속도계수(C_v)가 0.95일 때, 실제 유속(m/s)은?

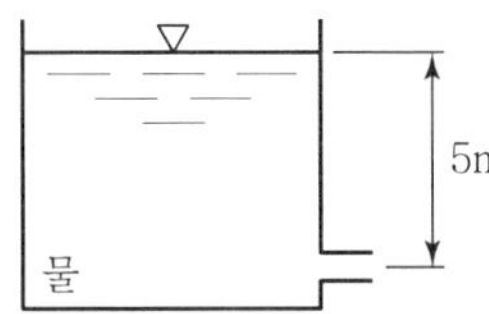

① 9.4 ② 11.3
③ 14.5 ④ 17.7

해설 유속(V) $= C_v\sqrt{2gh} = 0.95\sqrt{2\times9.8\times5}$
$= 9.4$m/s

22 0℃에서 수은주의 높이가 760mm에 상당하는 압력을 1표준기압 또는 대기압이라 할 때 다음 중 1atm과 다른 것은?

① 1,013mbar
② 101.3Pa
③ 1.033kg/cm^2
④ 10.332mH_2O

해설 표준대기압
1atm = 760mmHg = 14.7Psi = 101.3kPa = 1,013mbar
= 1.033kg/cm^2 = 10.332mH_2O = 101,325N/m^2
= 101.325kPa = 101,325Pa

23 다음 중 유체의 흐름 중에 프로펠러 등의 회전자를 설치하여 이것의 회전수로 유량을 측정하는 유량계의 종류는?

① 유속식 ② 전자식
③ 용적식 ④ 피토관식

해설 임펠러식 유량계
날개바퀴, 프로펠러 등의 회전속도와 유속과의 관계 유량계
(프로펠러식, 풍속계, 워싱턴형, 월트맨형 등의 유량계)
※ 속도측정계 : 피토관도 유속식이다.

24 열전대 온도계에서 냉접점(기준접점)이란?

① 측온 개소에 두는 + 측의 열전대 선단
② 기준온도(통상 0℃)로 유지되는 열전대 선단
③ 측온 접점에 보상도선이 접속되는 위치
④ 피측정 물체와 접촉하는 열전대의 접점

해설 31번 문제 해설 참조

25 다음 중 오르사트(Orsat) 가스분석기에서 분석하는 가스가 아닌 것은?

① CO_2 ② O_2
③ CO ④ N_2

해설 질소가스분석 = 100 − (CO_2 + O_2 + CO) = (%)

26 급수온도 15℃에서 압력 10kg/cm^2, 온도 183.2℃의 증기를 2,000kg/h 발생시키는 경우, 이 보일러의 상당증발량은?(단, 증기엔탈피는 715kcal/kg로 한다.)

① 2,003kg/h
② 2,473kg/h
③ 2,597kg/h
④ 2,950kg/h

해설 상당증발량(kg/h) $= \dfrac{W_s\times(h_2-h_1)}{539} = \dfrac{2,000(715-15)}{539}$
$= 2,597$kg/h

27 계측기기 측정법의 종류가 아닌 것은?

① 적산법 ② 영위법
③ 치환법 ④ 보상법

해설 적산법은 용적식 유량계로 많이 사용한다.

28 용적식 유량계의 특징에 관한 설명으로 틀린 것은?

① 고점도 유체의 유량 측정이 가능하다.
② 입구 측에 여과기를 설치해야 한다.
③ 구조가 간단하며 적산용으로 부적합하다.
④ 유체의 맥동에 대한 영향이 적다.

21. ① 22. ② 23. ① 24. ② 25. ④ 26. ③ 27. ① 28. ③ | ANSWER

해설 용적식 유량계(오벌식, 루트식, 드럼식, 피스톤형식)는 적산 정도가 높아서 (오차=0.2~0.5%) 상업거래용으로 사용하고 입구에는 여과기 부착이 필요하다. 유체 밀도에는 무관하고 체적유량을 측정한다.

29 2개의 제어계를 조합하여 1차 제어장치가 제어량을 측정하여 제어 명령을 하면 2차 제어장치가 이 명령을 바탕으로 제어량을 조절하는 제어방식은?

① 비율 제어　② On−off 제어
③ 프로그램 제어　④ 캐스케이드 제어

해설 캐스케이드 제어
2개의 제어계가 조합(1차 제어장치+2차 제어장치) 일명 측정제어라고 하며 출력 측에 낭비시간이나 시간지연이 큰 프로세스 제어에 적합하다.

30 아래와 같은 경사압력계에서 $P_1 - P_2$는 어떻게 표시되는가?(단, 유체의 밀도는 ρ, 중력가속도는 g로 표시된다.)

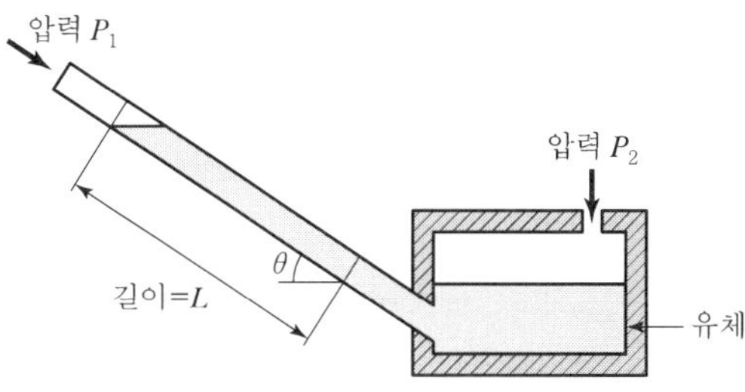

① $P_1 - P_2 = \rho gL$
② $P_1 - P_2 = -\rho gL$
③ $P_1 - P_2 = \rho gL\sin\theta$
④ $P_1 - P_2 = -\rho gL\sin\theta$

해설 압력 높이 차 $P_2 - P_1 = \rho gL\sin\theta$이므로
$P_1 - P_2 = -\rho gL\sin\theta$

31 다음 중 구조상 보상도선을 반드시 사용하여야 하는 온도계는?

① 열전대식 온도계　② 광고온계
③ 방사온도계　④ 전기식 온도계

해설

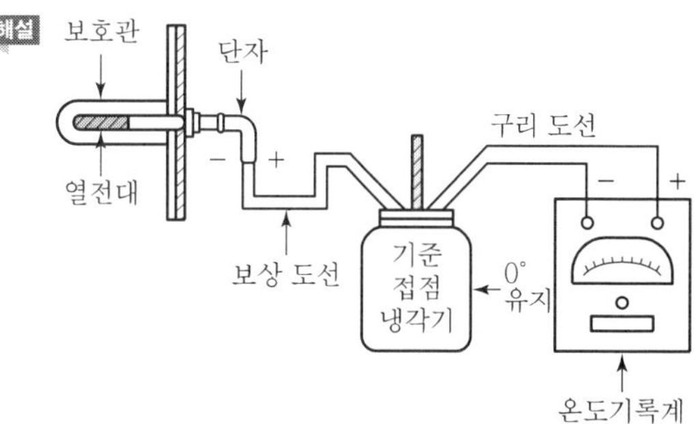

32 저항온도계의 일종으로 온도 변화에 따라 저항치가 변화하는 반도체의 성질을 이용, 온도계수가 크고 응답속도가 빠르며, 국부적인 온도측정이 가능한 온도계는?

① 열전대온도계　② 서미스터온도계
③ 베크만온도계　④ 바이메탈온도계

해설 측온저항온도계
㉠ 백금측온계
㉡ 니켈측온계
㉢ 구리측온계
㉣ 서미스터측온계(반도체온도계)
※ 서미스터저항 온도계에는 봉상, 원판상, 구상이 있다.

33 액면계를 측정방법에 따라 분류할 때 간접법을 이용한 액면계가 아닌 것은?

① 게이지 글라스 액면계
② 초음파식 액면계
③ 방사선식 액면계
④ 압력식 액면계

해설 직접식 액면계
㉠ 게이지 글라스(유리관식)
㉡ 부자식(고온 고압용)
㉢ 검척식(막대표시식)

34 압력 12kgf/cm²로 공급되는 어떤 수증기의 건도가 0.95이다. 이 수증기 1kg당 엔탈피는?(단, 압력 12kgf/cm²에서 포화수의 엔탈피는 189.8kcal/kg, 포화증기 엔탈피는 664.5kcal/kg이다.)

① 474.7kcal/kg　② 531.3kcal/kg
③ 640.8kcal/kg　④ 854.3kcal/kg

해설 습증기엔탈피(h_2)=포화수엔탈피+증기건도×증발잠열
증발잠열(r)=포화증기엔탈피−포화수엔탈피
$\therefore h_2 = 189.8 + 0.95(664.5 - 189.8) = 640.8$kcal/kg

35 오차에 대한 설명으로 틀린 것은?

① 계통오차는 발생원인을 알고 보정에 의해 측정값을 바르게 할 수 있다.
② 계측상태의 미소변화에 의한 것은 우연오차이다.
③ 표준편차는 측정값에서 평균값을 더한 값의 제곱의 산술평균의 제곱근이다.
④ 우연오차는 정확한 원인을 찾을 수 없어 완전한 제거가 불가능하다.

해설 오차
㉠ 계통적 오차(측정기 오차, 개인오차)
㉡ 우연오차(측정기산포, 측정자의 산포, 측정환경에 의한 산포)

36 전자 밸브를 이용하여 온도를 제어하려 할 때 전자 밸브에 온도 신호를 보내기 위해 필요한 장치는?

① 압력센서 ② 플로트 스위치
③ 스톱 밸브 ④ 서모스탯

해설 온도제어 : 서모스탯 온도센서 사용

37 잔류편차(Off-set)가 있는 제어는?

① P 제어 ② I 제어
③ PI 제어 ④ PID 제어

해설
• P 제어(비례동작) : 잔류편차 발생
• I 제어(적분동작) : 잔류편차 제거
• D 제어(미분제어동작) : 조작량이 동작신호의 변화속도(미분값)에 비례하는 동작(초기상태에서 큰 수정 동작을 한다.)

38 보일러의 상당증발량이란 1시간 동안의 실제 증발량을 몇 기압, 몇 ℃의 포화수를 같은 온도의 포화 증기로 만드는 증기량으로 환산하여 표시한 것인가?

① 1기압, 0℃ ② 1기압, 100℃
③ 3기압, 85℃ ④ 10기압, 100℃

해설 상당증발량(W_e)
1시간, 1기압, 100℃에서 같은 온도의 포화증기로 만드는 증기량(보일러 설계용량)

39 보일러의 열손실에 해당되지 않는 것은?

① 굴뚝으로 배출되는 배기가스 열량의 손실
② 미보온에 의한 방열손실
③ 연료 중의 수소나 수분에 의한 손실
④ 연료의 불완전연소에 의한 손실

해설
• 연료 중 수분은 열손실을 유발한다.(수소는 가연성 성분이다.)
• $H_2 + \frac{1}{2}O_2 \rightarrow H_2O$
수소 연소 시 수분 발생 → 열손실 유발

40 보일러 드럼(Drum) 수위를 제어하기 위하여 활용되고 있는 수위제어 검출방식이 아닌 것은?

① 전극식 ② 차압식
③ 플로트식 ④ 공기식

해설 수면검출기의 종류
• 전극식 • 차압식
• 코프식 • 플로트식

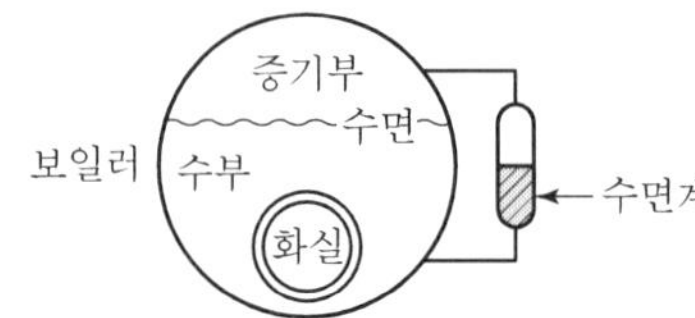

SECTION 03 열설비구조 및 시공

41 증기 어큐뮬레이터(Accumulator)를 설치할 때의 장점이 아닌 것은?

① 증기의 과부족을 해소시킨다.
② 보일러의 연소량을 일정하게 할 수 있다.
③ 부하 변동에 대한 보일러의 압력변화가 적다.
④ 증기 속에 포함된 수분을 제거한다.

35. ③ 36. ④ 37. ① 38. ② 39. ③ 40. ④ 41. ④ | ANSWER

해설

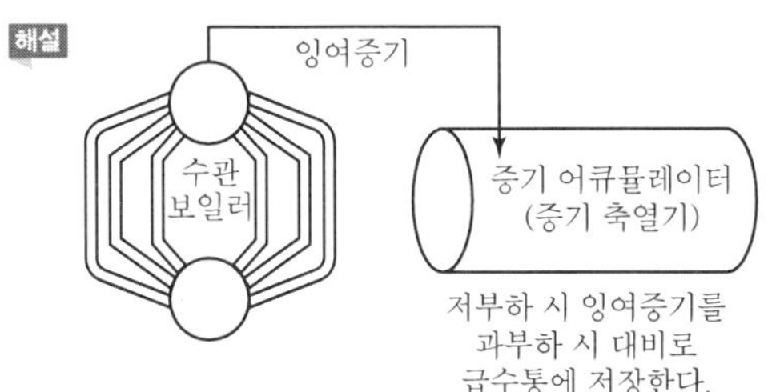

(수분 제거 : 기수 분리기, 비수 방지관)

42 **입형보일러의 특징에 관한 설명으로 틀린 것은?**

① 설치면적이 비교적 작은 곳에 유리하다.
② 전열면적을 크게 할 수 있으므로 열효율이 크다.
③ 증기 발생이 빠르고 설비비가 적게 든다.
④ 보일러 통을 수직으로 세워 설치한 것이다.

해설 입형보일러(버티컬 보일러)는 전열면적이 적고 열효율이 나쁘다.

43 **대형 보일러 설비 중 절탄기(Economizer)란?**

① 석탄을 연소시키는 장치
② 석탄을 분쇄하기 위한 장치
③ 보일러급수를 예열하는 장치
④ 연소가스로 공기를 예열하는 장치

해설

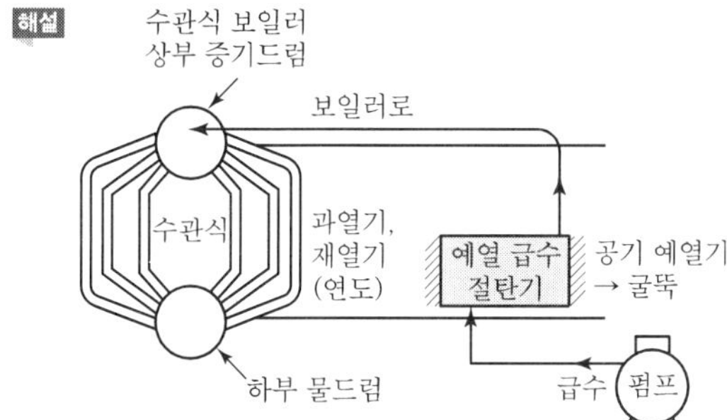

44 **단열 벽돌을 요로에 사용하였을 때 나타나는 효과가 아닌 것은?**

① 노 내 온도가 균일해진다.
② 열전도도가 작아진다.
③ 요로의 열용량이 커진다.
④ 내화 벽돌을 배면에 사용하면 내화벽돌의 스폴링을 방지한다.

해설

내화벽
(화실)
단열벽
(축열용량이 작아진다.)

45 **아래에서 설명하는 밸브의 명칭은?**

- 직선배관에 주로 설치한다.
- 유입방향과 유출방향이 동일하다.
- 유체에 대한 저항이 크다.
- 개폐가 쉽고 유량 조절이 용이하다.

① 슬루스 밸브 ② 글로브 밸브
③ 플로트 밸브 ④ 버터플라이 밸브

해설 글로브 밸브(옥형판 밸브)는 유량조절밸브이다.

46 **열확산계수에 대한 운동량확산계수의 비에 해당하는 무차원수는?**

① 프란틀(Prandtl)수
② 레이놀즈(Reynolds)수
③ 그라쇼프(Grashoff)수
④ 누셀(Nusselt)수

해설 프란틀 무차원수
열확산계수에 대한 운동량 확산계수의 비

47 **신 · 재생에너지 설비 중 지하수 및 지하의 열 등의 온도차를 변환시켜 에너지를 생산하는 설비는?**

① 지열에너지 설비 ② 해양에너지 설비
③ 연료전지 설비 ④ 수력에너지 설비

해설 지열에너지 설비
신 · 재생에너지 설비 중 지하수 및 지하의 열 등의 온도차를 변환시켜 에너지를 생산하는 설비이다.

48 **주철제 보일러의 특징에 관한 설명으로 틀린 것은?**

① 내식성, 내열성이 좋다.
② 구조가 간단하고, 충격이나 열응력에 강하다.
③ 내부 청소가 어렵다.
④ 저압으로 운전되므로 파열 시 피해가 적다.

ANSWER | 42. ② 43. ③ 44. ③ 45. ② 46. ① 47. ① 48. ②

해설 주철은 충격에 약하고 열응력에 약하다.(용접이 불가능하다.)

49 강관의 두께를 나타내는 번호인 스케줄 번호를 나타내는 식은?(단, 허용응력 : S (kg/mm²), 사용최고압력 : P (kg/cm²))

① $10\times\frac{S}{P}$ ② $10\times\frac{P}{S}$

③ $10\times\frac{P}{\sqrt{S}}$ ④ $10\times\frac{S}{\sqrt{P}}$

해설
- 강관의 스케줄 번호 $=10\times\frac{P}{S}$
- 스케줄 번호가 큰 경우 강관의 두께가 두껍다.

50 KS규격에 일정 이상의 내화도를 가진 재료를 규정하는데 공업요로, 요업요로에 사용되는 내화물의 규정 기준은?

① SK 19(1,520℃) 이상
② SK 20(1,530℃) 이상
③ SK 26(1,580℃) 이상
④ SK 27(1,610℃) 이상

해설 ㉠ 내화물 SK 26 : 1,580℃ 이상
㉡ 제게르 추(SK NO 26~42까지)
㉢ SK 35 : 1,770℃
㉣ SK 42 : 2,000℃

51 증발량 3,500kg/h인 보일러의 증기엔탈피가 640kcal/kg이며, 급수엔탈피는 20kcal/kg이다. 이 보일러의 상당증발량은?

① 4,155kg/h
② 4,026kg/h
③ 3,500kg/h
④ 3,085kg/h

해설 상당증발량$(W_e)=\frac{W(h_2-h_1)}{539}=\frac{3,500\times(640-20)}{539}$
$=4,026$kg/h

52 다음 중 대차(Kiln Car)를 쓸 수 있는 가마는?

① 등요(Up Hill Kiln)
② 선가마(Shaft Kiln)
③ 회전요(Rotary Kiln)
④ 셔틀가마(Shuttle Kiln)

해설 반연속요인 셔틀가마에 내화물 소성을 위하여 대차가 사용된다.

53 수관보일러의 특징으로 틀린 것은?

① 보일러 효율이 높다.
② 고압 대용량에 적합하다.
③ 전열면적당 보유수량이 적어 가동시간이 짧다.
④ 구조가 간단하여 취급, 청소, 수리가 용이하다.

해설 수관식은 구조가 복잡하고 취급이나 청소, 수리가 불편하나 대용량 보일러이다.

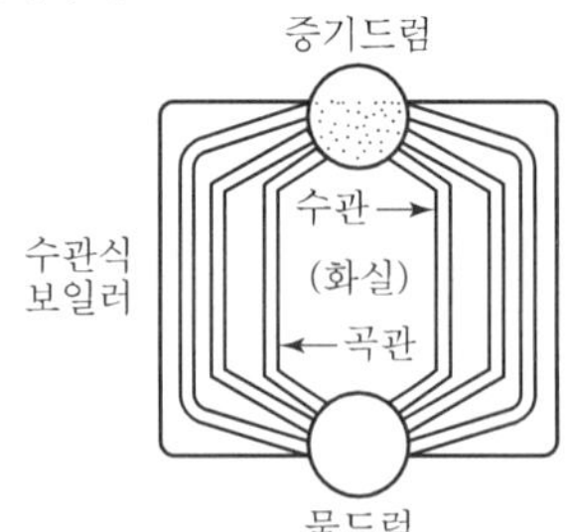

54 전기전도도 및 열전도도가 비교적 크고, 내식성과 굴곡성이 풍부하여 전기단자, 압력계관, 급수관, 냉난방관에 사용되는 관은?

① 강관 ② 동관
③ 스테인리스 강관 ④ PVC 관

해설 동관의 특성
㉠ 전기, 열전도도가 크다.
㉡ 내식성, 굴곡성이 풍부하다.
㉢ 압력계관, 급수관, 냉 · 난방관용이다.

49. ② 50. ③ 51. ② 52. ④ 53. ④ 54. ② | ANSWER

55 증기보일러에 압력계를 설치할 때 압력계와 보일러를 연결시키는 관은?

① 냉각관　② 통기관
③ 사이폰관　④ 오버플로관

해설
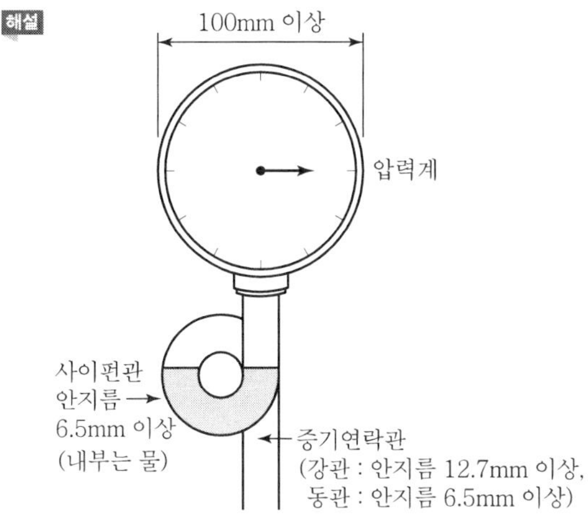

56 동일 지름의 안전밸브를 설치할 경우 다음 중 분출량이 가장 많은 형식은?

① 저양정식　② 온양정식
③ 전량식　④ 고양정식

해설 안전밸브 분출량(kg/h) 크기
전양식 > 전양정식 > 고양정식 > 저양정식

57 두께 25.4mm인 노벽의 안쪽온도가 352.7K이고 바깥쪽 온도는 297.1K이며 이 노벽의 열전도도가 0.048W/m · K일 때, 손실되는 열량은?

① 75W/m^2　② 80W/m^2
③ 98W/m^2　④ 105W/m^2

해설 열전도손실열$(Q) = \lambda \times \frac{A \cdot \Delta t}{b}$

$= 0.048 \times \frac{1 \times (352.7 - 297.1)}{0.0254}$

$= 105\text{W/m}^2$

※ 25.4mm = 0.0254m

58 배관재료에 대한 설명으로 틀린 것은?

① 주철관은 용접이 용이하고 인장강도가 크기 때문에 고압용 배관에 사용된다.
② 탄소강 강관은 인장강도가 크고, 접합작업이 용이하여 일반배관, 고온고압의 증기 배관으로 사용된다.
③ 동관은 내식성, 굴곡성이 우수하고 전기열의 양도체로서 열교환기용, 압력계용으로 사용된다.
④ 알루미늄관은 열전도도가 좋으며, 가공이 용이하여 전기기기, 광학기기, 열교환기 등에 사용된다.

해설 강관, 강판은 용접이 용이하고 인장강도가 크다.(고압배관에 많이 사용된다.)

59 안전밸브의 증기누설이나 작동불능의 원인으로 가장 거리가 먼 것은?

① 밸브 구경이 사용압력에 비해 클 때
② 밸브 축이 이완될 때
③ 스프링의 장력이 감소될 때
④ 밸브 시트 사이에 이물질이 부착될 때

해설 밸브 구경이 사용압력에 비해 크면 증기누설은 방지된다.

60 배관용 탄소 강관 접합 방식이 아닌 것은?

① 나사접합
② 용접접합
③ 플랜지접합
④ 압축접합

해설 압축접합 : 20mm 이하 동관의 플레어 접합

ANSWER | 55. ③ 56. ③ 57. ④ 58. ① 59. ① 60. ④

SECTION 04 열설비 취급 및 안전관리

61 에너지이용 합리화법에 따라 보일러 사용자와 보험계약을 체결한 보험사업자가 15일 이내에 시 · 도지사에게 알려야 하는 경우가 아닌 것은?

① 보험계약담당자가 변경된 경우
② 보험계약에 따른 보증기간이 만료한 경우
③ 보험계약이 해지된 경우
④ 사용자에게 보험금을 지급한 경우

해설 시 · 도지사에게 보험사업자가 알려야 할 사항
보기 ②, ③, ④ 외 보험계약이 해지된 경우 등

62 보일러 스케일 발생의 방지대책과 가장 거리가 먼 것은?

① 보일러수에 약품을 넣어 스케일 성분이 고착되지 않게 한다.
② 물에 용해도가 큰 규산 및 유지분 등을 이용하여 세관 작업을 실시한다.
③ 보일러수의 농축을 막기 위하여 분출을 적절히 실시한다.
④ 급수 중의 염류 불순물을 될 수 있는 한 제거한다.

해설 세관제
㉠ 산세관 : 염산, 황산, 인산, 질산, 광산
㉡ 유기산세관 : 구연산, 시트릭산, 옥살산, 구연산암모늄, 설파민산
㉢ 알칼리세관 : 암모니아, 가성소다, 탄산소다, 인산소다

63 사용 중인 보일러의 점화 전 준비사항과 가장 거리가 먼 것은?

① 수면계의 수위를 확인한다.
② 압력계의 지시압력 감시 등 증기압력을 관리한다.
③ 미연소가스의 배출을 위해 댐퍼를 완전히 열고 노와 연도 내를 충분히 통풍시킨다.
④ 연료, 연소장치를 점검한다.

해설 압력계 지시압력 감시는 점화 전이 아닌 보일러 운전 중에 수시로 관리한다.

64 에너지이용 합리화법에서 정한 효율관리기자재에 속하지 않는 것은?

① 전기냉장고 ② 자동차
③ 조명기기 ④ 텔레비전

해설 시행규칙 제7조에 의한 효율관리기자재는 보기 ①, ②, ③ 외 삼상유도전동기, 전기냉방기, 전기세탁기 등이다.

65 에너지이용 합리화법에서 효율관리기자재의 지정 등 산업통상자원부령으로 정하는 기자재에 대한 고시기준이 아닌 것은?

① 에너지의 목표소비효율
② 에너지의 목표사용량
③ 에너지의 최저소비효율
④ 에너지의 최저사용량

해설 효율관리기자재의 고시기준(법 제15조)
보기 ①, ②, ③ 외 에너지 최대사용량의 기준, 에너지의 소비효율 등급기준 및 등급표시, 에너지사용량의 측정방법 등이다.

66 보일러 사용 중 수시로 점검해야 할 사항으로만 구성된 것은?

① 압력계, 수면계
② 배기가스 성분, 댐퍼
③ 안전밸브, 스톱밸브, 맨홀
④ 연료의 성상, 급수의 수질

해설 압력계, 수면계는 보일러 운전 시 수시로 점검해야 한다.

67 에너지이용 합리화법에 따라 다음 중 벌칙기준이 가장 무거운 것은?

① 해당 법에 따른 검사대상기기의 검사를 받지 아니한 자
② 해당 법에 따른 검사대상기기조종자를 선임하지 아니한 자
③ 해당 법에 따른 에너지저장시설의 보유 또는 저장의무의 부과 시 정당한 이유 없이 이를 거부하거나 이행하지 아니한 자
④ 해당 법에 따른 효율관리기자재에 대한 에너지 사용량의 측정결과를 신고하지 아니한 자

61. ① 62. ② 63. ② 64. ④ 65. ④ 66. ① 67. ③ | ANSWER

해설 ① 1년 이하의 징역 또는 1천만 원 이하 벌금
② 1천만 원 이하의 징역
③ 2년 이하의 징역 또는 2천만 원 이하의 벌금
④ 5백만 원 이하의 벌금

68 보일러 산세관 시 사용하는 부식억제제의 구비조건으로 틀린 것은?

① 점식 발생이 없을 것
② 부식 억제능력이 클 것
③ 물에 대한 용해도가 작을 것
④ 세관액의 온도농도에 대한 영향이 적을 것

해설 • 염산세관 시 부식억제제(인히비터)는 물에 대한 용해도가 커야 한다.
• 부식억제제 : 수지계 물질, 알코올류, 알데히드류, 케톤류, 아민유도체, 함질소 유기화합물

69 보일러설치검사 기준에서 정한 압력방출장치 및 안전밸브에 대한 설명으로 틀린 것은?

① 증기 보일러에는 2개 이상 안전밸브를 설치하여야 한다.
② 전열면적이 $50m^2$ 이하의 증기보일러에서는 안전밸브를 1개 이상으로 한다.
③ 관류보일러에서 보일러와 압력방출장치 사이에 체크밸브를 설치할 경우 압력방출 장치는 2개 이상으로 한다.
④ 안전밸브는 쉽게 검사할 수 있는 장소에 밸브축을 수평으로 하여 가능한 한 보일러 동체에 간접 부착한다.

해설 안전밸브는 보일러 동체에 수직으로 직접 부착시킨다.

70 다음 중 보일러 급수에 함유된 성분 중 전열면 내면 점식의 주원인이 되는 것은?

① O_2 ② N_2
③ $CaSO_4$ ④ $NaSO_4$

해설 점식(피팅)의 원인
용존산소(O_2)

71 시공업자단체에 관하여 에너지이용 합리화법에 규정한 것을 제외하고 어느 법의 사단법인에 관한 규정을 준용하는가?

① 상법 ② 행정법
③ 민법 ④ 집단에너지사업법

해설 시공업자단체에 관한 것은 에너지이용 합리화법에 규정한 것 외에는 민법의 규정을 준용한다.

72 에너지이용 합리화법에 따라 에너지저장의무 부과대상자로 가장 거리가 먼 것은?

① 전기사업자 ② 석탄가공업자
③ 도시가스사업자 ④ 원자력사업자

해설 에너지저장의무 부과대상자는 법 제12조에 의거 보기 ①, ②, ③ 외 집단에너지사업자, 연간 2만 석유환산톤 이상의 에너지를 사용하는 자 등이다.

73 보일러 급수 중에 용해되어 있는 칼슘염, 규산염 및 마그네슘염이 농축되었을 때 보일러에 영향을 미치는 것으로 가장 적절한 것은?

① 슬러지 생성의 원인이 된다.
② 보일러의 효율을 향상시킨다.
③ 가성취화와 부식의 원인이 된다.
④ 스케일 생성과 국부적 과열의 원인이 된다.

해설 스케일 주성분(과열의 원인)
칼슘염, 규산염, 마그네슘염

74 보일러 이상연소 중 불완전연소의 원인이 아닌 것은?

① 연소용 공기량이 부족할 경우
② 연소속도가 적정하지 않을 경우
③ 버너로부터의 분무입자가 작을 경우
④ 분무연료와 연소용 공기와의 혼합이 불량할 경우

해설 중유오일(B-C 油)의 분무입자(오일미립화)가 작을 경우 완전연소가 용이하다.

ANSWER | 68. ③ 69. ④ 70. ① 71. ③ 72. ④ 73. ④ 74. ③

75 **보일러의 성능을 향상시키기 위하여 지켜야 할 사항이 아닌 것은?**

① 과잉공기를 가급적 많게 한다.
② 외부 공기의 누입을 방지한다.
③ 증기나 온수의 누출을 방지한다.
④ 전열면의 그을음 등을 주기적으로 제거한다.

해설 • 과잉공기 = 공기비 − 1
• 과잉공기가 많으면 열손실 증가, 배기가스양 증가, 노 내 온도저하 발생

76 **유류 보일러에서 연료유의 예열온도가 낮을 때 발생될 수 있는 현상이 아닌 것은?**

① 화염이 편류된다.
② 무화가 불량하게 된다.
③ 기름의 분해가 발생한다.
④ 그을음이나 분진이 발생한다.

해설 유류의 예열온도가 너무 높으면 기름의 열분해(C, H, S)가 발생한다.

77 **보일러의 분출사고 시 긴급조치 사항으로 틀린 것은?**

① 보일러 부근에 있는 사람들을 우선 안전한 곳으로 긴급히 대피시켜야 한다.
② 연소를 정지시키고 압입통풍기를 정지시킨다.
③ 다른 보일러와 증기관이 연결되어 있는 경우에는 증기밸브를 닫고 증기관 연결을 끊는다.
④ 급수를 정지하여 수위 저하를 막고 보일러의 수위 유지에 노력한다.

해설 분출사고 시는 긴급 조치한 후에 급수 펌프를 가동하여 수위 저하 방지에 노력한다.

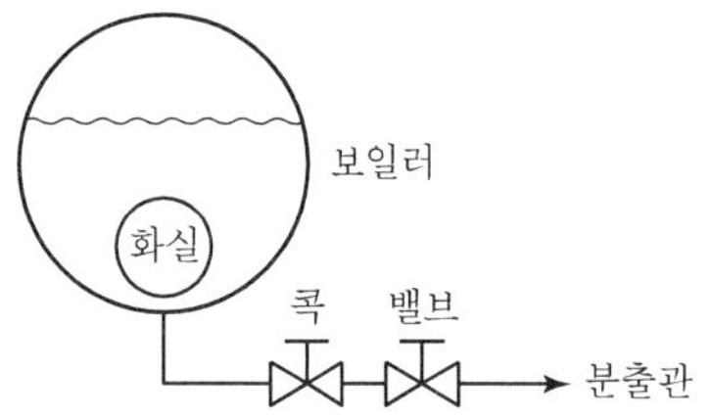

78 **보일러 설치 시 옥내설치방법에 대한 설명으로 틀린 것은?**

① 소용량 보일러는 반격벽으로 구분된 장소에 설치할 수 있다.
② 보일러 동체 최상부로부터 보일러실의 천장까지의 거리에는 제한이 없다.
③ 연료를 저장할 때는 보일러 외측으로부터 2m 이상 거리를 둔다.
④ 보일러는 불연성 물질의 격벽으로 구분된 장소에 설치하여야 한다.

해설

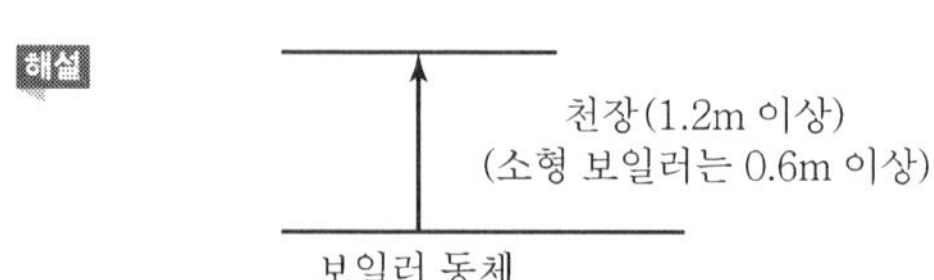

79 **난방면적(바닥면적)이 45m², 벽체 면적(창문, 문 포함)은 50m², 외기 온도는 −5℃, 실내온도 23℃, 벽체의 열관류율이 5kcal/m²·h·℃일 때 방위계수가 1.1이라면 이때의 난방부하는?(단, 천장면적은 바닥면적과 동일한 것으로 본다.)**

① 7,700kcal/h
② 19,600kcal/h
③ 21,560kcal/h
④ 23,100kcal/h

해설 난방부하 $= A \times K \times \Delta t_m \times K$
$= \{(45\times2)+50\}\times5\times\{23-(-5)\}\times1.1$
$= 21{,}560$kcal/h
※ 바닥이 45m²면 천장도 45m²이다.

80 **보일러 수면계의 기능시험의 시기가 아닌 것은?**

① 수면계를 보수 교체했을 때
② 2개 수면계의 수위가 서로 다를 때
③ 수면계 수위의 움직임이 민첩할 때
④ 포밍이나 프라이밍 현상이 발생할 때

해설 수면계는 수위의 움직임이 둔할 때 수면계의 기능을 시험한다.

75. ① 76. ③ 77. ④ 78. ② 79. ③ 80. ③ | ANSWER

SECTION 01 열역학 및 연소관리

01 다음 중 열관류율의 단위로 옳은 것은?

① kcal/m^2 · h · ℃
② kcal/m · h · ℃
③ kcal/h
④ kcal/m^2 · h

해설 ① 열관류율의 단위
② 열전도율의 단위
③ 전열량의 단위
④ 단위면적당 전열량의 단위

02 0℃의 얼음 100g을 50℃의 물 400g에 넣으면 몇 ℃가 되는가?(단, 얼음의 융해잠열은 80kcal/kg이고, 물의 비열은 1kcal/kg · ℃로 가정한다.)

① 8.4℃ ② 13.5℃
③ 26.7℃ ④ 38.8℃

해설 얼음의 융해열=0.1kg×80kcal/kg=8kcal
물의 현열=0.4kg×1kcal/kg · ℃×(50−0)=20kcal
얼음의 비열=0.5kcal/kg · ℃
∴ 혼합물의 온도(t)= $\dfrac{20-8}{0.1\times0.5+0.4\times1}$=26.7℃

03 액체연료 연소방식에서 연료를 무화시키는 목적으로 틀린 것은?

① 연소효율을 높이기 위하여
② 연소실의 열부하를 낮게 하기 위하여
③ 연료와 연소용 공기의 혼합을 고르게 하기 위하여
④ 연료 단위 중량당 표면적을 크게 하기 위하여

해설 액체연료 중 중질유(중유 C급)는 점성이 높아서 증발 기화되지 않는다. 따라서 안개 방울로 만들어서(무화) 연소실의 열부하(kcal/m^3 · h)를 높인다.

04 기체연료의 연소 형태로서 가장 옳은 것은?

① 확산연소 ② 증발연소
③ 표면연소 ④ 분해연소

해설 기체연료의 연소방식
㉠ 확산연소방식
㉡ 예혼합연소방식

05 회분이 연소에 미치는 영향에 대한 설명으로 틀린 것은?

① 연소실의 온도를 높인다.
② 통풍에 지장을 주어 연소효율을 저하시킨다.
③ 보일러 벽이나 내화벽돌에 부착되어 장치를 손상시킨다.
④ 용융 온도가 낮은 회분은 클린커(Clinker)를 작용시켜 통풍을 방해한다.

해설 회분은 재로서 고체연료에서 많이 생산된다. 회분이 많으면 가연성 성분이 적어서 연소실의 온도가 낮다.

06 압력 0.2MPa, 온도 200℃의 이상기체 2kg이 가역 단열과정으로 팽창하여 압력이 0.1MPa로 변화하였다. 이 기체의 최종온도는?(단, 이 기체의 비열비는 1.4이다.)

① 92℃ ② 115℃
③ 365℃ ④ 388℃

해설 단열변화

$$\frac{T_2}{T_1}=\left(\frac{V_1}{V_2}\right)^{k-1}=\left(\frac{P_2}{P_1}\right)^{\frac{k-1}{k}},$$

$$\therefore\ T_2=T_1\times\left(\frac{P_2}{P_1}\right)^{\frac{k-1}{k}}=(200+273)\times\left(\frac{0.1}{0.2}\right)^{\frac{1.4-1}{1.4}}$$

$$=388\text{K}=115℃$$

※ 섭씨온도(℃)=켈빈온도(K)−273

07 정적과정, 정압과정 및 단열과정으로 구성된 사이클은?

① 카르노 사이클　② 디젤 사이클
③ 브레이턴 사이클　④ 오토 사이클

해설 디젤사이클(Diesel Cycle)

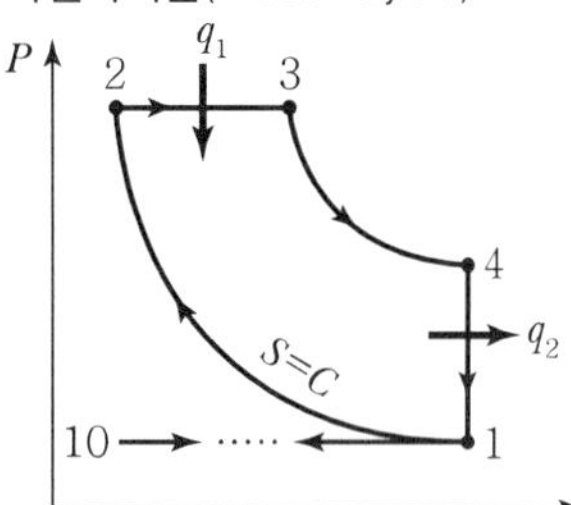

- 1 → 2 : 단열압축　• 2 → 3 : 정압가열
- 3 → 4 : 단열팽창　• 4 → 1 : 정적방열

08 습증기의 건도에 관한 설명으로 옳은 것은?

① 습증기 1kg 중에 포함되어 있는 액체의 양을 습증기 1kg 중에 포함된 건포화증기의 양으로 나눈 값
② 습증기 1kg 중에 포함되어 있는 건포화증기의 양을 습증기 1kg 중에 포함된 액체의 양으로 나눈 값
③ 습증기 1kg 중에 포함되어 있는 액체의 양을 습증기 1kg으로 나눈 값
④ 습증기 1kg 중에 포함되어 있는 건포화증기의 양을 습증기 1kg으로 나눈 값

해설 습증기 건도(x)
- 습증기 1kg 중에 포함된 건증기(건포화증기)의 양을 습증기 1kg으로 나눈 값이다.
- 건조도 크기 : $1 > x > 0$

09 다음 연료 중 이론공기량(Nm^3/Nm^3)을 가장 많이 필요로 하는 것은?(단, 동일 조건으로 기준한다.)

① 메탄　② 수소
③ 아세틸렌　④ 이산화탄소

해설 이론공기가 많이 필요한 연료는 산소 요구량이 많다.
① $CH_4 + 2O_2 \rightarrow CO_2 + 2H_2O$
② $H_2 + 1/2O_2 \rightarrow H_2O$
③ $C_2H_2 + 2.5O_2 \rightarrow CO_2 + H_2O$
④ CO_2는 연소가 끝난 연소생성물이다.

10 오토 사이클에서 압축비가 7일 때 열효율은?(단, 비열비 $k = 1.4$이다.)

① 0.13　② 0.38
③ 0.54　④ 0.76

해설 내연기관 오토사이클(Otto Cycle)

$$\text{열효율} = 1 - \left(\frac{1}{\varepsilon}\right)^{k-1} = 1 - \left(\frac{1}{7}\right)^{1.4-1} = 0.54$$

11 물 1kg이 100℃에서 증발할 때 엔트로피의 증가량은?(단, 이때 증발열은 2,257kJ/kg이다.)

① 0.01kJ/kg · K　② 1.4kJ/kg · K
③ 6.1kJ/kg · K　④ 22.5kJ/kg · K

해설 엔트로피 증가량(Δs) : $s_2 - s_1 = \frac{1}{T}\int_1^2 \delta Q = \frac{{}_1Q_2}{T}$

$$\therefore \frac{2{,}257}{273+100} = 6.1\text{kJ/kg} \cdot \text{K}$$

12 온도 27℃, 최초 압력 100kPa인 공기 3kg을 가역단열적으로 1,000kPa까지 압축하고자 할 때 압축일의 값은?(단, 공기의 비열비 및 기체상수는 각각 $k = 1.4$, $R = 0.287$kJ/kg · K이다.)

① 200kJ　② 300kJ
③ 500kJ　④ 600kJ

해설

$$T_2 = T_1 \times \left(\frac{P_2}{P_1}\right)^{\frac{k-1}{k}} = (273+27) \times \left(\frac{1{,}000}{100}\right)^{\frac{1.4-1}{1.4}}$$
$$= 579\text{K} = 306℃$$
$${}_1W_2 = GRT\ln\left(\frac{P_2}{P_1}\right)$$
$$= 3 \times 0.287 \times (27+273) \times \ln\left(\frac{1{,}000}{100}\right) \fallingdotseq 600\text{kJ}$$

13 대기압하에서 건도가 0.9인 증기 1kg이 가지고 있는 증발잠열은?

① 53.9kcal　② 100.3kcal
③ 485.1kcal　④ 539.2kcal

해설 대기압하에서 물의 증발열 = 539kcal/kg
∴ 증발잠열 = 539 × 0.9 = 485.1kcal/kg

7. ② 8. ④ 9. ③ 10. ③ 11. ③ 12. ④ 13. ③ | ANSWER

14 공기 과잉계수(공기비)를 옳게 나타낸 것은?

① 실제 연소 공기량÷이론공기량
② 이론공기량÷실제 연소 공기량
③ 실제 연소 공기량－이론공기량
④ 공급공기량－이론공기량

해설 공기과잉계수(공기비)

$$공기비(m) = \frac{실제\ 연소\ 공기량}{이론공기량}$$

15 디젤사이클의 이론열효율을 표시하는 식으로 차단비(Cut Off Ratio) σ를 나타내는 식으로 옳은 것은?

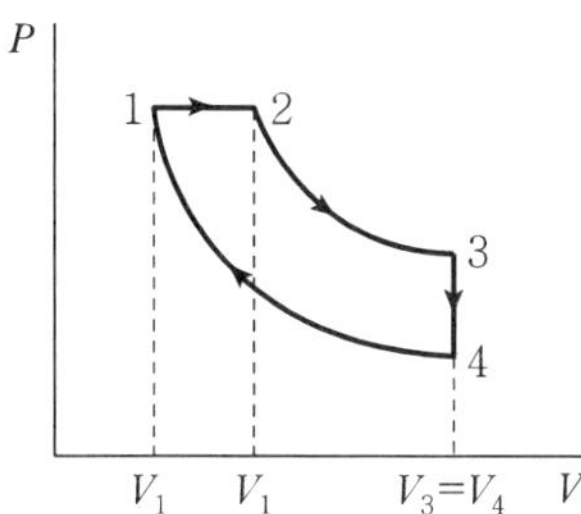

① $\sigma = \frac{V_1}{V_3}$　② $\sigma = \frac{V_3}{V_1}$

③ $\sigma = \frac{V_2}{V_1}$　④ $\sigma = \frac{V_1}{V_2}$

해설 디젤사이클

압축비와 단절비(차단비)의 함수이며 압축비(ε)가 크고 단절비(σ)가 작을수록 열효율이 커진다. '단절비(σ)=체적비'이다.

$$\therefore \sigma = \frac{V_2}{V_1}$$

$$※\ 열효율(\eta_d) = 1 - \left(\frac{1}{\varepsilon}\right)^{k-1} \times \frac{\sigma^{k-1}}{k(\sigma-1)}$$

16 5kcal의 열을 전부 일로 변환하면 몇 kgf·m인가?

① 50kgf·m
② 100kgf·m
③ 327kgf·m
④ 2,135kgf·m

해설 1kcal＝427kgf·m

∴ 427×5＝2,135kgf·m

17 기체연료 저장설비인 가스홀더의 종류가 아닌 것은?

① 유수식 가스홀더
② 무수식 가스홀더
③ 고압가스홀더
④ 저압가스홀더

해설 기체연료의 가스홀더 종류

㉠ 유수식(저압식)
㉡ 무수식(저압식)
㉢ 고압가스홀더

18 어떤 기체가 압력 300kPa, 체적 $2m^3$의 상태로부터 압력 500kPa, 체적 $3m^3$의 상태로 변화하였다. 이 과정 중에 내부에너지의 변화가 없다고 하면 엔탈피의 변화량은?

① 500kJ　② 870kJ
③ 900kJ　④ 975kJ

해설 $h = u + APV$

$\Delta H = \Delta U + A(P_2V_2 - P_1V_1)$

$\therefore \Delta H = (500 \times 3 - 300 \times 2) = 900\text{kJ}$

19 프로판가스 $1Nm^3$을 완전연소시키는 데 필요한 이론공기량은?(단, 공기 중 산소는 21%이다.)

① $21.92Nm^3$
② $22.61Nm^3$
③ $23.81Nm^3$
④ $24.62Nm^3$

해설 프로판가스(C_3H_8)

$C_3H_8 + 5O_2 \rightarrow 3CO_2 + 4H_2O$

$$이론공기량(A_o) = 이론산소량 \times \frac{1}{0.21}$$

$$= 5 \times \frac{1}{0.21} = 23.81\text{Nm}^3/\text{Nm}^3$$

ANSWER | 14. ① 15. ③ 16. ④ 17. 전항 정답 18. ③ 19. ③

20 압력에 관한 설명으로 옳은 것은?

① 압력은 단위면적에 작용하는 수직성분과 수평성분의 모든 힘으로 나타낸다.
② 1Pa은 $1m^2$에 1kg의 힘이 작용하는 압력이다.
③ 절대압력은 대기압과 게이지압력의 합으로 나타낸다.
④ A, B, C 기체의 압력을 각각 P_a, P_b, P_c라고 표현할 때 혼합기체의 압력은 평균값인 $\frac{P_a+P_b+P_c}{3}$이다.

해설 ① 압력 : 단위면적당 수직으로 작용하는 힘
② $1atm = 760mmHg = 1.0332kg/cm^2 = 1.01325bar = 101.325Pa$
③ 절대압력 = 게이지압력 + 대기압력
④ 분압 = 전압 × $\frac{\text{성분몰수}}{\text{성분전체몰수}}$

SECTION 02 계측 및 에너지 진단

21 다음 Ⓐ, Ⓑ에 들어갈 내용으로 적절한 것은?

> 유체 관로에 설치된 오리피스(Orifice) 전후의 압력차는 (Ⓐ)에 (Ⓑ)한다.

① Ⓐ 유량의 제곱, Ⓑ 비례
② Ⓐ 유량의 평방근, Ⓑ 비례
③ Ⓐ 유량, Ⓑ 반비례
④ Ⓐ 유량의 평방근, Ⓑ 반비례

해설 차압식 유량계(오리피스, 벤투리미터, 플로노즐)
㉠ 유량은 차압의 제곱근에 비례한다.
㉡ 오리피스 전후의 압력차는 유량의 제곱에 비례한다.

22 수위제어방식이 아닌 것은?

① 1요소식 ② 2요소식
③ 3요소식 ④ 4요소식

해설 자동수위(FWC) 방식
㉠ 1요소식(단요소식) : 수위제어
㉡ 2요소식 : 수위, 증기량 제어
㉢ 3요소식 : 수위, 증기량, 급수량 제어

23 다음 중 저압가스의 압력 측정에 사용되며, 연돌가스의 압력 측정에 가장 적당한 압력계는?

① 링밸런스식 압력계 ② 압전식 압력계
③ 분동식 압력계 ④ 부르동관식 압력계

해설 링밸런스식(환상천평식) 압력계
저압가스의 압력이나 연돌 내의 통풍력 측정에 용이하다.

24 다음 중 유량을 나타내는 단위가 아닌 것은?

① m^3/h ② kg/min
③ L/s ④ kg/cm^2

해설 kgf/cm^2 : 압력의 단위

25 보일러 자동제어의 수위제어방식 3요소식에서 검출하지 않는 것은?

① 수위 ② 노내압
③ 증기유량 ④ 급수유량

해설 연소제어(ACC)
㉠ 증기압력제어(연료량, 공기량)
㉡ 노내압력제어(연소가스양)

26 다음 중 온도를 높여주면 산소 이온만을 통과시키는 성질을 이용한 가스분석계는?

① 세라믹 O_2계 ② 갈바닉 전자식 O_2계
③ 자기식 O_2계 ④ 적외선 가스분석계

해설 세라믹 O_2계
지르코니아(ZrO_2)를 주 원료로 한 분석계로서 세라믹의 온도를 높여 주변 산소(O_2) 이온만 통과시키는 성질을 이용한 물리적 가스분석계(산소농담전지에서 기전력을 발생하여 O_2를 측정)

27 열전달에 대한 설명으로 틀린 것은?

① 유체의 밀도차에 의한 유동에 의해 열이 전달되는 형태는 전도이다.
② 대류 전열에는 자연대류와 강제대류 방식이 있다.
③ 중간 열매체를 통하지 않고 열이 이동되는 형태는 복사이다.
④ 열전달에는 전도, 대류, 복사의 3방식이 있다.

20. ③ 21. ① 22. ④ 23. ① 24. ④ 25. ② 26. ① 27. ① ANSWER

해설 • 전도 : 고체에서의 열 이동이다.
(열전도율 단위 : kcal/m · h · ℃)
• 대류 : 유체의 밀도차에 의한 열전달이다.

28 측정기의 우연오차와 가장 관련이 깊은 것은?

① 감도 ② 부주의
③ 보정 ④ 산포

해설 산포
원인을 알 수 없는 우연오차

29 1차 제어장치가 제어명령을 하고 2차 제어장치가 1차 명령을 바탕으로 제어량을 조절하는 측정제어는?

① 캐스케이드 제어
② 추종제어
③ 프로그램제어
④ 비율제어

해설 목표값에 따른 자동제어 분류
㉠ 정치제어
㉡ 추치제어
㉢ 캐스케이드 제어(Cascade Control) : 측정제어라고 하며 2개의 제어계를 조합하여 1차 제어장치가 제어명령을 발하고, 2차 제어장치가 1차 명령을 바탕으로 제어량을 조절

30 저항식 습도계의 특징에 관한 설명으로 틀린 것은?

① 연속기록이 가능하다.
② 응답이 느리다.
③ 자동제어가 용이하다.
④ 상대습도 측정이 쉽다.

해설 전기저항식 습도계
저온도의 측정이 가능하고 응답이 빠르다.(상대습도 측정용)

31 지름이 200mm인 관에 비중이 0.9인 기름이 평균속도 5m/s로 흐를 때 유량은?

① 14.7kg/s ② 15.7kg/s
③ 141.4kg/s ④ 157.1kg/s

해설 유량(Q)=단면적×유속, 단면적$=\frac{\pi}{4}d^2(\text{m}^2)$

$\left\{\frac{3.14}{4}\times(0.2)^2\times5\right\}\times1,000=157\text{kg/s}$ (물의 경우)

$\therefore$ 157×0.9=141.4kg/s (기름)

32 제어동작 중 제어량에 편차가 생겼을 때 편차의 적분차를 가감하여 조작단의 이동 속도가 비례하는 동작으로 잔류편차가 남지 않으나 제어의 안정성이 떨어지는 동작은?

① 2위치 동작 ② 비례 동작
③ 미분 동작 ④ 적분 동작

해설 적분동작(I 동작, 제어연속동작)
I 동작 : $Y=K_p\int\varepsilon\,dt$
(K_p : 비례상수, ε : 편차)
㉠ 잔류편차(Offset) 제거
㉡ 제어의 안정성이 떨어진다.
㉢ 일반적으로 진동하는 경향이 있다.
㉣ 조작량이 동작신호의 적분값에 비례한다.

33 압력계 선택 시 유의하여야 할 사항으로 틀린 것은?

① 진동이나 충격 등을 고려하여 필요한 부속품을 준비하여야 한다.
② 사용목적에 따라 크기, 등급, 정도를 결정한다.
③ 사용압력에 따라 압력계의 범위를 결정한다.
④ 사용 용도는 고려하지 않아도 된다.

해설 압력계는 사용 용도를 반드시 고려해야 한다.

34 다음 중 탄성식 압력계가 아닌 것은?

① 부르동관식 압력계
② 링밸런스식 압력계
③ 벨로즈식 압력계
④ 다이어프램식 압력계

해설 링밸런스식 압력계(Ring Balance Manometer)
• 환상천평식(천칭식) 압력계이며 원형관 하부에 수은을 넣어서 기체압력 측정에 사용된다.
• 측정범위 : 25~3,000mmH$_2$O
• 봉입액 : 기름, 수은

ANSWER | 28. ④ 29. ① 30. ② 31. ③ 32. ④ 33. ④ 34. ②

35 다음 중 온－오프 동작(On－off Action)은?

① 2위치 동작
② 적분 동작
③ 속도 동작
④ 비례 동작

해설 • 불연속동작 : 2위치 동작, 간헐 동작, 다위치 동작
• 온－오프 동작 : 2위치 동작

36 가스분석계인 자동화학식 CO_2계에 대한 설명으로 틀린 것은?

① 오르자트(Orsat)식 가스분석계와 같이 CO_2를 흡수액에 흡수시켜 이것에 의한 시료 가스 용액의 감소를 측정하고 CO_2 농도를 지시한다.
② 피스톤의 운동으로 일정한 용적의 시료가스가 $CaCO_2$ 용액 중에 분출되며 CO_2는 여기서 용액에 흡수된다.
③ 조작은 모두 자동화되어 있다.
④ 흡수액에 따라 O_2 및 CO의 분석계로도 사용할 수 있다.

해설 CO_2 측정은 흡수용액(수산화칼륨용액 KOH 30% 이용)을 사용하고, $CaCO_2$(탄산칼슘)은 사용하지 않는다.

37 압력식 온도계가 아닌 것은?

① 액체압력식 온도계
② 증기압력식 온도계
③ 열전 온도계
④ 기체압력식 온도계

해설 열전대 온도계(열기전력 온도계)
㉠ 백금－로듐 온도계(0~1,600℃)
㉡ 크로멜－알루멜 온도계(－20~1,200℃)
㉢ 철－콘스탄탄 온도계(－20~460℃)
㉣ 구리－콘스탄탄 온도계(－180~350℃)

38 적외선 가스분석계의 특징에 대한 설명으로 옳은 것은?

① 선택성이 뛰어나다.
② 대상 범위가 좁다.
③ 저농도의 분석에 부적합하다.
④ 측정가스의 더스트 방지나 탈습에 충분한 주의가 필요 없다.

해설 적외선가스 분석계
㉠ 2원자분자 가스는 분석이 불가하다. (H_2), (O_2), (N_2) 등의 가스
㉡ 선택성이 뛰어나다.
㉢ 측정대상 범위가 넓고 저농도의 분석이 가능하다.
㉣ 측정가스는 먼지(Dust)나 습기의 방지에 주의가 필요하다.

39 열전대 온도계의 특징이 아닌 것은?

① 냉접점이 있다.
② 접촉식으로 가장 높은 온도를 측정한다.
③ 전원이 필요하다.
④ 자동제어, 자동기록이 가능하다.

해설 열전대 온도계는 자체의 기전력(제벡효과)을 이용하므로 전원이 불필요하다.

40 다음 중 열량의 계량단위가 아닌 것은?

① J
② kWh
③ Ws
④ kg

해설 kg : 중량, 질량의 단위

35. ① 36. ② 37. ③ 38. ① 39. ③ 40. ④ ANSWER

SECTION 03 열설비구조 및 시공

41 증기 보일러에서 안전밸브 부착에 대한 설명으로 옳은 것은?

① 보일러 몸체에 직접 부착시키지 않는다.
② 밸브 축을 수직으로 하여 부착한다.
③ 안전밸브는 항상 3개 이상 부착해야 한다.
④ 안전을 고려하여 쉽게 보이는 곳에 설치하지 않는다.

해설 보일러 몸체에 눈에 직접 보이게 수직으로 직접 부착시킨다.

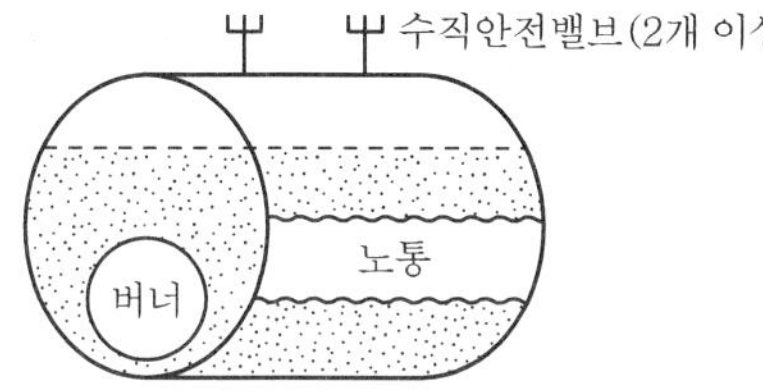

42 아래 팽창탱크 구조 도시에서 ㉠으로 지시된 관의 명칭은?

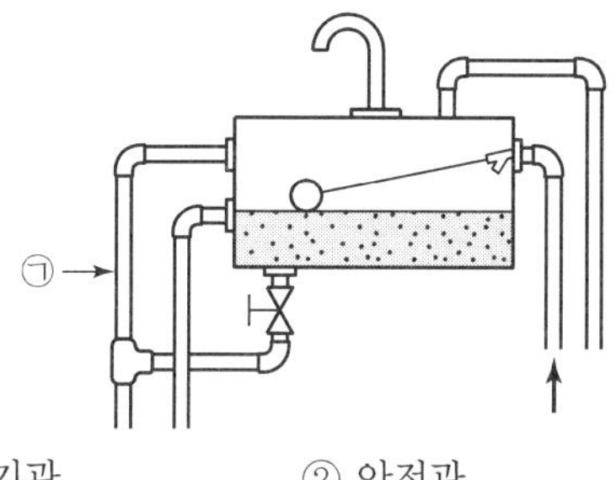

① 통기관 ② 안전관
③ 배수관 ④ 오버플로관

해설 오버플로관(일수관)
개방식 팽창탱크용(팽창탱크 내 수위가 높아지면 팽창수를 외부로 분출시키는 관이다.)

43 보일러 과열기에 대한 설명으로 틀린 것은?

① 과열기를 설치함으로써 보일러 열효율을 증대시킬 수 있다.
② 과열기 내의 증기와 연소가스의 흐름 방향에 따라 병향류식, 대향류식, 혼류식으로 구분할 수 있다.
③ 전열방식에 따라 방사형, 대류형, 방사대류형이 있다.
④ 과열기 외부는 황(S)에 의한 저온 부식이 발생한다.

해설 ㉠ 과열기, 재열기는 바나듐이나 나트륨에 의해 500℃ 이상에서 고온부식이 발생한다.
㉡ 절탄기, 공기예열기는 황에 의한 저온부식(H_2SO_4 : 진한황산)이 발생한다.

44 허용인장응력 10kgf/mm², 두께 12mm의 강판을 160mm V홈 맞대기 용접이음을 할 경우 그 효율이 80%라면 용접두께는 얼마로 하여야 하는가?(단, 용접부의 허용응력은 8kgf/mm²이다.)

① 6mm ② 8mm
③ 10mm ④ 12mm

해설

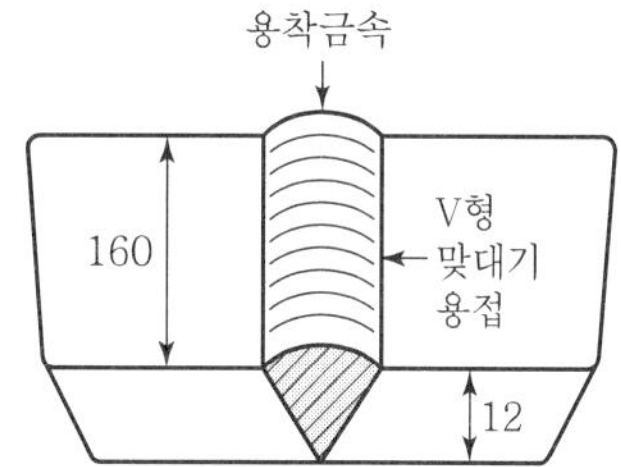

45 비동력 급수장치인 인젝터(Injector)의 특징에 관한 설명으로 틀린 것은?

① 구조가 간단하다.
② 흡입양정이 낮다.
③ 급수량의 조절이 쉽다.
④ 증기와 물이 혼합되어 급수가 예열된다.

해설 인젝터
급수설비(급수량 조절이 어렵다.)이며 정전이나 급수펌프 고장 시 일시적으로만 사용이 가능하다.(증기 2kg/cm² 이상의 스팀에 의한 급수설비)

46 다음 중 보일러 분출 작업의 목적이 아닌 것은?

① 관수의 불순물 농도를 한계치 이하로 유지한다.
② 프라이밍 및 캐리오버를 촉진한다.
③ 슬러지분을 배출하고 스케일 부착을 방지한다.
④ 관수의 순환을 용이하게 한다.

ANSWER | 41. ② 42. ④ 43. ④ 44. ④ 45. ③ 46. ②

해설 보일러 분출(수면분출, 수저분출)은 프라이밍(비수), 캐리오버(기수공발)를 방지한다.

47 **노벽을 통하여 전열이 일어난다. 노벽의 두께 200 mm, 평균 열전도도 3.3kcal/m · h · ℃, 노벽 내부온도 400℃, 외벽온도는 50℃라면 10시간 동안 손실되는 열량은?**

① 5,775kcal/m^2
② 11,550kcal/m^2
③ 57,750kcal/m^2
④ 66,000kcal/m^2

해설 열전도에 의한 열손실(Q)

$$Q = \lambda \times \frac{A(t_1 - t_2)h}{b}$$

$$= 3.3 \times \frac{1(400-50)\times 10}{0.2} = 57,750\text{kcal/m}^2$$

※ 200mm＝0.2m

48 **압력용기 및 철금속가열로의 설치검사에 대한 검사의 유효기간은?**

① 1년　② 2년
③ 3년　④ 4년

해설 압력용기, 철금속가열로
설치가 완료된 후 2년 이내에 설치검사(단, 보일러는 1년 이내)

49 **크롬질 벽돌의 특징에 대한 설명으로 틀린 것은?**

① 내화도가 높고 하중연화점이 낮다.
② 마모에 대한 저항성이 크다.
③ 온도 급변에 잘 견딘다.
④ 고온에서 산화철을 흡수하여 팽창한다.

해설 크롬질 벽돌(중성내화물)의 특징은 보기 ①, ②, ④ 외에 고온에서 버스팅(Bursting) 현상을 일으켜서 온도 1,600℃ 이상에서 산화철을 흡수하여 표면이 부풀어 오르고 떨어져 나가는 현상이 발생하고, 내스폴링성이 비교적 적다는 것이다.

50 **두께 25mm, 넓이 1m^2인 철판의 전열량이 매시간 1,000kcal가 되려면 양면의 온도차는 얼마이어야 하는가?(단, 열전도계수 K＝50kcal/m · h · ℃이다.)**

① 0.5℃　② 1℃
③ 1.5℃　④ 2℃

해설 열전도에 의한 온도차

$$1,000 = 50 \times \frac{1 \times \Delta t}{0.025}$$

$$\therefore \text{온도차}(\Delta t) = \frac{1,000 \times 0.025}{50 \times 1} = 0.5℃$$

51 **증기트랩을 설치할 경우 나타나는 장점이 아닌 것은?**

① 응축수로 인한 관 내의 부식을 방지할 수 있다.
② 응축수를 배출할 수 있어서 수격작용을 방지할 수 있다.
③ 관 내 유체의 흐름에 대한 마찰저항을 줄일 수 있다.
④ 관 내의 불순물을 제거할 수 있다.

해설 ㉠ 관 내의 불순물 제거 : 여과기(스트레이너)를 사용한다.
㉡ 증기트랩(Trap) : 응축수는 분출시키고, 증기가 분출하려 할 때는 막아주는 덫이다.

52 **강제순환식 수관보일러의 강제순환 시 각 수관 내의 유속을 일정하게 설계한 보일러는?**

① 라몽트 보일러　② 베록스 보일러
③ 레플러 보일러　④ 밴손 보일러

해설 강제순환식 수관보일러
㉠ 라몽트 보일러(순환펌프로 유속을 일정하게 한다.)
㉡ 베록스 보일러

53 **다음 중 알루미나 시멘트를 원료로 사용하는 것은?**

① 캐스터블 내화물　② 플라스틱 내화물
③ 내화모르타르　④ 고알루미나질 내화물

해설 부정형 내화물
㉠ 캐스터블 내화물 : 치밀하게 소결시킨 내화성 골재에 수경성 알루미나 시멘트를 분말상태로 배합한 것이다.
㉡ 플라스틱 내화물 : 내화성 골재에 가소성을 주기 위해 가소성 점토 및 규산소다(물유리) 또는 유기질 결합제를 가하여 반죽상태로 혼련한다.

47. ③ 48. ② 49. ③ 50. ① 51. ④ 52. ① 53. ① | ANSWER

54 방청용 도료 중 연단을 아마인유와 혼합하여 만들며, 녹스는 것을 방지하기 위하여 널리 사용되는 것은?

① 광명단 도료 ② 합성수지 도료
③ 산화철 도료 ④ 알루미늄 도료

해설 광명단 도료
방청용 도료 중 연단을 아마인유와 혼합하여 만든다.(페인트를 칠하기 전 녹스는 것을 방지하기 위해 밑칠을 한다.)

55 검사대상기기의 용접검사를 받으려 할 경우 용접검사 신청서와 함께 검사기관의 장에게 몇가지 서류를 제출해야 하는데 다음 중 그 서류에 해당하지 않는 것은?

① 용접 부위도
② 연간 판매 실적
③ 검사대상기기의 설계도면
④ 검사대상기기의 강도계산서

해설 에너지이용 합리화법 시행규칙 제31조의14(용접검사신청)에 의거하여 첨부서류로는 보기 ①, ③, ④가 요구된다.(한국에너지공단이사장 또는 검사기관에 제출한다.)

56 복사증발기에 수십 개의 수관을 병렬로 배치시키고 그 양단에 헤더를 설치하여 물의 합류와 분류를 되풀이하는 구조로 된 보일러는?

① 간접가열 보일러 ② 강제순환 보일러
③ 관류 보일러 ④ 바브콕 보일러

해설 복사증발기에 수십 개의 수관을 병렬로 배치시키고 그 양단에 헤더를 설치하여 물의 합류와 분류를 되풀이하는 구조의 보일러는 관류 보일러이다.

57 보일러 안지름이 1,850mm를 초과하는 것은 동체의 최소 두께를 얼마 이상으로 하여야 하는가?

① 6mm ② 8mm
③ 10mm ④ 12mm

해설 동체의 최소 두께
㉠ 안지름 1,850mm 초과 : 12mm 이상
㉡ 안지름 1,350 초과~1,850mm 이하 : 10mm 이상

58 노통보일러에서 노통에 갤로웨이 관(Galloway Tube)을 설치하는 장점으로 틀린 것은?

① 물의 순환 증가
② 연소가스 유동저항 감소
③ 전열면적의 증가
④ 노통의 보강

해설
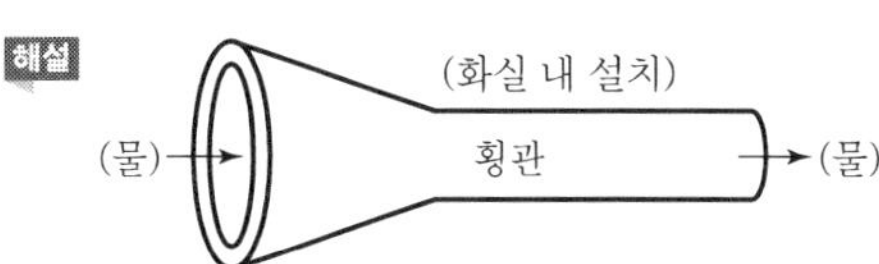

• 갤로웨이 관(화실 내 횡관)의 설치목적은 보기 ①, ③, ④이다.
• 횡관은 연소가스의 유동저항이 증가한다.

59 검사대상기기인 보일러의 사용연료 또는 연소방법을 변경한 경우에 받아야 하는 검사는?

① 구조검사 ② 설치검사
③ 개조검사 ④ 용접검사

해설 에너지이용 합리화법 시행규칙 별표 3의4에 의거하여 연료 또는 연소방법 변경 시 개조검사를 받는다.(한국에너지공단에서 검사)

60 폐열가스를 이용하여 본체로 보내는 급수를 예열하는 장치는?

① 절탄기 ② 급유예열기
③ 공기예열기 ④ 과열기

해설
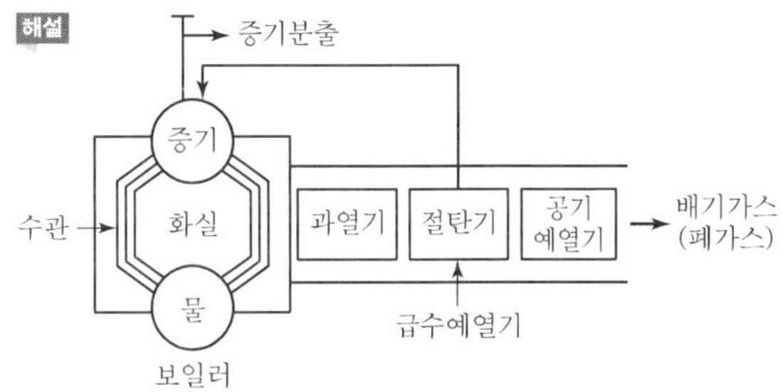

SECTION 04 열설비 취급 및 안전관리

61 보일러의 설치시공기준에서 옥내에 보일러를 설치할 경우 다음 중 불연성 물질의 반격벽으로 구분된 장소에 설치할 수 있는 보일러가 아닌 것은?

① 노통 보일러
② 가스용 온수 보일러
③ 소형 관류 보일러
④ 소용량 주철제 보일러

해설 노통 보일러(코르니시 보일러, 랭커셔 보일러)는 대형 원통형 보일러로서 불연성 물질의 격벽으로 구분된 장소에 설치하여야 한다.

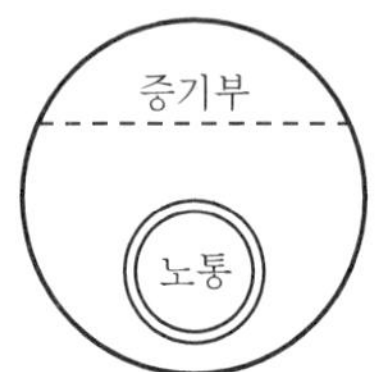

[코르시니 보일러]

증기부
노통 노통

[행커셔 보일러]

62 에너지이용 합리화법에 따라 검사대상기기관리자를 선임하지 아니한 자에 대한 벌칙기준은?

① 1천만 원 이하의 벌금
② 2천만 원 이하의 벌금
③ 5백만 원 이하의 벌금
④ 1년 이하의 징역

해설 검사대상기기관리자를 선임하지 아니한 자는 법 제75조에 의거하여 1천만 원 이하의 벌금에 처한다.

63 에너지이용 합리화법에 따라 검사대상기기설치자는 검사대상기기관리자가 해임되거나 퇴직하는 경우 다른 검사대상기기관리자를 언제 선임해야 하는가?

① 해임 또는 퇴직 이전
② 해임 또는 퇴직 후 10일 이내
③ 해임 또는 퇴직 후 30일 이내
④ 해임 또는 퇴직 후 3개월 이내

해설 법 제40조에 의해 검사대상기기설치자는 검사대상기기관리자의 해임 · 퇴직의 경우 해임 또는 퇴직 이전에 다른 검사대상기기관리자를 선임해야 한다.

64 가스용 보일러의 보일러 실내 연료 배관 외부에 반드시 표시해야 하는 항목이 아닌 것은?

① 사용 가스명
② 최고 사용압력
③ 가스 흐름방향
④ 최고 사용온도

해설 보일러 설치검사 기준에 의한 배관의 설치 시 가스용 연료배관에는 보기 ①, ②, ③의 표시가 있어야 한다.

65 보일러 점화조작 시 주의사항으로 틀린 것은?

① 연료가스의 유출속도가 너무 늦으면 실화 등이 일어나고 너무 빠르면 역화가 발생한다.
② 연소실의 온도가 낮으면 연료의 확산이 불량해지며 착화가 잘 안 된다.
③ 연료의 예열온도가 너무 낮으면 무화불량의 원인이 된다.
④ 유압이 낮으면 점화 및 분사가 불량하고 높으면 그을음이 축적된다.

해설 연료가스의 유출속도가 너무 늦으면 역화가 발생, 너무 빠르면 실화(불꺼짐)가 발생한다.

66 증기난방의 분류 방법이 아닌 것은?

① 증기관의 배관 방식에 의한 분류
② 응축수의 환수 방식에 의한 분류
③ 증기압력에 의한 분류
④ 급기배관 방식에 의한 분류

해설 급기배관 방식은 가스용 보일러의 분류법이다.(급기, 배기 : 급배기 방식)

61. ① 62. ① 63. ① 64. ④ 65. ① 66. ④ | ANSWER

67 증기보일러의 압력계 부착 시 강관을 사용할 때 압력계와 연결된 증기관 안지름의 크기는 얼마이어야 하는가?

① 6.5mm 이하 ② 6.5mm 이상
③ 12.7mm 이하 ④ 12.7mm 이상

해설

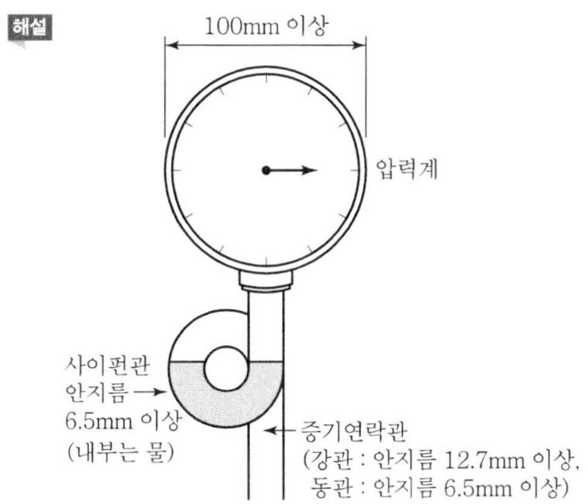

68 보일러가 과열되는 경우로 가장 거리가 먼 것은?

① 보일러에 스케일이 퇴적될 때
② 이상 저수위 상태로 가동할 때
③ 화염이 국부적으로 전열면에 충돌할 때
④ 황(S)분이 많은 연료를 사용할 때

해설 연료 중 황(S)분이 많으면 폐열회수장치인 절탄기(급수가열기), 공기예열기에 저온부식(H_2SO_4) 발생

69 다음 중 보일러에 점화하기 전 가장 우선적으로 점검해야 할 사항은?

① 과열기 점검
② 증기압력 점검
③ 수위 확인 및 급수 계통 점검
④ 매연 CO_2 농도 점검

해설 점화 전 수위 확인 및 급수계통 점검

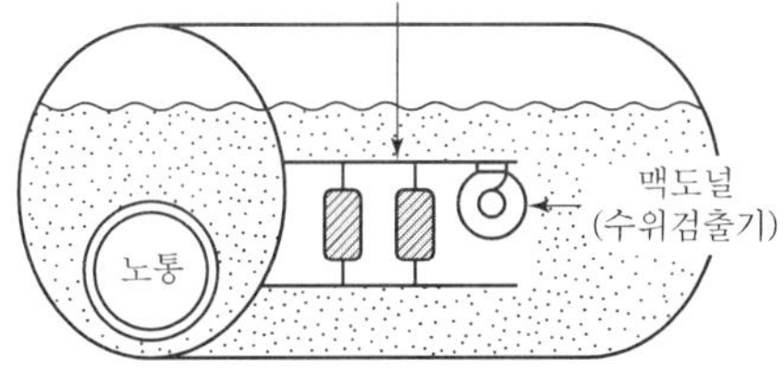

70 보일러의 안전저수위란 무엇인가?

① 사용 중 유지해야 할 최저의 수위
② 사용 중 유지해야 할 최고의 수위
③ 최고사용압력에 상응하는 적정 수위
④ 최대증발량에 상응하는 적정 수위

해설

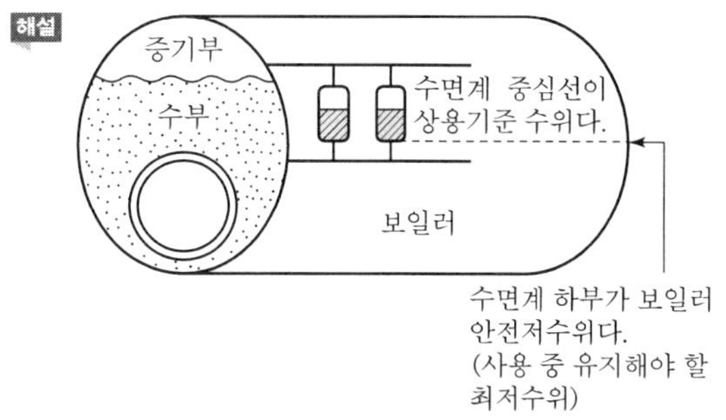

71 보일러의 고온부식 방지대책으로 틀린 것은?

① 회분 개질제를 첨가하여 바나듐의 융점을 낮춘다.
② 연료 중의 바나듐 성분을 제거한다.
③ 고온가스가 접촉되는 부분에 보호피막을 한다.
④ 연소가스 온도를 바나듐의 융점온도 이하로 유지한다.

해설 고온부식 방지를 위해 보기 ②, ③, ④를 실시하고 개질제를 첨가하여 바나듐의 융점을 높인다.(첨가제 : 돌로마이트, 알루미나 분말)

72 캐리오버의 방지책으로 가장 거리가 먼 것은?

① 부유물이나 유지분 등이 함유된 물을 급수하지 않는다.
② 압력을 규정압력으로 유지해야 한다.
③ 염소이온을 높게 유지해야 한다.
④ 부하를 급격히 증가시키지 않는다.

해설 캐리오버(기수공발) 중 규산캐리오버(Carry Over)에서 무수규산은 쉽게 송기되는 증기에 포함되어 증기배관으로 송기된다. 무수규산은 압력이 높으면 쉽게 증기에 포함되어 보일러 외부로 송기된다.

ANSWER | 67. ④ 68. ④ 69. ③ 70. ① 71. ① 72. ③

73 **보일러 점화 시 역화(逆火)의 원인으로 가장 거리가 먼 것은?**

① 프리퍼지가 부족했다.
② 연료 중에 물 또는 협잡물이 섞여 있었다.
③ 연도 댐퍼가 열려 있었다.
④ 유압이 과대했다.

해설 보일러 점화 시 연도 댐퍼가 개방되면 역화가 방지된다.(안전장치로 방폭문 설치)

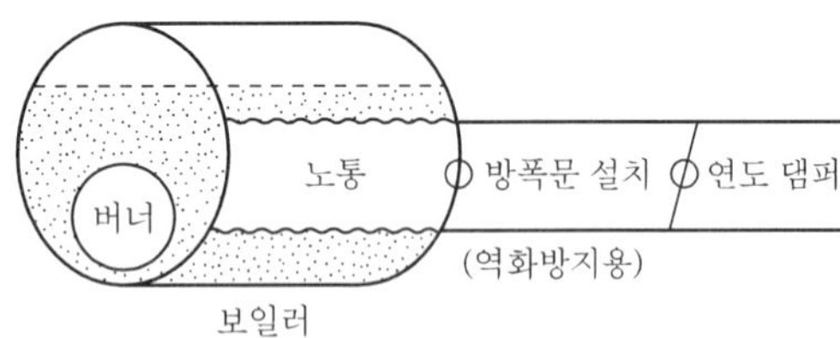

74 **에너지이용 합리화법에 따라 에너지절약전문기업으로 등록을 하려는 자는 등록신청서를 누구에게 제출하여야 하는가?**

① 한국에너지공단이사장
② 시 · 도지사
③ 산업통상자원부장관
④ 시공업자단체의 장

해설 에너지절약전문기업(ESCO) 등록신청서는 한국에너지공단이사장에게 제출한다.

75 **에너지이용 합리화법에 따라 검사에 불합격한 검사대상기기를 사용한 자에 대한 벌칙기준은?**

① 1년 이하의 징역 또는 1천만 원 이하의 벌금
② 1천만 원 이하의 벌금
③ 2년 이하의 징역 또는 2천만 원 이하의 벌금
④ 500만 원 이하의 벌금

해설 검사에 불합격한 검사대상기기를 사용한 자는 보기 ①의 벌칙을 적용한다.(검사대상기기 : 강철제 · 주철제 보일러, 가스용 온수보일러, 압력용기 제1 · 2종, 철금속가열로)

76 **증기난방의 응축수 환수방법 중 증기의 순환속도가 제일 빠른 환수방식은?**

① 진공환수식　　② 기계환수식
③ 중력환수식　　④ 강제환수식

해설 증기난방 응축수의 회수 순환속도
진공환수식 > 기계환수식 > 중력환수식

77 **에너지이용 합리화법에 따라 효율관리기자재의 제조업자는 해당 효율관리기자재의 에너지 사용량을 어느 기관으로부터 측정받아야 하는가?**

① 검사기관　　② 시험기관
③ 확인기관　　④ 진단기관

해설 에너지효율관리기자재 에너지 사용량은 산업통상자원부장관이 지정하는 시험기관에서 측정받아야 한다.

78 **기름연소장치의 점화에 있어서 점화불량의 원인으로 가장 거리가 먼 것은?**

① 연료 배관 속에 물이나 슬러지가 들어갔다.
② 점화용 트랜스의 전기 스파크가 일어나지 않는다.
③ 송풍기 풍압이 낮고 공연비가 부적당하다.
④ 연도가 너무 습하거나 건조하다.

해설 연도가 너무 습하거나 건조한 것은 통풍력과 관계된다.

79 **에너지법에서 정한 에너지공급설비가 아닌 것은?**

① 전환설비　　② 수송설비
③ 개발설비　　④ 생산설비

해설 에너지법 제2조(정의)에 의한 공급설비는 보기 ①, ②, ④이며 개발설비가 아닌 저장설비가 필요하다.

80 **다음 통풍의 종류 중 노내압력이 가장 높은 것은?**

① 자연통풍　　② 압입통풍
③ 흡입통풍　　④ 평형통풍

해설 노내압력(화실 : 연소실)
압입통풍 > 평형통풍 > 흡입통풍 > 자연통풍

73. ③ 74. ① 75. ① 76. ① 77. ② 78. ④ 79. ③ 80. ② | ANSWER

SECTION 01 열역학 및 연소관리

01 실제연소가스량(G)에 대한 식으로 옳은 것은?(단, 이론연소가스량 : G_o, 과잉공기비 : m, 이론공기량 : A_o이다.)

① $G = G_o + (m+1)A_o$
② $G = G_o - (m-1)A_o$
③ $G = G_o + (m-1)A_o$
④ $G = G_o - (m+1)A_o$

해설 실제연소가스양(G)
=이론연소가스양+(공기비−1)×이론공기량

02 온도 150℃의 공기 1kg이 초기 체적 0.248m³에서 0.496m³로 될 때까지 단열 팽창하였다. 내부에너지의 변화는 약 몇 kJ/kg인가?(단, 정적비열(C_V)은 0.72kJ/kg·℃, 비열비(k)는 1.4이다.)

① −25 ② −74
③ 110 ④ 532

해설 단열팽창 내부에너지(T_2)

$$= T_1\left(\frac{V_1}{V_2}\right)^{k-1} = (150+273)\times\left(\frac{0.248}{0.496}\right)^{1.4-1} = 320\text{K}$$

단열팽창 내부에너지 변화(Δu)
$= 0.72 \times (320-423) = -74\text{kJ/kg}$

03 다음 ( ) 안에 들어갈 내용으로 옳은 것은?

> 잠열은 물체의 (ㄱ) 변화는 일으키지 않고, (ㄴ)변화만을 일으키는 데 필요한 열량이며, 표준 대기압하에서 물 1kg의 증발잠열은 (ㄷ)kcal/kg이고, 얼음 1kg의 융해잠열은 (ㄹ)kcal/kg이다.

① (ㄱ) 상(phase), (ㄴ) 온도, (ㄷ) 539, (ㄹ) 80
② (ㄱ) 체적, (ㄴ) 상(phase), (ㄷ) 739, (ㄹ) 90
③ (ㄱ) 비열, (ㄴ) 상(phase), (ㄷ) 439, (ㄹ) 90
④ (ㄱ) 온도, (ㄴ) 상(phase), (ㄷ) 539, (ㄹ) 80

해설 (ㄱ) : 온도, (ㄴ) : 상, (ㄷ) ; 539, (ㄹ) : 80

04 엔트로피의 변화가 없는 상태변화는?

① 가역 단열변화
② 가역 등온변화
③ 가역 등압변화
④ 가역 등적변화

해설 가역 단열변화
상태변화를 하는 동안 외부와 열의 출입이 전혀 없는 상태변화(엔트로피 변화가 없다.)

05 보일러 굴뚝의 통풍력을 발생시키는 방법이 아닌 것은?

① 연도에서 연소가스와 외부공기의 밀도차에 의해서 생기는 압력차를 이용하는 방법
② 밴투리 관을 이용하여 배기가스를 흡입하는 방법
③ 압입 송풍기를 사용하는 방법
④ 흡입 송풍기를 사용하는 방법

해설 벤투리 관 : 차압식 유량계

06 이상기체의 단열변화 과정에 대한 식으로 맞는 것은?(단, k는 비열비이다.)

① $PV = const$
② $P^kV = const$
③ $PV^k = const$
④ $PV^{1/k} = const$

해설 단열변화(등엔트로피 과정)

$$\frac{T_2}{T_1} = \left(\frac{V_1}{V_2}\right)^{k-1} = \left(\frac{P_2}{P_1}\right)^{\frac{k-1}{k}}$$

$\therefore PV^k = const$

07 **다음은 물의 압력 – 온도 선도를 나타낸다. 임계점은 어디를 말하는가?**

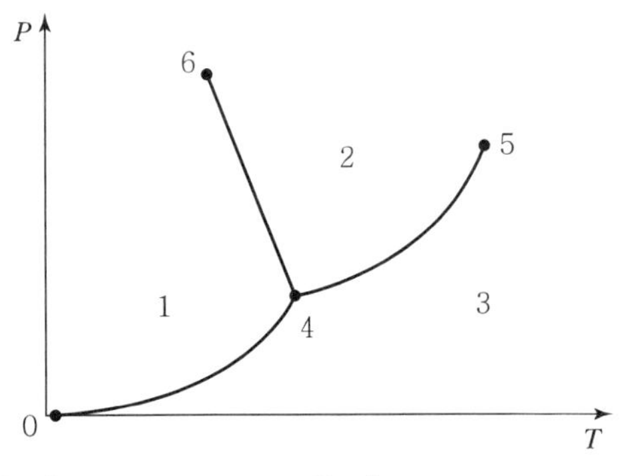

① 점 0　　② 점 4
③ 점 5　　④ 점 6

해설

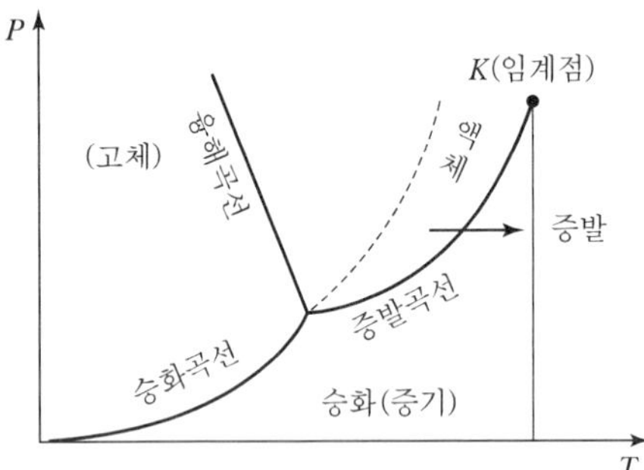

08 **물 1kmol이 100℃, 1기압에서 증발할 때 엔트로피 변화는 몇 kJ/K인가?(단, 물의 기화열은 2,257kJ/kg이다.)**

① 22.57　　② 100
③ 109　　④ 139

해설 물 1kmol($22.4m^3=18kg$)

엔트로피 변화(Δs)$=\dfrac{\delta Q}{T}=\left(\dfrac{2,257}{100+273}\right)\times 18=109kJ/K$

09 **공기비(m)에 대한 설명으로 옳은 것은?**

① 연료를 연소시킬 경우 이론공기량에 대한 실제공급 공기량의 비이다.
② 연료를 연소시킬 경우 실제공급 공기량에 대한 이론공기량의 비이다.
③ 연료를 연소시킬 경우 1차 공기량에 대한 2차 공기량의 비이다.
④ 연료를 연소시킬 경우 2차 공기량에 대한 1차 공기량의 비이다.

해설 공기비(과잉공기계수, m)

$m=\dfrac{\text{실제공기량}}{\text{이론공기량}}$

※ 공기비(m)는 항상 1보다 크다.

10 **기체연료의 특징에 관한 설명으로 틀린 것은?**

① 유황이나 회분이 거의 없다.
② 화재, 폭발의 위험이 크다.
③ 액체연료에 비해 체적당 보유 발열량이 크다.
④ 고부하 연소가 가능하고 연소실 용적을 작게 할 수 있다.

해설 기체연료는 액체연료에 비해 일반적으로 질량당(kg) 발열량(kJ/kg)이 크다.

11 **연소의 3요소에 해당하지 않는 것은?**

① 가연물　　② 인화점
③ 산소공급원　　④ 점화원

해설 연소의 3대 구성요소
- 가연물
- 산소공급원
- 점화원

12 **27℃에서 12L의 체적을 갖는 이상기체가 일정 압력에서 127℃까지 온도가 상승하였을 때 체적은 약 얼마인가?**

① 12L　　② 16L
③ 27L　　④ 56L

해설 $T_1=27+273=300K$, $T_2=127+273=400K$

$V_2=V_1\times\dfrac{T_2}{T_1}=12\times\dfrac{400}{300}=16(L)$

7. ③ 8. ③ 9. ① 10. ③ 11. ② 12. ② ANSWER

13 −10℃의 얼음 1kg에 일정한 비율로 열을 가할 때 시간과 온도의 관계를 바르게 나타낸 그림은?(단, 압력은 일정하다.)

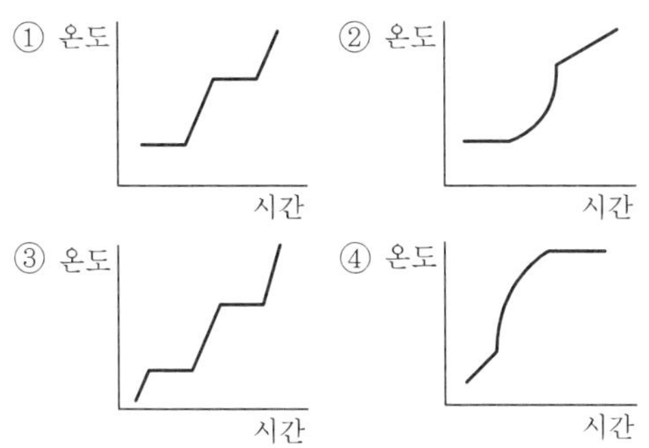

해설 보기 ③의 변화 : −10℃의 얼음, 0℃의 얼음, 0℃의 물, 100℃의 포화수

14 어떤 기압하에서 포화수의 현열이 185.6kcal/kg이고, 같은 온도에서 증기잠열이 414.4kcal/kg인 경우, 증기의 전열량은?(단, 건조도는 1이다.)

① 228.8kcal/kg ② 650.0kcal/kg
③ 879.3kcal/kg ④ 600.0kcal/kg

해설 증기 전열량(증기 엔탈피) $= h_1 + r = 185.6 + 414.4$
$= 600(\text{kcal/kg})$

15 표준대기압하에서 실린더 직경이 5cm인 피스톤 위에 질량 100kg의 추를 놓았다. 실린더 내 가스의 절대압력은 약 몇 kPa인가?(단, 피스톤 중량은 무시한다.)

① 501 ② 601
③ 1,000 ④ 1,100

해설 표준대기압력(atm) = 101.325kPa = 1.033kg/cm^2

계기압(P) $= \dfrac{W}{A} = \dfrac{4W}{\pi d^2} = \dfrac{4\times100}{3.14\times5^2} = 5.0955\text{kg/cm}^2$

절대압 = 5.0955 + 1.033 = 6.1285kg/cm^2 · a

∴ 6.1285×101.325 = 620kPa

16 탄소(C) 1kg을 완전연소시킬 때 생성되는 CO_2의 양은 약 얼마인가?

① 1.67kg ② 2.67kg
③ 3.67kg ④ 6.34kg

해설 $C + O_2 \rightarrow CO_2$

12kg + 32kg → 44kg

∴ CO_2의 양 $= \dfrac{44}{12} = 3.67\text{kg/kg}$

17 기체의 분자량이 2배로 증가하면 기체상수는 어떻게 되는가?

① 2배 ② 4배
③ 1/2배 ④ 불변

해설 $\overline{R} = \dfrac{R}{M} = \dfrac{848}{M}$

여기서, $\overline{R}$: 기체상수, R : 가스정수, M : 분자량

위 식에서 $\overline{R}$와 M은 반비례하므로 M이 2배가 되면 $\overline{R}$는 $\dfrac{1}{2}$배가 된다.

※ $\overline{R}$는 가스정수, 일반기체상수 등으로 불리며 값이 정해진 물리상수로서 다음과 같은 값으로 나타난다.

$\overline{R} = \dfrac{1.0332\times10^4\times22.41}{273} = 848\text{kg}\cdot\text{m/kmol}\cdot\text{K}$

$= 8{,}314.4\text{N}\cdot\text{m/kmol}\cdot\text{K} = 8.314\text{kJ/kmol}\cdot\text{K}$

18 어떤 가역 열기관이 400℃에서 1,000kJ을 흡수하여 일을 생산하고 100℃에서 열을 방출한다. 이 과정에서 전체 엔트로피 변화는 약 몇 kJ/K인가?

① 0 ② 2.5
③ 3.3 ④ 4

해설 가역단열변화[$(q=0) \Rightarrow (\delta q=0)$]

$\Delta s = \dfrac{\delta q}{T}$, $\Delta s = s_2 - s_1 = 0$

(흡수열량이 0이므로 엔트로피 변화는 없다.)

19 다음 중 액체연료의 점도와 관련이 없는 것은?

① 캐논−펜스케(Cannon−Fenske)
② 몰리에(Mollier)
③ 스토크스(Stokes)
④ 포아즈(Poise)

해설
- $h-s$ 선도 : 엔탈피−엔트로피 선도, 몰리에 선도
- $P-h$ 선도 : 압력−엔탈피 선도, 냉매선도

ANSWER | 13. ③ 14. ④ 15. ② 16. ③ 17. ③ 18. ① 19. ②

20 압력이 300kPa, 체적이 $0.5m^3$인 공기가 일정한 압력에서 체적이 $0.7m^3$로 팽창했다. 이 팽창 중에 내부에너지가 50kJ 증가하였다면 팽창에 필요한 열량은 몇 kJ인가?

① 50　　② 60
③ 100　　④ 110

해설 팽창일(등압변화) = 절대일(W)

$W = \int PdV = P(V_2 - V_1)$

$= 300 \times (0.7 - 0.5) = 60$kJ

∴ 팽창에 필요한 열량(Q) = 60 + 50 = 110kJ

SECTION 02 계측 및 에너지 진단

21 물체의 탄성 변위량을 이용한 압력계가 아닌 것은?

① 다이어프램 압력계
② 경사관식 압력계
③ 부르동관 압력계
④ 벨로스 압력계

해설 경사관식 압력계(액주식 압력계)

$P_1 - P_2 = \gamma h,\ h = x \cdot \sin\theta$

$P_1 - P_2 = \gamma x \sin\theta$

∴ $P_1 = P_2 + \gamma x \sin\theta$

22 2차 지연 요소에 대한 설명으로 옳은 것은?

① 1차 지연요소 2개를 직렬로 연결한 것으로 1차 지연요소보다 응답속도가 더 늦어진다.
② 1차 지연요소 2개를 직렬로 연결한 것으로 1차 지연요소보다 응답속도가 더 빨라진다.
③ 1차 지연요소 2개를 병렬로 연결한 것으로 1차 지연요소보다 응답속도가 더 늦어진다.
④ 1차 지연요소 2개를 병렬로 연결한 것으로 1차 지연요소보다 응답속도가 더 빨라진다.

해설 2차 지연요소

1차 지연요소 2개를 직렬로 연결한 것으로 1차 지연요소보다 응답속도가 더 늦어진다. 출력이 최대 출력의 63%에 이를 때까지의 시간을 시정수 T라 하면 1차 지연요소의 스텝응답 $Y = 1 - e^{-\frac{t}{T}}$(t : 시간)에서 시정수 T가 클수록 응답속도가 느려지고 T가 작아지면 시간지연이 적고 응답이 빨라진다.

23 정해진 순서에 따라 순차적으로 제어하는 방식은?

① 피드백 제어　　② 추종 제어
③ 시퀀스 제어　　④ 프로그램 제어

해설 시퀀스 제어

정해진 순서에 따라 순차적으로 제어하는 방식(커피자판기, 세탁기, 승강기 등)

24 다음 중 연소실 내의 온도를 측정할 때 가장 적합한 온도계는?

① 알코올 온도계
② 금속 온도계
③ 수은 온도계
④ 열전대 온도계

해설 연소실 내 온도는 1,000℃ 이상이므로 열전대 중 측정온도 범위가 600~1,600℃인 백금-백금로듐 온도계가 적합하다.

25 공기압 신호 전송에 대한 설명으로 틀린 것은?

① 조작부의 동특성이 우수하다.
② 제진, 제습 공기를 사용하여야 한다.
③ 공기압이 통일되어 있어 취급이 편리하다.
④ 전송거리가 길어도 전송 지연이 발생되지 않는다.

해설 공기압 신호 전송(0.2~1.0kg/cm^2 공기압 신호)

㉠ 신호 전송거리 : 100~150m 정도로 전송거리가 짧고 신호의 전달과 조작이 느리다.
㉡ 조작장치
- 플래퍼 노즐형
- 파일럿형

20. ④ 21. ② 22. ① 23. ③ 24. ④ 25. ④ | ANSWER

26 **증기부와 수부의 굴절률 차를 이용한 것으로 증기는 적색, 수부는 녹색으로 보이도록 한 것으로 고압의 대용량이나 발전용 보일러에 사용되는 수면계는?**

① 2색식 수면계 ② 유리관 수면계
③ 평형투시식 수면계 ④ 평형반사식 수면계

해설 2색식 수면계(컬러용)
- 증기부(적색)
- 수부(녹색)

27 **다음 그림과 같은 액주계 설치 상태에서 비중량이 γ, γ_1이고 액주 높이차가 h일 때 관로압 P_x는 얼마인가?**

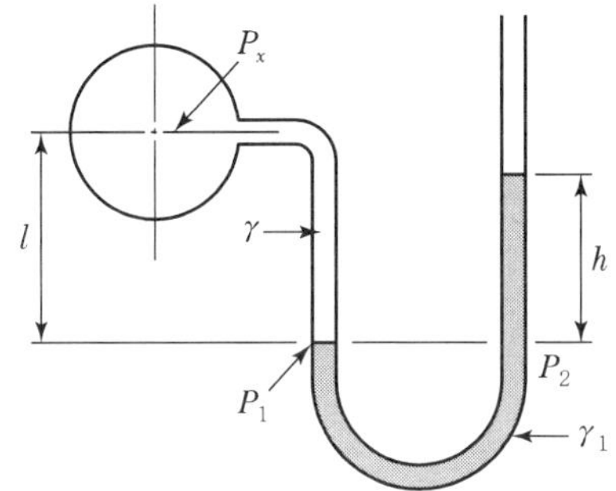

① $P_x = \gamma_1 h + \gamma l$ ② $P_x = \gamma_1 h - \gamma l$
③ $P_x = \gamma_1 l - \gamma h$ ④ $P_x = \gamma_1 l + \gamma h$

해설 액주계 관로압(P_x) $= \gamma_1 h - \gamma l$

28 **보일러의 열정산에 있어서 출열 항목이 아닌 것은?**

① 불완전연소 가스에 의한 손실 열량
② 복사열에 의한 손실 열량
③ 발생 증기의 흡수 열량
④ 공기의 현열에 의한 열량

해설 연료의 연소열, 공기의 현열, 연료의 현열 : 열정산 시 입열

29 **액면계에서 액면측정방식에 대한 분류로 틀린 것은?**

① 부자식 ② 차압식
③ 편위식 ④ 분동식

해설 기준 분동식 압력계(40~5,000kg/cm²)는 탄성식 압력계 교정형이다.

30 **증기보일러에서 압력계 부착 시 증기가 압력계에 직접 들어가지 않도록 부착하는 장치는?**

① 부압관 ② 사이펀관
③ 맥동댐퍼관 ④ 플렉시블관

해설

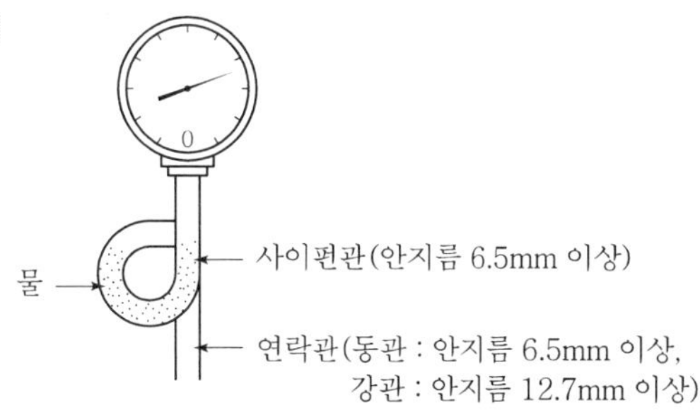

31 **융커스식 열량계의 특징에 관한 설명으로 틀린 것은?**

① 가스의 발열량 측정에 가장 많이 사용된다.
② 열량 측정 시 시료가스 온도 및 압력을 측정한다.
③ 구성 요소로는 가스계량기, 압력조정기, 기압계, 온도계, 저울 등이 있다.
④ 열량 측정 시 가스열량계의 배기온도는 측정하지 않는다.

해설 융커스식 유수형 열량계 : 기체연료의 발열량 측정계로서 배기가스 온도 측정이 가능하다.

32 **보일러에서 아래 식은 무엇을 나타내는가?[단, G : 매시간당 증발량(kg/h), G_f : 매시간당 연료소비량(kg/h), H_l : 연료의 저위발열량(kcal/kg), i_2 : 증기의 엔탈피(kcal/kg), i_1 : 급수의 엔탈피(kcal/kg)]**

$$\frac{G(i_2 - i_1)}{H_l \times G_f} \times 100$$

① 보일러 마력 ② 보일러 효율
③ 상당 증발량 ④ 연소 효율

해설 보일러 효율(η) $= \dfrac{G(i_2 - i_1)}{H_l \times G_f} \times 100(\%)$

33 증기 건도를 향상시키기 위한 방법과 관계가 없는 것은?

① 저압의 증기를 고압의 증기로 증압시킨다.
② 증기주관에서 효율적인 드레인 처리를 한다.
③ 기수분리기를 설치하여 증기의 건도를 높인다.
④ 포밍, 프라이밍 현상을 방지하여 캐리오버 현상이 일어나지 않도록 한다.

해설 고압의 증기를 저압의 증기로 변화시키면(감압) 증기의 건도가 높아진다.

34 유체주에 해당하는 압력의 정확한 표현식은?(단, 유체주의 높이 h, 압력 P, 밀도 ρ, 비중량 γ, 중력 가속도 g라 하고, 중력 가속도는 지점에 따라 거의 일정하다고 가정한다.)

① $P=h\rho$　② $P=hg$
③ $P=\rho gh$　④ $P=\gamma g$

해설 유체주 압력(P)$=\rho\cdot g\cdot h$

35 보일러 실제증발량에 증발계수를 곱한 값은?

① 상당 증발량
② 연소실 열부하
③ 전열면 열부하
④ 단위시간당 연료 소모량

해설 상당증발량(kg/h)＝실제증발량×증발계수

36 오르자트 분석장치에서 암모니아성 염화제1동 용액으로 측정할 수 있는 것은?

① CO_2　② CO
③ N_2　④ O_2

해설 오르자트의 측정 용액
- CO_2 : 수산화칼륨 용액 30% KOH
- CO : 암모니아성 염화제1동 용액
- O_2 : 알칼리성 피로갈롤 용액

37 계량 계측기의 교정을 나타내는 말은?

① 지시값과 표준기의 지시값 차이를 계산하는 것
② 지시값과 참값이 일치하도록 수정하는 것
③ 지시값과 오차값의 차이를 계산하는 것
④ 지시값과 참값의 차이를 계산하는 것

해설 계측기 교정 : 지시값과 표준기 지시값의 차이를 계산하는 것

38 SI 단위 표시에서 압력단위 표시방법으로 옳은 것은?

① $mmHg/cm^2$　② cm^2/kg
③ kg/at　④ N/m^2

해설 압력의 SI 단위인 Pa은 힘, 시간의 SI 단위인 N/m^2로 나타낼 수 있다.
※ $1kgf=1kg\times 9.8m/s^2=9.8N$

39 SI 단위계의 기본단위에 해당되지 않는 것은?

① 길이　② 질량
③ 압력　④ 시간

해설 압력 : SI 유도단위(Pa)

SI 기본단위
길이(m), 질량(kg), 시간(s), 온도(K), 전류(A), 광도(cd), 물질량(mol)

40 열 설비에 사용되는 자동제어계의 동작순서로 옳은 것은?

① 조작－검출－판단(조절)－비교－측정
② 비교－판단(조절)－조작－검출
③ 검출－비교－판단(조절)－조작
④ 판단－비교(조절)－검출－조작

해설 자동제어계의 동작순서
검출 → 비교 → 판단 → 조작

33. ① 34. ③ 35. ① 36. ② 37. ① 38. ④ 39. ③ 40. ③ | ANSWER

SECTION 03 열설비구조 및 시공

41 다음 보온재 중 안전사용온도가 가장 높은 것은?

① 석면 ② 암면
③ 규조토 ④ 펄라이트

해설 안전사용온도
㉠ 석면 : 350~550℃
㉡ 암면 : 400~600℃
㉢ 규조토 : 250~500℃
㉣ 펄라이트 : 650℃

42 호칭지름 15A의 강관을 반지름 90mm로 90° 각도로 구부릴 때 곡선부의 길이는?

① 130mm ② 141mm
③ 182mm ④ 280mm

해설 곡선부 길이$(L) = 2\pi R \times \frac{\theta}{360}$

$= 2 \times 3.14 \times 90 \times \frac{90^\circ}{360^\circ} = 141\text{mm}$

43 수관보일러에서 수관의 배열을 마름모(지그재그)형으로 배열시키는 주된 이유는?

① 연소가스 접촉에 의한 전열을 양호하게 하기 위하여
② 보일러수의 순환을 양호하게 하기 위하여
③ 수관의 스케일 생성을 막기 위하여
④ 연소가스의 흐름을 원활히 하기 위하여

해설

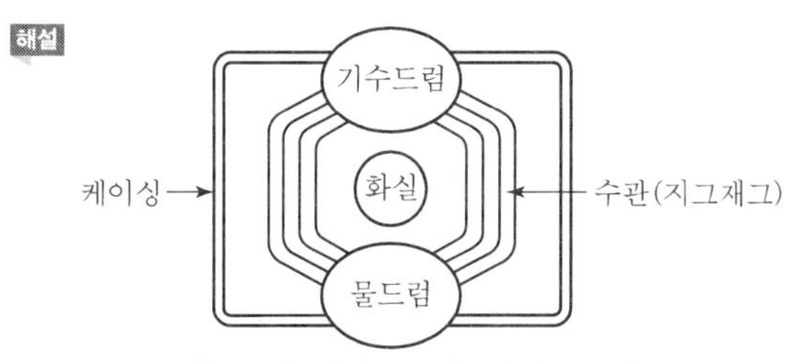

[2동 D형 수관식 팩케이지형 보일러]

44 평로법과 비교하여 LD 전로법에 관한 설명으로 틀린 것은?

① 평로법보다 생산능률이 높다.
② 평로법보다 공장건설비가 싸다.
③ 평로법보다 작업비, 관리비가 싸다.
④ 평로법보다 고철의 배합량이 많다.

해설 전로(제강로)
㉠ 염기성로
㉡ 산성로
㉢ 순산소로
㉣ 칼도법
㉤ LD 전로(평로가 LD 전로보다 고철의 배합량이 매우 많다.)

45 증기난방 배관용으로 쓰이는 증기트랩에 관한 설명으로 옳은 것은?

① 방열기의 송수구 또는 배관의 윗부분에 증기가 모이는 곳에 설치한다.
② 증기트랩을 설치하는 주목적은 고압의 증기와 공기를 배출하는 것이다.
③ 방열기나 증기관 속에 생긴 응축수를 환수관으로 배출한다.
④ 증기트랩은 마찰저항이 커야 하며 내마모성 및 내식성 등이 작아야 한다.

해설

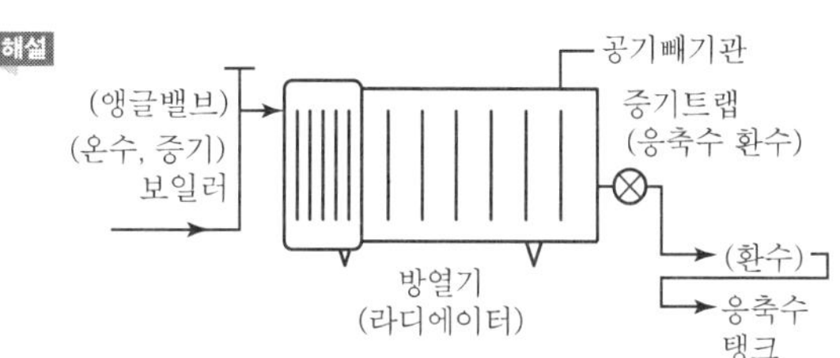

46 보온재 중 무기질 보온재가 아닌 것은?

① 석면 ② 탄산마그네슘
③ 규조토 ④ 펠트

해설 펠트
㉠ 유기질 보온재
㉡ 열전도율 0.042~0.040kcal/m · h · ℃
㉢ 안전사용온도 100℃ 이하용
㉣ 양모, 우모로 제작

ANSWER | 41. ④ 42. ② 43. ① 44. ④ 45. ③ 46. ④

47 재생식 공기 예열기로서 일반 대형 보일러에 주로 사용되는 것은?

① 엘레멘트 조립식　　② 융그스트롬식
③ 판형식　　④ 관형식

해설 ㉠ 재생색 공기예열기
• 융그스트롬식(금속판형)
• 축열식(금속판형)
㉡ 전열식 공기예열기
• 강판형
• 강관형

48 배관을 아래에서 위로 떠받쳐 지지하는 장치 중의 하나로 배관의 굽힘부 등에 관으로 영구히 고정시키는 것은?

① 앵커　　② 파이프 슈
③ 스토퍼　　④ 가이드

해설 파이프 슈(Pipe Shoe) : 파이프 밴딩 부분과 수평부분에 관으로 영구히 고정시켜 이동을 구속한다.

배관 지지장치
㉠ 리스트레인트 : 앵커, 스토퍼, 가이드
㉡ 서포트 : 스프링형, 롤러형, 파이프슈, 리지드형
㉢ 행거 : 리지드형, 스프링형, 콘스탄트형

49 보일러의 종류에서 랭커셔 보일러는 무슨 보일러에 해당하는가?

① 수직 보일러　　② 연관 보일러
③ 노통 보일러　　④ 노통연관 보일러

해설

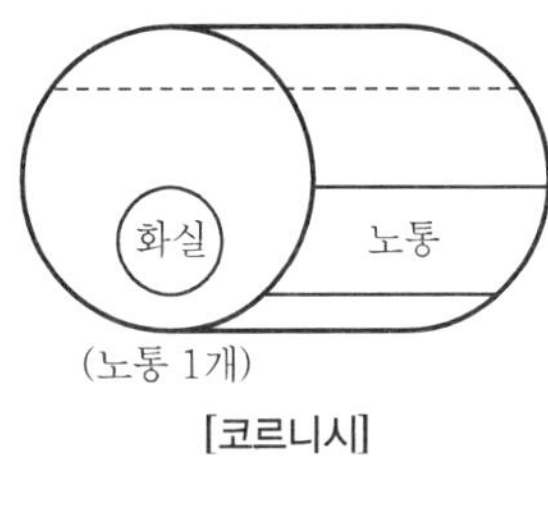

[코르니시]

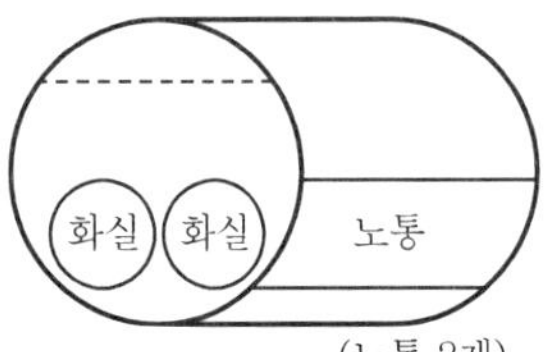

[랭커셔]

50 그림과 같은 고체 벽면에 의하여 열이 전달될 때 전달열량을 계산하는 식은?(단, λ : 열전도율, S : 전열면적, τ : 시간, δ : 두께이다.)

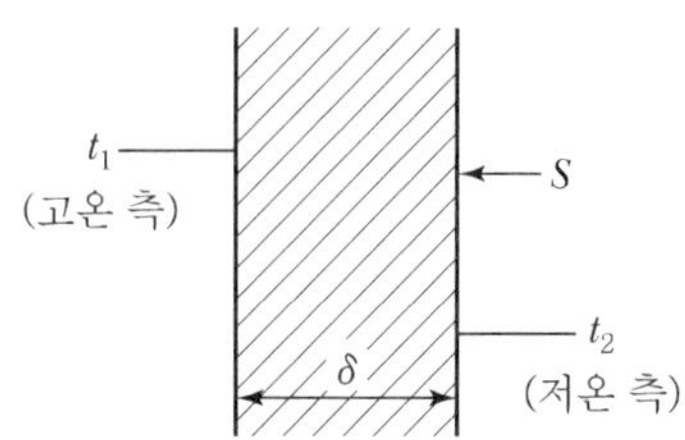

① $Q=\dfrac{\delta \cdot S(t_1-t_2)\cdot\tau}{\lambda}$

② $Q=\dfrac{\lambda \cdot (t_1-t_2)\cdot\tau}{\delta \cdot S}$

③ $Q=\dfrac{S \cdot (t_1-t_2)\cdot\tau}{\lambda \cdot \delta}$

④ $Q=\dfrac{\lambda \cdot S(t_1-t_2)\cdot\tau}{\delta}$

해설 고체단면 열손실(Q)$=\dfrac{\lambda \cdot S(t_1-t_2)\cdot\tau}{\delta}$(kcal)

51 12m의 높이에 0.1m³/s의 물을 퍼올리는 데 필요한 펌프의 축 마력은?(단, 펌프의 효율은 80%이다.)

① 15PS　　② 20PS
③ 30PS　　④ 38PS

해설 펌프축마력(PS)$=\dfrac{r\cdot Q\cdot H}{75\times\eta}=\dfrac{1,000\times0.1\times12}{75\times0.8}=$20PS

52 다음 중 수관 보일러는 어느 것인가?

① 관류 보일러　　② 케와니 보일러
③ 입형 보일러　　④ 스코치 보일러

해설 수관 보일러
• 관류 보일러　　• 완경사 보일러
• 강제순환식 보일러　　• 증기원동소 보일러

53 증기과열기의 종류를 열가스의 흐름 방향에 따라 분류할 때 해당되지 않는 것은?

① 병류형　　② 직류형
③ 향류형　　④ 혼류형

47. ② 48. ② 49. ③ 50. ④ 51. ② 52. ① 53. ② | ANSWER

해설 과열기 열가스 흐름방향별 분류
- 병류형
- 향류형(효과가 가장 좋다.)
- 혼류형

54 조업방식에 따른 요의 분류 시 불연속식 요에 해당되지 않는 것은?

① 횡염식 요 ② 터널식 요
③ 승염식 요 ④ 도염식 요

해설 ㉠ 반연속 요
- 등요
- 셔틀요

㉡ 연속 요
- 윤요(고리요)
- 터널요

55 수관 보일러에 대한 설명으로 틀린 것은?

① 수관 내에 흐르는 물을 연소가스로 가열하여 증기를 발생시키는 구조이다.
② 수관에서 나오는 기포를 물과 분리하기 위하여 증기드럼이 필요하다.
③ 일반적으로 제작비용이 커 대용량 보일러에 적용이 많으나 중소형에도 적용이 가능하다.
④ 노통 내면 및 동체 수부의 면을 고온가스로 가열하게 되어 비교적 열손실이 적다.

해설 보기 ④는 원통형 보일러(노통 보일러, 노통연관식 보일러)의 특성이다.

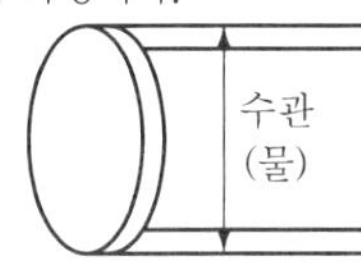

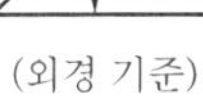
(외경 기준)

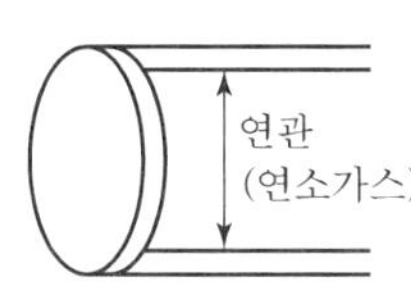

(내경 기준)

56 보온벽의 온도가 안쪽 20℃, 바깥쪽 0℃이다. 벽 두께 20cm, 벽 재료의 열전도율 0.2kcal/m · h · ℃일 때, 벽 $1m^2$당, 매시간의 열손실량은?

① 0.2kcal/h ② 0.4kcal/h
③ 20kcal/h ④ 50kcal/h

해설 고체벽손실(Q)

$$Q = \frac{\lambda \cdot S \cdot (t_1 - t_2)}{\delta} = \frac{0.2 \times 1(20-0)}{0.2} = 20\text{kcal/h}$$

※ 20cm=0.2m

57 돌로마이트(Dolomite)의 주요 화학성분은?

① SiO_2 ② SiO_2, Al_2O_3
③ $CaCO_3$, $MgCO_3$ ④ Al_2O_3

해설 돌로마이트 염기성 내화물(SK 36~39)
화학성분 : $CaCO_3$, $MgCO_3$(CaO계, MgO계)

58 에너지이용 합리화법에 의한 검사대상기기관리자의 선임, 해임 또는 퇴직에 관한 신고는 신고 사유가 발생한 날부터 며칠 이내에 해야 하는가?

① 15일 ② 30일
③ 20일 ④ 2개월

해설 검사대상기기관리자 선임, 해임, 퇴직신고서는 신고 사유가 발생한 날부터 30일 이내에 한국에너지공단이사장에게 제출한다.

59 보일러수 중 알칼리 용액의 농도가 높을 때 응력이 큰 금속표면에 미세한 균열이 일어나는 것을 무엇이라고 하는가?

① 피팅(Pitting) ② 가성취화
③ 그루빙(Grooving) ④ 포밍(Foaming)

해설 가성취화
보일러수 중의 알칼리 용액의 농도가 높을 때 응력이 큰 금속표면에 미세한 균열이 일어나는 것

60 에너지이용 합리화법에 따른 보일러의 제조검사에 해당되는 것은?

① 용접검사 ② 설치검사
③ 개조검사 ④ 설치장소 변경검사

해설 보일러 제조검사
- 용접검사
- 구조검사

ANSWER | 54. ② 55. ④ 56. ③ 57. ③ 58. ② 59. ② 60. ①

SECTION 04 열설비 취급 및 안전관리

61 **에너지이용 합리화법에 따라 검사대상기기관리자는 중 · 대형 보일러 관리자 교육과정이나 소형보일러, 압력용기 관리자 교육과정을 받아야 하는 데, 여기서 중 · 대형 보일러 관리자 교육과정을 받아야 하는 기준으로 옳은 것은?**

① 검사대상기기관리자 중 용량이 1t/h(난방용의 경우에는 5t/h)를 초과하는 강철제 보일러 및 주철제 보일러의 조종자
② 검사대상기기관리자 중 용량이 3t/h(난방용의 경우에는 5t/h)를 초과하는 강철제 보일러 및 주철제 보일러의 조종자
③ 검사대상기기관리자 중 용량이 1t/h(난방용의 경우에는 10t/h)를 초과하는 강철제 보일러 및 주철제 보일러의 조종자
④ 검사대상기기관리자 중 용량이 3t/h(난방용의 경우에는 10t/h)를 초과하는 강철제 보일러 및 주철제 보일러의 조종자

해설 시행규칙 별표 4의2에 의해 보기 ①은 중 · 대형 보일러 관리자 교육과정이다. 이외의 경우는 소형 보일러, 압력용기 관리자 과정이다.

62 **사무실에서 증기난방을 할 때 필요한 전체 방열량이 20,000kcal/h이라면 5세주 650mm 주철제 방열기로 난방을 할 때 필요한 방열기의 쪽수는?(단, 5세주 650 mm 주철제 방열기의 쪽당 방열면적은 0.26m²이다.)**

① 119쪽　② 129쪽
③ 139쪽　④ 150쪽

해설 증기방열기의 쪽수 $= \frac{\text{난방부하}}{650 \times \text{방열면적}} = \frac{20,000}{650 \times 0.26}$
$= 119$쪽

63 **건식 환수관에서 증기관 내의 응축수를 환수관에 배출할 때는 응축수가 체류하기 쉬운 곳에 무엇을 설치하여야 하는가?**

① 안전 밸브　② 드레인 포켓
③ 릴리프 밸브　④ 공기빼기 밸브

해설

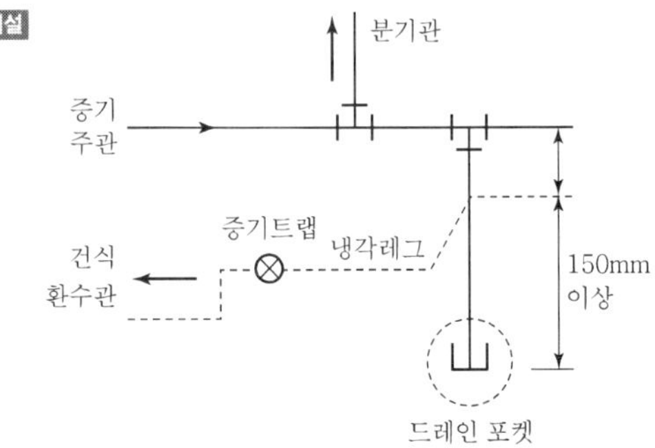

64 **보일러 운전 중 취급상의 사고에 해당되지 않는 것은?**

① 압력 초과　② 저수위 사고
③ 급수처리 불량　④ 부속장치 미비

해설 부속장치 미비 : 보일러 시공 및 구조상 사고

65 **보일러에서 증기를 송기할 때의 조작방법으로 틀린 것은?**

① 증기헤더의 드레인 밸브를 열어 응축수를 배출한다.
② 주증기관 내에 관을 따뜻하게 하기 위해 다량의 증기를 급격히 보낸다.
③ 주증기 밸브의 열림 정도를 단계적으로 한다.
④ 주증기 밸브를 완전히 연 다음 약간 되돌려 놓는다.

해설 운전 초기 주증기관 내에 수격작용(워터해머)을 방지하고 관을 따뜻하게 하기 위해 소량의 증기를 서서히 보낸다.

66 **보일러 안전밸브의 작동시험 방법으로 틀린 것은?**

① 안전밸브가 2개 이상인 경우 그 중 1개는 최고사용압력 이하, 기타는 최고사용압력의 1.3배 이하이어야 한다.
② 과열기의 안전밸브 분출압력은 증발부 안전밸브의 분출압력 이하이어야 한다.
③ 안전밸브가 1개인 경우 분출압력은 최고사용압력 이하이어야 한다.
④ 재열기 및 독립과열기에 있어서는 안전밸브가 1개인 경우 분출압력은 최고사용압력 이하이어야 한다.

해설 ① 1.3배가 아닌 1.03배 이하에서 작동하여야 한다.

61. ① 62. ① 63. ② 64. ④ 65. ② 66. ① | ANSWER

67 **보일러의 급수처리에 있어서 용해 고형물(경도 성분)을 침전시켜 연화할 목적으로 사용되는 약제는?**

① H_2SO_4 ② NaOH
③ Na_2CO_3 ④ $MgCl_2$

해설 급수처리 용해고형물처리 침전제
탄산나트륨 연화제($NaCO_3$) 및 수산화나트륨(NaOH), 인산나트륨(NaH_2PO_4)이 사용된다.

68 **다음 중 보일러의 보존방법이 아닌 것은?**

① 건식보존법 ② 소다 보일링법
③ 만수보존법 ④ 질소봉입법

해설 소다 보일링(소다 떼기) : 신설 보일러 전열면의 유지분 최초 제거로 과열이나 부식을 방지한다.

69 **송수주관을 상향 구배로 하고 방열면을 보일러 설치 기준면보다 높게 하여 온수를 순환시키는 배관방식은?**

① 단관식 ② 복관식
③ 상향순환식 ④ 하향순환식

해설 온수보일러 상향순환식
송수주관을 최하층에 배관하고 수직관을 상향 분기한다.(방열면을 보일러 설치 기준면보다 높게 하여 온수를 순환시킨다.)

70 **보일러에 사용되는 탈산소제의 종류로 옳은 것은?**

① 황산 ② 염화나트륨
③ 히드라진 ④ 수산화나트륨

해설 탈산소제 급수 내 처리 약제
㉠ 아황산소다(저압 보일러용)
㉡ 히드라진(N_2H_4)

71 **에너지이용 합리화법에 관한 내용으로 다음 ( ) 안에 각각 들어갈 용어로 옳은 것은?**

> 산업통상자원부장관은 효율관리기자재가 (㉠)에 미달하거나 (㉡)을 초과하는 경우에는 해당 효율관리기자재의 제조업자 또는 판매업자에게 그 생산이나 판매의 금지를 명할 수 있다.

① ㉠ 최대소비효율기준
  ㉡ 최저사용량기준
② ㉠ 적정소비효율기준
  ㉡ 적정사용량기준
③ ㉠ 최저소비효율기준
  ㉡ 최대사용량기준
④ ㉠ 최대사용량기준
  ㉡ 최저소비효율기준

해설 ㉠ 최저소비효율기준
㉡ 최대사용량기준

72 **에너지이용 합리화법에 따른 개조검사에 해당되지 않는 것은?**

① 온수보일러를 증기보일러로 개조
② 보일러 섹션의 증감에 의한 용량의 변경
③ 연료 또는 연소 방법의 변경
④ 철금속가열로로서 산업통상자원부장관이 정하여 고시하는 경우의 수리

해설 증기보일러를 온수보일러로 개조 시 개조검사에 해당한다.

73 **증기의 순환이 가장 빠르며 방열기 설치장소에 제한을 받지 않는 환수방식으로 증기와 응축수를 진공펌프로 흡입 순환시키는 난방법은?**

① 중력환수식 ② 기계환수식
③ 진공환수식 ④ 자연환수식

해설 진공환수식 증기난방
대규모 난방에 사용하며 응축수의 환수가 빠르도록 진공펌프를 이용하여 배관 내에 100~250mmHg 상태의 진공을 유지한다.

74 **다음 중 보일러 수의 슬러지 조정제로 사용되는 청관제는?**

① 전분 ② 가성소다
③ 탄산소다 ④ 아황산소다

해설 슬러지 조정제
• 탄닌
• 리그린
• 전분

ANSWER | 67. ③ 68. ② 69. ③ 70. ③ 71. ③ 72. ① 73. ③ 74. ①

75 보일러의 건식 보존법에서 보일러 내부에 넣어두는 건조 약품으로 가장 적합한 것은?

① 탄산칼슘 ② 실리카겔
③ 염화나트륨 ④ 염화수소

해설 보일러 건식 보존법 약제
㉠ 흡습제(실리카겔 등)
㉡ 산화방지제
㉢ 기화성 방청제
※ 건식 보존법 : 6개월 이상 장기보존법

76 에너지이용 합리화법에서 검사대상기기관리자의 선임 · 해임 또는 퇴직신고의 접수는 누구에게 하는가?

① 국토교통부장관
② 환경부장관
③ 한국에너지공단이사장
④ 한국열관리시공협회장

해설 • 검사대상기기관리자 선임, 해임, 퇴직신고서는 자격증수첩과 검사증을 첨부하여 한국에너지공단이사장에게 제출한다.(신고일 : 30일 이내)
• 검사대상기기 : 강철제 · 주철제 보일러, 소형 온수보일러, 1 · 2종 압력용기, 철금속가열로

77 에너지이용 합리화법에 따라 국내외 에너지 사정의 변동으로 에너지 수급에 중대한 차질이 발생하거나 발생할 우려가 있다고 인정될 경우, 에너지 수급의 안정을 위한 조치사항에 해당되지 않는 것은?

① 에너지의 배급
② 에너지의 비축과 저장
③ 에너지 판매시설의 확충
④ 에너지사용기자재의 사용 제한

해설 에너지 수급에 중대한 차질이 발생할 때 에너지 수급 안정을 위해 보기 ①, ②, ④의 조치를 할 수 있으나(산업통상부장관 권한), 에너지 판매시설의 제한은 할 수 있다.

78 열역학적 트랩으로 수격현상에 강하고 과열증기에도 사용할 수 있으며 구조가 간단하여 유지보수가 용이한 증기트랩은?

① 버킷 트랩 ② 디스크 트랩
③ 벨로즈 트랩 ④ 바이메탈식 트랩

해설 • 열역학적 증기트랩 : 디스크 트랩, 오리피스 트랩
• 디스크형은 과열증기에 사용한다. 워터해머에 강하고 구조가 간단하다.

79 하트포드 배관에서 환수주관과 균형관(Balance Pipe)의 연결 위치는 보일러 사용수위(표준수위)에서 몇 mm 아래 위치하는가?

① 30 ② 50
③ 70 ④ 100

해설

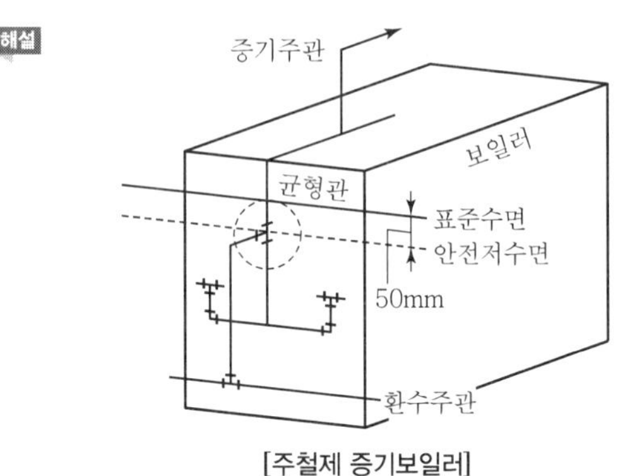

[주철제 증기보일러]

80 양정에 의한 스프링식 안전밸브에 속하지 않는 것은?

① 전량식 안전밸브 ② 고양정식 안전밸브
③ 전양정식 안전밸브 ④ 기체용식 안전밸브

해설 스프링식 안전밸브(양정에 의한 종류)
• 저양정식
• 고양정식
• 전양정식
• 전량식

75. ② 76. ③ 77. ③ 78. ② 79. ② 80. ④ ANSWER

2017년 2회 에너지관리산업기사

SECTION 01 열역학 및 연소관리

01 비열에 대한 설명으로 틀린 것은?

① 비열은 1℃의 온도를 변화시키는 데 필요한 단위 질량당의 열량이다.
② 정압비열은 압력이 일정할 때 기체 1kg을 1℃ 높이는 데 필요한 열량이다.
③ 기체의 정압비열과 정적비열은 일반적으로 같지 않다.
④ 정압비열은 정적비열보다 클 수도, 작을 수도 있다.

해설

$$\text{비열비} = \frac{\text{정압비열}}{\text{정적비열}} > 1$$

기체의 정압비열은 정적비열보다 항상 크다.

02 보일러의 자연통풍에서 통풍력을 크게 하기 위한 방법이 아닌 것은?

① 연돌의 높이를 높인다.
② 배기가스 온도를 높인다.
③ 연돌 상부 단면적을 작게 한다.
④ 연도의 굴곡부를 줄인다.

해설

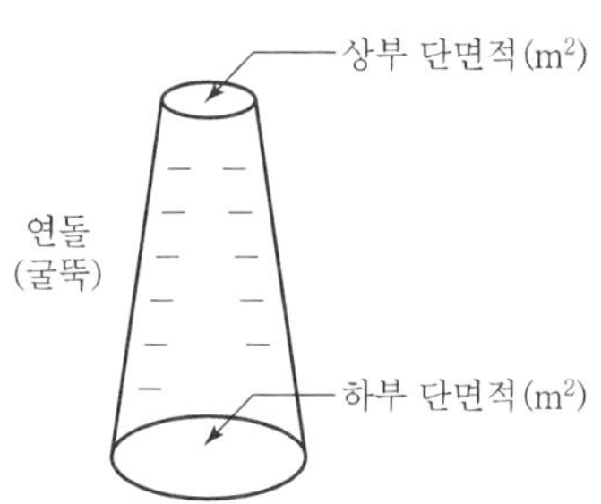

보일러의 자연통풍에서 통풍력을 크게 하기 위해서 상부 단면적을 약간 크게 한다.

03 두 개의 단열과정과 두 개의 등온과정으로 이루어진 사이클은?

① 오토 사이클　② 디젤 사이클
③ 카르노 사이클　④ 브레이턴 사이클

해설 카르노 사이클

- 1 → 2 (등온팽창)
- 2 → 3 (단열팽창)
- 3 → 4 (등온압축)
- 4 → 1 (단열압축)

04 엔트로피(entropy)에 대한 설명으로 옳은 것은?

① 열역학 제2법칙과 관련된 것으로서 비가역 사이클에서는 항상 엔트로피가 증가한다.
② 열역학 제1법칙과 관련된 것으로 가역사이클이 비가역 사이클보다 엔트로피의 증가가 뚜렷하다.
③ 열역학 제2법칙으로 정의된 엔트로피는 과정의 진행방향과는 아무런 관련이 없다.
④ 엔트로피의 단위는 K/kJ이다.

해설 엔트로피

- 비가역 사이클에서는 항상 증가한다.(열역학 제2법칙)
- 과정의 변화 중에 출입하는 열량의 이용가치를 나타내는 양으로 에너지도 아니며 온도와 같이 감각으로도 알 수 없다.
- 비엔트로피 변화 $\Delta s = \frac{\delta q}{T} = \frac{CdT}{T}$ (kcal/kg · K)

05 어떤 용기 내의 기체 압력이 계기압력으로 P_g이다. 대기압을 P_a라고 할 때, 기체의 절대압력은?

① $P_g - P_a$　② $P_g + P_a$
③ $P_g \times P_a$　④ P_g / P_a

해설 절대압력(abs) = 게이지압력 + 대기압력

06 증기터빈에 36kg/s의 증기를 공급하고 있다. 터빈의 출력이 3×10^4kW이면 터빈의 증기소비율은 몇 kg/kW · h인가?

① 3.08　② 4.32
③ 6.25　④ 7.18

해설 출력 = 3×10^4 = 30,000kW
1kWh = 860kcal/h = 3,600kJ/h
36kg/s × 1h × 3,600s/h = 129,600kg/h

$$\therefore \text{증기소비율} = \frac{129{,}600}{30{,}000} = 4.32\text{kg/kW} \cdot \text{h}$$

ANSWER | 1. ④ 2. ③ 3. ③ 4. ① 5. ② 6. ②

07 통풍압력을 2배로 높이려면 원심형 송풍기의 회전수를 몇 배로 높여야 하는가?(단, 다른 조건을 동일하다고 본다.)

① 1 ② $\sqrt{2}$
③ 2 ④ 4

해설
통풍압=압력$\times\left(\frac{N_2}{N_1}\right)^2$
위 식에서 회전수는 $\frac{N_2}{N_1}$로 표현되므로 $\frac{N_2}{N_1}$가 $\sqrt{2}$배 되었을 때 $\left(\sqrt{2}\frac{N_2}{N_1}\right)^2=2\frac{N_2}{N_1}$가 되어 통풍압력이 2배가 된다.
∴ 회전수는 $\sqrt{2}$배로 높여야 한다.

08 탄소를 완전연소시키면 다음 반응식과 같이 탄산가스와 함께 높은 열이 발생한다. 이를 참고하여 탄소(C) 1kg을 완전연소시켰을 때 발생하는 열량은?

$C+O_2=CO_2+97,200$kcal/kmol

① 2,550kcal/kg
② 8,100kcal/kg
③ 12,720kcal/kg
④ 16,200kcal/kg

해설 C + O_2 → CO_2
12kg + 32kg → 44kg
∴ 탄소발열량$=\frac{97,200}{12}=8,100$kcal/kg

09 연소장치의 선회방식 보염기가 아닌 것은?

① 평행류식 ② 축류식
③ 반경류식 ④ 혼류식

해설 평행류식 : 열교환기

10 연돌의 입구 온도가 200℃, 출구 온도가 30℃일 때, 배출가스의 평균온도는 약 몇 ℃인가?

① 85℃ ② 90℃
③ 109℃ ④ 115℃

해설 $t_1=200℃$, $t_2=30℃$일 때
평균온도$=\frac{t_1-t_2}{\ln\frac{t_1}{t_2}}=\frac{200-30}{\ln\frac{200}{30}}\fallingdotseq 90℃$

11 보일러 집진장치 중 매진을 액막이나 액방울에 충돌시키거나 접촉시켜 분리하는 것은?

① 여과식 ② 세정식
③ 전기식 ④ 관성 분리식

해설 세정식 집진장치는 매진을 액막이나 액방울에 충돌시키거나 접촉시켜 분리하는 집진장치이다.

12 기체연료의 특징에 관한 설명으로 틀린 것은?

① 회분 발생이 많고 수송이나 저장이 편리하다.
② 노 내의 온도분포를 쉽게 조정할 수 있다.
③ 연소조절, 점화, 소화가 용이하다.
④ 연소효율이 높고 약간의 과잉공기로 완전연소가 가능하다.

해설 기체연료는 저장이나 수송이 불편하며, 고체연료도 회분 발생이 많고 수송이나 저장이 불편하다.

13 고체연료가 가열되어 외부에서 점화하지 않아도 연소가 일어나는 최저온도를 무엇이라고 하는가?

① 착화온도 ② 최적온도
③ 연소온도 ④ 기화온도

해설 착화온도 : 고체연료가 가열되어 외부에서 점화하지 않아도 연소가 가능한 최저온도, 즉 발화온도이다.

14 이상기체 5kg이 350℃에서 150℃까지 "$PV^{1.3}$=상수"에 따라 변화하였다. 엔트로피의 변화는?(단, 가스의 정적비열은 0.653kJ/kg·K이고, 비열비(k)는 1.4이다.)

① 1.69kJ/K ② 1.52kJ/K
③ 0.85kJ/K ④ 0.42kJ/K

7. ② 8. ② 9. ① 10. ② 11. ② 12. ① 13. ① 14. ④ ANSWER

해설 폴리트로픽 변화 엔트로피

폴리트로픽 비열 : $C_n = \left(\frac{n-k}{n-1}\right)C_v$

$\Delta s = s_2 - s_1 = C_n \ln\frac{T_2}{T_1} = \left(\frac{n-k}{n-1}\right)C_v \ln\frac{T_2}{T_1}$

$\therefore$ 5kg의 $\Delta s = 5\times\left(\frac{1.3-1.4}{1.3-1}\right)\times 0.653\times\ln\left(\frac{423}{623}\right)$

$=0.42\text{kJ/K}$

15 **가스연료 연소 시 발생하는 현상 중 옐로 팁(Yellow tip)을 바르게 설명한 것은?**

① 버너에서 부상하여 일정한 거리에서 연소하는 불꽃의 모양
② 불꽃의 색상이 적황색으로 1차 공기가 부족한 경우 발생하는 불꽃의 모양
③ 가스연소 시 공기량이 과다하여 발생하는 불꽃의 모양
④ 불꽃이 염공을 따라 거꾸로 들어가는 현상

해설 가스연료 연소 시 옐로 팁 : 연소 시 불꽃의 색상이 적황색으로 1차 공기가 부족한 경우 발생하는 불꽃의 모양

16 **탄소 0.87, 수소 0.1, 황 0.03의 조성을 가지는 연료가 있다. 이론건배가스량은 약 몇 Nm^3/kg인가?**

① 7.54　　② 8.84
③ 9.94　　④ 10.84

해설 이론건배기가스량(G_{od})

$G_{od} = (1-0.21)A_o + 1.867\text{C} + 0.7\text{S} + 0.8\text{N}$

A_o(이론공기량)$= 8.89\text{C} + 26.67\left(\text{H} - \frac{\text{O}}{8}\right) + 3.33\text{S}$

$= 8.89\times0.87 + 26.67\times0.1 + 3.33\times0.03$

$= 10.5012$

$\therefore G_{od} = (1-0.21)\times10.5012 + 1.867\times0.87 + 0.7\times0.03$

$= 9.94\text{Nm}^3/\text{kg}$

17 **압력 200kPa, 체적 0.4m^3인 공기를 압력이 일정한 상태에서 체적을 0.6m^3로 팽창시켰다. 팽창 중에 내부에너지가 80kJ 증가하였으면 팽창에 필요한 열량은?**

① 40kJ　　② 60kJ
③ 80kJ　　④ 120kJ

해설 등압변화 팽창일(W)$= \int PdV = P(V_2 - V_1)$

$= 200\times(0.6-0.4) = 40\text{kJ}$

팽창에 필요한 총 열량$=40+80=120$kJ

18 **증기의 압력이 높아질 때 나타나는 현상에 관한 설명으로 틀린 것은?**

① 포화온도가 높아진다.
② 증발잠열이 증대한다.
③ 증기의 엔탈피가 증가한다.
④ 포화수 엔탈피가 증가한다.

해설 증기 압력 상승 시 발생 현상

㉠ 증기 엔탈피 증가　　㉡ 비체적 감소
㉢ 증발잠열 감소　　㉣ 포화수 엔탈피 증가

19 **15℃의 물 1kg을 100℃의 포화수로 변화시킬 때 엔트로피 변화량은?(단, 물의 평균 비열은 4.2kJ/kg · K이다.)**

① 1.1kJ/K　　② 8.0kJ/K
③ 6.7kJ/K　　④ 85.0kJ/K

해설 $T_1 = 15+273 = 288\text{K}$, $T_2 = 100+273 = 373\text{K}$

$\Delta s = G\cdot C\cdot \ln\frac{T_2}{T_1} = 1\times4.2\times\ln\frac{373}{288}$

$= 1.1\text{kJ/K}$

20 **석탄을 공업 분석하였더니 수분이 3.35%, 휘발분이 2.65%, 회분이 25.5%이었다. 고정탄소분은 몇 %인가?**

① 37.6　　② 49.4
③ 59.8　　④ 68.5

해설 고정탄소(F)$=100-\{$수분(W)$+$회분(A)$+$휘발분(V)$\}$

$=100-(3.35+25.5+2.65)=68.5\%$

ANSWER | 15. ② 16. ③ 17. ④ 18. ② 19. ① 20. ④

SECTION 02 계측 및 에너지 진단

21 다음 중 액주계를 읽는 정확한 위치는?

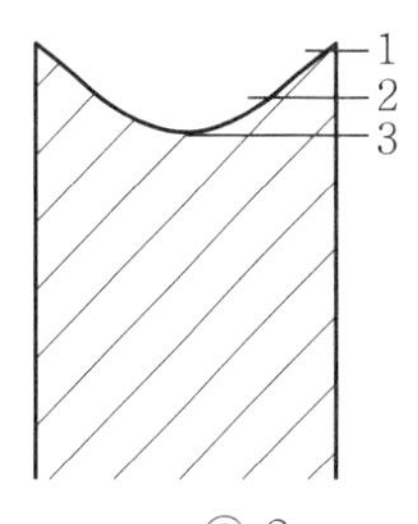

① 1　　② 2
③ 3　　④ 아무 곳이든 괜찮다.

해설

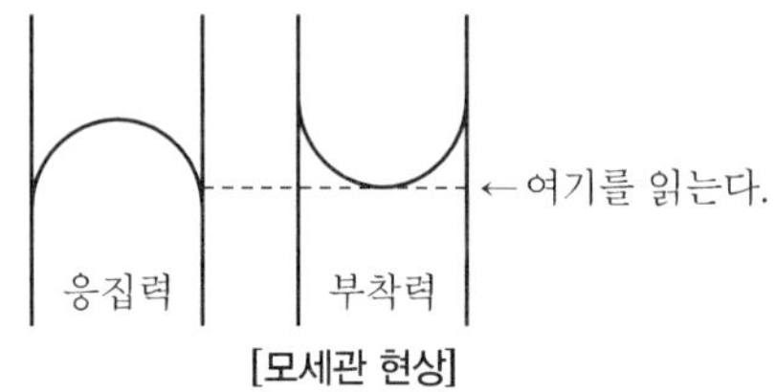

[모세관 현상]

※ • 수은 : 응집력이 부착력보다 크다.
• 물 : 부착력이 응집력보다 크다.

22 보일러 열정산 시 입열항목에 해당되지 않는 것은?

① 방산에 의한 손실열　② 연료의 연소열
③ 연료의 현열　④ 공기의 현열

해설 방산에 의한 손실열 : 열정산의 출열항목

23 반도체 측온저항체의 일종으로 니켈, 코발트, 망간 등 금속산화물을 소결시켜 만든 것으로 온도계수가 부(−) 특성을 지닌 것은?

① 서미스터 측온체　② 백금 측온체
③ 니켈 측온체　④ 동 측온체

해설 서미스터 측온체
• 재료금속 : 니켈, 코발트, 망간, 철 등
• 금속산화물을 소결시켜 만든 측온체, 온도계수가 부(−)의 특성을 가진다.

24 열전대에 관한 설명으로 틀린 것은?

① 열전대의 접점은 용접하여 만들어도 무방하다.
② 열전대의 기본 현상을 발견한 사람은 Seebeck이다.
③ 열전대를 통한 열의 흐름은 온도의 측정에 영향을 미치지 않는다.
④ 열전대의 구비조건으로 전기저항, 저항온도 계수 및 열전도율이 작아야 한다.

해설 열전대 : 열전대를 통한 열의 흐름에 의해 열기전력으로 온도를 측정하는 접촉식 온도계

25 면적식 유량계의 특징에 대한 설명으로 틀린 것은?

① 고점도 액체의 측정이 가능하다.
② 부식액의 측정에 적합하다.
③ 적산용 유량계로 사용된다.
④ 유량 눈금이 균등하다.

해설 면적식 유량계는 부자의 위치에 의하여 구해진다. 유체의 밀도를 미리 알고 측정하며 액체, 기체의 유량 측정용이다.(수직배관에만 사용된다.)

26 보일러 1마력은 몇 kgf의 상당증발량에 해당하는가?(단, 100℃의 물을 1시간 동안 같은 온도의 증기로 변화시킬 수 있는 능력이다.)

① 10.65　② 12.68
③ 15.65　④ 17.64

해설 $$\text{보일러 마력} = \frac{\text{상당증발량(kg/h)}}{\text{15.65kgf 상당 증발량/h}}$$

27 다음 중 질량의 보조단위가 아닌 것은?

① L/min　② g/s
③ t/s　④ g/h

해설 L/min, m^3/min : 유량의 단위(체적, 부피의 단위)

28 보일러의 노내압을 제어하기 위한 조작으로 적절하지 않은 것은?

① 연소가스 배출량의 조작
② 공기량의 조작
③ 댐퍼의 조작
④ 급수량 조작

해설 급수량 조작 : 증기발생량 제어를 위한 조작(급수제어 FWC 조작)

29 탄성식 압력계의 일종으로 보일러의 증기압 측정 등 공업용으로 많이 사용되는 압력계는?

① 링밸런스식 압력계 ② 부르동관식 압력계
③ 벨로스식 압력계 ④ 피스톤식 압력계

해설 탄성식 압력계
- 부르동관식(보일러 증기압력계 사용)
- 벨로스식
- 다이어프램식

30 다이어프램 압력계에 대한 설명으로 틀린 것은?

① 연소로의 드래프트게이지로 사용된다.
② 먼지를 함유한 액체나 점도가 높은 액체의 측정에는 부적당하다.
③ 측정이 가능한 범위는 공업용으로는 20~5,000 mmH_2O 정도이다.
④ 다이어프램의 재료로는 고무, 인청동, 스테인리스 등의 박판이 사용된다.

해설 다이어프램(Diaphragm) 압력계는 부식성 액체 압력 측정에 사용 가능하고 먼지 등을 함유한 액체나 점도가 높은 액체에도 사용이 가능하다.(연소로의 통풍계 사용이 용이하다.)

31 다음 중 O_2계로 사용되지 않는 것은?

① 연소식 ② 자기식
③ 적외선식 ④ 세라믹식

해설 적외선 가스 분석계 : 2원자 분자(O_2, N_2, H_2 등)의 가스 분석은 불가능하지만, CO_2, CH_4, CO 등의 가스 분석은 용이하다.

32 다음 중 SI 기본단위가 아닌 것은?

① 물질량[mol] ② 광도[cd]
③ 전류[A] ④ 힘[N]

해설
- SI 단위계에서는 힘을 뉴턴(N)으로 정의한다.
- SI 기본단위 : 길이(m), 질량(kg), 시간(s), 온도(K), 전류(A), 광도(cd), 물질량(mol)

33 두께가 15cm이며 열전도율이 40kcal/m · h · ℃, 내부온도가 230℃, 외부온도가 65℃일 때, 전열면적 1m²당 1시간 동안에 전열되는 열량은 몇 kcal/h인가?

① 40,000 ② 42,000
③ 44,000 ④ 46,000

해설 고체의 전열량(Q)

$$Q = \lambda \times \frac{A(t_1 - t_2)}{b}$$

$$= 40 \times \frac{1(230-65)}{0.15} = 44,000\text{kcal/h}$$

34 다음 중 보일러의 자동제어가 아닌 것은?

① 온도제어 ② 급수제어
③ 연소제어 ④ 위치제어

해설 보일러 자동제어(A.B.C)
- 증기온도제어(STC)
- 급수제어(FWC)
- 연소제어(ACC)

35 다음 중 비접촉식 온도계에 해당하는 것은?

① 유리온도계
② 저항온도계
③ 압력온도계
④ 광고온도계

해설 비접촉식 온도계(고온용)
- 광고온도계
- 방사 온도계
- 광전관식 온도계

ANSWER | 28. ④ 29. ② 30. ② 31. ③ 32. ④ 33. ③ 34. ④ 35. ④

36 유압식 신호전달방식의 특징에 대한 설명으로 틀린 것은?

① 비압축성이므로 조작속도 및 응답이 빠르다.
② 주위의 온도변화에 영향을 받지 않는다.
③ 전달의 지연이 적고 조작량이 강하다.
④ 인화의 위험성이 있다.

해설 유압식은 신호전달 과정에서 조작력이 공기압식으로 해결되지 않는 곳에 사용하며, 기름을 사용하여 주위의 온도 변화에 영향을 받는다.

37 조절기가 50~100°F 범위에서 온도를 비례제어하고 있을 때 측정온도가 66°F와 70°F에 대응할 때의 비례대는 몇 %인가?

① 8 ② 10
③ 12 ④ 14

해설 100°F − 50°F = 50°F
70°F − 66°F = 4°F
∴ 비례대 $= \frac{4}{50} \times 100 = 8\%$

38 열정산 기준에서 보일러 범위에 포함되지 않는 열은?

① 입열 ② 출열
③ 손실열 ④ 외부열원

해설 열정산 기준
- 입열
- 출열(손실열 포함)
- 순환열

39 다음 중 압력을 표시하는 단위가 아닌 것은?

① kPa ② N/m^2
③ bar ④ kgf

해설 힘의 단위
- N(SI 단위)
- kgf(중력 단위)

※ 1kgf = 9.81N

40 액면에 부자를 띄워 부자가 상하로 움직이는 위치로 액면을 측정하는 것으로서 주로 저장 탱크, 개방 탱크 및 고압 밀폐탱크 등의 액위 측정에 사용되는 액면계는?

① 직관식 액면계 ② 플로트식 액면계
③ 방사성 액면계 ④ 압력식 액면계

해설 플로트식 액면계(접촉식)
액면에 부자를 띄워 플로트(부자)가 상하로 움직이는 위치로 액면을 측정한다.(저장탱크, 개방탱크, 고압밀폐탱크에 사용)

SECTION 03 열설비구조 및 시공

41 전기로나 시멘트 소성용 회전가마의 소성대 내벽에 사용하기 가장 적합한 내화물은?

① 내화점토질 내화물 ② 크롬마그네시아 내화물
③ 고알루미나질 내화물 ④ 규석질 내화물

해설 크롬마그네시아 내화물 제조법
㉠ 전기에 의한 용융소성품
㉡ 전주(전기주물)법
㉢ 사용 용도 : 염기성 평로, 전기로, 금속제련로, 반사로의 천장 및 시멘트 요의 소성대 내벽에 사용한다.

42 다음 중 사용압력이 비교적 낮은 곳의 배관에 사용하는 "배관용 탄소강관"의 기호로 맞는 것은?

① SPPH ② SPP
③ SPPS ④ SPA

해설 일반배관용 탄소강관(SPP) : 압력 1MPa 이하의 배관용

43 배관에 나사가공을 하는 동력 나사 절삭기의 형식이 아닌 것은?

① 오스터식 ② 호브식
③ 로터리식 ④ 다이헤드식

해설 로터리식, 램식 : 파이프 등 관의 벤딩(Bending)기로 사용

ANSWER 36. ② 37. ① 38. ④ 39. ④ 40. ② 41. ② 42. ② 43. ③

44 **가열로의 내벽온도를 1,200℃, 외벽온도를 200℃로 유지하고 매시간당 1m²에 대한 열손실을 400kcal로 설계할 때 필요한 노벽의 두께는?(단, 노벽 재료의 열전도율은 0.1kcal/m·h·℃이다.)**

① 10cm ② 15cm
③ 20cm ④ 25cm

해설 $400 = \frac{0.1 \times (1,200-200) \times 1}{b}$

$\therefore$ 두께$(b) = \frac{0.1 \times (1,200-200) \times 1}{400} = 0.25\text{m} = 25\text{cm}$

45 **배관시공 시 보온재로 사용되는 석면에 대한 설명으로 옳은 것은?**

① 유기질 보온재로서 진동이 있는 장치의 보온재로 많이 쓰인다.
② 약 400℃ 이하의 파이프나 탱크, 노벽 등의 보온재로 적합하며, 약 400℃를 초과하면 탈수 분해된다.
③ 열전도율이 작고 300~320℃에서 열분해되며, 방습 가공한 것은 습기가 많은 곳의 옥외배관에 사용한다.
④ 석회석을 주원료로 사용하며 화학적으로 결합시켜 만든 것으로 사용온도는 650℃까지이다.

해설 석면보온재
약 400℃ 이하의 파이프나 탱크, 노벽 등의 무기질 보온재로 적합하고 400℃ 초과 시 탈수현상 발생(800℃ 이상에서는 강도와 보온성 상실)

46 **보일러에서 사용하는 분출관 및 분출밸브 등에 대한 설명으로 틀린 것은?**

① 보일러 아랫부분에는 분출관과 분출밸브 또는 분출콕을 설치해야 한다.(관류보일러는 제외)
② 일반적으로 2개 이상의 보일러를 같이 사용할 경우 분출관은 공동으로 사용해야 한다.
③ 분출밸브의 크기는 호칭지름 25mm 이상의 것이어야 한다.(전열면적 10m² 이하의 보일러는 호칭지름 20mm 이상 가능)
④ 최고사용압력 0.7MPa 이상의 보일러의 분출관에는 분출밸브 2개 또는 분출밸브와 분출콕을 직렬로 갖추어야 한다.

해설
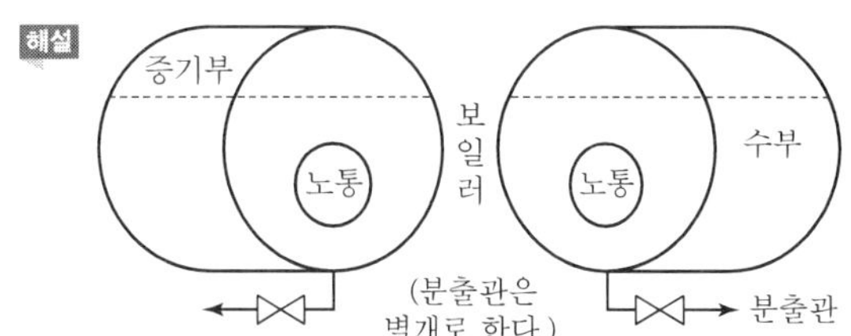

47 **보일러에 공기예열기를 설치했을 때의 특징에 관한 설명으로 틀린 것은?**

① 보일러의 열효율이 증가된다.
② 노 내의 연소속도가 빨라진다.
③ 연소상태가 좋아진다.
④ 질이 나쁜 연료는 연소가 불가능하다.

해설
• 폐열회수장치에서 공기예열기로 공기를 예열하여 화실에 공급하면 질이 나쁜 연료의 연소가 용이하다.
• 공기예열기의 종류 : 전열식(판형, 관형), 재생식(융스트롬식), 증기식

48 **탄성이 부족하기 때문에 석면, 고무, 파형 금속관 등으로 표면 처리하여 사용하는 합성수지류의 패킹에 속하는 것은?**

① 네오프렌
② 펠트
③ 유리섬유
④ 테플론

해설 테플론 : 탄성이 부족한 합성수지 패킹재이며 석면, 고무, 파형 금속관 등으로 표면처리하여 사용한다.

49 **증기 엔탈피가 2,800kJ/kg이고 급수 엔탈피가 125 kJ/kg일 때 증발계수는 약 얼마인가?(단, 100℃ 포화수가 증발하여 100℃의 건포화증기로 되는데 필요한 열량은 2,256.9kJ/kg이다.)**

① 1.08 ② 1.19
③ 1.44 ④ 1.62

해설 증발계수(증발능력) $= \frac{h_2 - h_1}{r} = \frac{2,800-125}{2,256.9} = 1.19$

50 터널가마의 레일과 바퀴 부분이 연소가스에 의해서 부식되지 않도록 하는 시공법은?

① 샌드실(Sand Seal) ② 에어커튼(Air Curtain)
③ 내화갑 ④ 칸막이

해설 샌드실 : 연속식 터널가마(요)에서 레일과 바퀴 부분이 연소가스에 의해서 부식되지 않도록 하는 시공법이다.

51 에너지이용 합리화법에 따라 발전용 보일러에 부착되는 안전밸브의 분출정지압력은 분출압력의 얼마 이상이어야 하는가?

① 분출압력의 0.93배 이상
② 분출압력의 0.95배 이상
③ 분출압력의 0.98배 이상
④ 분출압력의 1.0배 이상

해설 발전용 보일러의 안전밸브 분출정지압력 : 분출압력의 0.93배 이상(보일러드럼, 과열기용)
※ 관류보일러 및 재열기용은 0.9배 이상

52 보일러 연소 시 배기가스 성분 중 완전연소에 가까울수록 줄어드는 성분은?

① CO_2 ② H_2O
③ CO ④ N_2

해설 • 완전연소 : $C + O_2 \rightarrow CO_2$
• 불완전연소 : $C + \frac{1}{2}O_2 \rightarrow CO$

53 다음 중 에너지이용 합리화법에 따라 소형 온수보일러에 해당하는 것은?

① 전열면적이 $14m^2$ 이하이고 최고사용압력이 0.35 MPa 이하인 온수를 발생하는 것
② 전열면적이 $24m^2$ 이하이고 최고사용압력이 0.5 MPa 이상인 온수를 발생하는 것
③ 전열면적이 $24m^2$ 이하이고 최고사용압력이 0.35 MPa 이하인 온수를 발생하는 것
④ 전열면적이 $14m^2$ 이하이고 최고사용압력이 0.5 MPa 이상인 온수를 발생하는 것

해설 소형 온수보일러 : 전열면적 $14m^2$ 이하이고 최고사용압력 0.35MPa(3.5kg/cm^2) 이하인 온수보일러[단, 구멍탄용 온수보일러, 축열식 전기보일러, 가정용 화목보일러 및 가스사용량 17kg/h(도시가스 232.6kW) 이하인 가스용 온수보일러는 제외]

54 관류 보일러의 특징에 관한 설명으로 틀린 것은?

① 대형 관류 보일러에는 벤슨 보일러, 슐저 보일러 등이 있다.
② 초임계 압력하에서 증기를 얻을 수 있다.
③ 드럼이 필요 없다.
④ 부하 변동에 대한 적응력이 크다.

해설 원통형 보일러는 보유수가 많아 부하 변동 시 그에 대한 적응력이 작아서 자동제어 운전이 필요하다.

55 내화물의 구비조건으로 틀린 것은?

① 상온 및 사용온도에서 압축강도가 클 것
② 사용목적에 따라 적당한 열전도율을 가질 것
③ 팽창은 크고 수축이 작을 것
④ 온도 변화에 의한 파손이 작을 것

해설 내화물(산성, 중성, 염기성 벽돌)은 팽창이나 수축이 작아야 한다.

56 에너지이용 합리화법에 따라 검사대상기기의 설치자가 그 사용 중인 검사대상기기를 폐기한 때에는 그 폐기한 날로부터 며칠 이내에 폐기신고서를 제출하여야 하는가?

① 15일 ② 20일
③ 30일 ④ 60일

해설 검사대상기기의 폐기신고 : 폐기한 날로부터 15일 이내에 한국에너지공단이사장에게 폐기신고서를 제출한다.

57 에너지이용 합리화법에 따라 증기 보일러에 설치되는 안전밸브가 2개 이상인 경우 각각의 작동시험 기준은?

① 최고사용압력의 0.97배 이하, 1.0배 이하
② 최고사용압력의 0.98배 이하, 1.03배 이하
③ 최고사용압력의 1.0배 이하, 1.0배 이하
④ 최고사용압력의 1.0배 이하, 1.03배 이하

50. ① 51. ① 52. ③ 53. ① 54. ④ 55. ③ 56. ① 57. ④ | ANSWER

해설 증기 보일러용 안전밸브를 2개 이상 설치 시 작동시험 기준
㉠ 최고사용압력의 1.0배 이하
㉡ 최고사용압력의 1.03배 이하

58 **갈로웨이 관(Galloway Tube)을 설치함으로써 얻을 수 있는 이점으로 틀린 것은?**

① 화실 내벽의 강도 보강
② 전열면적 증가
③ 관수의 대류 순환 촉진
④ 열로 인한 신축변화의 흡수 용이

해설
- 노통 보일러, 입형 보일러의 갤로웨이관(횡관) 설치 목적은 보기 ①, ②, ③이다.
- 신축이음(벨로스형, 스위블형, 루프형)은 열로 인한 배관의 신축변화의 흡수가 용이하다.

59 **관의 안지름이 D(cm), 평균유속이 V(m/s)일 때, 평균유량 Q(m³/s)을 구하는 식은?**

① $Q=DV$　② $Q=\frac{\pi}{4}D^2V$
③ $Q=\frac{\pi}{4}\left(\frac{D}{100}\right)^2V$　④ $Q=\left(\frac{V}{100}\right)^2D$

해설 평균유량(m^3/s) 산정식(배관용)
관의 안지름이 cm로 주어질 때

$$Q=\frac{\pi}{4}\left(\frac{D}{100}\right)^2\times V(m^3/s)$$

60 **기수분리기 설치 시의 장점이 아닌 것은?**

① 습증기의 발생률을 높인다.
② 마찰손실을 작게 한다.
③ 관 내의 부식을 방지한다.
④ 수격작용을 방지한다.

해설 기수분리기(수관식 보일러용)
㉠ 이용목적 : 습증기의 건조도를 높인다.(수분을 제거한다)
㉡ 종류
- 장애판을 조립한 것
- 원심분리기(사이클론)를 이용한 것
- 파도형의 다수 강판을 사용한 것

SECTION 04 열설비 취급 및 안전관리

61 **염산 등을 사용하여 보일러 내의 스케일을 용해시켜 제거하는 방법에 대한 설명으로 틀린 것은?**

① 스케일의 시료를 채취하여 분석하고, 용해시험을 통하여 세정방법을 결정하여야 한다.
② 본체에 부착되어 있는 안전밸브, 수면계, 밸브류 등은 분리하지 않는다.
③ 수소가 발생하여 폭발의 우려가 있으므로 통풍이 잘되는 장소에서 세정하여야 한다.
④ 화학세정이 끝난 다음에는 반드시 물로 충분하게 세척하여 사용한 약액의 영향이 미치지 않도록 주의한다.

해설 염산 등을 이용하여 보일러 세관 시 본체의 안전밸브, 수면계, 밸브류 등은 분리하여 스케일이나 슬러지 등을 제거한다.

62 **증기보일러 압력계와 연결되는 증기관을 황동관 또는 동관으로 하는 경우 안지름은 최소 몇 mm 이상이어야 하는가?**

① 3.5mm　② 5.5mm
③ 6.5mm　④ 12.7mm

해설

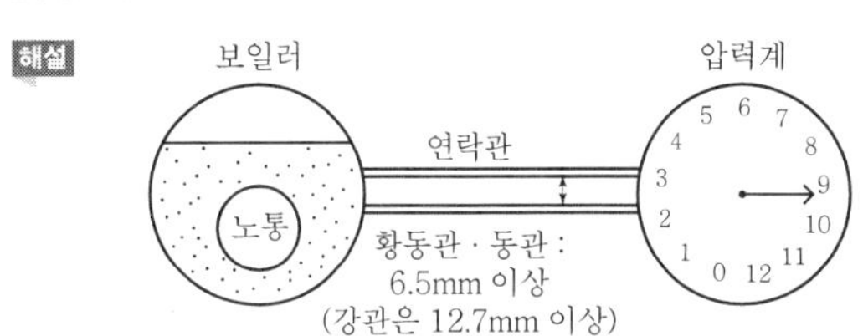

63 **보일러의 과열 원인으로 가장 거리가 먼 것은?**

① 물의 순환이 나쁠 때
② 고온의 가스가 고속으로 전열면에 마찰할 때
③ 관석이 많이 퇴적한 부분이 가열되어 열전달이 높아질 때
④ 보일러의 이상 저수위에 의하여 빈 보일러를 운전하였을 때

해설 관석(스케일)이 많이 퇴적한 전열면은 열전달이 낮아져서 국부과열이 발생한다.

ANSWER | 58. ④ 59. ③ 60. ① 61. ② 62. ③ 63. ③

64 트랩이나 스트레이너 등의 고장, 수리, 교환 등에 대비하여 설치하는 것은?

① 바이패스 배관　② 드레인 포켓
③ 냉각 레그　④ 체크 밸브

해설
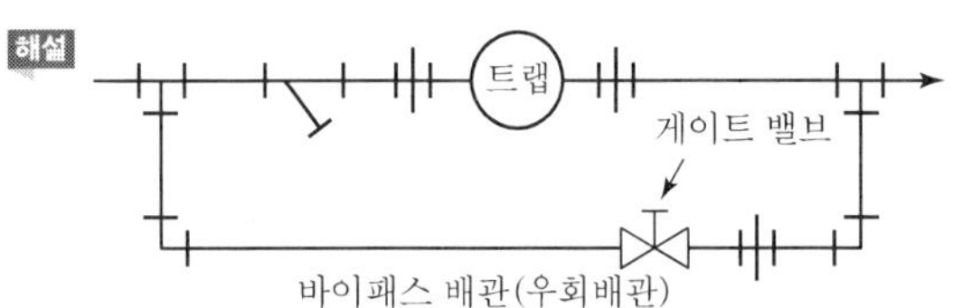

65 보일러를 사용하지 않고 장기간 보존할 경우 가장 적합한 보존법은?

① 만수 보존법　② 건조 보존법
③ 밀폐 만수 보존법　④ 청관제 만수 보존법

해설
• 만수 보존법(단기 보존) : 2개월 정도의 휴지기간용
• 건조 보존법(장기 보존) : 6개월 이상의 휴지기간용

66 에너지이용 합리화법에 따라 에너지사용계획을 수립하여 산업통상자원부장관에게 제출하여야 하는 자는?

① 민간사업주관자로 연간 5천 티오이 이상의 연료 및 열을 사용하는 시설을 설치하려는 자
② 공동사업주관자로 연간 2천 티오이 이상의 연료 및 열을 사용하는 시설을 설치하려는 자
③ 민간사업주관자로 연간 1천만 킬로와트시 이상의 전력을 사용하는 시설을 설치하려는 자
④ 공공사업주관자로 연간 2백만 킬로와트시 이상의 전력을 사용하는 시설을 설치하려는 자

해설 민간사업주관자가 에너지사용계획을 제출해야 하는 용량
• 연간 5천 티오이 이상의 연료 및 열을 사용하는 시설
• 연간 2천만 킬로와트시 이상의 전력을 사용하는 시설

67 보일러에서 가연가스와 미연가스가 노 내에 발생하는 경우가 아닌 것은?

① 연도가 너무 짧은 경우
② 점화조작에 실패한 경우
③ 노 내에 다량의 그을음이 쌓여 있는 경우
④ 연소 정지 중에 연료가 노 내에 스며든 경우

해설
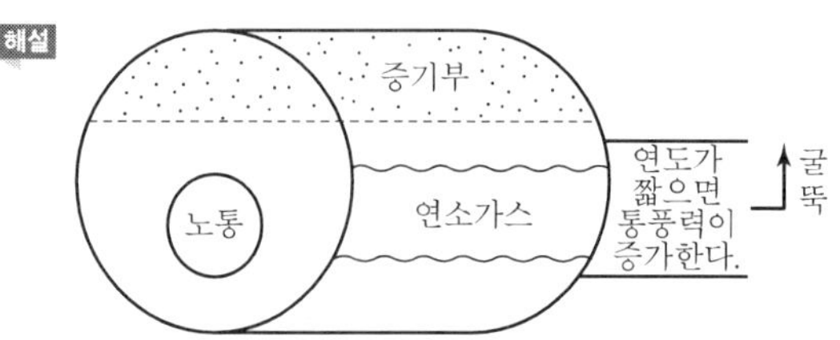

68 보일러를 건조보존방법으로 보존할 때의 유의사항으로 틀린 것은?

① 모든 뚜껑, 밸브, 콕 등은 전부 개방하여 둔다.
② 습기를 제거하기 위하여 생석회를 보일러 안에 둔다.
③ 연도는 습기가 없게 항상 건조한 상태가 되도록 한다.
④ 보일러수를 전부 빼고 스케일 제거 후 보일러 내에 열풍을 통과시켜 완전 건조시킨다.

해설 보일러 건조보존(밀폐장기보존) 시에는 전부 밀폐시켜 산소 공급을 방지한다.

69 다음 중 보일러 인터록의 종류가 아닌 것은?

① 고수위
② 저연소
③ 불착화
④ 프리퍼지

해설 인터록은 보기 ②, ③, ④ 외에도 저수위 인터록, 압력초과 인터록 등이 있다.(보일러 이상 상태 시 보일러 운전 긴급 중지)

70 에너지이용 합리화법에 따라 특정열사용기자재 시공업은 누구에게 등록을 하여야 하는가?

① 국토교통부장관
② 산업통상자원부장관
③ 시 · 도지사
④ 한국에너지공단이사장

해설 특정열사용기자재(보일러 등) 시공업은 시 · 도지사에게 등록한다.

64. ① 65. ② 66. ① 67. ① 68. ① 69. ① 70. ③ | ANSWER

71 옥내 보일러실에 연료를 저장하는 경우 보일러 외측으로부터 얼마 이상 거리를 두고 저장해야 하는가? (단, 소형 보일러는 제외한다.)

① 0.6m 이상 ② 1m 이상
③ 1.2m 이상 ④ 2m 이상

해설

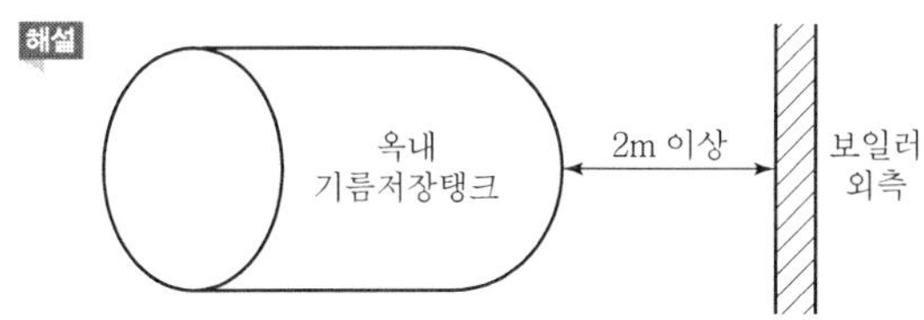

72 다음 반응 중 경질 스케일 반응식으로 옳은 것은?

① $Ca(HCO_3)$ + 열 → $CaCO_3 + H_2O + CO_2$
② $3CaSO_4 + 2Na_3PO_4 \rightarrow Ca_3(PO_4)_3 + 3Na_2SO_4$
③ $MgSO_4 + CaCO_3 + H_2O \rightarrow CaSO_4 + Mg(OH)_2 + CO_2$
④ $MgCO_3 + H_2O \rightarrow Mg(OH)_2 + CO_2$

해설 경질 스케일
$MgSO_4$ (황산마그네슘) + $CaCO_3$ (탄산칼슘) + H_2O
→ $CaSO_4$ (황산칼슘) + $Mg(OH)_2$ (수산화마그네슘) + CO_2

73 보일러 파열사고의 원인 중 구조물의 강도 부족에 의한 원인이 아닌 것은?

① 재료의 불량 ② 용접 불량
③ 용수관리의 불량 ④ 동체의 구조 불량

해설 용수관리의 불량 : 구조상이 아닌 취급상의 원인에 따른 사고

74 증기보일러에서 포밍, 프라이밍이 발생하는 원인으로 틀린 것은?

① 주 증기밸브를 천천히 개방했을 때
② 증기부하가 과대할 때
③ 보일러수가 농축되었을 때
④ 보일러수 중에 불순물이 많이 포함되었을 때

해설 증기보일러에서 주 증기밸브를 천천히 열면 수격작용, 포밍(거품 발생), 프라이밍(비수)의 발생이 방지된다.

75 매시 발생증기량이 2,000kg/h, 급수의 엔탈피는 10kcal/kg, 발생증기의 엔탈피가 549kcal/kg일 때, 이 보일러의 매시 환산증발량은?

① 1,250kg/h ② 1,500kg/h
③ 2,000kg/h ④ 2,540kg/h

해설 환산증발량(상당증발량, W_e)

$$W_e = \frac{S_W(h_2 - h_1)}{539}$$
$$= \frac{2{,}000(549-10)}{539} = 2{,}000\text{kg/h}$$

76 보일러의 외부부식 원인이 아닌 것은?

① 빗물, 지하수 등에 의한 습기나 수분에 의한 경우
② 증기나 보일러수 등의 누출로 인한 습기나 수분에 의한 경우
③ 재나 회분 속에 함유된 부식성 물질(바나듐 등)에 의한 경우
④ 강재 속에 함유된 유황분이나 인분이 온도상승과 더불어 산화되거나 또는 이외의 원인으로 녹이 생긴 경우

해설 보기 ④의 내용은 적열취성(강판재가 약해지는 현상)의 원인이다.

77 증기난방법의 종류를 중력, 기계, 진공환수방식으로 구분한다면 무엇에 따른 분류인가?

① 응축수 환수방식 ② 환수관 배관방식
③ 증기공급방식 ④ 증기압력방식

해설 증기난방 응축수의 환수방식
• 중력환수식
• 기계환수식
• 진공환수식

ANSWER | 71. ④ 72. ③ 73. ③ 74. ① 75. ③ 76. ④ 77. ①

78 **보일러 압력계의 검사를 해야 하는 시기로 가장 거리가 먼 것은?**

① 2개가 설치된 경우 지시도가 다를 때
② 비수현상이 일어난 때
③ 신설 보일러의 경우 압력이 오르기 시작했을 때
④ 부르동관이 높은 열을 받았을 때

해설 보일러 압력계의 검사 시기는 보기 ①, ②, ④ 외에도 부르동관에 증기가 직접 들어갔을 때와 안전밸브의 실제 작동압력과 조정압력이 다를 때 등이다.

79 **에너지이용 합리화법에 따라 대통령령으로 정하는 에너지공급자가 해당 에너지의 효율 향상과 수요 절감을 위해 연차별로 수립해야 하는 것은?**

① 비상시 에너지수급방안
② 에너지기술개발계획
③ 수요관리투자계획
④ 장기에너지수급계획

해설 에너지이용 합리화법 제9조(에너지공급자의 수요관리투자계획)
에너지공급자 중 대통령령으로 정하는 에너지 공급자는 수요의 절감 및 온실가스 배출의 감축 등을 도모하기 위해 연차별 수요관리투자계획을 수립, 시행하여야 한다.

80 **에너지이용 합리화법에 의한 검사대상기기관리자를 선임하지 아니한 자에 대한 벌칙 기준은?**

① 1년 이하의 징역 또는 1천만 원 이하의 벌금
② 5백만 원 이하의 벌금
③ 1천만 원 이하의 벌금
④ 1년 이하의 징역 또는 2천만 원 이하의 벌금

해설 법 제75조에 의거, 검사대상기기설치자가 검사대상기기조종자를 선임하지 않으면 1천만 원 이하의 벌금에 처한다.

78. ③ 79. ③ 80. ③ | ANSWER

2017년 3회 에너지관리산업기사

SECTION 01 열역학 및 연소관리

01 탄화도를 기준으로 석탄을 분류할 때 탄화도 증가에 따른 석탄의 일반적인 성질 변화로 옳은 것은?

① 휘발성이 증가한다.
② 고정탄소량이 감소한다.
③ 수분이 감소한다.
④ 착화 온도가 낮아진다.

해설 석탄
- 이탄 → 아탄 → 갈탄 → 역청탄 → 무연탄 → 흑연
- 탄화도가 증가하면 수분이나 휘발분이 감소한다.
- 연료비 = $\frac{\text{고정탄소}}{\text{휘발분}}$ (12 이상이면 가장 우수한 무연탄)

02 다음 중 건식 집진형식이 아닌 것은?

① 백필터식 ② 사이클론식
③ 멀티클론식 ④ 벤투리스크러버식

해설 가압수식 세정식 집진장치
- 스크러버식(벤투리)
- 사이클론스크러버식
- 제트스크러버
- 충진탑

03 이론습연소가스양(G_{ow})과 이론건연소가스양(G_{od})의 관계를 옳게 나타낸 것은?(단, 단위는 Nm^3/kg이다.)

① $G_{ow} = G_{od} + (9H + W)$
② $G_{od} = G_{ow} + (9H + W)$
③ $G_{ow} = G_{od} + 1.25(9H + W)$
④ $G_{od} = G_{ow} + 1.25(9H + W)$

해설 $G_{ow}(Nm^3/kg) = G_{od} + 1.25(9H + W)$
- H_2 분자량=2, $H_2 + O_2 = H_2O(18kg)$
- $H_2O = \frac{22.4m^3}{18kg} = 1.25m^3/kg$
- $\frac{18}{2} = 9kg\ H_2O/kg$

04 어느 열기관이 외부로부터 Q의 열을 받아서 외부에 100kJ의 일을 하고 내부 에너지가 200kJ 증가하였다면 받은 열(Q)은 얼마인가?

① 100kJ ② 200kJ
③ 300kJ ④ 400kJ

해설 받은 열(Q) = 100 + 200kJ = 300kJ
$dQ = dU + A\delta h$ = 내부에너지 + 외부에 한 일
열역학 제1법칙 미분형 제1식 참고

05 대기압에서 물의 증발잠열은 약 얼마인가?

① 334kJ/kg ② 539kJ/kg
③ 1,000kJ/kg ④ 2,264kJ/kg

해설 물의 증발잠열(r) = 539kcal/kg × 4.186kJ/kcal
≒ 2,264kJ/kg

06 공기 2kg이 압력 400kPa, 온도 10℃인 상태로부터 정압하에서 온도가 200℃로 변화할 때 엔트로피 변화량은?(단, 정압비열은 1.003kJ/kg·K, 정적비열은 0.716kJ/kg·K이다.)

① 0.51kJ/K ② 1.03kJ/K
③ 136.12kJ/K ④ 190.63kJ/K

해설 엔트로피변화(ΔS) 정압 변화($P = C$, $P_1 = P_2$)

$$\Delta S = S_2 - S_1 = C_v \ln\frac{T_2}{T_1} + AR\ln\frac{V_2}{V_1}$$
$$= C_p \ln\frac{T_2}{T_1} = C_p \ln\frac{V_2}{V_1}$$

$T_1 = 10 + 273 = 283K$, $T_2 = 200 + 273 = 473K$,

$$\Delta S = 2 \times 1.003 \times \ln\left(\frac{473}{283}\right) = 1.03kJ/K$$

07 연소안전장치 중 화염이 발광체임을 이용하여 화염을 검출하는 것으로 광전관, PbS 셀(cell), CdS 셀 등을 사용하는 것은?

① 플레임 아이 ② 플레임 로드
③ 스택 스위치 ④ 연료차단밸브

ANSWER | 1. ③ 2. ④ 3. ③ 4. ③ 5. ④ 6. ② 7. ①

해설 화염검출기(안전장치)
㉠ 플레임 아이(화염의 발광체 이용)
㉡ 플레임 로드(화염의 전기 전도성 이용)
㉢ 스택 스위치(화염의 발열체 온도 이용)

08 보일러의 안전장치 중 보일러 내부 증기압력이 스프링 조정압력보다 높을 경우 내부의 벨로스가 신축하여 수은등 스위치를 작동하게 하여 전자밸브로 하여금 자동으로 연료 공급을 중단하게 함으로써 압력 초과로 인한 보일러 파열사고를 방지해 주는 안전장치는?

① 안전밸브 ② 압력제한기
③ 방폭문 ④ 가용전

해설 압력제한기(안전장치)
증기의 설정압력 초과 시 전자밸브에 의한 자동 연료차단으로 보일러 파열사고를 미연에 방지하며 스프링 조정압력을 이용한다.

09 탄소 1kg을 연소시키기 위해서 필요한 이론적인 산소량은?

① $1Nm^3$ ② $1.867Nm^3$
③ $2.667Nm^3$ ④ $22.4Nm^3$

해설 $\underline{C} + \underline{O_2} \rightarrow \underline{CO_2}$
12kg + $22.4m^3$ → $22.4m^3$
이론산소량(O_0)$=\frac{22.4}{12}=1.867Nm^3/kg$
탄소 1kmol의 용적 $22.4m^3$=12kg(분자량 값)

10 1kg의 공기가 일정온도 200℃에서 팽창하여 처음 체적의 6배가 되었다. 전달된 열량(kJ)은?(단, 공기의 기체상수는 0.287kJ/kg·K이다.)

① 243 ② 321
③ 413 ④ 582

해설 공기의 등온변화
$T=C\,(dT=0),\ \frac{P_2}{P_1}=\frac{V_1}{V_2}$
가열량$(Q)=ART\ln\frac{V_2}{V_1}$
$=0.287\times(200+273)\times\ln\left(\frac{6}{1}\right)=243\text{kJ/kg}$

11 공기보다 비중이 커서 누설이 되면 낮은 곳에 고여 인화폭발의 원인이 되는 가스는?

① 수소 ② 메탄
③ 일산화탄소 ④ 프로판

해설 가스비중(분자량/29)
- 수소(2/29=0.069)
- 메탄(16/29=0.552)
- 공기(29/29=1)
- CO(28/29=0.966)
- 프로판(44/29=1.52)

12 압축비가 5, 차단비가 1.6, 비열비가 1.4인 가솔린 기관의 이론열효율은?

① 34.6% ② 37.9%
③ 47.5% ④ 53.9%

해설 단절비(차단비)
오토 사이클(가솔린 기관) 열효율(η_0)
$=1-\left(\frac{1}{\varepsilon}\right)^{k-1}=1-\left(\frac{1}{5}\right)^{1.4-1}=0.475\ (47.5\%)$

13 절대온도 1K만큼의 온도차는 섭씨온도로 몇 ℃의 온도차와 같은가?

① 1℃ ② 5/9℃
③ 273℃ ④ 274℃

해설 '절대온도=섭씨온도+273'에서 알 수 있듯이 절대온도 1K의 차이는 섭씨온도 1℃의 차이와 같다.
※ K=℃+273, $℃=\frac{5}{9}(℉-32)$, $℉=\frac{9}{5}\times℃+32$,
°R=℉+460

14 연도가스 분석에서 CO가 전혀 검출되지 않았고, 산소와 질소가 각각 $(O_2)Nm^3/kg$ 연료, $(N_2)Nm^3/kg$ 연료일 때 공기비(과잉공기율)는 어떻게 표시되는가?

① $m=\frac{0.21}{0.21-0.79(O_2)/(N_2)}$

② $m=\frac{0.79}{0.79-0.21(O_2)/(N_2)}$

③ $m=\frac{1}{1-0.79(N_2)/(O_2)}$

④ $m=\frac{1}{1-0.21(O_2)/(N_2)}$

8. ② 9. ② 10. ① 11. ④ 12. ③ 13. ① 14. ① | ANSWER

해설 공기비(m)

• CO 검출이 없는 경우

$$m=\frac{N_2}{N_2-O_2}=\frac{0.21}{0.21-\frac{0.79(O_2)}{(N_2)}}=\frac{21}{21-(O_2)}$$

• CO가 검출되는 경우

$$m=\frac{N_2}{N_2-3.762\{(O_2)-0.5(CO)\}}$$

15 **기체연료의 연소방식 중 예혼합연소방식의 특징에 대한 설명으로 틀린 것은?**

① 화염이 짧다.
② 부하에 따른 조작범위가 좁다.
③ 역화의 위험성이 매우 작다.
④ 내부 혼합형이다.

해설 기체연료의 연소방식
• 확산연소방식(역화의 위험이 없다.)
• 예혼합연소방식(역화의 위험성이 크다.)

16 **프로판 가스(LPG)에 대한 설명으로 틀린 것은?**

① 황분이 적고 유독성분 함량이 많다.
② 질식의 우려가 있다.
③ 가스 비중이 공기보다 크다.
④ 누설 시 인화 폭발성이 있다.

해설 프로판 가스(C_3H_8)
• 탄화수소가스로 황분이 거의 없고 유독성분이 적은 가스이다.
• 지방족탄화수소(사슬 모양 탄화수소)이며 포화탄화수소(C_nH_{2n+2}), 알칸(alkane) 또는 메탄계 탄화수소이다.

17 **열역학 제2법칙에 관한 설명으로 틀린 것은?**

① 과정의 방향성을 제시한 비가역 법칙이다.
② 엔트로피 증가법칙을 의미한다.
③ 열은 고온으로부터 저온으로 자동적으로 이동한다.
④ 열이 주위와 계에 아무런 변화를 주지 않고 운동에너지로 변화할 수 있다.

해설 열역학 제1법칙
열이 주위와 계에 아무런 변화를 주지 않고 운동에너지로 변화할 수 있다.

18 **25℃의 철(Fe) 35kg을 온도 76℃로 올리는 데 소요열량이 675kcal이다. 이 철의 비열(a)과 열용량(b)은?**

① a : 0.38kcal/kg · ℃, b : 13.2kcal/℃
② a : 2.64kcal/kg · ℃, b : 9.25kcal/℃
③ a : 0.38kcal/kg · ℃, b : 9.25kcal/℃
④ a : 0.26kcal/kg · ℃, b : 13.2kcal/℃

해설 $675=35\times a\times(76-25)$

비열$(a)=\frac{675}{35\times(76-25)}=0.38$kcal/kg · ℃

열용량$(b)=\frac{675}{76-25}=13.2$kcal/℃

19 **공기압축기가 100kPa, 20℃, 0.8m³인 1kg의 공기를 1MPa까지 가역 등온과정으로 압축할 때 압축기의 소요일(kJ)은?**

① 184 ② 232
③ 287 ④ 324

해설 등온압축일량(W)

$$W=P_1V_1\ln\left(\frac{P_2}{P_1}\right)=100\times0.8\times\ln\left(\frac{1{,}000}{100}\right)=184\text{kJ}$$

※ 1MPa=1,000kPa

20 **습증기 영역에서 건도에 관한 설명으로 틀린 것은?**

① 건도가 1에 가까워질수록 건포화증기 상태에 가깝다.
② 건도가 0에 가까워질수록 포화수 상태에 가깝다.
③ 건도가 x일 때 습도는 $x-1$이다.
④ 건도가 1에 가까울수록 갖고 있는 열량이 크다.

해설 포화수 → 습포화증기 → 건포화증기 → 과열증기
• 건도=1 : 건포화증기
• 건도<1 : 습포화증기
• 건도=0 : 포화수
• 습도=1−건도

ANSWER | 15. ③ 16. ① 17. ④ 18. ① 19. ① 20. ③

SECTION 02 계측 및 에너지 진단

21 편위식 액면계는 어떤 원리를 이용한 것인가?

① 아르키메데스의 부력 원리
② 토리첼리의 법칙
③ 달톤의 분압법칙
④ 도플러의 원인

해설 편위식 액면계(Displacement 액면계)
아르키메데스의 부력원리에 의한 액면계로서 플로트의 깊이에 의한 부력에 의해 토크튜브(Torque Tube)의 회전각이 변화하여 액면을 측정하는 방식이다.

22 서미스터(Thermistor)에 대한 설명으로 틀린 것은?

① 응답이 빠르다.
② 전기저항체 온도계이다.
③ 좁은 장소에서의 온도 측정에 적합하다.
④ 충격에 대한 기계적 강도가 양호하고, 흡습 등에 열화되지 않는다.

해설 서미스터 저항식 온도계(금속산화물 소결 반도체)
- 금속산화물 : 니켈, 코발트, 망간, 철, 구리 등의 소결
- 흡습 등으로 열화(劣化)되기 쉽다.
- 금속 특유의 균일성을 얻기가 어렵다.

23 자유 피스톤식 압력계에서 추와 피스톤의 무게 합이 30kg이고 피스톤 직경이 3cm일 때 절대압력은 몇 kg/cm^2인가?(단, 대기압은 $1kg/cm^2$로 한다.)

① 4.244
② 5.244
③ 6.244
④ 7.244

해설 $압력 = \frac{무게}{단면적}$

$단면적(A) = \frac{\pi}{4}d^2$

∴ 절대압력 = 게이지 압력 + 대기압

$$= \frac{30}{\frac{\pi}{4}(3)^2} + 1 = 5.244 kg/cm^2$$

24 노내압을 제어하는 데 필요하지 않은 조작은?

① 급수량 조작 ② 공기량 조작
③ 댐퍼의 조작 ④ 연소가스 배출량 조작

해설 보일러 급수제어(FWC)
- 제어량 : 보일러 수위
- 조작량 : 급수량

25 보일러 열정산 시의 측정사항이 아닌 것은?

① 외기온도 ② 급수 압력
③ 배기가스 온도 ④ 연료사용량 및 발열량

해설
- 보일러 열정산 시 측정사항은 외기온도, 급수의 온도, 배기가스 온도, 연료사용량 및 발열량이다.
- 물의 비열 : 1kcal/kg · ℃

26 방사율이 0.8, 물체의 표면온도가 300℃, 물체 벽면체 온도가 25℃일 때 공간에 방출하는 단위 면적당 방사에너지는 약 몇 W/m^2인가?

① 2,300 ② 3,780
③ 4,550 ④ 5,760

해설 슈테판-볼츠만의 정수$(\sigma) = 5.669 \times 10^{-8} W/m^2 \cdot K^4$
흑체복사정수$(C_b) = 5.669 W/m^2 \cdot K^4$

$$방사에너지(Q) = \varepsilon \cdot C_b \left[\left(\frac{T_1}{100}\right)^4 - \left(\frac{T_2}{100}\right)^4\right]$$

$$= 0.8 \times 5.669 \left[\left(\frac{273+300}{100}\right)^4 - \left(\frac{273+25}{100}\right)^4\right]$$

$$≒ 4,550 W/m^2$$

27 다음 중 전기식 제어방식의 특징으로 가장 거리가 먼 것은?

① 고온 다습한 주위환경에 사용하기 용이하다.
② 전송거리가 길고 전송지연이 생기지 않는다.
③ 신호처리나 컴퓨터 등과의 접속이 용이하다.
④ 배선이 용이하고 복잡한 신호에 적합하다.

해설 전기는 건조한 곳에서 사용하여야 전격이 방지된다.(고온 다습한 곳에서는 사용하지 말고 방폭이 필요하면 방폭형을 사용한다.)

21. ① 22. ④ 23. ② 24. ① 25. ② 26. ③ 27. ① ANSWER

28 다음 중 연속 동작이 아닌 것은?

① 비례동작 ② 미분동작
③ 적분동작 ④ On－Off 동작

해설 불연속 동작(2위치 동작)
㉠ On－Off 동작, ㉡ 간헐 동작, ㉢ 다위치 동작

29 다음 중 물리적 가스분석계가 아닌 것은?

① 전기식 CO_2계 ② 연소열식 O_2계
③ 세라믹식 O_2계 ④ 자기식 O_2계

해설 연소열식 산소계
H_2, CO, C_mH_n 등의 가연성 기체나 산소 등을 분석하는 화학적 가스 분석계이다.

30 저항온도계의 측온 저항체로 쓰이지 않는 것은?

① Fe ② Ni
③ Pt ④ Cu

해설 철(Fe)은 서미스터 측온 저항체의 소결분말로만 사용한다.(반도체용이다.)

31 열정산에서 출열 항목에 해당하는 것은?

① 공기의 현열 ② 연료의 현열
③ 연료의 발열량 ④ 배기가스의 현열

해설 출열 항목
㉠ 배기가스 현열
㉡ 방사열
㉢ CO 가스의 미연소분에 의한 열
㉣ 미연탄소분에 의한 열
㉤ 피열물이 가진 열(증기 · 온수 열)

32 다음 단위 중에서 에너지의 차원을 가지고 있는 것은?

① $kg \cdot m/s^2$ ② $kg \cdot m^2/s^2$
③ $kg \cdot m^2/s^3$ ④ $kg \cdot m^2/s$

해설 차원
어떤 물리적인 현상을 다루려면 물질이나 변위 등에 있어서 시간의 특성을 규정하는 기본량이 필요하다. 이 기본량이 차원이다.
※ 일(에너지 차원) : $ML^2T^{-2}(kg \cdot m^2/s^2)$

33 광전관식 온도계의 특징에 대한 설명으로 옳은 것은?

① 응답속도가 느리다.
② 구조가 다소 복잡하다.
③ 기록의 제어가 불가능하다.
④ 고정물체의 측정만 가능하다.

해설 광전관식 고온계
- 수동 광고온도계를 자동화한 온도계로서 700℃ 이상의 고온 측정 비접촉식 온도계이다.
- 응답성이 빨라서 이동물체의 측정이 가능하고 구조가 약간 복잡하며 온도의 자동 기록이 가능하고 정도가 높다.

34 보일러의 자동제어와 관련된 약호가 틀린 것은?

① FWC : 급수제어
② ACC : 자동연소제어
③ ABC : 보일러 자동제어
④ STC : 증기압력제어

해설 STC : 증기온도자동제어

35 부력과 중력의 평형을 이용하여 액면을 측정하는 것은?

① 초음파식 액면계 ② 정전용량식 액면계
③ 플로트식 액면계 ④ 차압식 액면계

해설 플로트식(부자식) 액면계
유체의 부력과 중력의 평형을 이용한 직접식 액면계이다.(개방형 탱크용)

36 연료가 보유하고 있는 열량으로부터 실제 유효하게 이용된 열량과 각종 손실에 의한 열량 등을 조사하여 열량의 출입을 계산한 것은?

① 열정산 ② 보일러 효율
③ 전열면부하 ④ 상당증발량

해설 열정산
입열, 출열을 조사하여 유효하게 이용된 열량과 각종 손실에 의한 열량을 파악하여 열설비 개선에 이용하기 위함이다.

ANSWER | 28. ④ 29. ② 30. ① 31. ④ 32. ② 33. ② 34. ④ 35. ③ 36. ①

37 가정용 수도미터에 사용되는 유량계는?

① 플로노즐 유량계　② 오벌 유량계
③ 월트만 유량계　④ 플로트 유량계

해설 가정용 수도미터 유량계
- 임펠러식
- 월트만식

38 각 물리량에 대한 SI 기본단위의 명칭이 아닌 것은?

① 전류 – 암페어(A)　② 온도 – 섭씨(℃)
③ 광도 – 칸델라(cd)　④ 물질의 양 – 몰(mol)

해설 SI 온도의 기본단위 : K(켈빈온도)
※ SI 기본단위 : 길이(m), 질량(kg), 시간(s), 온도(K), 전류(A), 광도(cd), 물질량(mol)

39 다음 중 열량의 단위가 아닌 것은?

① 줄(J)
② 중량 킬로그램미터(kg · m)
③ 와트시간(Wh)
④ 입방미터매초(m^3/s)

해설 유량의 단위 : m^3/s, L/s

40 다음 상당증발량을 구하는 식에서 i_2가 뜻하는 것은?

$$\text{상당증발량} = \frac{G(i_2 - i_1)}{538.8}\ \text{kg/h}$$

① 증기발생량
② 급수의 엔탈피
③ 발생 증기의 엔탈피
④ 대기압하에서 발생하는 포화증기의 엔탈피

해설
- i_2 : 발생증기 엔탈피(kcal/kg)
- i_1 : 급수엔탈피(kcal/kg)
- 538.8 : 대기압하의 물의 증발잠열(kcal/kg)

SECTION 03 열설비구조 및 시공

41 섹션이라고 불리는 여러 개의 물질들을 연결하고 하부로 급수하여 상부로 증기 또는 온수를 방출하는 구조로 되어 있으며, 압력에 약해서 0.3MPa 이하에서 주로 사용하는 보일러는?

① 노통연관식 보일러
② 관류 보일러
③ 수관식 보일러
④ 주철제 보일러

해설 주철제 보일러(증기용, 온수용) : 섹션(쪽수) 보일러
- 120℃ 이하, 0.3MPa 이하에서 사용
- 고온 · 고압에서는 균열 발생(부식은 없음)

42 보온 시공상의 주의사항으로 틀린 것은?

① 보온재와 보온재의 틈새는 되도록 작게 한다.
② 냉 · 온수 수평배관의 현수밴드는 보온을 내부에서 한다.
③ 증기관 등이 벽 · 바닥 등을 관통할 때는 벽면에서 25mm 이내는 보온하지 않는다.
④ 보온의 끝 단면은 사용하는 보온재 및 보온 목적에 따라 필요한 보호를 한다.

해설
- 현수밴드 : 흡음재 등의 현수밴드만 관의 내부에 흡음재를 채운다.
- 보온 : 보온은 관의 외부에서 작업한다.(열손실 방지)

43 동관의 압축이음 시 동관의 끝을 나팔형으로 만드는데 사용되는 공구는?

① 사이징 툴　② 플레어링 툴
③ 튜브 벤더　④ 익스펜더

해설 아래 그림과 같이 동관의 끝을 나팔형으로 만드는 공구로는 플레어링 툴(압축이음용 공구)을 사용한다.

37. ③ 38. ② 39. ④ 40. ③ 41. ④ 42. ② 43. ② | ANSWER

44 **보온재에서 열전도율이 작아지는 요인이 아닌 것은?**

① 기공이 작을수록
② 재질의 밀도가 클수록
③ 재질 내의 수분이 적을수록
④ 재료의 두께가 두꺼울수록

해설 재질의 밀도(kg/m³)가 크면 기공률이 작아서 열전도율(kJ/m · ℃)이 커진다.

45 **다음 중 유기질 보온재가 아닌 것은?**

① 펠트
② 기포성 수지
③ 코르크
④ 암면

해설 암면
무기질 보온재로서 안전사용온도는 400~600℃이고 열전도율이 0.05~0.065kcal/m · h · ℃로 흡수성이 낮다.

46 **열전도율 30kcal/m · h · ℃, 두께 10mm인 강판의 양면 온도차가 2℃이다. 이 강판 1m²당 전열량(kcal/h)은?**

① 60,000
② 15,000
③ 6,000
④ 1,500

해설
고체의 전열량$(Q) = \lambda \times \frac{A(\Delta t_m)}{b}$

$= 30 \times \frac{1 \times 2}{0.01} = 6,000\text{kcal/h}$

※ 10mm=0.01m

47 **보일러 노통 안에 갤로웨이 관(galloway tube)을 2~4개 설치하는 이유로 가장 적합한 것은?**

① 전열면적을 증대시키기 위함
② 스케일의 부착 방지를 위함
③ 소형으로 제작하기 위함
④ 증기가 새는 것을 방지하기 위함

해설 갤로웨이 관의 설치 목적
- 전열면적 증대
- 물의 순환 촉진
- 노통 강도 보강

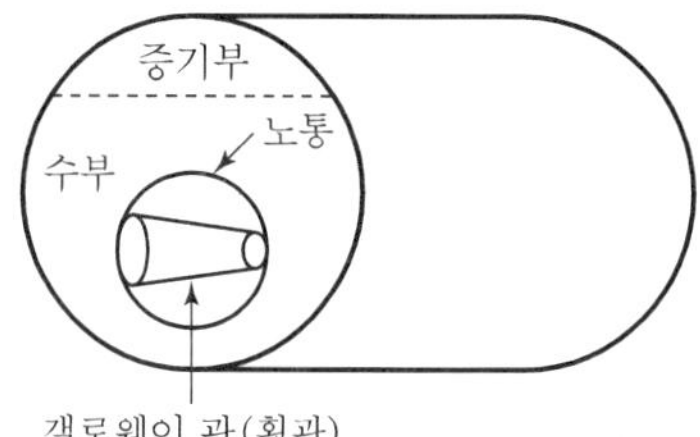

[노통보일러]

48 **보일러 통풍기의 회전수(N)와 풍량(Q), 풍압(P), 동력(L)에 대한 관계식 중 틀린 것은?**

① $Q_2 = P_1\left(\frac{N_2}{N_1}\right)^{1/2}$

② $Q_2 = Q_1\left(\frac{N_2}{N_1}\right)$

③ $P_2 = P_1\left(\frac{N_2}{N_1}\right)^2$

④ $L_2 = L_1\left(\frac{N_2}{N_1}\right)^3$

해설 보기 ②, ③, ④는 송풍기의 상사법칙에 부합한다.

49 **절탄기(economizer)에 관한 설명으로 틀린 것은?**

① 보일러 드럼 내의 열응력을 경감시킨다.
② 배기가스의 폐열을 이용하여 연소용 공기를 예열하는 장치이다.
③ 보일러의 효율이 증대된다.
④ 일반적으로 연도의 입구에 설치된다.

해설

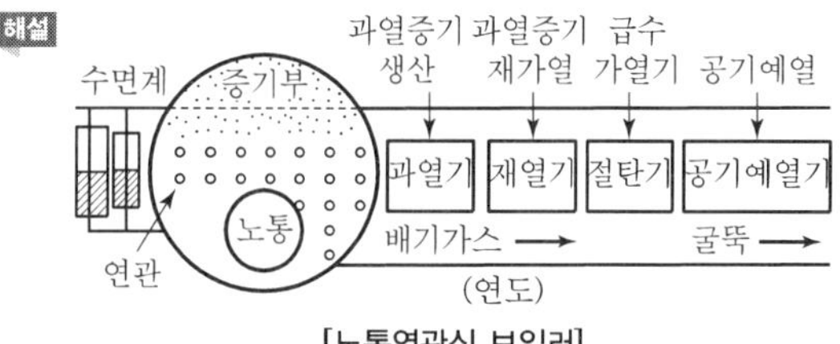

[노통연관식 보일러]

50 글로브 밸브의 디스크 형상 종류에 속하지 않는 것은?

① 스윙형 ② 반구형
③ 원뿔형 ④ 반원형

해설 • 글로브 밸브 : 유량조절밸브
• 스윙형, 리프트형 : 역류 방지 체크밸브

51 다음 중 관류식 보일러에 해당되는 것은?

① 슐처 보일러
② 레플러 보일러
③ 열매체 보일러
④ 슈미트-하트만 보일러

해설 특수보일러
• 간접가열식(레플러 보일러, 슈미트-하트만 보일러)
• 열매체 다우섬 보일러
• 바크 보일러 및 바가스 보일러

52 증기트랩의 구비 조건이 아닌 것은?

① 마찰저항이 적을 것
② 내구력이 있을 것
③ 공기를 뺄 수 있는 구조로 할 것
④ 보일러 정지와 함께 작동이 멈출 것

해설 송기장치인 증기트랩은 보일러 정지 후에도 응축수 배출이 작동되어서 배관 내의 수격작용(워터해머)이 방지되어야 한다.

53 과열증기 사용 시 장점에 대한 설명으로 틀린 것은?

① 이론상의 열효율이 좋아진다.
② 고온부식이 발생하지 않는다.
③ 증기의 마찰저항이 감소된다.
④ 수격작용이 방지된다.

해설 • 과열기 부위에서 500℃ 이상이 되면 V_2O_5(오산화바나듐)에 의하여 고온부식이 발생한다.
• 절탄기나 공기예열기에서는 150℃ 이하에서 H_2SO_4(황산)에 의한 부식이 발생한다.

54 패킹 재료 중 합성수지류로서 탄성은 부족하나 약품, 기름에도 침식이 적어 많이 사용되며, 내열성이 양호한 것은?

① 테플론 ② 네오프렌
③ 콜크 ④ 우레탄

해설 테플론 패킹
합성수지로서 탄성은 부족하나 약품이나 기름에 침식이 적고 온도 -260~260℃에 사용된다.

55 다음 중 내화 점토질 벽돌에 속하지 않는 것은?

① 납석질 벽돌
② 샤모트질 벽돌
③ 고알루미나 벽돌
④ 반규석질 벽돌

해설 • 고알루미나 벽돌의 재료는 고알루미나 중성 내화물(Al_2O_3 $-SiO_2$)이다.
• 보기 ①, ②, ④의 점토질은 산성 내화물

56 다음 중 노재가 갖추어야 할 조건이 아닌 것은?

① 사용 온도에서 연화 및 변형이 되지 않을 것
② 팽창 및 수축이 잘될 것
③ 온도 급변에 의한 파손이 적을 것
④ 사용목적에 따른 열전도율을 가질 것

해설 노재(내화물 등)는 가열 시 팽창이나 수축이 적어야 하며, 스폴링성(박락현상)이 적어야 한다.

57 증기보일러에는 원칙적으로 2개 이상의 안전밸브를 설치하여야 하지만, 1개를 설치할 수 있는 최대 전열면적 기준은?

① $10m^2$ 이하 ② $30m^2$ 이하
③ $50m^2$ 이하 ④ $100m^2$ 이하

해설 증기보일러는 전열면적 $50m^2$ 이하에서는 안전밸브를 1개 이상 설치할 수 있다.

50. ① 51. ① 52. ④ 53. ② 54. ① 55. ③ 56. ② 57. ③ | ANSWER

58 노통보일러의 특징에 관한 설명으로 틀린 것은?

① 구조가 간단하고 제작이 쉽다.
② 급수 처리가 비교적 복잡하다.
③ 전열면적이 다른 형식에 비해 적어 효율이 낮다.
④ 수부가 커서 부하 변동에 영향을 적게 받는다.

해설 노통보일러는 수관식 보일러에 비하여 급수 처리가 간단하다.

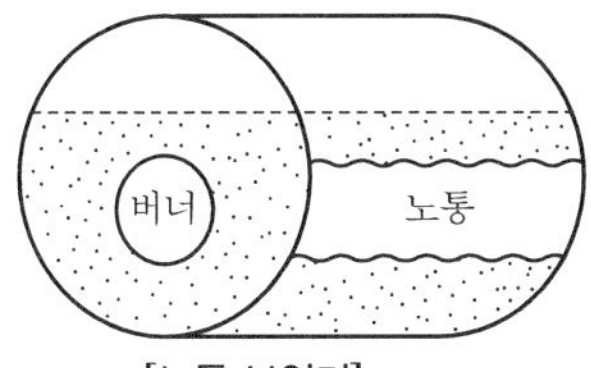

[노통 보일러]

59 직경 500mm, 압력 12kg/cm²의 내압을 받는 보일러 강판의 최소두께는 몇 mm로 하여야 하는가?(단, 강판의 인장응력은 30kg/mm², 안전율은 4.5이고, 이음효율은 0.58로 가정하며 부식여유는 1mm이다.)

① 8.8mm ② 7.8mm
③ 7.0mm ④ 6.3mm

해설

$$\text{강판 두께}(t) = \frac{P \times D}{200\eta\sigma - 1.2P} + a$$

$$\text{허용응력}(\sigma) = \text{인장응력} \times \frac{1}{\text{안전율}}$$

$$\therefore t = \frac{12 \times 500}{200 \times 0.58 \times \left(30 \times \frac{1}{4.5}\right) - 1.2 \times 12} + 1 \fallingdotseq 8.8\text{mm}$$

60 원심펌프의 소요동력이 15kW이고, 양수량이 4.5 m³/min일 때, 이 펌프의 전양정은?(단, 펌프의 효율은 70%이며, 유체의 비중량은 1,000kg/m³이다.)

① 10.5m ② 14.28m
③ 20.4m ④ 28.56m

해설

$$\text{펌프동력} = \frac{\gamma \cdot Q \cdot H}{102 \times 60 \times \eta}(\text{kW})$$

$$15 = \frac{1{,}000 \times 4.5 \times H}{102 \times 60 \times 0.7}$$

$$\text{펌프양정}(H) = \frac{15 \times 102 \times 60 \times 0.7}{1{,}000 \times 4.5} = 14.28\text{m}$$

SECTION 04 열설비 취급 및 안전관리

61 에너지이용 합리화법에 의한 검사대상기기의 개조검사 대상이 아닌 것은?

① 보일러 섹션의 증감에 의하여 용량을 변경하는 경우
② 증기보일러를 온수보일러로 개조하는 경우
③ 연료 또는 연소방법을 변경하는 경우
④ 보일러의 증설 또는 개체하는 경우

해설 보일러 증설 : 설치검사 대상

62 에너지이용 합리화법상 특정열사용기자재 중 요업요로에 해당하는 것은?

① 용선로 ② 금속소둔로
③ 철금속가열로 ④ 회전가마

해설 보기 ①, ②, ③은 금속요로에 해당한다.

63 다음은 보일러 수압시험 압력에 관한 설명이다. ㉠~㉣에 해당하는 숫자로 알맞은 것은?

> 강철제 보일러의 수압시험은 최고사용압력이 (㉠) 이하일 때는 그 최고사용압력의 (㉡)배의 압력으로 한다. 다만, 그 시험압력이 (㉢) 미만인 경우에는 (㉣)로 한다.

① ㉠ 4.3MPa ㉡ 1.5 ㉢ 0.2MPa ㉣ 0.2MPa
② ㉠ 4.3MPa ㉡ 2 ㉢ 2MPa ㉣ 2MPa
③ ㉠ 0.43MPa ㉡ 2 ㉢ 0.2MPa ㉣ 0.2MPa
④ ㉠ 0.43MPa ㉡ 1.5 ㉢ 0.2MPa ㉣ 2MPa

해설 ㉠ 0.43MPa ㉡ 2 ㉢ 0.2MPa ㉣ 0.2MPa

64 보일러를 2~3개월 이상 장기간 휴지하는 경우 가장 적합한 보존방법은?

① 건식 보존법 ② 습식 보존법
③ 단기만수보존법 ④ 장기만수보존법

ANSWER | 58. ② 59. ① 60. ② 61. ④ 62. ④ 63. ③ 64. ①

해설 6개월 이상 장기 보존법

- 건조법(밀폐식)
- 석회건조 보존법
- 질소건조 밀폐법

65 보일러 급수처리법 중 내처리방법은?

① 여과법　② 폭기법
③ 이온교환법　④ 청관제의 사용

해설 급수처리법 중 내처리법(청관제법)

- pH 알칼리 조정법
- 관수(경수) 연화법
- 슬러지 조정법
- 탈산 소제법
- 가성취화 억제법
- 기포방지법

66 주형 방열기에 온수를 흐르게 할 경우, 상당 방열면적(EDR)당 발생되는 표준방열량(kW/m^2)은?

① 0.332　② 0.523
③ 0.755　④ 0.899

해설 표준방열량

- 온수 : $450kcal/m^2h$
- 증기 : $650kcal/m^2 \cdot h$

$\therefore$ 온수의 EDR당 표준방열량 $= \frac{450}{860} = 0.523kW/m^2$

※ 동력 : 1kW=860kcal/h

67 보일러 내의 스케일 발생 방지대책으로 틀린 것은?

① 보일러수에 약품을 넣어 스케일 성분이 고착되지 않게 한다.
② 기수분리기를 설치하여 경도 성분을 제거한다.
③ 보일러수의 농축을 막기 위하여 관수 분출작업을 적절히 한다.
④ 급수 중의 염류 등 스케일 생성 성분을 제거한다.

해설

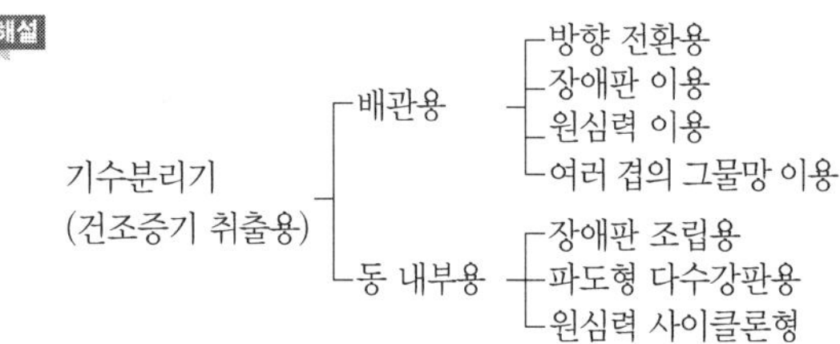

68 에너지이용 합리화법에 따라 특정열사용기자재의 안전관리를 위해 산업통상자원부장관이 실시하는 교육의 대상자가 아닌 자는?

① 에너지관리자
② 시공업의 기술인력
③ 검사대상기기 조종자
④ 효율관리기자재 제조자

해설

- 효율관리기자재 : 전기냉장고, 전기냉방기, 전기세탁기, 조명기기, 삼상유도전동기, 자동차 등
- 효율관리기자재 제조자는 안전관리교육대상자에서 제외된다.

69 에너지이용 합리화법에 따라 에너지이용 합리화 기본계획 사항에 포함되지 않는 것은?

① 에너지 소비형 산업구조로의 전환
② 에너지원 간 대체(代替)
③ 열사용기자재의 안전관리
④ 에너지의 합리적인 이용을 통한 온실가스의 배출을 줄이기 위한 대책

해설 기본계획 사항은 에너지 절약형 산업구조로의 전환이다.

70 보일러 관수의 분출 작업 목적이 아닌 것은?

① 스케일 부착 방지
② 저수위 운전 방지
③ 포밍, 프라이밍 현상 방지
④ 슬러지 취출

해설

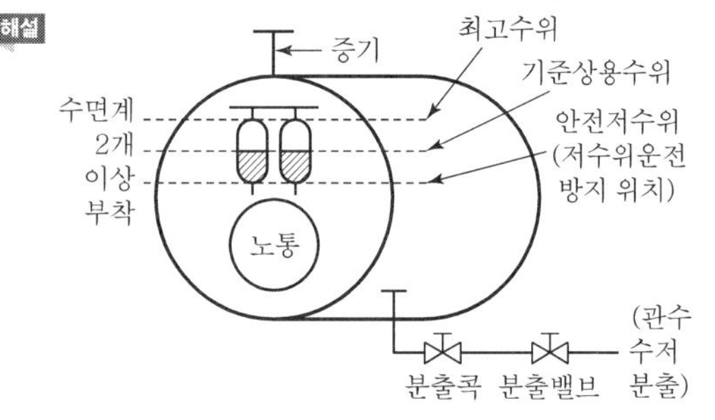

65. ④ 66. ② 67. ② 68. ④ 69. ① 70. ② ANSWER

71 보일러 운전 정지 시의 주의사항으로 틀린 것은?

① 작업 종료 시까지 증기의 필요량을 남긴 채 운전을 정지한다.
② 벽돌 쌓은 부분이 많은 보일러는 압력 상승 방지를 위해 급히 증기밸브를 닫는다.
③ 보일러의 압력을 급히 내리거나 벽돌 등을 급랭시키지 않는다.
④ 보일러수는 정상수위보다 약간 높게 급수하고, 급수 후 증기밸브를 닫은 후 증기관의 드레인 밸브를 열어 놓는다.

해설
• 보일러 운전 일반정지 시에는 글로브 밸브이므로 증기밸브를 서서히 차단한다.
• 증기압력 조절이나 압력 초과 대비로 안전밸브, 압력비례조절기, 압력제한기가 필요하다.

72 에너지이용 합리화법에 따라 에너지다소비사업자가 매년 1월 31일까지 신고해야 할 사항이 아닌 것은?

① 전년도의 수지계산서
② 전년도의 분기별 에너지이용 합리화 실적
③ 해당 연도의 분기별 에너지사용예정량
④ 에너지사용기자재의 현황

해설
• 신고사항 : 보기 ②, ③, ④ 외에 전년도의 분기별 에너지사용량 · 제품생산량, 에너지관리자의 현황을 시 · 도지사에게 신고한다.
• 에너지다소비사업자의 에너지사용기준 : 연간 에너지사용량이 2천 티오이(TOE) 이상인 사용자(대통령령 기준)

73 중유를 A급, B급, C급의 3종류로 나눌 때, 이것을 분류하는 기준은 무엇인가?

① 점도에 따라 분류
② 비중에 따라 분류
③ 발열량에 따라 분류
④ 황의 함유율에 따라 분류

해설
중유(점도분류)
- A급 : 20cSt 이하
- B급 : 50cSt 이하
- C급 : 50~400cSt 이하

※ cSt : centi-stoke의 약자

74 에너지이용 합리화법에 따라 검사에 합격되지 아니한 검사대상 기기를 사용한 자에 대한 벌칙 기준은?

① 2년 이하의 징역 또는 2천만 원 이하의 벌금
② 1년 이하의 징역 또는 1천만 원 이하의 벌금
③ 3천만 원 이하의 벌금
④ 5천만 원 이하의 벌금

해설
㉠ 검사대상기기
• 산업용 보일러
• 압력 용기 1 · 2종
• 철금속가열로
㉡ 벌칙
• 불합격 기기 사용자 : 1년 이하의 징역이나 1천만 원 이하의 벌금
• 검사대상기기관리자의 미선임자 : 1천만 원 이하의 벌금

75 다음 중 원수로부터 탄산가스나 철, 망간 등을 제거하기 위한 수처리방식은?

① 탈기법　② 기폭법
③ 응집법　④ 이온교환법

해설 기폭법 : CO_2, 철, 망간 제거(화학적 방법)
※ 페록스 처리법 : 철, 망간 처리(화학적 방법)

76 진공환수식 증기난방법에서 방열기 밸브로 사용하는 것은?

① 콕 밸브　② 팩리스 밸브
③ 바이패스 밸브　④ 솔레노이드 밸브

해설 증기난방 시 응축수 환수법
㉠ 중력환수식
㉡ 기계환수식
㉢ 진공환수식
※ 팩리스 밸브 : 진공환수식 난방 방열기 밸브

77 다음 중 보일러를 점화하기 전에 역화와 폭발을 방지하기 위하여 가장 먼저 취해야 할 조치는?

① 포스트 퍼지를 실시한다.
② 화력의 상승속도를 빠르게 한다.
③ 댐퍼를 열고 체류가스를 배출시킨다.
④ 연료의 점화가 신속하게 이루어지도록 한다.

해설 역화 및 폭발 방지방법

- 보일러 점화 전 프리퍼지 실시(보일러 점화 전 댐퍼를 열고 5분 정도 송풍기가동 잔류체류가스 배출)
- 보일러 운전 후에는 포스트 퍼지 실시

78 연소 조절 시 주의사항에 관한 설명으로 틀린 것은?

① 보일러를 무리하게 가동하지 않아야 한다.
② 연소량을 급격하게 증감하지 말아야 한다.
③ 불필요한 공기의 연소실 내 침입을 방지하고, 연소실 내를 저온으로 유지한다.
④ 연소량을 증가시킬 경우에는 먼저 통풍량을 증가시킨 후에 연료량을 증가시킨다.

해설 연소실은 항상 연료의 완전연소를 위해 노 내를 고온으로 (1,000~1,200℃) 유지한다.

79 다음 [조건]과 같은 사무실의 난방부하(kW)는?

[조건]
- 바닥 및 천장 난방면적 : 48m²
- 벽체의 열관류율 : 5kcal/m²·h·℃
- 실내온도 : 18℃
- 외기온도 : 영하 5℃
- 방위에 따른 부가계수 : 1.1
- 벽체의 전면적 : 70m²

① 24
② 20
③ 18
④ 13

해설 열관류에 의한 난방부하(Q)

$Q = A \times K \times (\Delta t_n) \times \beta$

$= (48+48+70) \times 5 \times (18-(-5)) \times 1.1$

$= 20{,}999\text{kcal/h}$

$\therefore \frac{20{,}999}{860}\text{kW} = 24\text{kW}$

※ 1kWh = 860kcal

80 검사 대상기기인 보일러 사용이 끝난 후 다음 사용을 위하여 조치해야 할 주의사항으로 틀린 것은?

① 고체연료 석탄 연소 시 석탄연료의 경우 재를 꺼내고 청소한다.
② 자동 보일러의 경우 스위치를 전부 정상 위치에 둔다.
③ 예열용 기름을 노 내에 약간 넣어둔다.
④ 유류 사용 보일러의 경우 연료계통의 스톱밸브를 닫고 버너를 청소하고 노 내에 기름이 들어가지 않도록 한다.

해설 연료를 예열하기 위해 노 내에 넣어두면 유증기 발생으로 화실 내 유증기 폭발을 유발한다.

저장탱크 예열용 기름(중유 C급)의 처리법
- 증기식
- 전기식
- 온수식

2018년 1회 에너지관리산업기사

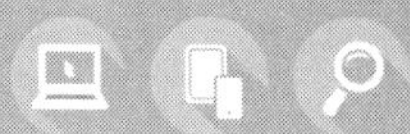

SECTION 01 열역학 및 연소관리

01 연소설비 내에 연소 생성물(CO_2, N_2, H_2O 등)의 농도가 높아지면 연소 속도는 어떻게 되는가?

① 연소 속도와 관계 없다.
② 연소 속도가 저하된다.
③ 연소 속도가 빨라진다.
④ 초기에는 느려지나 나중에는 빨라진다.

해설 연소 생성물이나 불연성가스 등이 연소설비 내 공기 중에 포함되면 연소 속도는 감소한다.
(CO_2, N_2, H_2O 등)

02 외부로부터 열을 받지도 않고 외부로 열을 방출하지도 않는 상태에서 가스를 압축 또는 팽창시켰을 때의 변화를 무엇이라고 하는가?

① 정압변화 ② 정적변화
③ 단열변화 ④ 폴리트로픽 변화

해설 단열변화
외부로부터 열을 받지도 않고 외부로 열을 방출하지도 않은 상태에서 가스를 압축 또는 팽창시켰을 때의 변화

03 체적 300L의 탱크 안에 350℃의 습포화 증기가 60kg이 들어 있다. 건조도(%)는 얼마인가?(단, 350℃ 포화수 및 포화증기의 비체적은 각각 0.0017468 m^3/kg, 0.008811m^3/kg이다.)

① 32 ② 46
③ 54 ④ 68

해설
$$V=\frac{V}{G}=\frac{300\times10^{-3}}{60}=0.005\text{m}^3/\text{kg}$$
$$V=V'+x(V''-V')\text{에서 } x=\frac{V-V'}{V''-V'}$$
$$\text{건조도}(x)=\frac{0.005-0.0017468}{0.008811-0.0017468}=0.46=46\%$$

04 고열원 온도 800K, 저열원 온도 300K인 두 열원 사이에서 작동하는 이상적인 카르노사이클이 있다. 고열원에서 사이클에 가해지는 열량이 120kJ이라면, 사이클의 일(kJ)은 얼마인가?

① 60 ② 75
③ 85 ④ 120

해설 $\eta=1-\frac{T_1}{T_2}=1-\frac{300}{800}=0.625$
∴ 사이클 일(W) = 120×0.625 = 75kJ

05 과열증기에 대한 설명으로 옳은 것은?

① 건조도가 1인 상태의 증기
② 주어진 온도에서 증발이 일어났을 때의 증기
③ 온도는 일정하고 압력만이 증가된 상태의 증기
④ 압력이 일정할 때 온도가 포화온도 이상으로 증가된 상태의 증기

해설 과열증기
- 압력이 일정할 때 온도가 포화온도 이상으로 증가된 상태의 증기
- 급수 → 보일러수 → 습포화증기 → 건포화증기 → 과열증기

06 증기의 압력이 높아졌을 때 나타나는 현상으로 틀린 것은?

① 현열이 증대한다.
② 습증기 발생이 높아진다.
③ 포화온도가 높아진다.
④ 증발잠열이 증대한다.

해설 증기압력
- 압력 증가 : 물의 증발잠열 감소
- 압력 감소 : 물의 증발잠열 증가

(압력 1MPa 잠열 : 482kcal/kg, 압력 1.4MPa 잠열 : 468kcal/kg)

ANSWER | 1. ② 2. ③ 3. ② 4. ② 5. ④ 6. ④

07 압력 90kPa에서 공기 1L의 질량이 1g이었다면 이때의 온도(K)는?(단, 기체상수(R)는 0.287kJ/kg · K이며, 공기는 이상기체이다.)

① 273.7 ② 313.5
③ 430.2 ④ 446.3

해설 $PV = GRT,\ T = \frac{PV}{GR} = \frac{90 \times 1}{1 \times 0.287} = 313.5(\text{K})$

08 중유의 비중이 크면 탄수소비(C/H비)가 커지는데 이때 발열량은 어떻게 되는가?

① 커진다. ② 관계없다.
③ 작아진다. ④ 불규칙하게 변한다.

해설 • 탄소(C) : 8,100kcal/kg
• 수소(H) : 34,000kcal/kg
탄수소비$\left(\frac{\text{C}}{\text{H}}\right)$가 커지면 수소 성분이 적어서 발열량은 작아진다.

09 다음 중 1기압 상온상태에서 이상기체로 취급하기에 가장 부적당한 것은?

① N_2 ② He
③ 공기 ④ H_2O

해설 • $H_2 + \frac{1}{2}O_2 \rightarrow H_2O$(연소생성물)
• H_2O와 같이 원자수가 많은 것은 1기압 상온에서는 이상기체로 취급하지 않는다.

10 액체연료를 분석한 결과 그 성분이 다음과 같았다. 이 연료의 연소에 필요한 이론공기량(Nm^3/kg)은?[탄소 : 80%, 수소 : 15%, 산소 : 5%]

① 10.9 ② 12.3
③ 13.3 ④ 14.3

해설 A_0 : 이론공기량(액체, 고체)
$A_0 = 8.89\text{C} + 26.67\left(\text{H} - \frac{\text{O}}{8}\right) + 3.33\text{S}$
$\therefore\ 8.89 \times 0.8 + 26.67 \times \left(0.15 - \frac{0.05}{8}\right) = 10.9\text{Nm}^3/\text{kg}$
(S 성분은 없는 상태)

11 재생 가스터빈 사이클에 대한 설명으로 틀린 것은?

① 가스터빈 사이클에 재생기를 사용하여 압축기 출구온도를 상승시킨 사이클이다.
② 효율은 사이클 내 최대 온도에 대한 최저 온도의 비와 압력비의 함수이다.
③ 효율과 일량은 압력비가 최대일 때 최대치가 나타난다.
④ 사이클 효율은 압력비가 증가함에 따라 감소한다.

해설 재생 가스터빈 사이클에서 압력비가 최소일 때 효율과 일량은 최대치가 된다.

12 고위발열량과 저위발열량의 차이는 무엇인가?

① 연료의 증발잠열 ② 연료의 비열
③ 수분의 증발잠열 ④ 수분의 비열

해설 연료 중 고위발열량(H_H)과 H_L(저위발열량)의 차이
$H_H = H_L + 600(9H + W)$[kcal/kg]
(H : 수소성분, W : 수분)
H_2O 증발열 : 600kcal/kg, 480kcal/m^3

13 연료의 원소분석법 중 탄소의 분석법은?

① 에쉬카법 ② 리비히법
③ 켈달법 ④ 보턴법

해설 • 탄소 및 수소 정량법 : 리비히법, 쉐필드 고온법
• 질소정량법 : 켈달법
• 전황분정량법 : 에쉬카법

14 같은 온도 범위에서 작동되는 다음 사이클 중 가장 효율이 높은 사이클은?

① 랭킨 사이클 ② 디젤 사이클
③ 카르노 사이클 ④ 브레이턴 사이클

해설 카르노 사이클
• 1 → 2 (등온팽창)
• 2 → 3 (단열팽창)
• 3 → 4 (등온압축)
• 4 → 1 (단열압축)
• 카르노 사이클의 $\eta_c = \frac{Aw}{Q_1} = 1 - \frac{Q_2}{Q_1} = 1 - \frac{T_2}{T_1}$

7. ② 8. ③ 9. ④ 10. ① 11. ③ 12. ③ 13. ② 14. ③ ANSWER

15 보일러의 연료로 사용되는 LNG의 일반적인 특징에 대한 설명으로 틀린 것은?

① 메탄을 주성분으로 한다.
② 유독성 물질이 적다.
③ 비중이 공기보다 가벼워서 누출되어도 가스폭발의 위험이 적다.
④ 연소범위가 넓어서 특별한 연소기구가 필요치 않다.

해설 LNG(액화천연가스 주성분 : CH_4) 연소
㉠ 메탄연소범위 : 5~15%(연소범위가 작다.)
㉡ 분자량 : 16(비중 : 0.53)
㉢ 연소범위가 적당하고 연소기구가 필요하다.

16 가연성 가스 용기와 도색 색상의 연결이 틀린 것은?

① 아세틸렌 – 황색
② 액화염소 – 갈색
③ 수소 – 주황색
④ 액화암모니아 – 회색

해설 액화암모니아 용기의 도색은 백색(공업용)으로 한다.

17 보일의 법칙에 따라 가스의 상태변화에 대해 일정한 온도에서 압력을 상승시키면 체적은 어떻게 변화하는가?

① 압력에 비례하여 증가한다.
② 변화 없다.
③ 압력에 반비례하여 감소한다.
④ 압력의 자승에 비례하여 증가한다.

해설
$P_1V_1 = P_2V_2,\ V_2 = V_1 \times \frac{P_2}{P_1}$

• 보일법칙 : 가스의 체적은 압력에 반비례한다.
• 샤를의 법칙 : 가스의 체적은 절대온도에 비례한다.

18 온도 – 엔트로피($T-S$) 선도상에서 상태변화를 표시하는 곡선과 S축(엔트로피 축) 사이의 면적은 무엇을 나타내는가?

① 일량　② 열량
③ 압력　④ 비체적

해설

19 고체 및 액체 연료의 이론산소량(Nm^3/kg)에 대한 식을 바르게 표기한 것은?(단, C는 탄소, H는 수소, O는 산소, S는 황이다.)

① 1.87C+5.6(H–O/8)+0.7S
② 2.67C+8(H–O/8)+S
③ 8.89C+26.7H–3.33(O–S)
④ 11.49C+34.5H–4.31(O–S)

해설 고체와 액체 연료의 이론산소량(O_0) 계산식

$$O_0 = 1.87C + 5.6\left(H - \frac{O}{8}\right) + 0.7S\,(Nm^3/kg)$$

20 중유의 종류 중 저점도로서 예열을 하지 않고도 송유나 무화가 가장 양호한 것은?

① A급 중유
② B급 중유
③ C급 중유
④ D급 중유

해설 • 중유의 점성 분류 : A, B, C급
• A급 : 저점도로서 연소 시 예열이 불필요하다.

ANSWER | 15. ④ 16. ④ 17. ③ 18. ② 19. ① 20. ①

SECTION 02 계측 및 에너지 진단

21 **다음 전기식 조절기에 대한 설명으로 옳지 않은 것은?**

① 배관을 설치하기 힘들다.
② 신호의 전달 지연이 거의 없다.
③ 계기를 움직이는 곳에 배선을 한다.
④ 신호의 취급 및 변수 간의 계산이 용이하다.

해설 신호조절기(공기식, 전기식, 유압식) 전송거리

- 전기식 : 배관 설치가 용이하고 신호의 전송이 매우 빠르며 수 km까지 신호전송이 가능하다.
- 유압식 : 300m 내외
- 공기식 : 100~150m 내외

22 **다음 중 탄성식 압력계의 종류가 아닌 것은?**

① 부르동관식 압력계 ② 다이어프램식 압력계
③ 환상천평식 압력계 ④ 벨로스식 압력계

해설 환상천평식 액주식 압력계

- 경사각(ϕ)

$$\sin\phi = \frac{rG\Delta P}{W_a}$$

- 진동이나 충격 등에 민감하므로 수평이나 수직으로 진동, 충격이 없는 장소에 설치한다.

23 **발열량이 40,000kJ/kg인 중유 40kg을 연소해서 실제로 보일러에 흡수된 열량이 1,400,000kJ일 때 이 보일러의 효율은 몇 %인가?**

① 84.6 ② 87.5
③ 89.3 ④ 92.4

해설 $\text{효율}(\eta) = \frac{\text{흡수열}}{\text{공급열}} \times 100 = \frac{1,400,000}{40,000 \times 40} = 0.875 = 87.5\%$

24 **화씨온도 68°F는 섭씨온도로 몇 ℃인가?**

① 15 ② 20
③ 36 ④ 68

해설 $℃ = \frac{5}{9}(°F - 32)$

$\frac{5}{9}(68 - 32) = 20℃$

25 **열전대온도계가 갖추어야 할 특성으로 옳은 것은?**

① 열기전력과 전기저항은 작고 열전도율은 커야 한다.
② 열기전력과 전기저항이 크고 열전도율은 작아야 한다.
③ 전기저항과 열전도율은 작고 열기전력은 커야 한다.
④ 전기저항과 열전도율은 크고 열기전력은 작아야 한다.

해설 열전대온도계의 측정온도 및 특성

㉠ 백금측온용(−200~500℃)
㉡ 구리측온용(0~120℃)
㉢ 니켈측온용(−50~150℃)
㉣ 서미스터 반도체 측온용(−100~300℃)

- 전기저항, 열전도율은 작고 열기전력은 커야 한다.
- 표준저항치(Ω) : 25, 50, 100 등

26 **다음 열전대 종류 중 사용온도가 가장 높은 것은?**

① K형 : 크로멜−알루멜
② R형 : 백금−백금 · 로듐
③ J형 : 철−콘스탄탄
④ T형 : 구리−콘스탄탄

해설 열전대 사용온도

㉠ K형(C−A) : −20~1,200℃
㉡ R형(P−R) : 600~1,600℃
㉢ J형(I−C) : −20~800℃
㉣ T형(C−C) : −180~350℃

27 **다음 액면계의 종류 중 보일러 드럼의 수위 경보용에 주로 사용되며, 액면에 부자를 띄워 그것이 상하로 움직이는 위치에 따라 액면을 측정하는 방식은?**

① 플로트식
② 차압식
③ 초음파식
④ 정전용량식

해설 플로트식 액면계는 부자식 액면계로서 변동폭 25~50cm인 부자의 변위로 액면을 측정하는 물리적인 액면계이다.

21. ① 22. ③ 23. ② 24. ② 25. ③ 26. ② 27. ① ANSWER

28 다음의 연소가스 측정방법 중 선택성이 가장 우수한 것은?

① 열전도율식
② 연소열식
③ 밀도식
④ 자기식

해설 자기식 O_2계(지르코니아식 O_2계, 세라믹 O_2계)
㉠ 자기식 O_2계는 선택성이 0.1~100%로 가장 우수하다.
㉡ 자기식은 상자성체 산소 측정가스 분석계이다.
㉢ 자화율이 절대온도에 반비례한다는 점을 이용한다.

29 다음 국제단위계(SI)에서 사용되는 접두어 중 가장 작은 값은?

① n ② p
③ d ④ μ

해설 ① n(나노 : 10^{-9}) ② p(피코 : 10^{-12})
③ d(데시 : 10^{-1}) ④ μ(미크로 : 10^{-6})

30 보일러 열정산에서 입열 항목에 해당하는 것은?

① 연소잔재물이 갖고 있는 열량
② 발생증기의 흡수열량
③ 연소용 공기의 열량
④ 배기가스의 열량

해설 열정산 입열
㉠ 연료의 연소열
㉡ 공기의 현열
㉢ 연료의 현열

31 보일러 열정산 시 보일러 최종 출구에서 측정하는 값은?

① 급수온도
② 예열공기온도
③ 배기가스온도
④ 과열증기온도

해설

증기
보일러
버너
연도
(배기가스)
급수
공기
외기

32 다음 계측기의 구비조건으로 적절하지 않은 것은?

① 취급과 보수가 용이해야 한다.
② 견고하고 신뢰성이 높아야 한다.
③ 설치되는 장소의 주위 조건에 대하여 내구성이 있어야 한다.
④ 구조가 복잡하고, 전문가가 아니면 취급할 수 없어야 한다.

해설 계측(계량, 측정)기기는 구조가 간단하고 취급이 용이하여야 한다.

33 다음 중 접촉식 온도계가 아닌 것은?

① 유리 온도계 ② 방사 온도계
③ 열전 온도계 ④ 바이메탈 온도계

해설 비접촉식 온도계(고온측정용)
- 방사 온도계(1,000~3,000℃)
- 광고온도계(700~3,000℃)
- 광전관 온도계(700℃ 이상)

34 압력을 나타내는 단위가 아닌 것은?

① N/m^2 ② bar
③ Pa ④ $N \cdot s/m^2$

해설 압력의 단위 : kgf/cm^2, bar, Pa, atm, mmHg, N/m^2

35 다음 중 측정제어방식이 아닌 것은?

① 캐스케이드 제어
② 프로그램 제어
③ 시퀀스 제어
④ 비율 제어

ANSWER | 28. ④ 29. ② 30. ③ 31. ③ 32. ④ 33. ② 34. ④ 35. ③

해설 ㉠ 목표값에 의한 자동제어
- 정치제어
- 추치제어(추종제어, 비율제어, 프로그램 제어)
- 케스케이드 제어

㉡ 시퀀스제어 : 정해진 순서에 의해 각 단계의 제어를 진행함

36 링밸런스식 압력계에 대한 설명 중 옳은 것은?

① 압력원에 가깝도록 계기를 설치한다.
② 부식성 가스나 습기가 많은 곳에서는 다른 압력계보다 정도가 높다.
③ 도압관은 될 수 있는 한 가늘고 긴 것이 좋다.
④ 측정 대상 유체는 주로 액체이다.

해설 링밸런스식 압력계(환상 천평식 : Ring Balance Manometer)
- 측정범위 : 25~3,000mmH_2O(저압 측정)
- 봉입액 : 기름, 수은

37 액주식 압력계에서 사용되는 액체의 구비조건 중 틀린 것은?

① 항상 액면은 수평을 만들 것
② 온도 변화에 의한 밀도 변화가 클 것
③ 점도, 팽창계수가 적을 것
④ 모세관현상이 적을 것

해설 액주식 압력계에 사용하는 액(수은, 물, 톨루엔, 클로로포름)은 온도 변화 시 밀도(kg/m^3) 변화가 작아야 한다.

38 어떠한 조건이 충족되지 않으면 다음 동작을 저지하는 제어방법은?

① 인터록 제어
② 피드백 제어
③ 자동연소제어
④ 시퀀스 제어

해설 인터록 제어
- 어떠한 조건이 충족되지 않으면 다음 동작을 저지하여 사고를 미연에 방지하는 제어
- 불착화 인터록, 저연소 인터록, 프리퍼지 인터록, 압력초과 인터록, 저수위 인터록

39 보일러 자동제어인 연소제어(ACC)에서 조작량에 해당되지 않는 것은?

① 연소가스량　② 연료량
③ 공기량　④ 전열량

해설 보일러 자동제어

제어장치의 명칭	제어량	조작량
연소제어 (ACC)	증기압력	연료량
		공기량
	노내 압력	연소가스량
급수제어(FWC)	보일러 수위	급수량
증기온도제어(STC)	증기온도	전열량

40 보일러 내의 포화수 상태에서 습증기 상태로 가열하는 경우 압력과 온도의 변화로 옳은 것은?

① 압력 증가, 온도 일정
② 압력 일정, 온도 감소
③ 압력 일정, 온도 증가
④ 압력 일정, 온도 일정

해설 포화수 상태에서 습증기 상태로 변할 때 압력과 온도 모두 일정하다.

SECTION 03 열설비구조 및 시공

41 강관의 접합 방법으로 부적합한 것은?

① 나사이음　② 플랜지 이음
③ 압축이음　④ 용접이음

해설 압축이음 : 동관 20mm 이하의 플레어 이음

42 에너지이용 합리화법에 따라 검사대상 기기의 계속사용검사를 받으려는 자는 계속사용검사신청서를 검사유효기간 만료 며칠 전까지 제출하여야 하는가?

① 3일　② 5일
③ 10일　④ 30일

해설 계속사용검사(안전검사, 운전성능검사) : 유효기간 만료 10일 전까지 한국에너지공단이사장에게 검사신청서를 제출한다.

36. ① 37. ② 38. ① 39. ④ 40. ④ 41. ③ 42. ③ | ANSWER

43 다음 온수 보일러의 부속품 중 증기 보일러의 압력계와 기능이 동일한 것은?

① 액면계 ② 압력조절기
③ 수고계 ④ 수면계

해설 온수 보일러의 수고계는 온도 및 수두압을 측정한다.

44 내화 골재에 주로 알루미나 시멘트를 섞어 만든 부정형 내화물은?

① 내화 모르타르 ② 돌로마이트
③ 캐스터블 내화물 ④ 플라스틱 내화물

해설 부정형 내화물
㉠ 캐스터블(내화성 골재+수경성 알루미나)
㉡ 플라스틱(내화골재+가소성 점토+물유리)
㉢ 레밍믹스(플라스틱 내화물의 일종)
㉣ 내화 모르타르(내화 시멘트)

45 시로코형 송풍기를 사용하는 보일러에서 출구압력 42mmAq, 효율 65%, 풍량이 850m³/min일 때 송풍기 축동력은?

① 0.01PS ② 12.2PS
③ 476PS ④ 732.3PS

해설

$$송풍기\ 축동력(PS) = \frac{Z \cdot Q}{75 \times 60 \times \eta} = \frac{42 \times 850}{75 \times 60 \times 0.65} = 12.2PS$$

※ 0.1PS=75kg · m/s 능력

46 초임계압력 이상의 고압증기를 얻을 수 있으며 증기드럼을 없애고 긴 관으로만 이루어진 수관식 보일러는?

① 노통 보일러 ② 연관 보일러
③ 열매체 보일러 ④ 관류 보일러

해설 관류 보일러
- 고압의 증기를 얻을 수 있다.
- 증기드럼이 없다.
- 수관식 관류 보일러이다.

47 보일러 부속기기 중 발생 증기량에 비해 소비량이 적을 때 남은 잉여증기를 저장하였다가 과부하 시 긴급히 사용하는 잉여증기의 저장장치는?

① 병향류식 과열기 ② 재열기
③ 방사대류형 과열기 ④ 증기 축열기

해설 증기축열기(어큐뮬레이터)
보일러 부하 감소 시 발생하는 잉여증기를 물탱크에 저장하여 부하 증가 시 온수를 보일러로 공급하여 에너지 이용 효율에 큰 역할을 하는 증기이송장치이다.

48 찬물이 한곳으로 인입되면 보일러가 국부적으로 냉각되어 부동팽창에 의한 악영향을 받을 수 있다. 이를 방지하기 위해 설치하는 장치는?

① 체크 밸브 ② 급수 내관
③ 기수 분리기 ④ 주증기 정지판

49 주철제 보일러의 일반적인 특징에 관한 설명으로 틀린 것은?

① 조립 및 분해나 운반이 편리하다.
② 쪽수의 증감에 따라 용량 조절에 유리하다.
③ 내부구조가 간단하여 청소가 쉽다.
④ 고압용 보일러로는 적합하지 않다.

해설 주철제 보일러는 고철을 용융하여 주물식의 섹션을 이어가면서 전열면적을 증가시키는 소형 보일러이므로 내부가 복잡하고 청소가 불편하다.

50 관류 보일러의 일반적인 특징에 관한 설명으로 옳은 것은?

① 증기압력이 고압이므로 급수펌프가 필요 없다.
② 전열면적에 대한 보유수량이 많아 가동시간이 길다.
③ 보일러 드럼이 필요 없고 지름이 작은 전열관을 사용하여 증발속도가 빠르다.
④ 열용량이 크기 때문에 추종성이 느리다.

해설 관류 보일러는 드럼은 필요 없으나 급수펌프가 필요하고 전열면적에 비해 보유수량과 열용량이 작아서 증기나 온수의 추종성이 빠르다.

ANSWER | 43. ③ 44. ③ 45. ② 46. ④ 47 ④ 48. ② 49. ③ 50. ③

51 탄화규소질 내화물에 관한 특성으로 틀린 것은?

① 탄화규소를 주원료로 한다.
② 내열성이 대단히 우수하다.
③ 내마모성 및 내스폴링성이 크다.
④ 화학적 침식이 잘 일어난다.

해설 탄화규소질 벽돌(중성내화물)
주성분은 SiC이며 규소(Si) 65%, 탄소 30%, 알루미나, 산화제2철로 만든다.

52 평행류 열교환기에서 가열 유체가 80℃로 들어가 50℃로 나오고, 가스는 10℃에서 40℃로 가열된다. 열관류율이 25kcal/m²·h·℃일 때, 시간당 7,200 kcal의 열교환율을 위한 열교환 면적은?

① 1.4m^2　② 3.5m^2
③ 6.7m^2　④ 9.3m^2

해설 대수평균 온도차 : $70\left[\begin{matrix}80 \to 50 \\ 10 \to 40\end{matrix}\right]10$

$$\frac{70-10}{\ln\left(\frac{70}{10}\right)} = 30.83$$

$$\therefore \text{ 열교환면적} = \frac{7,200}{25 \times 30.83} = 9.3\text{m}^2$$

53 강도와 유연성이 커서 곡률반경에 대해 관경의 8배까지 굽힘이 가능하고 내한·내열성이 강한 배관 재료는?

① 염화비닐관　② 폴리부틸렌관
③ 폴리에틸렌관　④ XL관

해설 폴리부틸렌관(PB) : 에이콘 배관
강도와 유연성이 크고 곡률반경에 대해 관경의 8배까지 굽힘이 가능하다. 내한성, 내열성이 강하다.

54 열매체 보일러에서 사용하는 유체 중 온도에 따른 물과 다우섬 사용에 관한 비교 설명으로 옳은 것은?

① 100℃ 온도에서 물과 다우섬 모두 증발이 일어난다.
② 100℃ 온도에서 물은 증발되나 다우섬은 증발이 일어나지 않는다.
③ 물은 300℃ 온도에서 액체만 순환된다.
④ 다우섬은 300℃ 온도에서 액체만 순환된다.

해설
- 열매체 다우섬은 120℃에서 증발이 가능하다.
- 다우섬은 100℃에서 액순환이 가능하다.
- 물은 100℃ 이상에서 증발이 가능하다.
- 다우섬을 이용하는 보일러는 특수 보일러이다.

55 관의 안지름을 D(cm), 1초간의 평균유속을 V(m/sec)라 하면 1초간의 평균유량 Q(m³/sec)을 구하는 식은?

① $Q = DV$　② $Q = \pi D^2 V$
③ $Q = \frac{\pi}{4}(D/100)^2 V$　④ $Q = (V/100)^2 D$

해설 유량(Q) = 관의 단면적(m²)×유속(m/s)
단면적$(A) = \frac{\pi}{4}d^2$(m²)

56 불에 타지 않고 고온에 견디는 성질을 의미하는 것으로 제게르콘(Segercone) 번호(SK)로 표시하는 것은?

① 내화도　② 감온성
③ 크리프계수　④ 점도지수

해설 내화벽돌
- 내화도가 SK 26~42번까지 있다.
- SK 26 : 1,580℃ 내화도
- SK 40 : 4,000℃ 내화도

57 20℃ 상온에서 재료의 열전도율(kcal/m·h·℃)이 큰 것부터 낮은 순서대로 바르게 나열한 것은?

① 구리 > 알루미늄 > 철 > 물 > 고무
② 구리 > 알루미늄 > 철 > 고무 > 물
③ 알루미늄 > 구리 > 철 > 물 > 고무
④ 알루미늄 > 철 > 구리 > 고무 > 물

해설 열전도율(kcal/m·h·℃) 순서
구리 > 알루미늄 > 철 > 물 > 고무

51. ④ 52. ④ 53. ② 54. ② 55. ③ 56. ① 57. ① | ANSWER

58 공기예열기는 전열식과 재생식으로 나뉜다. 다음 중 재생식 공기예열기에 해당되는 것은?

① 관형식 ② 강판형식
③ 판형식 ④ 융그스트롬식

해설 공기예열기
㉠ 전열식 : 관형, 판형
㉡ 재생식 : 융그스트롬식

59 보일러의 증기 공급 및 차단을 위하여 설치하는 밸브는?

① 스톱밸브 ② 게이트밸브
③ 감압밸브 ④ 체크밸브

해설

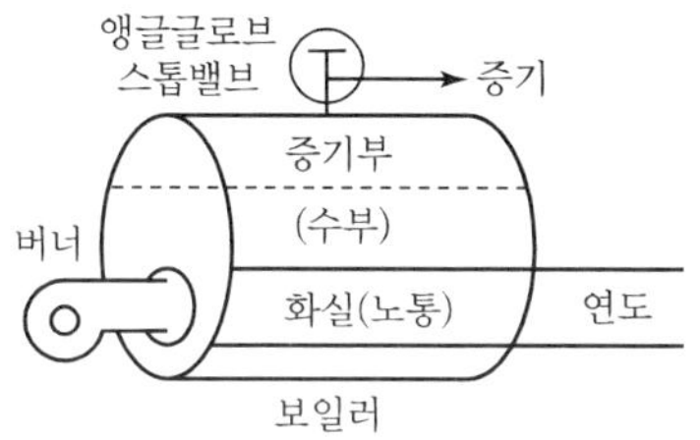

60 에너지이용 합리화법에 의한 검사대상기기인 보일러의 연료 또는 연소방법을 변경한 경우 받아야 하는 검사는?

① 구조검사 ② 개조검사
③ 계속사용 성능검사 ④ 설치검사

해설 개조검사 대상
㉠ 증기보일러를 온수보일러로 개조하는 경우
㉡ 보일러 섹션의 증감에 의하여 용량을 변경하는 경우
㉢ 동체 · 돔 · 노통 · 연소실 · 경판 · 천정판 · 관판 · 관모음 또는 스테이의 변경으로서 산업통상자원부장관이 정하여 고시하는 대수리의 경우
㉣ 연료 또는 연소방법을 변경하는 경우
㉤ 철금속가열로로서 산업통장자원부장관이 정하여 고시하는 경우의 수리

SECTION 04 열설비 취급 및 안전관리

61 보일러 저수위 사고 방지대책으로 틀린 것은?

① 수면계의 수위를 수시로 점검한다.
② 급수관에는 체크밸브를 부착한다.
③ 관수 분출작업은 부하가 적을 때 행한다.
④ 저수위가 되면 연도 댐퍼를 닫고 즉시 급수한다.

해설 보일러 운전 중 저수위 사고(안전저수위 이하로 수위가 낮아짐)가 일어나면 즉시 보일러 운전을 중지한다. 이상이 발견되지 않으면 급수하고 다시 재운전한다

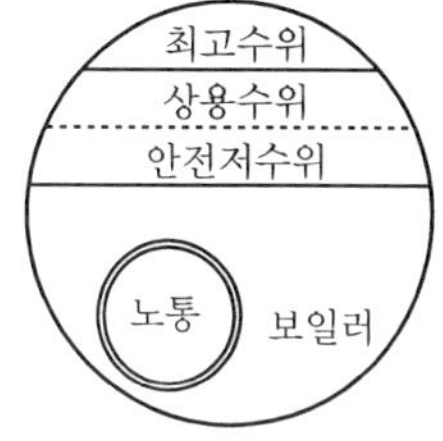

62 보일러 급수의 스케일(관석) 생성 성분 중 경질 스케일을 생성하는 물질은?

① 탄산마그네슘 ② 탄산칼슘
③ 수산화칼슘 ④ 황산칼슘

해설 ㉠ 탄산염 스케일 : 연질
㉡ 황산염, 규산염 스케일 : 경질

63 보일러의 보존을 위한 보일러 청소에 관한 설명으로 틀린 것은?

① 보일러 청소의 목적은 사용 수명을 연장하고 사고를 방지하며 열효율을 향상시키기 위함이다.
② 보일러 청소 횟수를 결정하는 요소로는 보일러 부하, 보일러의 종류, 급수의 성질 등을 들 수 있다.
③ 외부 청소법의 종류에는 증기청소법, 워터쇼킹법, 샌드블라스트법, 스틸쇼트 세정법 등을 들 수 있다.
④ 내부 청소법은 수세법과 물리적 방법으로 나뉘어진다.

ANSWER | 58. ④ 59. ① 60. ② 61. ④ 62. ④ 63. ④

해설 ㉠ 보일러 내부 청소법 : 기계적 방법이나 화학세관인 염산 등의 세관법으로 한다.
㉡ 보일러 외부 청소법 : 스팀소킹법, 수세법, 샌드블라스트법, 스틸샷 클리닝법 사용

64 수면계의 시험횟수 및 점검시기로 틀린 것은?

① 1일 1회 이상 실시한다.
② 2개의 수면계 수위가 다를 때 실시한다.
③ 안전밸브가 작동한 다음에 실시한다.
④ 수면계 수위가 의심스러울 때 실시한다.

해설 수면계 시험횟수는 1일 1회 이상이며 점검시기는 안전밸브가 작동하기 전이나, 보기 ②, ④의 경우이다.

65 복사난방의 특징에 대한 설명으로 틀린 것은?

① 실내의 온도분포가 거의 균등하다.
② 난방의 쾌감도가 좋다.
③ 실내에 방열기가 없으므로 바닥의 이용도가 높다.
④ 열용량이 크므로 외기온도가 급변할 경우 방열량 조절이 쉽다.

해설 복사난방(방사난방)
- 패널구조체 난방이라 온수관을 매입하므로 열용량이 커서 외기온도 변동 시 방열량 조절이 어렵다.
- 패널 종류 : 바닥 패널, 천장 패널, 벽 패널

66 스케일의 종류와 성질에 대한 설명으로 틀린 것은?

① 중탄산칼슘은 급수에 용존되어 있는 염류 중에 슬러지를 생성하는 주된 성분이다.
② 중탄산칼슘의 용해도는 온도가 올라갈수록 떨어지기 때문에 높은 온도에서 석출된다.
③ 황산칼슘은 주로 증발관에서 스케일화되기 쉽다.
④ 중탄산마그네슘은 보일러수 중에서 열분해하여 탄산마그네슘으로 된다.

해설 중탄산칼슘 스케일 : $CaCO_3$

67 방열기의 방열량이 700kcal/m² · h이고, 난방부하가 5,000kcal/h일 때 5－650 주철방열기(방열면적 a = 0.26m²/쪽)를 설치하고자 한다. 소요되는 쪽수는?

① 24쪽 ② 28쪽
③ 32쪽 ④ 36쪽

해설
$$\text{방열기 쪽수} = \frac{\text{난방부하}}{\text{방열기 방열량} \times \text{방열기 쪽당 면적}} = \frac{5{,}000}{700 \times 0.26} = 28\text{쪽}$$

68 강철제 보일러 수압시험압력에 대한 설명으로 틀린 것은?

① 보일러 최고사용압력이 0.43MPa 이하일 때는 그 최고사용압력의 2배의 압력으로 한다.
② 시험압력이 0.2MPa 미만일 때는 0.2MPa의 압력으로 한다.
③ 보일러 최고사용압력이 0.43MPa 초과 1.5MPa 이하일 때는 그 최고사용압력의 1.3배의 압력으로 한다.
④ 보일러 최고사용압력이 1.5MPa를 초과할 때는 그 최고사용압력의 1.5배의 압력으로 한다.

해설 보기 ③의 경우 수압시험압력은 [최고사용압력×1.3+0.3] MPa이다.

69 에너지이용 합리화법에 따라 에너지사용량이 대통령령으로 정하는 기준량 이상인 자는 매년 언제까지 신고해야 하는가?

① 1월 31일
② 3월 31일
③ 6월 30일
④ 12월 31일

해설 에너지이용 합리화법 제31조에 의거하여 에너지사용량이 기준량(연간 2,000TOE) 이상인 자(에너지다소비사업자)는 에너지사용량 등을 매년 1월 31일까지 시장, 도지사에게 신고해야 한다.(한국에너지공단에 위탁함)

64. ③ 65. ④ 66. ② 67. ② 68. ③ 69. ① | ANSWER

70 **회전차(Impeller)의 둘레에 안내깃을 달고 이것에 의해 물의 속도를 압력으로 변화시켜 급수하는 펌프는?**

① 인젝터 펌프 ② 분사 펌프
③ 원심 펌프 ④ 피스톤 펌프

해설 원심 펌프(다단 터빈 펌프)
물의 속도에너지를 압력에너지로 변화시킨다.

71 **에너지이용 합리화법에 따라 에너지다소비사업자가 매년 그 에너지사용시설이 있는 지역을 관할하는 시·도지자에게 신고하여야 하는 사항이 아닌 것은?**

① 전년도의 분기별 에너지사용량
② 해당 연도의 분기별 에너지이용합리화 실적
③ 에너지관리자의 현황
④ 해당 연도의 분기별 제품생산예정량

해설 보기 ②는 전년도의 분기별 에너지이용합리화 실적 및 해당 연도의 분기별 계획이 되어야 한다.

72 **프라이밍과 포밍의 발생 원인으로 틀린 것은?**

① 보일러수에 유지분이 다량 포함되어 있다.
② 증기부하가 급변하고 고수위로 운전하였다.
③ 보일러수가 과도하게 농축되었다.
④ 송기밸브를 천천히 열어 송기했다.

해설 송기밸브(보일러 주증기밸브)를 급히 열면 순간 압력저하 발생으로 프라이밍(비수)과 포밍(물거품)이 발생한다.

73 **보일러의 증기배관에서 수격작용의 발생을 방지하는 방법으로 틀린 것은?**

① 환수관 등의 배관 구배를 작게 한다.
② 배관 관경을 크게 한다.
③ 송기를 급격히 하지 않는다.
④ 증기관의 드레인 빼기 장치로 관 내의 드레인을 완전히 배출한다.

해설 구배(관의 기울기)를 크게 하여 관 내 응축수의 흐름을 쉽게 하면 수격작용(워터해머)이 방지된다.

74 **다음 중 에너지이용 합리화법에 따라 2년 이하의 징역 또는 2,000만 원 이하의 벌금 기준에 해당하는 경우는?**

① 에너지 저장의무를 이행하지 아니한 경우
② 검사대상기기관리자를 선임하지 아니한 경우
③ 검사대상기기의 사용정지 명령에 위반한 경우
④ 검사대상기기를 설치한 후 검사를 받지 아니하고 사용한 경우

해설 ② 1천만 원 이하 벌금
③, ④ 1년 이하의 징역이나 1천만 원 이하 벌금

75 **보일러수의 이상증발 예방대책이 아닌 것은?**

① 송기에 있어서 증기밸브를 빠르게 연다.
② 보일러수의 블로다운을 적절히 하여 보일러수의 농축을 막는다.
③ 보일러의 수위를 너무 높이지 않고 표준수위를 유지하도록 제어한다.
④ 보일러수의 유지분이나 불순물을 제거하고 청관제를 넣어 보일러수 처리를 한다.

해설 72번 해설 참조

76 **노통연관 보일러의 유지해야 할 최저수위 위치로 옳은 것은?(단, 연관이 노통보다 30mm 높은 경우이다.)**

① 연관 최상면에서 100mm 상부에 오도록 한다.
② 연관 최상면에서 75mm 상부에 오도록 한다.
③ 노통 상면에서 100mm 상부에 오도록 한다.
④ 노통 상면에서 75mm 상부에 오도록 한다.

해설

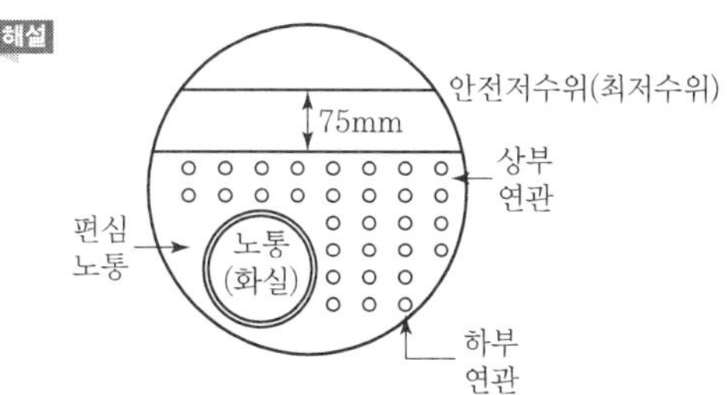

77 온수난방에서 각 방열기에 공급되는 유량분배를 균등히 하여 전후방 방열기의 온도차를 최소화시키는 방식으로 환수배관의 길이가 길어지는 단점이 있는 배관방식은?

① 하트포드 배관법
② 역환수식 배관법
③ 콜드 드래프트 배관법
④ 직접 환수식 배관법

해설

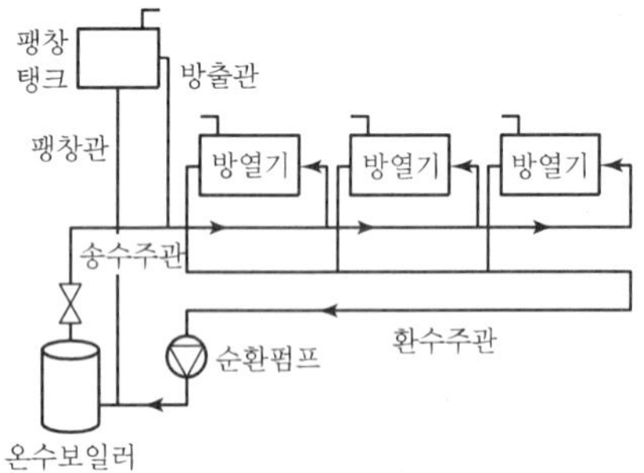

[역순환식(리버스리턴 방식)배관]

78 에너지이용 합리화법에 따라 특정열사용기자재 시공업을 할 경우에는 시·도지사에게 등록하여야 한다. 이때 특정열사용기자재 시공업의 범주에 포함되지 않는 것은?

① 기자재의 설치 ② 기자재의 제조
③ 기자재의 시공 ④ 기자재의 세관

해설 특정열사용기자재(법 제37조)
특정열사용기자재의 '설치 · 시공 · 세관'인 시공업을 하는 자는 시 · 도지사에게 등록해야 한다.

79 에너지이용 합리화법에 따라 강철제 보일러 및 주철제 보일러에서 계속사용검사의 면제대상 범위에 해당되지 않는 것은?

① 전열면적 $5m^2$ 이하의 증기보일러로서 대기에 개방된 안지름이 25mm 이상인 증기관이 부착된 것
② 전열면적 $5m^2$ 이하의 증기보일러로서 수두압이 5m 이하이며 안지름이 25mm 이상인 대기에 개방된 U자형 입관이 보일러의 증기부에 부착된 것
③ 온수보일러로서 유류 · 가스 외의 연료를 사용하는 것으로 전열면적이 $30m^2$ 이상인 것
④ 온수보일러로서 가스 외의 연료를 사용하는 주철제 보일러

해설 보기 ③의 경우 $30m^2$ 이하가 계속사용검사 면제 대상이다.

80 에너지이용 합리화법에 따라 산업통상자원부장관은 에너지관리지도 결과 에너지가 손실되는 요인을 줄이기 위하여 필요하다고 인정하는 경우에 에너지다소비사업자에게 어떤 조치를 할 수 있는가?

① 에너지 손실요인의 개선을 명할 수 있다.
② 벌금을 부과할 수 있다.
③ 시공업의 등록을 말소시킬 수 있다.
④ 에너지 사용정지를 명할 수 있다.

해설 산업통상자원부장관은 에너지관리지도 결과 에너지가 손실되는 요인을 줄이기 위하여 필요하다고 인정하면 10% 이상의 에너지효율 개선이 기대되고 효율 개선을 위한 투자의 경제성이 있다고 인정되는 경우 에너지다소비사업자에게 에너지 손실요인의 개선을 명할 수 있다.

77. ② 78. ② 79. ③ 80. ① | ANSWER

SECTION 01 열역학 및 연소관리

01 체적이 5.5m³인 기름의 무게가 4,500kgf일 때 이 기름의 비중은?

① 1.82 ② 0.82
③ 0.63 ④ 0.55

해설 물의 비중량=1,000kgf/m³, 물의 비중=1

기름의 비중량$=\dfrac{4,500}{5.5}=818.1818(\text{kgf/m}^3)$

∴ 기름의 비중$=1\times\dfrac{818.1818}{1,000}=0.82$

02 다음 중 석탄의 원소분석 방법이 아닌 것은?

① 리비히법 ② 에쉬카법
③ 라이트법 ④ 켈달법

해설 ㉠ 리비히법 : 고체의 탄소, 수소 정량
㉡ 에쉬카법 : 고체의 전황분 정량
㉢ 켈달법 : 고체의 질소 정량
㉣ 라이트법 : 기체연료 비중시험법

03 냉동기에서의 성능계수 COP_R과 열펌프에서의 성능계수 COP_H의 관계식으로 옳은 것은?

① $COP_R = COP_H$ ② $COP_R = COP_H + 1$
③ $COP_R = COP_H - 1$ ④ $COP_R = 1 - COP_H$

해설 열펌프(히트펌프) 성능계수가 냉동기 성능계수보다 항상 1이 크다. 즉, 냉동기 성능계수는 히트펌프 성능계수보다 1이 작은 값이다.

04 급수 중 용존하고 있는 O_2, CO_2 등의 용존 기체를 분리 제거하는 것을 무엇이라고 하는가?

① 폭기법 ② 기폭법
③ 탈기법 ④ 이온교환법

해설 ㉠ 탈기법 : O_2, CO_2 가스분 제거
㉡ 기폭법 : 철분(Fe), CO_2 제거

05 다음 중 열의 단위 1kcal와 다른 값은?

① 426.8kgf·m ② 1kWh
③ 0.00158PSh ④ 4.1855kJ

해설 • 1kWh=860(kcal)=3,600(kJ)
• 1kcal=426.8kgf·m=4.1855kJ=0.00158PSh
※ 1W=1J/s=1N·m, 1kW=1.36PS

06 그림은 $P-T$(압력-온도) 선도상에서 물의 상태도이다. 다음 설명 중 틀린 것은?

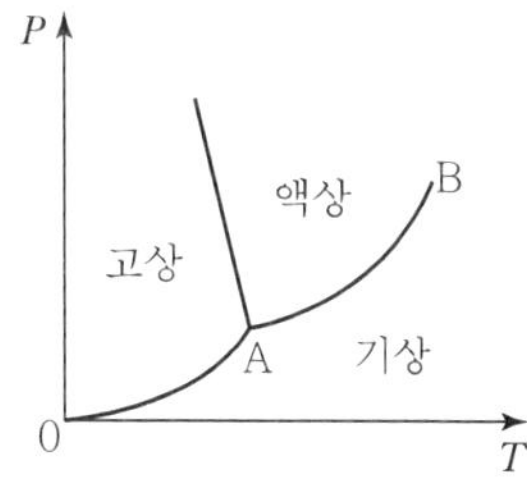

① A점을 삼중점이라 한다.
② B점을 임계점이라 한다.
③ B점은 온도의 기준점으로 사용된다.
④ 곡선 AB는 증발곡선을 표시한다.

해설

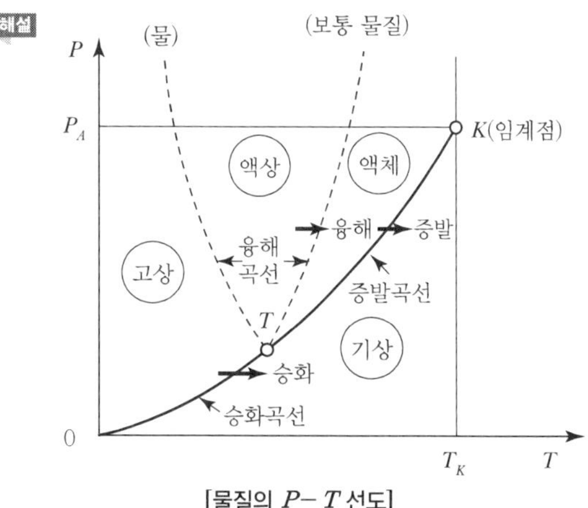

[물질의 $P-T$ 선도]

07 디젤기관의 열효율은 압축비 ε, 차단비(또는 단절비) σ와 어떤 관계가 있는가?

① ε와 σ가 증가할수록 열효율이 커진다.
② ε와 σ가 감소할수록 열효율이 커진다.
③ ε가 감소하고, σ가 증가할수록 열효율이 커진다.
④ ε가 증가하고, σ가 감소할수록 열효율이 커진다.

해설 디젤기관(내연기관 사이클)
- 차단비(σ) $= \dfrac{V_3}{V_2}$(체절비), 압축비(ε)$= \dfrac{V_1}{V_2} = \dfrac{V_4}{V_2}$
- 압축비(ε)가 크고 차단비가 작을수록 열효율은 증가

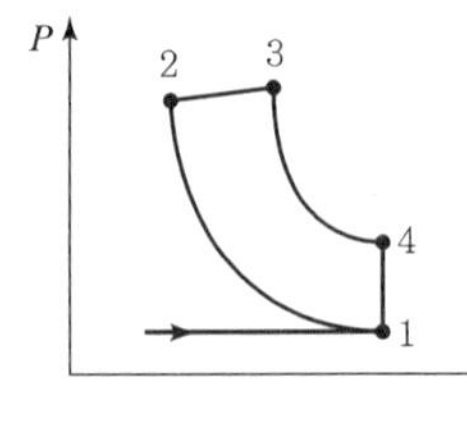

08 오일버너 중 유량 조절범위가 1 : 10 정도로 크며, 가동 시 소음이 큰 버너는?

① 유압 분무식
② 회전 분무식
③ 저압 공기식
④ 고압 기류식

해설 오일버너의 유량 조절범위
㉠ 유압식(1 : 2 ~ 1 : 3)
㉡ 회전식(1 : 5)
㉢ 저압 공기식(1 : 5)
㉣ 고압 기류식(1 : 10) : 소음이 크다.

09 86 보일러 마력에 60℃의 물을 공급하여 686.48kPa의 포화수증기를 제조한다. 보일러 효율이 72%이고, 연료 소비량이 100kg/h이라고 할 때, 이 연료의 저위 발열량(MJ/kg)은?(단, 686.48kPa 포화수증기의 엔탈피는 2.763MJ/kg이다.)

① 31.31　　② 36.54
③ 42.18　　④ 45.39

해설 상당증발량 = 86×15.6 = 1,341.6kg/h
물의 증발잠열 = 2,256(kJ/kg) = 2.256(MJ/kg)

$$1{,}341.6 = \frac{x(2.763 - 0.25116)}{2.256}$$

$$\text{증기발생량}(x) = \frac{1{,}341.6 \times 2.256}{2.763 - 0.25116} = 1{,}204(\text{kg/h})$$

$$72(\%) = \frac{1{,}204 \times (2.763 - 0.25116)}{100 \times H_L} \times 100$$

$$\therefore\ H_L(\text{연료의 저위 발열량}) = \frac{1{,}204 \times (2.763 - 0.25116)}{100 \times 0.72} = 42.18\text{MJ/kg}$$

※ 1kcal = 4.186kJ, 1MJ = 10^6J

$$\text{급수엔탈피}(h_1) = \frac{60 \times 4.186 \times 1{,}000}{10^6} = 0.25116\text{MJ}$$

10 산소를 일정 체적하에서 온도를 27℃로부터 −3℃로 강하시켰을 경우 산소의 엔트로피(kJ/kg · K)의 변화는 얼마인가?(단, 산소의 정적비열은 0.654kJ/kg · K이다.)

① −0.0689　　② 0.0689
③ −0.0582　　④ 0.0582

해설
- $T_1 = 27 + 273 = 300\text{K}$
- $T_2 = -3 + 273 = 270\text{K}$

$$\therefore\ \text{엔트로피 변화}(\Delta s) = m \cdot C_p \cdot \ln\left(\frac{T_2}{T_1}\right) = 1 \times 0.654 \times \ln\left(\frac{270}{300}\right) = -0.0689(\text{kJ/kg} \cdot \text{K})$$

11 고체나 유체에서 서로 접하고 있는 물질의 구성분자 간에 정지상태에서 열에너지가 고온의 분자로부터 저온의 분자로 이동하는 현상을 무엇이라 하는가?

① 열전도　　② 열관류
③ 열 발생　　④ 열전달

해설

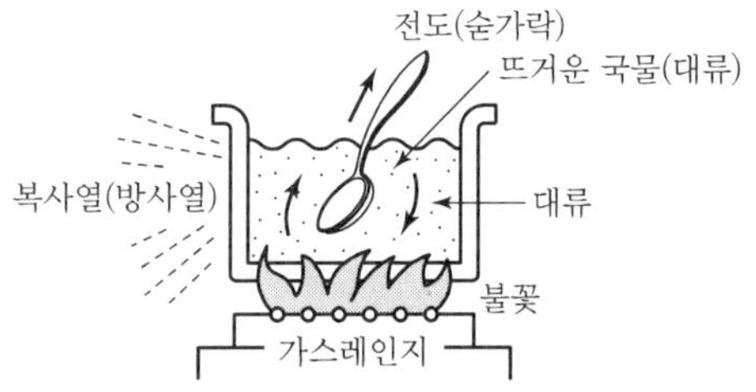

7. ④ 8. ④ 9. ③ 10. ① 11. ① | ANSWER

12 어떤 온수 보일러의 수두압이 30m일 때, 이 보일러에 가해지는 압력(kg/cm^2)은?

① 0.3 ② 3
③ 3,000 ④ 30,000

해설 $1kg/cm^2 = 735(mmHg) = 10(mH_2O(Aq))$

$\therefore\ 1 \times \frac{30}{10} = 3(kg/cm^2)$

13 열역학 제1법칙과 가장 밀접한 관련이 있는 것은?

① 시스템의 에너지 보존
② 시스템의 열역학적 반응속도
③ 시스템의 반응방향
④ 시스템의 온도효과

해설 열역학 제1법칙(에너지 보존의 법칙)
일 → 열로 전환, 열 → 일로 전환 가능의 법칙

14 탄소 0.87, 수소 0.1, 황 0.03의 연료가 있다. 과잉공기 50%를 공급할 경우 실제건배기가스양(Nm^3/kg)은?

① 8.89 ② 9.94
③ 10.5 ④ 15.19

해설 실제건배기가스양(G_d)
= 이론건배기가스양 + $(m-1)$ × 이론공기량
공기비$(m) = 1 + 0.5 = 1.5$

- 이론공기량$(A_0) = 8.89C + 26.67\left(H - \frac{O}{8}\right) + 3.33S$
$= 8.89 \times 0.89 + 26.67 \times 0.1 + 3.33 \times 0.03$
$= 10.5012$
- 이론건배기가스양(G_{od})
$= (1-0.21)A_0 + 1.867C + 0.7S + 0.8N$
$= (1-0.21) \times 10.5012 + 1.867 \times 0.87 + 0.7 \times 0.03$
$= 9.941238Nm^3/kg$

∴ 실제건배기가스양 $= 9.941238 + (1.5-1) \times 10.5012$
$= 15.19(Nm^3/kg)$

15 다음 중 기체연료의 장점이 아닌 것은?

① 연소가 균일하고 연소조절이 용이하다.
② 회분이나 매연이 없어 청결하다.
③ 저장이 용이하고 설비비가 저가이다.
④ 연소효율이 높고 점화 · 소화가 용이하다.

해설 기체연료는 압축하여 저장하기 때문에 저장이 불편하고 폭발 발생을 염려하여야 하기 때문에 용기, 탱크, 배관설비시공이 고가로 소요된다.

16 사이클론식 집진기는 어떤 성질을 이용한 것인가?

① 관성력 ② 부력
③ 원심력 ④ 중력

해설 ㉠ 건식 집진장치(매연방지장치) : 관성식, 원심식, 백필터식(여과식)
㉡ 원심식(사이클론식)

17 전기식 집진장치의 특징에 관한 설명으로 틀린 것은?

① 집진효율이 90~99.5% 정도로 높다.
② 고전압장치 및 정전설비가 필요하다.
③ 미세입자 처리도 가능하다.
④ 압력손실이 크다.

해설 전기식 집진장치는 코로나 방전극을 이용하기 때문에 압력손실이 거의 없는 효율이 가장 좋은 집진장치이다.

18 보일러의 연소 온도에 직접적으로 영향을 미치는 인자로 가장 거리가 먼 것은?

① 산소의 농도 ② 연료의 발열량
③ 공기비 ④ 연료의 단위 중량

해설 연료의 연소와 발열량에 미치는 인자
㉠ 공기 중 산소농도 ㉡ 연료의 연소 시 공기비
㉢ 노 내 온도 ㉣ 연료의 연소성분
㉤ 연료의 발열량

19 가스가 40kJ의 열량을 받음과 동시에 외부에 30kJ의 일을 했다. 이때 이 가스의 내부에너지 변화량은?

① 10kJ 증가 ② 10kJ 감소
③ 70kJ 증가 ④ 70kJ 감소

해설

20 열과 일에 대한 설명으로 틀린 것은?

① 모두 경계를 통해 일어나는 현상이다.
② 모두 경로함수이다.
③ 모두 불완전 미분형을 갖는다.
④ 모두 양수의 값을 갖는다.

해설 일(W)
㉠ 외부에 일을 했을 때(+)
㉡ 외부에서 일을 받았을 때(−)

열(Q)
㉠ 외부에 열을 방출했을 때(−)
㉡ 외부에서 열을 받았을 때(+)

SECTION 02 계측 및 에너지 진단

21 아스팔트유, 윤활유, 절삭유 등 인화점 80℃ 이상의 석유제품의 인화점 측정에 사용하는 시험기는?

① 타그 밀폐식 ② 타그 개방방식
③ 클리블랜드 개방식 ④ 아벨펜스키 밀폐식

해설 인화점 측정방식(개방식의 종류)
㉠ 클리블랜드 개방식 : 인화점 80℃ 이상 측정방식
㉡ 타그개방식 : 휘발성 가연물질 80℃ 이하 측정방식

22 오르자트 분석계에서 채취한 시료량 50cc 중 수산화칼륨 30% 용액에 흡수되고 남은 양이 41.8cc이었다면, 흡수된 가스의 원소와 그 비율은?

① O_2, 16.4% ② CO_2, 16.4%
③ O_2, 8.2% ④ CO_2, 8.2%

해설 50(cc) − 41.8(cc) = 8.2(cc), 탄산가스
$\therefore\ 100\times\frac{8.2}{50}=16.4(\%)$

23 다음 중 보일러 자동제어장치의 종류로 가장 거리가 먼 것은?

① 연소제어 ② 급수제어
③ 급유제어 ④ 증기온도제어

해설 보일러 자동제어(A.B.C)
㉠ 자동연소제어(A.C.C)
㉡ 자동급수제어(F.W.C)
㉢ 자동증기온도제어(S.T.C)

24 출력이 일정한 값에 도달한 이후의 제어계의 특성을 무엇이라고 하는가?

① 과도특성
② 스텝특성
③ 정상특성
④ 주파수 응답

해설 정상특성 : 출력이 일정한 값에 도달한 이후의 제어계 특성

25 다음 중 보일러 부하율(%)을 바르게 나타낸 것은?

① $\frac{\text{최대연속증기발생량}}{\text{상당증기발생량}}\times 100$
② $\frac{\text{상당증기발생량}}{\text{최대연속증기발생량}}\times 100$
③ $\frac{\text{실제증기발생량}}{\text{최대연속증기발생량}}\times 100$
④ $\frac{\text{최대연속증기발생량}}{\text{실제증기발생량}}\times 100$

해설 보일러 부하율 $=\frac{\text{실제증기발생량}}{\text{최대연소증기발생량}}\times 100(\%)$

26 다음 압력계 중 가장 높은 압력을 측정할 수 있는 것은?

① 다이어프램식 압력계
② 벨로우즈식 압력계
③ 부르동관식 압력계
④ U자관식 압력계

해설 압력계의 사용압력범위
㉠ 다이어프램식($10mmH_2O\sim 2MPa$)
㉡ 벨로스식($10mmH_2O\sim 1MPa$)
㉢ 부르동관식(0.5~300MPa)
㉣ U자관식(실정 저압용)

20. ④ 21. ③ 22. ② 23. ③ 24. ③ 25. ③ 26. ③ | ANSWER

27 다음 중 열량의 계량단위가 아닌 것은?

① 줄(J) ② 와트(W)
③ 와트초(Ws) ④ 칼로리(kcal)

해설 열량의 계량단위 : 줄, 와트초, 중량킬로그램미터, 칼로리

28 상당증발량(G_e, kg/hr)을 구하는 공식으로 맞는 것은?(단, G는 실제 증발량(kg/hr), h_2는 발생증기의 엔탈피(kJ/kg), h_1는 급수의 엔탈피(kJ/kg)이다.)

① $G_e = \dfrac{G(h_1 - h_2)}{2,256}$ ② $G_e = \dfrac{G(h_2 - h_1)}{2,256}$

③ $G_e = \dfrac{G(h_1 - h_2)}{226}$ ④ $G_e = \dfrac{G(h_2 - h_1)}{226}$

해설
- 상당증발량(G_e) $= \dfrac{G(h_2 - h_1)}{2,256(\text{kJ/kg})}$(kg/h)
- 물의 증발잠열 : 2,256(kJ/kg)

29 다음 서미스터 저항온도계에 사용되는 서미스터 재질 중 가장 적절하지 않은 것은?

① 코발트 ② 망간
③ 니켈 ④ 크롬

해설 저항온도계
㉠ 백금
㉡ 니켈
㉢ 구리
㉣ 서미스터(니켈+망간+코발트+철+구리)

30 다음 중 제어계기의 공기압 신호의 압력 범위는 일반적으로 몇 kg/cm^2인가?

① 0.01~0.05 ② 0.06~0.1
③ 0.2~1.0 ④ 2.0~5.0

해설 ㉠ 공기압 신호의 압력 범위 : 0.2~1.0(kg/cm^2)
㉡ 유압식 신호의 압력 범위 : 0.2~1.0(kg/cm^2)
㉢ 전기식 신호의 전류(AC 40~20mA, DC 10~50mA)

31 절대단위계 및 중력단위계에 대한 설명으로 옳은 것은?

① MKS단위계는 길이(m), 질량(kg), 시간(sec)을 기준으로 한다.
② 절대단위계는 질량(F), 길이(L), 시간(T)을 기준으로 한다.
③ 중력단위계는 힘(F), 길이(k), 시간(sec)을 기준으로 한다.
④ 기계공학 분야에는 중력단위를 사용해서는 안 된다.

해설 ㉠ 절대단위계 : m, kg, sec(MKS 단위계)
㉡ 중력단위계 : F.L.T(힘, 길이, 시간)
㉢ 공학단위계 : FMLT(조합단위계)

32 내유량의 측정에 적합하고, 비전도성 액체라도 유량 측정이 가능하며 도플러 효과를 이용한 유량계는?

① 플로노즐 유량계 ② 벤투리 유량계
③ 임펠러 유량계 ④ 초음파 유량계

해설 초음파 유량계
㉠ 유체의 흐름에 따라서 초음파를 발사하면 그 전송 시간은 유속에 비례하여 감속하는 것을 이용한 유량계이다.
㉡ 특징
- Doppler Effect 이용
- 대유량의 측정에 적합하다.
- 압력 손실이 없다.
- 비전도성의 액체 유량의 측정이 가능하다.

33 상자성체이므로 자력을 이용하여 자기풍을 발생시켜 농도를 측정할 수 있는 기체는?

① 산소 ② 수소
③ 이산화탄소 ④ 메탄가스

해설 자기식 O_2계 가스분석계
㉠ 영구자석으로 불균등한 자계를 만들고 자장이 강한 부분에 열선을 통한 다음 산소가스를 불어넣으면 산소는 자장에 흡인되어 열선과 접촉한다.
㉡ 상자성체인 O_2가스의 가스분석기이다.

34 다음 출열 항목 중 열손실이 가장 큰 것은?

① 방산에 의한 손실
② 배기가스에 의한 손실
③ 불완전 연소에 의한 손실
④ 노 내 분입 증기에 의한 손실

해설 배기가스 열손실 : 열정산 출열 중 열손실이 가장 크다.

35 P 동작의 비례이득이 4일 경우 비례대는 몇 %인가?

① 20 ② 25
③ 30 ④ 40

해설 $비례대 = \frac{1}{비례감도(kP)}$

$\therefore 100(\%) \times \frac{1}{4} = 25(\%)$

36 다음 중 화학적 가스 분석계의 종류로 옳은 것은?

① 열전도율법 ② 연소열법
③ 도전율법 ④ 밀도법

해설 화학적 가스분석계
㉠ 연소열법
㉡ 자동 오르자트법

37 다음 중 용적식 유량계가 아닌 것은?

① 벤투리식 ② 오벌기어식
③ 로터리피스톤식 ④ 루트식

해설 차압식 유량계
㉠ 벤투리식
㉡ 플로노즐식
㉢ 오리피스식

38 다음 액면계에 대한 설명 중 옳지 않은 것은?

① 공기압을 이용하여 액면을 측정하는 액면계는 퍼지식 액면계이다.
② 고압 밀폐 탱크의 액면제어용으로 가장 많이 사용하는 것은 부자식 액면계이다.
③ 기준 수위에서 압력과 측정액면에서의 압력차를 비교하여 액위를 측정하는 것은 차압식 액면계이다.
④ 관 내의 공기압과 액압이 같아지는 압력을 측정하여 액면의 높이를 측정하는 것은 정전용량식 액면이다.

해설 보기 ④는 기포식(퍼지식) 액면계에 대한 설명이다.

정전용량식
동심 원통형의 전극을 비전도성 액체 속에 넣어 두 원통 사이의 정전용량을 측정하여 액면을 측정, 즉 도체 간의 존재하는 매질의 유전율로 결정되는 점을 이용한다.

39 열전 온도계에 사용되는 보상도선에 대한 설명으로 옳은 것은?

① 열전대의 보호관 단자에서 냉접점 단자까지 사용하는 도선이다.
② 열전대를 기계적으로나 화학적으로 보호하기 위해서 사용한다.
③ 열전대와 다른 특성을 가진 전선이다.
④ 주로 백금과 마그네슘의 합금으로 만든다.

해설

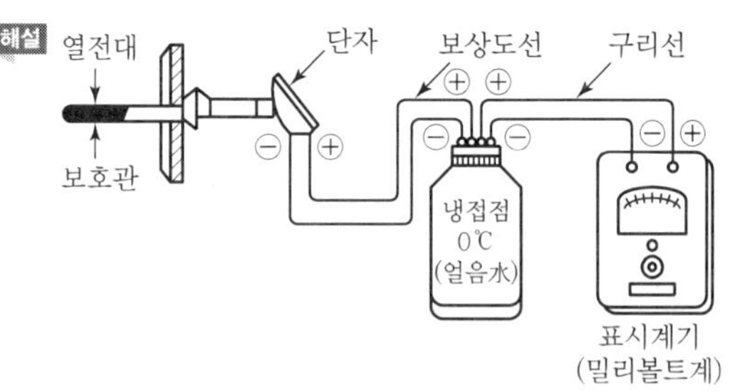

[열전대 온도계]

40 열정산에서 입열에 해당되는 것은?

① 공기의 현열
② 발생증기의 흡수열
③ 배기가스의 손실열
④ 방산에 의한 손실열

해설 입열
㉠ 연료의 연소열
㉡ 공기의 현열
㉢ 연료의 현열
㉣ 노 내 분입증기에 의한 열

34. ② 35. ② 36. ② 37. ① 38. ④ 39. ① 40. ① | ANSWER

SECTION 03 열설비구조 및 시공

41 압력배관용 강관의 인장강도가 24kg/mm², 스케줄 번호가 120일 때 이 강관의 사용압력(kgf/cm²)은? (단, 안전율은 4로 한다.)

① 96　　② 72
③ 60　　④ 24

해설
$$\text{스케줄 번호} = 10 \times \frac{P}{S}$$
$$\text{허용응력 } S = \frac{24}{4} = 6$$
$$\therefore 120 = 10 \times \frac{P}{6}$$
$$P = 6 \times \frac{120}{10} = 72$$

42 다음 중 무기질 보온재에 속하는 것은?

① 규산칼슘 보온재
② 양모 펠트 보온재
③ 탄화 코르크 보온재
④ 기포성 수지 보온재

해설 규산칼슘 보온재
㉠ 무기질 보온재
㉡ 안전사용온도 : 650℃
㉢ 재질 : 규산질+석회질+암면
㉣ 열전도율 : 0.05~0.065kcal/mh℃

43 에너지이용 합리화법에 따른 인정검사대상기기 조종자의 교육을 이수한 자의 조종범위가 아닌 것은?

① 용량이 10t/h 이하인 보일러
② 압력용기
③ 증기보일러로서 최고사용압력이 1MPa 이하이고, 전열면적이 10m² 이하인 것
④ 열매체를 가열하는 보일러로서 용량이 581.5kW 이하인 것

해설 보기 ①의 보일러는 에너지관리기능사 이상의 국가기술자격증 취득자가 조종 가능한 용량이다.

44 증발량 2,000kg/h인 보일러의 상당증발량(kg/h)은?(단, 증기의 엔탈피는 600kcal/kg, 급수의 엔탈피는 30kcal/kg이다.)

① 1,560kg/h　　② 2,115kg/h
③ 2,565kg/h　　④ 2,890kg/h

해설
$$\text{상당증발량}(W_e) = \frac{\text{증발량} \times (h_2 - h_1)}{539} = \frac{2{,}000 \times (600 - 30)}{539} = 2{,}115(\text{kg/h})$$

45 다음 중 급수 중의 보일러 과열의 직접적인 원인이 될 수 있는 물질은?

① 탄산가스　　② 수산화나트륨
③ 히드라진　　④ 유지

해설 유지분 : 포밍(거품)의 원인 및 보일러 과열의 원인이 된다.

46 화염의 이온화를 이용한 전기전도성으로 화염의 유무를 검출하는 화염검출기는?

① 플레임 로드
② 플래임 아이
③ 자외선 광전관
④ 스택 스위치

해설 플레임 로드 : 화염의 이온화를 이용한 전기전도성으로 화실(노 내)의 화염 유무를 검출한다.

47 보일러에서 보염장치를 설치하는 목적으로 가장 거리가 먼 것은?

① 연소 화염을 안정시킨다.
② 안정된 착화를 도모한다.
③ 저공기비 연소를 가능하게 한다.
④ 연소가스 체류시간을 짧게 해준다.

해설 보염장치(에어레지스터)
노 내 화염 보호장치로서 윈드박스, 버너타일, 콤버스트, 보염기 등이 있으며 설치목적은 보기 ①, ②, ③이다.(연소가스는 체류시간이 어느 정도 길어야 한다.)

ANSWER | 41. ② 42. ① 43. ① 44. ② 45. ④ 46. ① 47. ④

48 신축이음 중 온수 혹은 저압증기의 배관분기관 등에 사용되는 것으로 2개 이상의 엘보를 사용하여 나사맞춤부의 작용에 의하여 신축을 흡수하는 것은?

① 벨로즈 이음 ② 슬리브 이음
③ 스위블 이음 ④ 신축곡관

해설

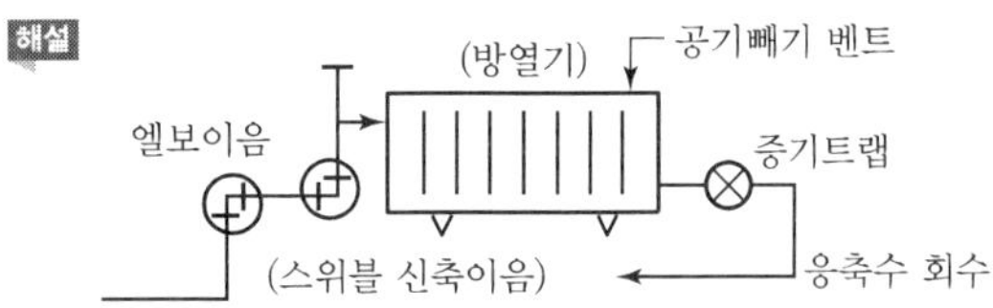

49 강관 50A의 방향 전환을 위해 맞대기 용접식 롱 엘보 이음쇠를 사용하고자 한다. 강관 50A의 용접식 이음쇠인 롱 엘보의 곡률반경은?(단, 강관 50A의 호칭지름은 60mm로 한다.)

① 50mm ② 60mm
③ 90mm ④ 100mm

해설 롱 엘보 맞대기 용접식 곡률반경
㉠ 롱(long)은 호칭지름의 1.5배
㉡ 쇼트(short)는 호칭지름의 1.0배
∴ 롱 엘보 곡률반경(R)=60×1.5=90mm

50 간접가열용 열매체 보일러 중 다우섬액을 사용하는 보일러 형식은?

① 레플러 보일러
② 슈미트－하트만 보일러
③ 슐처 보일러
④ 라몬트 보일러

해설 슈미트-하트만 보일러
• 간접가열식 보일러
• 슈미트가 고안, 하트만이 제작 완료

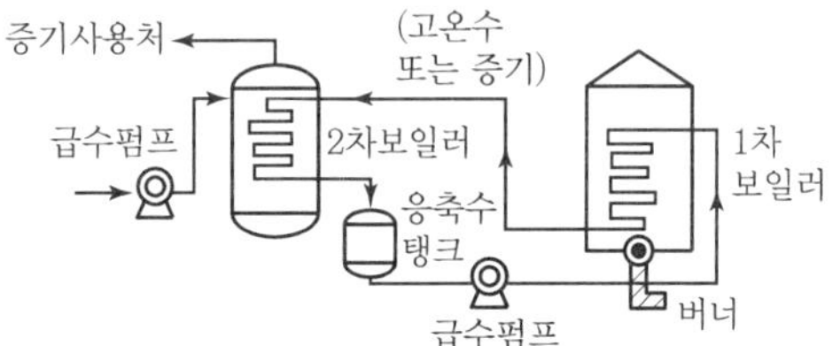

51 보일러 그을음 제거장치인 수트블로어의 분사형식이 아닌 것은?

① 모래분사 ② 물분사
③ 공기분사 ④ 증기분사

해설 수트블로어(화실 그을음 제거장치)
공기, 물, 증기 분사 이용

52 에너지이용 합리화법에서의 검사대상기기 계속사용검사에 관한 내용으로 틀린 것은?

① 검사대상기기 계속사용검사신청서는 검사유효기간 만료 10일 전까지 제출하여야 한다.
② 검사유효기간 만료일이 9월 1일 이후인 경우에는 3개월 이내에서 계속사용검사를 연기할 수 있다.
③ 검사대상기기 검사연기신청서는 한국에너지공단 이사장에게 제출하여야 한다.
④ 검사대상기기 계속사용검사신청서에는 해당 검사기기 설치검사증 사본을 첨부하여야 한다.

해설 계속사용검사의 연기(규칙 제31조의20)
계속사용검사는 검사유효기간의 만료일이 속하는 연도의 말까지 연기할 수 있다. 다만, 검사유효기간 만료일이 9월 1일 이후인 경우 4개월 이내에 계속사용검사를 연기할 수 있다.

53 영국에서 개발된 최초의 관류보일러로 수십 개의 수관을 병렬로 배치시킨 고압용 대용량 보일러는?

① 라몬트 ② 스털링
③ 벤슨 ④ 슐처

해설 관류형 보일러
㉠ 벤슨 보일러 : 병렬수관 이용
㉡ 슐처 보일러 : 1개의 연속관, 1,500m 이내 사용

54 에너지이용 합리화법에 따라 검사면제를 위한 보험을 제조안전보험과 사용안전보험으로 구분할 때 제조안전보험의 요건이 아닌 것은?

① 검사대상기기의 설치와 관련된 위험을 담보할 것
② 연 1회 이상 검사기준에 따른 위험관리 서비스를 실시할 것

48. ③ 49. ③ 50. ② 51. ① 52. ② 53. ③ 54. ③ | ANSWER

③ 검사대상기기의 계속사용에 따른 재물 종합위험 및 기계위험을 담보할 것
④ 검사대상기기의 제조상 하자와 관련된 제3자의 법률상 손해배상책임을 담보할 것

해설 검사면제보험의 요건(규칙 별표 3의7)
㉠ 제조안전보험 : 보기 ①, ②, ④
㉡ 사용안전보험 : 보기 ②, ③ 외에 검사대상기기의 계속 사용에 따른 사고로 인한 제3자의 법률상 손해배상책임을 담보할 것

55 축열기(steam accumulator)를 설치했을 경우에 대한 설명으로 틀린 것은?

① 보일러 증기 측에 설치하는 변압식과 보일러 급수 측에 설치하는 정압식이 있다.
② 보일러 용량 부족으로 인한 증기의 과부족을 해소할 수 있다.
③ 연료소비량을 감소시킨다.
④ 부하변동에 대한 압력변동이 발생한다.

해설 증기축열기는 저부하 시 남는 잉여증기를 잠시 저장한 후에 고부하 시 재사용하여 보일러 운전을 효과적으로 사용하는 증기이송장치이다. 보일러 부하 변동은 압력 변동과는 무관하다.

56 축열식 반사로를 사용하여 선철을 용해, 정련하는 방법으로 시멘스 – 마틴법(Siemens – Martins Process)이라고도 하는 것은?

① 불림로 ② 용선로
③ 평로 ④ 전로

해설 강철 제강로
㉠ 평로(반사로) ㉡ 전로
㉢ 전기로 ㉣ 도가니로

57 다음 중 보일러의 급수설비에 속하지 않는 것은?

① 급수내관 ② 응축수 탱크
③ 인젝터 ④ 취출밸브

해설

체크 밸브
급수 정지 밸브
증기부
수부
가용마개 (납+주석)
신축 이음
급수 펌프
화실 (버너)
화실(노통)
분출(취출)
슬러지 배출 (분출장치)
밸브(콕)

58 보일러의 가용전(가용마개)에 사용되는 금속의 성분은?

① 납과 알루미늄의 합금
② 구리와 아연의 합금
③ 납과 주석의 합금
④ 구리와 주석의 합금

해설 57번 해설 참조

59 가마를 사용하는 데 있어 내용수명과의 관계가 가장 거리가 먼 것은?

① 가마 내의 부착물(휘발분 및 연료의 재)
② 피열물의 열용량
③ 열처리 온도
④ 온도의 급변

해설
- 가마(요) : 도자기, 내화벽돌 제조(피열물)
- 피열물의 열용량은 내화물의 1차 건조에 유용하게 사용이 가능하다.

60 T형 필렛용접 이음에서 모재의 두께를 h(mm), 하중을 W(kg), 용접길이를 l(mm)이라 할 때 인장응력(kg/mm²)을 계산하는 식은?

① $\sigma = \frac{W}{0.707hl}$ ② $\sigma = \frac{Wl}{0.707h}$
③ $\sigma = \frac{W}{hl}$ ④ $\sigma = \frac{0.707W}{hl}$

해설

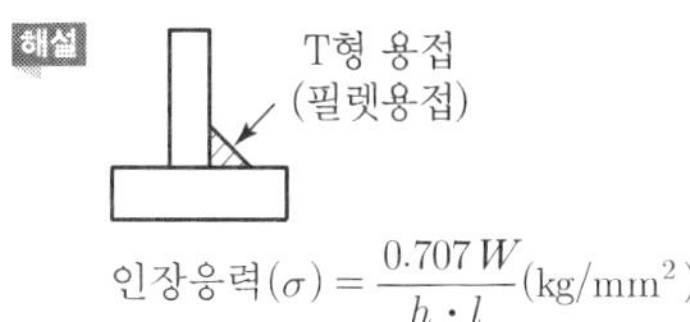

인장응력$(\sigma) = \frac{0.707W}{h \cdot l}$(kg/mm²)

SECTION 04 열설비 취급 및 안전관리

61 다음 중 보일러의 인터록 제어에 속하지 않는 것은?

① 저수위 인터록　　② 미분 인터록
③ 불착화 인터록　　④ 프리퍼지 인터록

해설 인터록(안전관리 방식)
- 보기 ①, ③, ④ 외 저연소 인터록, 압력초과 인터록, 배기가스 온도조절 인터록 등
- 보일러 운전 → 인터록 발생 → 보일러 운전 중지 → 이상상태 확인 → 재가동

62 다음 중 보일러 급수 내 장해가 되는 철염이 함유되어 있는 경우, 이를 제거하기 위한 방법으로 가장 적합한 것은?

① 폭기법　　② 탈기법
③ 가열법　　④ 이온교환법

해설 ㉠ 기폭법(폭기법) : 철(Fe)분, CO_2 제거 급수처리법
㉡ 탈기법 : 용존 O_2, CO_2 제거 급수처리
㉢ 염분제거법 : 가열법 이용
㉣ Ca, Mg 제거법 : 이온교환법

63 보일러 설치 시 안전밸브 작동시험에 관한 설명으로 틀린 것은?

① 안전밸브의 분출압력은 안전밸브가 1개인 경우 최고사용압력 이하이어야 한다.
② 안전밸브의 분출압력은 안전밸브가 2개 이상인 경우 그 중 1개는 최고사용압력 이하, 기타는 최고사용압력의 1.03배 이하이어야 한다.
③ 발전용 보일러에 부착하는 안전밸브의 분출정지압력은 분출압력의 1.07배 이상이어야 한다.
④ 재열기 및 독립과열기에 있어서 안전밸브가 하나인 경우 최고사용압력 이하에서 분출하여야 한다.

해설 발전용 보일러 안전밸브 분출정지압력 : 분출압력의 0.93배 이상이어야 한다.

64 증기트랩의 설치에 관한 설명으로 옳은 것은?

① 응축수와 증기를 배출하기 위하여 설치하는 중요한 부품이다.
② 응축수량이 많이 발생하는 증기관에는 열동식 트랩이 주로 사용된다.
③ 냉각레그(Cooling Leg)는 1.5m 이상 설치하며 증기 공급관의 관말부에 설치한다.
④ 증기트랩의 주위에는 바이패스 관을 설치할 필요가 없다.

해설 응축수 배출이 많으면 부자식(플로트식) 증기트랩을 사용한다.

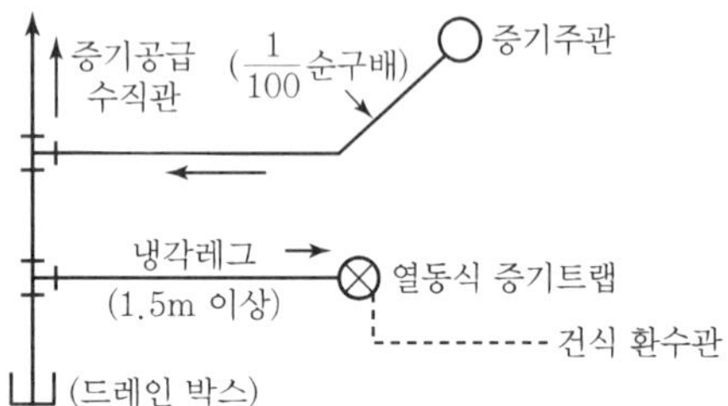

65 보일러 점화 시 역화의 원인에 해당되지 않는 것은?

① 프리퍼지가 불충분하였을 경우
② 착화가 지연되거나 혹은 불착화를 발견하지 못하고 연료를 노 내에 분무한 경우
③ 점화원(점화봉, 점화용 전극)을 사용하였을 경우
④ 연료의 공급밸브를 필요 이상 급개하였을 경우

해설
- 점화원과 역화는 관련이 없다.(역화는 폭발가스가 연도 측이 아닌 버너 쪽으로 이동하여 사고 유발)
- 역화는 화실 내에서 보기 ①, ②, ④ 외에 CO 가스로 인해 발생한다.

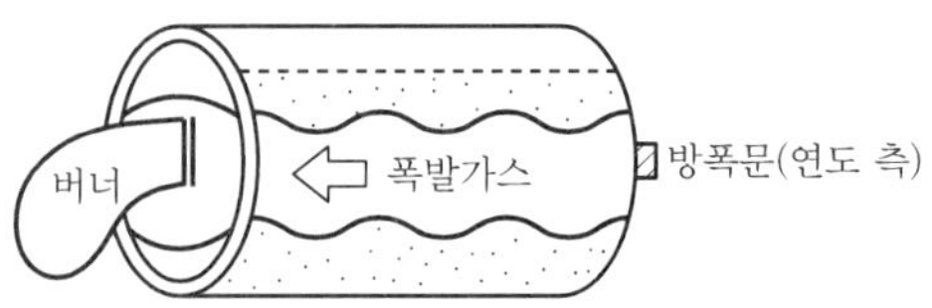

66 보일러 관수의 pH 및 알칼리도 조정제로 사용되는 약품이 아닌 것은?

① 탄닌　　② 인산나트륨
③ 탄산나트륨　　④ 수산화나트륨

61. ② 62. ① 63. ③ 64. ③ 65. ③ 66. ① ANSWER

해설 탄닌, 리그린, 전분 : 슬러지 조정제(슬러지 조정제 사용 시 CO_2가 발생하므로 저압 보일러에 사용)

67 가동 중인 보일러를 정지시키고자 하는 경우 가장 먼저 조치해야 할 안전사항은?

① 급수를 사용 수위보다 약간 높게 한다.
② 송풍기를 정지시키고 댐퍼를 닫는다.
③ 연료의 공급을 차단한다.
④ 주증기 밸브를 닫는다.

해설 보일러 가동 중지 시 안전조치 순서
1. 연료 공급 차단
2. 송풍기 정지
3. 주증기 밸브 차단
4. 보일러 수면 수위를 사용 중보다 약간 높게 급수

68 강철제 보일러의 수압시험 방법에 관한 설명으로 틀린 것은?

① 수압시험 중 또는 시험 후에도 물이 얼지 않도록 해야 한다.
② 물을 채운 후 천천히 압력을 가한다.
③ 규정된 시험수압에 도달된 후 30분이 경과된 뒤에 검사를 실시한다.
④ 시험수압은 규정된 압력의 10% 이상을 초과하지 않도록 적절한 제어를 마련한다.

해설 ④ 10%→6%

69 보일러 내부부식 중의 하나인 가성취화의 특징에 관한 설명으로 틀린 것은?

① 균열의 방향이 불규칙적이다.
② 주로 인장응력을 받는 이음부에 발생한다.
③ 반드시 수면 위쪽에서 발생한다.
④ 농알칼리 용액의 작용에 의하여 발생한다.

해설 가성취화(농알칼리 용액의 작용)는 철강조직의 입자 사이가 부식되어 취약하게 되고 결정입자의 경계에 따라 균열이 생긴다.(반드시 수면 이하에서 발생한다.)

70 다음 증기난방의 응축수 환수방법 중 응축수의 환수 및 증기의 회전이 가장 빠른 방식은?

① 중력 환수식 ② 기계 환수식
③ 진공 환수식 ④ 자연 환수식

해설 증기난방 응축수 환수방식
㉠ 중력환수식(증기와 응축수 밀도 차이 방식)
㉡ 기계환수식(응축수 펌프 사용)
㉢ 진공환수식(진공펌프 사용 : 응축수 환수가 신속하여 대규모 난방용)

71 에너지이용 합리화법에 따라 검사대상기기의 설치자가 사용 중인 검사대상기기를 폐기한 경우에는 폐기한 날부터 며칠 이내에 폐기신고서를 제출해야 하는가?

① 10일 ② 15일
③ 20일 ④ 30일

해설 사용중지신고, 설치자변경신고, 폐기신고 : 15일 이내에 한국에너지공단에 신고서를 제출한다.

72 기계장치에서 발생하는 소음 중 주로 기계의 진동과 관련되는 소음은?

① 고체음 ② 공명음
③ 기류음 ④ 공기전파음

해설 ㉠ 기계장치 기계의 진동 소음 : 고체음
㉡ 공명음(가마음) : 화실, 노, 노통, 연도 등에서 연소가스 기류에 의한 소음

73 보일러 스케일로 인한 영향이 아닌 것은?

① 배기가스 온도 저하 ② 전열면 국부 과열
③ 보일러 효율 저하 ④ 관수 순환 악화

해설 스케일(관석)이 부착하면 전열이 방해되어 배기가스의 온도가 높아진다.(칼슘, 마그네슘, 황산염, 규산염 등)

74 건물의 난방면적이 $85m^2$이고, 배관부하가 14%, 온수사용량이 20kg/h, 열손실지수가 $140kcal/m^2 \cdot h$일 때 난방부하(kcal/h)는?

① 8,500 ② 9,500
③ 11,900 ④ 12,900

ANSWER | 67. ③ 68. ④ 69. ③ 70. ③ 71. ② 72. ① 73. ① 74. ③

해설 난방부하 = 난방면적 × 열손실지수
= 85 × 140 = 11,900(kcal/h)

75 **에너지이용 합리화법에 따라 에너지다소비사업자란 연간 에너지사용량이 얼마 이상인 자를 말하는가?**

① 5백 티오이 ② 1천 티오이
③ 1천5백 티오이 ④ 2천 티오이

해설 에너지다소비사업자 : 연간 에너지사용량 2,000TOE 이상인 자

76 **가스용 보일러의 연료 배관 외부에 표시해야 하는 항목이 아닌 것은?**

① 사용 가스명 ② 가스의 제조일자
③ 최고 사용압력 ④ 가스 흐름방향

해설

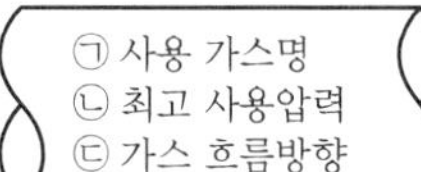

[가스배관 표시]

77 **보일러의 고온부식 방지대책에 해당되지 않는 것은?**

① 바나듐(V)이 적은 연료를 사용한다.
② 실리카 분말과 같은 첨가제를 사용한다.
③ 고온의 전열면에 내식재료를 사용하거나 보호피막을 입힌다.
④ 돌로마이트, 마그네시아 등의 첨가제를 중유에 첨가해서 부착물의 성상을 바꾸어 전열면에 부착되지 못하도록 한다.

해설 고온부식
㉠ 인자 : V_2S_5, Na_2O, V_2O_5, 5NaO, V_2O_4 등
㉡ 535℃~670℃ 등 고온에서 발생
㉢ 발생 장소 : 과열기, 재열기

78 **보일러에서 그을음 불어내기(수트블로우) 작업을 할 때의 주의사항으로 틀린 것은?**

① 댐퍼의 개도를 줄이고 통풍력을 적게 한다.
② 한 장소에 장시간 불어 대지 않도록 한다.
③ 수트블로우를 하기 전에 충분히 드레인을 실시한다.
④ 소화한 직후의 고온 연소실 내에서는 하여서는 안 된다.

해설

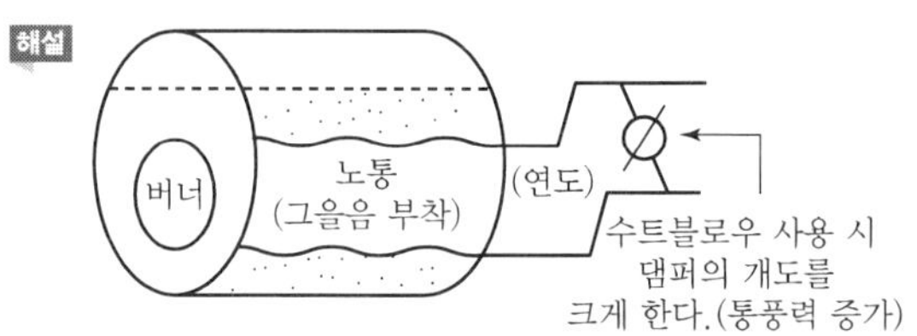

79 **에너지이용 합리화법에 따라 등록이 취소된 에너지절약 전문기업은 등록 취소일로부터 몇 년이 경과해야 다시 등록을 할 수 있는가?**

① 1년 ② 2년
③ 3년 ④ 5년

해설 에너지절약 전문기업(ESCO 사업)의 등록이 취소되면 취소일로부터 2년이 경과해야 다시 등록이 가능하다.(등록신청은 한국에너지공단에 한다.)

80 **환수관이 고장을 일으켰을 때 보일러의 물이 유출하는 것을 막기 위하여 하는 배관방법은?**

① 리프트 이음 배관법
② 하트포드 연결법
③ 이경관 접속법
④ 증기 주관 관말 트랩 배관법

해설

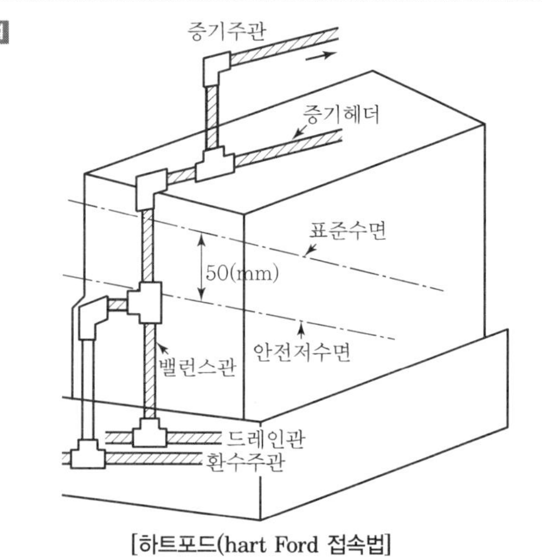

[하트포드(hart Ford 접속법]

75. ④ 76. ② 77. ② 78. ① 79. ② 80. ② | ANSWER

2018년 3회 에너지관리산업기사

SECTION 01 열역학 및 연소관리

01 고체연료의 일반적인 연소방법이 아닌 것은?

① 화격자연소 ② 미분탄연소
③ 유동층연소 ④ 예혼합연소

해설 기체연료의 연소방법
㉠ 확산연소방식 : 버너형, 포트형
㉡ 예혼합연소방식 : 저압버너, 고압버너, 송풍버너

02 전체 일(W)을 면적으로 나타낼 수 있는 선도로서 가장 적합한 것은?

① $P-T$(압력－온도) 선도
② $P-V$(압력－체적) 선도
③ $h-s$(엔탈피－엔트로피) 선도
④ $T-V$(온도－체적) 선도

해설

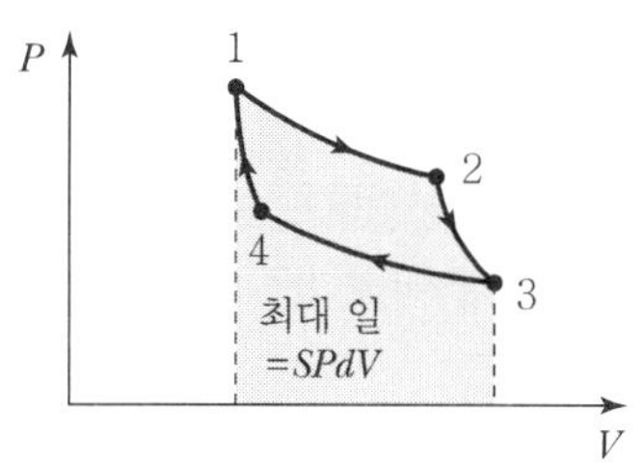

[$P-V$ 선도 카르노 사이클]

03 기체연료 연소장치 중 가스버너의 특징으로 틀린 것은?

① 공기비 제어가 불가능하다.
② 정확한 온도제어가 가능하다.
③ 연소상태가 좋아 고부하 연소가 용이하다.
④ 버너의 구조가 간단하고 보수가 용이하다.

해설 가스버너 : 공기비 제어가 가능하다.
※ 공기비(과잉공기계수)＝실제소요공기량/이론소요공기량

04 고열원 227℃, 저열원 17℃의 온도범위에서 작동하는 카르노 사이클의 열효율은?

① 7.5% ② 42%
③ 58% ④ 92.5%

해설 $T_1 = 227+273 = 500(\text{K})$, $T_2 = 17+273 = 290(\text{K})$

$$\eta_c = \frac{Aw}{Q_1} = 1-\frac{Q_2}{Q_1} = 1-\frac{T_2}{T_1} = 1-\frac{290}{500} = 0.42 = 42\%$$

05 랭킨사이클의 열효율 증대 방안이 아닌 것은?

① 응축기 압력을 낮춘다.
② 증기를 고온으로 가열한다.
③ 보일러 압력을 높인다.
④ 응축기 온도를 높인다.

해설 랭킨사이클 열효율 증대 방안
㉠ 보일러 압력을 높이고 복수기 압력은 낮춘다.
㉡ 터빈의 초온이나 초압을 높인다.
㉢ 터빈 출구의 압력을 낮춘다.
※ 터빈 출구에서 온도가 낮으면 터빈 깃을 부식시키므로 열효율이 감소하고 응축기(복수기) 온도는 낮을수록 열효율이 증가한다.

06 온도측정과 연관된 열역학의 기본 법칙으로서 열적 평형과 관련된 법칙은?

① 열역학 제0법칙 ② 열역학 제1법칙
③ 열역학 제2법칙 ④ 열역학 제3법칙

해설 열평형의 법칙 : 열역학 제0법칙

07 중유연소의 취급에 대한 설명으로 틀린 것은?

① 중유를 적당히 예열한다.
② 과잉공기량을 가급적 많이 하여 연소시킨다.
③ 연소용 공기는 적절히 예열하여 공급한다.
④ 2차 공기의 송입을 적절히 조절한다.

해설 과잉공기＝실제공기량－이론공기량
※ 과잉공기량은 연료에 맞게 적당량을 공급한다.(지나치게 많으면 노내온도 저하, 배기가스의 열손실 증가 발생)

ANSWER | 1. ④ 2. ② 3. ① 4. ② 5. ④ 6. ① 7. ②

08 증기 동력사이클의 기본 사이클인 랭킨 사이클에서 작동 유체의 흐름을 바르게 나타낸 것은?

① 펌프 → 응축기 → 보일러 → 터빈
② 펌프 → 보일러 → 응축기 → 터빈
③ 펌프 → 보일러 → 터빈 → 응축기
④ 펌프 → 터빈 → 보일러 → 응축기

해설 랭킨 사이클
- 1 → 2 : 정압가열
- 2 → 3 : 단열팽창
- 3 → 4 : 정압방열
- 4 → 1 : 단열압축
- 유체 흐름 : 펌프 → 보일러 → 터빈 → 응축

09 다음 중 집진효율이 가장 좋은 집진장치는 무엇인가?

① 중력식 집진장치 ② 관성력식 집진장치
③ 여과식 집진장치 ④ 원심력식 집진장치

해설 집진효율
㉠ 중력식 : 40~60% ㉡ 관성력식 : 50~70%
㉢ 여과식 : 90~99% ㉣ 원심력식 : 70~95%
㉤ 전기식 : 90~99.9%

10 매연의 발생 방지방법으로 틀린 것은?

① 공기비를 최소화하여 연소한다.
② 보일러에 적합한 연료를 선택한다.
③ 연료가 연소하는 데 충분한 시간을 준다.
④ 연소실 내의 온도가 내려가지 않도록 공기를 적정하게 보낸다.

해설 매연을 방지하려면 공기비는 연료에 알맞게 하여 조정한다.(공기비 : 1.1~1.2가 이상적)

11 이상기체에 대한 설명으로 틀린 것은?

① 기체분자 간의 인력을 무시할 수 있고 이상기체의 상태 방정식을 만족하는 기체
② 보일－샤를의 법칙(Pv/T＝Const)을 만족하는 기체
③ 분자 간에 완전 탄성충돌을 하는 기체
④ 일상생활에서 실제로 존재하는 기체

해설 이상기체와 일상생활에서 실제로 존재하는 기체는 서로 상이하여 구별된다.

12 다음 사이클에 대한 설명으로 옳은 것은?

① 오토 사이클은 정압사이클이다.
② 디젤 사이클은 정적사이클이다.
③ 사바테 사이클의 압력상승비(a)가 1인 상태가 디젤사이클이다.
④ 오토 사이클의 효율은 압축비의 증가에 따라 감소한다.

해설 ㉠ 내연기관 사이클
- 오토 사이클
- 디젤 사이클
- 사바테 사이클

㉡ 사바테 사이클의 열효율
- 압력비가 1일 때 오토 사이클이 된다.
- 압력상승비(폭발비)가 1일 때 디젤 사이클이 된다.

13 노 내의 압력이 부압이 될 수 없는 통풍방식은?

① 흡입통풍
② 압입통풍
③ 평형통풍
④ 자연통풍

해설 압입통풍 : 노내압력은 정압(대기압보다 높다.)

14 포화수의 증발현상이 없고 액체와 기체의 구분이 없어지는 지점을 무엇이라 하는가?

① 삼중점 ② 포화점
③ 임계점 ④ 비점

해설

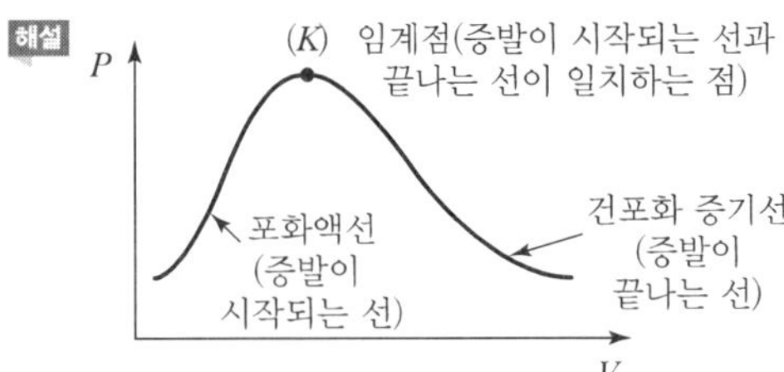

15 보일러 절탄기 등에서 발생할 수 있는 저온부식의 원인이 되는 물질은?

① 질소 가스 ② 아황산 가스
③ 바나듐 ④ 수소 가스

8. ③ 9. ③ 10. ① 11. ④ 12. ③ 13. ② 14. ③ 15. ② | ANSWER

해설 • S(황)+O_2 → SO_2(아황산가스)

$SO_2 + \frac{1}{2}O_2 \rightarrow SO_3$(무수황산)

$SO_3 + H_2O \rightarrow H_2SO_4$(진한 황산) : 저온부식 발생

• 진한 황산 발생 : 절탄기, 공기예열기에서 저온부식 발생

16 1kg의 물이 0℃에서 100℃까지 가열될 때 엔트로피의 변화량(kJ/K)은?(단, 물의 평균 비열은 4.184kJ/kg · K이다.)

① 0.3　　② 1
③ 1.3　　④ 100

해설 $\Delta S = \frac{\delta Q}{T} = C\ln\frac{T_2}{T_1}$

1kg의 $\Delta S = 1 \times \ln\frac{100+273}{273} = 0.312\text{kcal/kg} \cdot \text{K}$

$0.312 \times 4.184 = 1.3\text{kJ/kg} \cdot \text{K}$

17 다음 중 공기와 혼합 시 폭발범위가 가장 넓은 것은?

① 메탄　　② 프로판
③ 일산화탄소　　④ 메틸알코올

해설 가스의 폭발범위

㉠ 메탄 : 5~15%
㉡ 프로판 : 2.1~9.5%
㉢ CO : 4~74%
㉣ 메틸알코올 : 7.3~36%

18 다음 ( ) 안에 들어갈 경판의 두께 기준에 대한 설명으로 바르게 짝지어진 것은?

> 경판의 최소두께는 전반구형인 것을 제외하고 계산상 필요한 이음매 없는 동체판의 두께 이상이어야 한다. 다만, 어떠한 경우도 (a) 이상으로 하고, 스테이를 부착하는 경우에는 (b) 이상으로 한다.

① a : 6 mm, b : 10 mm
② a : 4 mm, b : 8 mm
③ a : 4 mm, b : 10 mm
④ a : 6 mm, b : 8 mm

해설

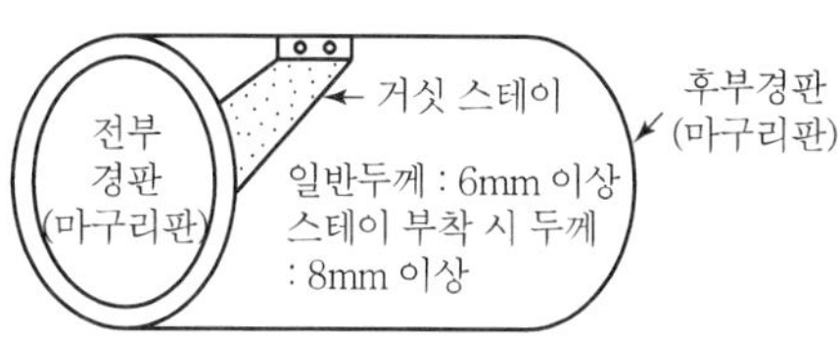

[보일러]

19 연료 1kg을 연소시키는 데 이론적으로 2.5Nm³의 산소가 소요된다. 이 연료 1kg을 공기비 1.2로 연소시킬 때 필요한 실제 공기량(Nm³/kg)은?

① 11.9　　② 14.3
③ 18.5　　④ 24.4

해설 실제 공기량(A)=이론공기량(A_0)×공기비(m)

이론공기량(A_0)=이론산소량(O_0)$\times\frac{1}{0.21}$

$\therefore\ A = \left(2.5 \times \frac{1}{0.21}\right) \times 1.2 = 14.3(\text{Nm}^3/\text{kg})$

20 보일러 연료의 완전연소 시 공기비(m)의 일반적인 값은?

① $m>1$　　② $m=1$
③ $m<1$　　④ $m=0$

해설 공기비(m)$=\frac{\text{실제공기량}}{\text{이론공기량}}$ ⇒ 항상 1보다 크다.

SECTION 02 계측 및 에너지 진단

21 열전대의 종류 중 환원성이 강하지만 산화의 분위기에는 약하고 가격이 저렴하며 IC 열전대라고 부르는 것은?

① 동-콘스탄탄　　② 철-콘스탄탄
③ 백금-백금로듐　　④ 크로멜-알루멜

해설 열전대 온도계

㉠ R형 : P-R 온도계(환원성 분위기에 약하다.)
㉡ K형 : C-A 온도계(환원성 분위기에 강하다.)
㉢ J형 : I-C 온도계(산화성 분위기에 약하다.)
㉣ T형 : C-C 온도계(열기전력이 크다.)

22 미량 성분의 양을 표시하는 단위인 ppm은?

① 1만 분의 1 단위
② 10만 분의 1 단위
③ 100만 분의 1 단위
④ 10억 분의 1 단위

해설 ㉠ ppm : $\frac{1}{10^6}$
㉡ ppb : $\frac{1}{10^9}$

23 액면계의 특징에 대한 설명으로 옳지 않은 것은?

① 방사선식 액면계는 밀폐고압탱크나 부식성 탱크의 액면 측정에 용이하다.
② 부자식 액면계는 초대형 지하탱크의 액면을 측정하기에 적합하다.
③ 박막식 액면계는 저압밀폐탱크와 고농도액체 저장탱크의 액면 측정에 용이하다.
④ 유리관식 액면계는 지상탱크에 적합하며 직접적인 자동제어가 불가능하다.

해설 박막식(두께가 얇은 것)
- 온도계에 많이 사용한다.
- 대표적으로 바이메탈 온도계, 고체팽창식 온도계

24 다음 중 SI 기본단위에 속하지 않는 것은?

① 길이 ② 시간
③ 열량 ④ 광도

해설 열량은 SI 유도단위다.

25 보일러 전열량을 크게 하는 방법으로 틀린 것은?

① 보일러의 전열면적을 작게 하고 열가스의 유동을 느리게 한다.
② 전열면에 부착된 스케일을 제거한다.
③ 보일러수의 순환을 잘 시킨다.
④ 연소율을 높인다.

해설
- 보일러는 전열면적이 커야 열효율이 높아진다.
- 원통 보일러는 연관이, 수관식 보일러는 수관이 전열면적이 된다.

[연관]

[수관]

26 오차에 대한 설명으로 틀린 것은?

① 계측기 고유오차의 최대허용한도를 공차라 한다.
② 과실오차는 계통오차가 아니다.
③ 오차는 "측정 값 − 참값"이다.
④ 오차율은 "$\frac{참값}{오차}$"이다.

해설 ㉠ 오차 = 측정값 − 참값
㉡ 감도 = 지시량 변화 / 측정량의 변화
㉢ 계통적 오차 : 계기오차, 환경오차, 이론오차, 개인오차

27 물탱크에서 h = 10m, 오리피스의 지름이 5cm일 때 오리피스의 유량은 약 몇 m^3/s인가?

① 0.0275 ② 0.1099
③ 0.14 ④ 14

해설 유량(Q) = 단면적×유속(m^3/s)
유속(V) = $\sqrt{2gh} = \sqrt{2\times9.8\times10} = 14m/s$
단면적(A) = $\frac{\pi}{4}D^2$
$\therefore Q = 14\times\frac{3.14}{4}\times(0.05)^2 = 0.0275(m^3/s)$

28 보일러의 1마력은 한 시간에 몇 kg의 상당증발량을 나타낼 수 있는 능력인가?

① 15.65 ② 30.0
③ 34.5 ④ 40.56

해설 보일러 마력 = $\frac{상당증발량(kg_f/h)}{15.65(kg_f/h)}$

22. ③ 23. ③ 24. ③ 25. ① 26. ④ 27. ① 28. ① | ANSWER

29 **보일러의 자동제어에서 제어량의 대상이 아닌 것은?**

① 증기압력 ② 보일러 수위
③ 증기온도 ④ 급수온도

해설 제어량의 대상
㉠ 증기압력
㉡ 수위
㉢ 증기온도
㉣ 노내 압력

30 **다음 중 부르동관(Bourdon Tube) 압력계에서 측정된 압력은?**

① 절대압력 ② 게이지압력
③ 진공압 ④ 대기압

해설 압력계에서 측정된 압력은 모두 게이지 압력이다.
절대압력(abs) =게이지 압력+1.033kg/cm^2

31 **자동제어장치에서 조절계의 종류에 속하지 않는 것은?**

① 공기압식 ② 전기식
③ 유압식 ④ 증기식

해설 증기는 잠열을 제거하면 응축수로 변화하므로 조절계로 사용은 불가하다.

32 **열전대가 있는 보호관 속에 MgO, Al_2O_3를 넣고 길게 만든 것으로서 진동이 심하고 가소성이 있는 곳에 주로 사용되는 열전대는?**

① 시스(Sheath) 열전대
② CA(K형) 열전대
③ 서미스트 열전대
④ 석영관 열전대

해설 시스(Sheath) 열전대 보호관 내 물질
㉠ MgO
㉡ Al_2O_3
※ 관의 직경 : 0.25~12mm로서 가요성이 있다.

33 **그림과 같은 경사관 압력계에서 P_1의 압력을 나타내는 식으로 옳은 것은?(단, γ는 액체의 비중량이다.)**

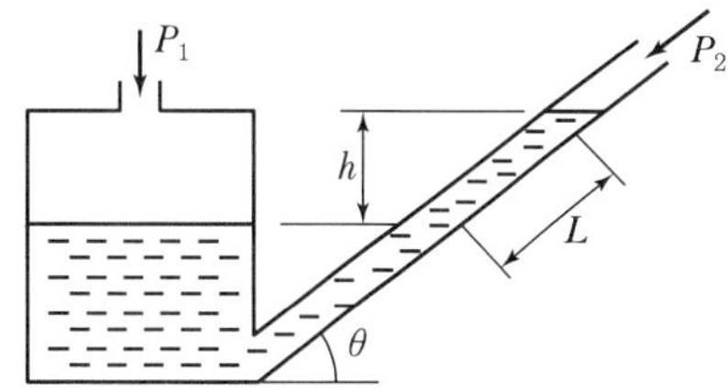

① $P_1 = \dfrac{P_2}{\gamma \times L}$
② $P_1 = \mathrm{P}_2 \times \gamma \times L \times \cos\theta$
③ $P_1 = P_2 + \gamma \times L \times \tan\theta$
④ $P_1 = P_2 + \gamma \times L \times \sin\theta$

해설 경사관식 압력계
- P_1 압력 측정 : $P_2 + \gamma \times L \times \sin\theta$
- 측정범위 : 10~50mmH_2O

34 **보일러 열정산 시 측정할 필요가 없는 것은?**

① 급수량 및 급수온도
② 연소용 공기의 온도
③ 과열기의 전열면적
④ 배기가스의 압력

해설 과열기 전열면적은 열정산 시 측정하지 않는다.
※ 과열기 열부하$= \dfrac{\text{과열기 발생 열량}}{\text{과열기 전열면적}}$(kcal/m^{2}h)

35 **보일러에 대한 인터록이 아닌 것은?**

① 압력초과 인터록
② 온도초과 인터록
③ 저수위 인터록
④ 저연소 인터록

해설 보일러 인터록
보기 ①, ③, ④ 외에
- 불착화 인터록
- 프리퍼지 인터록

ANSWER | 29. ④ 30. ② 31. ④ 32. ① 33. ④ 34. ③ 35. ②

36 다음 중 보일러 열정산을 하는 목적으로 가장 거리가 먼 것은?

① 연료의 성분을 알 수 있다.
② 열의 행방을 파악할 수 있다.
③ 열설비 성능을 파악할 수 있다.
④ 열의 손실을 파악하여 조업 방법을 개선할 수 있다.

해설 ㉠ 연료의 성분은 원소 분석으로 파악한다.
(C, H, S, O, N, A 등 측정)
㉡ 연료의 공업분석(수분, 휘발분, 회분, 고정탄소)

37 다음 중 열전대 온도계의 비금속 보호관이 아닌 것은?

① 석영관 ② 자기관
③ 황동관 ④ 카보런덤관

해설 보호관 황동관(금속보호관)
㉠ 상용온도(400℃)
㉡ 최고사용온도(650℃)

38 다음 보일러 자동제어 중 증기온도 제어는?

① ABC ② ACC
③ FWC ④ STC

해설 보일러 자동제어(ABC)
ACC(자동연소제어), FWC(자동급수제어), STC(자동증기온도제어)

39 액주식 압력계의 액체로서 구비조건이 아닌 것은?

① 항상 액면은 수평으로 만들 것
② 온도변화에 의한 밀도의 변화가 적을 것
③ 화학적으로 안정적이고 휘발성 및 흡수성이 클 것
④ 모세관 현상이 적을 것

해설 액주식 압력계
㉠ 단관식
㉡ 경사관식
㉢ 2액 마노미터
㉣ 플로트식
※ 사용액주 : 물, 톨루엔, 클로로포름, 수은 등(휘발성이나 흡수성이 작을 것)

40 다음 중 광학적 성질을 이용한 가스분석법은?

① 가스 크로마토그래피법
② 적외선 흡수법
③ 오르자트법
④ 세라믹법

해설 적외선 흡수법
• 각 가스의 적외선(광학적) 흡수 스펙트럼을 이용하여 가스를 분석한다.
• N_2, O_2, H_2, Cl_2 등 2원자 분자가스는 분석이 불가하다.
• He, Ar 등 단원자분자는 분석이 불가하다.

SECTION 03 열설비구조 및 시공

41 다음 중 아담슨 조인트, 갤로웨이 관과 관련이 있는 원통 보일러는?

① 노통 보일러 ② 연관 보일러
③ 입형 보일러 ④ 특수 보일러

해설

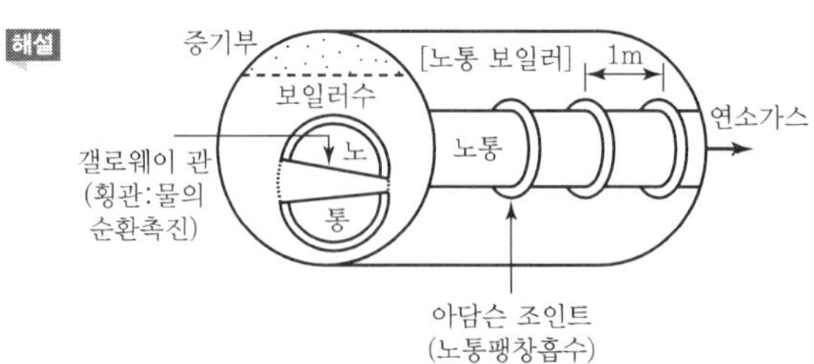

42 에너지이용 합리화법에 따라 특정열사용기자재 중 온수보일러를 설치하는 경우 제 몇 종 난방시공업자가 시공할 수 있는가?

① 제1종 ② 제2종
③ 제3종 ④ 제4종

해설 ㉠ 온수보일러, 산업용 보일러, 소형 온수보일러 : 제1종 시공업
㉡ 용량 5만 kcal/h 이하의 소형 온수보일러 : 제2종 시공업자

36. ① 37. ③ 38. ④ 39. ③ 40. ② 41. ① 42. ① | ANSWER

43 에너지이용 합리화법에 따라 검사의 전부 또는 일부를 면제할 수 있다. 다음 중 용접검사가 면제되는 경우에 해당되는 것은?

① 강철제보일러 중 전열면적이 $5m^2$이고 최고사용압력이 3.5MPa인 것
② 강철제보일러 중 헤더의 안지름이 200mm이고 전열면적이 $10m^2$이며 최고사용압력이 0.35MPa인 관류보일러
③ 압력용기 중 동체의 두께가 6mm이고 최고사용압력(MPa)과 내용적(m^3)을 곱한 수치가 0.2 이하인 것
④ 온수보일러로서 전열면적이 $15m^2$이고 최고사용압력이 0.35MPa인 것

해설 용접검사의 면제
㉠ 강철제 보일러, 주철제 보일러
- 강철제 보일러 중 전열면적이 $5m^2$ 이하이고, 최고사용랍력이 0.35MPa 이하인 것
- 주철제 보일러
- 1종 관류보일러
- 온수보일러 중 전열면적이 $18m^2$ 이하이고, 최고사용압력이 0.35Mpa 이하인 것

㉡ 1종 압력용기, 2종 압력용기
- 용접이음(동체와 플랜지와의 용접이음은 제외한다)이 없는 강관을 동체로 한 헤더
- 압력용기 중 동체의 두께가 6mm 미만인 것으로서 최고사용압력(MPa)과 내부 부피(m^3)를 곱한 수치가 0.02 이하(난방용의 경우에는 0.05 이하)인 것
- 전열교환식인 것으로서 최고사용압력이 0.35MPa 이하이고, 동체의 안지름이 600mm 이하인 것

44 용광로에 장입하는 코크스의 역할로 가장 거리가 먼 것은?

① 열원으로 사용 ② SiO_2, P의 환원
③ 광석의 환원 ④ 선철에 흡수

해설 용광로의 코크스 사용 목적은 ①, ③, ④이며, 산화규소(SiO_2), 인(P)의 환원과는 관련성이 없다.

45 기수분리기에 대한 설명으로 옳은 것은?

① 보일러에 투입되는 연소용 공기 중에서 수분을 제거하는 장치
② 보일러 급수 중에 포함되어 있는 공기를 제거하는 장치
③ 증기사용처에서 증기사용 후 물과 증기를 분리하는 장치
④ 보일러에서 발생한 증기 중에 남아있는 물방울을 제거하는 장치

해설 기수분리기(Steam Separator)
㉠ 증기 중의 물방울 제거로 건조증기 취출
㉡ 배관용 기수분리기 분류
- 방향전환 이용식
- 장애판 조립 이용식
- 원심력 이용식
- 여러 겹의 그물이용식

㉢ 보일러 동 내부 기수분리기 분류
- 장애판 조립식
- 파도형 다수강판 이용식
- 사이클론식(원심력식)

46 보일러의 부대장치에 대한 설명으로 옳은 것은?

① 윈드박스는 흡입통풍의 경우에 풍도에서의 정압을 동압으로 바꾸어 노 내에 유입시킨다.
② 보염기는 보일러 운전을 정지할 때 진화를 원활하게 한다.
③ 플레임 아이는 연소 중에 발생하는 화염 빛을 감지부에서 전기적 신호로 바꾸어 화염의 유무를 검출한다.
④ 플레임 로드는 연소온도에 의하여 화염의 유무를 검출한다.

해설 ㉠ 윈드박스(노 내 바람상자) : 풍압은 정압 이용
㉡ 보염기 : 점화 시 불꽃 안정 착화 도모
㉢ 플레임 로드 : 전기전도성 이용 화염 검출기
㉣ 플레임 아이 : 광학적 발광체 이용 화염 검출기

47 특수 열매체 보일러에서 사용하는 특수 열매체로 적합하지 않은 것은?

① 다우섬 ② 카네크롤
③ 수은 ④ 암모니아

해설 암모니아 : 보일러 단기 보존 시에 사용한다.(만수 보존용)

ANSWER | 43. ④ 44. ② 45. ④ 46. ③ 47. ④

48 배관용 연결부속 중 관의 수리, 점검, 교체가 필요한 곳에 사용되는 것은?

① 플러그　　② 니플
③ 소켓　　④ 유니언

해설 유니언, 플랜지 : 연결배관의 수리, 점검, 교체 시 관을 분해한다.

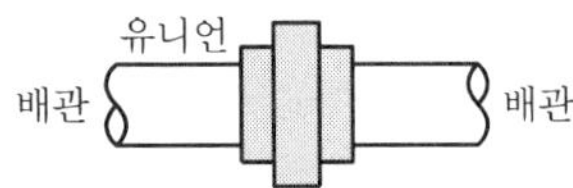

49 다음 중 에너지이용 합리화법에 따라 검사대상 기기인 보일러의 검사 유효기간이 1년이 아닌 검사는?

① 설치장소 변경검사　　② 개조검사
③ 계속사용 안전검사　　④ 용접검사

해설 보일러 제조검사(용접검사, 구조검사)는 검사의 유효기간이 없다. 필요한 시기에 받는다.

50 보온재의 보온효율을 바르게 나타낸 것은?(단, Q_0 : 보온을 하지 않았을 때 표면으로부터의 방열량, Q : 보온을 하였을 때 표면으로부터의 방열량이다.)

① $\frac{Q_0}{Q}$　　② $\frac{Q}{Q_0}$
③ $\frac{Q_0-Q}{Q}$　　④ $\frac{Q_0-Q}{Q_0}$

해설

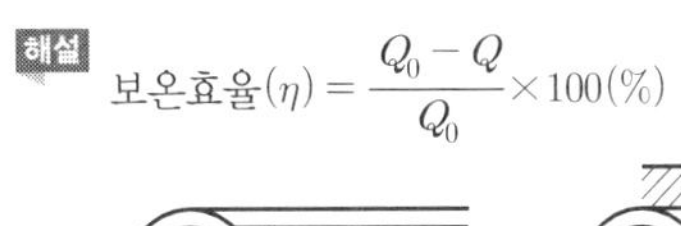

보온효율$(\eta) = \frac{Q_0-Q}{Q_0} \times 100(\%)$

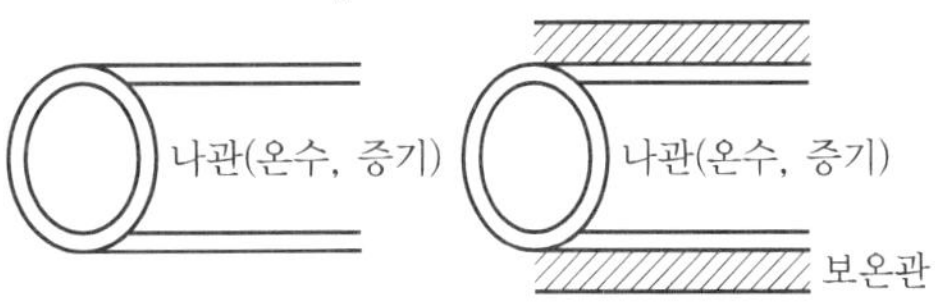

51 원심형 송풍기의 회전수가 2,500rpm일 때 송풍량이 150m³/min이었다. 회전수를 3,000rpm으로 증가시키면 송풍량(m³/min)은?

① 259　　② 216
③ 180　　④ 125

해설 풍량은 송풍기 회전수에 비례한다.

$\therefore\ 150 \times \frac{3,000}{2,500} = 180(\text{m}^3/\text{min})$

52 돌로마이트 내화물에 대한 설명으로 틀린 것은?

① 염기성 슬래그에 대한 저항이 크다.
② 소화성이 크다.
③ 내화도는 SK 26~30 정도이다.
④ 내스폴링성이 크다.

해설 돌로마이트 염기성 내화 벽돌의 사용 내화도 : SK 36~39 정도(온도 : 1,790~1,880℃)

53 구조가 간단하여 취급이 용이하고 수리가 간편하며, 수부가 크므로 열의 비축량이 크고 사용증기량의 변동에 따른 발생증기의 압력변동이 작은 이점이 있으나 폭발 시 재해가 큰 보일러는?

① 원통형 보일러
② 수관식 보일러
③ 관류보일러
④ 열매체보일러

해설

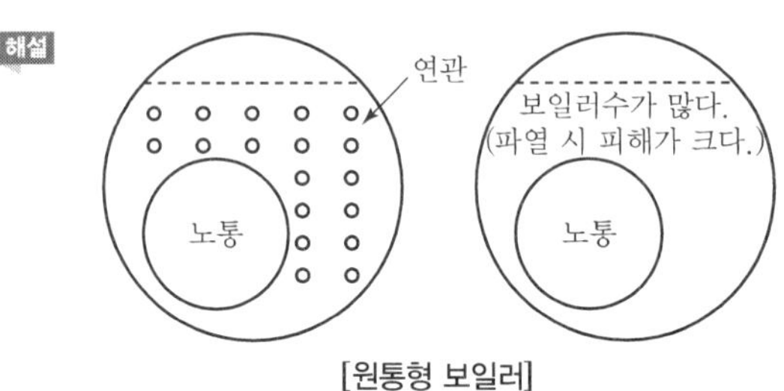

[원통형 보일러]

54 내화벽돌이나 단열벽돌을 쌓을 때 유의사항으로 틀린 것은?

① 열의 이동을 막기 위하여 불꽃이 접촉하는 부분에 단열벽돌을 쌓고 그 다음에 내화벽돌을 쌓는다.
② 물기가 없는 건조한 것과 불순물을 제거한 것을 쌓는다.
③ 내화 모르타르는 화학조성이 사용 내화벽돌과 비슷한 것을 사용한다.
④ 내화벽돌과 단열벽돌 사이에는 내화 모르타르를 사용한다.

48. ④ 49. ④ 50. ④ 51. ③ 52. ③ 53. ① 54. ① | ANSWER

해설

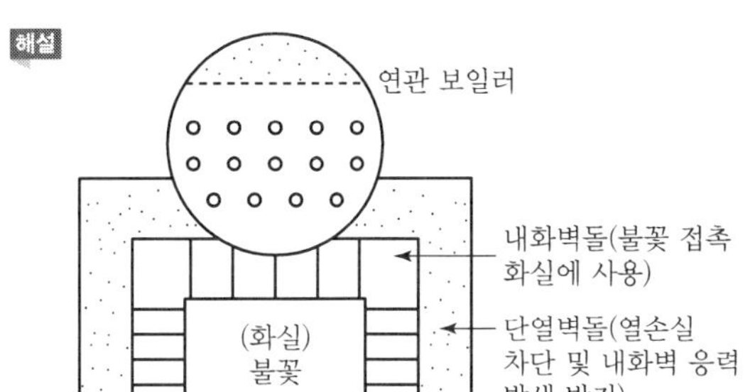

55 관을 구부렸다가 힘을 제거하면 탄성이 작용하여 다시 펴지는 현상을 무엇이라 하는가?

① 스프링백 ② 브레이스
③ 플렉시블 ④ 벨로즈

해설
- 스프링백 : 관을 구부렸다가 힘을 제거하면 탄성이 작용하여 다시 펴지는 현상이다.
- 플렉시블, 벨로즈 : 관의 신축 흡수
- 브레이스 : 진동 방지용

56 불연속식 가마로서 바닥은 직사각형이며 여러 개의 흡입구멍이 연도에 연결되어 있고 화교가 버너 포트의 앞쪽에 설치되어 있는 것은?

① 도염식 가마 ② 터널가마
③ 둥근가마 ④ 호프만 가마

해설 ㉠ 불연속가마(도자기 제조) : 횡염식 요, 승염식 요, 도염식 요(흡입구멍이 연도에 연결된다.)
㉡ 연속요 : 윤요(호프만식), 터널요

57 에너지이용 합리화법에 따라 검사대상기기설치자가 변경된 경우 새로운 검사대상 기기의 설치자는 그 변경일부터 며칠 이내에 신고서를 공단 이사장에게 제출해야 하는가?

① 7일 ② 10일
③ 15일 ④ 30일

해설 검사대상기기(보일러, 압력용기 등)의 설치자가 변경되면 15일 이내에 한국에너지공단이사장에게 신고서를 제출한다.

58 검사대상 증기보일러에서 사용해야 하는 안전밸브는?

① 스프링식 안전밸브
② 지렛대식 안전밸브
③ 중추식 안전밸브
④ 복합식 안전밸브

해설 증기보일러(고압보일러) 안전밸브는 스프링식을 사용한다.

59 에너지이용 합리화법에 따라 검사대상기기의 계속사용검사 중 산업통상자원부령으로 정하는 항목의 검사에 불합격한 경우 일정기간 내 그 검사에 합격할 것을 조건으로 계속사용을 허용한다. 그 기간은 불합격한 날부터 몇 개월 이내인가?(단, 철금속가열로는 제외한다.)

① 6개월 ② 7개월
③ 8개월 ④ 10개월

해설 계속사용검사(운전성능검사)에 불합격한 검사대상기기는 불합격한 날부터 6개월(철금속가열로는 1년) 이내에 검사에 합격할 것을 조건으로 계속사용을 허용한다.

60 발열량이 5,500kcal/kg인 석탄을 연소시키는 보일러에서 배기가스 온도가 400℃일 때 보일러의 열효율(%)은?(단, 연소가스량은 $10Nm^3/kg$, 연소가스의 비열은 $0.33kcal/Nm^3 \cdot ℃$, 실온과 외기온도는 0℃이며, 미연분에 의한 손실과 방사에 의한 열손실은 무시한다.)

① 64 ② 70
③ 76 ④ 80

해설 열손실(Q) = 연소가스양 × 비열 × 온도차
= 10 × 0.33 × (400 − 0)
= 1,320(kcal/kg)

$$\text{보일러효율} = \frac{5,500 - 1,320}{5,500} \times 100 = 76(\%)$$

SECTION 04 열설비 취급 및 안전관리

61 저압 증기 난방장치의 하트포드 배관방식에서 균형관에 접속하는 환수주관의 분기 위치는 보일러 표준수면에서 약 몇 mm 아래가 적정한가?

① 30 ② 50
③ 80 ④ 100

해설

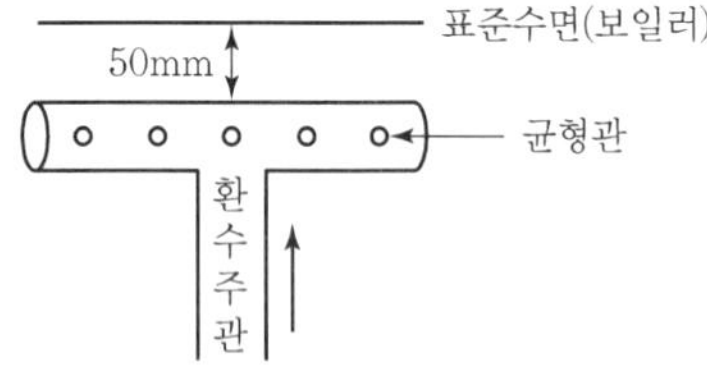

62 보일러 수면계 유리관의 파손 원인으로 가장 거리가 먼 것은?

① 프라이밍 또는 포밍 현상이 발생한 때
② 수면계의 너트를 너무 무리하게 조인 경우
③ 유리관의 재질이 불량한 경우
④ 외부에서 충격을 받았을 때

해설

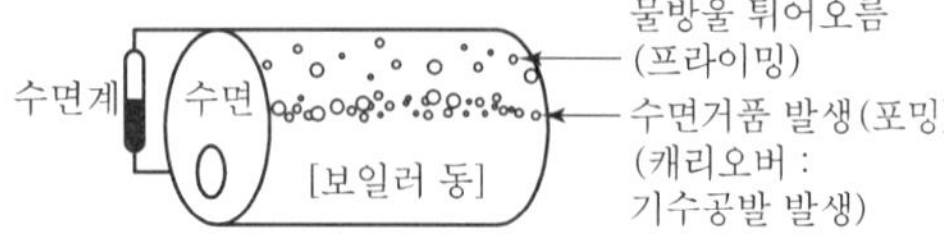

63 이온교환수지의 이온교환능력이 소진되었을 때 재생처리를 하는데, 이온교환 처리장치의 운전공정 순서로 옳은 것은?

㉠ 압출 ㉡ 부하 ㉢ 역세 ㉣ 수세 ㉤ 통약

① ㉠ → ㉤ → ㉢ → ㉡ → ㉣
② ㉢ → ㉡ → ㉠ → ㉤ → ㉣
③ ㉠ → ㉡ → ㉢ → ㉣ → ㉤
④ ㉢ → ㉤ → ㉠ → ㉣ → ㉡

해설 이온교환 처리장치의 운전공정 순서
역세 → 통약 → 압출 → 수세 → 부하

※ 교환수지
- 양이온 교환수지법 : N형, H형
- 음이온 교환수지법 : Cl형, OH형

64 보일러 성능검사 시 증기건도 측정이 불가능한 경우, 강철제 증기보일러의 증기건도는 몇 %로 하는가?

① 90 ② 93
③ 95 ④ 98

해설 ㉠ 증기보일러 증기건도
- 강철제 : 98% 이상
- 주철제 : 97% 이상

㉡ 증기는 건도가 높으면 잠열의 이용열량이 크다.

65 보일러 급수의 외처리 방법 중 기폭법과 탈기법으로 공통으로 제거할 수 있는 가스는?

① 수소 ② 질소
③ 탄산가스 ④ 황화수소

해설
- 기폭법 : CO_2, Fe(철분)
- 탈기법 : O_2(용존산소), CO_2(이산화탄소)

66 온수난방 배관에서 원칙적으로 배관 중 밸브류를 설치해서는 안 되는 곳은?

① 송수주관 ② 환수주관
③ 방출관 ④ 팽창관

해설

급수 흡입용
에어 방출
오버플로관
방출관
방출밸브
팽창관 (어떤 밸브도 설치하지 않는다.)
환수주관으로

[개방식 팽창탱크]

67 에너지이용 합리화법에 의한 검사대상기기의 검사에 관한 설명으로 틀린 것은?

① 검사대상기기를 개조하여 사용하려는 자는 시·도지사의 검사를 받아야 한다.
② 검사대상기기의 계속사용검사를 받으려는 자는 유효기간 만료 전에 검사신청서를 제출하여야 한다.
③ 검사대상기기의 설치장소를 변경한 경우에는 시·도지사의 검사를 받아야 한다.
④ 검사대상기기를 사용 중지하는 경우에는 별도의 신고가 필요 없다.

61. ② 62. ① 63. ④ 64. ④ 65. ③ 66. ④ 67. ④ | ANSWER

해설 규칙 제31조의23에 의거, 검사대상기기의 사용을 중지한 날부터 15일 이내에 사용중지신고서를 한국에너지공단이사장에게 제출해야한다.(시장, 도지사가 한국에너지공단에 위탁)

68 공급되는 1차 고온수를 감압하여 직결하는데, 여기에 귀환하는 2차 고온수 일부를 바이패스시켜 합류시킴으로써 고온수의 온도를 낮추어 시스템에 공급하도록 하는 고온수 난방방식을 무엇이라고 하는가?

① 고온수 직결방식 ② 브리드인 방식
③ 열교환방식 ④ 캐스케이드 방식

해설

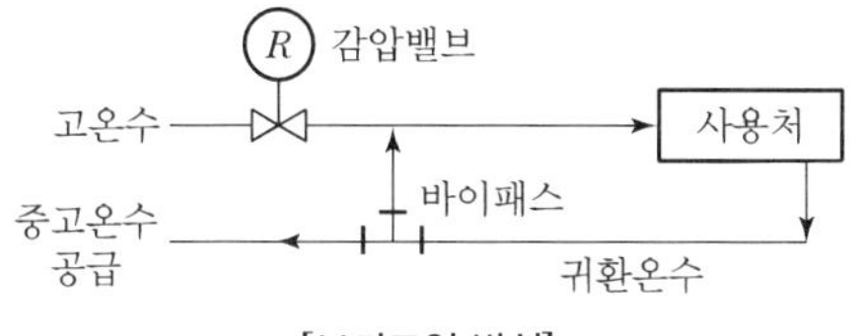

[브리드인 방식]

69 에너지법에 따라 에너지 수급에 중대한 차질이 발생할 경우를 대비하여 비상시 에너지수급 계획을 수립하여야 하는 자는?

① 대통령 ② 국토교통부장관
③ 산업통상자원부장관 ④ 한국에너지공단이사장

해설 산업통상자원부장관은 비상시 에너지수급계획을 수립해야 한다.

70 에너지법에서 사용하는 용어의 정의로 옳은 것은?

① 에너지는 연료, 열 및 전기를 말한다.
② 연료는 석유, 석탄 및 핵연료를 말한다.
③ 에너지공급자는 에너지를 개발, 판매하는 사업자를 말한다.
④ 에너지사용자는 에너지공급시설의 소유자 또는 관리자를 말한다.

해설 ② 연료는 석유, 가스, 석탄, 그 밖에 열을 발생하는 열원을 말한다.(단, 제품의 원료로 사용되는 것은 제외)
③ 에너지 공급자는 에너지를 생산, 수입, 전환, 수송, 저장 또는 판매하는 사업자를 말한다.
④ 에너지 사용자는 에너지 사용시설의 소유자 또는 관리자를 말한다.

71 보일러수의 불순물 농도가 400ppm이고, 1일 급수량이 5,000L일 때, 이 보일러의 1일 분출량(L/day)은 얼마인가?(단, 급수 중의 불순물 농도는 50ppm이고, 응축수는 회수하지 않는다.)

① 688 ② 714
③ 785 ④ 828

해설

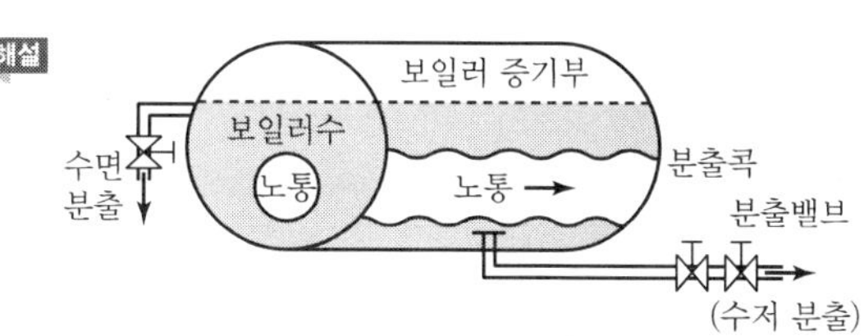

$$분출량 = \frac{W(1-R)d}{r-d}(\text{L/day})$$
$$= \frac{5,000(1-0)\times 50}{400-50} = 714.3(\text{L/day})$$

72 보일러의 외부 청소방법이 아닌 것은?

① 산세관법 ② 수세법
③ 스팀 소킹법 ④ 워터 소킹법

해설 보일러 내부 청소
㉠ 산세관법
㉡ 알칼리 세관법
㉢ 중성 세관법

73 보일러의 점식을 일으키는 요인 중 국부전지가 유지되는 주요 원인으로 가장 밀접한 것은?

① 실리카 생성
② 염화마그네슘 생성
③ pH 상승
④ 용존산소 존재

해설

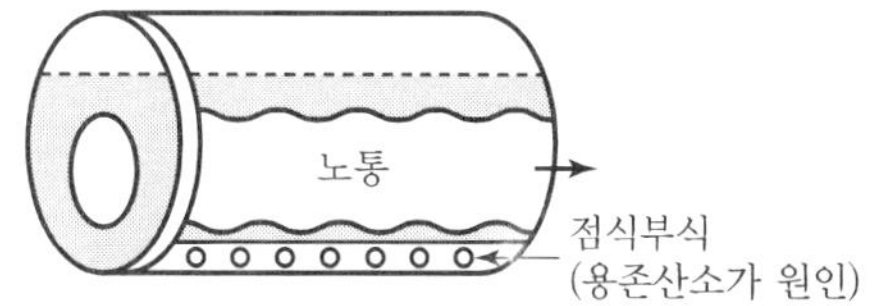

74 **보일러에서 압력차단(제한) 스위치의 작동압력은 어느 정도로 조정하여야 하는가?**

① 사용압력과 같게 조정한다.
② 안전밸브 작동압력과 같게 조정한다.
③ 안전밸브 작동압력보다 약간 낮게 조정한다.
④ 안전밸브 작동압력보다 약간 높게 조정한다.

해설 보일러 제한 스위치 : 안전밸브 작동압력보다 약간 낮게 하여 조정한다.

75 **표준대기압에서 급수용으로 사용되는 물의 일반적 성질에 관한 설명으로 틀린 것은?**

① 물의 비중이 가장 높은 온도는 약 1℃이다.
② 임계압력은 약 22MPa이다.
③ 임계온도는 약 374℃이다.
④ 증발잠열은 약 2,256kJ/kg이다.

해설 물의 비중량이 가장 높은 온도는 약 4℃이다.(1kgf/L)

76 **온수 발생 보일러는 온수 온도가 얼마 이하일 때, 방출밸브를 설치하여야 하는가?**

① 100℃　　② 120℃
③ 130℃　　④ 150℃

해설 온수 보일러용 방출밸브(릴리프 밸브) 설치 조건
- 강철제 온수보일러 : 120℃ 이하
- 주철제 온수보일러 : 115℃ 이하

77 **에너지이용 합리화법에 따라 산업통상자원부장관이 효율관리기자재에 대하여 고시하여야 하는 사항에 해당되지 않는 것은?**

① 에너지의 소비효율 또는 사용량의 표시
② 에너지의 소비효율 등급기준 및 등급표시
③ 에너지의 소비효율 또는 생산량의 측정방법
④ 에너지의 최저소비효율 또는 최대사용량의 기준

해설 생산량의 측정방법은 에너지 효율관리기자재 고시 사항에 해당되지 않는다.

78 **다음 중 에너지이용 합리화법에 따라 특정열사용기자재가 아닌 것은?**

① 온수보일러
② 1종 압력용기
③ 터널가마
④ 태양열 온수기

해설 테양열 온수기가 아닌 태양열 집열기가 특정열사용기자재에 해당한다.

79 **보일러 내부부식의 발생을 방지하는 방법으로 틀린 것은?**

① 급수나 관수 중의 불순물을 제거한다.
② 급열, 급냉을 피하여 열응력작용을 방지한다.
③ 보일러수의 pH를 약산성으로 유지한다.
④ 분출을 적당히 하여 농축수를 제거한다.

해설 보일러 내부부식을 방지하려면 보일러수의 pH를 약알칼리(pH 10.5~11.2 정도)로 유지한다.

80 **신설 보일러에 행하는 소다 끓임에 대한 설명으로 옳은 것은?**

① 보일러 내부에 부착된 철분, 유지분 등을 제거하는 작업
② 보일러 본체의 누수 여부를 확인하는 작업
③ 보일러 부속장치의 누수 여부를 확인하는 작업
④ 보일러수의 순환상태 및 증발력을 점검하는 작업

해설 전열면의 유지분 처리 등을 위해 신설 보일러에 소다 끓임(소다 보링)을 실시한다.

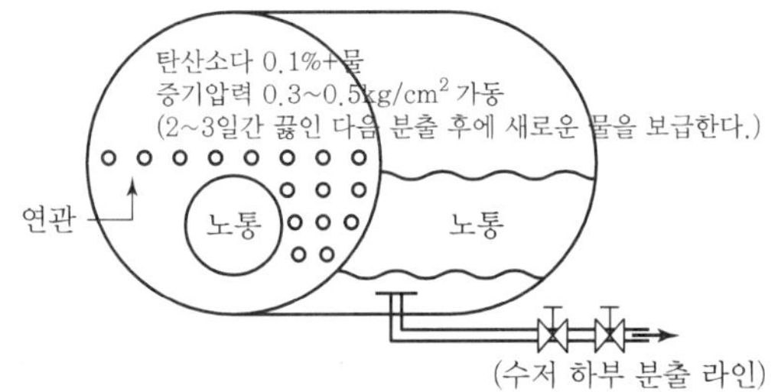

74. ③ 75. ① 76. ② 77. ③ 78. ④ 79. ③ 80. ① | ANSWER

2019년 1회 에너지관리산업기사

SECTION 01 열역학 및 연소관리

01 다음 중 에너지 보존과 가장 관련이 있는 열역학의 법칙은?

① 제0법칙 ② 제1법칙
③ 제2법칙 ④ 제3법칙

해설 열역학 제1법칙(에너지 보존의 법칙)
열과 일은 모두 에너지이며 열과 일은 본질적으로 같은 형태로서 열은 일로, 일은 열로 상호 전환이 가능하고 이때 변환되는 열량과 일량의 비는 일정하다.

02 다음 중 중유를 버너로 연소시킬 때 연소상태에 가장 적게 영향을 미치는 것은?

① 황분 ② 점도
③ 인화점 ④ 유동점

해설 황(S)$+O_2 \rightarrow SO_2$(아황산)
$SO_2+\frac{1}{2}O_2 \rightarrow SO_3$(무수황산)
$SO_3+H_2O \rightarrow H_2SO_4$(진한 황산) : 저온부식 발생

03 압력 1,500kPa, 체적 0.1m³의 기체가 일정 압력하에 팽창하여 체적이 0.5m³가 되었다. 이 기체가 외부에 한 일(kJ)은 얼마인가?

① 150 ② 600
③ 750 ④ 900

해설 등압과정 팽창일(W)
$W=P(V_2-V_1)=1{,}500\times(0.5-0.1)=600\text{kJ}$

04 연료 중 유황이나 회분은 거의 포함하지 않으나 쉽게 인화하여 화재 및 폭발의 위험이 큰 연료는?

① B-C유 ② 코크스
③ 중유 ④ LPG

해설 LPG(액화석유가스)는 프로판, 부탄이 주성분이므로 누설 시 인화, 화재, 폭발의 위험이 큰 가스 연료이다.

05 다음 중 기체연료 연소장치의 종류가 아닌 것은?

① 계단형 ② 포트형
③ 저압버너 ④ 고압버너

해설 경사계단형(화격자 연소)은 고체연료의 연소장치이다.

06 액체연소장치의 무화 요소와 가장 거리가 먼 것은?

① 액체의 운동량
② 주위 공기와의 마찰력
③ 액체와 기체의 표면장력
④ 기체의 비중

해설 무화
액체 오일 연료를 공기와 쉽게 혼합하기 위해 오일 입자를 안개화하는 것

※ 기체의 비중$=\frac{\text{기체분자량}}{29}$

07 다음 중 이상기체 상태방정식에서 체적이 절대온도에 비례하게 되는 조건은?

① 밀도가 일정할 때
② 엔탈피가 일정할 때
③ 비중량이 일정할 때
④ 압력이 일정할 때

해설 이상기체는 압력이 일정할 때, 온도가 상승 또는 하강 시 온도 변화에 비례하여 체적이 변한다.

08 이상기체에 대하여 C_P와 C_V의 관계식으로 옳은 것은?(단, C_P는 정압비열, C_V는 정적비열, R은 기체상수이다.)

① $C_P=C_V-R$ ② $C_P=C_V+R$
③ $C_P=R-C_V$ ④ $R=C_P/C_V$

해설 SI 단위에서 $C_P-C_V=R$, $C_P=C_V+R$
※ 공학 단위에서 $C_P-C_V=AR$

ANSWER | 1. ② 2. ① 3. ② 4. ④ 5. ① 6. ④ 7. ④ 8. ②

09 보일러에서 댐퍼의 설치목적으로 가장 거리가 먼 것은?

① 통풍력을 조절한다.
② 가스의 흐름을 차단한다.
③ 연료 공급량을 조절한다.
④ 주연도와 부연도가 있을 때 가스 흐름을 전환한다.

해설 보일러 댐퍼의 설치목적은 보기 ①, ②, ④이다.
※ 댐퍼 : 연도댐퍼, 공기댐퍼

10 어떤 물질이 온도 변화 없이 상태가 변할 때 방출되거나 흡수되는 열을 무엇이라 하는가?

① 현열 ② 잠열
③ 비열 ④ 열용량

해설

유체의 온도 변화 (현열)

유체의 상태 변화 (잠열)

11 폴리트로픽 지수가 무한대($n=\infty$)인 변화는?

① 정온(등온)변화 ② 정적(등적)변화
③ 정압(등압)변화 ④ 단열변화

해설 폴리트로픽 지수(n)
㉠ 정압변화(n=0) ㉡ 등온변화(n=1)
㉢ 단열변화(n=k) ㉣ 정적변화(n=∞)

12 액체연료 공급 라인에 설치하는 여과기의 설치방법에 대한 설명으로 틀린 것은?

① 여과기 전후에 압력계를 부착하여 일정 압력 차 이상이면 청소하도록 한다.
② 여과기의 청소를 위해 여과기 2개를 직렬로 설치한다.
③ 유량계와 같이 설치하는 경우 연료가 여과기를 거쳐 유량계로 가도록 한다.
④ 여과기의 여과망은 유량계보다 버너 입구 측에 더 가는 눈의 것을 사용한다.

해설

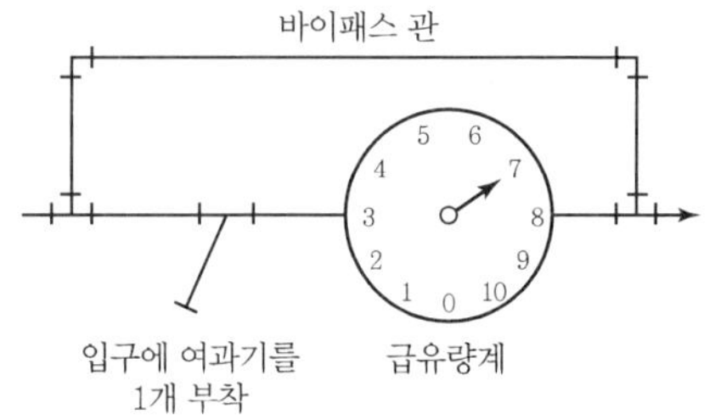

13 랭킨사이클의 효율을 높이기 위한 방법으로 옳은 것은?

① 보일러의 가열온도를 높인다.
② 응축기의 응축온도를 높인다.
③ 펌프 소요 일을 증대시킨다.
④ 터빈의 출력을 줄인다.

해설 랭킨사이클의 열효율을 높이는 방법
㉠ 보일러의 압력을 높이고 복수기의 압력을 낮춘다.
㉡ 터빈의 초온, 초압을 높인다.
㉢ 터빈 출구의 압력을 낮춘다.
㉣ 보일러의 가열온도를 높인다.

14 다음 변화과정 중에서 엔탈피의 변화량과 열량의 변화량이 같은 경우는 어느 것인가?

① 등온변화과정 ② 정적변화과정
③ 정압변화과정 ④ 단열변화과정

해설 정압변화의 엔탈피 변화(Δh)
$\Delta h = C_p(T_2 - T_1)$ = 열량의 변화

15 체적 0.5m³, 압력 2MPa, 온도 20℃인 일정량의 이상기체가 있다. 압력 100kPa, 온도 80℃가 될 때 기체의 체적(m³)은?

① 6 ② 8
③ 10 ④ 12

해설 $T_1V_1 = T_2V_2$, $P_1V_1 = P_2V_2$

$$V_2 = V_1 \times \frac{P_2}{P_1} \times \frac{T_2}{T_1}$$

$$= 0.5 \times \frac{2{,}000}{100} \times \frac{273+80}{273+20} \fallingdotseq 12(\text{m}^3)$$

9. ③ 10. ② 11. ② 12. ② 13. ① 14. ③ 15. ④ | ANSWER

16 과열증기에 대한 설명으로 옳은 것은?

① 습포화증기에서 압력을 높인 것이다.
② 동일 압력에서 온도를 높인 습포화증기이다.
③ 건포화증기를 가열해서 압력을 높인 것이다.
④ 건포화증기에 열을 가해 온도를 높인 것이다.

해설

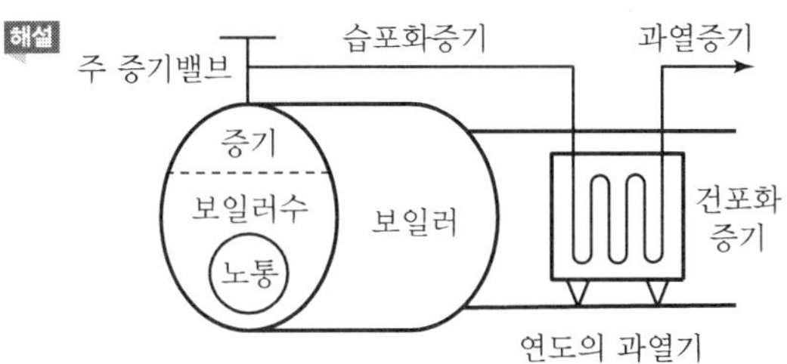

17 430K에서 500kJ의 열을 공급받아 300K에서 방열시키는 카르노 사이클의 열효율과 일량으로 옳은 것은?

① 30.2%, 349kJ ② 30.2%, 151kJ
③ 69.8%, 151kJ ④ 69.8%, 349kJ

해설 카르노 사이클의 열효율(η_c)

$$\eta_c = \frac{AW}{Q} = 1 - \frac{Q_2}{Q_1} = 1 - \frac{T_2}{T_1} = 1 - \frac{300}{430} = 0.302$$

일량(W) = 500 × 0.302 = 151kJ

18 회분이 연소에 미치는 영향에 대한 설명으로 틀린 것은?

① 연소실의 온도를 높인다.
② 통풍에 지장을 주어 연소효율을 저하시킨다.
③ 보일러 벽이나 내화벽돌에 부착되어 장치를 손상시킨다.
④ 용융 온도가 낮은 회분은 클링커(Clinker)를 발생시켜 통풍을 방해한다.

해설 연료 중 회분(연소 후 잔재물)의 양이 많을수록 연소실의 온도가 낮아진다.

19 파형의 강판을 다수 조합한 형태로 된 기수분리기의 형식은?

① 배플형 ② 스크러버형
③ 사이클론형 ④ 건조스크린형

해설 기수분리기 형식(건조증기취출용)
㉠ 배플형 : 방향 전환
㉡ 사이클론형 : 원심분리형
㉢ 건조스크린형 : 그물망 이용
㉣ 스크러버형 : 다수의 파형 강판 사용

20 공기 40kg에 포함된 질소의 질량(kg)은 얼마인가? (단, 공기는 질소 80%와 산소 20%의 체적비로 구성되어 있다.)

① 25 ② 27
③ 29 ④ 31

해설 질소의 공기 중 중량비는 76.8%(산소는 23.2%)
∴ 40kg × 0.768 = 31kg

SECTION 02 계측 및 에너지 진단

21 측정계기의 감도가 높을 때 나타나는 특성은?

① 측정범위가 넓어지고 정도가 좋다.
② 넓은 범위에서 사용이 가능하다.
③ 측정시간이 짧아지고 측정범위가 좁아진다.
④ 측정시간이 길어지고 측정범위가 좁아진다.

해설 계측기기의 측정감도가 높으면 측정시간은 길어지고 측정범위는 좁아진다.

22 연소실 열발생률의 단위는 어느 것인가?

① $kcal/m^3h$ ② kcal/mh
③ kg/m^2h ④ kg/m^3h

해설 연소실 열발생률 단위 : $kcal/m^3h$
※ 화격자 연소율 단위 : $kcal/m^2h$, kg/m^2h

23 다음 중 차압을 일정하게 하고 가변 단면적을 이용하여 유량을 측정하는 유량계는?

① 노즐 ② 피토관
③ 모세관 ④ 로터미터

ANSWER | 16. ④ 17. ② 18. ① 19. ② 20. ④ 21. ④ 22. ① 23. ④

해설 면적식 유량계 : 로터미터
㉠ 관로의 유체 단면적 변화 측정으로 순간유량을 측정한다.
㉡ 눈금에 의해 유량에 관계없이 유속을 측정하며, 고점도 유체나 슬러리 유체 측정이 가능하다.

24 **계단상 입력(Step Input) 변화에 대한 아래 그림은 어떤 제어동작의 특성을 나타낸 것인가?**

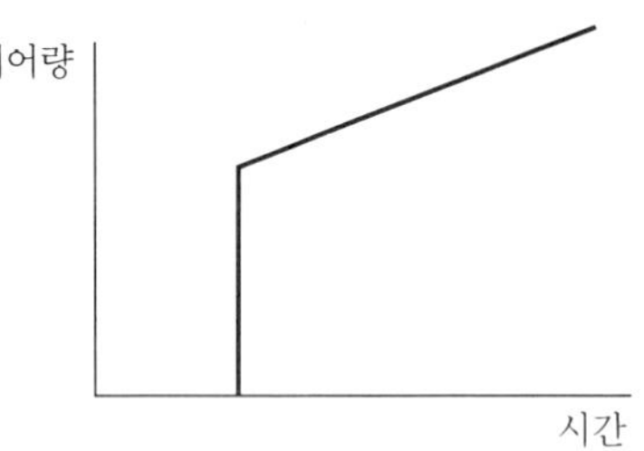

① 적분동작
② 비례, 적분, 미분동작
③ 비례, 미분동작
④ 비례, 적분동작

해설

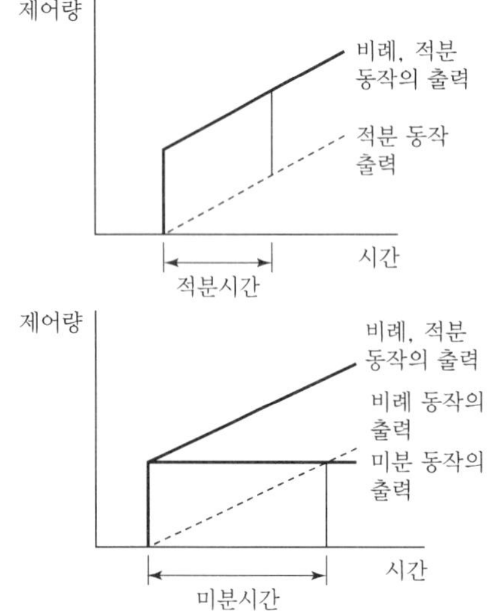

25 **한 시간 동안 연도로 배기되는 가스양이 300kg, 배기가스 온도 240℃, 가스의 평균비열이 0.32kcal/kg·℃이고 외기온도가 −10℃일 때, 배기가스에 의한 손실열량은 약 몇 kcal/h인가?**

① 14,100　② 24,000
③ 32,500　④ 38,400

해설 배기가스 손실열(Q)
$Q = m \times C_p(t_2 - t_1) = 300 \times 0.32 \times [240 - (-10)]$
$\fallingdotseq 24,000$(kcal/h)

26 **안지름이 16cm인 관 속을 흐르는 물의 유속이 24 m/s라면 유량은 몇 m^3/s인가?**

① 0.24　② 0.36
③ 0.48　④ 0.60

해설 유량(Q) = 단면적 × 유속
단면적(A) $= \frac{3.14}{4} \times d^2$
$\therefore Q = \frac{3.14}{4} \times 0.16^2 \times 24 = 0.48(m^3/s)$

27 **다음 중 차압식 유량계의 종류로 압력 손실이 가장 적은 유량측정 방식은?**

① 터빈형　② 플로트형
③ 벤투리관　④ 오발기어형 유량계

해설 압력 손실의 크기(차압식 유량계)
오리피스 > 플로트노즐 > 벤투리관

28 **프로세스 제어계 내에 시간지연이 크거나 외란이 심한 경우에 사용하는 제어는?**

① 프로세스 제어　② 캐스케이드 제어
③ 프로그램 제어　④ 비율 제어

해설 캐스케이드 제어
1, 2차 제어량으로 구분하여 프로세스 제어계 내에 시간지연이 크거나 외란이 심한 경우 사용한다.

29 **열팽창계수가 서로 다른 박판을 사용하여 온도 변화에 따라 휘어지는 정도를 이용한 온도계는?**

① 제게르콘 온도계　② 바이메탈 온도계
③ 알코올 온도계　④ 수은 온도계

해설 바이메탈 온도계
열팽창계수가 서로 다른 박판을 사용하여 온도 변화에 따라 휘어지는 정도가 다른 것을 이용한 온도계이고 측정범위는 −50~500℃이다.

24. ④ 25. ② 26. ③ 27. ③ 28. ② 29. ② | ANSWER

30 **다음 중 사용온도가 가장 높은 경우에 적합한 보호관으로 급랭, 급열에 약한 것은?**

① 자기관　　② 석영관
③ 황동강관　　④ 내열강관

해설 열전대 온도계의 비금속 보호관 중 자기관은 1,600~1,750℃의 높은 온도에 견디지만, 급랭 · 급열에 약하다.
(석영관 : 1,000℃, 황동강관 : 400℃, 내열강관 : 1,050℃용)

31 **액주식 압력계 중 하나인 U자관 압력계에 사용되는 유체의 구비조건에 대한 설명으로 틀린 것은?**

① 점성이 작아야 한다.
② 휘발성과 흡습성이 작아야 한다.
③ 모세관 현상 및 표면장력이 커야 한다.
④ 온도에 따른 밀도 변화가 작아야 한다.

해설
- 액주식 압력계는 모세관 현상 및 표면장력이 작아야 한다.
- U자관(마노미터)은 저압용으로 사용한다.

32 **다음의 가스분석법 중에서 정량범위가 가장 넓은 것은?**

① 도전율법　　② 자기식법
③ 열전도율법　　④ 가스크로마토그래피법

해설 가스분석법의 정량범위
㉠ 도전율법 : 1~100%
㉡ 자기식법 : 0.1~100%
㉢ 열전도율법 : 0.01~100%
㉣ 가스크로마토그래피법 : 0.1~100%

33 **금속이나 반도체의 온도 변화로 전기저항이 변하는 원리를 이용한 전기저항 온도계의 종류가 아닌 것은?**

① 백금저항 온도계　　② 니켈저항 온도계
③ 서미스터 온도계　　④ 베크만 온도계

해설 베크만 수은 온도계
㉠ 연구실 실험용 온도계로서 150℃ 내외의 온도 측정계이다.
㉡ 0.01~0.005℃ 정도까지의 미소한 온도 차를 측정한다.

34 **보일러의 증발계수 계산공식으로 알맞은 것은?[단, h'' : 발생증기의 엔탈피(kcal/kgf), h : 급수의 엔탈피(kcal/kgf)이다.]**

① 증발계수 $=(h''+h)/539$
② 증발계수 $=(h''-h)/539$
③ 증발계수 $=539/(h+h'')$
④ 증발계수 $=539/(h-h'')$

해설 $\text{증발계수(증발능력계수)} = \dfrac{\text{발생증기 엔탈피} - \text{급수 엔탈피}}{539}$

35 **부르동관 압력계에 대한 설명으로 틀린 것은?**

① 얇은 금속이나 고무 등의 탄성 변형을 이용하여 압력을 측정한다.
② 탄성식 압력계의 일종으로 고압의 증기압력 측정이 가능하다.
③ 부르동관이 손상되는 것을 방지하기 위하여 압력계 입구 쪽에 사이폰관을 설치한다.
④ 압력계 지침을 움직이는 부분은 기어나 링의 형태로 되어 있다.

해설 탄성식인 부르동관 압력계는 고압용 압력계이므로 고무 등은 사용하지 않는다.

36 **계측계의 특성으로 계측에 있어 변환기의 선정 또는 측정의 참값을 판단하는 계의 특성 중 정특성에 해당하는 것은?**

① 감도　　② 과도특성
③ 유량특성　　④ 시간지연과 동 오차

해설 감도
계측에서 변환기의 선정 또는 측정의 참값을 판단하는 계의 특성 중 정특성에 해당된다.

37 **보일러 효율 80%, 실제 증발량 4t/h, 발생증기 엔탈피 650kcal/kgf, 급수 엔탈피 10kcal/kgf, 연료 저위 발열량 9,500kcal/kgf일 때, 이 보일러의 시간당 연료 소비량은 약 몇 kgf/h인가?**

① 193　　② 264
③ 337　　④ 394

ANSWER | 30. ① 31. ③ 32. ③ 33. ④ 34. ② 35. ① 36. ① 37. ③

해설 보일러 효율(η) $= \frac{4\times10^3\times(650-10)}{G_f\times9,500} = 0.8$

$\therefore$ G_f(연료소비량) $= \frac{4,000(650-10)}{0.8\times9,500} \fallingdotseq 337$(kgf/h)

38 **계측기기의 구비조건으로 적절하지 않은 것은?**

① 연속 측정이 가능하여야 한다.
② 유지 보수가 어렵고 신뢰도가 높아야 한다.
③ 정도가 좋고 구조가 간단하여야 한다.
④ 설치장소의 주위 조건에 대하여 내구성이 있어야 한다.

해설 계측기기는 유지 보수가 용이하고 신뢰도가 높아야 한다.

39 **보일러 연소특성으로 어떤 조건이 충족되지 않으면 다음 동작이 중지되는 인터록(Interlock)의 종류가 아닌 것은?**

① 온오프 인터록 ② 불착화 인터록
③ 저수위 인터록 ④ 프리퍼지 인터록

해설 보일러 인터록에는 보기 ②, ③, ④ 외 저연소 인터록, 압력초과 인터록 등이 있다.

40 **다음 중 고체연료의 열량 측정을 위한 원소 분석 성분과 가장 거리가 먼 것은?**

① 탄소 ② 수소
③ 질소 ④ 휘발분

해설 고체연료 공업분석
㉠ 휘발분
㉡ 고정탄소
㉢ 회분
㉣ 수분

SECTION 03 열설비구조 및 시공

41 **에너지이용 합리화법에 따라 열사용기자재 중 소형 온수보일러는 최고사용압력 얼마 이하의 온수를 발생하는 보일러를 의미하는가?**

① 0.35MPa 이하 ② 0.5MPa 이하
③ 0.65MPa 이하 ④ 0.85MPa 이하

해설 소형 온수보일러의 기준
㉠ 전열면적 : 14m² 이하
㉡ 최고사용압력 : 0.35MPa 이하
㉢ 구멍탄용 온수보일러, 축열식 전기보일러, 가정용 화목보일러 및 가스사용량 17kg/h(도시가스는 232.6kW) 이하인 가스용 온수보일러는 제외

42 **탄력을 이용하여 분출압력을 조정하는 방식으로서 보일러에 진동이 있거나 충격이 가해져도 안전하게 작동하는 안전밸브는?**

① 추식 안전밸브 ② 레버식 안전밸브
③ 지렛대식 안전밸브 ④ 스프링식 안전밸브

해설 스프링식 안전밸브
스프링의 탄력을 이용하는 안전밸브이며 고압용이다.

43 **에너지이용 합리화법에 따라 검사대상기기관리자의 선임기준에 관한 설명으로 옳은 것은?**

① 검사대상기기관리자의 선입기준은 1구역마다 1명 이상으로 한다.
② 1구역은 검사대상기기 1대를 기준으로 정한다.
③ 중앙통제설비를 갖춘 시설은 관리자 선임이 면제된다.
④ 압력용기의 경우 1구역은 검사대상기기관리자 2명이 관리할 수 있는 범위로 한다.

해설 검사대상기기관리자(보일러, 압력용기 관리자)의 선임기준
㉠ 1구역마다 1인 이상 선임한다.
㉡ 1구역 : 관리자가 한 시야로 바라볼 수 있는 구역이다.

38. ② 39. ① 40. ④ 41. ① 42. ④ 43. ① | ANSWER

44 **내벽은 내화벽돌로 두께 220mm, 열전도율 1.1 kcal/m · h · ℃, 중간벽은 단열벽돌로 두께 9cm, 열전도율 0.12kcal/m · h · ℃, 외벽은 붉은 벽돌로 두께 20cm, 열전도율 0.8kcal/m · h · ℃로 되어 있는 노벽이 있다. 내벽 표면의 온도가 1,000℃일 때 외벽의 표면온도는?(단, 외벽 주위온도는 20℃, 외벽 표면의 열전달률은 7kcal/m^2 · h · ℃로 한다.)**

① 104℃ ② 124℃
③ 141℃ ④ 267℃

해설 전열저항계수(R)

$$R_1 = \frac{0.22}{1.1} + \frac{0.09}{0.12} + \frac{0.2}{0.8} + \frac{1}{7} = 1.3428(m^2 \cdot h \cdot ℃/kcal)$$

$$R_2 = \frac{0.22}{1.1} + \frac{0.09}{0.12} + \frac{0.2}{0.8} = 1.2(m^2 \cdot h \cdot ℃/kcal)$$

∴ 외벽표면온도 $t = t_1 - \frac{R_2 \times (t_1 - t_2)}{R_1}$

$$= 1{,}000 - \frac{1.2(1{,}000 - 20)}{1.3428} = 124℃$$

45 **철강재 가열로의 연소가스는 어떤 상태로 유지되어야 하는가?**

① SO_2 가스가 많아야 한다.
② CO 가스가 검출되어서는 안 된다.
③ 환원성 분위기이어야 한다.
④ 산성 분위기이어야 한다.

해설 철강재 가열로 내부의 연소가스는 CO 상태의 환원성 분위기여야 한다.

46 **다음 중 가스 절단에 속하지 않는 것은?**

① 분말 절단 ② 플라스마 제트 절단
③ 가스 가우징 ④ 스카핑

해설 아크 절단(전기절단)
㉠ 탄소 아크 절단
㉡ 금속 아크 절단
㉢ 불활성가스 아크 절단
㉣ 아크 가우징
㉤ 플라스마 제트 절단

47 **노통보일러에서 브리징 스페이스(Breathing Space)의 간격을 적게 할 경우 어떤 장해가 발생하기 쉬운가?**

① 불완전 연소가 되기 쉽다.
② 증기 압력이 낮아지기 쉽다.
③ 서징 현상이 발생되기 쉽다.
④ 구루빙 현상이 발생되기 쉽다.

해설

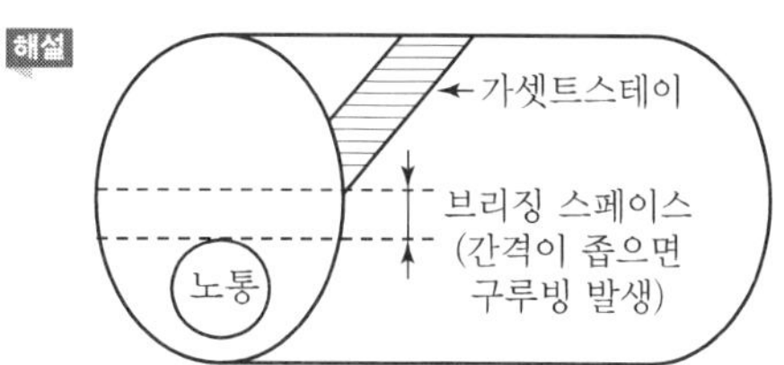

48 **보일러 관의 내경이 2.5cm, 외경이 3.34cm인 강관(k = 54W/m · ℃)의 외부벽면(외경)을 기준으로 한 열관류율(W/m^2 · ℃)은?(단, 관 내부의 열전달계수는 1,800W/m^2 · ℃이고, 관 외부의 열전달계수는 1,250W/m^2 · ℃이다.)**

① 612.82 ② 725.43
③ 832.52 ④ 926.75

해설 양쪽 두께 = (3.34 − 2.5) × 2 = 1.68cm (0.0168m)

$$\text{열관류율}(k) = \frac{1}{\frac{1}{a_1} + \frac{b}{\lambda_1} + \frac{1}{a_2}}$$

$$= \frac{1}{\frac{1}{1{,}800} + \frac{0.0168}{54} + \frac{1}{1{,}250}}$$

$$= \frac{1}{0.000555 + 0.0003111 + 0.0008}$$

$$= \frac{1}{0.001666} ≒ 612(W/m^2℃)$$

양쪽 관의 두께

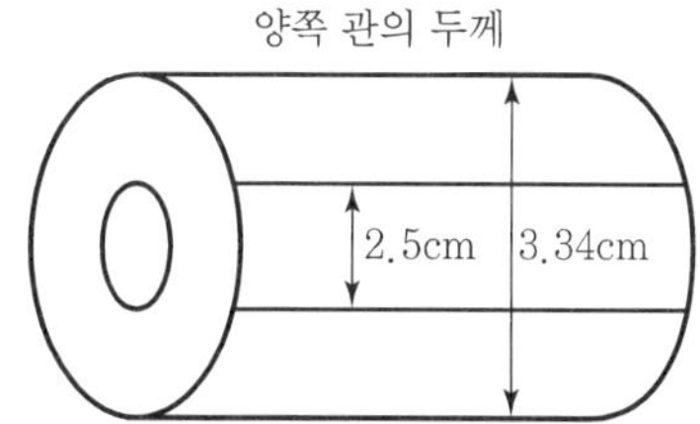

49 공업로의 조업방법 중 연속식 재료 반송방식이 아닌 것은?

① 푸셔형 ② 워킹빔형
③ 엘리베이터형 ④ 회전노상형

해설 공업로의 조업방법 중 연속식 재료 반송방식
푸셔형, 워킹빔형, 회전노상형

50 나사식 가단 주철제 관 이음쇠에서 유체의 상태가 300℃ 이하의 증기, 공기, 가스 및 기름일 경우 최고사용압력 기준으로 옳은 것은?

① 1.4MPa ② 2.0MPa
③ 1.0MPa ④ 2.5MPa

해설 나사식 가단 주철제 관 이음쇠에서 유체의 상태가 300℃ 이하의 증기, 공기, 가스 및 기름일 경우 최고사용압력은 1.0MPa(10kg/cm^2)이다.

51 아크 용접기의 구비조건으로 틀린 것은?

① 사용 중에 온도 상승이 커야 한다.
② 가격이 저렴하고 사용 유지비가 적게 들어야 한다.
③ 아크 발생이 잘 되도록 무부하 전압이 유지되어야 한다.
④ 전류 조정이 용이하고 일정한 전류가 흘러야 한다.

해설 아크 용접기는 사용 중 온도 상승이 적어야 한다.

52 노통 보일러와 비교하여 연관 보일러의 특징에 대한 설명으로 틀린 것은?

① 보일러 내부 청소가 간단하다.
② 전열면적이 크므로 중량당 증발량이 크다.
③ 증기발생에 소요시간이 짧다.
④ 보유수량이 적다.

해설

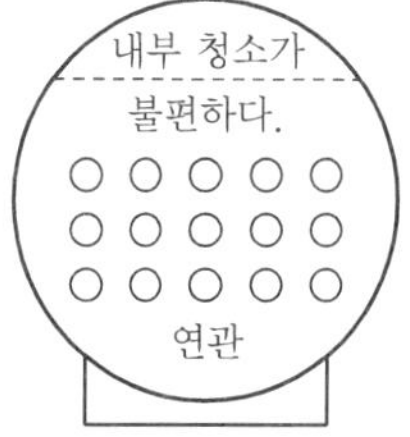

53 에너지이용 합리화법에 따라 검사를 받아야 하는 검사대상기기 검사의 종류에 해당되지 않는 것은?

① 설치검사 ② 자체검사
③ 개조검사 ④ 설치장소 변경검사

해설 검사의 종류에는 보기 ①, ③, ④ 외에 제조검사(용접검사, 구조검사), 재사용검사, 계속사용검사(안전검사, 운전성능검사)가 있다.

54 검사대상기기에 대해 개조검사의 적용대상에 해당되지 않는 것은?

① 연료를 변경하는 경우
② 연소방법을 변경하는 경우
③ 온수 보일러를 증기보일러로 개조하는 경우
④ 보일러 섹션의 증감에 의하여 용량을 변경하는 경우

해설 개조검사의 적용 대상으로 보기 ①, ②, ④ 외에 증기보일러를 온수 보일러로 개조하는 경우 등이 있다.

55 보일러 종류에 따른 특징에 관한 설명으로 틀린 것은?

① 관류 보일러는 보일러 드럼과 대형 헤더가 있어 작은 전열관을 사용할 수 있기 때문에 중량이 무거워진다.
② 수관 보일러는 노통 보일러에 비하여 전열면적이 크므로 증발량이 크다.
③ 수관 보일러는 증발량에 비해 수부가 적어 부하변동에 따른 압력 변화가 크다.
④ 원통 보일러는 보유 수량이 많아 파열사고 발생 시 위험성이 크다.

해설 관류형 보일러는 드럼이 없다.

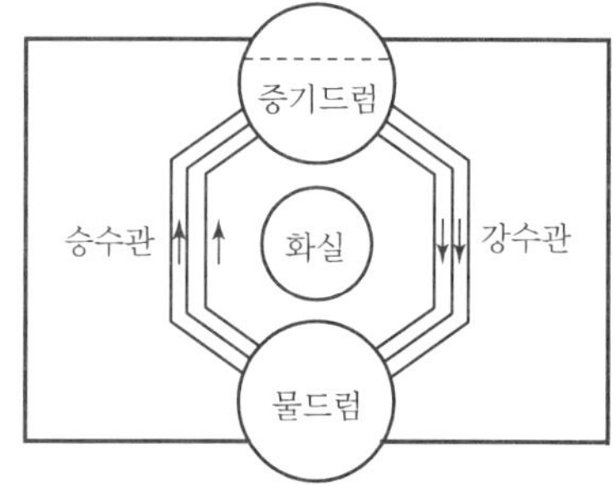

[2동 D형 수관식 보일러]

56 원심펌프가 회전속도 600rpm에서 분당 6m³의 수량을 방출하고 있다. 이 펌프의 회전속도를 900rpm으로 운전하면 토출수량(m³/min)은 얼마가 되겠는가?

① 3.97 ② 9
③ 12 ④ 13.5

해설 토출수량(Q_1)

$$Q_1 = Q \times \frac{N_2}{N_1} = 6 \times \frac{900}{600} = 9(\text{m}^3/\text{min})$$

57 에너지이용 합리화법에 따라 검사대상기기의 계속사용검사신청서를 검사유효기간 만료 최대 며칠 전까지 제출해야 하는가?

① 7일 전 ② 10일 전
③ 15일 전 ④ 30일 전

해설 계속사용검사신청서를 검사유효기간 만료일 10일 전까지 한국에너지공단이사장에게 제출한다.

58 염기성 내화물의 주원료가 아닌 것은?

① 마그네시아 ② 돌로마이트
③ 실리카 ④ 포스테라이트

해설 실리카(SiO_2)는 주로 산성 내화물의 주원료이다.

59 에너지이용 합리화법에서 정한 검사대상기기의 검사유효기간이 없는 검사의 종류는?

① 설치검사 ② 구조검사
③ 계속사용검사 ④ 설치장소변경검사

해설 검사의 유효기간이 없는 검사는 제조검사로서 용접검사, 구조검사가 해당한다.

60 다음은 과열기에서 증기의 유동방향과 연소가스의 유동방향에 따른 분류이다. 고온의 연소가스와 고온의 증기가 접촉하여 열효율은 양호하나 고온에서 배열관의 손상이 큰 특징이 있는 과열기의 형식은?

① 병행류식 ② 대향류식
③ 혼류식 ④ 평행류식

해설 대향류형 열교환기는 열효율이 양호하나 고온에서 배열관의 손상이 크다.

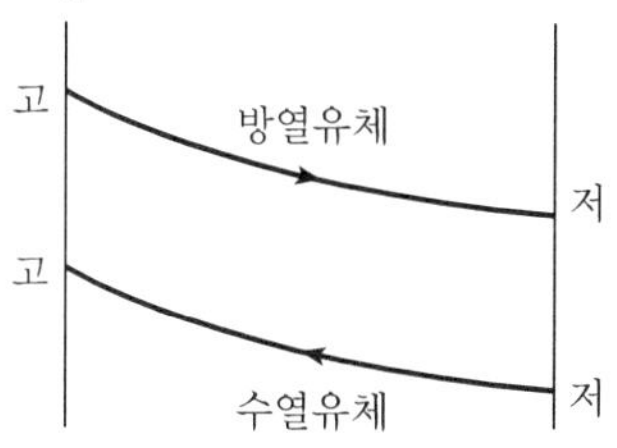

SECTION 04 열설비 취급 및 안전관리

61 보일러를 휴지상태로 보존할 때 부식을 방지하기 위해 채워두는 가스로 가장 적절한 것은?

① 아황산가스 ② 이산화탄소
③ 질소가스 ④ 헬륨가스

해설 장기 휴지 시 밀폐건조보존

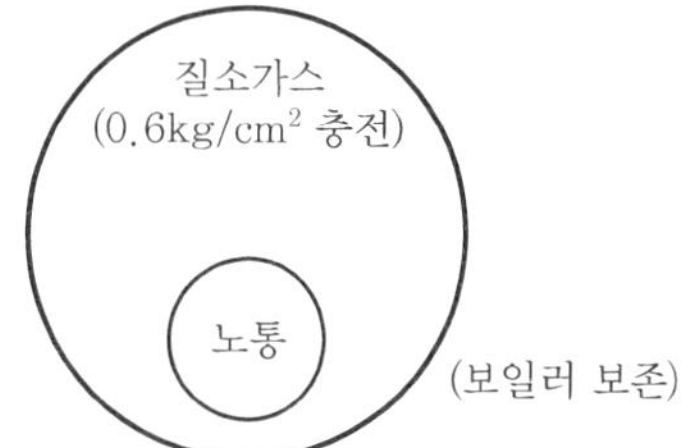

62 에너지이용 합리화법에 따라 검사대상기기설치자는 검사대상기기로 인한 사고가 발생한 경우 한국에너지공단에 통보하여야 한다. 그 통보를 하여야 하는 사고의 종류로 가장 거리가 먼 것은?

① 사람이 사망한 사고 ② 사람이 부상당한 사고
③ 화재 또는 폭발사고 ④ 가스 누출사고

해설 통보해야 하는 검사대상기기로 인한 사고(법 제40조의2)
보기 ①, ②, ③ 외에 그 밖에 검사대상기기가 파손된 사고로서 산업통상자원부령으로 정하는 사고

63 다음 중 역귀환 배관방식이 사용되는 난방설비는?

① 증기난방 ② 온풍난방
③ 온수난방 ④ 전기난방

ANSWER | 56. ② 57. ② 58. ③ 59. ② 60. ② 61. ③ 62. ④ 63. ③

해설

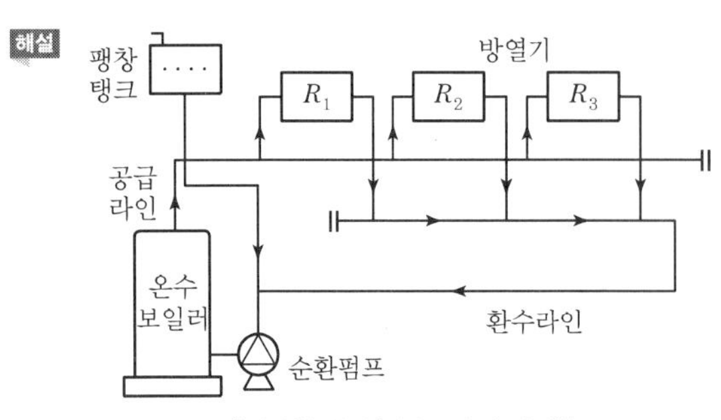

[역귀환 방식(리버스리턴 방식)]

64 **증기난방에서 방열기 안에서 생긴 응축수를 보일러에 환수할 때 응축수와 증기가 동일한 관을 흐르도록 하는 방식은?**

① 단관식 ② 복합식
③ 복관식 ④ 혼수식

해설 단관식
증기와 응축수가 보일러에 환수할 때 증기와 응축수가 동일한 관을 흐르게 하는 것으로 별도로 흐르게 하는 방식은 복관식이다.

65 **보일러 수처리에서 이온교환체와 관계가 있는 것은?**

① 천연산 제올라이트 ② 탄산소다
③ 히드라진 ④ 황산마그네슘

해설
- 탄산소다 : pH 알칼리도 조정제
- 히드라진 : 탈산소제
- 황산마그네슘 : 경도성분

66 **보일러 산세관 시 사용하는 부식 억제제의 구비조건으로 틀린 것은?**

① 점식발생이 없을 것
② 부식 억제능력이 클 것
③ 물에 대한 용해도가 작을 것
④ 세관액의 온도농도에 대한 영향이 적을 것

해설 ㉠ 보일러 산세관 시 용해촉진제로 불화수소산을 소량 첨가한다.
㉡ 부식 억제제는 물에 대한 용해도가 커야 하고 그 종류는 수지계 물질, 알코올류, 알데하이드류, 케톤류, 아민유도체, 함질소유기화합물 등이다.

67 **다음 중 공기비가 작을 경우 연소에 미치는 영향으로 틀린 것은?**

① 불완전 연소가 되어 매연 발생이 심하다.
② 연소가스 중 SO_3의 함유량이 많아져 저온부식이 촉진된다.
③ 미연소에 의한 열손실이 증가한다.
④ 미연소 가스로 인한 폭발사고가 일어나기 쉽다.

해설 공기비가 크면 산소잔류량이 증가하여

$S + O_2 \rightarrow SO_2$

$SO_2 + \frac{1}{2}O_2 \rightarrow SO_3$

$SO_3 + H_2O \rightarrow H_2SO_4$(진한 황산에 의해 저온부식 발생)

68 **에너지이용 합리화법에 따라 에너지다소비사업자가 산업통상자원부령으로 정하는 바에 따라 해당 시 · 도지사에 신고해야 할 사항이 아닌 것은?**

① 전년도의 분기별 에너지사용량
② 해당 연도의 수입, 지출 예산서
③ 해당 연도의 제품생산예정량
④ 전년도의 분기별 에너지이용 합리화 실적

해설 에너지다소비사업자의 신고사항(법 제31조)
보기 ①, ③, ④ 외에 전년도 분기별 제품생산량, 해당 연도의 분기별 에너지사용예정량, 에너지사용기자재 현황, 에너지관리자 현황 등

69 **급수 중에 용존산소가 보일러에 주는 가장 큰 영향은?**

① 포밍을 일으킨다. ② 강판, 강관을 부식시킨다.
③ 오존을 발생시킨다. ④ 습증기를 발생시킨다.

해설 용존산소가 있으면 $Fe(OH)_2$가 침전하고 점식(Pitting)이 발생한다.

70 **에너지법상 지역에너지계획은 5년마다 수립하여야 한다. 이 지역에너지계획에 포함되어야 할 사항은?**

① 국내외 에너지수요와 공급추이 및 전망에 관한 사항
② 에너지의 안전관리를 위한 대책에 관한 사항
③ 에너지 관련 전문인력의 양성 등에 관한 사항
④ 에너지의 안정적 공급을 위한 대책에 관한 사항

64. ① 65. ① 66. ③ 67. ② 68. ② 69. ② 70. ④ | ANSWER

해설 에너지법 제5조에 의거한 지역에너지 계획의 수립 포함사항 보기 ④ 외에
㉠ 에너지 수급의 추이와 전망에 관한 사항
㉡ 에너지의 안정적 공급을 위한 대책에 관한 사항
㉢ 신재생에너지 등 환경친화적 에너지 사용을 위한 대책에 관한 사항 등

71 **보일러 급수처리의 목적으로 가장 거리가 먼 것은?**

① 응결수 증가 방지
② 전열면의 스케일의 생성 방지
③ 프라이밍, 포밍 등의 발생 방지
④ 점식 등의 내면 부식 방지

해설 관 내의 보온처리 미흡, 관 내외의 큰 온도 차, 비수 발생에 의한 프라이밍의 영향으로 인한 캐리오버(기수공발)의 발생에 의해 응결수가 증가한다.

72 **방열계수가 8.5kcal/m² · h · ℃인 방열기에서 방열기 입구온도 85℃, 실내온도 20℃, 방열기 출구온도가 65℃이다. 이 방열기의 방열량(kcal/m² · h)은?**

① 450.8 ② 467.5
③ 386.7 ④ 432.2

해설

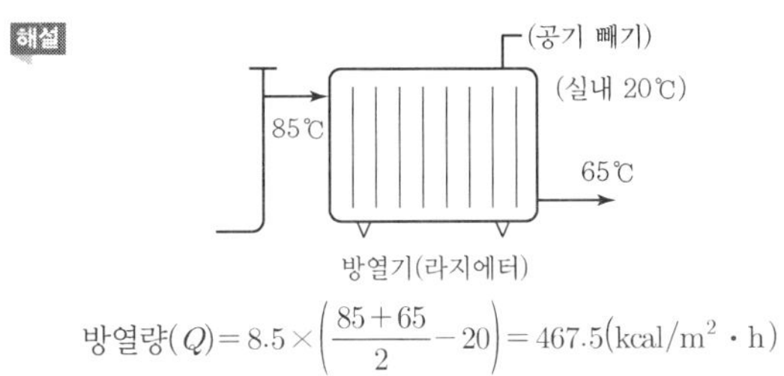

$$방열량(Q) = 8.5 \times \left(\frac{85+65}{2} - 20\right) = 467.5(\text{kcal/m}^2 \cdot \text{h})$$

73 **수질의 용어 중 ppb(parts per billion)에 대한 설명으로 옳은 것은?**

① 물 1kg 중에 함유되어 있는 불순물의 양을 mg으로 표시한 것이다.
② 물 1ton 중에 함유되어 있는 불순물의 양을 mg으로 표시한 것이다.
③ 물 1kg 중에 함유되어 있는 불순물의 양을 g으로 표시한 것이다.
④ 물 1ton 중에 함유되어 있는 불순물의 양을 g으로 표시한 것이다.

해설
㉠ ppm(mg/kg) : $\frac{1}{10^6}$
㉡ ppb(mg/ton) : $\frac{1}{10억}$

74 **보일러를 옥내에 설치하는 경우 설치 시 유의사항으로 틀린 것은?(단, 소형 보일러 및 주철제 보일러는 제외한다.)**

① 도시가스를 사용하는 보일러실에서는 환기구를 가능한 한 낮게 설치하여 가스가 누설되었을 때 체류하지 않는 구조이어야 한다.
② 보일러 동체 최상부로부터 천장, 배관 등 보일러 상부에 있는 구조물까지의 거리는 1.2m 이상이어야 한다.
③ 보일러 동체에서 벽, 배관, 기타 보일러 측부에 있는 구조물까지 거리는 0.45m 이상이어야 한다.
④ 보일러 및 보일러에 부설된 금속제의 굴뚝 또는 연도의 외측으로부터 0.3m 이내에 있는 가연성 물체에 대하여는 금속 이외의 불연성 재료로 피복하여야 한다.

해설 도시가스는 메탄(CH_4)이고 비중이 0.55이므로 누설 시 상부로 누출한다.(상부환기구 사용)

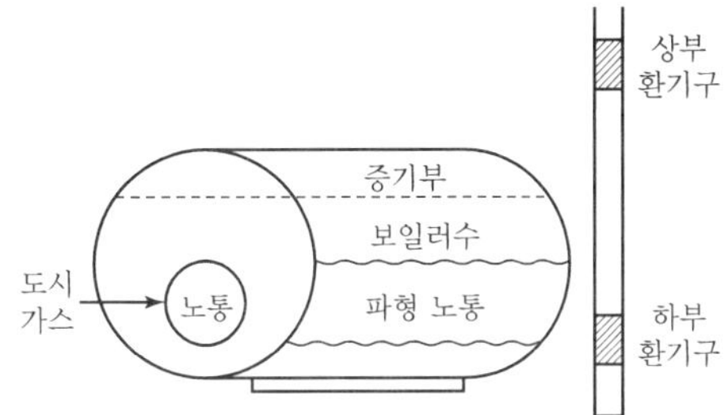

75 **에너지이용 합리화법에 따른 특정열사용기자재 및 그 설치 · 시공범위에 속하지 않는 것은?**

① 강철제 보일러의 설치
② 태양열 집열기의 세관
③ 3종 압력용기의 배관
④ 연속식 유리용융가마의 설치를 위한 시공

해설 압력용기는 제1~2종 범위로 제한한다.

76 **증기트랩을 사용하는 이유로 가장 적합한 것은?**

① 증기배관 내의 수격작용을 방지한다.
② 증기의 송기량을 증가시킨다.
③ 증기배관의 강도를 증가시킨다.
④ 증기발생을 왕성하게 해준다.

해설 에너지사용 중 증기의 경우 잠열을 이용하면 응축수가 발생한다. 응축수를 보일러수로 재사용하기 위하여 증기트랩을 이용하는데, 이는 특히 배관 내 수격작용을 방지한다.

77 **에너지이용 합리화법에 따라 산업통상자원부장관에게 에너지사용계획을 제출하여야 하는 사업주관자가 실시하는 사업의 종류가 아닌 것은?**

① 에너지개발사업
② 관광단지개발사업
③ 철도건설사업
④ 주택개발사업

해설 시행령 제20조에 의거, 보기 ①, ②, ③ 외에도 도시개발사업, 항만건설사업, 공항건설사업, 산업단지개발사업, 개발촉진지구개발사업 또는 지역종합개발사업이 있다.

78 **화학세관에서 사용하는 유기산에 해당되지 않는 것은?**

① 인산　　② 초산
③ 구연산　　④ 옥살산

해설 유기산(중성세관)의 종류
구연산, 시트릭산, 구연산 암모늄, 옥살산, 설파민산, 유기산암모늄 등(인산은 경수연화제, pH 조정제로 사용)

79 **보일러의 분출 밸브 크기와 개수에 대한 설명으로 틀린 것은?**

① 정상 시 보유수량 400kg 이하의 강제순환 보일러에는 열린 상태에서 전개하는데, 회전축을 적어도 3회전 이상 회전을 요하는 분출밸브 1개를 설치하여야 한다.
② 최고사용압력 0.7MPa 이상의 보일러의 분출관에는 분출 밸브 2개 또는 분출 밸브와 분출 콕을 직렬로 갖추어야 한다.
③ 2개 이상의 보일러에서 분출관을 공동으로 하여서는 안 된다.
④ 전열면적이 $10m^2$ 이하인 보일러에서 분출 밸브의 크기는 호칭지름 20mm 이상으로 할 수 있다.

해설 보기 ①에서 '3회전'이 아닌 '5회전'이 되어야 한다.

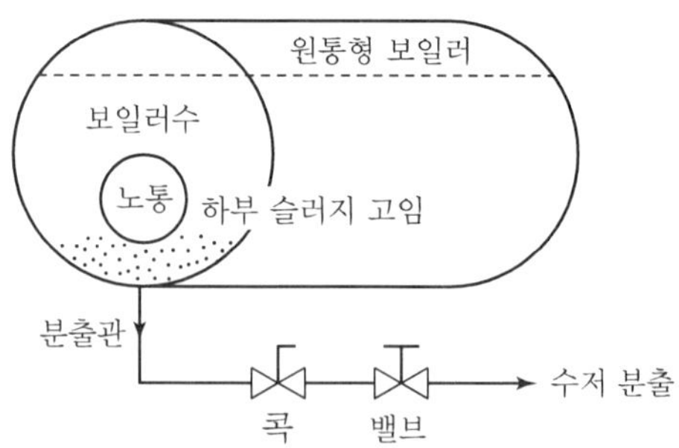

80 **보일러 이상연소 중 불완전연소의 원인으로 가장 거리가 먼 것은?**

① 연소용 공기량이 부족할 경우
② 연소속도가 적정하지 않을 경우
③ 버너로부터의 분무입자가 작을 경우
④ 분무연료와 연소용 공기와의 혼합이 불량할 경우

해설 중유 C급 등의 오일을 분무하여 사용하는 경우에는 버너로부터의 분무 입자가 직경이 작고 균등할수록 완전연소가 용이하다.

76. ① 77. ④ 78. ① 79. ① 80. ③ | ANSWER

2019년 2회 에너지관리산업기사

SECTION 01 열역학 및 연소관리

01 절대온도 293K는 섭씨온도로 얼마인가?

① −20℃ ② 0℃
③ 20℃ ④ 566℃

해설 ℃ = K − 273
∴ 293 − 273 = 20℃

02 굴뚝 높이가 50m, 연소가스 평균온도가 227℃, 대기온도가 27℃일 때 이 굴뚝의 이론통풍력(mmH_2O)은?(단, 표준상태에서 공기의 비중량은 1.29kg/m^3, 연소가스의 비중량은 1.34kg/m^3이며, 굴뚝 내의 각종 압력손실은 무시한다.)

① 13.7
② 22.1
③ 26.5
④ 30.4

해설 이론통풍력(Z)

$$Z = 273H\left[\frac{\gamma_a}{273+t_a} - \frac{\gamma_g}{273+t_g}\right]$$

$$= 273 \times 50 \times \left[\frac{1.29}{273+27} - \frac{1.34}{273+227}\right]$$

$$= 22.113(mmH_2O)$$

03 공기비(m)에 대한 설명으로 옳은 것은?

① 공기비가 크면 연소실 내의 연소온도는 높아진다.
② 공기비가 작으면 불완전연소의 가능성이 있어서 매연이 발생할 수 있다.
③ 공기비가 크면 SO_2, NO_2 등의 함량이 감소하여 장치의 부식이 줄어든다.
④ 공기비는 연료의 이론연소에 필요한 공기량을 실제연소에 사용한 공기량으로 나눈 값이다.

해설
- 공기비(m) = $\frac{\text{실제공기량}}{\text{이론공기량}}$
- 공기비는 항상 1보다 크며 1보다 작으면 소요 공기량이 적어서 불완전 연소하게 되어 매연 발생량이 증가한다.
- 공기비가 지나치게 크면 노 내 온도 하강, 배기가스양 증가로 열손실 증가와 SO_2 · NO_2 증가 등이 발생한다.

04 고체연료의 일반적인 주성분은 무엇인가?

① 나트륨 ② 질소
③ 유황 ④ 탄소

해설 고체연료의 주성분
탄소, 수소 등

05 액체연료의 특징에 대한 설명으로 틀린 것은?

① 액체연료는 기체연료에 비해 밀도가 크다.
② 액체연료는 고체연료에 비해 단위질량당 발열량이 크다.
③ 액체연료는 고체연료에 비해 완전연소시키기가 어렵다.
④ 액체연료는 고체연료에 비해 연소장치를 작게 할 수 있다.

해설 액체연료는 공기비가 적게 들며 고체연료에 비해 연소상태가 양호하다.

06 비중이 0.8인 액체의 압력이 2kg/cm^2일 때, 액체의 양정(m)은?

① 4 ② 16
③ 20 ④ 25

해설 $10mH_2O = 1kg/cm^2$
물의 비중은 1(밀도 = 1,000kg/m^3)
∴ 양정 = $10 \times \frac{2}{0.8}$ = 25(m)

07 몰리에 선도로부터 파악하기 어려운 것은?

① 포화수의 엔탈피
② 과열증기의 과열도
③ 포화증기의 엔탈피
④ 과열증기의 단열팽창 후 상대습도

해설 $P-h$ 선도(몰리에 선도)
엔탈피, 등압선, 포화액선, 포화증기선, 등비체적선, 등건조선, 등온선, 등엔트로피선 파악

08 정압비열 5kJ/kg · K의 기체 10kg을 압력을 일정하게 유지하면서 20℃에서 30℃까지 가열하기 위해 필요한 열량(kJ)은?

① 400 ② 500
③ 600 ④ 700

해설 $Q = G \times C_p \times \Delta t = 10 \times 5 \times (30-20) = 500(\text{kJ})$

09 다음 중 건식 집진장치에 해당하지 않는 것은?

① 백 필터 ② 사이클론
③ 벤투리 스크러버 ④ 멀티클론

해설 가압수식 집진장치
㉠ 벤투리 스크러버 ㉡ 제트 스크러버
㉢ 충진탑 ㉣ 사이클론 스크러버

10 노 앞과 연돌 하부에 송풍기를 두어 노 내압을 대기압보다 약간 낮게 조절한 통풍방식은?

① 압입통풍 ② 흡입통풍
③ 간접통풍 ④ 평형통풍

해설 평형통풍
노 앞과 연돌 하부에 송풍기 부착(흡입통풍+압입통풍)

11 증기 축열기(Steam Accumulator)의 부품이 아닌 것은?

① 증기 분사 노즐 ② 순환통
③ 증기 분배관 ④ 트레이

해설 트레이
냉동기 냉매 분배상자로 활용한다.

12 압력에 관한 설명으로 옳은 것은?

① 압력은 단위면적에 작용하는 수직성분과 수평성분의 모든 힘으로 나타낸다.
② 1Pa은 1m^2에 1kg의 힘이 작용하는 압력이다.
③ 압력이 대기압보다 높을 경우 절대압력은 대기압과 게이지압력의 합이다.
④ A, B, C 기체의 압력을 각각 P_a, P_b, P_c라고 표현할 때 혼합기체의 압력은 평균값인 $\dfrac{P_a+P_b+P_c}{3}$이다.

해설 압력(kgf/cm^2)
㉠ $1\text{atm} = 1.033\text{kgf/cm}^2 = 10,330\text{kg/m}^2 = 101,325\text{Pa} = 760\text{mmHg} = 101,325\text{Pa/m}^2$ $(1\text{Pa} = 9.8\text{kgf/m}^2)$
㉡ 혼합기체의 압력은 각 기체의 분압을 합한 압력이다.

13 500℃와 0℃ 사이에서 운전되는 카르노 사이클의 열효율(%)은?

① 49.9 ② 64.7
③ 85.6 ④ 99.2

해설 $500+273=773\text{K}$
$0+273=273\text{K}$
$\therefore \eta = 1-\dfrac{273}{773} = 0.647\ (64.7\%)$

14 증기동력사이클의 효율을 높이는 방법이 아닌 것은?

① 과열기를 설치한다.
② 재생사이클을 사용한다.
③ 증기의 공급온도를 높인다.
④ 복수기의 압력을 높인다.

해설 증기동력사이클(Reheat Cycle)
보일러 압력이 높고 복수기(콘덴서) 압력이 낮으며 터빈의 초온 · 초압이 클수록 열효율이 높다.

15 인화점에 대한 설명으로 틀린 것은?

① 가연성 증기 발생 시 연소범위의 하한계에 이르는 최저온도이다.
② 점화원의 존재와 연관된다.
③ 연소가 지속적으로 확산될 수 있는 최저 온도이다.
④ 연료의 조성, 점도, 비중에 따라 달라진다.

7. ④ 8. ② 9. ③ 10. ④ 11. ④ 12. ③ 13. ② 14. ④ 15. ③ | ANSWER

해설 연소점
연소가 지속적으로 확산될 수 있는 최저온도로서 인화점보다 5~10℃ 더 높다.

16 카르노 사이클의 과정 중 그 구성이 옳은 것은?

① 2개의 가역등온과정, 2개의 가역팽창과정
② 2개의 가역정압과정, 2개의 가역단열과정
③ 2개의 가역등온과정, 2개의 가역단열과정
④ 2개의 가역정압과정, 2개의 가역등온과정

해설 카르노사이클(Carnot Cycle)

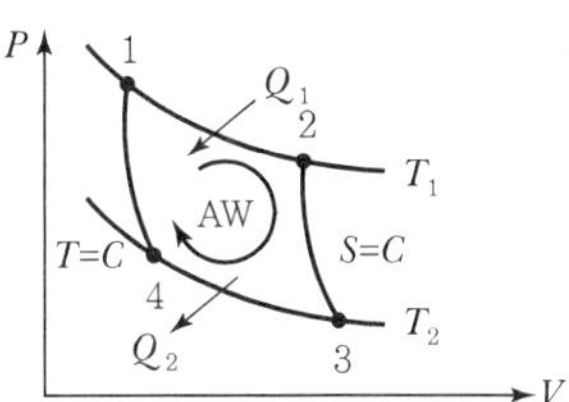

- 1 → 2(등온팽창)
- 2 → 3(단열팽창)
- 3 → 4(등온압축)
- 4 → 1(단열압축)

17 탱크 내에 900kPa의 공기 20kg이 충전되어 있다. 공기 1kg을 뺄 때 탱크 내 공기온도가 일정하다면 탱크 내 공기압력(kPa)은?

① 655 ② 755
③ 855 ④ 900

해설 $900\text{kPa} \times \left(\frac{1}{20}\right)\text{kg} = 45\text{kPa}$
$\therefore 900 - 45 = 855\text{kPa}$

18 보일러의 통풍력에 영향을 미치는 인자로 가장 거리가 먼 것은?

① 공기예열기, 댐퍼, 버너 등에서 연소가스와의 마찰저항
② 보일러 본체 전열면, 절탄기, 과열기 등에서 연소가스와의 마찰저항
③ 통풍 경로에서 유로의 방향전환
④ 통풍 경로에서 유로의 단면적 변화

해설 댐퍼나 버너의 송풍기는 통풍력을 증가시킬 수 있다.

19 열역학의 기본법칙으로 일종의 에너지보존법칙과 관련된 것은?

① 열역학 제3법칙 ② 열역학 제2법칙
③ 열역학 제0법칙 ④ 열역학 제1법칙

해설 에너지보존의 법칙
㉠ 열역학 제1법칙이다.
㉡ 열 → 일, 일 → 열 전환이 가능하다.

20 이상기체의 가역단열과정에서 절대온도 T와 압력 P의 관계식으로 옳은 것은?(단, 비열비 $k = C_p/C_v$이다.)

① $TP^{k-1} = C$ ② $TP^k = C$
③ $TP^{\frac{k+1}{k}} = C$ ④ $TP^{\frac{1-k}{k}} = C$

해설 가역단열과정(등엔트로피 과정)

$$\frac{T_2}{T_1} = \left(\frac{V_1}{V_2}\right)^{k-1} = \left(\frac{P_2}{P_1}\right)^{\frac{k-1}{k}}$$

$$PV^k = C,\ TV^{k-1} = C,\ TP^{\frac{1-k}{k}} = C$$

SECTION 02 계측 및 에너지 진단

21 유량계의 종류 중 차압식이 아닌 것은?

① 오리피스 ② 플로노즐
③ 벤투리미터 ④ 로터미터

해설 면적식 유량계
㉠ 로터미터
㉡ 게이트식

22 유출량을 일정하게 유지하면 유입량이 증가됨에 따라 수위가 상승하여 평형을 이루지 못하는 요소는?

① 1차 지연요소 ② 2차 지연요소
③ 적분요소 ④ 낭비시간요소

해설 적분요소
유출량을 일정하게 유지하면 유입량이 증가됨에 따라 수위가 상승하여 평형을 이루지 못하는 요소이다.

23 **다음 자동제어 방법 중 피드백 제어(Feedback－control)가 아닌 것은?**

① 보일러 자동제어 ② 증기온도 제어
③ 급수 제어 ④ 연소 제어

해설 연소 제어
시퀀스 제어 이용(정성적 제어)

24 **표준대기압(1atm)과 거리가 먼 것은?**

① 1.01325bar ② 101.325Pa
③ 10.332N/m² ④ 1.033kgf/cm²

해설 1atm＝101,325(N/m²)＝1.033kgf/cm²＝101,325Pa
＝1.01325bar＝10.332mAq＝760mmHg

25 **다음 그림과 같이 부착된 압력계에서 개방탱크의 액면 높이(h)는 약 몇 m인가?(단, 액의 비중량 950kgf/m³, 압력 2kgf/cm², h_o = 10m이다.)**

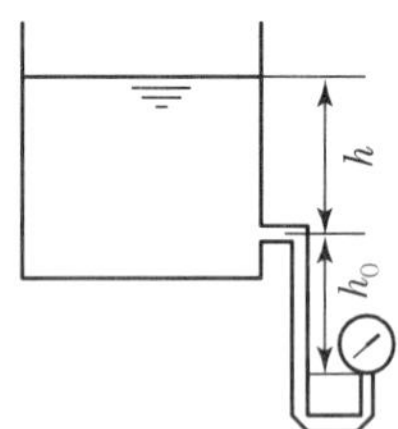

① 1.105 ② 11.05
③ 3.105 ④ 31.05

해설 10mH₂O＝1kg/cm²
2kg/cm²＝20mH₂O
$\therefore h = \frac{20}{0.95} - 10 = 11.05\text{m}$ (물 : 1,000kg/m³, 비중 1)

26 **휘도를 표준온도의 고온 물체와 비교하여 온도를 측정하는 온도계는?**

① 액주온도계 ② 광고온계
③ 열전대온도계 ④ 기체팽창온도계

해설 광고온계
고온의 물체에서 방사되는 방사에너지 중에서 특정한 파장 0.65μm인 적외선을 이용하여 700～3,000℃까지 측정한다.(단, 자동제어에서는 사용이 불편하다.)

27 **가스분석방법으로 세라믹식 O_2계에 대한 설명으로 옳은 것은?**

① 응답이 느리다.
② 온도조절용 전기로가 필요 없다.
③ 연속측정이 가능하며 측정범위가 좁다.
④ 측정가스 중에 가연성가스가 존재하면 사용이 불가능하다.

해설 세라믹 O_2계
지르코니아(ZrO_2)를 주원료로 한다. 응답이 빠르고 연속측정이 용이하며 측정범위가 넓으나 가연성가스가 있으면 O_2 측정이 불가능하다.

28 **상당증발량이 300kg/h이고, 급수온도가 30℃, 증기 엔탈피가 730kcal/kg인 보일러의 실제 증발량은 약 몇 kg/h인가?**

① 215.3 ② 220.5
③ 231.0 ④ 244.8

해설 $300 = \frac{G_w(730-30)}{539}$
$\therefore$ 실제증발량$(G_w) = \frac{300 \times 539}{730-30} = 231(\text{kg/h})$

29 **다음 오차의 분류 중에서 측정자의 부주의로 생기는 오차는?**

① 우연오차
② 과실오차
③ 계기오차
④ 계통적 오차

해설 과실오차
측정자의 부주의로 생기는 오차이다.

30 **다음 중 내화물의 내화도 측정에 주로 사용되는 온도계는?**

① 제게르콘
② 백금저항 온도계
③ 기체압력식 온도계
④ 백금－백금 · 로듐 열전대 온도계

23. ④ 24. ③ 25. ② 26. ② 27. ④ 28. ③ 29. ② 30. ① ANSWER

해설 제게르콘 추 번호의 온도(내화도)
㉠ SK 26 : 1,580℃
㉡ SK 30 : 1,670℃
㉢ SK 42 : 2,000℃

31 **보일러 용량표시에 관한 설명으로 옳은 것은?**

① 단위면적당 증기발생량을 상당증발량이라 한다.
② 급수의 엔탈피를 h_1(kcal/kg), 증기의 엔탈피를 h_2(kcal/kg)라 할 때 증발계수 f를 계산하는 식은 $539(h_2 - h_1)$이다.
③ 1시간에 15.65kg의 증발량을 가진 능력을 1상당 증발량이라 한다.
④ 보일러 본체 전열면적당 단위시간에 발생하는 증발량을 증발률이라 한다.

해설
- 단위면적당 증기발생량 : kg/m^2h
- 증발계수= $\frac{h_2 - h_1}{539}$ (증발력)
- 보일러 1마력＝15.65kg/h의 상당증발량
- 전열면의 증발률 : kg/m^2h

32 **아르키메데스의 부력의 원리를 이용한 액면측정방식은?**

① 차압식　② 기포식
③ 편위식　④ 초음파식

해설 편위식 액면계(Displacement)는 측정액 중에 잠겨 있는 플로트의 깊이에 의한 부력으로부터 액면을 측정하는 방식(일명 아르키메데스 부력원리 액면계)

33 **간접 측정식 액면계가 아닌 것은?**

① 유리관식
② 방사선식
③ 정전용량식
④ 압력식

해설 직접 측정식 액면계
유리관식, 부자식, 검척식, 편위식 액면계

34 **보일러에서 사용하는 압력계의 최고 눈금에 대한 설명으로 옳은 것은?**

① 보일러 최고사용압력의 4배 이하로 하되 2배보다 작아서는 안 된다.
② 보일러 최고사용압력의 4배 이하로 하되 최고사용압력보다 작아서는 안 된다.
③ 보일러 최고사용압력의 3배 이하로 하되 1.5배보다 작아서는 안 된다.
④ 보일러 최고사용압력의 3배 이하로 하되 최고사용압력보다 작아서는 안 된다.

해설 압력계 최고눈금은 보일러 최고사용압력의 3배 이하로 하되 1.5배보다 작아서는 안 된다.

35 **계통오차로서 계측기가 가지고 있는 고유의 오차는?**

① 기차　② 감차
③ 공차　④ 정차

해설 기차
계통적인 오차이며 계측기가 가지고 있는 고유의 오차이다.

36 **보일러 본체에서 발생한 포화증기를 같은 압력하에서 고온으로 재가열하여 수분을 증발시키고 증기의 온도를 상승시키는 장치는?**

① 절탄기　② 과열기
③ 축열기　④ 흡수기

해설 포화수 → 습포화증기 → 건포화증기 → 과열증기(과열도 : 과열증기온도－포화증기온도)

37 **수소(H_2)가 연소되면 증기를 발생시킨다. 이 증기를 복수시키면 증발열이 발생한다. 만약 수소 1kg을 연소시켜 증기를 완전 복수시키면 얼마의 증발열을 얻을 수 있는가?**

① 600kcal　② 1,800kcal
③ 5,400kcal　④ 10,800kcal

해설 $H_2 + \frac{1}{2}O_2 \rightarrow H_2O$
2kg + 16kg → 18kg
물의 증발열 = 600(kcal/kg)
∴ 600kcal/kg × 18kg = 10,800kcal
수소 1kg당으로 계산하면
$\frac{10,800}{2}$ = 5,400kcal

38 **2개의 제어계를 조합하여 1차 제어장치가 제어량을 측정하여 제어명령을 발하고, 2차 제어장치가 이 명령을 바탕으로 제어량을 조절하는 제어방식은?**

① 비율제어 ② 캐스케이드 제어
③ 추종제어 ④ 추치제어

해설 목푯값에 의한 캐스케이드 제어
2개의 제어계를 조합하여 1차 제어가 제어량을 검출, 2차 제어가 제어량을 조절한다.

39 **도전성 유체에 자장을 형성시켜 기전력 측정에 의해 유량을 측정하는 것은?**

① 전자 유량계 ② 칼만식 유량계
③ 델타 유량계 ④ 애뉼바 유량계

해설 전자식 유량계(기전력 $E(\mathrm{V}) = B \cdot L \cdot V$)
㉠ B : 자속밀도의 크기
㉡ L : 자속을 자르는 도체의 Z 방향의 폭
㉢ V : 유속

40 **자동제어방식에서 전기식 제어방식의 특징으로 옳은 것은?**

① 조작력이 약하다.
② 신호의 복잡한 취급이 어렵다.
③ 신호전달 지연이 있다.
④ 배선이 용이하다.

해설 전기식 제어방식 조절기
㉠ 배선이 용이하다.
㉡ 신호의 전달이 빠르다.
㉢ 신호의 복잡한 취급이 용이하다.
㉣ 조작속도가 빠른 비례 조작부를 만들기가 곤란하다.

SECTION 03 열설비구조 및 시공

41 **요로의 열효율을 높이는 방법으로 가장 거리가 먼 것은?**

① 발열량이 높은 연료 사용
② 단열보온재 사용
③ 적정 노압 유지
④ 배기가스 회수장치 사용

해설 요(Kiln), 노(Furnace)의 열효율을 높이려면 보기 ②, ③, ④ 외에도 제품에 맞는 가마 특색 검토 등을 해야 한다.

42 **검사대상기기인 보일러의 계속사용검사 중 안전검사 유효기간은?(단, 안전성향상계획과 공정안전보고서를 작성하는 경우는 제외한다.)**

① 1년 ② 2년
③ 3년 ④ 4년

해설 보일러의 안전검사, 운전성능검사는 검사유효기간이 1년이다.(에너지이용 합리화법 시행규칙 별표 3의5)

43 **증기와 응축수와의 비중차를 이용하는 증기트랩은?**

① 버킷형
② 벨로스형
③ 디스크형
④ 오리피스형

해설 ㉠ 증기와 응축수 온도차 이용 : 벨로스형, 바이메탈형
㉡ 유체의 열역학, 유체역학 이용 : 디스크형, 오리피스형
㉢ 증기와 응축수의 비중차 이용 : 버킷형, 플로트형

44 **보온재의 구비조건으로 틀린 것은?**

① 사용온도 범위에 적합해야 한다.
② 흡습, 흡수성이 커야 한다.
③ 장시간 사용에도 견딜 수 있어야 한다.
④ 부피, 비중이 작아야 한다.

해설 보온재는 흡습성, 흡수성이 작아야 열손실이 감소된다.

38. ② 39. ① 40. ④ 41. ① 42. ① 43. ① 44. ② | ANSWER

45 맞대기 용접이음에서 인장하중이 2,000kgf, 강판의 두께가 6mm라 할 때 용접길이(mm)는?(단, 용접부의 허용인장응력은 7kgf/mm²이다.)

① 40.1 ② 44.3
③ 47.6 ④ 52.2

해설 $용접길이(l) = \frac{인장하중}{강판두께 \times 허용인장응력}$
$= \frac{2,000}{6 \times 7} = 47.6(\text{mm})$

46 전기적, 화학적 성질이 우수한 편이고 비중이 0.92~0.96 정도이며 약 90℃에서 연화하지만, 저온에 강하여 한랭지 배관으로 우수한 관은?

① 염화비닐관 ② 석면 시멘트관
③ 폴리에틸렌관 ④ 철근 콘크리트관

해설 PVC 폴리에틸렌관은 전기적, 화학적 성질이 우수하고 비중이 0.92~0.96이며 약 90℃에서 연화한다.(동절기 한랭지 배관용)

47 다음 중 탄성압력계에 해당하지 않는 것은?

① 부르동관 압력계 ② 벨로스식 압력계
③ 다이어프램 압력계 ④ 링밸런스식 압력계

해설 액주식 압력계
㉠ U자관식 ㉡ 침종식(단종식, 복종식)
㉢ 링밸런스식(환상천평식) ㉣ 표준분동식

48 에너지이용 합리화법에 따라 보일러 설치검사 시 가스용 보일러의 운전성능기준 중 부하율이 90%일 때 배기가스 성분기준으로 옳은 것은?

① O_2 3.7% 이하, CO_2 12.7% 이상
② O_2 4.0% 이하, CO_2 11.0% 이상
③ O_2 3.7% 이하, CO_2 10.0% 이상
④ O_2 4.0% 이하, CO_2 12.7% 이상

해설 ㉠ 부하율(90±10%) 가스보일러 : O_2(3.7% 이하), CO_2(10% 이상)
㉡ 부하율(45±10%) 가스보일러 : O_2(4% 이하), CO_2(9% 이상)

49 이음쇠 안쪽에 내장된 그래브링과 O-링에 의한 삽입식 접합으로 나사 및 용접 이음이 필요 없고 이종관과의 접합 시 커넥터 및 어댑터를 사용하여 나사이음을 하는 관은?

① 스테인리스강 이음관
② 폴리부틸렌(PB) 이음관
③ 폴리에틸렌(PE) 이음관
④ 열경화성 PVC 이음관

해설 PB관
이음쇠 안쪽에 내장된 그래브링과 O-링에 의한 삽입식 접합으로 나사 및 용접 이음이 필요 없고 이종관과의 접합 시 커넥터나 어댑터를 사용하여 나사이음 한다.

50 유량 300L/s, 양정 10m인 급수펌프의 효율이 90%라면 소요되는 축동력(kW)은?(단, 물의 비중량은 1,000kg/m³으로 한다.)

① 24.5 ② 27.1
③ 30.6 ④ 32.7

해설 $축동력 = \frac{1,000 \times Q \times H}{102 \times \eta}$, $1(\text{m}^3) = 10^3(\text{L})$
$\therefore \frac{1,000 \times \left(\frac{300}{10^3}\right) \times 10}{102 \times 0.9} = 32.7(\text{kW})$

51 조업방법에 따라 분류할 때 다음 중 등요(오름가마)는 어디에 속하는가?

① 불연속식 요 ② 반연속식 요
③ 연속식 요 ④ 회전가마

해설 반연속요
등요, 셔틀요

52 액체연료 연소장치 중 고압기류식 버너의 선단부에 혼합실을 설치하고 공기, 기름 등을 혼합시킨 후 노즐에서 분사하여 무화하는 방식은?

① 내부 혼합식
② 외부 혼합식
③ 무화 혼합식
④ 내 · 외부 혼합식

ANSWER | 45. ③ 46. ③ 47. ④ 48. ③ 49. ② 50. ④ 51. ② 52. ①

해설

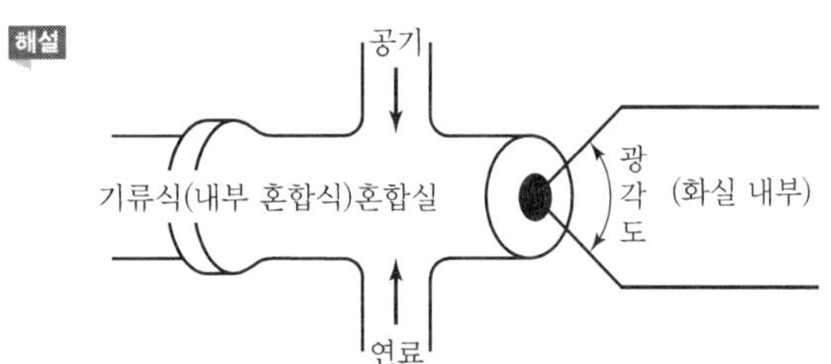

53 노통 보일러에서 노통이 열응력에 의해서 신축이 일어나므로 노통의 신축 작용에 대처하기 위해 설치하는 이음방법은?

① 평형 조인트 ② 브레이징 스페이스
③ 거싯 스테이 ④ 아담슨 조인트

해설

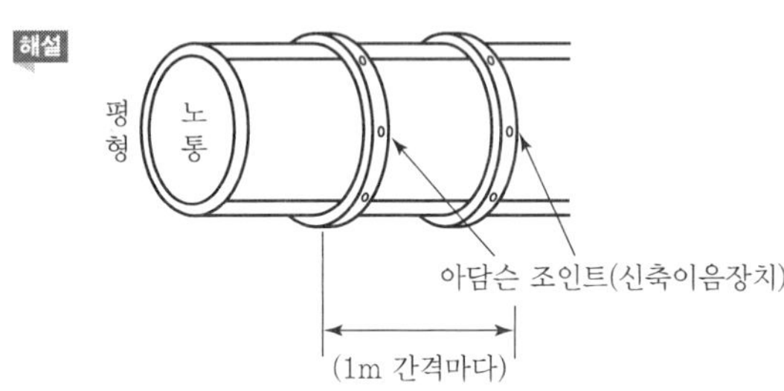

54 열전도율이 0.8kcal/m · h · ℃인 콘크리트 벽의 안쪽과 바깥쪽의 온도가 각각 25℃와 20℃이다. 벽의 두께가 5cm일 때 $1m^2$당 전달되어 나가는 열량(kcal/h)은?

① 0.8 ② 8
③ 80 ④ 800

해설

$$Q=\lambda\times\frac{A(t_1-t_2)}{b}=0.8\times\frac{1\times(25-20)}{0.05}=80(\text{kcal/h})$$

※ 5cm = 0.05m

55 다음 보일러 중 일반적으로 효율이 가장 좋은 것은? (단, 동일한 조건을 기준으로 한다.)

① 노통 보일러 ② 연관 보일러
③ 노통연관 보일러 ④ 입형 보일러

해설 원통형 보일러 효율
노통연관 보일러 > 노통 보일러 > 입형연관 보일러 > 입형 횡관 보일러

56 다음 중 수관식 보일러에 해당하는 것은?

① 노통 보일러
② 기관차형 보일러
③ 밸브콕 보일러
④ 횡연관식 보일러

해설 수관식 보일러
밸브콕 보일러, 하이네 보일러, 스네기치 보일러, 다쿠마 보일러, 이동 디형 보일러, 수관관류 보일러

57 다음 보온재 중 안전사용온도가 가장 낮은 것은?

① 펄라이트
② 규산칼슘
③ 탄산마그네슘
④ 세라믹파이버

해설 안전사용온도
펄라이트 1,100℃, 규산칼슘 650℃, 탄산마그네슘 250℃, 세라믹파이버 1,100~1,300℃

58 에너지이용 합리화법에 따른 보일러의 제조검사에 해당되는 것은?

① 용접검사
② 설치검사
③ 개조검사
④ 설치장소 변경검사

해설 보일러 제조검사
㉠ 용접검사 ㉡ 구조검사

59 보일러 사용 중 정전되었을 때 조치사항으로 적절하지 못한 것은?

① 연료공급을 멈추고 전원을 차단한다.
② 댐퍼를 열어둔다.
③ 급수는 상용수위보다 약간 많을 정도로 한다.
④ 급수탱크가 다른 시설과 공용으로 사용될 때에는 보일러용 이외의 급수관을 차단한다.

해설 정전 시 열손실 방지, 동 내부 부동팽창 방지 등을 위하여 공기덕트나 연도댐퍼 등을 밀폐시킨다.

53. ④ 54. ③ 55. ③ 56. ③ 57. ③ 58. ① 59. ② | ANSWER

60 **내화 모르타르의 구비조건으로 틀린 것은?**

① 접착성이 클 것
② 필요한 내화도를 가질 것
③ 화학조성이 사용벽돌과 같을 것
④ 건조, 소성에 의한 수축, 팽창이 클 것

해설 요로 설치 시 노 내에 사용하는 내화 모르타르는 건조 소성 시 수축이나 팽창률이 낮아야 한다.

SECTION 04 열설비 취급 및 안전관리

61 **다음 중 보일러 급수에 함유된 성분 중 전열면 내면 점식의 주원인이 되는 것은?**

① O_2 ② N_2
③ $CaSO_4$ ④ $NaSO_4$

해설 점식(Pitting)
보일러 내면에 좁쌀알, 쌀알, 콩알 크기의 점부식(수중의 용존산소에 의해 발생)이 발생한 것을 이른다.

62 **보일러에서 산세정 작업이 끝난 후 중화처리를 한다. 다음 중 중화처리 약품으로 사용할 수 있는 것은?**

① 가성소다 ② 염화나트륨
③ 염화마그네슘 ④ 염화칼슘

해설 보일러 염산의 세정 작업 시 중화처리로 가성소다를 사용한다.

63 **에너지이용 합리화법에 따라 검사대상기기 적용범위에 해당하는 소형 온수보일러는?**

① 전기 및 유류겸용 소형 온수보일러
② 유류를 연료로 쓰는 가정용 소형 온수보일러
③ 최고사용압력이 0.1MPa 이하이고, 전열면적이 $5m^2$ 이하인 소형 온수보일러
④ 가스 사용량이 17kg/h를 초과하는 소형 온수보일러

해설 검사대상 소형 온수보일러 기준
㉠ 가스를 사용하는 것
㉡ 가스사용량이 17kg/h[도시가스 232.6kW(20만 kcal/h)]를 초과하는 것

64 **보일러 운전 중 취급상의 사고에 해당되지 않는 것은?**

① 압력초과 ② 저수위 사고
③ 급수처리 불량 ④ 부속장치 미비

해설 부속장치 미비 사고 : 취급상이 아닌 제작상 사고

65 **다음 보일러의 외부청소 방법 중 압축공기와 모래를 분사하는 방법은?**

① 샌드 블라스트법 ② 스틸 쇼트 크리닝법
③ 스팀 소킹법 ④ 에어 소킹법

해설 ㉠ 스틸 쇼트 크리닝법(강구 이용)
㉡ 스팀 소킹법(증기 분사)
㉢ 에어 소킹법(압축공기 분사)

66 **에너지이용 합리화법에 따라 용접검사신청서 제출 시 첨부하여야 할 서류가 아닌 것은?**

① 용접 부위도
② 검사대상기기의 설계도면
③ 검사대상기기의 강도계산서
④ 비파괴시험성적서

해설 규칙 제31조의4에 의거, 용접검사신청서 제출 시 첨부서류는 보기 ①, ②, ③이다.

67 **에너지이용 합리화법에 따라 에너지저장의무 부과 대상자로 가장 거리가 먼 것은?**

① 전기사업자
② 석탄가공업자
③ 도시가스사업자
④ 원자력사업자

해설 영 제12조에 의해 에너지저장의무 부과 대상자는 보기 ①, ②, ③ 외 집단에너지사업자, 연간 2만 석유환산톤 이상의 에너지를 사용하는 자이다.

ANSWER | 60. ④ 61. ① 62. ① 63. ④ 64. ④ 65. ① 66. ④ 67. ④

68 에너지이용 합리화법에 따라 산업통상자원부장관 또는 시·도지사의 업무 중 한국에너지공단에 위탁된 업무에 해당하는 것은?

① 특정열사용기자재의 시공업 등록
② 과태료의 부과·징수
③ 에너지절약 전문기업의 등록
④ 에너지관리대상자의 신고 접수

해설 영 제51조에 의거, 한국에너지공단에 위탁한 업무는 에너지절약 전문기업의 등록이다.

69 급수처리 방법인 기폭법에 의하여 제거되지 않는 성분은?

① 탄산가스 ② 황화수소
③ 산소 ④ 철

해설 산소 : 탈기법에 의한 처리

70 보일러 급수처리의 목적으로 가장 거리가 먼 것은?

① 스케일 생성 및 고착 방지
② 부식 발생 방지
③ 가성취화 발생 감소
④ 배관 중의 응축수 생성 방지

해설 배관 내 응축수 생성 장해
수격작용(워터해머)의 타격으로 인한 배관손상, 부식증가, 증기열손실 및 증기이송장해

71 증기난방의 응축수 환수방법 중 증기의 순환이 가장 빠른 것은?

① 기계환수식
② 진공환수식
③ 단관식 중력환수식
④ 복관식 중력환수식

해설 응축수 순환 속도
진공환수식 > 기계환수식 > 복관식 중력환수식 > 단관식 중력환수식

72 보일러 가동 중 프라이밍과 포밍의 방지대책으로 틀린 것은?

① 급수처리를 하여 불순물 등을 제거할 것
② 보일러수의 농축을 방지할 것
③ 과부하가 되지 않도록 운전할 것
④ 고수위로 운전할 것

해설 고수위 운전 : 프라이밍(비수), 포밍(거품) 발생으로 캐리오버(기수공발) 장해 발생

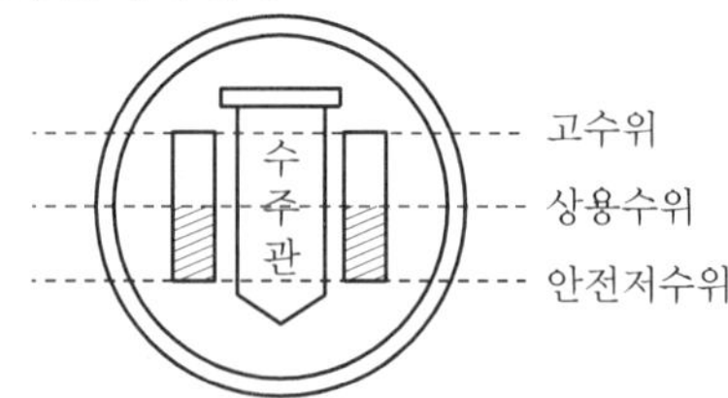

73 포밍과 프라이밍이 발생했을 때 나타나는 현상으로 가장 거리가 먼 것은?

① 캐리오버 현상이 발생한다.
② 수격작용이 발생한다.
③ 수면계의 수위 확인이 곤란하다.
④ 수위가 급히 올라가고 고수위 사고의 위험이 있다.

해설 ㉠ 포밍 : 수면 위에서 거품 발생
㉡ 프라이밍 : 수면에서 습증기 유발(물방울이 증기에 혼입되어 습증기 유발)

74 에너지이용 합리화법에 따라 검사대상기기관리자에 대한 교육기간은 얼마인가?

① 1일 ② 3일
③ 5일 ④ 10일

해설 규칙 별표 4의2에 의해, 교육기간은 1일이다.

75 에너지이용 합리화법에 따라 가스사용량이 17kg/h를 초과하는 가스용 소형 온수보일러에 대해 면제되는 검사는?

① 계속사용 안전검사 ② 설치 검사
③ 제조검사 ④ 계속사용 성능검사

68. ③ 69. ③ 70. ④ 71. ② 72. ④ 73. ④ 74. ① 75. ③ | ANSWER

해설 규칙 별표 3의6에 의해 가스사용량 17kg/h(도시가스 232.6kW)를 초과하는 가스용 소형 온수보일러는 제조검사가 면제된다.

76 온수난방에서 방열기 내 온수의 평균온도가 85℃, 실내온도가 20℃, 방열계수가 7.2kcal/m² · h · ℃이라면, 이 방열기의 방열량(kcal/m² · h)은?

① 468 ② 472
③ 496 ④ 592

해설 방열기(라디에이터) 방열량(Q)
Q = 방열계수 × 온도차
= 7.2 × (85 − 20) = 468(kcal/m² · h)

77 에너지이용 합리화법에 따라 산업통상자원부장관이 냉 · 난방온도를 제한온도에 적합하게 유지 관리하지 않은 기관에 시정조치를 명령할 때 포함되지 않는 사항은?

① 시정조치 명령의 대상 건물 및 대상자
② 시정결과 조치 내용 통지 사항
③ 시정조치 명령의 사유 및 내용
④ 시정기한

해설 영 제42조의3에 의거, 시정조치명령은 보기 ①, ③, ④를 포함해야 한다.

78 사고의 원인 중 간접원인에 해당되지 않는 것은?

① 기술적 원인 ② 관리적 원인
③ 인적 원인 ④ 교육적 원인

해설 인적 원인 : 직접원인
사람에 의한 인적 사고는 직접적인 사고 원인이다.

79 스케일의 영향으로 보일러 설비에 나타나는 현상으로 가장 거리가 먼 것은?

① 전열면의 국부과열
② 배기가스 온도 저하
③ 보일러의 효율 저하
④ 보일러의 순환 장애

해설 스케일의 영향
관석에 의한 전열면의 과열, 전열의 장애로 배기가스 온도 상승, 열효율 감소, 보일러 강도 저하

80 수관식 보일러와 비교하여 노통연관식 보일러의 특징에 대한 설명으로 옳은 것은?

① 청소가 곤란하다.
② 시동하고 나서 증기 발생시간이 짧다.
③ 연소실을 자유로운 형상으로 만들 수 있다.
④ 파열 시 더욱 위험하다.

해설 노통연관 보일러
수부가 증기부보다 커서 파열 시 열수에 의한 사고가 커진다.

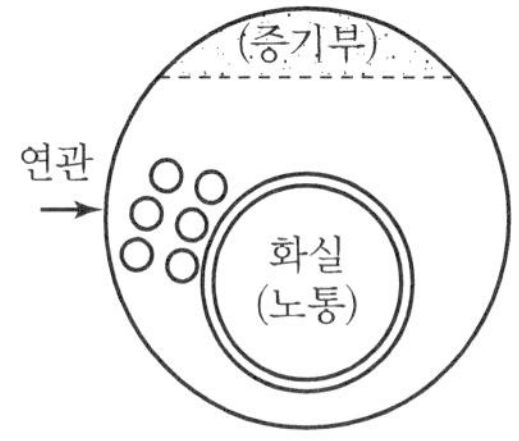

수관식 보일러
드럼 내 보일러수가 적어서 파열 시 피해가 적다. 물이 수관으로 분산되어서 전열이 용이하여 열효율이 높으나 부식이나 스케일의 발생이 심하다.

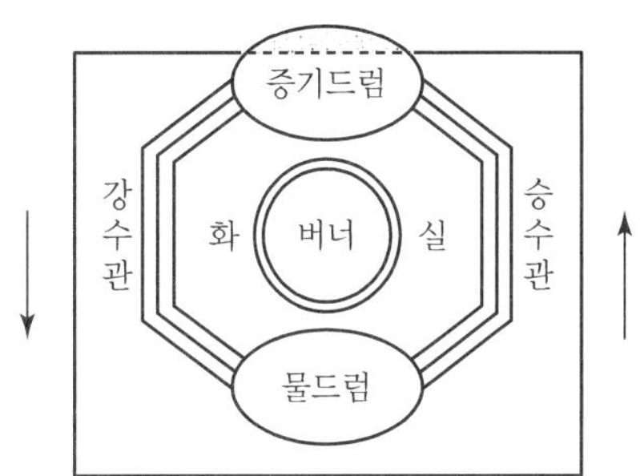

SECTION 01 열역학 및 연소관리

01 랭킨 사이클에서 단열과정인 것은?

① 펌프 ② 발전기
③ 보일러 ④ 복수기

해설 • 보일러 : 정압가열 • 과열기 : 가역단열팽창
• 복수기 : 등온방열 • 펌프 : 단열압축

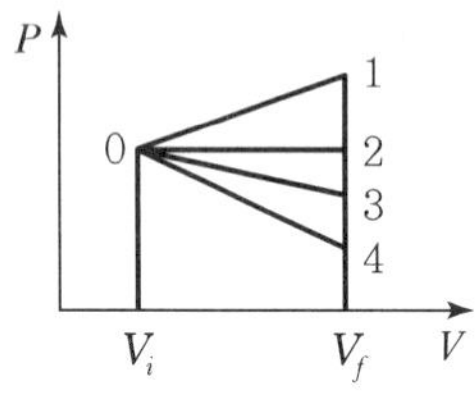

02 그림은 초기 체적이 V_i 상태에 있는 피스톤이 외부로 일을 하여 최종적으로 체적이 V_f인 상태로 된 것을 나타낸다. 외부로 가장 많은 일을 한 과정은?

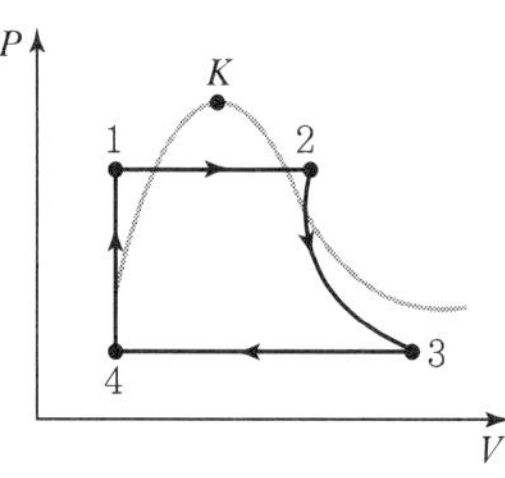

① 0−1 과정 ② 0−2 과정
③ 0−3 과정 ④ 0−4 과정

해설

체적 V_f상태에서 0−1 과정이 압력이 가장 높으므로 외부로 가장 많은 일을 하였다.
㉠ 1 → 2 (정압가열) ㉡ 2 → 3 (가역단열팽창)
㉢ 3 → 4 (등압, 등온방열) ㉣ 4 → 1 (단열압축)

03 다음 [그림]은 물의 압력−온도 선도를 나타낸 것이다. 액체와 기체의 혼합물은 어디에 존재하는가?

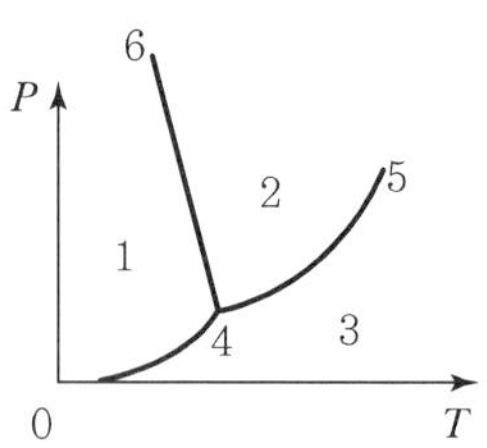

① 영역 1 ② 선 4−6
③ 선 0−4 ④ 선 4−5

해설

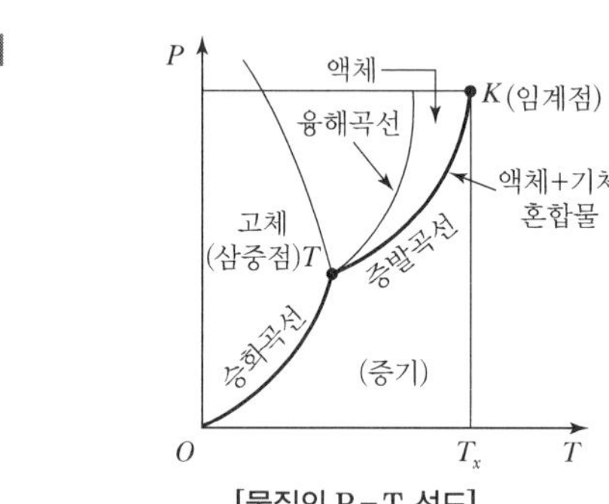

[물질의 P−T 선도]

04 카르노 사이클의 작동순서로 알맞은 것은?

① 등온팽창 → 단열팽창 → 등온압축 → 단열압축
② 등온팽창 → 등온압축 → 단열팽창 → 단열압축
③ 등온압축 → 등온팽창 → 단열팽창 → 단열압축
④ 단열압축 → 단열팽창 → 등온팽창 → 등온압축

해설 카르노 사이클
• 1 → 2 : 등온팽창 • 2 → 3 : 단열팽창
• 3 → 4 : 등온압축 • 4 → 1 : 단열압축

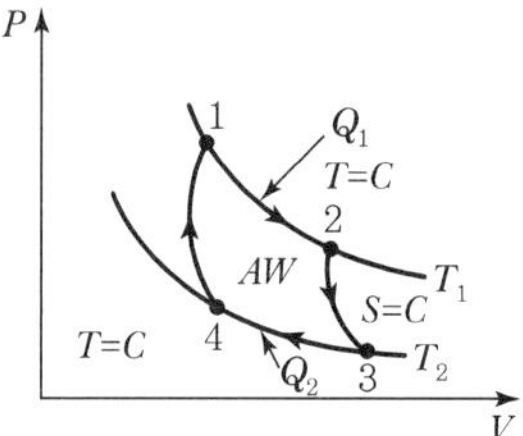

1. ① 2. ① 3. ④ 4. ① ANSWER

05 엔탈피는 다음 중 어느 것으로 정의되는가?

① 과정에 따라 변하는 양
② 내부 에너지와 유동 일의 합
③ 정적하에서 가해진 열량
④ 등온하에서 가해진 열량

해설 엔탈피 : 내부에너지+유동에너지
[비엔탈비 $h=u+APV$(kcal/kg)]

06 보일러 매연의 발생 원인으로 틀린 것은?

① 연소 기술이 미숙할 경우
② 통풍이 많거나 부족할 경우
③ 연소실의 온도가 너무 낮을 경우
④ 연료와 공기가 충분히 혼합된 경우

해설 연료와 공기가 충분히 혼합되면 완전연소가 가능하여 매연의 발생이 감소하고 CO의 생성이 없어진다.

07 일을 할 수 있는 능력에 관한 법칙으로 기계적인 일이 없이는 스스로 저온부에서 고온부로 이동할 수 없다는 법칙은?

① 열역학 제0법칙
② 열역학 제1법칙
③ 열역학 제2법칙
④ 열역학 제3법칙

해설 열역학 제2법칙
기계적인 일이 없이는 스스로 저온부에서 고온부로 열이 이동되지 않는다는 에너지의 방향성을 제시하는 법칙으로 자연계에 아무런 변화도 남기지 않고 어느 열원의 열을 계속해서 일로 바꾸는 제2종 영구기관은 존재하지 않는다는 표현이다.

08 액체연료의 특징에 대한 설명으로 틀린 것은?

① 수송과 저장이 편리하다.
② 단위 중량에 대한 발열량이 석탄보다 크다.
③ 인화, 역화 등 화재의 위험성이 없다.
④ 연소 시 매연이 적게 발생한다.

해설 액체연료는 인화 · 역화 등 화재의 위험성이 크다.

09 오토 사이클에 대한 설명으로 틀린 것은?

① 일정 체적 과정이 포함되어 있다.
② 압축비가 클수록 열효율이 감소한다.
③ 압축 및 팽창은 등엔트로피 과정으로 이루어진다.
④ 스파크 점화 내연기관의 사이클에 해당된다.

해설 오토 사이클은 불꽃점화기관이며 정적 사이클이다. 열효율은 압축비만의 함수이며 압축비가 클수록 열효율이 증가한다.

$\eta_0 = 1-\left(\frac{1}{\varepsilon}\right)^{k-1}$, ε : 압축비

10 연소 시 일반적으로 실제공기량과 이론공기량의 관계는 어떻게 설정하는가?

① 실제공기량은 이론공기량과 같아야 한다.
② 실제공기량은 이론공기량보다 작아야 한다.
③ 실제공기량은 이론공기량보다 커야 한다.
④ 아무런 관계가 없다.

해설 실제공기량=이론공기량 × 공기비
(실제공기량은 이론공기량보다 항상 크다.)

11 다음 연료 중 고위발열량이 가장 큰 것은?(단, 동일 조건으로 가정한다.)

① 중유 ② 프로판
③ 석탄 ④ 코크스

해설 발열량
프로판(12,050kcal/kg) > 중유(9,900kcal/kg) > 코크스(7,050kcal/kg) > 석탄(4,650kcal/kg)

12 분사컵으로 기름을 비산시켜 무화하는 버너는?

① 유압분무식 ② 공기분무식
③ 증기분무식 ④ 회전분무식

해설

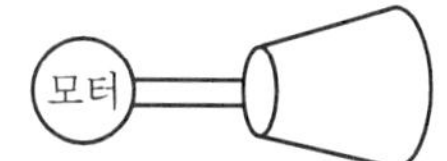

수평로터리 버너(모터 사용)
[회전분무식 버너의 분무컵(분사컵)]

13 정상유동과정으로 단위시간당 50℃의 물 200kg과 100℃ 포화증기 10kg을 단열된 혼합실에서 혼합할 때 출구에서 물의 온도(℃)는?(단, 100℃ 물의 증발잠열은 2,250kJ/kg이며, 물의 비열은 4.2kJ/kg·K이다.)

① 55.0　② 77.3
③ 77.9　④ 82.1

해설 $Q_1 = 200 \times 4.2 \times 50 = 42,000(\text{kJ})$

$Q_2 = (10 \times 2,250) + (200 \times 4.2) = 23,340(\text{kJ})$

$\therefore t_m = \dfrac{42,000 + 23,340}{200 \times 4.2} = 77.9(℃)$

14 이상기체의 가역단열변화에 대한 식으로 틀린 것은?(단, k는 비열비이다.)

① $\dfrac{P_2}{P_1} = \left(\dfrac{V_2}{V_1}\right)^{k-1}$　② $\dfrac{T_2}{T_1} = \left(\dfrac{V_1}{V_2}\right)^{k-1}$

③ $\dfrac{T_2}{T_1} = \left(\dfrac{P_2}{P_1}\right)^{\frac{k-1}{k}}$　④ $\left(\dfrac{V_1}{V_2}\right)^{k-1} = \left(\dfrac{P_2}{P_1}\right)^{\frac{k-1}{k}}$

해설 가역단열변화

$\dfrac{P_2}{P_1} = \left(\dfrac{V_2}{V_1}\right)^{\frac{k-1}{k}} = \dfrac{T_2}{T_1} = \left(\dfrac{V_1}{V_2}\right)^{k-1}$

15 용기 내부에 증기 사용처의 증기 압력 또는 열수 온도보다 높은 압력과 온도의 포화수를 저장하여 증기부하를 조절하는 장치를 무엇이라고 하는가?

① 기수분리기　② 스팀 어큐뮬레이터
③ 스토리지 탱크　④ 오토 클레이브

해설 어큐뮬레이터
증기압력 또는 열수온도보다 높은 압력·온도의 포화수 저장탱크

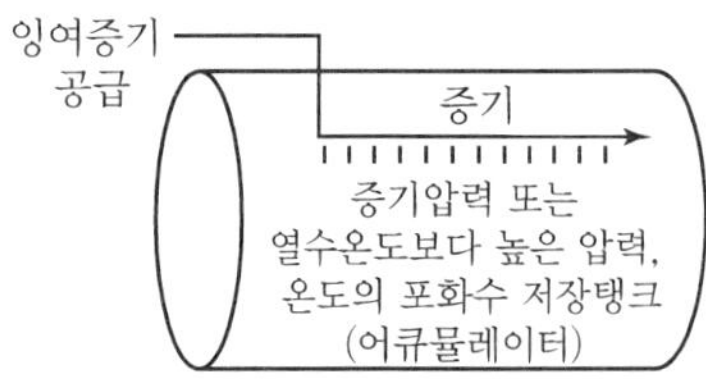

16 물질을 연소시켜 생긴 화합물에 대한 설명으로 옳은 것은?

① 수소가 연소했을 때는 물로 된다.
② 황이 연소했을 때는 황화수소로 된다.
③ 탄소가 불완전 연소했을 때는 이산화탄소가 된다.
④ 탄소가 완전 연소했을 때는 일산화탄소가 된다.

해설
- 수소$(H_2) + \dfrac{1}{2}O_2 \rightarrow H_2O$(물)
- 황$(S) + O_2 \rightarrow SO_2$(아황산가스)
- 탄소$(C) + O_2 \rightarrow CO_2$(이산화탄소)
- 탄소$(C) + \dfrac{1}{2}O_2 \rightarrow CO$(일산화탄소)

17 C(87%), H(12%), S(1%)의 조성을 가진 중유 1kg을 연소시키는 데 필요한 이론공기량은 몇 Nm^3/kg인가?

① 6.0　② 8.5
③ 9.4　④ 11.0

해설 이론공기량$(A_o) = 8.89\text{C} + 26.67\left(\text{H} - \dfrac{\text{O}}{8}\right) + 3.33\text{S}$

$= 8.89 \times 0.87 + 26.67 \times 0.12 \times 3.33 \times 0.01$

$= 11(\text{Nm}^3/\text{kg})$

(단, 산소가 없는 경우 $A_o = 8.89\text{C} + 26.67\text{H} + 3.33\text{S}$)

18 다음 중 몰리에(Mollier) 선도를 이용할 때 가장 간단하게 계산할 수 있는 것은?

① 터빈효율 계산
② 엔탈피 변화 계산
③ 사이클에서 압축비 계산
④ 증발 시의 체적증가량 계산

해설 $P-h$ 선도(압력-엔탈피 선도)

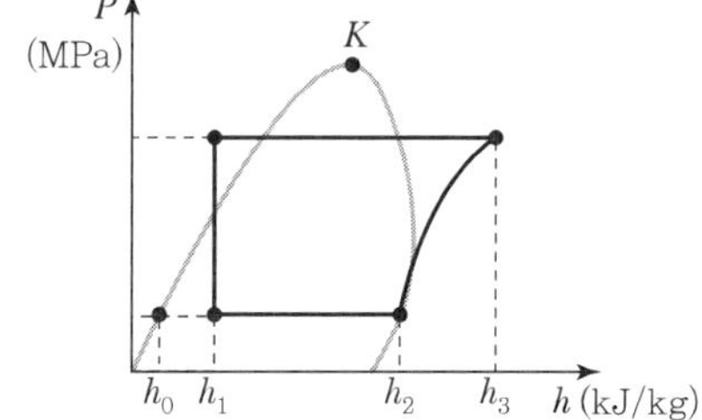

13. ③ 14. ① 15. ② 16. ① 17. ④ 18. ② | ANSWER

19 탄소(C) 1kg을 완전히 연소시키는 데 요구되는 이론 산소량은 몇 Nm^3인가?

① 1.87 ② 2.81
③ 5.63 ④ 8.94

해설 C 1(kmol) = 12(kg) = 22.4(Nm^3)
O_2 1(kmol) = 32(kg) = 22.4(Nm^3)
• 산소량 : $\frac{22.4}{12} = 1.87(Nm^3/kg)$, $\frac{32}{12} = 2.67(kg/kg)$
• 공기량 $= 1.87 \times \frac{1}{0.21} = 8.89(Nm^3/kg)$

20 연돌의 통풍력에 관한 설명으로 틀린 것은?

① 일반적으로 직경이 크면 통풍력도 크게 된다.
② 일반적으로 높이가 증가하면 통풍력도 증가한다.
③ 연돌의 내면에 요철이 적은 쪽이 통풍력이 크다.
④ 연돌의 벽에서 배기가스의 열방사가 많은 편이 통풍력이 크다.

해설 연돌(굴뚝)에서 배기가스 열방사가 적으으면 열손실이 감소하여 배기가스 온도가 높아지면서 부력이 발생하여 통풍력이 증가한다.

SECTION 02 계측 및 에너지 진단

21 진동이 일어나는 장치의 진동을 억제시키는 데 가장 효과적인 제어동작은?

① on−off 동작 ② 비례 동작
③ 미분 동작 ④ 적분 동작

해설 미분 동작
자동제어 연속 동작에서 진동이 일어나는 동작을 억제시키는 데 효과적이다.

22 다음 중 유량을 나타내는 단위가 아닌 것은?

① m^3/h ② kg/min
③ L/s ④ kg/cm^2

해설 압력의 단위
mmHg, atm, psi, kg/cm^2, Pa, N/m^2 등

23 다음 중 열량의 계량단위가 아닌 것은?

① J ② kWh
③ Ws ④ kg

해설 ㉠ 전력 : kW
㉡ 전력량 : kWh, Wh 등
㉢ 열량의 계량단위 : J, Ws, kWh 등

24 측정기로 여러 번 측정할 때 측정한 값의 흩어짐이 작으면, 즉 우연오차가 작다면 이 측정기는 어떠한가?

① 정밀도가 높다. ② 정확도가 높다.
③ 감도가 좋다. ④ 치우침이 적다.

해설 ㉠ 우연오차(산포)가 작으면 정밀도가 높다.
㉡ 계통적인 오차가 작으면 정확도가 높다.

25 물체의 탄성 변위량을 이용한 압력계가 아닌 것은?

① 다이어프램식 압력계 ② 경사관식 압력계
③ 부르동관식 압력계 ④ 벨로스식 압력계

해설 액주식(경사관식) 압력계

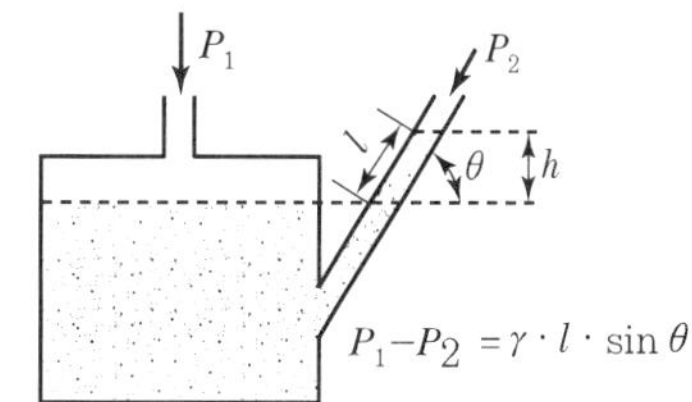

26 배가스 중 산소농도를 검출하여 적정공연비를 제어하는 방식을 무엇이라 하는가?

① O_2 Trimming 제어 ② 배가스 온도 제어
③ 배가스량 제어 ④ CO 제어

해설 O_2 Trimming 제어

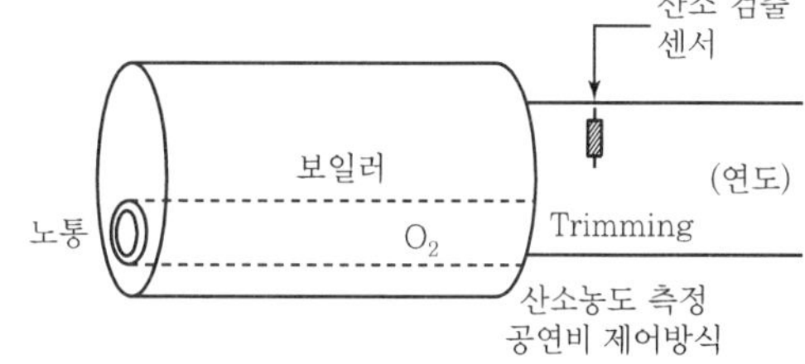

27 다음 중 압력의 계량 단위가 아닌 것은?

① N/m² ② mmHg
③ mmAq ④ Pa/cm²

해설 압력의 계량단위는 보기 ①, ②, ③ 외 Pa, kPa 등이 있다.

28 비접촉식 온도계의 특성 중 잘못 짝지어진 것은?

① 광전관 온도계 : 서로 다른 금속선에서 생긴 열기전력을 측정
② 광고온계 : 한 파장의 방사에너지 측정
③ 방사온도계 : 전 파장의 방사에너지 측정
④ 색온도계 : 고온체의 색 측정

해설 열전대 접촉식 온도계
서로 다른 금속선에서 생긴 열기전력(기전력 : 제벡효과)을 이용한 온도계이다.

29 유체의 압력차를 일정하게 유지하고 유체가 흐르는 단면적을 변화시켜 유량을 측정하는 계측기는?

① 오리피스 ② 플로노즐
③ 벤투리미터 ④ 로터미터

해설 로터미터(면적식 유량계)
유체의 압력차를 일정하게 유지하고 유체가 흐르는 단면적을 변화시켜 유량을 측정한다.

30 보일러 효율시험 측정 위치(방법)에 대한 설명으로 틀린 것은?

① 연료 온도 – 유량계 전
② 급수 온도 – 보일러 출구
③ 배기가스 온도 – 전열면 출구
④ 연료 사용량 – 체적식 유량계

해설

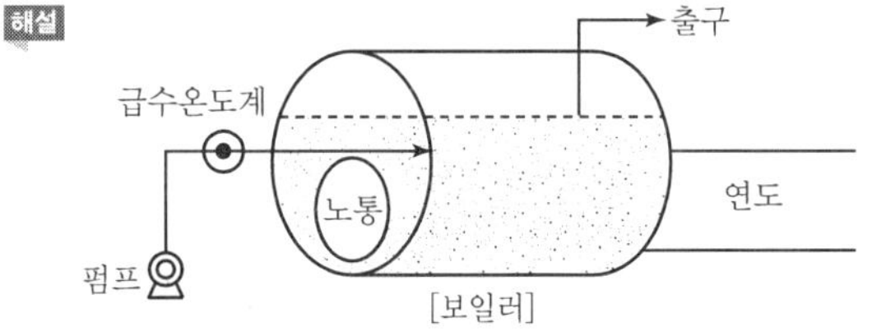

31 물의 삼중점에 해당되는 온도(℃)는?

① −273.87 ② 0
③ 0.01 ④ 4

해설 물의 삼중점
온도 0.01℃, 압력 4.579mmHg

32 잔류편차(Off-set)가 있는 제어는?

① P 제어 ② I 제어
③ PI 제어 ④ PID 제어

해설
- P 동작(비례동작) : 잔류편차 발생
- I 동작(적분동작) : 잔류편차 제거

33 제어계가 불안정해서 제어량이 주기적으로 변화하는 좋지 못한 상태를 무엇이라고 하는가?

① 외란
② 헌팅
③ 오버슈트
④ 스탭응답

해설 헌팅
제어계가 불안정해서 제어량이 주기적으로 변화하는 좋지 못한 상태이다.

34 배관의 열팽창에 의한 배관 이동을 구속 또는 제한하는 레스트레인트의 종류에 속하지 않는 것은?

① 스토퍼(Stopper)
② 앵커(Anchor)
③ 가이드(Guide)
④ 서포트(Support)

해설 관의 지지기구

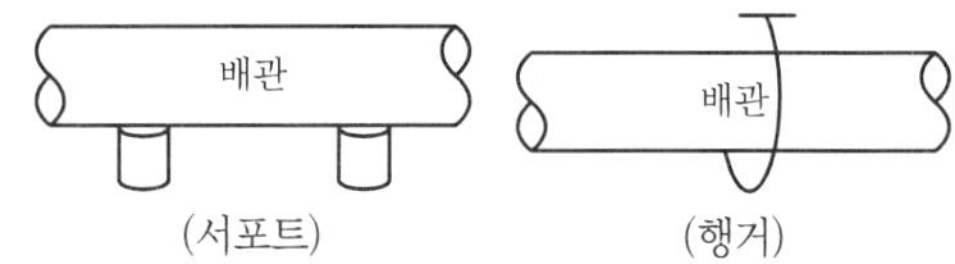

27. ④ 28. ① 29. ④ 30. ② 31. ③ 32. ① 33. ② 34. ④ | ANSWER

35 두께 144mm의 벽돌벽이 있다. 내면온도 250℃, 외면온도 150℃일 때 이 벽면 $10m^2$에서 손실되는 열량(W)은?(단, 벽돌의 열전도율은 0.7W/m · ℃이다.)

① 2,790 ② 4,860
③ 6,120 ④ 7,270

해설 고체전열량$(Q)=\lambda\times\dfrac{A(t_1-t_2)}{b}$

$$=0.7\times\frac{10\times(250-150)}{0.144}=4{,}860(\text{W})$$

36 보일러의 열정산 조건으로 가장 거리가 먼 것은?

① 측정시간은 최소 30분으로 한다.
② 발열량은 연료의 총발열량으로 한다.
③ 증기의 건도는 0.98 이상으로 한다.
④ 기준 온도는 시험 시의 외기 온도를 기준으로 한다.

해설 열정산 시 측정시간은 매 10분마다로 한다.

37 가스 분석을 위한 시료채취 방법으로 틀린 것은?

① 시료채취 시 공기의 침입이 없도록 한다.
② 가능한 한 시료가스의 배관을 짧게 한다.
③ 시료가스는 가능한 한 벽에 가까운 가스를 채취한다.
④ 가스성분과 화학성분을 일으키는 배관재나 부품을 사용하지 않는다.

해설 연소배기가스 분석 시 시료가스는 가능한 한 벽에서 멀어진 가스를 채취하여 분석하여야 농도가 정확하다.

38 물 20kg을 포화증기로 만들려고 한다. 전열효율이 80%일 때, 필요한 공급열량(kJ)은?(단, 포화증기 엔탈피는 2,780kJ/kg, 급수엔탈피는 100kJ/kg이다.)

① 53,600 ② 55,500
③ 67,000 ④ 69,400

해설 물의 증발열 = 2,780 − 100 = 2,680(kJ/kg)
소비열량 = (20 × 2,680)/0.8 = 67,000(kJ)

39 비접촉식 광전관식 온도계의 특징으로 틀린 것은?

① 연속 측정이 용이하다.
② 이동하는 물체의 온도 측정이 용이하다.
③ 응답 속도가 빠르다.
④ 기록제어가 불가능하다.

해설 비접촉식 광전관식 고온계
광고온도계의 계량형으로 보기 ①, ②, ③ 외에도 기록제어가 가능하다는 특징이 있다.

40 모세관 상부에 수은을 고이게 하여 측정온도에 따라 수은의 양을 조절하여 0.01℃까지 정도가 좋은 온도계로 열량계에 많이 사용하는 것은?

① 색온도계
② 저항온도계
③ 베크만 온도계
④ 액체 압력식 온도계

해설 베크만 온도계
수은온도계의 계량형으로 수은의 양을 조절하여 0.01℃까지 정도가 좋은 접촉식 온도계이며 열량계로도 사용이 가능하다.

SECTION 03 열설비구조 및 시공

41 자연 순환식 수관보일러의 종류가 아닌 것은?

① 야로우 보일러 ② 타쿠마 보일러
③ 라몬트 보일러 ④ 스털링 보일러

해설 강제순환식 보일러(수관형)
㉠ 라몬트 노즐 보일러
㉡ 베록스 보일러

42 보일러 증기과열기의 종류 중 증기와 열 가스의 흐름이 서로 반대 방향인 방식은?

① 병류식(병행류) ② 향류식(대향류)
③ 혼류식 ④ 분사식

ANSWER | 35. ② 36. ① 37. ③ 38. ③ 39. ④ 40. ③ 41. ③

해설

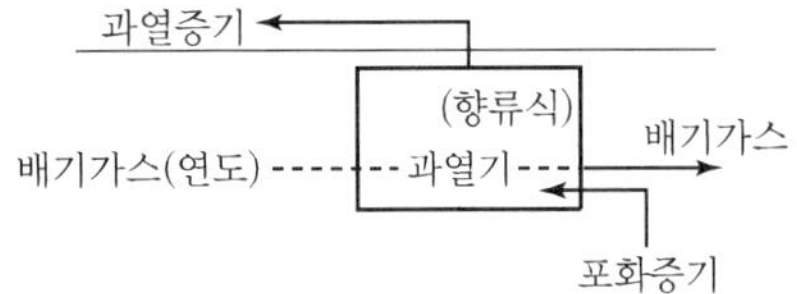

43 다음 중 에너지이용 합리화법에 따라 소형 온수보일러에 해당하는 것은?

① 전열면적이 $14m^2$ 이하이고 최고사용압력이 0.35 MPa 이하의 온수를 발생하는 것
② 전열면적이 $14m^2$ 이하이고 최고사용압력이 0.5 MPa 이하의 온수를 발생하는 것
③ 전열면적이 $24m^2$ 이하이고 최고사용압력이 0.35 MPa 이하의 온수를 발생하는 것
④ 전열면적이 $24m^2$ 이하이고 최고사용압력이 0.5 MPa 이하의 온수를 발생하는 것

해설 소형 온수보일러 기준
전열면적 $14m^2$ 이하, 최고사용압력 0.35MPa 이하 온수보일러

44 동경관을 직선으로 연결하는 부속이 아닌 것은?

① 소켓 ② 니플
③ 리듀서 ④ 유니온

해설 리듀서(줄임쇠) : 강관용 부속 이음

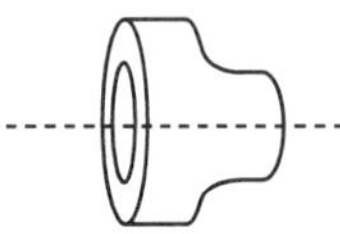

45 캐리오버(Carry Over)를 방지하기 위한 대책으로 틀린 것은?

① 보일러 내에 증기세정장치를 설치한다.
② 급격한 부하변동을 준다.
③ 운전 시에 블로다운을 행한다.
④ 고압 보일러에서는 실리카를 제거한다.

해설 캐리오버(기수공발)
증기에 수분이나 실리카(SiO_2)가 동행하여 보일러에서 외부관으로 배출되면서 수격작용을 일으키는 현상으로 급격한 부하변동을 피해서 보일러 운전을 해야 한다.

46 관경 50A인 어떤 관의 최대인장강도가 400MPa일 때, 허용응력(MPa)은?(단, 안전율은 4이다.)

① 100 ② 125
③ 168 ④ 200

해설 $\text{허용응력} = \text{최대인장강도} \times \frac{1}{\text{안전율}}$

$$= \frac{400 \times 1}{4} = 100(\text{MPa})$$

47 보일러 노통의 구비 조건으로 적절하지 않은 것은?

① 전열작용이 우수해야 한다.
② 온도 변화에 따른 신축성이 있어야 한다.
③ 증기의 압력에 견딜 수 있는 충분한 강도가 필요하다.
④ 연소가스의 유속을 크게 하기 위하여 노통의 단면적을 작게 한다.

해설 노통이 어느 정도 커야 공기량이 풍부하여 완전연소가 가능하다.

48 용해로에 대한 설명이 틀린 것은?

① 용해로는 용탕을 만들어 내는 것을 목적으로 한다.
② 전기로에는 형식에 따라 아크로, 저항로, 유도용해로가 있다.
③ 반사로는 내화벽돌로 만든 아치형의 낮은 천장으로 구성되어 있다.
④ 용선로는 자연통풍식과 강제통풍식으로 나뉘며 석탄, 중유, 가스를 열원으로 사용한다.

해설 용선로(큐폴라)
주물용해로이다. 반사로와 평로가 있다. 전로가 부착된 것이 있는 것과 없는 것이 있으며 코크스로 주철을 용해한다.

42. ② 43. ① 44. ③ 45. ② 46. ① 47. ④ 48. ④ ANSWER

49 용해로, 소둔로, 소성로, 균열로의 분류방식은?

① 조업방식 ② 전열방식
③ 사용목적 ④ 온도상승속도

해설 노의 사용목적별 분류
용해로, 소둔로, 소성로, 균열로 등

50 보일러 사고의 종류인 저수위의 원인이 아닌 것은?

① 급수계통의 이상 ② 관수의 농축
③ 분출계통의 누수 ④ 증발량의 과잉

해설 관수의 농축은 슬러지 생성, 스케일 부착의 원인이 된다.

51 상온의 물을 양수하는 펌프의 송출량이 $0.7m^3/s$이고 전양정이 40m인 펌프의 축동력은 약 몇 kW인가?(단, 펌프의 효율은 80%이다.)

① 327 ② 343
③ 376 ④ 443

해설 $동력(kW) = \frac{\gamma \cdot Q \cdot H}{102 \times \eta} = \frac{1,000 \times 0.7 \times 40}{102 \times 0.8} = 343$
(물의 비중량 $\gamma = 1,000kg/m^3$)

52 급수의 성질에 대한 설명으로 틀린 것은?

① pH는 최적의 값을 유지할 때 부식 방지에 유리하다.
② 유지류는 보일러수의 포밍의 원인이 된다.
③ 용존산소는 보일러 및 부속장치의 부식의 원인이 된다.
④ 실리카는 슬러지를 만든다.

해설 실리카(SiO_2)는 경질의 스케일을 생성시키며 선택적 캐리오버(Selective Carry Over)가 발생한다.

53 가열로의 내벽 온도를 1,200℃, 외벽 온도를 200℃로 유지하고 매 시간당 $1m^2$에 대한 열손실을 1,440 kJ로 설계할 때 필요한 노벽의 두께(cm)는?(단, 노벽 재료의 열전도율은 0.1W/m · ℃이다.)

① 10 ② 15
③ 20 ④ 25

해설 $Q = \lambda \times \frac{A(t_1 - t_2)}{b}$

$\frac{1,440}{3,600} = 0.1 \times \frac{1 \times (1,200 - 200)}{b}$

$\therefore b = 0.1 \times \frac{1 \times (1,200 - 200)}{\left(\frac{1,440}{3,600}\right)} = 250(mm) = 25(cm)$

※ 1kWh = 3,600kJ, 1W = 0.86kcal
1kW = 1,000W, 0.1W = 0.0001kW

54 에너지이용 합리화법에서 검사의 종류 중 계속사용검사에 해당하는 것은?

① 설치검사 ② 개조검사
③ 안전검사 ④ 재사용검사

해설 계속사용검사
안전검사, 성능검사

55 에너지이용 합리화법에 따라 검사대상기기관리자 선임에 대한 설명으로 틀린 것은?

① 검사대상기기설치자는 검사대상기기관리자가 퇴직한 경우 시 · 도지사에게 신고하여야 한다.
② 검사대상기기설치자는 검사대상기기관리자가 퇴직하는 경우 퇴직 후 7일 이내에 후임자를 선임하여야 한다.
③ 검사대상기기관리자의 선임기준은 1구역마다 1명 이상으로 한다.
④ 검사대상기기관리자의 자격기준과 선임기준은 산업통상자원부령으로 정한다.

해설 검사대상기기관리자가 퇴직하면 퇴직하기 전에 후임자를 선임하고 선임한 날로부터 30일 이내 한국에너지공단에 선임신고서를 제출한다.

56 감압 밸브를 작동방법에 따라 분류할 때 해당되지 않는 것은?

① 솔레노이드식 ② 다이어프램식
③ 벨로스식 ④ 피스톤식

해설 • 솔레노이드 밸브 : 전자 밸브(오일, 가스라인에 설치한다.)
• 감압 밸브는 증기라인에 설치한다.

57 에너지이용 합리화법에 따라 검사대상기기인 보일러의 계속사용검사 중 운전성능검사의 유효기간은?

① 6개월 ② 1년
③ 2년 ④ 3년

해설 개조검사, 설치검사, 안전검사, 운전성능검사 등은 유효기간이 1년이다.

58 배관에 사용되는 보온재의 구비 조건으로 틀린 것은?

① 물리적 · 화학적 강도가 커야 한다.
② 흡수성이 적고, 가공이 용이해야 한다.
③ 부피, 비중이 작아야 한다.
④ 열전도율이 가능한 한 커야 한다.

해설 보온재는 열전도율(W/m℃)이 작아야 열손실이 방지된다.

59 다음 중 관류보일러로 옳은 것은?

① 술저(Sulzer) 보일러
② 라몬트(Lamont) 보일러
③ 벨럭스(Velox) 보일러
④ 타쿠마(Takuma) 보일러

해설 수관식 관류보일러
㉠ 밴슨 보일러
㉡ 술저 보일러
㉢ 가와사키 보일러

60 보일러 내부의 전열면에 스케일이 부착되어 발생하는 현상이 아닌 것은?

① 전열면 온도 상승
② 전열량 저하
③ 수격현상 발생
④ 보일러수의 순환 방해

해설 배관의 수격현상(워터해머)은 증기의 응축수 발생에 의해 일어난다. 예방책으로 증기트랩이나 관에 구배를 주어서 시공한다.

SECTION 04 열설비 취급 및 안전관리

61 다음 중 에너지이용 합리화법에 따라 검사대상기기의 검사유효기간이 다른 하나는?

① 보일러 설치장소 변경검사
② 철금속가열로 운전성능검사
③ 압력용기 및 철금속가열로 설치검사
④ 압력용기 및 철금속가열로 재사용검사

해설 ① : 검사유효기간 1년
②, ③, ④ : 검사유효기간 2년

62 신설 보일러의 소다 끓이기의 주요 목적은?

① 보일러 가동 시 발생하는 열응력을 감소하기 위해서
② 보일러 동체와 관의 부식을 방지하기 위해서
③ 보일러 내면에 남아 있는 유지분을 제거하기 위해서
④ 보일러 동체의 강도를 증가시키기 위해서

해설 신설 보일러의 소다 끓이기는 보일러 내면에 남아 있는 유지분(보일러 과열 촉진)을 제거하기 위함이다. 압력 0.3~0.5(kgf/cm^2)에서 2~3일간 끓인 후 분출하고 새로 급수한 후에 사용한다.(탄산소다 0.1% 정도 용액 사용)

63 진공환수식 증기난방에서 환수관 내의 진공도는?

① 50~75mmHg ② 70~125mmHg
③ 100~250mmHg ④ 250~350mmHg

해설 증기난방 응축수 회수방법
㉠ 기계환수식(환수 펌프 사용)
㉡ 중력환수식(밀도차 이용)
㉢ 진공환수식(진공도 100~250mmHg)

64 에너지이용 합리화법에 따라 검사대상기기관리자가 퇴직한 경우, 검사대상기기관리자 퇴직신고서에 자격증수첩과 관리할 검사대상기기 검사증을 첨부하여 누구에게 제출하여야 하는가?

① 시 · 도지사 ② 시공업자단체장
③ 산업통상자원부장관 ④ 한국에너지공단이사장

57. ② 58. ④ 59. ① 60. ③ 61. ① 62. ③ 63. ③ 64. ④ | ANSWER

해설 검사대상기기관리자의 선임 · 퇴직 · 해임신고서는 한국에너지공단이사장에게 제출한다.

65 진공환수식 증기난방의 장점이 아닌 것은?

① 배관 및 방열기 내의 공기를 뽑아내므로 증기순환이 신속하다.
② 환수관의 기울기를 크게 할 수 있고 소규모 난방에 알맞다.
③ 방열기 밸브의 개폐를 조절하여 방열량의 폭넓은 조절이 가능하다.
④ 응축수의 유속이 신속하므로 환수관의 직경이 작아도 된다.

해설 진공환수식 증기난방은 환수관의 기울기에는 별로 영향받지 않으며, 대규모 난방에서 채택을 많이 한다.

66 수격작용을 예방하기 위한 조치사항이 아닌 것은?

① 송기할 때는 배관을 예열할 것
② 주증기 밸브를 급개방하지 말 것
③ 송기하기 전에 드레인을 완전히 배출할 것
④ 증기관의 보온을 하지 말고 냉각을 잘 시킬 것

해설 수격작용(워터해머)을 방지하려면 관 내 응축수의 생성을 방지해야 하므로 증기관의 보온을 철저하게 한다.

67 다음은 보일러 설치 시공기준에 대한 설명으로 틀린 것은?

① 전열면적 $10m^2$를 초과하는 보일러에서 급수밸브 및 체크밸브의 크기는 호칭 20A 이상이어야 한다.
② 최대증발량이 5t/h 이하인 관류보일러의 안전밸브는 호칭지름 25A 이상이어야 한다.
③ 2개 이상의 원격지시 수면계를 시설하는 경우에 한하여 유리수면계는 1개 이상으로 할 수 있다.
④ 증기보일러의 압력계에는 물을 넣은 안지름 6.5 mm 이상의 사이펀관 또는 동등한 작용을 하는 장치를 부착해야 한다.

해설 보기 ②의 관류보일러는 안전밸브의 호칭지름이 20A 이상이면 기준에 부합한다.

68 보일러의 동판에 점식(Pitting)이 발생하는 가장 큰 원인은?

① 급수 중에 포함되어 있는 산소 때문
② 급수 중에 포함되어 있는 탄산칼슘 때문
③ 급수 중에 포함되어 있는 인산마그네슘 때문
④ 급수 중에 포함되어 있는 수산화나트륨 때문

해설 점식(공식, 점형부식)은 보일러 수면 부근에서 발생하며 보일러수의 고열에 의해 용존산소가 분출되면서 발생하는 점부식(곰보부식)이다.

69 에너지법에서 에너지공급자가 아닌 것은?

① 에너지를 수입하는 사업자
② 에너지를 저장하는 사업자
③ 에너지를 전환하는 사업자
④ 에너지사용시설의 소유자

해설 에너지관리자
㉠ 에너지사용시설의 소유자
㉡ 에너지사용시설의 관리자

70 과열기가 설치된 보일러에서 안전밸브의 설치기준에 대해 맞게 설명된 것은?

① 과열기에 설치하는 안전밸브는 고장에 대비하여 출구에 2개 이상 있어야 한다.
② 관류보일러는 과열기 출구에 최대증발량에 해당하는 안전밸브를 설치할 수 있다.
③ 과열기에 설치된 안전밸브의 분출용량 및 수는 보일러 동체의 분출용량 및 수에 포함이 안 된다.
④ 과열기에 안전밸브가 설치되면 동체에 부착되는 안전밸브는 최대증발량의 90% 이상 분출할 수 있어야 한다.

해설 과열기 안전밸브 설치기준
㉠ 출구에 1개 이상의 안전밸브가 있어야 한다.
㉡ 증기분출용량은 과열기의 온도를 설계온도 이하로 유지하는 데 필요한 양의 보일러 최대증발량의 15%를 초과하는 경우에는 15% 이상이어야 한다.
㉢ 관류보일러에는 과열기 출구에 최대증발량에 상당하는 분출용량의 안전밸브를 설치할 수 있다.

ANSWER | 65. ② 66. ④ 67. ② 68. ① 69. ④ 70. ②

71 **보일러를 사용하지 않고 장기간 보존할 경우 가장 적합한 보존법은?**

① 건조 보존법 ② 만수 보존법
③ 밀폐 만수 보존법 ④ 청관제 만수 보존법

해설 보일러 장기 보존법
건조 보존법, 석회밀폐 건조 보존법, 질소봉입 건조밀폐 보존법

72 **증기 발생 시 주의사항으로 틀린 것은?**

① 연소 초기에는 수면계의 주시를 철저히 한다.
② 증기를 송기할 때 과열기의 드레인을 배출시킨다.
③ 급격한 압력상승이 일어나지 않도록 연소상태를 서서히 조절시킨다.
④ 증기를 송기할 때 증기관 내의 수격작용을 방지하기 위하여 응축수의 배출을 사후에 실시한다.

해설 송기(증기이송) 시 응축수 배출 후에 주증기 밸브를 개방하여 수격작용을 방지한다.

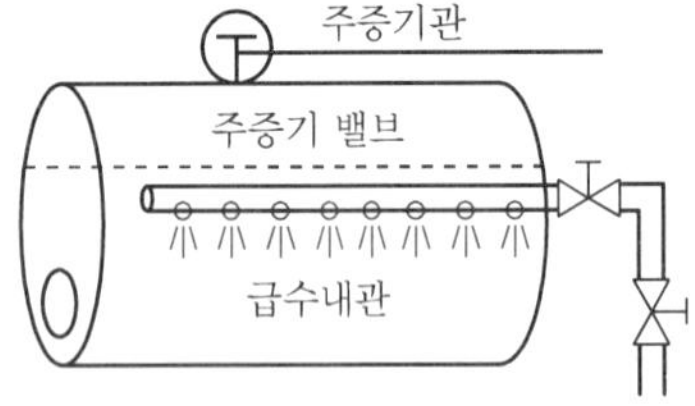

73 **에너지이용 합리화법에 따라 효율관리기자재에 에너지소비효율 등을 표시해야 하는 업자로 옳은 것은?**

① 효율관리기자재의 제조업자 또는 시공업자
② 효율관리기자재의 제조업자 또는 수입업자
③ 효율관리기자재의 시공업자 또는 판매업자
④ 효율관리기자재의 수입업자 또는 시공업자

해설 효율관리기자재에 에너지소비효율 등을 표시해야 하는 자
㉠ 제조업자
㉡ 수입업자

74 **보일러의 만수 보존법은 어느 경우에 가장 적합한가?**

① 장기간 휴지할 때
② 단기간 휴지할 때
③ N_2 가스의 봉입이 필요할 때
④ 겨울철에 동결의 위험이 있을 때

해설 보일러 보존법
㉠ 단기 보존 : 만수 보존(물을 이용)
㉡ 장기 보존 : 건조 보존(N_2 가스 이용)

75 **온도를 측정하는 원리와 온도계가 바르게 짝지어진 것은?**

① 열팽창을 이용 – 유리제 온도계
② 상태 변화를 이용 – 압력식 온도계
③ 전기저항을 이용 – 서모컬러 온도계
④ 열기전력을 이용 – 바이메탈식 온도계

해설 ㉠ 상태 변화 : 바이메탈 온도계
㉡ 전기저항 변화 : 서미스터 온도계
㉢ 열기전력 변화 : 열전대 온도계

76 **특정열사용기자재의 시공업을 하려는 자는 어느 법에 따라 시공업 등록을 해야 하는가?**

① 건축법 ② 집단에너지사업법
③ 건설산업기본법 ④ 에너지이용 합리화법

해설 특정열사용기자재시공업(전문건설업)은 건설산업기본법에 의해 시·도지사에게 등록한다.

77 **단관 중력순환식 온수난방 방열기 및 배관에 대한 설명으로 틀린 것은?**

① 방열기마다 에어벤트 밸브를 설치한다.
② 방열기는 보일러보다 높은 위치에 오도록 한다.
③ 배관은 주관 쪽으로 앞 올림 구배로 하여 공기가 보일러 쪽으로 빠지도록 한다.
④ 배수 밸브를 설치하여 방열기 및 관 내의 물을 완전히 뺄 수 있도록 한다.

해설 공기 빼기는 외기 쪽으로 한다.

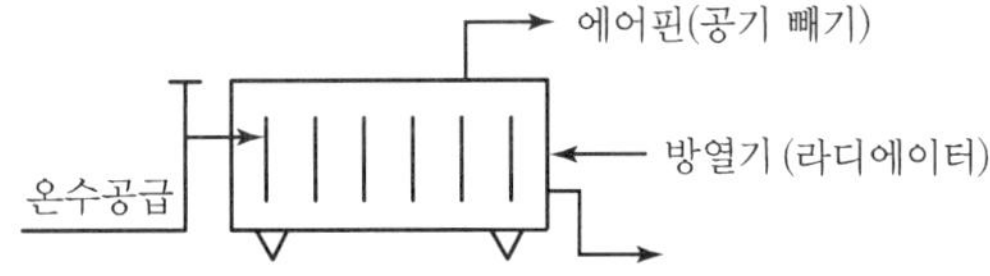

71. ① 72. ④ 73. ② 74. ② 75. ① 76. ③ 77. ③ | ANSWER

78 **보일러 관석(Scale)의 성분이 아닌 것은?**

① 황산칼슘($CaSO_4$) ② 규산칼슘($CaSiO_2$)
③ 탄산칼슘($CaCO_3$) ④ 염화칼슘($CaCl_2$)

해설 ㉠ 염화칼슘 : 흡수제
㉡ 관석(스케일) : $Ca(HCO_3)_2$, $CaSO_4$, $Mg(HCO_3)_2$, $MgCl_2$, $MgSO_4$, SiO_2, 유지분 등

79 **에너지이용 합리화법에서 에너지사용계획을 제출하여야 하는 민간사업주관자가 설치하려는 시설로 옳은 것은?**

① 연간 5천 티오이 이상의 연료 및 열을 사용하는 시설
② 연간 1만 티오이 이상의 연료 및 열을 생산하는 시설
③ 연간 1천만 킬로와트시 이상의 전기를 사용하는 시설
④ 연간 2천만 킬로와트시 이상의 전기를 생산하는 시설

해설 민간사업주관자의 에너지사용계획 제출 기준
㉠ 연간 5천 TOE 이상의 연료 및 열을 사용하는 시설
㉡ 연간 2천만 킬로와트시 이상의 전력을 사용하는 시설

80 **어떤 급수용 원심펌프가 800rpm으로 운전하여 전양정이 8m이고 유량이 $2m^3/min$을 방출한다면 1,600rpm으로 운전할 때는 몇 m^3/min을 방출할 수 있는가?**

① 2 ② 4
③ 6 ④ 8

해설 펌프의 회전수 증가에 의한 유량(Q')

$$Q' = Q \times \frac{N_2}{N_1} = 2 \times \frac{1,600}{800} = 4(m^3/min)$$

SECTION 01 열역학 및 연소관리

01 $1Nm^3$의 혼합가스를 $6Nm^3$의 공기로 연소시킨다면 공기비는 얼마인가?(단, 이 기체의 체적비는 $CH_4 = 45\%$, $H_2 = 30\%$, $CO_2 = 10\%$, $O_2 = 8\%$, $N_2 = 7\%$이다.)

① 1.2 ② 1.3
③ 1.4 ④ 3.0

해설 연소반응식

$CH_4 + 2O_2 \rightarrow CO_2 + 2H_2O$

$H_2 + \frac{1}{2}O_2 \rightarrow H_2O$

이론공기량(A_0) = 이론산소량$(O_0) \times \frac{1}{0.21}$

$= (2 \times 0.45 + 0.5 \times 0.3 - 0.08) \times \frac{1}{0.21}$

$= 4.62Nm^3/Nm^3$

공기비$(m) = \frac{\text{실제공기량}}{\text{이론공기량}} = \frac{6}{4.62} = 1.3$

02 보일의 법칙을 나타내는 식으로 옳은 것은?(단, C는 일정한 상수이고 P, V, T는 각각 압력, 체적, 온도를 나타낸다.)

① $\frac{T}{V} = C$ ② $\frac{V}{T} = C$
③ $PV = C$ ④ $\frac{PV}{T} = C$

해설 ㉠ 보일의 법칙 : $PV = C$

㉡ 샤를의 법칙 : $\frac{V}{T} = C$

㉢ 보일-샤를의 법칙 : $\frac{PV}{T} = C$

03 어떤 계 내에 이상기체가 초기상태 75kPa, 50℃인 조건에서 5kg이 들어 있다. 이 기체를 일정 압력하에서 부피가 2배가 될 때까지 팽창시킨 다음, 일정 부피에서 압력이 2배가 될 때까지 가열하였다면 전 과정에서 이 기체에 전달된 전열량(kJ)은?(단, 이 기체의 기체상수는 0.35kJ/kg·K, 정압비열은 0.75kJ/kg·K이다.)

① 565 ② 1,210
③ 1,290 ④ 2,503

해설 부피증가 2배, 압력증가 2배일 때 전열량

$P_2 = P_1 \times \frac{T_2}{T_1}$, $T_2 = T_1 \times \frac{V_2}{V_1} = 323 \times \frac{2}{1} = 646K$

$Q_1 = 5 \times 0.75 \times (646 - 323) = 1,211kJ$

$Q_2 = 5 \times 0.4 \times (646 - 323) \times 2 = 1,292kJ$

정적비열 $= C_p - R = 0.75 - 0.35 = 0.4kJ/kg \cdot K$

$\therefore Q = 1,211 + 1,292 = 2,503kJ$

04 증기의 특성에 대한 설명 중 틀린 것은?

① 습증기를 단열압축시키면 압력과 온도가 올라가 과열증기가 된다.
② 증기의 압력이 높아지면 포화온도가 낮아진다.
③ 증기의 압력이 높아지면 증발잠열이 감소된다.
④ 증기의 압력이 높아지면 포화증기의 비체적(m^3/kg)이 작아진다.

해설

증기압력(증가) ↑ 증발잠열(감소)	증기압력(증가) ↑ 포화온도(증가)

05 공기과잉계수(공기비)를 옳게 나타낸 것은?

① 실제연소공기량 ÷ 이론공기량
② 이론공기량 ÷ 실제연소공기량
③ 실제연소공기량 - 이론공기량
④ 공급공기량 - 이론공기량

해설
- 공기비(과잉공기계수) $= \frac{\text{실제연소공기량}}{\text{이론공기량}}$
- 공기비가 너무 크면 배기가스 열손실이 증가한다.

1. ② 2. ③ 3. ④ 4. ② 5. ① | ANSWER

06 이상적인 증기압축 냉동 사이클에 대한 설명 중 옳지 않은 것은?

① 팽창과정은 단열상태에서 일어나며, 대부분 등엔트로피 팽창을 한다.
② 압축과정에서는 기체상태의 냉매가 단열압축되어 고온고압의 상태가 된다.
③ 응축과정에서는 냉매의 압력이 일정하며 주위로의 열전달을 통해 냉매가 포화액으로 변한다.
④ 증발과정에서는 일정한 압력상태에서 저온부로부터 열을 공급받아 냉매가 증발한다.

해설 증기냉동 사이클(역카르노 사이클)

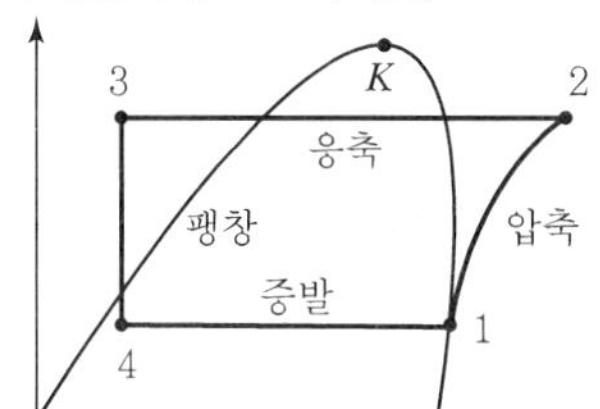

- 1 → 2(단열압축)
- 2 → 3(정압방열)
- 3 → 4(교축과정)
- 4 → 1(정압팽창과정)

07 중유는 A, B, C급으로 분류한다. 이는 무엇을 기준으로 분류하는가?

① 인화점 ② 발열량
③ 점도 ④ 황분

해설 중유는 점도에 따라 A, B, C 등급으로 분류한다.

08 체적 $20m^3$의 용기 내에 공기가 채워져 있으며, 이때 온도는 25℃이고, 압력은 200kPa이다. 용기 내의 공기온도를 65℃까지 가열시키는 경우에 소요열량은 약 몇 kJ인가?(단, 기체상수는 0.287kJ/kg · K, 정적비열은 0.71kJ/kg · K이다.)

① 240 ② 330
③ 1,330 ④ 2,840

해설
$$PV = GRT,\ G = \frac{P_1 V_1}{RT_1} = \frac{200 \times 20}{0.287 \times 298} = 46.77\text{kg}$$
∴ 소요열량(Q) = 46.77 × 0.71 × (338 − 298) = 1,330kJ

09 15℃의 물 1kg을 100℃의 포화수로 변화시킬 때 엔트로피 변화량(kJ/K)은?(단, 물의 평균 비열은 4.2kJ/kg · K이다.)

① 1.1 ② 6.7
③ 8.0 ④ 85.0

해설 $Q = 1 \times 4.2 \times (100 - 15) = 357\text{kJ}$
$$\therefore \Delta S = \frac{Q}{T} = \frac{357}{100 + 273} = 1.1\text{kJ/K}$$

10 액체 및 고체연료와 비교한 기체연료의 일반적인 특징에 대한 설명으로 틀린 것은?

① 점화 및 소화가 간단하다.
② 연소 시 재가 없고, 연소효율도 높다.
③ 가스가 누출되면 폭발의 위험성이 있다.
④ 저장이 용이하며, 취급에 주의를 요하지 않는다.

해설 기체연료의 단점
㉠ 저장이 불편하다.
㉡ 취급에 어려움이 크다.
㉢ 가스의 누출 시 폭발의 위험이 크다.

11 다음 중 열량의 단위에 해당하지 않는 것은?

① PS ② kcal
③ BTU ④ kJ

해설 동력의 단위
㉠ PS(102kg · m/s)
㉡ HP(76kg · m/s)
㉢ kW(75kg · m/s)

12 오일의 점도가 높아도 비교적 무화가 잘되고 버너의 방식이 외부혼합형과 내부혼합형이 있는 것은?

① 저압기류식 버너 ② 고압기류식 버너
③ 회전분무식 버너 ④ 유압분무식 버너

해설 고압기류식 버너
0.2~0.7MPa의 공기나 증기로 중유 C급의 점도가 높은 오일의 무화가 비교적 순조롭고 버너의 방식이 외부혼합형, 내부혼합형이 있는 무화(안개방울화)용 버너이다.

ANSWER | 6. ① 7. ③ 8. ③ 9. ① 10. ④ 11. ① 12. ②

13 자연통풍에 있어서 연도 가스의 온도가 높아졌을 경우 통풍력은?

① 변하지 않는다.
② 감소한다.
③ 증가한다.
④ 증가하다가 감소한다.

해설 자연통풍(굴뚝 의존용)은 연소배기가스 온도가 높으면 통풍력(mmAq)이 증가한다.

14 다음 연료의 구비조건 중 적당하지 않은 것은?

① 구입이 용이해야 한다.
② 연소 시 발열량이 낮아야 한다.
③ 수송이나 취급 등이 간편해야 한다.
④ 단위 용적당 발열량이 높아야 한다.

해설 연료(고체, 액체, 기체)는 발열량(kcal/kgf, kcal/Nm^3)이 높아야 한다.

15 공기표준 브레이턴 사이클에 대한 설명으로 틀린 것은?

① 등엔트로피 과정과 정압과정으로 이루어진다.
② 작동유체가 기체이다.
③ 효율은 압력비와 비열비에 의해 결정된다.
④ 냉동 사이클의 일종이다.

해설 브레이턴 사이클(가스터빈의 이상 사이클인 공기냉동 사이클의 역사이클)은 일량에 비해 냉동효과가 작아서 잘 사용되지 않는다.

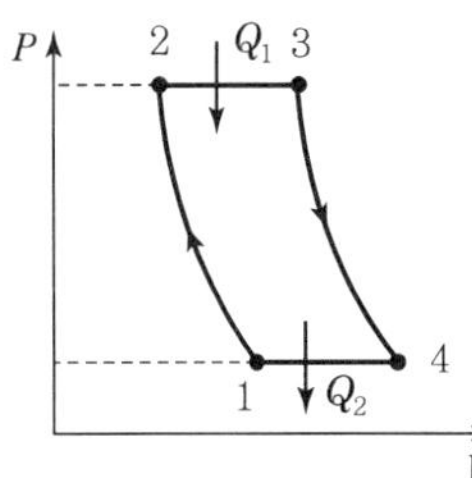

- 1 → 2(가역단열압축) : 압축
- 2 → 3(가역정압가열) : 연소
- 3 → 4(가역단열팽창) : 터빈일
- 4 → 1(가역정압배기) : 배기

16 연소할 때 유효하게 자유로이 연소할 수 있는 수소, 즉 유효수소량(kg)을 구하는 식으로 옳은 것은?(단, H는 연료 속의 수소량(kg)이고, O는 연료 속에 포함된 산소량(kg)이다.)

① $H+\frac{O}{8}$　　② $H-\frac{O}{8}$

③ $H+\frac{O}{4}$　　④ $H-\frac{O}{4}$

해설 유효수소 $\left(H-\frac{O}{8}\right)$

$H_2 + \frac{1}{2}O_2 \rightarrow H_2O$

2kg + 16kg → 18kg

1kg + 8kg → 9kg

17 연료비가 증가할 때 일어나는 현상이 아닌 것은?

① 착화온도 상승
② 자연발화 방지
③ 연소속도 증가
④ 고정탄소량 증가

해설 고체연료(석탄)의 연료비

㉠ 연료비 $= \frac{\text{고정탄소}}{\text{휘발분}}$

㉡ 연료비가 크면 휘발분 감소, 고정탄소 증가로 연소속도가 감소하고 착화가 어렵다.

㉢ 연료비가 12 이상이면 무연탄이다.

18 다음 중 이상기체의 등온과정에 대하여 항상 성립하는 것은?(단, W는 일, Q는 열, U는 내부에너지를 나타낸다.)

① $W=0$　　② $Q=0$

③ $|Q| \neq |W|$　　④ $\Delta U=0$

해설 이상기체의 등온과정

㉠ $PVT=T=C$, $dT=0$

내부에너지 변화 $du=CdT$, $dT=0$

$\Delta u=u_2-u_1=0$　$\therefore u_1=u_2$

㉡ 내부에너지 변화가 없다.

㉢ 엔탈피 변화가 없다

㉣ 가열량은 전부 일로 변한다.(절대일=공업일)

13. ③ 14. ② 15. ④ 16. ② 17. ③ 18. ④ | ANSWER

19 **건도를 x라고 할 때 건포화증기일 경우 x의 값을 올바르게 나타낸 것은?**

① $x=0$ ② $x=1$
③ $x<0$ ④ $0<x<1$

해설 건도(x)
㉠ $x=1$: 건포화증기
㉡ $0<x<1$: 습포화증기
㉢ $x=0$: 포화수

20 **LPG의 특징에 대한 설명으로 틀린 것은?**

① 무색 투명하다.
② C_3H_8과 C_4H_{10}이 주성분이다.
③ 상온 · 상압에서 공기보다 무겁다.
④ 상온 · 상압에서는 액체로 존재한다.

해설 LPG(부탄 C_4H_{10}+프로판 C_3H_8)는 상온이나 상압에서 기체로 존재한다.
(부탄 비점 : −0.5℃, 프로판 비점 : −41.2℃)

SECTION 02 계측 및 에너지 진단

21 **보일러의 증발량이 5t/h이고 보일러 본체의 전열면적이 25m²일 때 이 보일러의 전열면 증발률(kg/m² · h)은?**

① 75 ② 150
③ 175 ④ 200

해설 전열면의 증발률(kg/m² · h)

$$\text{증발률}=\frac{5\times10^3}{25}=200\text{kg/m}^2\cdot\text{h}$$

22 **자동제어시스템의 종류 중 자동제어계의 시간응답특성에 대한 설명으로 틀린 것은?**

① $\text{오버슈트}=\dfrac{\text{최대 오버슈트}}{\text{최종목푯값}}$

② $\text{감쇠비}=\dfrac{\text{최대 오버슈트}}{\text{제2 오버슈트}}$

③ 지연시간=응답이 최초로 목푯값의 50%가 되는 데 요하는 시간
④ 상승시간=목푯값의 10%에서 90%까지 도달하는 데 요하는 시간

해설 $\text{시간응답 감쇠비(Decay Ratio)}=\dfrac{\text{제2 오버슈트}}{\text{최대 오버슈트}}$

23 **보일러의 증발능력을 표준상태와 비교하여 표시한 값은?**

① 증발배수
② 증발효율
③ 증발계수
④ 증발률

해설 ㉠ $\text{증발계수}=\dfrac{\text{증기 엔탈피}-\text{급수 엔탈피}}{\text{증발잠열}}$
㉡ 증발계수가 커야 보일러 능력이 우수하다.

24 **다음 중 1N에 대한 설명으로 옳은 것은?**

① 질량 1kg의 물체에 가속도 1m/s²이 작용하여 생기게 하는 힘이다.
② 질량 1g의 물체에 가속도 1cm/s²이 작용하여 생기게 하는 힘이다.
③ 면적 1cm²에 1kg의 무게가 작용할 때의 응력이다.
④ 면적 1cm²에 1g의 무게가 작용할 때의 응력이다.

해설 1N은 질량 1kg인 물체에 1m/s²의 가속도가 작용할 때의 힘이다.
※ • 1kgf · m=9.80665N · m=9.80665J
• 1J=1N×1m=1kg · m²/s²
• 1J이란 1N의 힘을 작용하여 힘의 방향으로 1m만큼의 변위를 일으켰을 때의 일로 정의한다.

25 **다음 중 유량의 단위로 옳은 것은?**

① kg/m² ② kg/m³
③ m³/s ④ m³/kg

해설 ㉠ 유량의 단위 : m³/s
㉡ 밀도의 단위 : kg/m³
㉢ 비체적의 단위 : m³/kg

ANSWER | 19. ② 20. ④ 21. ④ 22. ② 23. ③ 24. ① 25. ③

26 탄성식 압력계가 아닌 것은?

① 부르동관 압력계
② 다이어프램 압력계
③ 벨로스 압력계
④ 환상천평식 압력계

해설 환상천평식 압력계 : 액주형 압력계(미압계)

27 측정 대상과 같은 종류이며 크기 조정이 가능한 기준량을 준비하여 기준량을 측정량에 평행시켜 계측기의 지시가 0 위치를 나타낼 때의 기준량의 크기를 측정하는 방법이 있다. 정밀도가 좋은 이러한 측정방법은 무엇인가?

① 편위법　② 영위법
③ 보상법　④ 치환법

해설 영위법
㉠ 마이크로미터, 천평으로 측정하는 것이다.
㉡ 정밀측정에 적합하다.
㉢ 기준량을 측정량에 평행시킨다.
㉣ 마찰, 열팽창, 전압 변동에 의한 오차가 적다.

28 다음 중 잔류편차(Offset)가 발생되는 결점을 제거하기 위한 제어동작으로 가장 적합한 것은?

① 비례동작　② 미분동작
③ 적분동작　④ On－Off 동작

해설 적분동작
잔류편차를 제거하는 I 동작 연속동작이다.

29 다음 측정방식 중 물리적 가스분석계가 아닌 것은?

① 밀도식　② 세라믹식
③ 오르자트식　④ 기체크로마토그래피

해설 화학적 가스분석계
㉠ 오르자트식
㉡ 헴펠식
㉢ CO_2 분석계
㉣ 연소식 O_2계

30 보일러의 열효율 향상 대책이 아닌 것은?

① 피열물을 가열한 후 불연소시킨다.
② 연소장치에 맞는 연료를 사용한다.
③ 운전조건을 양호하게 한다.
④ 연소실 내의 온도를 높인다.

해설 ㉠ 열효율을 높이려면 피열물을 가열한 후 완전연소시킨다.
㉡ $C+O_2 \rightarrow CO_2+8,100\text{kcal/kg}$

$C+\frac{1}{2}O_2 \rightarrow CO+2,450\text{kcal/kg}$

31 운전 조건에 따른 보일러 효율에 대한 설명으로 틀린 것은?

① 전부하 운전에 비하여 부분부하 운전 시 효율이 좋다.
② 전부하 운전에 비하여 과부하 운전에서는 효율이 낮아진다.
③ 보일러의 배기가스온도가 높아지면 열손실이 커진다.
④ 보일러의 운전효율을 최대로 유지하려면 효율－부하 곡선이 평탄한 것이 좋다.

해설 보일러 운전 시 부분부하 운전보다 전부하 운전의 효율이 좋고 연료소비량이 감소하며 배기가스 열손실이 작아진다.

32 보일러 수위 제어용으로 액면에서 부자가 상하로 움직이며 수위를 측정하는 방식은?

① 직관식　② 플로트식
③ 압력식　④ 방사선식

해설 플로트식 액면계(접촉식 액면계)는 부자형 액면계로서 고압 밀폐탱크에 적용이 가능하다.

33 열전대를 보호하기 위하여 사용되는 보호관 중 내식성, 내열성, 기계적 강도가 크고 황을 함유한 산화염에서도 사용할 수 있는 것은?

① 황동관
② 자기관
③ 카보랜덤관
④ 내열강관

26. ④ 27. ② 28. ③ 29. ③ 30. ① 31. ① 32. ② 33. ④ | ANSWER

해설 금속제 보호관(내열강 고크롬강관)

㉠ 최고온도 1,200℃까지 견딘다.

㉡ Cr 25%+Ni 20%를 함유한다.

㉢ 내식성, 내열성 등 기계적 강도가 크며 산화염, 환원염에 사용할 수 있다.

34 아래 그림과 같은 경사관식 압력계에서 압력 P_1과 P_2의 압력차는 몇 kPa인가?(단, $\theta = 30°$, $x = 100$cm, 액체의 비중량은 8,820N/m³이다.)

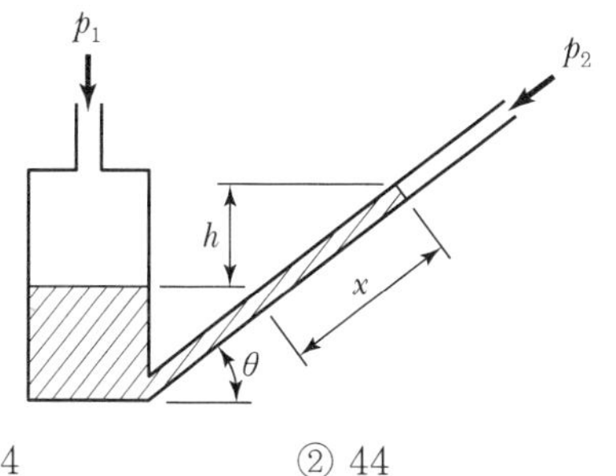

① 4.4　② 44
③ 8.8　④ 88

해설 8,820N/m³ = 8.82kN/m³

$p_1 - p_2 = \gamma \cdot x \cdot \sin\theta$

$= 8.82\text{kN/m}^3 \times 1\text{m} \times 0.5$

$= 4.42\text{kPa}$

35 열전대 온도계의 원리를 설명한 것으로 옳은 것은?

① 두 종류 금속선의 온도차에 따른 열기전력을 이용한다.

② 기체, 액체, 고체의 열전달계수를 이용한다.

③ 금속판의 열팽창계수를 이용한다.

④ 금속의 전기저항에 따른 온도계수를 이용한다.

해설 열전대 온도계(열기전력 이용)

종류	사용 금속	측정범위(℃)
R형	백금－백금로듐	0~1,600
K형	크로멜－알루멜	－20~1,200
J형	철－콘스탄탄	－20~800
T형	구리(동)－콘스탄탄	－180~350

36 광고온계의 특징에 대한 설명으로 틀린 것은?

① 구조가 간단하고 휴대가 편리하다.

② 개인에 따라 오차가 적다.

③ 연속측정이나 제어에는 이용할 수 없다.

④ 고온측정에 적합하다.

해설 광고온계

특정 파장(0.65μm)의 적외선을 이용하며 측정범위는 700~3,000℃이다. 개인에 따라 오차가 크며, 측정체와의 사이에 먼지, Smoke 등이 적도록 주의한다.

37 차압식 유량계로만 나열한 것은?

① 로터리 팬, 피스톤형 유량계, 카르만식 유량계

② 카르만식 유량계, 델타 유량계, 스와르미터

③ 전자유량계, 토마스미터, 오벌 유량계

④ 오리피스, 벤투리, 플로노즐

해설 ㉠ 차압식 유량계 : 오리피스, 벤투리, 플로노즐 유량계

㉡ 와류식 유량계 : 델타 유량계, 스와르미터 유량계, 카르만 유량계

㉢ 연도와 같은 악조건하에서 유량계 : 퍼지식 유량계, 아뉴바 유량계, 서멀 유량계

38 발생 원인이 운동부분의 마찰, 전기저항의 변화 및 불규칙적으로 변화하는 온도, 기압, 조명 등에 의해서 발생되는 오차는?

① 과실오차

② 우연오차

③ 고유오차

④ 계기오차

해설 오차

㉠ 계통적 오차 : 고유오차, 개인오차, 이론오차

㉡ 우연오차

- 측정기의 오차, 산포에 의한 오차, 환경에 의한 오차, 원인이 불명확한 오차
- 원인 제거가 어렵다.
- 운동부분의 마찰, 전기저항 변화 및 불규칙, 온도, 기압, 조명 등에 의해 발생한다.

ANSWER | 34. ① 35. ① 36. ② 37. ④ 38. ②

39 보일러의 온도를 60℃로 일정하게 유지시키기 위해서 연료량을 연료공급 밸브로 변화시킬 때 다음 중 틀린 것은?

① 목표량 : 60℃　　② 제어량 : 온도
③ 조작량 : 연료량　　④ 제어장치 : 보일러

해설 보일러의 온수 온도를 일정하게 제어하기 위해 목표량, 제어량, 조작량의 제어(연료량 제어)가 필요하다.

40 슈테판-볼츠만 법칙을 응용한 온도계로 높은 온도 및 이동물체의 온도 측정에 적합한 온도계는?

① 광고온계　　② 복사(방사)온도계
③ 색온도계　　④ 광전관식 온도계

해설 방사고온계
슈테판-볼츠만 법칙을 응용한 온도계(50~3,000℃)
※ $Q = 4.88 \times \varepsilon \times \left(\frac{T}{100}\right)^4$ kcal/m²·h

SECTION 03 열설비구조 및 시공

41 보일러수 내 불순물의 농도 등을 나타내는 미량 단위로서 10억 분의 1을 나타내는 단위는?

① ppm　　② ppc
③ ppb　　④ epm

해설
㉠ ppm : $\frac{1}{10^6}$ 단위
㉡ ppb : $\frac{1}{10^9}$ 단위

42 강관 이음쇠 중 같은 직경의 관을 직선 연결할 때 사용되는 것이 아닌 것은?

① 캡　　② 소켓
③ 유니언　　④ 플랜지

해설

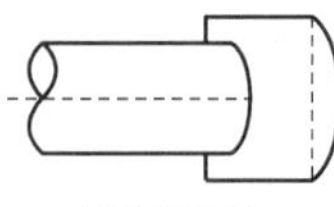
[캡(막음쇠)]

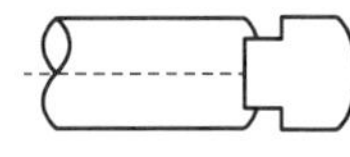
[플러그(막음쇠)]

43 다음 중 에너지이용 합리화법에 따라 검사대상기기에 대한 검사의 면제대상 범위에서 강철제 보일러 중 1종 관류보일러에 대하여 면제되는 검사는?

① 용접검사　　② 구조검사
③ 제조검사　　④ 계속사용검사

해설
- 1종 관류보일러(전열면적 5m² 초과)는 용접검사가 면제된다.(드럼이 없기 때문에)
- 가스보일러가 아니면 1종 관류보일러는 설치검사도 면제 대상이다.

44 다음 중 라몽트 노즐을 갖고 있는 보일러는 어느 형식의 보일러인가?

① 관류 보일러　　② 복사 보일러
③ 간접가열 보일러　　④ 강제순환식 보일러

해설 베록스 보일러, 라몽트 노즐 보일러는 강제순환식 수관 보일러이다.

45 노벽이 내화벽돌(두께 24cm)과 절연벽돌(두께 10cm), 적색벽돌(두께 15cm)로 구성되어 만들어질 때 벽 안쪽과 바깥쪽 표면온도가 각각 900℃, 90℃라면 열손실(W/m²)은?(단, 내화벽돌, 절연벽돌 및 적색벽돌의 열전도율은 각각 1.4W/m·℃, 0.17W/m·℃, 1.2W/m·℃이다.)

① 408　　② 916
③ 1,744　　④ 4,715

해설 열전도 손실열량(W/m²)

$$\text{열손실} = \frac{A(t_1 - t_2)}{\frac{b_1}{\lambda_1} + \frac{b_2}{\lambda_2} + \frac{b_3}{\lambda_3}} = \frac{1 \times (900 - 90)}{\frac{0.24}{1.4} + \frac{0.1}{0.17} + \frac{0.15}{1.2}}$$
$$= \frac{810}{0.88466} = 916\text{W/m}^2$$

39. ④ 40. ② 41. ③ 42. ① 43. ① 44. ④ 45. ② ANSWER

46 대향류 열교환기에서 가열유체는 80℃로 들어가서 30℃로 나오고 수열유체는 20℃로 들어가서 30℃로 나온다. 이 열교환기의 대수평균온도차(℃)는?

① 24.9　② 32.1
③ 35.8　④ 40.4

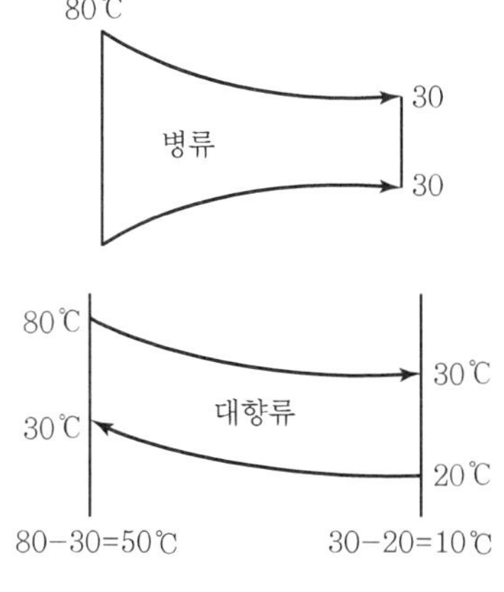

$$\therefore \Delta t_m = \frac{50-10}{\ln\left(\frac{50}{10}\right)} = \frac{40}{1.61} = 24.9℃$$

47 KS 규격에 일정 이상의 내화도를 가진 재료를 규정하는데 공업요로, 요업요로에 사용되는 내화물의 규정 기준은?

① SK19(1,520℃) 이상
② SK20(1,530℃) 이상
③ SK26(1,580℃) 이상
④ SK27(1,610℃) 이상

해설 KS 내화물 기준 : SK26(1,580℃)~SK42(2,000℃)

48 에너지이용 합리화법에 따라 보일러의 계속사용검사 중 안전검사의 검사유효기간은?

① 1년　② 2년
③ 3년　④ 5년

해설 보일러의 계속사용검사 중 안전검사, 성능검사의 검사유효기간은 1년이다.(검사기관 : 한국에너지공단)

49 증기트랩 중 고압증기의 관말트랩이나 유닛, 히터 등에 많이 사용하는 것으로 상향식과 하향식이 있는 트랩은?

① 벨로스 트랩　② 플로트 트랩
③ 온도조절식 트랩　④ 버킷 트랩

해설 기계적 트랩
㉠ 증기와 응축수의 비중차를 이용한 증기트랩
㉠ 플로트 증기트랩
㉡ 버킷 증기트랩(상향식, 하향식)

50 에너지이용 합리화법에 따라 개조검사 시 수압시험을 실시해야 하는 경우는?

① 연료를 변경하는 경우
② 버너를 개조하는 경우
③ 절탄기를 개조하는 경우
④ 내압부분을 개조하는 경우

해설 보일러 등의 개조검사 시 내압부분을 개조하면 반드시 수압시험을 실시한다.

51 단열벽돌을 요로에 사용하였을 때 나타나는 효과가 아닌 것은?

① 요로의 열용량이 커진다.
② 열전도도가 작아진다.
③ 노 내 온도가 균일해진다.
④ 내화벽돌을 배면에 사용하면 내화벽돌의 스폴링을 방지한다.

해설 내화물, 단열벽돌 사용 시 내외부 온도차가 작아서 요로의 열용량이 작아진다.

52 큐폴라에 대한 설명으로 틀린 것은?

① 규격은 매 시간당 용해할 수 있는 중량(t)으로 표시한다.
② 코크스 속의 탄소, 인, 황 등의 불순물이 들어가 용탕의 질이 저하된다.
③ 열효율이 좋고 용해시간이 빠르다.
④ Al 합금이나 가단주철 및 칠드롤 같은 대형 주물 제조에 사용된다.

해설 큐폴라(용해도)의 특성이나 역할은 보기 ①, ②, ③과 같고, 가단주철, 칠드롤 등 대형 주물 제조에 큐폴라가 사용된다. Al(알루미늄) 합금 등은 도가니로에서 제조한다.

53 **에너지이용 합리화법에 따라 검사대상기기인 보일러의 사용연료 또는 연소방법을 변경한 경우에 받아야 하는 검사는?**

① 구조검사 ② 설치검사
③ 개조검사 ④ 용접검사

해설 개조검사
㉠ 증기보일러를 온수보일러로 개조하는 경우
㉡ 보일러 섹션의 증감에 의하여 용량을 변경하는 경우
㉢ 동체 · 돔 · 노통 · 연소실 · 경판 · 천정판 · 관판 · 관모음 또는 스테이의 변경으로서 산업통상자원부장관이 정하여 고시하는 대수리의 경우
㉣ 연료 또는 연소방법을 변경하는 경우
㉤ 철금속가열로로서 산업통상자원부장관이 정하여 고시하는 경우의 수리

54 **어떤 물체의 보온 전과 보온 후의 발산열량이 각각 2,000kJ/m², 400kJ/m²이라 할 때, 이 보온재의 보온효율(%)은?**

① 20 ② 50
③ 80 ④ 125

해설 보온 전후의 발산열량이 2,000kJ/m^2에서 400kJ/m^2로 변화했으므로
보온 후 이득은 $2,000-400=1,600$kJ/m^2
$\therefore\ \eta=\frac{1,600}{2,000}\times 100=80\%$

55 **보온재의 열전도율을 작게 하는 방법이 아닌 것은?**

① 재질 내 수분을 줄인다.
② 재료의 온도를 높게 한다.
③ 재료의 두께를 두껍게 한다.
④ 재료 내 기공은 작고 기공률은 크게 한다.

해설 재료의 온도를 높이면 내외부 온도차가 커지고 열손실이 발생한다.
※ • 열전도율의 단위 : kcal/m · h · ℃, W/m · ℃
• 보온재의 종류 : 유기질, 무기질, 금속질

56 **관의 지름을 바꿀 때 주로 사용되는 관 부속품은?**

① 소켓 ② 엘보
③ 플러그 ④ 리듀서

해설
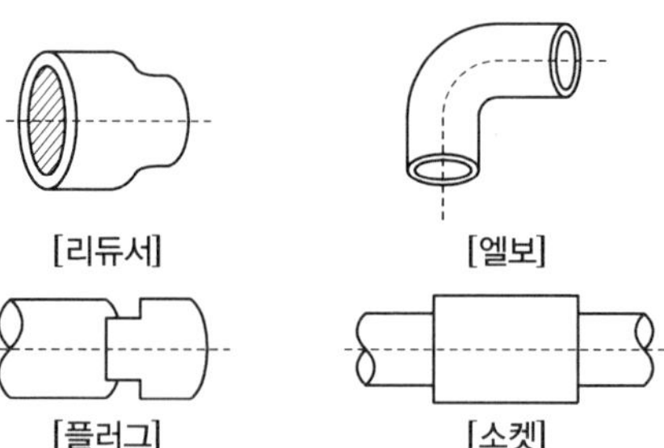

57 **보일러수에 포함된 성분 중 포밍의 발생 원인 물질로 가장 거리가 먼 것은?**

① 나트륨 ② 칼륨
③ 칼슘 ④ 산소

해설 보일러수 중의 용존산소는 점식 부식의 발생 원인이 된다.

58 **에너지이용 합리화법에 따라 설치된 보일러의 섹션을 증감하여 용량을 변경한 경우 받아야 하는 검사는?**

① 구조검사
② 개조검사
③ 설치검사
④ 계속사용성능검사

해설 53번 해설 참조

59 **원통형 보일러와 비교한 수관식 보일러의 특징에 대한 설명으로 틀린 것은?**

① 전열면적에 비해 보유수량이 적어 증기발생이 빠르다.
② 보유수량이 적어 부하변동에 따른 압력변화가 작다.
③ 양질의 급수가 필요하다.
④ 구조가 복잡하여 청소나 검사, 수리가 불편하다.

해설 수관식 보일러는 보유수가 적어서 부하 변동 시 압력변화가 크다.

53. ③ 54. ③ 55. ② 56. ④ 57. ④ 58. ② 59. ② ANSWER

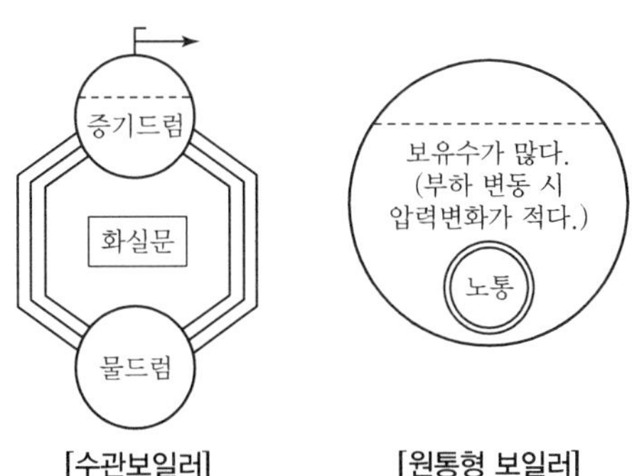

60 다음 중 양이온 교환수지의 재생에 사용되는 약품이 아닌 것은?

① HCl ② NaOH
③ H_2SO_4 ④ NaCl

해설 NaOH(가성소다, 수산화나트륨)은 pH 조절제로 사용된다.

SECTION 04 열설비 취급 및 안전관리

61 에너지이용 합리화법상 검사대상기기에 대하여 받아야 할 검사를 받지 아니한 자에 해당하는 벌칙은?

① 1천만 원 이하의 벌금
② 2천만 원 이하의 벌금
③ 1년 이하의 징역 또는 1천만 원 이하의 벌금
④ 2년 이하의 징역 또는 2천만 원 이하의 벌금

해설 검사대상기기(보일러, 압력용기) 등의 검사를 받지 않은 자는 1년 이하의 징역 또는 1천만 원 이하의 벌금 대상이 된다.

62 에너지이용 합리화법에 따라 에너지다소비사업자가 매년 1월 31일까지 신고해야 할 사항이 아닌 것은?

① 전년도의 수지계산서
② 전년도의 분기별 에너지이용 합리화 실적
③ 해당 연도의 분기별 에너지사용예정량
④ 에너지사용기자재의 현황

해설 법 제31조에 의한 에너지다소비사업자의 신고사항은 보기 ②, ③, ④ 외, 에너지관리자의 현황, 해당 연도의 제품생산 예정량 등이다.

63 보일러에서 압력계에 연결하는 증기관(최고 사용압력에 견디는 것)을 강관으로 하는 경우 안지름은 최소 몇 mm 이상으로 하여야 하는가?

① 6.5 ② 12.7
③ 15.6 ④ 17.5

해설 압력계의 관 안지름

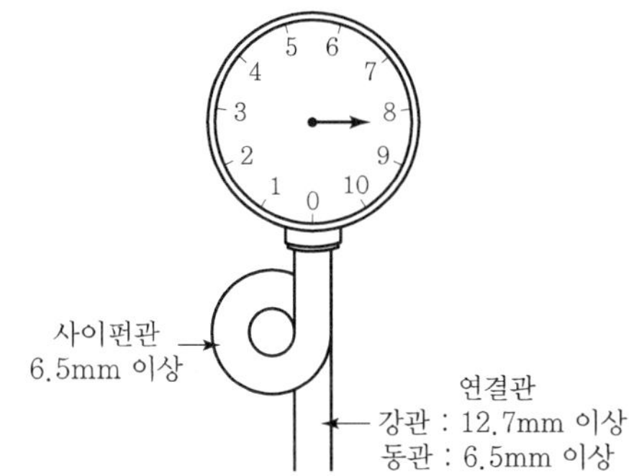

64 보일러 손상의 형태 중 보일러에 사용하는 연강은 보통 200~300℃ 정도에서 최고의 항장력을 나타내는데, 750~800℃ 이상으로 상승하면 결정립의 변화가 두드러진다. 이러한 현상을 무엇이라고 하는가?

① 압궤 ② 버닝
③ 만곡 ④ 과열

해설 강철의 버닝(소손)
과열이 지나치면 강철의 결정립 소손으로 버닝이 발생하여 사용이 불가능하다.

65 증기관 내에 수격현상이 일어날 때 조치사항으로 틀린 것은?

① 프라이밍이 발생치 않도록 한다.
② 증기배관의 보온을 철저히 한다.
③ 주 증기밸브를 천천히 연다.
④ 증기트랩을 닫아 둔다.

해설 증기트랩은 항상 열어 두고 응축수를 제거하여 증기관 내의 수격작용을 방지해야 한다.

ANSWER | 60. ② 61. ③ 62. ① 63. ② 64. ② 65. ④

66 다음 중 에너지법에 의한 에너지위원회 구성에서 대통령령으로 정하는 사람이 속하는 중앙행정기관에 해당되는 것은?

① 외교부 ② 보건복지부
③ 해양수산부 ④ 산업통상자원부

해설 에너지위원회 구성(영 제2조)
대통령령으로 정하는 사람이란 중앙행정기관(기획재정부, 과학기술정보통신부, 외교부, 환경부, 국토교통부)의 차관이다.

67 지역난방의 장점에 대한 설명으로 틀린 것은?

① 각 건물에는 보일러가 필요 없고 인건비와 연료비가 절감된다.
② 건물 내의 유효면적이 감소되며 열효율이 좋다.
③ 설비의 합리화에 의해 매연처리를 할 수 있다.
④ 대규모 시설을 관리할 수 있으므로 효율이 좋다.

해설 지역난방은 건물 내의 유효면적이 증가하며 열효율이 좋다.(보일러실 폐쇄로 인하여)

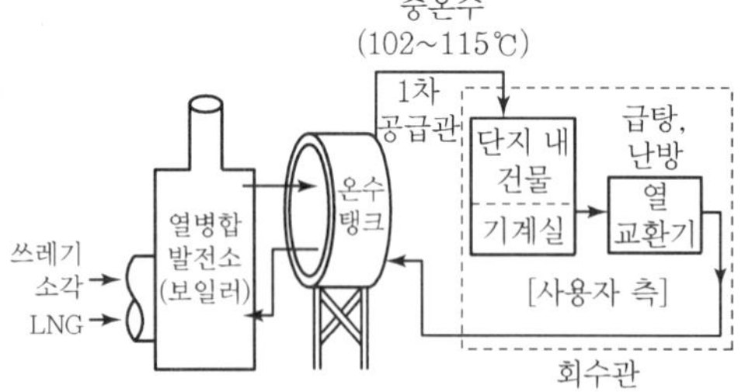

68 보일러의 보존법 중 이상적인 건조보존법으로 보일러 내의 공기와 물을 전부 배출하고 특정 가스를 봉입해 두는 방법이 있다. 이때 사용되는 가스는?

① 이산화탄소(CO_2)
② 질소(N_2)
③ 산소(O_2)
④ 헬륨(He)

해설 건조보존

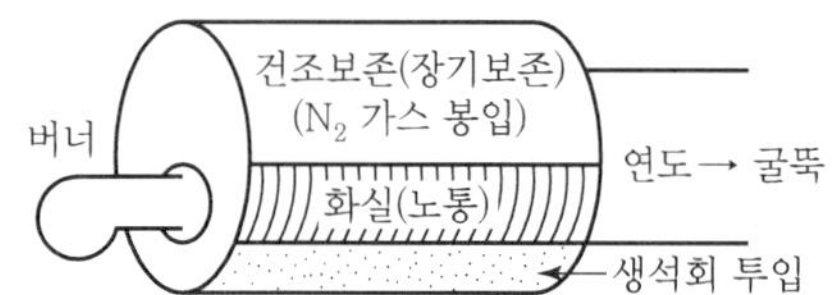

69 고온(180° 이상)의 보일러수에 포함되어 있는 불순물 중 보일러 강판을 가장 심하게 부식시키는 것은?

① 탄산칼슘
② 탄산가스
③ 염화마그네슘
④ 수산화나트륨

해설 염화마그네슘($MgCl_2$)에 의한 부식
$MgCl_2 + 2H_2O \rightarrow Mg(OH)_2 \downarrow + 2HCl$(염산 발생)

70 다음 보일러의 부속장치에 관한 설명으로 틀린 것은?

① 재열기 : 보일러에서 발생된 증기로 급수를 예열시켜 주는 장치
② 공기예열기 : 연소가스의 여열 등으로 연소용 공기를 예열하는 장치
③ 과열기 : 포화증기를 가열하여 압력은 일정하게 유지하면서 증기의 온도를 높이는 장치
④ 절탄기 : 폐열가스를 이용하여 보일러에 급수되는 물을 예열하는 장치

해설 보일러의 부속장치

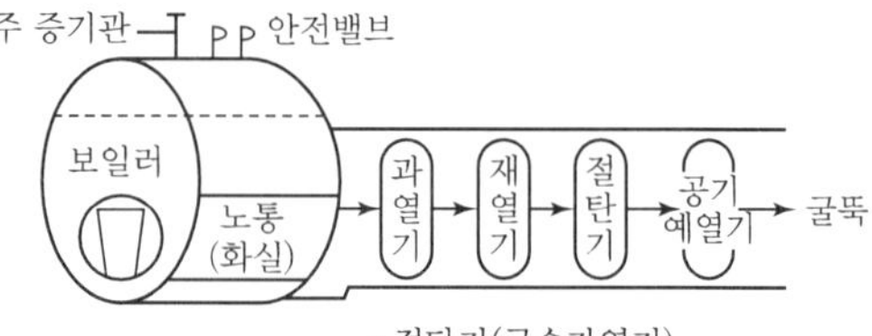

• 절탄기(급수가열기)
• 재생기(발생증기로 급수 예열)

71 에너지이용 합리화법상 자발적 협약에 포함하여야 할 내용이 아닌 것은?

① 협약 체결 전년도 에너지소비현황
② 단위당 에너지이용효율 향상목표
③ 온실가스배출 감축목표
④ 고효율기자재의 생산목표

해설 자발적 협약 이행(규칙 제26조)
보기 ①, ②, ③ 외에 효율 향상 목표 등의 이행을 위한 투자계획, 에너지관리체제 및 에너지관리방법 등이 포함된다.

66. ① 67. ② 68. ② 69. ③ 70. ① 71. ④ ANSWER

72 전열면적이 $50m^2$ 이하인 증기보일러에서는 과압방지를 위한 안전밸브를 최소 몇 개 이상 설치해야 하는가?

① 1개 이상 ② 2개 이상
③ 3개 이상 ④ 4개 이상

해설 보일러 안전밸브의 개수
㉠ 전열면적 $50m^2$ 초과 : 2개 이상
㉡ 전열면적 $50m^2$ 이하 : 1개 이상

73 보일러 설치검사기준상 보일러 설치 후 수압시험을 할 때 규정된 시험수압에 도달된 후 얼마의 시간이 경과된 뒤에 검사를 실시하는가?

① 10분 ② 15분
③ 20분 ④ 30분

해설 수압시험 규정

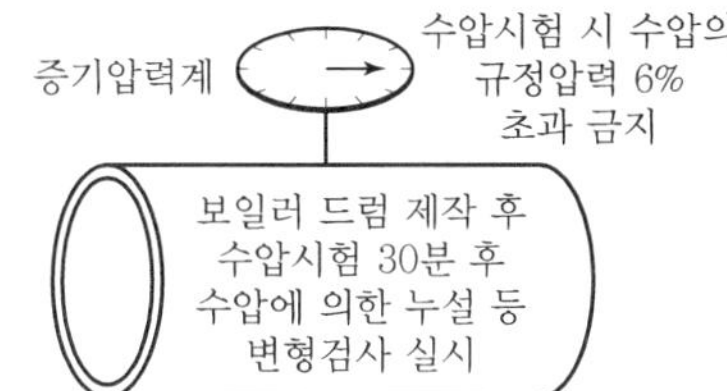

74 에너지이용 합리화법에 따라 검사대상기기설치자는 검사대상기기관리자가 해임되거나 퇴직하는 경우 다른 검사대상기기관리자를 언제 선임해야 하는가?

① 해임 또는 퇴직 이전
② 해임 또는 퇴직 후 10일 이내
③ 해임 또는 퇴직 후 30일 이내
④ 해임 또는 퇴직 후 3개월 이내

해설 검사대상기기설치자는 검사대상기기관리자가 해임되거나 퇴직하기 이전에 다른 검사대상기기관리자를 선임하여야 한다.

75 다음은 에너지이용 합리화법에 따라 산업통상자원부장관이 에너지저장의무를 부과할 수 있는 에너지저장의무 부과대상자 중 일부이다. ( ) 안에 알맞은 것은?

연간 ( ) TOE 이상의 에너지를 사용하는 자

① 5,000 ② 10,000
③ 20,000 ④ 50,000

해설 에너지저장의무 부과대상자(영 제12조)
연간 2만 TOE(석유환산톤) 이상의 에너지를 사용하는 자

76 난방부하가 18,800kJ/h인 온수난방에서 쪽당 방열면적이 $0.2m^2$인 방열기를 사용한다고 할 때 필요한 쪽수는?(단, 방열기의 방열량은 표준방열량으로 한다.)

① 30 ② 40
③ 50 ④ 60

해설 온수난방 방열기의 표준방열량
$450kcal/m^2 \cdot h = 450 \times 4.186kJ/kcal = 1,884kJ/m^2 \cdot h$
$\therefore$ 쪽수 $= \dfrac{18,800}{1,884 \times 0.2} = 50ea$

77 증기 사용 중 유의사항에 해당되지 않는 것은?

① 수면계 수위가 항상 상용수위가 되도록 한다.
② 과잉공기를 많게 하여 완전연소가 되도록 한다.
③ 배기가스 온도가 갑자기 올라가는지를 확인한다.
④ 일정 압력을 유지할 수 있도록 연소량을 가감한다.

해설 증기 보일러 등에서 연소 시 과잉공기(공기비)가 1.2를 초과하면 배기가스 열손실이 증가하여 효율이 감소한다.

78 보일러 분출작업 시의 주의사항으로 틀린 것은?

① 분출작업은 2명 1개 조로 분출한다.
② 저수위 이하로 분출한다.
③ 분출 도중 다른 작업을 하지 않는다.
④ 분출작업을 행할 때 2대의 보일러를 동시에 해서는 안 된다.

해설 분출(수저분출)은 보일러 하부의 슬러지 배출로 스케일 생성을 방지한다.(단, 저수위 사고 방지를 위하여 안전저수위 이하의 분출은 금지한다.)

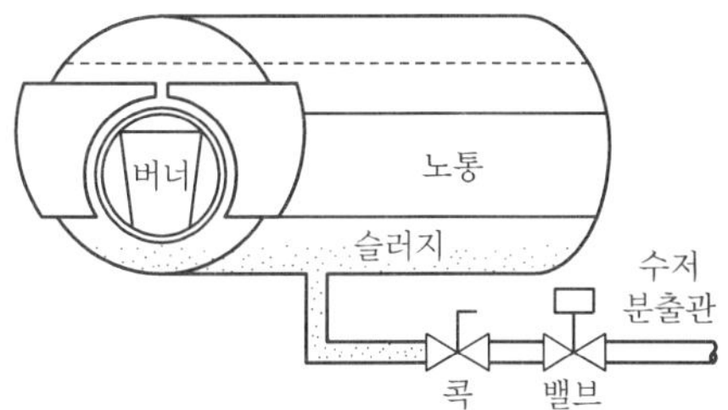

79 **보일러 파열사고의 원인과 가장 먼 것은?**

① 안전장치 고장 ② 저수위 운전
③ 강도 부족 ④ 증기 누설

해설 증기 누설 시 나타나는 현상
㉠ 열손실 증가
㉡ 연료 소비량 증가
㉢ 열효율 감소

80 **보일러 수면계를 시험해야 하는 시기와 무관한 것은?**

① 발생 증기를 송기할 때
② 수면계 유리의 교체 또는 보수 후
③ 프라이밍, 포밍이 발생할 때
④ 보일러 가동 직전

해설 보일러

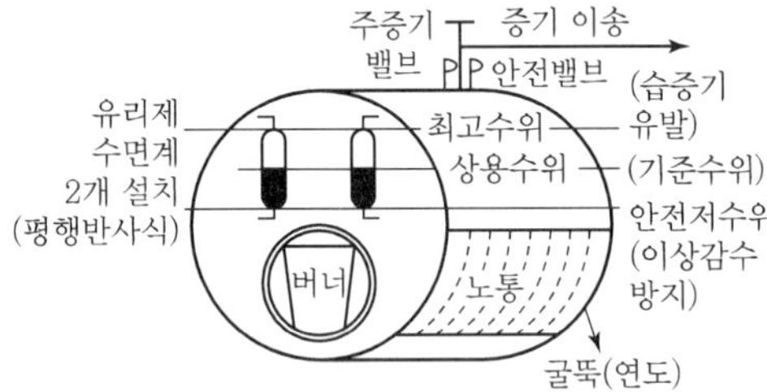

SECTION 01 열역학 및 연소관리

01 다음 온도에 대한 설명으로 잘못된 것은?

① 온수의 온도가 110°F로 표시되어 있다면 섭씨온도로는 43.3℃이다.
② 30℃를 화씨온도로 고치면 86°F이다.
③ 섭씨 30℃에 해당하는 절대온도는 303K이다.
④ 40°F는 절대온도로 464.4K이다.

해설
① $110°F = \frac{5}{9}(110-32)℃ = 43.3℃$
② $30℃ = \left(\frac{9}{5}\times 30\right)°F + 32°F = 86°F$
③ $30℃ = (30+273)K = 303K$
④ $40°F = \left\{\frac{5}{9}(40-32)+273\right\}K \fallingdotseq 277K$

※ • 화씨온도(°F) = 1.8 × ℃+32
• 랭킨절대온도(R) = °F + 460
• 캘빈절대온도(K) = ℃+273
• 섭씨온도(℃) = $\frac{9}{5}$(°F − 32)

02 공기 중 폭발범위가 약 2.2~9.5v%인 기체연료는?

① 수소
② 프로판
③ 일산화탄소
④ 아세틸렌

해설 가연성 가스의 폭발범위
㉠ 수소(H_2) : 4~74%
㉡ 프로판(C_3H_8) : 2.2~9.5%
㉢ 일산화탄소(CO) : 12.5~74%
㉣ 아세틸렌(C_2H_2) : 2.5~81%

03 연돌의 상부 단면적을 구하는 식으로 옳은 것은?(단, F : 연돌의 상부 단면적(m^2), t : 배기 가스온도(℃), W : 배기가스속도(m/s), G : 배기가스양(Nm^3/h)이다.)

① $F = \frac{G(1+0.0037t)}{2,700\,W}$
② $F = \frac{GW(1+0.0037t)}{2,700}$
③ $F = \frac{G(1+0.0037t)}{3,600\,W}$
④ $F = \frac{GW(1+0.0037t)}{3,600}$

해설 굴뚝(연돌)의 상부 단면적(F)
$F = \frac{G(1+0.0037t)}{3,600\times W}$
※ • $\frac{1}{273} = 0.0037$
• 1시간 = 3,600sec

04 증기의 건도에 관한 설명으로 틀린 것은?

① 포화수의 건도는 0이다.
② 습증기의 건도는 0보다 크고 1보다 작다.
③ 건포화증기의 건도는 1이다.
④ 과열증기의 건도는 0보다 작다.

해설 증기건도 크기
포화수 → 습포화증기 → 건포화증기 → 과열증기
(건포화증기, 과열증기는 건조도가 1, 포화수는 건조도가 0이다.)

05 15℃의 물로 −15℃의 얼음을 매시간당 100kg씩 제조하고자 할 때, 냉동기의 능력은 약 몇 kW인가?(단, 0℃ 얼음의 응고잠열은 335kJ/kg이고, 물의 비열은 4.2kJ/kg · ℃, 얼음의 비열은 2kJ/kg · ℃이다.)

① 2 ② 4
③ 12 ④ 30

해설
• 물의 현열(Q_1) = 100kg/h × 4.2kJ/kg · ℃ × (15 − 0)℃ = 6,300kJ/h
• 얼음의 응고열(Q_2) = 100kg/h × 335kJ/kg = 33,500kJ/h
• 얼음의 현열(Q_3) = 100kg/h × 2kJ/kg · ℃ × {0 − (−15)} = 3,000kJ/h

∴ 냉동기 능력 = $\frac{6,300+33,500+3,000}{3,600}$ = 12kW

06 온도 300K인 공기를 가열하여 600K이 되었다. 초기 상태 공기의 비체적을 $1m^3/kg$, 최종 상태 공기의 비체적을 $2m^3/kg$이라고 할 때, 이 과정 동안 엔트로피의 변화량은 약 몇 kJ/kg · K인가?(단, 공기의 정적비열은 0.7kJ/kg · K, 기체상수는 0.3kJ/kg · K이다.)

① 0.3 ② 0.5
③ 0.7 ④ 1.0

해설 $R = C_p - C_v = 1 - 0.7 = 0.3\text{kJ/kg}\cdot\text{K}$
정압비열(C_p) $= R + C_v = 0.3 + 0.7 = 1.0\text{kJ/kg}\cdot\text{K}$
비열비(K) $= \frac{C_p}{C_v} = \frac{1.0}{0.7} = 1.43$
엔트로피 변화량(Δs) $= C_p \ln\frac{T_2}{T_1} = C_p \ln\frac{V_2}{V_1}$
$= 1 \times \ln\left(\frac{600}{300}\right) = 1 \times \ln\left(\frac{2}{1}\right)$
$= 0.7\text{kJ/kg}\cdot\text{K}$

07 보일러 통풍에 대한 설명으로 틀린 것은?

① 자연통풍은 굴뚝 내의 연소가스와 대기와의 밀도차에 의해 이루어진다.
② 통풍력은 굴뚝 외부의 압력과 굴뚝하부(유입구)의 압력과의 차이이다.
③ 압입통풍을 하는 경우 연소실 내는 부압이 작용한다.
④ 강제통풍 방식 중 평형통풍 방식은 통풍력을 조절할 수 있다.

해설

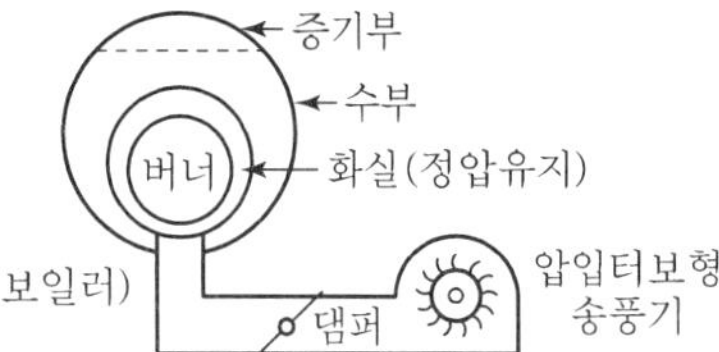

08 과잉공기량이 많을 경우 발생되는 현상을 설명한 것으로 틀린 것은?

① 배기가스 중 CO_2 농도가 낮게 된다.
② 연소실 온도가 낮게 된다.
③ 배기가스에 의한 열손실이 증가한다.
④ 불완전연소를 일으키기 쉽다.

해설 ㉠ 과잉공기가 많으면 배기가스 열손실 증가, 완전연소 가능, 노 내 온도 하강, 과잉산소 검출 등이 발생한다.
㉡ $C + O_2 \rightarrow CO_2$
$C + \frac{1}{2}O_2 \rightarrow CO$

09 랭킨 사이클에서 열효율을 상승시키기 위한 방법으로 옳은 것은?

① 보일러의 온도를 높이고, 응축기의 압력을 높게 한다.
② 보일러의 온도를 높이고, 응축기의 압력을 낮게 한다.
③ 보일러의 온도를 낮추고, 응축기의 압력을 높게 한다.
④ 보일러의 온도를 낮추고, 응축기의 압력을 낮게 한다.

해설 랭킨 사이클
랭킨 사이클에서 열효율은 보일러 압력이 높을수록, 복수기의 압력이 낮을수록, 터빈의 초온 · 초압이 클수록, 터빈 출구에서 압력이 낮을수록 상승한다.

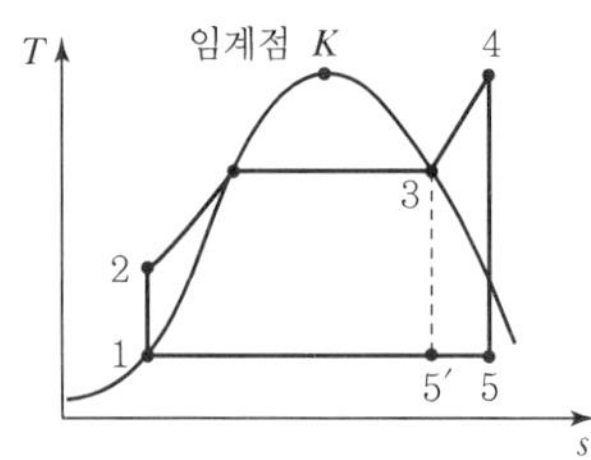

- 1 → 2 : 단열압축(급수펌프)
- 2 → 3 → 4 : 정압가열(보일러 → 과열기)
- 4 → 5 : 단열팽창(터빈)
- 5 → 1 : 정압방열(복수기)

10 기체연료의 장점에 해당하지 않는 것은?

① 저장이나 운송이 쉽고 용이하다.
② 비열이 작아서 예열이 용이하고 열효율, 화염온도 조절이 비교적 용이하다.
③ 연료의 공급량 조절이 쉽고 공기와의 혼합을 임의로 조절할 수 있다.
④ 연소 후 유해 잔류 성분이 거의 없다.

해설 기체연료는 저장이나 운반수송이 불편하다.(폭발의 위험성)

6. ③ 7. ③ 8. ④ 9. ② 10. ① ANSWER

11 원심식 통풍기에서 주로 사용하는 풍량 및 풍속 조절 방식이 아닌 것은?

① 회전수를 변화시켜 조절한다.
② 댐퍼의 개폐에 의해 조절한다.
③ 흡입 베인의 개도에 의해 조절한다.
④ 날개를 동익가변시켜 조절한다.

해설 풍량제어
㉠ 토출댐퍼에 의한 제어
㉡ 흡입댐퍼에 의한 제어
㉢ 흡입베인에 의한 제어
㉣ 회전수에 의한 제어
㉤ 가변피치에 의한 제어(날개 각도 변화)

12 액체연료 사용 시 고려해야 할 대상이 아닌 것은?

① 잔류탄소분　② 인화점
③ 점결성　④ 황분

해설 고체연료의 석탄 중 유연탄은 점결성이 크고, 무연탄은 점결성이 없다.

13 포화액의 온도를 그대로 두고 압력을 높이면 어떤 상태가 되는가?

① 압축액　② 포화액
③ 습포화증기　④ 건포화증기

해설 포화액은 온도를 일정하게 하고 압력을 증가시키면 압축액이 된다.(임의의 압력에 대하여 포화온도보다 낮은 온도하의 액체이다.)

14 압력 0.1MPa, 온도 20℃의 공기가 6m×10m×4m인 실내에 존재할 때 공기의 질량은 약 몇 kg인가?(단, 공기의 기체상수 R은 0.287kJ/kg·K이다.)

① 270.7　② 285.4
③ 299.1　④ 303.6

해설 용적(V) $= 6 \times 10 \times 4 = 240\text{m}^3$

공기질량(G) $= \dfrac{PV}{RT} = \dfrac{0.1 \times 10^3 \times 240}{0.287 \times (20+273)} = 285.4\text{kg}$

15 임의의 사이클에서 클라우지우스의 적분을 나타내는 식은?

① $\oint \dfrac{dQ}{T} < 0$　② $\oint \dfrac{dQ}{T} > 0$
③ $\oint \dfrac{dQ}{T} = 0$　④ $\oint \dfrac{dQ}{T} \le 0$

해설 Clausius의 적분
㉠ 가열량 부호(+), 방출열량 부호(−), 전 사이클에 대한 적분을 폐적분($\oint$)으로 표시하면 적분값(부등식)은
$\oint \dfrac{\delta Q}{T} \le 0$
㉡ $\oint \dfrac{\delta Q}{T} = 0$ (가역과정)
㉢ $\oint \dfrac{\delta Q}{T} < 0$ (비가역과정)
※ • 비가역과정 : 마찰, 혼합, 교축, 열이동, 자유팽창, 화학반응, 팽창과 압축
• Clausius의 비엔트로피(Δs) $= \dfrac{\delta q}{T}$
$= \dfrac{CdT}{T}$(kcal/kg·K)

16 압축성 인자(Compressibility Factor)에 대한 설명으로 옳은 것은?

① 실제기체가 이상기체에 대한 거동에서 벗어나는 정도를 나타낸다.
② 실제기체는 1의 값을 갖는다.
③ 항상 1보다 작은 값을 갖는다.
④ 기체 압력이 0으로 접근할 때 0으로 접근된다.

해설 압축성 인자
실제기체가 이상기체에 대한 거동에서 벗어나는 정도를 나타낸다.

17 중유에 대한 설명으로 틀린 것은?

① 점도에 따라 A급, B급, C급으로 나눈다.
② 비중은 약 0.79~0.85이다.
③ 보일러용 연료로 많이 사용된다.
④ 인화점은 약 60~150℃ 정도이다.

ANSWER | 11. ④ 12. ③ 13. ① 14. ② 15. ④ 16. ① 17. ②

해설 중유(중질유)

점도에 따라 A, B, C급으로 나눈다. 보일러용이며 무화용으로 사용하고 인화점은 약 60~150℃이다. 비중은 약 0.856~1 정도이다.

18 다음 중 CH_4 및 H_2를 주성분으로 한 기체연료는?

① 고로가스 ② 발생로가스
③ 수성가스 ④ 석탄가스

해설 기체연료의 주성분

㉠ 고로가스(용광로가스) : N_2, CO_2, CO
㉡ 발생로가스 : N_2, H_2, CO
㉢ 수성가스 : N_2, CO, N_2

19 물질의 상변화 과정 동안 흡수되거나 방출되는 에너지의 양을 무엇이라 하는가?

① 잠열 ② 비열
③ 현열 ④ 반응열

해설 잠열

물에서 증기가 되는 상변화 시 흡수되거나 0℃의 물이 0℃의 얼음으로 방출되는 에너지의 양

20 수소 1kg을 완전연소시키는 데 필요한 이론산소량은 약 몇 Nm^3인가?

① 1.86 ② 2
③ 5.6 ④ 26.7

해설

$H_2 + \frac{1}{2}O_2 \rightarrow H_2O$

$2kg + 16kg \rightarrow 18kg$

$2kg + 11.2Nm^3 \rightarrow 22.4Nm^3$

∴ 이론산소량$(O_o) = \frac{11.2}{2} = 5.6Nm^3/kg$

SECTION 02 계측 및 에너지 진단

21 오차에 대한 설명으로 틀린 것은?

① 계통오차는 발생원인을 알고 보정에 의해 측정값을 바르게 할 수 있다.
② 계측상태의 미소변화에 의한 것은 우연오차이다.
③ 표준편차는 측정값에서 평균값을 더한 값의 제곱의 산술평균의 제곱근이다.
④ 우연오차는 정확한 원인을 찾을 수 없어 완전한 제거가 불가능하다.

해설 ㉠ 표준편차=(측정값－평균값)의 표준
㉡ 오차=측정값－참값
㉢ 오차의 종류
• 과오에 의한 오차
• 계통적 오차(고유오차, 개인오차, 이론오차)
• 우연오차
• 계기의 기차

22 보일러 열정산에서 출열 항목에 속하는 것은?

① 연료의 현열
② 연소용 공기의 현열
③ 미연분에 의한 손실열
④ 노 내 분입증기의 보유열량

해설 보일러 열정산에서 출열 항목

㉠ 배기가스 열손실
㉡ 방사 열손실
㉢ 불완전 열손실
㉣ 미연탄소분에 의한 열손실
㉤ 발생증기의 보유열
㉥ 노 내 분입증기에 의한 열손실

23 다음 중 전기식 제어방식의 특징으로 틀린 것은?

① 고온 다습한 주위환경에 사용하기 용이하다.
② 전송거리가 길고 전송지연이 생기지 않는다.
③ 신호처리나 컴퓨터 등과의 접속이 용이하다.
④ 배선이 용이하고 복잡한 신호에 적합하다.

해설 전기식은 고온 다습한 주위환경에서는 사용상 어려움이 많다.

18. ④ 19. ① 20. ③ 21. ③ 22. ③ 23. ① | ANSWER

24 화학적 가스분석계의 측정법에 속하는 것은?

① 도전율법 ② 세라믹법
③ 자화율법 ④ 연소열법

해설 화학적 가스분석계
㉠ 연소열법 ㉡ 오르자트법
㉢ 헴펠식 ㉣ 연소식 O_2계
㉤ 자동화학식 O_2계

25 원거리 지시 및 기록이 가능하여 1대의 계기로 여러 개소의 온도를 측정할 수 있으며, 제벡(Seebeck) 효과를 이용한 온도계는?

① 유리 온도계 ② 압력 온도계
③ 열전대 온도계 ④ 방사 온도계

해설 열전대 온도계(Seebeck 효과 이용)
㉠ J형(I-C : 철-콘스탄탄) : -20~460℃
㉡ T형(C-C : 동-콘스탄탄) : -180~350℃
㉢ K형(C-A : 크로멜-알루멜) : -20~1,200℃
㉣ R형(P-R : 백금-백금로듐) : 0~1,600℃

26 서미스터(Thermistor)에 관한 설명으로 틀린 것은?

① 온도변화에 따라 저항치가 크게 변하는 반도체는 Ni, Co, Mn, Fe 및 Cu 등의 금속산화물을 혼합하여 만든 것이다.
② 서미스터는 넓은 온도 범위 내에서 온도계수가 일정하다.
③ 25℃에서 서미스터 온도계수는 약 -2~6%/℃의 매우 큰 값으로서 백금선의 약 10배이다.
④ 측정온도 범위는 -100~300℃ 정도이며, 측온부를 작게 제작할 수 있어 시간 지연이 매우 적다.

해설 서미스터 저항온도계
소결반도체이며 저항온도계수는 음(-)의 값을 가진다. 절대온도의 제곱에 반비례하며, 온도계수는 -2~6%/℃로 백금선의 10배 정도이다.

27 보일러 열정산 시 보일러 최종 출구에서 측정하는 값은?

① 급수온도 ② 예열공기온도
③ 배기가스온도 ④ 과열증기온도

해설 보일러

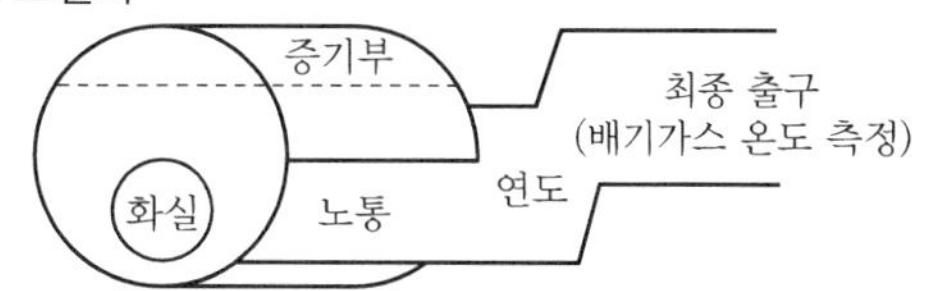

28 고압유체에서 레이놀즈수가 클 때 유량측정에 적합한 교축기구는?

① 플로 노즐 ② 오리피스
③ 피토관 ④ 벤투리관

해설 차압식 유량계
㉠ 오리피스 : 탭(Tap)을 이용하며 압력손실이 크다.
㉡ 플로 노즐 : 압력손실과 마모가 감소하도록 고안한 조리개이다. 고압 측정용이며, 레이놀즈수가 작아지면 유량계수가 감소한다.
㉢ 벤투리관 : 협착물이 있는 유체의 측정에 적합하고 정도가 높다.

29 적외선 가스분석계의 특징에 대한 설명으로 옳은 것은?

① 선택성이 뛰어나다.
② 대상 범위가 좁다.
③ 저농도의 분석에 부적합하다.
④ 측정가스의 더스트 방지나 탈습에 충분한 주의가 필요 없다.

해설 적외선 가스분석계
H_2, O_2, N_2 등 2원자 분자가스의 측정은 어렵다. 선택성이 우수하고 가스분석 대상 범위가 넓고 저농도 분석에 적합하다. 측정가스의 먼지나 습기 방지에 주의한다.

30 차압식 유량계로서 교축기구 전후에 탭을 설치하는 것은?

① 오리피스 ② 로터미터
③ 피토관 ④ 가스미터

해설 오리피스 차압식 액면계
교축기구 전후에 탭을 설치한다.

ANSWER | 24. ④ 25. ③ 26. ② 27. ③ 28. ① 29. ① 30. ①

31 보일러의 노 내압을 제어하기 위한 조작으로 적절하지 않은 것은?

① 연소가스 배출량의 조작
② 공기량의 조작
③ 댐퍼의 조작
④ 급수량 조작

해설 보일러 자동제어

제어장치의 명칭	제어량	조작량
연소제어 (ACC)	증기압력	연료량
		공기량
	노 내 압력	연소가스양
급수제어(FWC)	보일러 수위	급수량
증기온도제어(STC)	증기온도	전열량

32 액체와 계기가 직접 접촉하지 않고 측정하는 액면계로서 산, 알칼리, 부식성 유체의 액면 측정에 사용되는 액면계는?

① 직관식 액면계　② 초음파 액면계
③ 압력식 액면계　④ 플로트식 액면계

해설 초음파 간접식 액면계
완전히 밀폐된 고압탱크와 부식성 액체의 액면측정용으로 사용되며, 측정범위가 넓고 점도가 높다. 초음파 펄스를 이용하며 16kC 이상을 초음파 진동수로 본다.

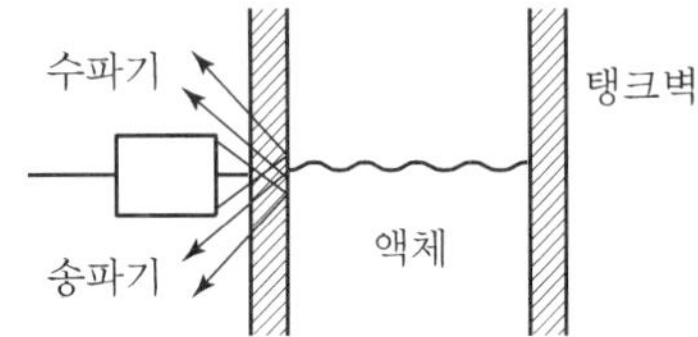

33 2,000kPa의 압력을 mmHg로 나타내면 약 얼마인가?

① 10,000　② 15,000
③ 17,000　④ 20,000

해설 $76cmHg = 760mmHg = 101.325kPa = 1.033kg/cm^2 = 10.33mH_2O$

$\therefore 2{,}000 \times \frac{760}{101.325} = 15{,}000mmHg$

34 공기식으로 전송하는 계장용 압력계의 공기압 신호압력(kPa) 범위는?

① 20~100　② 300~500
③ 500~1,000　④ 800~2,000

해설 공기식 신호전송 : $0.2 \sim 1.0kg/cm^2$
∴ 20~100kPa
※ • $1kg/cm^2 = 100kPa$
• 신호전송거리 : 100~150m 정도

35 증기보일러의 용량 표시방법 중 일반적으로 가장 많이 사용되는 정격용량은 무엇을 의미하는가?

① 상당증발량　② 최고사용압력
③ 상당방열면적　④ 시간당 발열량

해설 증기보일러 용량
• 상당증발량(정격용량 : kg/h)
• 상당증발량(W_e)
$= \frac{\text{시간당 증기량(발생증기엔탈피} - \text{급수엔탈피)}}{539kcal/kg}$
• $539 \times 4.2kJ/kg = 2{,}265kJ/kg$

36 SI 유도단위 상태량이 아닌 것은?

① 넓이　② 부피
③ 전류　④ 전압

해설 SI 기본단위
길이(m), 질량(kg), 시간(s), 온도(K), 전류(A), 광도(cd), 물질량(mol)

37 다음 온도계 중 가장 높은 온도를 측정할 수 있는 것은?

① 바이메탈 온도계　② 수은 온도계
③ 백금저항 온도계　④ PR 열전대 온도계

해설 온도계의 측정범위
㉠ 바이메탈(고체팽창식) : −50~500℃
㉡ 수은 : −35~360℃
㉢ 백금저항 : −200~500℃
㉣ R(PR) 열전대 : 0~1,600℃

31. ④ 32. ② 33. ② 34. ① 35. ① 36. ③ 37. ④ ANSWER

38 도너츠형의 측정실이 있고, 온도변화가 적고 부식성 가스나 습기가 적은 곳에 주로 사용되며 저압기체 및 배기가스의 압력측정에 적합한 압력계는?

① 침종식 압력계 ② 환상천평식 압력계
③ 분동식 압력계 ④ 부르동관식 압력계

해설 환상천평식(링밸런스식) 압력계
압력측정범위(저압) : 25~3,000mmH_2O

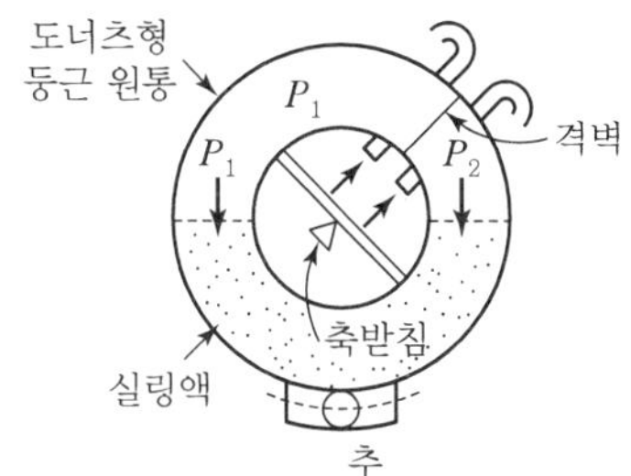

39 매시간 1,600kg의 연료를 연소시켜 16,000kg/h의 증기를 발생시키는 보일러의 효율(%)은 약 얼마인가?(단, 연료의 발열량 39,800kJ/kg, 발생증기의 엔탈피 3,023kJ/kg, 급수증기의 엔탈피 92kJ/kg 이다.)

① 84.4 ② 73.6
③ 65.2 ④ 88.9

해설 보일러의 효율(η)

$$= \frac{\text{시간당 증기발생량} \times (\text{발생증기엔탈피} - \text{급수엔탈피})}{\text{시간당 연료소비량} \times \text{연료의 발열량}} \times 100$$

$$= \frac{16,000 \times (3,023 - 92)}{1,600 \times 39,800} \times 100$$

$= 73.64\%$

40 보일러에 있어서의 자동제어가 아닌 것은?

① 급수제어 ② 위치제어
③ 연소제어 ④ 온도제어

해설 보일러의 자동제어(ABC)
㉠ 급수제어(F.W.C)
㉡ 연소제어(A.C.C)
㉢ 증기온도제어(S.T.C)

SECTION 03 열설비구조 및 시공

41 주로 보일러 전열면이나 절탄기에 고정 설치해 두며, 분사관은 다수의 작은 구멍이 뚫려 있고 이곳에서 분사되는 증기로 매연을 제거하는 것으로서 분사관은 구조상 고온가스의 접촉을 고려해야 하는 매연분출 장치는?

① 롱레트랙터블형 ② 쇼트레트랙터블형
③ 정치회전형 ④ 공기예열기 클리너

해설 매연취출장치
㉠ 롱레트랙터블형 : 긴 분사관 사용(압축공기 사용)
㉡ 쇼트레트랙터블형
- 자동식(전동기구, 공기모터)
- 수동식(체인식, 크랭크핸들식)

㉢ 로터리형 : 보일러 전열면, 절탄기용으로 고정회전식이다.
㉣ 에어히터클리너형 : 관형의 공기예열기에 증기로 제진하며 자동식, 수동식이 있다.
㉤ 정치회전형 : 보일러 전열면, 절탄기용(로터리형)이며 고정회전식이다.

42 그림과 같이 노벽에 깊이 10cm의 구멍을 뚫고 온도를 재었더니 250℃이었다. 바깥표면의 온도는 200℃이고, 노벽재료의 열전도율이 0.814W/m · ℃일 때 바깥표면 $1m^2$에서 전열량은 약 몇 W인가?

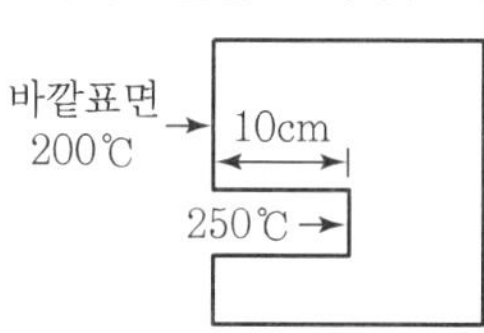

① 59 ② 147
③ 171 ④ 407

해설
열전도 전열량$(Q) = \lambda \times \dfrac{A(t_1 - t_2)}{b}$

$= 0.814 \times \dfrac{1 \times (250 - 200)}{0.1}$

$= 407\text{W}$

※ 10cm = 0.1m

43 보일러 설치검사기준상 전열면적이 $7m^2$인 경우 급수밸브 크기의 기준은 얼마이어야 하는가?

① 10A 이상 ② 15A 이상
③ 20A 이상 ④ 25A 이상

해설 급수밸브 크기
㉠ 전열면적 $10m^2$ 이하 : 15A 이상
㉡ 전열면적 $10m^2$ 초과 : 20A 이상

44 다음 중 전기로에 속하지 않는 것은?

① 전로 ② 전기 저항로
③ 아크로 ④ 유도로

해설 제강로
㉠ 평로
㉡ 전로(염기성로, 산성로, 순산소로, 칼도법)
㉢ 도가니로
㉣ 반사로

45 인젝터의 특징에 관한 설명으로 틀린 것은?

① 구조가 간단하고 소형이다.
② 별도의 소요동력이 필요하다.
③ 설치장소를 적게 차지한다.
④ 시동과 정지가 용이하다.

해설 인젝터(소형 급수장치)
고압의 증기를 이용하며, 정전 시 전동기 모터펌프를 이용하여 보일러에 급수가 불가할 때 사용한다.

46 에너지이용 합리화법령상 검사대상기기관리자의 선임을 하여야 하는 자는?

① 시 · 도지사 ② 한국에너지공단이사장
③ 검사대상기기판매자 ④ 검사대상기기설치자

해설 검사대상기기관리자의 선임을 하여야 하는 자는 보일러나 압력용기의 설치자(검사대상기기설치자)이다.

47 원통형 보일러와 비교할 때 수관식 보일러의 장점에 해당되지 않는 것은?

① 수부가 커서 부하변동에 따른 압력변화가 적다.
② 전열면적이 커서 증기 발생이 빠르다.
③ 과열기, 공기예열기 설치가 용이하다.
④ 효율이 좋고 고압, 대용량에 많이 쓰인다.

해설

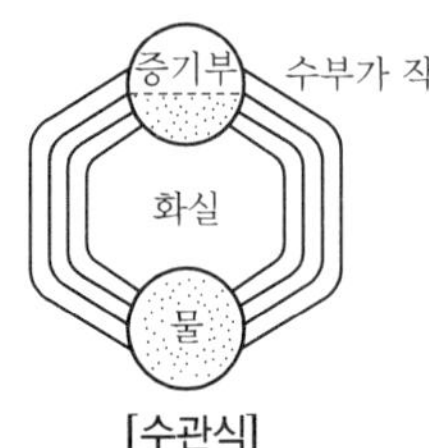

[수관식]

[원통형]

48 증기보일러에는 원칙적으로 2개 이상의 안전밸브를 설치하여야 하지만, 1개를 설치할 수 있는 최대 전열면적 기준은?

① $10m^2$ 이하 ② $30m^2$ 이하
③ $50m^2$ 이하 ④ $100m^2$ 이하

해설 증기보일러 전열면적이 $50m^2$ 이하에서는 안전밸브를 1개 이상 설치할 수 있다.

49 연도나 매연 속에 복사광선을 통과시켜 광도변화에 따른 매연농도가 지시 기록된다. 이 농도계의 명칭은?

① 링겔만 매연농도계 ② 광전관식 매연농도계
③ 전기식 매연농도계 ④ 매연포집 중량계

해설 플레임아이(광전관식 매연농도계)
㉠ 연도나 매연 속에 복사광선을 통과시켜 빛의 광도변화에 따른 매연의 농도를 지시 기록한다.
㉡ 종류 : 황화카드뮴 광도전 셀, 황화납 광도전 셀, 자외선 광전관, 적외선 광전관

50 강판의 두께가 12mm이고 리벳의 직경이 20mm이며, 피치가 48mm의 1줄 겹치기 리벳조인트가 있다. 이 강판의 효율은?

① 25.9% ② 41.7%
③ 58.3% ④ 75.8%

해설

$$\text{강판의 효율}(\eta_1) = \frac{P-d}{P} \times 100 = \left(1-\frac{d}{P}\right) \times 100$$
$$= \left(1-\frac{20}{48}\right) \times 100 = 58.3\%$$

43. ② 44. ① 45. ② 46. ④ 47. ① 48. ③ 49. ② 50. ③ ANSWER

51 글로브 밸브의 디스크 형상 종류에 속하지 않는 것은?

① 스윙형 ② 반구형
③ 원뿔형 ④ 반원형

해설 스윙형, 리프트형, 판형은 체크밸브(역류방지용)에 속한다.

52 스폴링(Spalling)이란 내화물에 대한 어떤 현상을 의미하는가?

① 용융현상 ② 연화현상
③ 박락현상 ④ 분화현상

해설 스폴링
내화벽돌이 열적, 조직적, 기계적으로 변형을 받아서 갈라지고 분화하는 현상이며 박락현상이라고 한다.

53 에너지이용 합리화법령상 검사대상기기의 계속사용검사신청서는 검사유효기간 만료 며칠 전까지 한국에너지공단이사장에게 제출하여야 하는가?

① 7일 ② 10일
③ 15일 ④ 30일

해설 검상대상기기(보일러, 압력용기) 계속사용검사
안전검사, 성능검사이며 검사신청은 검사유효기간 만료 10일 전에 제출한다.

54 중심선의 길이가 600mm가 되도록 25A의 관에 90°와 45°의 엘보를 이음할 때 파이프의 실제 절단 길이(mm)는?

관(호칭)지름		15	20	25	32	40
중심에서 단면까지의 거리(mm)	90°	27	32	38	46	48
중심에서 단면까지의 거리(mm)	45°	21	25	29	34	37
나사가 물리는 길이(a)(mm)		11	13	15	17	19

① 563 ② 575
③ 600 ④ 650

해설 절단길이$(l)=L-\{(A-a)+(A'-a')\}$
$=600-\{(38-15)+(29-15)\}$
$=600-(23+14)=563\text{mm}$

55 고로에 대한 설명으로 틀린 것은?

① 제철공장에서 선철을 제조하는 데 사용된다.
② 광석을 제련상 유리한 상태로 변화시키는 데 목적이 있다.
③ 용광로의 하부에 배치된 송풍구로부터 고온의 열풍을 취입한다.
④ 용광로의 상부에 철광석과 환원제 그리고 원료로서 코크스를 투입한다.

해설 광석을 용융하지 않을 정도로 온도가 상승하여 용융하지는 않지만 제련하기 쉬운 화합물을 만드는 것을 배소라고 한다.

56 캐스터블 내화물에 대한 설명으로 틀린 것은?

① 현장에서 필요한 형상으로 성형이 가능하다.
② 접촉부 없이 노체를 수축할 수 있다.
③ 잔존 수축이 크고 열팽창도 작다.
④ 내스폴링성이 작고 열전도율이 크다.

해설 ㉠ 내화물의 분류
- 산성 : 규석질, 반규석질, 납석질, 샤모트질
- 중성 : 고알루미나질, 탄소질, 탄화규소질, 크롬질
- 염기성 : 마그네시아질, 돌로마이트질, 포스테라이트질, 마그네시아-크롬질

㉡ 내화물 제게르 추 번호
- SK26 : 1,580℃
- SK30 : 1,670℃
- SK40 : 1,920℃
- SK42 : 2,000℃

㉢ 부정형 내화물
- 캐스터블 내화물(내화성 골재+수경성 알루미나 시멘트)은 가열 후의 탈수로 인한 기포성이 열전도율을 작게 한다.
- 플라스틱 내화물(내화성 골재+내화점토)은 열전도성이 우수하다.
- 내화 모르타르는 축로 시 벽돌 접촉 간의 부착용으로 사용된다.

57 주철관의 공구 중 소켓 접합 시 용해된 납물의 비산을 방지하는 것은?

① 클립 ② 파이어포트
③ 링크형 파이프 커터 ④ 코킹정

해설 클립
주철관 공구 중 소켓 접합 시 용해된 납물의 비산을 방지한다.

ANSWER | 51. ① 52. ③ 53. ② 54. ① 55. ② 56. ④ 57. ①

58 크롬마그네시아계 내화물에 대한 설명으로 옳은 것은?

① 용융온도가 낮다.
② 비중과 열팽창성이 작다.
③ 내화도 및 하중연화점이 낮다.
④ 염기성 슬래그에 대한 저항이 크다.

해설 크롬마그네시아계 염기성 내화물
- 용융온도와 내화도가 SK 36 이상으로 높다.
- 염기성 슬래그에 대한 저항성이 크다.
- 내스폴링성이 크다.

59 다음 중 연관식 보일러에 해당되는 것은?

① 벤슨 보일러 ② 케와니 보일러
③ 라몬트 보일러 ④ 코르니시 보일러

해설
- 케와니 기관차형 보일러 : 연관식 보일러
- 벤슨 보일러 : 관류 보일러
- 라몬트 노즐 보일러 : 강제순환식 수관형
- 코르니시 보일러 : 노통 보일러

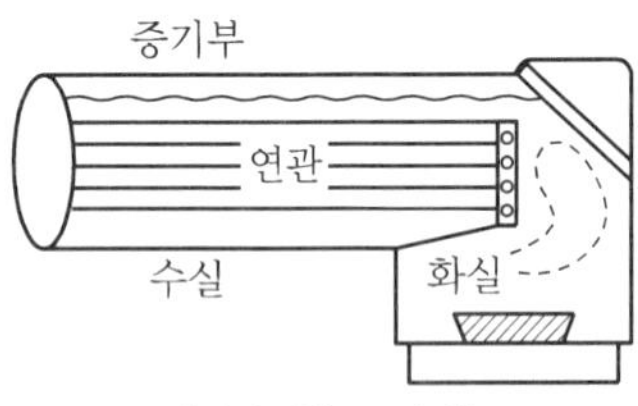

[기관차형 보일러]

60 에너지이용 합리화법령에 따른 검사의 종류 중 개조검사 적용대상이 아닌 것은?

① 보일러의 설치장소를 변경하는 경우
② 연료 또는 연소방법을 변경하는 경우
③ 증기보일러를 온수보일러로 개조하는 경우
④ 보일러 섹션의 증감에 의하여 용량을 변경하는 경우

해설 개조검사
㉠ 증기보일러를 온수보일러로 개조하는 경우
㉡ 보일러 섹션의 증감에 의하여 용량을 변경하는 경우
㉢ 동체 · 돔 · 노통 · 연소실 · 경판 · 천정판 · 관판 · 관모음 또는 스테이의 변경으로서 산업통상자원부장관이 정하여 고시하는 대수리의 경우
㉣ 연료 또는 연소방법을 변경하는 경우
㉤ 철금속가열로로서 산업통상자원부장관이 정하여 고시하는 경우의 수리

SECTION 04 열설비 취급 및 안전관리

61 보일러 수질기준에서 순수처리 기준에 맞지 않는 것은?(단, 25℃ 기준이다.)

① pH : 7~9
② 총경도 : 1~2
③ 전기전도율 : 0.5μS/cm 이하
④ 실리카 : 흔적이 나타나지 않음

해설 25℃ 보일러 수질기준(순수처리)
㉠ pH : 7~9
㉡ 총경도 : 0
㉢ 실리카 : 흔적이 나타나지 않음
㉣ 전기전도율 : 0.5μS/cm 이하

62 고온의 응축수 흡입 시 흡입력 증가를 위해 보조로 사용하며 일반적인 펌프보다 효율은 떨어지나 취급이 용이한 펌프의 종류는?

① 제트펌프 ② 기어펌프
③ 와류펌프 ④ 축류펌프

해설 제트펌프
고온의 응축수 흡입 시 흡입력 증가를 위해 보조로 사용하며 일반적인 펌프보다 효율은 떨어지나 취급이 용이한 펌프이다.

63 보일러 청관제 중 슬러지 조정제가 아닌 것은?

① 탄닌 ② 리그닌
③ 전분 ④ 수산화나트륨

해설 가성소다(NaOH, 수산화나트륨) : 알칼리도 증가, pH 상승, 관수의 연화제로 사용

64 에너지이용 합리화법령에서 정한 효율관리기자재에 속하지 않는 것은?(단, 산업통상자원부장관이 그 효율의 향상이 특히 필요하다고 인정하여 따로 고시하는 기자재 및 설비는 제외한다.)

① 전기냉장고 ② 자동차
③ 조명기기 ④ 텔레비전

58. ④ 59. ② 60. ① 61. ② 62. ① 63. ④ 64. ④ | ANSWER

해설 효율관리기자재의 종류(규칙 제7조)
㉠ 전기냉장고 ㉡ 전기냉방기
㉢ 전기세탁기 ㉣ 조명기기
㉤ 삼상유도전동기 ㉥ 자동차
㉦ 그 밖에 산업통상자원부장관이 고시하는 기자재 및 설비

65 연도 내에서 가스폭발이 일어나는 원인으로 가장 옳은 것은?

① 연소 초기에 통풍이 너무 강했다.
② 배기가스 중에 산소량이 과다했다.
③ 연도 중의 미연소 가스를 완전히 배출하지 않고 점화하였다.
④ 댐퍼를 너무 열어 두었다.

해설

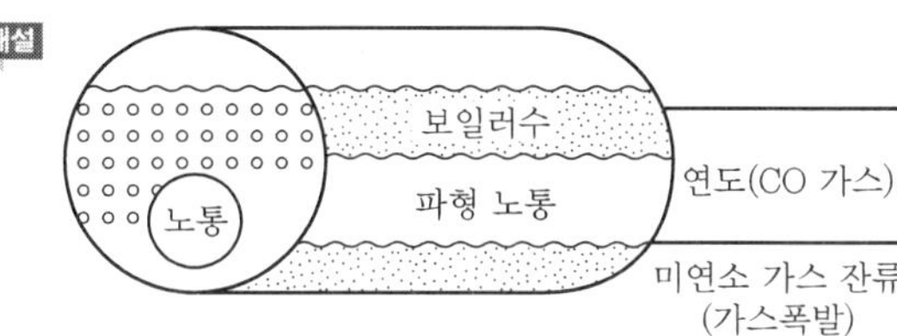

66 다음 중 구식(Grooving)이 가장 발생하기 쉬운 곳은?

① 기수드럼
② 횡형 노통의 상반면
③ 연소실과 접하는 수관
④ 경판의 구석의 둥근 부분

해설 구식(그루빙 부식)
노통 보일러 플랜지 만곡부 경판에 뚫린 급수구멍, 접시형 경판의 모퉁이 만곡부에 생기는 긴 도랑 형태의 부식으로, 가장 많이 발생하는 곳은 경판의 구석의 둥근 부분이다.(일종의 도랑 부식이다.)

67 다음 중 에너지이용 합리화법령상 매년 1월 31일까지 그 에너지사용시설이 있는 지역을 관할하는 시·도지사에게 전년도 분기별 에너지사용량을 신고하여야 하는 자에 대한 기준으로 옳은 것은?

① 연료·열 및 전력의 분기별 사용량의 합계가 5백 티오이 이상인 자
② 연료·열 및 전력의 연간 사용량의 합계가 2천 티오이 이상인 자
③ 연간 사용량 1천 티오이 이상의 연료 및 열을 사용하거나 연간 사용량 2백만 킬로와트시 이상의 전력을 사용하는 자
④ 연간 사용량 1천 티오이 이상의 연료 및 열을 사용하거나 계약전력 5백 킬로와트 이상으로서 연간 사용량 2백만 킬로와트시 이상의 전력을 사용하는 자

해설 에너지다소비사업자(영 제35조)
㉠ 연료 및 전력의 연간 사용량 합계 2천 티오이 이상 사용자
㉡ 신고사항
- 전년도의 분기별 에너지사용량, 제품생산량
- 해당 연도의 분기별 에너지사용예정량, 제품생산예정량
- 에너지사용기자재의 현황
- 전년도의 분기별 에너지이용 합리화실적 및 해당 연도의 분기별 계획

68 보일러의 장기보존 시 만수보존법에 사용되는 약품은?

① 생석회
② 탄산마그네슘
③ 가성소다
④ 염화칼슘

해설 만수보존법(습식 단기보존법)에 사용되는 약품
㉠ 가성소다, 탄산소다
㉡ 아황산소다, 히드라진
㉢ 암모니아

69 온수난방에서 방열기의 평균온도 80℃, 실내온도 18℃, 방열계수 8.1W/m²·℃의 측정결과를 얻었다. 방열기의 방열량(W/m²)은 약 얼마인가?

① 146 ② 502
③ 648 ④ 794

해설 방열기(라디에이터)의 소요방열량(Q)
Q = 방열계수 × 온도차
$= 8.1 \times (80 - 18) = 502.2\text{W/m}^2$

70 **수트 블로어를 실시할 때 주의사항으로 틀린 것은?**

① 수트 블로어 전에 반드시 드레인을 충분히 한다.
② 부하가 클 때나 소화 후에 사용해야 한다.
③ 수트 블로어 할 때는 통풍력을 크게 한다.
④ 수트 블로어는 한 장소에서 오래 사용하면 안 된다.

해설 수트 블로어(화실 그을음 청소) 실시에는 증기스팀이나 압축공기를 사용하며 보일러 부하 50% 이하에서는 사용하지 않는다.

71 **난방부하를 계산하는 경우 여러 가지 여건을 검토해야 하는데 이에 대한 사항으로 거리가 먼 것은?**

① 건물의 방위　② 천장높이
③ 건축구조　④ 실내소음, 진동

해설 ㉠ 난방부하＝면적×단위면적당 손실열량(kcal/h)
＝상당방열면적×방열기 상당방열량
㉡ 난방부하 검토 시 고려사항
• 건물의 방위
• 천장높이
• 건축구조

72 **에너지이용 합리화법령에 따라 검사대상기기관리자를 선임하지 아니하였을 경우에 부과되는 벌칙기준으로 옳은 것은?**

① 100만 원 이하의 벌금
② 500만 원 이하의 벌금
③ 1천만 원 이하의 벌금
④ 2천만 원 이하의 벌금

해설 검사대상기기관리자(보일러, 압력용기 조종자)를 선임하지 않으면 1천만 원 이하의 벌금에 처한다.

73 **에너지이용 합리화법령에 따라 산업통상자원부장관이 에너지저장의무를 부과할 수 있는 대상자는?(단, 연간 2만 티오이 이상의 에너지를 사용하는 자는 제외한다.)**

① 시장 · 군수
② 시 · 도지사
③ 전기사업법에 따른 전기사업자
④ 석유사업법에 따른 석유정제업자

해설 에너지저장의무 부과대상자(영 제12조)
㉠ 전기사업자
㉡ 도시가스사업자
㉢ 석탄가공업자
㉣ 집단에너지 사업자
㉤ 연간 2만 석유환산톤 이상 에너지 사용자

74 **에너지이용 합리화법령에 따라 제조업자 또는 수입업자가 효율관리기자재의 에너지 사용량을 측정받아야 하는 시험기관은 누가 지정하는가?**

① 산업통상자원부장관
② 시 · 도지사
③ 한국에너지공단이사장
④ 국토교통부장관

해설 효율관리기자재의 시험기관 지정권자 : 산업통상자원부장관

75 **환수관이 고장을 일으켰을 때 보일러의 물이 유출하는 것을 막기 위하여 하는 배관방법은?**

① 리프트 이음 배관법
② 하트포드 연결법
③ 이경관 접속법
④ 증기 주관 관말 트랩 배관법

해설 하트포드 연결법
환수관이 고장을 일으킬 때 보일러의 물이 유출하는 저수위 사고를 미연에 방지하는 배관이다.

76 **가마울림 현상의 방지대책이 아닌 것은?**

① 수분이 많은 연료를 사용한다.
② 연소실과 연도를 개조한다.
③ 연소실 내에서 완전연소시킨다.
④ 2차 공기의 가열, 통풍 조절을 개선한다.

해설 연도 내 가마울림(공명음) 현상을 방지하려면 수분이나 습분이 적은 연료를 사용하여 완전연소시킨다.

70. ② 71. ④ 72. ③ 73. ③ 74. ① 75. ② 76. ① | ANSWER

77 다음 중 온수난방용 밀폐식 팽창탱크에 설치되지 않은 것은?

① 압축공기 공급관
② 수위계
③ 일수관(Over Flow관)
④ 안전밸브

해설 개방식 팽창탱크(저온수난방용)

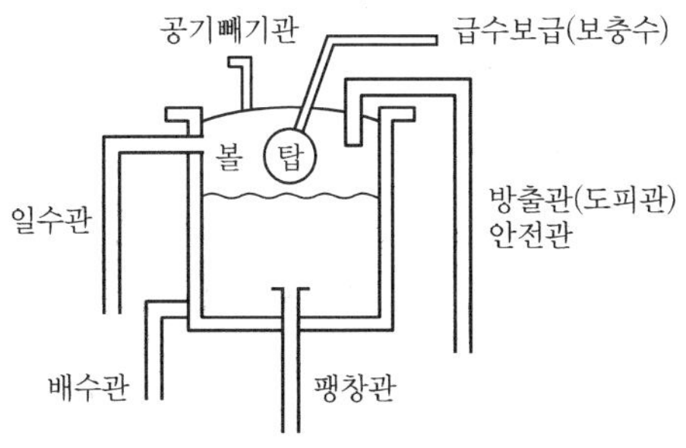

78 프라이밍, 포밍의 방지대책 중 맞지 않는 것은?

① 수증기 밸브를 천천히 개방할 것
② 가급적 안전고수위 상태로 지속 운전할 것
③ 보일러수의 농축을 방지할 것
④ 급수처리를 하여 부유물을 제거할 것

해설
- 프라이밍(비수), 포밍(물거품)이 발생하면 캐리오버(기수공발)이 발생한다.
- 가급적 수면계의 $\frac{1}{2}$ 기준수위로 운전하여 프라이밍, 포밍의 발생을 억제한다.

79 다음 보일러 운전 중 압력초과의 직접적인 원인이 아닌 것은?

① 압력계의 기능에 이상이 생겼을 때
② 안전밸브의 분출압력 조정이 불확실할 때
③ 연료공급을 다량으로 했을 때
④ 연소장치의 용량이 보일러 용량에 비해 너무 클 때

해설 연료를 다량으로 공급하면 불완전연소(공기공급 부족)가 지속된다.

80 노통이나 화실 등과 같이 외압을 받는 원통 또는 구체의 부분이 과열이나 좌굴에 의해 외압에 견디지 못하고 내부로 들어가는 현상은?

① 팽출　　② 압궤
③ 균열　　④ 블리스터

해설

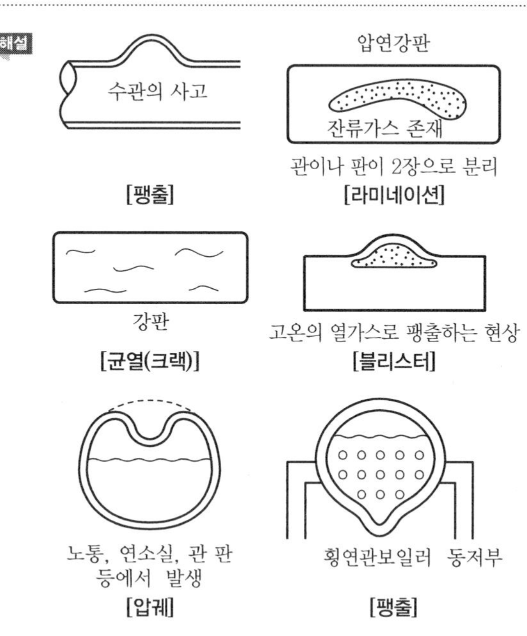

에너지관리산업기사는 2020년 4회 시험부터 CBT(Computer Based Test)로 전면 시행됩니다.

에너지관리산업기사 필기 과년도 문제풀이 10개년

INDUSTRIAL ENGINEER ENERGY MANAGEMENT

PART

02

CBT 실전모의고사

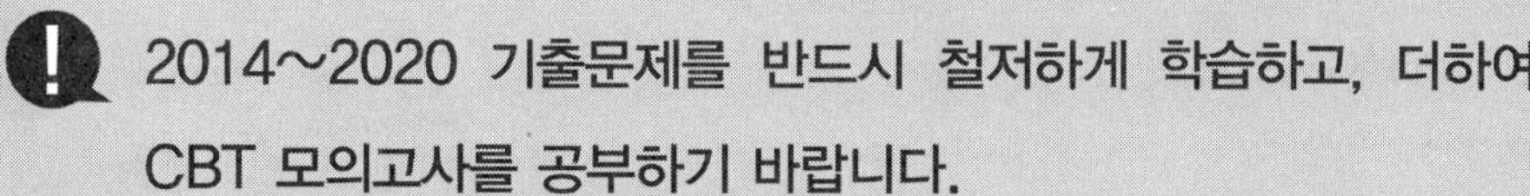

수험번호 :
수험자명 :

제한 시간 : 2시간
남은 시간 :

글자 크기 100% 150% 200% 화면 배치

전체 문제 수 :
안 푼 문제 수 :

답안 표기란

1	①	②	③	④
2	①	②	③	④
3	①	②	③	④
4	①	②	③	④
5	①	②	③	④
6	①	②	③	④
7	①	②	③	④
8	①	②	③	④
9	①	②	③	④
10	①	②	③	④
11	①	②	③	④
12	①	②	③	④
13	①	②	③	④
14	①	②	③	④
15	①	②	③	④
16	①	②	③	④
17	①	②	③	④
18	①	②	③	④
19	①	②	③	④
20	①	②	③	④
21	①	②	③	④
22	①	②	③	④
23	①	②	③	④
24	①	②	③	④
25	①	②	③	④
26	①	②	③	④
27	①	②	③	④
28	①	②	③	④
29	①	②	③	④
30	①	②	③	④

1과목 열역학 및 연소관리

01 공기가 75L의 밀폐용기 속에 압력이 400kPa, 온도 30℃인 상태로 들어 있다. 이 공기의 압력을 800kPa로 상승시키기 위해 열을 가하였을 때 가열 후 온도는 몇 K인가?(단, 공기의 비열비는 1.4이다.)

① 473
② 553
③ 606
④ 626

02 고위발열량과 저위발열량의 차이는?

① 수분의 증발잠열
② 연료의 증발잠열
③ 수분의 비열
④ 연료의 비열

03 메탄(CH_4)을 이론공기비로 연소시켰을 경우 생성물의 압력이 100kPa일 때 생성물 중 이산화탄소의 분압은 약 몇 kPa인가?(단, 메탄과 공기는 100kPa, 25℃에서 공급되고 있다.)

① 71.5
② 18.7
③ 9.5
④ 6.2

04 두바이유의 API 지수가 31.0일 때 비중은 약 얼마인가?

① 0.67
② 0.77
③ 0.87
④ 0.97

계산기 다음 ▶ 안 푼 문제 답안 제출

01 회 실전점검!
CBT 실전모의고사

수험번호 :
수험자명 :

제한 시간 : 2시간
남은 시간 :

글자 크기 100% 150% 200% 화면 배치 전체 문제 수 : 안 푼 문제 수 :

05 메탄 $1Nm^3$를 이론공기량으로 완전연소했을 때의 습연소 가스양은 몇 Nm^3인가?

① 6.5 ② 8.5
③ 10.5 ④ 12.5

06 C 87%, H 12%, S 1%의 조성을 가진 중유 1kg을 연소시키는 데 필요한 이론공기량(Nm^3/kg)은?

① 6.0 ② 8.5
③ 9.4 ④ 11.0

07 다음 중 기체연료의 저장방식이 아닌 것은?

① 유수식 ② 무수식
③ 고압식 ④ 가열식

08 공기비(m)에 대한 설명으로 옳은 것은?

① 연료를 연소시킬 경우 이론공기량에 대한 실제공급공기량의 비이다.
② 연료를 연소시킬 경우 실제공급공기량에 대한 이론공기량의 비이다.
③ 연료를 연소시킬 경우 1차 공기량에 대한 2차 공기량의 비이다.
④ 연료를 연소시킬 경우 2차 공기량에 대한 1차 공기량의 비이다.

답안 표기란

1	①	②	③	④
2	①	②	③	④
3	①	②	③	④
4	①	②	③	④
5	①	②	③	④
6	①	②	③	④
7	①	②	③	④
8	①	②	③	④
9	①	②	③	④
10	①	②	③	④
11	①	②	③	④
12	①	②	③	④
13	①	②	③	④
14	①	②	③	④
15	①	②	③	④
16	①	②	③	④
17	①	②	③	④
18	①	②	③	④
19	①	②	③	④
20	①	②	③	④
21	①	②	③	④
22	①	②	③	④
23	①	②	③	④
24	①	②	③	④
25	①	②	③	④
26	①	②	③	④
27	①	②	③	④
28	①	②	③	④
29	①	②	③	④
30	①	②	③	④

계산기 다음 ▶ 안 푼 문제 답안 제출

01회 실전점검! CBT 실전모의고사

수험번호 :
수험자명 :

제한 시간 : 2시간
남은 시간 :

글자 크기 100% 150% 200% | 화면 배치 | 전체 문제 수 : 안 푼 문제 수 :

답안 표기란

09 공업분석법에 의한 석탄의 정량분석에서 회분정량에 대한 조건으로 가장 옳은 것은?

① (105±10)℃에서 10분 가열
② (105±10)℃에서 1시간 가열
③ (815±10)℃에서 10분 가열
④ (815±10)℃에서 1시간 가열

10 보일러에서 사용되고 있는 연소방식으로 잘못된 것은?

① 기체연료 : 예혼합연소
② 기체연료 : 유동층연소
③ 액체연료 : 증발연소
④ 액체연료 : 무화연소

11 포화상태의 습증기에 대한 성질을 설명한 것으로 틀린 것은?

① 증기의 압력이 높아지면 포화액과 포화증기의 비체적 차이가 줄어든다.
② 증기의 압력이 높아지면 엔탈피가 증가한다.
③ 증기의 압력이 높아지면 포화온도가 증가된다.
④ 증기의 압력이 높아지면 증발잠열이 증가된다.

12 그림의 디젤 사이클에서 차단비(Cut－off Ratio) σ를 옳게 나타낸 것은?

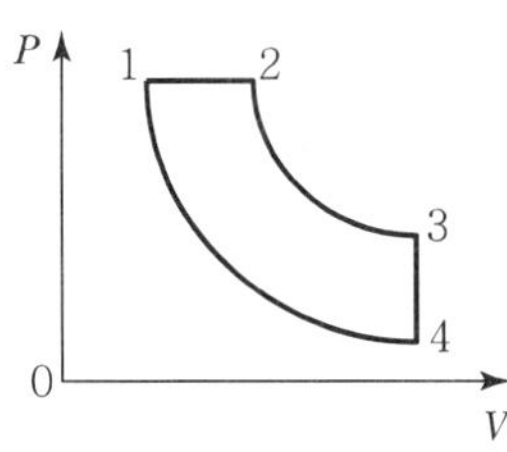

① $\sigma = \frac{V_3}{V_2}$
② $\sigma = \frac{V_1}{V_3}$
③ $\sigma = \frac{V_2}{V_1}$
④ $\sigma = \frac{V_3}{V_1}$

1	①	②	③	④
2	①	②	③	④
3	①	②	③	④
4	①	②	③	④
5	①	②	③	④
6	①	②	③	④
7	①	②	③	④
8	①	②	③	④
9	①	②	③	④
10	①	②	③	④
11	①	②	③	④
12	①	②	③	④
13	①	②	③	④
14	①	②	③	④
15	①	②	③	④
16	①	②	③	④
17	①	②	③	④
18	①	②	③	④
19	①	②	③	④
20	①	②	③	④
21	①	②	③	④
22	①	②	③	④
23	①	②	③	④
24	①	②	③	④
25	①	②	③	④
26	①	②	③	④
27	①	②	③	④
28	①	②	③	④
29	①	②	③	④
30	①	②	③	④

계산기 | 다음 ▶ | 안 푼 문제 | 답안 제출

13 $PV^n = C$의 거동을 하는 기체에서 등적과정 시 n의 값은?(단, C는 값이 일정한 상수이다.)

① 0
② 1
③ ∞
④ 1.4

14 에어컨이 실내에서 400kJ의 열을 흡수하여 실외로 500kJ을 방출할 때의 성능계수는?

① 0.8
② 1.25
③ 2.0
④ 4.0

15 이상기체의 특성이 아닌 것은?

① 이상기체상태방정식을 만족한다.
② 엔탈피는 압력만의 함수이다.
③ 비열은 온도만의 함수이다.
④ $dU = C_v dt$ 식을 만족한다.

16 어떤 계가 한 상태에서 다른 상태로 변할 때 이 계의 엔트로피는?

① 항상 감소한다.
② 항상 증가한다.
③ 항상 증가하거나 불변이다.
④ 증가, 감소, 불변 모두 가능하다.

17 공기 1kg이 온도 27℃로부터 300℃까지 가열되며 이때 압력이 400kPa에서 300kPa로 내려가는 경우의 엔트로피 변화량은 약 몇 kJ/kg · K인가?(단, 공기의 정압비열은 1.005kJ/kg · K이며, 공기의 기체상수는 0.287kJ/kg · K이다.)

① 0.362 ② 0.533
③ 0.733 ④ 0.957

18 압력이 20bar인 증기를 교축과정(등엔탈피 변화)을 일으켜 압력이 1bar, 온도가 150℃인 증기로 만들었다. 증기의 처음 건도는 약 얼마인가?(단, 압력 20bar인 포화액의 엔탈피는 908.59kJ/kg, 포화증기의 엔탈피는 2,797.2kJ/kg이며, 1bar, 150℃인 증기의 엔탈피는 2,776.3kJ/kg이다.)

① 0.81 ② 0.89
③ 0.92 ④ 0.99

19 공기 표준 사이클에 대한 가정에 해당되지 않는 것은?

① 공기는 밀폐시스템을 이루거나 정상 상태 유동에 의한 사이클로 구성한다.
② 공기는 이상기체이고 대부분의 경우 비열은 일정한 것으로 간주한다.
③ 연소과정은 고온 열원에서의 열전달과정이고, 배기과정은 저온 열원으로의 열전달로 대치된다.
④ 각 과정은 비가역과정이며 운동에너지와 위치에너지는 무시된다.

20 다음 중 샤를의 법칙을 나타내는 것은?

① PV=일정 ② $\frac{V}{T}$=일정
③ $\frac{RT}{PV}$=일정 ④ $\frac{PV}{T}$=일정

답안 표기란

1	①	②	③	④
2	①	②	③	④
3	①	②	③	④
4	①	②	③	④
5	①	②	③	④
6	①	②	③	④
7	①	②	③	④
8	①	②	③	④
9	①	②	③	④
10	①	②	③	④
11	①	②	③	④
12	①	②	③	④
13	①	②	③	④
14	①	②	③	④
15	①	②	③	④
16	①	②	③	④
17	①	②	③	④
18	①	②	③	④
19	①	②	③	④
20	①	②	③	④
21	①	②	③	④
22	①	②	③	④
23	①	②	③	④
24	①	②	③	④
25	①	②	③	④
26	①	②	③	④
27	①	②	③	④
28	①	②	③	④
29	①	②	③	④
30	①	②	③	④

계산기 다음 ▶ 안 푼 문제 답안 제출

01 회

실전점검!

CBT 실전모의고사

수험번호 :

수험자명 :

제한 시간 : 2시간

남은 시간 :

글자 크기 100% 150% 200% 화면 배치

전체 문제 수 :

안 푼 문제 수 :

답안 표기란

1	①	②	③	④
2	①	②	③	④
3	①	②	③	④
4	①	②	③	④
5	①	②	③	④
6	①	②	③	④
7	①	②	③	④
8	①	②	③	④
9	①	②	③	④
10	①	②	③	④
11	①	②	③	④
12	①	②	③	④
13	①	②	③	④
14	①	②	③	④
15	①	②	③	④
16	①	②	③	④
17	①	②	③	④
18	①	②	③	④
19	①	②	③	④
20	①	②	③	④
21	①	②	③	④
22	①	②	③	④
23	①	②	③	④
24	①	②	③	④
25	①	②	③	④
26	①	②	③	④
27	①	②	③	④
28	①	②	③	④
29	①	②	③	④
30	①	②	③	④

2과목 계측 및 에너지 진단

21 안지름 25cm인 관에 물이 가득 흐를 때 피토관으로 측정한 유속이 6m/s이었다면 이때의 유량은 약 몇 kg/s인가?

① 108 ② 120
③ 295 ④ 770

22 다음 중 용적식 유량계에 해당되지 않는 것은?

① 로터리 유량계 ② 루트 유량계
③ 로터미터 ④ 가스미터

23 특정한 광파장 에너지(휘도)를 이용하여 계측하는 온도계는?

① 광고온계 ② 방사온도계
③ 서머킬러 ④ 복사온도계

24 다음 중 높은 압력의 측정이 가능하지만, 점도가 가장 낮은 압력계는?

① 부르동관 압력계 ② 분동식 압력계
③ 경사식 액주압력계 ④ 전기식 압력계

25 대유량의 측정에 적합하고, 비전도성 액체라도 유량 측정이 가능하며 도플러 효과를 이용한 유량계는?

① 플로노즐 유량계 ② 벤투리 유량계
③ 임펠러 유량계 ④ 초음파 유량계

계산기 다음 ▶ 안 푼 문제 답안 제출

26 다음 중 접촉식 온도계가 아닌 것은?

① 바이메탈 온도계 ② 백금 저항온도계
③ 열전대 온도계 ④ 광고온계

27 다음 중 부르동관(Bourdon Tube) 압력계에서 측정된 압력은?

① 절대압력 ② 게이지 압력
③ 진공압 ④ 대기압

28 0℃에서의 저항이 100Ω이고 저항 온도계수가 0.0025/℃인 저항온도계를 어떤 노 안에 삽입하였을 때 저항이 180Ω이 되었다면 이 노 안의 온도는 약 몇 ℃인가?

① 125 ② 150
③ 250 ④ 320

29 특정 가스의 물성정수인 확산속도를 주로 이용하는 가스분석방법은?

① 자동 화학식 CO_2법 ② 가스크로마토그래피법
③ 오르자트법 ④ 연소열식 O_2법

30 지르코니아식 O_2 측정기의 특징에 대한 설명 중 틀린 것은?

① 응답속도가 빠르다.
② 측정범위가 넓다.
③ 설치장소 주위의 온도 변화에 영향이 적다.
④ 온도 유지를 위한 전기히터가 필요 없다.

1	①	②	③	④
2	①	②	③	④
3	①	②	③	④
4	①	②	③	④
5	①	②	③	④
6	①	②	③	④
7	①	②	③	④
8	①	②	③	④
9	①	②	③	④
10	①	②	③	④
11	①	②	③	④
12	①	②	③	④
13	①	②	③	④
14	①	②	③	④
15	①	②	③	④
16	①	②	③	④
17	①	②	③	④
18	①	②	③	④
19	①	②	③	④
20	①	②	③	④
21	①	②	③	④
22	①	②	③	④
23	①	②	③	④
24	①	②	③	④
25	①	②	③	④
26	①	②	③	④
27	①	②	③	④
28	①	②	③	④
29	①	②	③	④
30	①	②	③	④

수험번호 :
수험자명 :

제한 시간 : 2시간
남은 시간 :

글자 크기 100% 150% 200% 화면 배치 전체 문제 수 : 안 푼 문제 수 :

31 다음 중 잔류편차(Offset)가 있는 제어는?

① I 제어
② PI 제어
③ P 제어
④ PID 제어

32 오르자트 가스분석기로 측정이 가능한 가스로만 나열된 것은?

① CO_2, O_2, CO
② CO_2, O_2, NO_2
③ CO_2, CO, SO_2
④ CO, O_2, NO_2

33 공기식으로 전송하는 계장용 압력계의 공기압 신호압력(kg/cm^2) 범위는?

① 0.2~1.0
② 3~5
③ 0~10
④ 4~20

34 보일러의 제어에서 ACC란 무엇을 의미하는가?

① 자동급수 제어장치
② 자동유입 제어장치
③ 자동증기온도 제어장치
④ 자동연소 제어장치

35 부력과 중력의 평형을 이용하여 액면을 측정하는 것은?

① 초음파식 액면계
② 정전용량식 액면계
③ 플로트식 액면계
④ 차압식 액면계

답안 표기란

31	①	②	③	④
32	①	②	③	④
33	①	②	③	④
34	①	②	③	④
35	①	②	③	④
36	①	②	③	④
37	①	②	③	④
38	①	②	③	④
39	①	②	③	④
40	①	②	③	④
41	①	②	③	④
42	①	②	③	④
43	①	②	③	④
44	①	②	③	④
45	①	②	③	④
46	①	②	③	④
47	①	②	③	④
48	①	②	③	④
49	①	②	③	④
50	①	②	③	④
51	①	②	③	④
52	①	②	③	④
53	①	②	③	④
54	①	②	③	④
55	①	②	③	④
56	①	②	③	④
57	①	②	③	④
58	①	②	③	④
59	①	②	③	④
60	①	②	③	④

계산기 다음 ▶ 안 푼 문제 답안 제출

36 제어용 밸브가 갖추어야 할 성질로서 가장 거리가 먼 것은?

① 히스테리시스가 있어야 한다.
② 선형성이 좋아야 한다.
③ 제어신호에 빠르게 응답하여야 한다.
④ 현장의 설치 및 작동에 적합하여야 한다.

37 가스크로마토그래피를 사용하여 가스를 분석할 때 사용되는 캐리어가스가 아닌 것은?

① He ② Ne
③ O_2 ④ Ar

38 관로에 설치된 오리피스에 의한 유량측정에서 유량은?

① 차압의 제곱에 비례한다. ② 차압의 제곱에 반비례한다.
③ 차압의 제곱근에 비례한다. ④ 차압의 제곱근에 반비례한다.

39 2개의 제어계를 조합하여 1차 제어장치가 제어량을 측정하여 제어명령을 하면 2차 제어장치가 이 명령을 바탕으로 제어량을 조정하는 제어방식은?

① On/Off 제어 ② 비율 제어
③ 캐스케이드 제어 ④ 프로그램 제어

40 열전대 온도계의 보상도선에 주로 사용되는 금속재료는?

① 순철 ② 크롬
③ 구리 ④ 백금

번호				
31	①	②	③	④
32	①	②	③	④
33	①	②	③	④
34	①	②	③	④
35	①	②	③	④
36	①	②	③	④
37	①	②	③	④
38	①	②	③	④
39	①	②	③	④
40	①	②	③	④
41	①	②	③	④
42	①	②	③	④
43	①	②	③	④
44	①	②	③	④
45	①	②	③	④
46	①	②	③	④
47	①	②	③	④
48	①	②	③	④
49	①	②	③	④
50	①	②	③	④
51	①	②	③	④
52	①	②	③	④
53	①	②	③	④
54	①	②	③	④
55	①	②	③	④
56	①	②	③	④
57	①	②	③	④
58	①	②	③	④
59	①	②	③	④
60	①	②	③	④

3과목 열설비구조 및 시공

41 다음 열설비 재료 중 최고 사용온도가 가장 높은 것은?

① 파이버 글라스 ② 폼 글라스
③ 크롬질 캐스터블 ④ 규산칼슘 보온재

42 금속 벽을 통하여 가스 측으로부터 공기에 열을 전달시키는 공기예열기의 형식은?

① 융그스트롬식 ② 축열식
③ 전열식 ④ 재생식

43 유량을 Q[m³/s], 유체의 평균유속을 V[m/s]라 할 때 파이프 내경 D[mm]를 구하는 식은?

① $D=1{,}128\sqrt{\frac{Q}{V}}$ ② $D=1{,}128\sqrt{\frac{Q}{\pi V}}$
③ $D=1{,}128\sqrt{\frac{V}{4\pi}}$ ④ $D=1{,}128\sqrt{\frac{\pi V}{Q}}$

44 노통연관식 보일러의 급수처리 시 사용하는 탈산소제가 아닌 것은?

① 탄닌 ② 수산화나트륨
③ 히드라진 ④ 아황산나트륨

45 유리를 연속적으로 대량 용융하여 규모가 큰 판유리 등의 대량 생산용으로 가장 적당한 가마는?

① 회전 가마 ② 탱크 가마
③ 터널 가마 ④ 도가니 가마

46 그림과 같은 측면 필릿용접이음에서 허용전단응력이 5kg/mm^2일 때 약 몇 kgf의 하중(W)에 견딜 수 있는가?

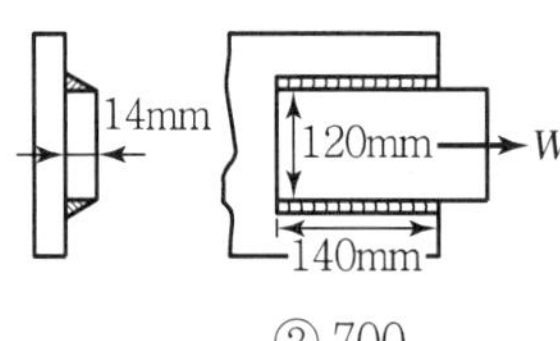

① 650
② 700
③ 1,550
④ 13,860

47 다음 중 열유체의 물성을 표시하는 무차원 Prandtl 수는?(단, ρ는 유체의 밀도, c는 유체의 비열, μ는 점성계수, λ는 열전도율이다.)

① $\dfrac{\mu\lambda}{c}$
② $\dfrac{c\lambda}{\rho}$
③ $\dfrac{c\rho}{\lambda}$
④ $\dfrac{c\mu}{\lambda}$

48 다음 중 증발계수(증발량)에 대한 식은?

① $\dfrac{\text{실제증발량}}{\text{연료소비량}}$
② $\dfrac{\text{연료증발량}}{\text{실제소비량}}$
③ $\dfrac{(\text{급수엔탈피})-(\text{발생증기엔탈피})}{539}$
④ $\dfrac{(\text{발생증기엔탈피})-(\text{급수엔탈피})}{539}$

31	①	②	③	④
32	①	②	③	④
33	①	②	③	④
34	①	②	③	④
35	①	②	③	④
36	①	②	③	④
37	①	②	③	④
38	①	②	③	④
39	①	②	③	④
40	①	②	③	④
41	①	②	③	④
42	①	②	③	④
43	①	②	③	④
44	①	②	③	④
45	①	②	③	④
46	①	②	③	④
47	①	②	③	④
48	①	②	③	④
49	①	②	③	④
50	①	②	③	④
51	①	②	③	④
52	①	②	③	④
53	①	②	③	④
54	①	②	③	④
55	①	②	③	④
56	①	②	③	④
57	①	②	③	④
58	①	②	③	④
59	①	②	③	④
60	①	②	③	④

49 용광로의 용량표시는 무엇을 기준으로 나타내는가?

① 1회당 생산되는 광석의 톤수
② 24시간당 생산되는 광석의 톤수
③ 1회당 생산되는 선철의 톤수
④ 24시간당 생산되는 선철의 톤수

50 우리나라에서 내화도 측정의 표준으로 하고 있는 것은?

① 오르톤콘 ② 제게르콘
③ 광고온계 ④ 색온도계

51 큐폴라(Cupola)에 대한 설명으로 옳은 것은?

① 열효율이 나쁘다. ② 용해시간이 느리다.
③ 제강로의 한 형태이다. ④ 대량의 쇳물을 얻을 수 있다.

52 비동력급수장치인 인젝터(Injector) 사용상의 특징에 대한 설명 중 틀린 것은?

① 구조가 간단하다.
② 흡입양정이 낮다.
③ 급수량의 조절이 쉽다.
④ 증기와 물이 혼합되어 급수가 예열된다.

53 전도에 의한 열전달속도에 대한 설명으로 옳은 것은?

① 온도차(Δt)가 클수록 열전달속도는 작아지게 된다.
② 열이 통과할 수 있는 면적(A)이 클수록 열전달속도는 작아지게 된다.
③ 열이 통과하는 길이(L)가 길수록 열전달속도는 작아지게 된다.
④ 열전도도(k)가 높을수록 전도에 의한 열전달속도는 작아지게 된다.

01회 실전점검! CBT 실전모의고사

수험번호 :
수험자명 :

제한 시간 : 2시간
남은 시간 :

글자 크기 100% 150% 200% 화면 배치 전체 문제 수 : 안 푼 문제 수 :

답안 표기란

54 그림과 같이 노벽에 깊이 10cm의 구멍을 뚫고 온도를 재었더니 250℃이었다. 바깥표면의 온도는 200℃이고, 노벽 재료의 열전도율이 0.7kcal/m · h · ℃일 때 바깥표면 $1m^2$에서 시간당 손실되는 열량은 약 몇 kcal인가?

바깥표면 200℃ → 10cm
250℃ →

① 7.1
② 71
③ 35
④ 350

55 다음 중 규석질 벽돌이 주로 사용되는 곳은?

① 가마의 내벽
② 가마의 외벽
③ 가마의 천장
④ 연도구축물

56 증기와 응축수의 온도 차이를 이용한 증기트랩은?

① 단노즐식
② 상향 버킷식
③ 플로트식
④ 벨로스식

57 다음 중 증기드럼 내에 또는 주증기 배관에 설치하여 증기와 수분을 분리시키는 부속설비는?

① 기수분리기
② 블로관
③ 스컴판
④ 급수내관

번호				
31	①	②	③	④
32	①	②	③	④
33	①	②	③	④
34	①	②	③	④
35	①	②	③	④
36	①	②	③	④
37	①	②	③	④
38	①	②	③	④
39	①	②	③	④
40	①	②	③	④
41	①	②	③	④
42	①	②	③	④
43	①	②	③	④
44	①	②	③	④
45	①	②	③	④
46	①	②	③	④
47	①	②	③	④
48	①	②	③	④
49	①	②	③	④
50	①	②	③	④
51	①	②	③	④
52	①	②	③	④
53	①	②	③	④
54	①	②	③	④
55	①	②	③	④
56	①	②	③	④
57	①	②	③	④
58	①	②	③	④
59	①	②	③	④
60	①	②	③	④

계산기 다음 ▶ 안 푼 문제 답안 제출

01 회 실전점검! CBT 실전모의고사

수험번호 :
수험자명 :

제한 시간 : 2시간
남은 시간 :

글자 크기 100% 150% 200% 화면 배치

전체 문제 수 :
안 푼 문제 수 :

답안 표기란

58 24℃의 실내에 직경 100mm인 보온용 수증기관이 있다. 이 관의 표면온도는 40℃, 방사율은 0.92이다. 관의 길이 1m당 방사전열량은 약 몇 kcal/h인가?

① 27 ② 37
③ 47 ④ 57

59 다음과 같은 특징을 가지는 내화물은?

- 소화성이 크다.
- 내스폴링성이 크다.
- 내화도와 하중연화점이 높다.
- 염기성 슬래그에 대한 저항이 크다.

① 크롬마그네시아 벽돌
② 마그네시아 벽돌
③ 캐스터블 내화물
④ 돌로마이트 벽돌

60 다음 중 사용목적에 따라 요로를 분류한 것은?

① 도염식 요로 ② 연소용 요로
③ 소둔요로 ④ 중유요로

번호				
31	①	②	③	④
32	①	②	③	④
33	①	②	③	④
34	①	②	③	④
35	①	②	③	④
36	①	②	③	④
37	①	②	③	④
38	①	②	③	④
39	①	②	③	④
40	①	②	③	④
41	①	②	③	④
42	①	②	③	④
43	①	②	③	④
44	①	②	③	④
45	①	②	③	④
46	①	②	③	④
47	①	②	③	④
48	①	②	③	④
49	①	②	③	④
50	①	②	③	④
51	①	②	③	④
52	①	②	③	④
53	①	②	③	④
54	①	②	③	④
55	①	②	③	④
56	①	②	③	④
57	①	②	③	④
58	①	②	③	④
59	①	②	③	④
60	①	②	③	④

계산기 다음 ▶ 안 푼 문제 답안 제출

01회 실전점검! CBT 실전모의고사

수험번호 :
수험자명 :

제한 시간 : 2시간
남은 시간 :

글자 크기 100% 150% 200% 화면 배치

전체 문제 수 :
안 푼 문제 수 :

답안 표기란

4과목 열설비 취급 및 안전관리

61 다음 중 보일러 급수에 함유된 성분 중 전열면 내면 점식의 주원인이 되는 것은?

① O_2
② N_2
③ $CaSO_4$
④ $NaSO_4$

62 보일러에서 산세정 작업이 끝난 후 중화처리를 한다. 다음 중 중화처리 약품으로 사용할 수 있는 것은?

① 가성소다
② 염화나트륨
③ 염화마그네슘
④ 염화칼슘

63 에너지이용 합리화법에 따라 검사대상기기 적용범위에 해당하는 소형 온수보일러는?

① 전기 및 유류 겸용 소형 온수보일러
② 유류를 연료로 쓰는 가정용 소형 온수보일러
③ 최고사용압력이 0.1MPa 이하이고, 전열면적이 $5m^2$ 이하인 소형 온수보일러
④ 가스 사용량이 17kg/h를 초과하는 소형 온수보일러

64 보일러 운전 중 취급상의 사고에 해당되지 않는 것은?

① 압력 초과
② 저수위 사고
③ 급수처리 불량
④ 부속장치 미비

번호				
61	①	②	③	④
62	①	②	③	④
63	①	②	③	④
64	①	②	③	④
65	①	②	③	④
66	①	②	③	④
67	①	②	③	④
68	①	②	③	④
69	①	②	③	④
70	①	②	③	④
71	①	②	③	④
72	①	②	③	④
73	①	②	③	④
74	①	②	③	④
75	①	②	③	④
76	①	②	③	④
77	①	②	③	④
78	①	②	③	④
79	①	②	③	④
80	①	②	③	④

계산기 다음 ▶ 안 푼 문제 답안 제출

65 다음 보일러의 외부청소 방법 중 압축공기와 모래를 분사하는 방법은?

① 샌드 블라스트법
② 스틸 쇼트 크리닝법
③ 스팀 소킹법
④ 에어 소킹법

66 에너지이용 합리화법에 따라 용접검사신청서 제출 시 첨부하여야 할 서류가 아닌 것은?

① 용접부위도
② 검사대상기기의 설계도면
③ 검사대상기기의 강도계산서
④ 비파괴시험성적서

67 에너지이용 합리화법에 따른 에너지저장의무 부과 대상자와 가장 거리가 먼 것은?

① 전기사업자
② 석탄가공업자
③ 도시가스사업자
④ 원자력사업자

68 에너지이용 합리화법에 따라 산업통상자원부장관 또는 시 · 도지사의 업무 중 한국에너지공단에 위탁된 업무에 해당하는 것은?

① 특정열사용기자재의 시공업 등록
② 과태료의 부과 · 징수
③ 에너지절약전문기업의 등록
④ 에너지관리대상자의 신고 접수

번호				
61	①	②	③	④
62	①	②	③	④
63	①	②	③	④
64	①	②	③	④
65	①	②	③	④
66	①	②	③	④
67	①	②	③	④
68	①	②	③	④
69	①	②	③	④
70	①	②	③	④
71	①	②	③	④
72	①	②	③	④
73	①	②	③	④
74	①	②	③	④
75	①	②	③	④
76	①	②	③	④
77	①	②	③	④
78	①	②	③	④
79	①	②	③	④
80	①	②	③	④

69 급수처리 방법인 기폭법에 의하여 제거되지 않는 성분은?

① 탄산가스 ② 황화수소
③ 산소 ④ 철

70 보일러 급수처리의 목적으로 가장 거리가 먼 것은?

① 스케일 생성 및 고착 방지 ② 부식 발생 방지
③ 가성취화 발생 감소 ④ 배관 중의 응축수 생성 방지

71 증기난방의 응축수 환수방법 중 증기의 순환이 가장 빠른 것은?

① 기계환수식 ② 진공환수식
③ 단관식 중력환수식 ④ 복관식 중력환수식

72 보일러 가동 중 프라이밍과 포밍의 방지대책으로 틀린 것은?

① 급수처리를 하여 불순물 등을 제거할 것
② 보일러수의 농축을 방지할 것
③ 과부하가 되지 않도록 운전할 것
④ 고수위로 운전할 것

73 포밍과 프라이밍이 발생했을 때 나타나는 현상으로 가장 거리가 먼 것은?

① 캐리오버 현상이 발생한다.
② 수격작용이 발생한다.
③ 수면계의 수위 확인이 곤란하다.
④ 수위가 급히 올라가고 고수위 사고의 위험이 있다.

74 에너지이용 합리화법에 따른 검사대상기기관리자에 대한 교육기간은 얼마인가?

① 1일 ② 3일
③ 5일 ④ 10일

75 에너지이용 합리화법에 따라 가스사용량이 17kg/h를 초과하는 가스용 소형 온수 보일러에 대해 면제되는 검사는?

① 계속사용 안전검사 ② 설치 검사
③ 제조검사 ④ 계속사용 성능검사

76 온수난방에서 방열기 내 온수의 평균온도가 85℃, 실내온도가 20℃, 방열계수가 7.2kcal/m² · h · ℃이라면, 이 방열기의 방열량(kcal/m² · h)은?

① 468 ② 472
③ 496 ④ 592

77 에너지이용 합리화법에 따라 산업통상자원부장관이 냉 · 난방온도를 제한온도에 적합하게 유지 관리하지 않은 기관에 시정조치를 명령할 때 포함되지 않는 사항은?

① 시정조치 명령의 대상 건물 및 대상자
② 시정결과 조치 내용 통지 사항
③ 시정조치 명령의 사유 및 내용
④ 시정기한

01 회 실전점검! CBT 실전모의고사

수험번호 :

수험자명 :

제한 시간 : 2시간
남은 시간 :

글자 크기 100% 150% 200% 화면 배치 전체 문제 수 : 안 푼 문제 수 :

78 사고의 원인 중 간접원인에 해당되지 않는 것은?

① 기술적 원인 ② 관리적 원인
③ 인적 원인 ④ 교육적 원인

79 스케일의 영향으로 보일러 설비에 나타나는 현상으로 가장 거리가 먼 것은?

① 전열면의 국부과열 ② 배기가스 온도 저하
③ 보일러의 효율 저하 ④ 보일러의 순환 장애

80 수관식 보일러와 비교하여 노통연관식 보일러의 특징에 대한 설명으로 옳은 것은?

① 청소가 곤란하다.
② 시동하고 나서 증기 발생시간이 짧다.
③ 연소실을 자유로운 형상으로 만들 수 있다.
④ 파열 시 더욱 위험하다.

답안 표기란

61	①	②	③	④
62	①	②	③	④
63	①	②	③	④
64	①	②	③	④
65	①	②	③	④
66	①	②	③	④
67	①	②	③	④
68	①	②	③	④
69	①	②	③	④
70	①	②	③	④
71	①	②	③	④
72	①	②	③	④
73	①	②	③	④
74	①	②	③	④
75	①	②	③	④
76	①	②	③	④
77	①	②	③	④
78	①	②	③	④
79	①	②	③	④
80	①	②	③	④

계산기 다음 ▶ 안 푼 문제 답안 제출

01	02	03	04	05	06	07	08	09	10
③	①	③	③	③	④	④	①	④	②
11	12	13	14	15	16	17	18	19	20
④	③	③	④	②	④	③	④	④	②
21	22	23	24	25	26	27	28	29	30
③	③	①	①	④	④	②	④	②	④
31	32	33	34	35	36	37	38	39	40
③	①	①	④	③	①	③	③	③	③
41	42	43	44	45	46	47	48	49	50
③	③	①	②	②	④	④	④	④	②
51	52	53	54	55	56	57	58	59	60
④	③	③	④	③	④	①	①	④	③
61	62	63	64	65	66	67	68	69	70
①	①	④	④	①	④	④	③	③	④
71	72	73	74	75	76	77	78	79	80
②	④	④	①	③	①	②	③	②	④

01 **풀이 |** $T_2 = T_1 \times \left(\frac{P_2}{P_1}\right) = (30+273) \times \left(\frac{800}{400}\right) = 606\text{K}$

02 **풀이 |** 수분의 증발잠열＝고위발열량－저위발열량

03 **풀이 |** $CH_4 + 2O_2 \rightarrow CO_2 + 2H_2O$

이론습배기가스양(G_{ow})

$=(1-0.21)A_o + CO_2 + 2H_2O$

$=(1-0.21)\times\frac{2}{0.21}+1+2$

$=10.52\text{Nm}^3/\text{Nm}^3$

$\therefore\ 100\times\frac{1}{10.52}=9.5\text{kPa}$

(A_o : 이론공기량)

04 **풀이 |** $API = \frac{141.5}{\text{비중}} - 131.5$

$31 = \frac{141.5}{\text{비중}} - 131.5$

$\therefore\ \text{비중} = \frac{141.5}{131.5+31} = 0.87$

05 **풀이 |** $CH_4 + 2O_2 \rightarrow CO_2 + 2H_2O$

이론습연소가스양(G_{ow})

$=(1-0.21)\times$이론공기양$+CO_2+H_2O$

$\therefore\ (1-0.21)\times\frac{2}{0.21}+1+2=10.52\text{Nm}^3/\text{Nm}^3$

06 **풀이 |** 고체, 액체연료 이론공기량(A_o)

$=8.89\text{C}+26.67\left(\text{H}-\frac{\text{O}}{8}\right)+3.33\text{S}$

$=8.89\times0.87+26.67\times0.12+3.33\times0.01$

$=7.7343+3.2004+0.0333=10.968\text{Nm}^3/\text{kg}$

07 **풀이 |** 기체연료 저장법

㉠ 저압식(유수식, 무수식)

㉡ 고압식

08 **풀이 |** 공기비(m)$=\frac{\text{실제공기량}}{\text{이론공기량}}$

09 **풀이 |** 공업분석 회분정량 : (815±10)℃에서 60분 가열

10 **풀이 |** 기체연료

㉠ 확산연소

㉡ 부분예혼합연소(반혼합)

㉢ 예혼합연소

※ 고체연료 : 유동층연소

11 **풀이 |** 증기의 압력이 높아지면 증발잠열이 감소한다.

12 **풀이 |** 디젤 사이클 차단비(등압 사이클) : $\sigma = \frac{V_2}{V_1}$

13 **풀이 |** $PV^n = C$

등적(정적)변화 시 폴리트로픽 지수 : ∞

14 **풀이 |** 500kJ－400kJ＝100kJ

$\therefore$ 성적계수(COP)$=\frac{400}{100}=4.0$

15 **풀이 |** ㉠ 완전 가스의 비열은 일반적으로 온도만의 함수이다.

㉡ 이상기체의 내부에너지 및 엔탈피는 온도만의 함수이다.

16 **풀이 |** 어떤 계가 한 상태에서 다른 상태로 변할 때 이 계의 엔트로피는 증가, 감소, 불변 모두 가능하다.

17 **풀이 |** 엔트로피 변화량(ΔS)

$$=\Delta S_P+\Delta S_T$$
$$=CP\cdot\ln\frac{T_2}{T_1}-R\cdot\ln\frac{P_2}{P_1}$$
$$=1.005\times\ln\frac{573}{300}-0.287\times\ln\frac{300}{400}$$
$$=0.65033-(-0.0825)$$
$$=0.733\text{kJ/kg}\cdot\text{K}$$

18 **풀이 |** 건조도$(x)=\dfrac{2,776.3-908.59}{2,797.2-908.59}=0.99$

19 **풀이 |** 공기 냉동 사이클은 역브레이턴 사이클이다.

20 **풀이 |** ㉠ 샤를의 법칙 : $\dfrac{V}{T}$= 일정

㉡ 보일의 법칙 : PV= 일정

㉢ 보일 샤를의 법칙 : $\dfrac{PV}{T}$= 일정

21 **풀이 |** 유량(Q)=단면적×유속

$$=A\times V=\frac{3.14}{4}\times(0.25)^2\times 6$$
$$=0.2943\text{m}^3$$

$\therefore\ 0.2943\times1,000=294.3\text{kg}$

22 **풀이 |** 로터미터 : 면적식 유량계

23 **풀이 |** 광고온계

특정한 광파장 에너지를 이용하여 계측하는 온도계이다.

24 **풀이 |** 부르동관 압력계

높은 압력의 측정이 가능하지만 점도가 가장 낮다.

25 **풀이 |** 초음파 유량계

대유량의 측정에 적합하고 비전도성 액체라도 유량 측정이 가능하며 도플러 효과를 이용한 유량계이다.

26 **풀이 |** 광고온계 : 비접촉식 고온계

27 **풀이 |** 압력계에서 측정한 압력계 : 게이지 압력

28 **풀이 |** $180-100=80\Omega$

$$\therefore\ T=\frac{80}{0.0025\times100}=320℃$$

29 **풀이 |** 가스크로마토그래피 : 물리적 가스분석계

특정 가스의 물성정수인 확산속도를 주로 이용하는 가스 분석계이다.

30 **풀이 |** 세라믹 O_2계(ZrO_2)

측정부의 온도 유지를 위해 온도 조절용 전기로가 필요하다.

31 **풀이 |** • 비례동작 P 동작 : 잔류편차 발생

• 적분동작 I 동작 : 잔류편차 제거

32 **풀이 |** 오르자트 가스분석기 측정 가스 : CO_2, O_2, CO

33 **풀이 |** 공기식 전송 공기압 신호압력 : $0.2\sim1.0\text{kgf/cm}^2$

34 **풀이 |** 자동제어 보일러(ABC)

㉠ 자동급수 제어 : FWC

㉡ 자동증기온도 제어 : STC

㉢ 자동연소 제어 : ACC

35 **풀이 |** 플로트식 액면계

부자식 액면계이며 부력과 중력의 평형을 이용한 액면계이다.

36 **풀이 |** 제어용 밸브는 히스테리시스가 없어야 한다.

37 **풀이 |** 캐리어가스 : He, Ne, Ar

38 **풀이 |** 오리피스 유량계의 유량은 차압의 제곱근에 비례한다.

39 **풀이 |** 캐스케이드 제어

2개의 제어계를 조합하여 1차 제어장치가 제어량을 측정하여 명령을 하면 2차 제어장치가 이 명령을 바탕으로 제어량을 조정한다.

40 **풀이 |** 보상도선 금속

㉠ 구리

㉡ 니켈

41 **풀이 |** • 보온재 : 파이버 글라스, 폼 글라스, 규산칼슘보온재
• 크롬질 캐스터블 : 부정형 내화물

부정형 내화물은 보온재보다 사용온도가 높다.

42 **풀이 |** 공기예열기
㉠ 전열식 : 금속 벽 이용
㉡ 재생식 : 융그스트롬식

43 **풀이 |** $D = 1,128\sqrt{\dfrac{Q}{V}}$ (mm)

44 **풀이 |** 탈산소제 : 탄닌, 히드라진, 아황산나트륨

45 **풀이 |** 탱크 가마 : 규모가 큰 판유리 등의 대량 생산용

46 **풀이 |** 하중(W) $= \dfrac{\pi Lh}{0.707} = \dfrac{5\times 140\times 14}{0.707} = 13,860\text{kgf}$

47 **풀이 |** 프란틀수 : $\dfrac{c\mu}{\lambda}$

48 **풀이 |** 증발계수 $= \dfrac{\text{발생증기엔탈피} - \text{급수엔탈피}}{539}$

49 **풀이 |** 용광로의 용량 : 24시간당 생산되는 선철의 톤수

50 **풀이 |** 제게르콘 : 내화도 측정 온도계

51 **풀이 |** 큐폴라 : 대량의 쇳물을 얻는 용해로

52 **풀이 |** 인젝터는 급수량 조절이 불편하다.

53 **풀이 |** 열이 통과하는 길이가 길수록 열전달속도는 느리다.

54 **풀이 |** 열전도손실열량(Q)
$= \lambda A\dfrac{\Delta T}{L} = \dfrac{0.7\times 1\times (250-200)}{0.1} = 350\text{kcal}$
※ 10cm = 0.1m

55 **풀이 |** 규석질 산성내화물
가마의 천장에 사용

56 **풀이 |** 온도차 스팀트랩
㉠ 바이메탈식
㉡ 벨로스식

57 **풀이 |** 기수분리기
증기와 수분을 분리하여 건조증기를 취한다.

58 **풀이 |** 파이프 표면적 $= \pi DL = 3.14\times 0.1\times 1 = 0.314\text{m}^2$
방사전열량(Q)
$= 4.88\times\epsilon\left[\left(\dfrac{T_1}{100}\right)^4 - \left(\dfrac{T_2}{100}\right)^4\right]A$
$= 4.88\times 0.92\times\left[\left(\dfrac{273+40}{100}\right)^4 - \left(\dfrac{273+24}{100}\right)^4\right]\times 0.314$
$= 27\text{kcal/h}$

59 **풀이 |** 돌로마이트 벽돌
㉠ 소화성이 크다.(결점)
㉡ 내스폴링성이 크다.
㉢ 내화도와 하중연화점이 높다.
㉣ 염기성 슬래그에 대한 저항이 크다.

60 **풀이 |** 요로의 사용목적에 의한 분류
㉠ 용해로
㉡ 가열로
㉢ 소둔로

61 **풀이 |** 점식(Pitting)
보일러 내면에 생기는 좁쌀알, 쌀알, 콩알 크기의 점부식(수중의 용존산소에 의해 발생)

62 **풀이 |** 보일러의 염산 세정 작업의 중화처리 시 가성소다를 사용한다.

63 **풀이 |** 검사대상 소형 온수보일러 기준
㉠ 가스를 사용하는 것
㉡ 가스사용량 17kg/h[도시가스는 232.6kW(20만 kcal/h)]를 초과하는 것

64 **풀이 |** 부속장치 미비 : 제작상 사고

65 **풀이 |** ㉠ 스틸 쇼트 크리닝법 : 강구 이용
㉡ 스팀 소킹법 : 증기 분사
㉢ 에어 소킹법 : 압축공기 분사

66 풀이 | 규칙 제31조의14에 의거, 용접검사신청서 제출 시 첨부서류는 보기 ①, ②, ③이다.

67 풀이 | 영 제12조에 의해 에너지저장의무 부과 대상자는 보기 ①, ②, ③ 외에 집단에너지 사업자, 연간 2만 석유환산톤 이상의 에너지를 사용하는 자이다.

68 풀이 | 시행령 제51조에 의거, 한국에너지공단에 위탁한 업무는 에너지절약전문기업의 등록이다.

69 풀이 | 산소는 탈기법에 의해 처리한다.

70 풀이 | 배관 내 응축수 생성 장해

수격작용(워터해머)의 타격으로 배관손상, 부식증가, 증기열손실 및 증기이송장해가 발생한다.

급수처리는 응축수 생성과 관련이 없다.

71 풀이 | 응축수 환수법의 증기 순환 속도

진공환수식>기계환수식>복관식 중력환수식>단관식 중력환수식

72 풀이 | 고수위 운전

프라이밍(비수), 포밍(거품) 발생으로 캐리오버(기수공발) 장해 발생

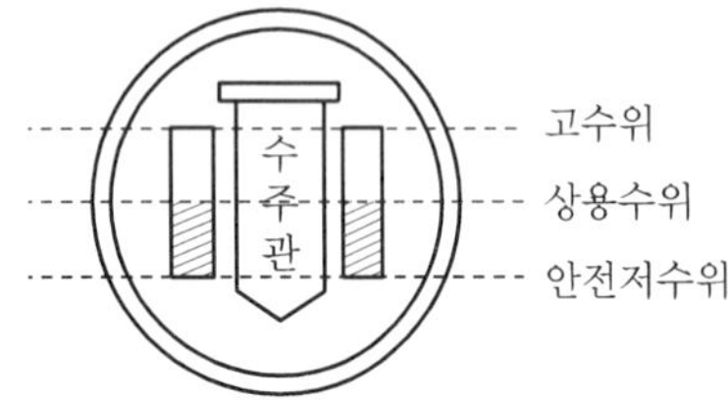

73 풀이 | ㉠ 포밍 : 수면 위에서 거품 발생

㉡ 프라이밍 : 수면에서 습증기 발생(물방울이 증기에 혼입되어 습증기 유발)

74 풀이 | 규칙 별표 4의2에 의해, 교육기간은 1일이다.

75 풀이 | 규칙 별표 3의6에 의해 소형 온수보일러[가스 사용량 17kg/h(도시가스 232.6kW) 초과]는 제조검사가 면제된다.

76 풀이 | 방열기(라디에이터)의 방열량(Q)

Q = 방열계수 × 온도차

$= 7.2 \times (85-20) = 468(\text{kcal/m}^2 \cdot \text{h})$

77 풀이 | 영 제42조의3에 의거, 시정조치명령은 보기 ①, ③, ④를 포함해야 한다.

78 풀이 | 인적 원인 : 직접원인

사람에 의한 인적 사고는 직접적인 사고 원인이다.

79 풀이 | 스케일의 영향

관석에 의한 전열면의 과열, 전열의 장애로 배기가스 온도 상승, 열효율 감소, 보일러 강도 저하

80 풀이 | 노통연관 보일러

수부가 증기부보다 커서 파열 시 열수에 의한 사고가 커진다.

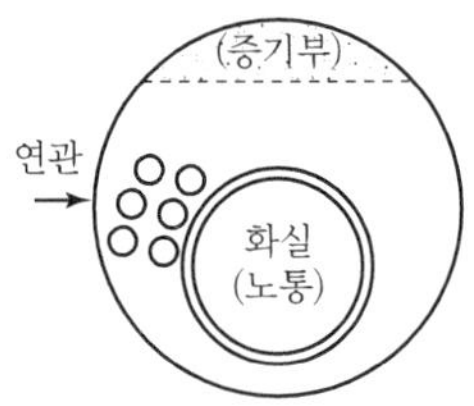

수관식 보일러

드럼 내 보일러수가 적어서 파열 시 피해가 적다. 물이 수관으로 분산되어서 전열이 용이하여 열효율이 높으나 부식이나 스케일의 발생이 심하다.

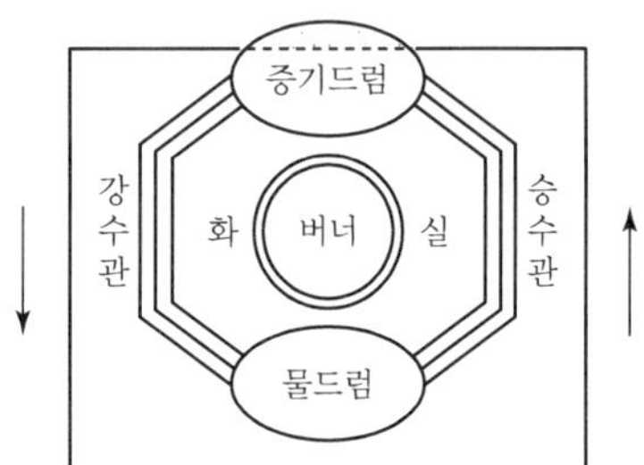

02회 실전점검! CBT 실전모의고사

수험번호 :
수험자명 :

제한 시간 : 2시간
남은 시간 :

글자 크기 100% 150% 200% 화면 배치 전체 문제 수 : 안 푼 문제 수 :

답안 표기란

1	①	②	③	④
2	①	②	③	④
3	①	②	③	④
4	①	②	③	④
5	①	②	③	④
6	①	②	③	④
7	①	②	③	④
8	①	②	③	④
9	①	②	③	④
10	①	②	③	④
11	①	②	③	④
12	①	②	③	④
13	①	②	③	④
14	①	②	③	④
15	①	②	③	④
16	①	②	③	④
17	①	②	③	④
18	①	②	③	④
19	①	②	③	④
20	①	②	③	④
21	①	②	③	④
22	①	②	③	④
23	①	②	③	④
24	①	②	③	④
25	①	②	③	④
26	①	②	③	④
27	①	②	③	④
28	①	②	③	④
29	①	②	③	④
30	①	②	③	④

1과목 열역학 및 연소관리

01 다음 중 저온부식과 관련 있는 물질은?

① 황산화물 ② 바나듐
③ 나트륨 ④ 염소

02 보일러 집진장치의 입구와 출구의 함진농도를 측정한 결과 각각 $10Nm^3$, $0.03/Nm^3$이었다. 집진율(%)은 얼마인가?

① 93.5 ② 97.9
③ 98.3 ④ 99.7

03 석탄의 풍화작용에 의한 현상으로 틀린 것은?

① 휘발분이 감소한다. ② 발열량이 감소한다.
③ 석탄표면이 변색된다. ④ 분탄으로 되기 어렵다.

04 다음 중 원심식 집진장치가 아닌 것은?

① 사이클론스크러버 ② 백필터
③ 사이클론 ④ 멀티클론

05 다음 중 석탄의 원소분석 방법이 아닌 것은?

① 리비히법 ② 세필드법
③ 에쉬카법 ④ 라이드법

계산기 다음 ▶ 안 푼 문제 답안 제출

06 고체 및 액체연료에서의 이론공기량을 중량(kg/kg)으로 구하는 식은?(단, C, H, O, S는 원자기호이다.)

① $1.87C + 5.6\left(H - \frac{O}{8}\right) + 0.7S$

② $2.67C + 8\left(H - \frac{O}{8}\right) + S$

③ $8.89C + 26.7\left(H - \frac{O}{8}\right) + 3.33S$

④ $11.49C + 34.5\left(H - \frac{O}{8}\right) + 4.3S$

07 탄화도에 대한 설명으로 틀린 것은?

① 탄화도가 클수록 연소속도가 늦어진다.
② 탄화도가 클수록 비열과 열전도율은 증가한다.
③ 탄화도가 클수록 연료비가 증가하고 발열량이 커진다.
④ 탄화도가 클수록 휘발분이 감소하고 착화온도가 높아진다.

08 고위발열량(H_h)과 저위발열량(H_L)의 차이는?

① 위치에너지의 차이이다.
② 수증기와 물의 엔탈피 차이이다.
③ 완전연소와 불완전연소의 차이이다.
④ 발열량 측정장치의 오차 한계이다.

09 수소가 완전 연소할 때의 고위발열량과 저위발열량의 차이는 몇 kJ/kmol인가?(단, 물의 증발열은 0℃ 포화상태에서 2,501.6kJ/kg이다.)

① 5,003 ② 10,006
③ 44,570 ④ 45,029

10 다음 연료 중 이론공기량(Nm^3/Nm^3)을 가장 많이 필요로 하는 것은?

① 메탄 ② 수소
③ 아세틸렌 ④ 일산화탄소

11 계가 사이클을 이룰 때, 비가역 사이클에 대한 $\frac{dQ}{T}$의 적분 값을 옳게 나타낸 것은? (단, Q는 열량, T는 절대온도이다.)

① $\oint \frac{dQ}{T} \geq 0$ ② $\oint \frac{dQ}{T} = 0$
③ $\oint \frac{dQ}{T} < 0$ ④ $\oint \frac{dQ}{T} > 0$

12 온도가 400℃인 고온열원과 100℃인 저온 열원 사이에서 작동하는 카르노 열기관의 효율은 약 얼마인가?

① 0.25 ② 0.45
③ 0.75 ④ 1.00

13 공기 2kg을 0℃에서 500℃까지 압력이 일정한 상태로 가열할 때 필요한 열량은 몇 kJ인가?

① 120 ② 240
③ 500 ④ 1,000

14 다음 중 열역학 제1법칙에 관한 설명은?

① 에너지는 여러 가지 형태를 가질 수 있지만 에너지의 총량은 일정하다.
② 열이 고온부로부터 저온부로 이동하는 현상은 비가역적 현상이다.
③ 고립계인 이 우주의 엔트로피는 계속 증가한다.
④ 절대온도 0K일 때 엔트로피는 0이다.

15 공기의 온도가 일정할 때 다음 압력 중에서 이상기체에 가장 가까운 거동을 하는 것은?

① 100기압 ② 10기압
③ 1기압 ④ 0.1기압

16 공기로서 작동되는 복합(사바테) 사이클에서 압축비가 5, 비열비가 1.4, 차단비가 1.6, 압력비가 1.8일 때 이론 열효율은 약 몇 %인가?

① 34.6 ② 37.6
③ 43.8 ④ 53.9

17 200kPa, 500L인 1kg의 공기를 일정온도 상태에서 압축하는 데 120kJ이 소모되었다면 공기의 최종 압력은 약 몇 kPa인가?

① 135 ② 346
③ 664 ④ 932

02 회 실전점검! CBT 실전모의고사

수험번호 :
수험자명 :

제한 시간 : 2시간
남은 시간 :

글자 크기 100% 150% 200% 화면 배치

전체 문제 수 :
안 푼 문제 수 :

답안 표기란

18 다음 중 시스템의 경계를 통하여 일, 열 등 어떠한 형태의 에너지와 물질도 통과할 수 없는 시스템은?

① 밀폐시스템 ② 개방시스템
③ 고립시스템 ④ 단열시스템

19 압축성 인자(Compressibility Factor)에 대한 설명으로 옳은 것은?

① 실제기체가 이상기체에 대한 거동에서 벗어나는 정도를 나타낸다.
② 실제기체는 1의 값을 갖는다.
③ 항상 1보다 작은 값을 갖는다.
④ 기체압력이 0으로 접근할 때 0으로 접근된다.

20 공기 1kg을 15℃로부터 80℃로 가열하여 체적이 $0.80m^3$에서 $0.95m^3$로 되는 과정에서의 엔트로피 변화량은 약 몇 kJ/K인가?(단, 공기의 정압비열 C_P는 1.004 kJ/kg · K이며, 기체상수 R은 0.287kJ/ kg · K이다.)

① 0.195 ② 0.253
③ 3.802 ④ 65.32

1	①	②	③	④
2	①	②	③	④
3	①	②	③	④
4	①	②	③	④
5	①	②	③	④
6	①	②	③	④
7	①	②	③	④
8	①	②	③	④
9	①	②	③	④
10	①	②	③	④
11	①	②	③	④
12	①	②	③	④
13	①	②	③	④
14	①	②	③	④
15	①	②	③	④
16	①	②	③	④
17	①	②	③	④
18	①	②	③	④
19	①	②	③	④
20	①	②	③	④
21	①	②	③	④
22	①	②	③	④
23	①	②	③	④
24	①	②	③	④
25	①	②	③	④
26	①	②	③	④
27	①	②	③	④
28	①	②	③	④
29	①	②	③	④
30	①	②	③	④

계산기 다음 ▶ 안 푼 문제 답안 제출

2과목 계측 및 에너지 진단

21 다음 중 연돌가스의 압력측정에 가장 적당한 압력계는?

① 링밸런스식 압력계
② 압전식 압력계
③ 분동식 압력계
④ 부르동관식 압력계

22 다음 중 시정수에 대한 설명으로 올바른 것은?

① 2차 지연요소에서 출력이 최대 출력의 63%에 도달할 때까지의 시간이다.
② 1차 지연요소에서 출력이 최대 입력의 63%에 도달할 때까지의 시간이다.
③ 2차 지연요소에서 입력이 최대 출력의 63%에 도달할 때까지의 시간이다.
④ 1차 지연요소에서 출력이 최대 출력의 63%에 도달할 때까지의 시간이다.

23 열전대 온도계의 보호관 중 상용사용온도가 약 1,000℃로서 급열, 급랭에 잘 견디고 산에는 강하나 알칼리에는 약한 비금속 온도계 보호관은?

① 자기관
② 석영관
③ 황동관
④ 카보런덤관

24 다음 중 온도상승에 따라 저항이 감소하는 특징을 가진 온도계는?

① 알코올 온도계
② 서미스터 저항 온도계
③ 백금저항 온도계
④ 광복사 온도계

25 탄성 압력계의 일반 교정에 주로 사용되는 시험기는?

① 침종식 압력계　② 격막식 압력계
③ 정밀 압력계　④ 기준분동식 압력계

26 0℃에서의 저항이 100Ω이고, 저항온도계수가 0.005인 저항온도계를 어떤 노 안에 집어넣었을 때 저항이 200Ω이 되었다면 이 노 안의 온도는 몇 ℃인가?

① 100　② 150
③ 200　④ 250

27 차압식 유량계의 압력손실의 크기를 표시한 것으로 옳은 것은?

① 오리피스 > 플로노즐 > 벤투리관　② 플로노즐 > 오리피스 > 벤투리관
③ 벤투리관 > 플로노즐 > 오리피스　④ 오리피스 > 벤투리관 > 플로노즐

28 어느 보일러 냉각기의 진공도가 730mmHg일 때 절대압력으로 표시하면 약 몇 kg/cm^2.a인가?

① 0.02　② 0.04
③ 0.12　④ 0.18

29 다음 열전대 형식 중 구리와 콘스탄탄으로 구성되어 주로 저온의 실험용으로 사용되는 것은?

① T type　② E type
③ J type　④ K type

30 대기 중에 있는 지름 20cm의 실린더에 300kg의 추를 올려놓았을 때 실린더 내의 절대압력은 몇 kg/cm^2인가?(단, 대기압은 750mmHg이다.)

① 0.97　② 1.27
③ 1.98　④ 2.77

답안 표기란

번호	①	②	③	④
1	①	②	③	④
2	①	②	③	④
3	①	②	③	④
4	①	②	③	④
5	①	②	③	④
6	①	②	③	④
7	①	②	③	④
8	①	②	③	④
9	①	②	③	④
10	①	②	③	④
11	①	②	③	④
12	①	②	③	④
13	①	②	③	④
14	①	②	③	④
15	①	②	③	④
16	①	②	③	④
17	①	②	③	④
18	①	②	③	④
19	①	②	③	④
20	①	②	③	④
21	①	②	③	④
22	①	②	③	④
23	①	②	③	④
24	①	②	③	④
25	①	②	③	④
26	①	②	③	④
27	①	②	③	④
28	①	②	③	④
29	①	②	③	④
30	①	②	③	④

31 액주식 압력계의 압력측정에 사용되는 액체의 구비조건으로 틀린 것은?

① 점성이 클 것　② 열팽창계수가 작을 것
③ 모세관현상이 적을 것　④ 일정한 화학성분을 가질 것

32 상온, 상압의 공기 유속을 피토관으로 측정하였더니 동압(P)으로 80mmH_2O이었다. 비중량(γ)이 1.3kg/m^3일 때 유속은 약 몇 m/s인가?

① 3.20　② 12.3
③ 34.7　④ 50.5

33 오르자트 가스분석 장치에 사용되는 흡수제와 흡수되는 가스가 옳게 짝지어진 것은?

① 암모니아성 염화제1구리 용액 $-CO_2$
② 무수황산 30% 용액 $-CO_2$
③ 알칼리성 피로갈롤 용액 $-O_2$
④ KOH 30% 용액 $-O_2$

34 다음 중 편차의 크기와 지속시간에 비례하여 응답하는 제어동작은?

① P 동작　② D 동작
③ I 동작　④ PID 동작

35 다음 중 탄성압력계가 아닌 것은?

① 부르동관 압력계　② 벨로스 압력계
③ 다이어프램 압력계　④ 링밸런스 압력계

실전점검!
02 CBT 실전모의고사

수험번호 :
수험자명 :

제한 시간 : 2시간
남은 시간 :

글자 크기 100% 150% 200% 화면 배치 

전체 문제 수 :
안 푼 문제 수 :

36 오르자트 가스분석계의 배기가스 분석순서를 바르게 나열한 것은?

① $N_2 \rightarrow CO \rightarrow O_2 \rightarrow CO_2$
② $CO_2 \rightarrow CO \rightarrow O_2 \rightarrow N_2$
③ $N_2 \rightarrow O_2 \rightarrow CO \rightarrow CO_2$
④ $CO_2 \rightarrow O_2 \rightarrow CO \rightarrow N_2$

37 다음 중 패러데이(Faraday) 법칙을 이용한 유량계는?

① 전자유량계
② 델타유량계
③ 스와르미터
④ 초음파유량계

38 다음 중 공업 계측에서 고온 측정용으로 가장 적합한 온도계는?

① 금속저항온도계
② 유리온도계
③ 압력온도계
④ 열전대온도계

39 가스분석계인 자동화학식 CO_2계에 대한 설명으로 틀린 것은?

① 오르자트(Orsat)식 가스분석계와 같이 CO_2를 흡수액에 흡수시켜 이것에 의한 시료 가스 용액의 감소를 측정하고 CO_2 농도를 지시한다.
② 피스톤의 운동으로 일정한 용적의 시료가스가 $CaCO_2$ 용액 중에 분출되며 CO_2는 여기서 용액에 흡수된다.
③ 조작은 모두 자동화되어 있다.
④ 흡수액에 따라서는 O_2 및 CO의 분석계로도 사용할 수 있다.

40 2개의 제어계를 조립하여 제어량을 1차 조절계로 측정하고 그의 조작 출력으로 2차 조절계의 목표치를 설정하는 제어방식은?

① 추종 제어
② 정치 제어
③ 캐스케이드 제어
④ 프로그램 제어

답안 표기란

31	①	②	③	④
32	①	②	③	④
33	①	②	③	④
34	①	②	③	④
35	①	②	③	④
36	①	②	③	④
37	①	②	③	④
38	①	②	③	④
39	①	②	③	④
40	①	②	③	④
41	①	②	③	④
42	①	②	③	④
43	①	②	③	④
44	①	②	③	④
45	①	②	③	④
46	①	②	③	④
47	①	②	③	④
48	①	②	③	④
49	①	②	③	④
50	①	②	③	④
51	①	②	③	④
52	①	②	③	④
53	①	②	③	④
54	①	②	③	④
55	①	②	③	④
56	①	②	③	④
57	①	②	③	④
58	①	②	③	④
59	①	②	③	④
60	①	②	③	④

계산기 다음 ▶ 안 푼 문제 답안 제출

답안 표기란
31 ① ② ③ ④
32 ① ② ③ ④
33 ① ② ③ ④
34 ① ② ③ ④
35 ① ② ③ ④
36 ① ② ③ ④
37 ① ② ③ ④
38 ① ② ③ ④
39 ① ② ③ ④
40 ① ② ③ ④
41 ① ② ③ ④
42 ① ② ③ ④
43 ① ② ③ ④
44 ① ② ③ ④
45 ① ② ③ ④
46 ① ② ③ ④
47 ① ② ③ ④
48 ① ② ③ ④
49 ① ② ③ ④
50 ① ② ③ ④
51 ① ② ③ ④
52 ① ② ③ ④
53 ① ② ③ ④
54 ① ② ③ ④
55 ① ② ③ ④
56 ① ② ③ ④
57 ① ② ③ ④
58 ① ② ③ ④
59 ① ② ③ ④
60 ① ② ③ ④

3과목 열설비구조 및 시공

41 **관선의 지름을 바꿀 때 주로 사용되는 관 부속품은?**

① 소켓(Socket)
② 엘보(Elbow)
③ 리듀서(Reducer)
④ 플러그(Plug)

42 **크롬이나 크롬 – 마그네시아 벽돌이 고온에서 산화철을 흡수하여 표면이 부풀어 오르거나 떨어져 나가는 현상을 의미하는 것은?**

① 스폴링(Spalling)
② 열화
③ 슬래킹(Slaking)
④ 버스팅(Bursting)

43 **압력용기에서 원주방향 응력은 길이방향 응력의 얼마 정도인가?**

① $\frac{1}{4}$
② $\frac{1}{2}$
③ 2배
④ 4배

44 **용선로(Cupola)에 대한 설명으로 틀린 것은?**

① 규격은 매 시간당 용해할 수 있는 중량(Ton)으로 표시한다.
② 코크스 속의 탄소, 인, 황 등의 불순물이 들어가 용탕의 질이 저하된다.
③ 열효율이 좋고 용해시간이 빠르다.
④ Al 합금이나 가단주철 및 칠드 롤러(Chilled Roller)와 같은 대형 주물제조에 사용된다.

계산기 다음 ▶ 안 푼 문제 답안 제출

45 산성내화물의 중요 화학성분의 형태는?(단, R은 금속원소, O는 산소원소이다.)

① R_2O　② RO
③ RO_2　④ R_2O_3

46 터널요(Tunnel Kiln)의 주요 구성부분에 해당되지 않는 것은?

① 용융대　② 예열대
③ 냉각대　④ 소성대

47 노벽이 두께 24cm의 내화벽돌, 두께 10cm의 절연벽돌 및 두께 15cm의 적색벽돌로 만들어질 때 벽 안쪽과 바깥쪽 표면 온도가 각각 900℃, 90℃라면 열손실은 약 몇 $kcal/h \cdot m^2$인가?(단, 내화벽돌, 절연벽돌 및 적색벽돌의 열전도율은 각각 1.2kcal/h · m · ℃, 0.15kcal/h · m · ℃, 1.0kcal/h · m · ℃이다.)

① 351　② 797
③ 1,501　④ 4,057

48 내화질 벽돌 중 표준형의 길이는 몇 mm인가?

① 200mm　② 210mm
③ 230mm　④ 250mm

49 다음 중 중성 내화물로 분류되는 것은?

① 샤모트질　② 마그네시아질
③ 규석질　④ 탄화규소질

50 불연속식 가마로서 바닥은 직사각형이며 여러 개의 흡입공이 연도에 연결되어 있고 화교(Bagwall)가 버너 포트(Burner Port)의 앞쪽에 설치되어 있는 것은?

① 도염식 가마　② 터널 가마
③ 둥근 가마　④ 호프만윤요

51 보온재는 일반적으로 상온(20℃)에서 열전도율이 몇 kcal/m · h · ℃ 이하인 것을 말하는가?

① 0.01　② 0.05
③ 0.1　④ 0.5

52 경판에 부착하는 거싯 스테이와 노통 사이의 거리를 브레이징 스페이스(Breathing Space)라 한다. 이것의 최소 간격은 몇 mm인가?

① 150　② 200
③ 230　④ 260

53 열전도율이 0.8kcal/mh℃인 콘크리트 벽의 안쪽과 바깥쪽의 온도가 각각 25℃와 20℃이다. 벽의 두께가 5cm일 때 $1m^2$당 매시간 전달되어 나가는 열량은 약 몇 kcal인가?

① 0.8　② 8
③ 80　④ 800

54 온도 300℃의 평면벽에 열전달률 0.06kcal/m · h · ℃의 보온재가 두께 50mm로 시공되어 있다. 평면벽으로부터 외부공기로의 배출열량은 약 몇 kcal/m · h · ℃인가?(단, 공기온도는 20℃, 보온재 표면과 공기와의 열전달 계수는 8kcal/m²h이다.)

① 5
② 57
③ 292
④ 573

55 간접가열 매체로서 수증기를 이용하는 장점이 아닌 것은?

① 압력조절밸브를 사용하면 온도변화를 쉽게 조절할 수 있다.
② 물은 열전도도가 크므로 수증기의 열전달계수가 크다.
③ 가열이 균일하여 국부가열의 염려가 없다.
④ 수증기의 비열이 물보다 크기 때문에 증기화가 용이하다.

56 크롬-마그네시아 벽돌은 크롬철광을 몇 % 이상 함유하는 것을 말하는가?

① 20
② 30
③ 40
④ 50

57 층류와 난류의 유동상태 판단의 척도가 되는 무차원수는?

① 마하수
② 프란틀수
③ 넛셀수
④ 레이놀즈수

58 내화 골재에 주로 규산나트륨을 섞어 만든 내화물로서 시공 시 해머 등으로 충분히 굳게 하여 시공하며 보일러의 수관벽 등에 사용되는 내화물은?

① 용융 내화물
② 내화 모르타르
③ 플라스틱 내화물
④ 캐스터블 내화물

번호				
31	①	②	③	④
32	①	②	③	④
33	①	②	③	④
34	①	②	③	④
35	①	②	③	④
36	①	②	③	④
37	①	②	③	④
38	①	②	③	④
39	①	②	③	④
40	①	②	③	④
41	①	②	③	④
42	①	②	③	④
43	①	②	③	④
44	①	②	③	④
45	①	②	③	④
46	①	②	③	④
47	①	②	③	④
48	①	②	③	④
49	①	②	③	④
50	①	②	③	④
51	①	②	③	④
52	①	②	③	④
53	①	②	③	④
54	①	②	③	④
55	①	②	③	④
56	①	②	③	④
57	①	②	③	④
58	①	②	③	④
59	①	②	③	④
60	①	②	③	④

59 보일러 내부의 전열면에 스케일이 부착되어 발생하는 현상이 아닌 것은?

① 전열면 온도 상승
② 증발량 저하
③ 수격현상(Water Hammering) 발생
④ 보일러수의 순환방해

60 보온재가 갖추어야 할 구비조건이 아닌 것은?

① 장시간 사용해도 사용온도에 견디어야 한다.
② 어느 정도의 기계적 강도를 가져야 한다.
③ 열전도율이 작아야 한다.
④ 부피 비중이 커야 한다.

수험번호 :
수험자명 :

제한 시간 : 2시간
남은 시간 :

글자 크기 100% 150% 200% 화면 배치 전체 문제 수 : 안 푼 문제 수 :

답안 표기란

61	①	②	③	④
62	①	②	③	④
63	①	②	③	④
64	①	②	③	④
65	①	②	③	④
66	①	②	③	④
67	①	②	③	④
68	①	②	③	④
69	①	②	③	④
70	①	②	③	④
71	①	②	③	④
72	①	②	③	④
73	①	②	③	④
74	①	②	③	④
75	①	②	③	④
76	①	②	③	④
77	①	②	③	④
78	①	②	③	④
79	①	②	③	④
80	①	②	③	④

4과목 열설비 취급 및 안전관리

61 에너지이용 합리화법상 검사대상기기에 대하여 받아야 할 검사를 받지 아니한 자에 해당하는 벌칙은?

① 1천만 원 이하의 벌금
② 2천만 원 이하의 벌금
③ 1년 이하의 징역 또는 1천만 원 이하의 벌금
④ 2년 이하의 징역 또는 2천만 원 이하의 벌금

62 에너지이용 합리화법에 따라 에너지다소비사업자가 매년 1월 31일까지 신고해야 할 사항이 아닌 것은?

① 전년도의 수지계산서
② 전년도의 분기별 에너지이용 합리화 실적
③ 해당 연도의 분기별 에너지사용예정량
④ 에너지사용기자재의 현황

63 보일러에서 압력계에 연결하는 증기관(최고 사용압력에 견디는 것)을 강관으로 하는 경우 안지름은 최소 몇 mm로 하여야 하는가?

① 6.5　② 12.7
③ 15.6　④ 17.5

64 보일러 손상의 형태 중 보일러에 사용하는 연강은 보통 200~300℃ 정도에서 최고의 항장력을 나타내는데, 750~800℃ 이상으로 상승하면 결정립의 변화가 두드러진다. 이러한 현상을 무엇이라고 하는가?

① 압궤　② 버닝
③ 만곡　④ 과열

계산기　다음 ▶　안 푼 문제　답안 제출

61	①	②	③	④
62	①	②	③	④
63	①	②	③	④
64	①	②	③	④
65	①	②	③	④
66	①	②	③	④
67	①	②	③	④
68	①	②	③	④
69	①	②	③	④
70	①	②	③	④
71	①	②	③	④
72	①	②	③	④
73	①	②	③	④
74	①	②	③	④
75	①	②	③	④
76	①	②	③	④
77	①	②	③	④
78	①	②	③	④
79	①	②	③	④
80	①	②	③	④

65 **증기관 내에 수격현상이 일어날 때 조치사항으로 틀린 것은?**

① 프라이밍이 발생치 않도록 한다.
② 증기배관의 보온을 철저히 한다.
③ 주 증기밸브를 천천히 연다.
④ 증기트랩을 닫아 둔다.

66 **다음 중 에너지법에 의한 에너지위원회 구성에서 대통령령으로 정하는 사람이 속하는 중앙행정기관에 해당되는 것은?**

① 외교부　　② 보건복지부
③ 해양수산부　　④ 산업통상자원부

67 **지역난방의 장점에 대한 설명으로 틀린 것은?**

① 각 건물에는 보일러가 필요 없고 인건비와 연료비가 절감된다.
② 건물 내의 유효면적이 감소되며 열효율이 좋다.
③ 설비의 합리화에 의해 매연처리를 할 수 있다.
④ 대규모 시설을 관리할 수 있으므로 효율이 좋다.

68 **보일러의 보존법 중 이상적인 건조보존법으로 보일러 내의 공기와 물을 전부 배출하고 특정가스를 봉입해 두는 방법이 있다. 이때 사용되는 가스는?**

① 이산화탄소(CO_2)　　② 질소(N_2)
③ 산소(O_2)　　④ 헬륨(He)

02회 실전점검! CBT 실전모의고사

수험번호 :
수험자명 :

제한 시간 : 2시간
남은 시간 :

글자 크기 100% 150% 200% 화면 배치 전체 문제 수 : 안 푼 문제 수 :

답안 표기란

69 고온(180° 이상)의 보일러수에 포함되어 있는 불순물 중 보일러 강판을 가장 심하게 부식시키는 것은?

① 탄산칼슘
② 탄산가스
③ 염화마그네슘
④ 수산화나트륨

70 다음 보일러의 부속장치에 관한 설명으로 틀린 것은?

① 재열기 : 보일러에서 발생된 증기로 급수를 예열시켜 주는 장치
② 공기예열기 : 연소가스의 여열 등으로 연소용 공기를 예열하는 장치
③ 과열기 : 포화증기를 가열하여 압력은 일정하게 유지하면서 증기의 온도를 높이는 장치
④ 절탄기 : 폐열가스를 이용하여 보일러에 급수되는 물을 예열하는 장치

71 에너지이용 합리화법상 자발적 협약에 포함하여야 할 내용이 아닌 것은?

① 협약 체결 전년도 에너지소비 현황
② 단위당 에너지이용효율 향상목표
③ 온실가스배출 감축목표
④ 고효율기자재의 생산목표

72 전열면적이 $50m^2$ 이하인 증기보일러에서는 과압방지를 위한 안전밸브를 최소 몇 개 이상 설치해야 하는가?

① 1개 이상
② 2개 이상
③ 3개 이상
④ 4개 이상

번호				
61	①	②	③	④
62	①	②	③	④
63	①	②	③	④
64	①	②	③	④
65	①	②	③	④
66	①	②	③	④
67	①	②	③	④
68	①	②	③	④
69	①	②	③	④
70	①	②	③	④
71	①	②	③	④
72	①	②	③	④
73	①	②	③	④
74	①	②	③	④
75	①	②	③	④
76	①	②	③	④
77	①	②	③	④
78	①	②	③	④
79	①	②	③	④
80	①	②	③	④

계산기 다음 ▶ 안 푼 문제 답안 제출

73 보일러 설치검사기준상 보일러 설치 후 수압시험을 할 때 규정된 시험수압에 도달된 후 얼마의 시간이 경과된 뒤에 검사를 실시하는가?

① 10분 ② 15분
③ 20분 ④ 30분

74 에너지이용 합리화법에 따라 검사대상기기설치자는 검사대상기기관리자가 해임되거나 퇴직하는 경우 다른 검사대상기기관리자를 언제 선임해야 하는가?

① 해임 또는 퇴직 이전
② 해임 또는 퇴직 후 10일 이내
③ 해임 또는 퇴직 후 30일 이내
④ 해임 또는 퇴직 후 3개월 이내

75 다음은 에너지이용 합리화법에 따라 산업통상자원부장관이 에너지저장의무를 부과할 수 있는 에너지저장의무 부과대상자 중 일부이다. ( ) 안에 알맞은 것은?

연간 ( ) TOE 이상의 에너지를 사용하는 자

① 5,000 ② 10,000
③ 20,000 ④ 50,000

76 난방부하가 18,800kJ/h인 온수난방에서 쪽당 방열면적이 $0.2m^2$인 방열기를 사용한다고 할 때 필요한 쪽수는?(단, 방열기의 방열량은 표준방열량으로 한다.)

① 30 ② 40
③ 50 ④ 60

답안 표기란

번호				
61	①	②	③	④
62	①	②	③	④
63	①	②	③	④
64	①	②	③	④
65	①	②	③	④
66	①	②	③	④
67	①	②	③	④
68	①	②	③	④
69	①	②	③	④
70	①	②	③	④
71	①	②	③	④
72	①	②	③	④
73	①	②	③	④
74	①	②	③	④
75	①	②	③	④
76	①	②	③	④
77	①	②	③	④
78	①	②	③	④
79	①	②	③	④
80	①	②	③	④

계산기 다음 ▶ 안 푼 문제 답안 제출

77 **증기 사용 중 유의사항에 해당되지 않는 것은?**

① 수면계 수위가 항상 상용수위가 되도록 한다.
② 과잉공기를 많게 하여 완전연소가 되도록 한다.
③ 배기가스 온도가 갑자기 올라가는지를 확인한다.
④ 일정압력을 유지할 수 있도록 연소량을 가감한다.

78 **보일러 분출작업 시의 주의사항으로 틀린 것은?**

① 분출작업은 2명 1개조로 분출한다.
② 저수위 이하로 분출한다.
③ 분출 도중 다른 작업을 하지 않는다.
④ 분출작업을 행할 때 2대의 보일러를 동시에 해서는 안 된다.

79 **보일러 파열사고의 원인과 가장 먼 것은?**

① 안전장치 고장
② 저수위 운전
③ 강도 부족
④ 증기 누설

80 **보일러 수면계를 시험해야 하는 시기와 무관한 것은?**

① 발생 증기를 송기할 때
② 수면계 유리의 교체 또는 보수 후
③ 프라이밍, 포밍이 발생할 때
④ 보일러 가동 직전

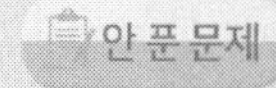

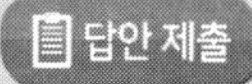

01	02	03	04	05	06	07	08	09	10
①	④	④	②	④	④	②	②	④	③
11	12	13	14	15	16	17	18	19	20
③	②	④	①	④	③	③	③	①	①
21	22	23	24	25	26	27	28	29	30
①	④	②	②	④	③	①	②	①	③
31	32	33	34	35	36	37	38	39	40
①	③	③	③	④	④	①	④	②	③
41	42	43	44	45	46	47	48	49	50
③	④	③	④	③	①	②	③	④	①
51	52	53	54	55	56	57	58	59	60
③	③	③	③	④	④	④	③	③	④
61	62	63	64	65	66	67	68	69	70
③	①	②	②	④	①	②	②	③	①
71	72	73	74	75	76	77	78	79	80
④	①	④	①	③	③	②	②	④	①

01 풀이 | 저온부식 : 황산화물(H_2SO_4)

02 풀이 | 효율$(\eta)=\dfrac{10-0.03}{10}\times 100=99.7\%$

03 풀이 | 석탄의 풍화작용 : 분탄이 되기 쉽다.

04 풀이 | 백필터 : 여과식 집진장치

05 풀이 | 석탄의 원소분석

㉠ 리비히법 : 탄소, 수소 측정
㉡ 세필드법 : 탄소, 수소 측정
㉢ 에쉬카법 : 전유황 측정

06 풀이 | 중량당 이론공기량(kg/kg) A_0

$$=11.49C+34.5\left(H-\frac{O}{8}\right)+4.3S$$

07 풀이 | 탄화도가 클수록 연소속도가 낮아지고 착화온도가 높아진다. 또한 비열은 감소하여 열전도율은 증가한다.

08 풀이 | 고위발열량－저위발열량
=수증기의 엔탈피－물의 엔탈피

09 풀이 | $H_2+\frac{1}{2}O_2 \rightarrow H_2O(18kg/kmol)$

$\therefore\ 18\times 2,501.6=45,029kJ/kmol$

10 풀이 | 이론공기량은 산소요구량에 비례한다.

- $C_2H_2+2.5O_2 \rightarrow 2CO_2+H_2O$
- $CH_4+2O_2 \rightarrow CO_2+2H_2O$

11 풀이 | ㉠ 가역과정 : $\oint \frac{dQ}{T}=0$

㉡ 비가역과정 : $\oint \frac{dQ}{T}<0$

12 풀이 | 효율$(\eta)=\dfrac{(400+273)-(100+273)}{(400+273)}=0.4457$

13 풀이 | 열량$(Q)=G\cdot C_p\cdot \Delta t$

$=2\times 1.0\times (500-0)=1,000kJ$

14 풀이 | 열역학 제1법칙

에너지는 여러 가지 형태를 가질 수 있지만 에너지의 총량은 일정하다.

15 풀이 | 실제 기체가 이상기체에 가까울 때는 압력은 낮고 온도가 높을 때이다.

16 풀이 | 사바테 사이클 열효율(η_s)

$$=1-\left(\frac{1}{\epsilon}\right)^{k-1}\times\frac{\rho\sigma^k-1}{(\rho-1)+k\rho(\sigma-1)}$$

$$=1-\left(\frac{1}{5}\right)^{1.4-1}\times\frac{1.8\times 1.6^{1.4}-1}{(1.8-1)+1.4\times 1.8(1.6-1)}$$

$\fallingdotseq 0.438$

17 풀이 | 압축일량$=P_1V_1\ln\left(\frac{P_1}{P_2}\right)$

$-120=200\times 0.5\times\ln\left(\frac{200}{x}\right)$

$\therefore\ x=664kPa$

18 풀이 | 고립시스템

시스템의 경계를 통하여 일, 열 등 어떠한 형태의 에너지와 물질도 통과할 수 없는 시스템

19 풀이 | 압축성 인자 : 실제기체가 이상기체에 대한 거동에서 벗어나는 정도

20 **풀이 |** $\Delta s = C_v \ln\frac{T_2}{T_1} + AR\ln\frac{V_2}{V_1}$

$C_v = C_P - R = 1.004 - 0.287 = 0.717$

$\Delta s = 0.717 \times \ln\left(\frac{353}{288}\right) + 0.287 \times \ln\left(\frac{0.95}{0.88}\right) \fallingdotseq 0.195$

21 **풀이 |** 통풍력 측정에 링밸런스식 압력계(환상천평식)가 사용된다.

22 **풀이 |** 시정수란 1차 지연요소에서 출력이 최대 출력의 63%에 도달할 때까지이다.

23 **풀이 |** 석영관 보호관은 사용온도가 약 1,000℃로서 급열, 급랭에 잘 견디고 산에는 강하나 알칼리에 약하다.

24 **풀이 |** 서미스터 전기저항식 온도계는 온도 상승에 따라 저항이 감소한다.

25 **풀이 |** 탄성 압력계 일반 교정용은 기준분동식 압력계이다.

26 **풀이 |** 저항$(R) = R_o \times (1 + at)$

$t = \frac{R - R_o}{R_o a}$

$\therefore t = \frac{200 - 100}{100 \times 0.005} = 200℃$

27 **풀이 |** 압력손실 크기

오리피스 > 플로노즐 > 벤투리관

28 **풀이 |** 절대압력 = 760 − 730 = 30mmHg

$\therefore 1.033 \times \frac{30}{760} = 0.0407\text{kg/cm}^2\text{a}$

29 **풀이 |** 열전대 T type : 구리 + 콘스탄탄

30 **풀이 |** 단면적$(A) = \frac{3.14}{4} \times (20)^2 = 314\text{cm}^2$

게이지 압력 $= \frac{300}{314} = 0.955\text{kgf/cm}^2$

$\therefore$ 절대압력 $= 1.033 + 0.955 = 1.98\text{kgf/cm}^2\text{.a}$

31 **풀이 |** 액주식 압력계의 액체는 점성이 작아야 한다.

32 **풀이 |** 유속$(V) = \sqrt{\frac{2gh}{r}} = \sqrt{\frac{2 \times 9.8 \times 80}{1.3}} = 34.7\text{m/s}$

33 **풀이 |** ① CO 가스용
③ O_2 가스용
④ CO_2 가스용

34 **풀이 |** I(적분) 동작은 편차의 크기와 지속시간에 비례하여 응답하는 연속동작이다.

35 **풀이 |** 링밸런스식(환상천평식) 압력계는 액주식 압력계이다.

36 **풀이 |** 오르자트 가스분석계 분석 순서

$CO_2 \rightarrow O_2 \rightarrow CO \rightarrow N_2$

37 **풀이 |** 전자유량계 : 패러데이 법칙 응용

38 **풀이 |** 열전대온도계 중 '백금−백금로듐' 온도계의 측정범위는 0~1,600℃로 접촉식 온도계 중 가장 고온용이다.

39 **풀이 |** 자동화학식 CO_2계는 30% KOH 수용액 사용

40 **풀이 |** 캐스케이드 제어

㉠ 1차 조절계(측정용)
㉡ 2차 조절계(목표치 설정용)

41 **풀이 |** 리듀서

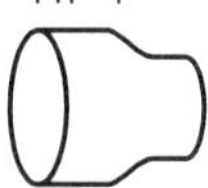

42 **풀이 |** 버스팅

크롬이나 크롬−마그네시아 벽돌이 고온에서 산화철을 흡수하여 표면이 부풀어 오르거나 떨어져 나가는 현상

43 **풀이 |** 원주방향은 길이방향에 비해 응력이 2배이다.

44 **풀이 |** 용선로(큐폴라)는 주철 용해로이다.

45 **풀이 |** 산성내화물

㉠ SiO_2
㉡ Al_2O_3

46 풀이 | 터널 연속요 : 예열대, 냉각대, 소성대

47 풀이 | 열전도 손실열량(Q)

$$=\frac{A\times(t_2-t_1)}{\frac{b_1}{\lambda_1}+\frac{b_2}{\lambda_2}+\frac{b_3}{\lambda_3}}=\frac{(900-90)}{\frac{0.24}{1.2}+\frac{0.1}{0.15}+\frac{0.15}{1.0}}$$

$=797\text{kcal/m}^2\text{h}$

48 풀이 |

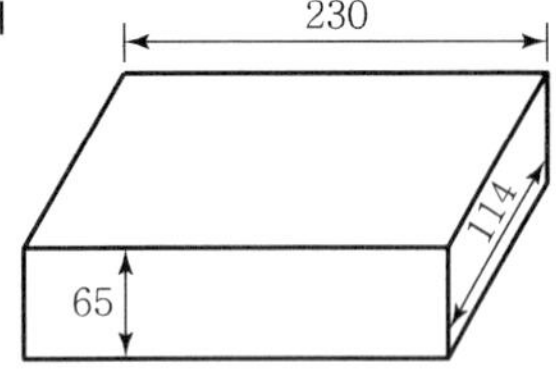

49 풀이 | 중성 내화물

㉠ 고알루미나질 ㉡ 크롬질
㉢ 탄화규소질 ㉣ 탄소질

50 풀이 | 도염식 불연속가마는 여러 개의 흡입공이 연도에 연결되어 있다.

51 풀이 | 보온재는 상온에서 열전도율이 0.1kcal/m · h · ℃ 이하이다.

52 풀이 |

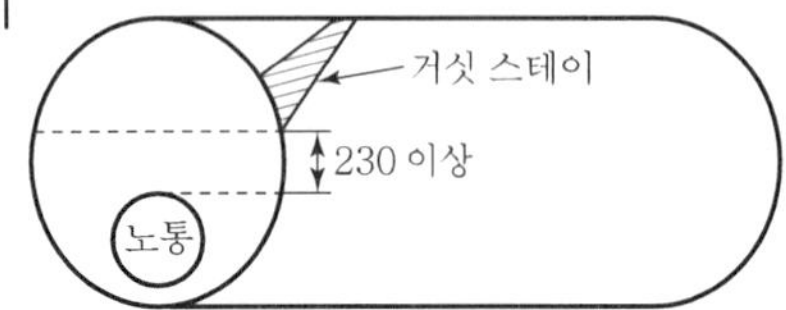

53 풀이 | 열전도손실열량(Q)

$$=\frac{A\cdot\lambda\cdot\Delta t}{b}=\frac{1\times0.8\times(25-20)}{0.05}=80\text{kcal/h}$$

54 풀이 | 열관류손실열량(Q)

$$=\frac{A(t_2-t_1)}{\frac{b}{\lambda_1}+\frac{1}{a_1}}=\frac{(300-20)}{\frac{0.05}{0.06}+\frac{1}{8}}=292.27\text{kcal/m}^2\text{h}$$

55 풀이 | • 수증기의 비열 : 0.44kcal/mh℃
• 물의 비열 : 1kcal/mh℃

56 풀이 | 크롬－마그네시아 염기성 벽돌은 크롬철광을 50% 이상 함유한다.

57 풀이 | 레이놀즈수(Re)

㉠ 2,100 이하 : 층류
㉡ 4,000 이상 : 난류

58 풀이 | 플라스틱 부정형 내화물(고온용)

'골재＋내화점토＋물유리'로 만들며 수관식 보일러 수관벽에 사용한다.

59 풀이 | 수격현상은 보일러 증기배관이나 급수배관 등에서 발생된다.

60 풀이 | 보온재는 다공성이며 부피비중이 작아야 한다.(가벼워야 한다.)

61 풀이 | 검사대상기기(보일러, 압력용기 등)의 검사를 받지 않은 자는 1년 이하의 징역 또는 1천만 원 이하의 벌금 대상이 된다.

62 풀이 | 에너지이용 합리화법 제31조(에너지다소비사업자 신고사항)에 의한 신고사항은 보기 ②, ③, ④ 외에 에너지관리자의 현황, 해당 연도의 제품생산예정량 등이다.

63 풀이 | 압력계의 관 안지름

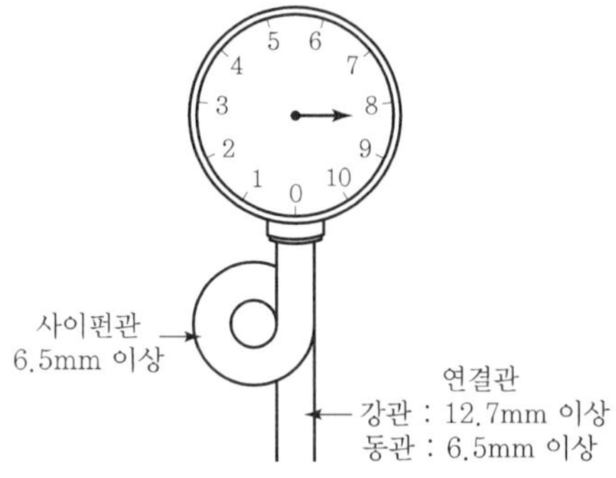

64 풀이 | 강철의 버닝(소손)

과열이 지나치면 강철의 결정립 소손으로 버닝이 발생하여 사용이 불가능하다.

65 풀이 | 증기트랩은 항상 열어 두고 응축수를 제거하여 증기관 내의 수격작용을 방지해야 한다.

66 풀이 | 에너지위원회 구성(영 제2조)

대통령령으로 정하는 사람이란 중앙행정기관(기획재정부, 과학기술정보통신부, 외교부, 환경부, 국토교통부)의 차관이다.

67 풀이 | 지역난방은 건물 내의 유효면적이 증가하며 열효율이 좋다.(보일러실 폐쇄로 인하여)

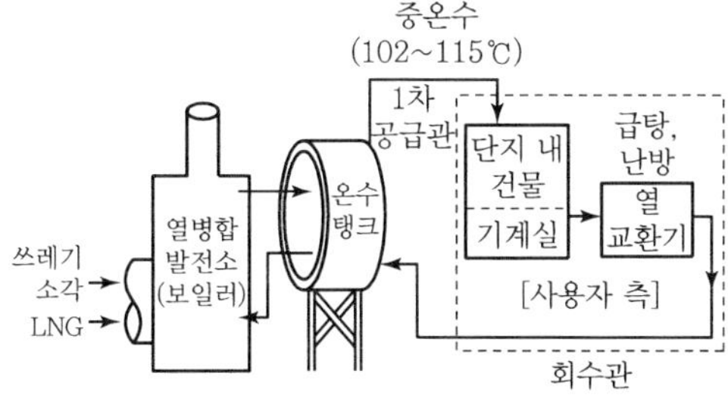

[지역난방]

68 풀이 | 건조보존

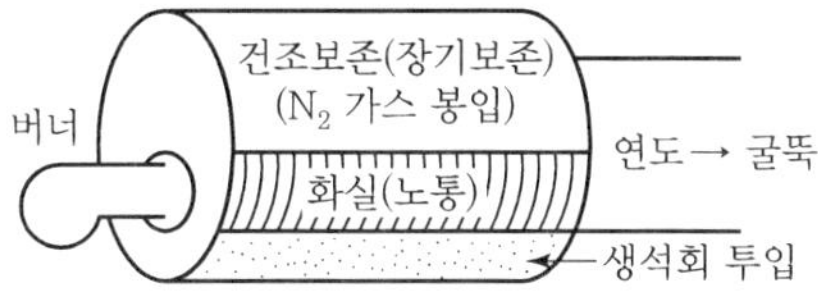

69 풀이 | 염화마그네슘($MgCl_2$)에 의한 부식

$MgCl_2 + 2H_2O \rightarrow Mg(OH)_2 \downarrow + 2HCl$(염산 발생)

70 풀이 | 보일러의 부속장치

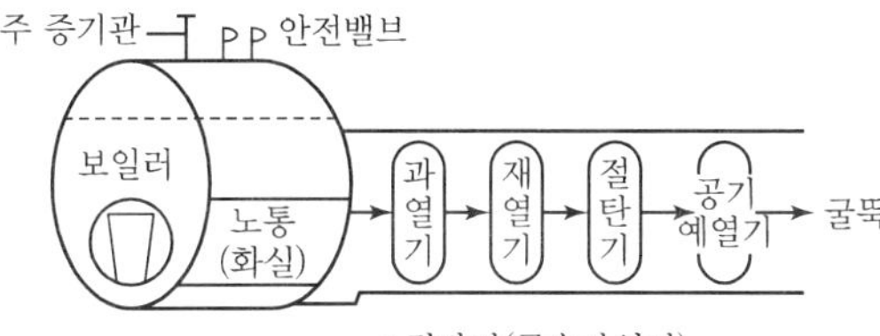

• 절단기(급수가열기)
• 재생기(발생증기로 급수 예열)

71 풀이 | 자발적 협약 이행(규칙 제26조)

보기 ①, ②, ③ 외에 효율 향상 목표 등의 이행을 위한 투자계획, 에너지관리체제 및 에너지관리방법 등이 포함된다.

72 풀이 | 보일러 안전밸브의 개수

㉠ 전열면적 $50m^2$ 초과 : 2개 이상
㉡ 전열면적 $50m^2$ 이하 : 1개 이상

73 풀이 | 수압시험 규정

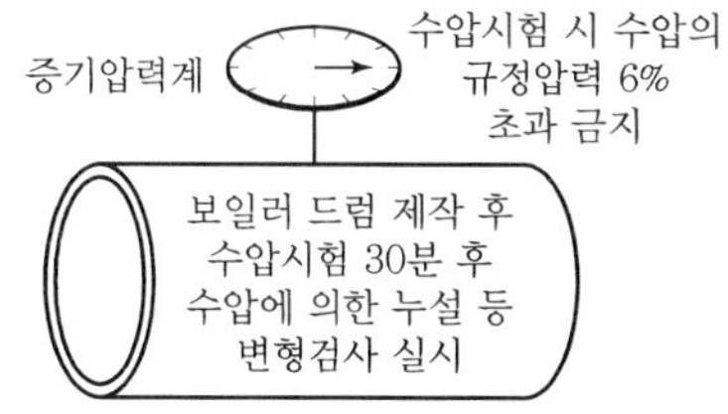

74 풀이 | 검사대상기기설치자는 검사대상기기관리자가 해임되거나 퇴직하기 이전에 다른 검사대상기기관리자를 선임하여야 한다.

75 풀이 | 에너지저장의무 부과 대상자(영 제12조)

연간 2만 TOE(석유환산톤) 이상의 에너지를 사용하는 자

76 풀이 | 온수난방 방열기의 표준방열량

$$450kcal/m^2 \cdot h = 450 \times 4.186kJ/kcal$$
$$= 1{,}884kJ/m^2 \cdot h$$

$$\therefore \text{쪽수} = \frac{18{,}800}{1{,}884 \times 0.2} = 50ea$$

77 풀이 | 증기 보일러 등에서 연소 시 과잉공기(공기비)가 1.2를 초과하면 배기가스 열손실이 증가하여 효율이 감소한다.

78 풀이 | 분출(수저분출)은 보일러 하부의 슬러지 배출로 스케일 생성을 방지한다.(단, 저수위 사고 방지를 위하여 안전저수위 이하의 분출은 금지한다.)

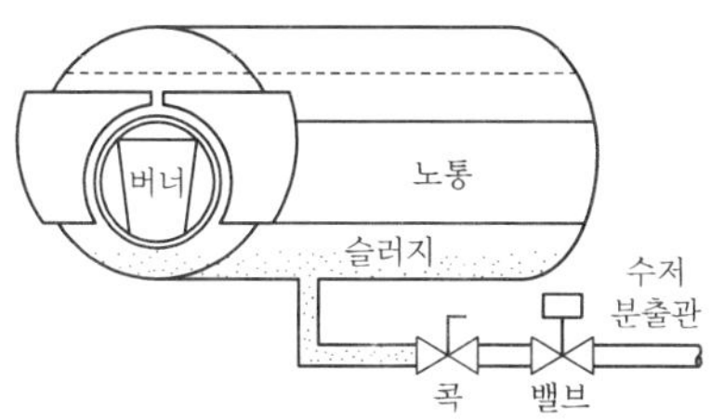

79 풀이 | 증기 누설 시 나타나는 현상

㉠ 열손실 증가
㉡ 연료 소비량 증가
㉢ 열효율 감소

80 풀이 |

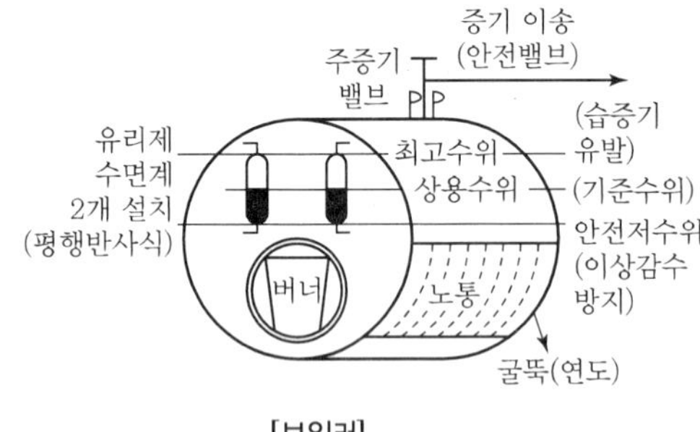

[보일러]

03회 실전점검! CBT 실전모의고사

수험번호 :
수험자명 :

제한 시간 : 2시간
남은 시간 :

글자 크기 100% 150% 200% 화면 배치 전체 문제 수 : 안 푼 문제 수 :

답안 표기란

1	①	②	③	④
2	①	②	③	④
3	①	②	③	④
4	①	②	③	④
5	①	②	③	④
6	①	②	③	④
7	①	②	③	④
8	①	②	③	④
9	①	②	③	④
10	①	②	③	④
11	①	②	③	④
12	①	②	③	④
13	①	②	③	④
14	①	②	③	④
15	①	②	③	④
16	①	②	③	④
17	①	②	③	④
18	①	②	③	④
19	①	②	③	④
20	①	②	③	④
21	①	②	③	④
22	①	②	③	④
23	①	②	③	④
24	①	②	③	④
25	①	②	③	④
26	①	②	③	④
27	①	②	③	④
28	①	②	③	④
29	①	②	③	④
30	①	②	③	④

1과목 열역학 및 연소관리

01 중유에 대한 설명으로 틀린 것은?

① 정제과정에 따라 A, B 및 C급 중유로 분류한다.
② 착화점은 약 580℃ 정도이다.
③ 비중은 약 0.79~0.82 정도이다.
④ 탄소성분은 약 85~87% 정도이다.

02 연료가스 중의 전황분을 검출하는 방법은?

① DMS법
② 더스트튜브법
③ 리비히법
④ 세필드고온법

03 다음 중 CH_4 및 H_2를 주성분으로 한 기체 연료는?

① 고로가스
② 발생로가스
③ 수성가스
④ 석탄가스

04 탄소 72.0%, 수소 5.3%, 황 0.4%, 산소 8.9%, 질소 1.5%, 수분 0.9%, 회분 11.0%의 조성을 갖는 석탄의 고위발열량은 약 몇 kcal/kg인가?

① 4,990
② 5,890
③ 6,990
④ 7,270

05 유(油)가열기에 대한 설명 중 틀린 것은?

① 유가열기에는 전기식과 증기식이 있지만, 대용량의 경우에는 전기식을 사용한다.
② 증기식 가열기 중 가장 널리 이용되는 형식은 다관식 열교환기이다.
③ 유가열기는 버너에 가까운 기름배관에 설치한다.
④ 유가열기는 중유의 점도를 버너에 적합한 정도로 맞추기 위하여 사용한다.

계산기 다음 ▶ 안 푼 문제 답안 제출

06 기체연료의 연소방식 중 예혼합연소방식의 특징에 대한 설명으로 틀린 것은?

① 화염이 짧다.
② 고온의 화염을 얻을 수 있다.
③ 역화의 위험성이 매우 작다.
④ 가스와 공기의 혼합형이다.

07 메탄 $1Nm^3$을 과잉공기계수 1.1의 공기량으로 완전연소시켰을 때의 소요 공기량은 몇 Nm^3인가?

① 5.8 ② 6.9
③ 8.8 ④ 10.5

08 다음 중 연료의 발열량을 측정하는 방법으로서 가장 부적당한 것은?

① 연소가스에 의한 방법
② 열량계에 의한 방법
③ 원소분석치에 의한 방법
④ 공업분석치에 의한 방법

09 연료로서 갖추어야 할 조건으로 옳지 않은 것은?

① 저장, 운반 등의 취급이 용이하고 안전성이 높아야 한다.
② 연소반응에서 공기와의 혼합범위를 넓게 조정할 수 있어야 한다.
③ 황 등의 가연성 물질이 포함되어 단위질량당 발열량을 높일 수 있어야 한다.
④ 가격이 경제적이고 공급이 안정적이어야 한다.

1	①	②	③	④
2	①	②	③	④
3	①	②	③	④
4	①	②	③	④
5	①	②	③	④
6	①	②	③	④
7	①	②	③	④
8	①	②	③	④
9	①	②	③	④
10	①	②	③	④
11	①	②	③	④
12	①	②	③	④
13	①	②	③	④
14	①	②	③	④
15	①	②	③	④
16	①	②	③	④
17	①	②	③	④
18	①	②	③	④
19	①	②	③	④
20	①	②	③	④
21	①	②	③	④
22	①	②	③	④
23	①	②	③	④
24	①	②	③	④
25	①	②	③	④
26	①	②	③	④
27	①	②	③	④
28	①	②	③	④
29	①	②	③	④
30	①	②	③	④

수험번호 :
수험자명 :

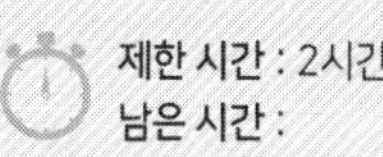

제한 시간 : 2시간
남은 시간 :

글자 크기  100%  150% 200% 화면 배치 

전체 문제 수 :
안 푼 문제 수 :

10 타이젠와셔(Theisen Washer)에 대한 설명으로 옳은 것은?

① 습식 집진장치로 임펠러를 회전시켜 세정액을 분산하여 함진가스 중의 미분을 제거한다.
② 분무상의 원심력에 의해 가속하여 가스기류를 통과시켜 가스를 세정한다.
③ 분무한 물을 충전탑 상부에서 아래로 내려 보내 함진가스와 향류접촉시켜 미분을 제거한다.
④ 함진가스를 고속으로 수중에 보내어 기포상으로 분산시켜 분진을 포집한다.

11 물의 임계점에 대한 설명 중 틀린 것은?

① 임계점에서 $\left(\frac{\partial P}{\partial V}\right)_T = 0$이다.
② 임계점에서의 온도와 압력은 약 374℃, 22.1 MPa이다.
③ 임계압력 이상에서 포화액과 포화증기는 공존한다.
④ 임계상태의 잠열은 0kJ/kg이다.

12 열역학 제1법칙에 대한 설명으로 옳은 것은?

① 에너지 보존의 법칙이다.
② 반응이 일어나는 방향을 알려준다.
③ 온도 측정 원리를 제공한다.
④ 온도 0K 부근에서 엔트로피의 변화량을 나타낸다.

13 카르노 사이클(Carnot Cycle)이 고온 열원에서 1,000kJ을 흡수하여 저온 열원에 400kJ을 방출하였다. 효율은 몇 %인가?

① 40 ② 50
③ 60 ④ 70

답안 표기란

1	①	②	③	④
2	①	②	③	④
3	①	②	③	④
4	①	②	③	④
5	①	②	③	④
6	①	②	③	④
7	①	②	③	④
8	①	②	③	④
9	①	②	③	④
10	①	②	③	④
11	①	②	③	④
12	①	②	③	④
13	①	②	③	④
14	①	②	③	④
15	①	②	③	④
16	①	②	③	④
17	①	②	③	④
18	①	②	③	④
19	①	②	③	④
20	①	②	③	④
21	①	②	③	④
22	①	②	③	④
23	①	②	③	④
24	①	②	③	④
25	①	②	③	④
26	①	②	③	④
27	①	②	③	④
28	①	②	③	④
29	①	②	③	④
30	①	②	③	④

계산기 다음 ▶ 안 푼 문제 답안 제출

14 역카르노 사이클로 작동되는 냉동기가 25kW의 일을 받아 저온체로부터 100kW의 열을 흡수할 때 성능계수는?

① 0.25 ② 0.75
③ 1.33 ④ 4.0

15 Mollier Chart에서 종축과 횡축은 어떤 양으로 나타내는가?

① 압력 – 체적
② 온도 – 압력
③ 엔탈피 – 엔트로피
④ 온도 – 엔트로피

16 이상기체 5kg의 온도를 500℃만큼 상승시키는 데 필요한 열량이 정압과 정적의 경우 600kJ의 차이가 있을 때 이 기체의 기체상수는 약 몇 kJ/kg · K인가?

① 1.21 ② 0.83
③ 0.36 ④ 0.24

17 질량유량이 m이고 압축기 입 · 출구에서의 비내부에너지와 비엔탈피가 각각 u_1, h_1, u_2, h_2일 때 이상적으로 필요한 압축기의 동력의 크기는?(단, 위치에너지와 속도에너지는 무시한다.)

① $m(u_2-u_1)$ ② $m(h_2-h_1)$
③ $m(P_2-P_1)$ ④ $m(V_2-V_1)$

수험번호 :
수험자명 :

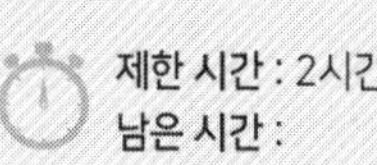
제한 시간 : 2시간
남은 시간 :

글자 크기  100%  150% 200%
화면 배치 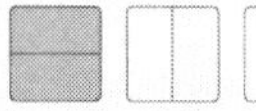
전체 문제 수 :
안 푼 문제 수 :

18 질량 500kg인 추를 10m 낙하시킬 때 하는 일이 모두 질량 5kg, 비열 2kJ/kg · ℃인 액체에 가해지면 이 액체의 온도는 몇 ℃ 상승하는가?(단, 마찰손실과 열손실은 없다.)

① 4.9　　② 45.9
③ 53.6　　④ 60.4

19 실제기체가 이상기체에 비슷하게 접근하는 조건으로 가장 적합한 것은?

① 압력, 온도가 높은 경우
② 압력, 온도가 낮은 경우
③ 압력이 높고 온도가 낮은 경우
④ 압력이 낮고 온도가 높은 경우

20 어떤 용기에 채워져 있는 물질의 내부에너지가 u_1이다. 이 용기 내의 물질에 열을 q만큼 전달해 주고, 일을 w만큼 가해 주었을 때, 물질의 내부에너지 u_2는 어떻게 변하는가?

① $u_2 = u_1 + q + w$　　② $u_2 = u_1 - q - w$
③ $u_2 = u_1 + q - w$　　④ $u_2 = u_1$

답안 표기란

1	①	②	③	④
2	①	②	③	④
3	①	②	③	④
4	①	②	③	④
5	①	②	③	④
6	①	②	③	④
7	①	②	③	④
8	①	②	③	④
9	①	②	③	④
10	①	②	③	④
11	①	②	③	④
12	①	②	③	④
13	①	②	③	④
14	①	②	③	④
15	①	②	③	④
16	①	②	③	④
17	①	②	③	④
18	①	②	③	④
19	①	②	③	④
20	①	②	③	④
21	①	②	③	④
22	①	②	③	④
23	①	②	③	④
24	①	②	③	④
25	①	②	③	④
26	①	②	③	④
27	①	②	③	④
28	①	②	③	④
29	①	②	③	④
30	①	②	③	④

계산기　　다음 ▶　　안 푼 문제　　답안 제출

2과목 계측 및 에너지 진단

21 다음 중 유량을 나타내는 단위가 아닌 것은?

① m^3/h
② kg/min
③ L/s
④ m/s

22 수직관 속에 비중(S)이 0.9인 기름이 흐르고 있는 액주계를 설치하였을 때 압력계의 지시값은 몇 kg/cm^2인가?

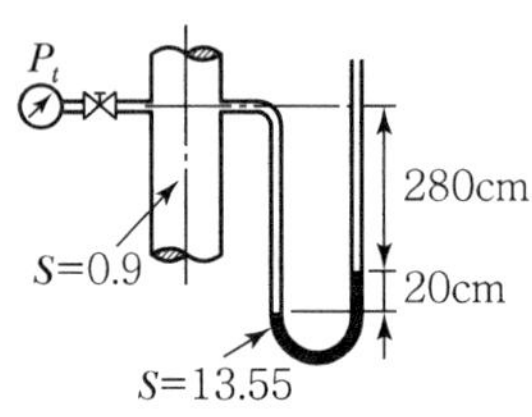

① 0.01
② 0.1
③ 0.5
④ 1.0

23 다음 중 직접식 액면계가 아닌 것은?

① 플로트식 액면계
② 검척식 액면계
③ 압력식 액면계
④ 유리관식 액면계

24 계측기기의 구비조건으로 틀린 것은?

① 연속 측정이 가능하여야 한다.
② 센서는 기계적이어야 하며 열전도가 좋아야 한다.
③ 정도가 좋고 구조가 간단하여야 한다.
④ 설치장소의 주위 조건에 대하여 내구성이 있어야 한다.

25 보일러에서 가장 기본이 되는 제어는?

① 추종 제어 ② 시퀀스 제어
③ 피드백 제어 ④ 수동 제어

26 다음 중 압력식 온도계가 아닌 것은?

① 방사압력식 온도계 ② 액체압력식 온도계
③ 증기압력식 온도계 ④ 기체압력식 온도계

27 다음 방사온도계에 대한 설명 중 틀린 것은?

① 물체로부터 방사되는 모든 파장의 전 방사에너지는 물체의 절대온도(K)의 4제곱근에 비례한다는 원리를 이용한 것이다.
② 측정의 시간지연이 작고, 발신기를 이용하게 기록이나 제어가 가능하다.
③ 피측온체와의 사이에 흡수체로 작용하는 CO_2, 수증기, 연기 등의 영향을 받지 않는 장점이 있다.
④ 피측정물과 접촉하지 않기 때문에 측정조건을 지나치게 어지럽히지 않는 등의 장점이 있다.

28 다음 중 국제단위계의 접두어를 옳게 나타낸 것은?

① 10^1 = 데시(d) ② 10^{15} = 테라(T)
③ 10^{21} = 엑사(E) ④ 10^{24} = 요타(Y)

29 다음 중 휘트스톤 브리지를 사용하는 진공계는?

① 피라미드 진공계 ② 가이슬러 진공계
③ 매클라우드 진공계 ④ 개관형 진공계

30 물체의 형상 변화를 이용하여 온도를 측정하는 것으로써 주로 벽돌의 내화도 측정에 이용되는 온도계는?

① 제게르콘 ② 방사온도계
③ 광고온도계 ④ 색온도계

1	①	②	③	④
2	①	②	③	④
3	①	②	③	④
4	①	②	③	④
5	①	②	③	④
6	①	②	③	④
7	①	②	③	④
8	①	②	③	④
9	①	②	③	④
10	①	②	③	④
11	①	②	③	④
12	①	②	③	④
13	①	②	③	④
14	①	②	③	④
15	①	②	③	④
16	①	②	③	④
17	①	②	③	④
18	①	②	③	④
19	①	②	③	④
20	①	②	③	④
21	①	②	③	④
22	①	②	③	④
23	①	②	③	④
24	①	②	③	④
25	①	②	③	④
26	①	②	③	④
27	①	②	③	④
28	①	②	③	④
29	①	②	③	④
30	①	②	③	④

31	①	②	③	④
32	①	②	③	④
33	①	②	③	④
34	①	②	③	④
35	①	②	③	④
36	①	②	③	④
37	①	②	③	④
38	①	②	③	④
39	①	②	③	④
40	①	②	③	④
41	①	②	③	④
42	①	②	③	④
43	①	②	③	④
44	①	②	③	④
45	①	②	③	④
46	①	②	③	④
47	①	②	③	④
48	①	②	③	④
49	①	②	③	④
50	①	②	③	④
51	①	②	③	④
52	①	②	③	④
53	①	②	③	④
54	①	②	③	④
55	①	②	③	④
56	①	②	③	④
57	①	②	③	④
58	①	②	③	④
59	①	②	③	④
60	①	②	③	④

31 오르자트 가스분석기로 배기가스 분석 시 가스분석 순서로 옳은 것은?

① $CO_2 \rightarrow CO \rightarrow O_2$
② $CO_2 \rightarrow O_2 \rightarrow CO$
③ $CO \rightarrow O_2 \rightarrow CO_2$
④ $CO \rightarrow CO_2 \rightarrow O_2$

32 보일러의 자동제어 중 시퀀스(Sequence) 제어에 의한 것은?

① 자동점화, 소화
② 증기압력 제어
③ 온수, 급수온도 제어
④ 수위 제어

33 다이어프램 압력계에 대한 설명 중 틀린 것은?

① 연소로의 드래프트게이지로 사용된다.
② 다이어프램의 재료로는 고무, 인청동, 스테인리스 등의 박판이 사용된다.
③ 측정이 가능한 범위는 공업용으로는 20~5,000mmH_2O 정도이다.
④ 먼지를 함유한 액체나 점도가 높은 액체의 측정에는 부적당하다.

34 다음 중 T형 열전대의 (−) 측 재료로 사용되는 것은?

① 크로멜(Crommel)
② 콘스탄탄(Constantan)
③ 동(Copper)
④ 알루멜(Alummel)

35 1차 제어장치가 제어량을 측정하여 제어명령을 발하고, 2차 제어장치가 이 명령을 바탕으로 제어량을 조절하는 제어를 무엇이라 하는가?

① 비율 제어(Ratio Control)
② 프로그램 제어(Program Control)
③ 정치 제어(Constant Value Control)
④ 캐스케이드 제어(Cascade Control)

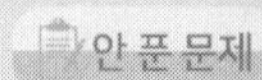

36 다음 그림은 피드백 제어의 기본 회로이다. ( ) 안에 적당한 것은?

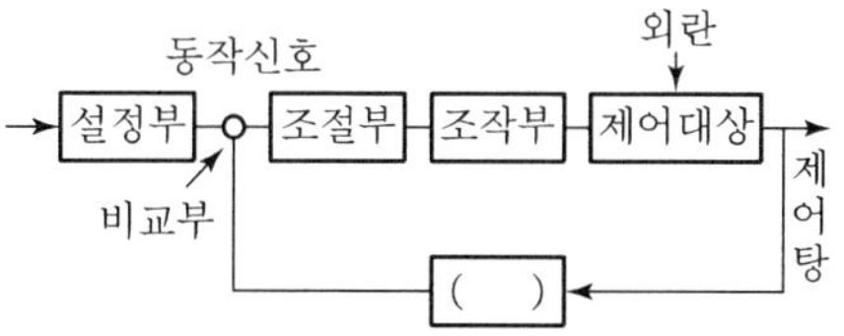

→설정부→○→조절부→조작부→제어대상→ (동작신호, 외란, 비교부, 제어량, 피드백 ( ))

① 비교부 ② 제어부
③ 검출부 ④ 피드백부

37 가는 유리관에 액체를 봉입하여 봉입액의 온도에 따른 팽창현상을 이용한 온도계의 봉입액체로 사용할 수 없는 것은?

① 수은 ② 알코올
③ 아닐린 ④ 글리세린

38 다음의 특징을 가지는 유량계는?

- 고점도 유체나 소유량에 대한 측정이 가능하다.
- 압력 손실이 적고, 측정치는 균등 유량 눈금을 읽을 수 있다.
- 슬러지나 부식성 액체의 측정이 가능하다.
- 정도는 1~2% 정도로서 정밀 측정에는 부적당하다.

① 전자식 유량계 ② 임펠러식 유량계
③ 유속측정식 유량계 ④ 면적식

39 다음 중 와류식 유량계가 아닌 것은?

① 델타 유량계 ② 칼만 유량계
③ 스와르 메타 유량계 ④ 토마스 유량계

40 다음 중 가스분석에 가장 적합한 온도는 몇 ℃인가?

① 0 ② 12
③ 20 ④ 50

31	①	②	③	④
32	①	②	③	④
33	①	②	③	④
34	①	②	③	④
35	①	②	③	④
36	①	②	③	④
37	①	②	③	④
38	①	②	③	④
39	①	②	③	④
40	①	②	③	④
41	①	②	③	④
42	①	②	③	④
43	①	②	③	④
44	①	②	③	④
45	①	②	③	④
46	①	②	③	④
47	①	②	③	④
48	①	②	③	④
49	①	②	③	④
50	①	②	③	④
51	①	②	③	④
52	①	②	③	④
53	①	②	③	④
54	①	②	③	④
55	①	②	③	④
56	①	②	③	④
57	①	②	③	④
58	①	②	③	④
59	①	②	③	④
60	①	②	③	④

3과목 열설비구조 및 시공

41 전기로, 전로 및 평로를 사용하여 작업하는 것을 무엇이라 하는가?

① 단조 ② 제선
③ 배소 ④ 제강

42 철강용 노에서 괴상화를 하는 목적이 아닌 것은?

① 용광로의 능률을 향상시킨다. ② 환원반응을 좋게 한다.
③ 통풍관계를 개선한다. ④ 불순물을 제거한다.

43 중유연소식 제강용 평로에서 연소용 공기를 예열하기 위한 방법은?

① 발열량이 큰 중유를 사용
② 질소가 함유되지 않은 순산소를 사용
③ 연소가스의 여열을 이용
④ 철, 탄소의 산화열을 이용

44 탄소질 내화물의 사용처로서 가장 거리가 먼 것은?

① 고로 ② 열풍로
③ 전기로 ④ 전기저항발열체

45 스폴링(Spalling)이란 내화물에 대한 어떤 현상을 의미하는가?

① 용융현상 ② 연화현상
③ 박락현상 ④ 분화현상

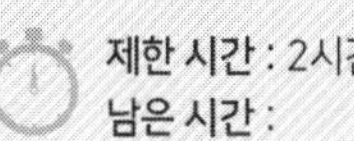

46 크롬마그네시아계 내화물에 대한 설명으로 옳은 것은?

① 비중과 열팽창성이 작다.
② 염기성 슬래그에 대한 저항이 크다.
③ 용융온도가 낮다.
④ 내화도 및 하중연화점이 낮다.

47 LD전로 조업에서 산소취입은 주로 어느 부분에서 하는가?

① 노의 밑부분
② 노의 윗부분
③ 노의 측면부분
④ 노의 중간부분

48 다음 보온재 중 안전사용 온도가 가장 높은 것은?

① 규산칼슘
② 유리섬유
③ 규조토
④ 탄산마그네슘

49 노벽을 통하여 전열이 일어난다. 노벽의 두께 200mm, 평균 열전도도 3.3kcal/m · h · ℃, 노벽 내부온도 400℃, 외벽온도는 25℃라면 10시간 동안 잃은 열량은?

① 5,775kcal/m^2
② 11,550kcal/m^2
③ 61,875kcal/m^2
④ 66,000kcal/m^2

50 다음 중 반연속 가마에 해당되는 것은?

① 도염식 요
② 터널요
③ 윤요
④ 등요

31	①	②	③	④
32	①	②	③	④
33	①	②	③	④
34	①	②	③	④
35	①	②	③	④
36	①	②	③	④
37	①	②	③	④
38	①	②	③	④
39	①	②	③	④
40	①	②	③	④
41	①	②	③	④
42	①	②	③	④
43	①	②	③	④
44	①	②	③	④
45	①	②	③	④
46	①	②	③	④
47	①	②	③	④
48	①	②	③	④
49	①	②	③	④
50	①	②	③	④
51	①	②	③	④
52	①	②	③	④
53	①	②	③	④
54	①	②	③	④
55	①	②	③	④
56	①	②	③	④
57	①	②	③	④
58	①	②	③	④
59	①	②	③	④
60	①	②	③	④

51 머플(Muffle)로에 대한 설명 중 틀린 것은?

① 간접가열로이다.
② 노 내는 높은 진공분위기가 사용된다.
③ 열원은 주로 가스가 사용된다.
④ 소형품의 담금질과 뜨임가열에 사용된다.

52 다음 중 주철관의 접합방법으로 사용되지 않는 것은?

① 소켓 접합 ② 플랜지 접합
③ 기계적 접합 ④ 용접 접합

53 한 장의 판으로 경판을 보강하기 위하여 경판에서 동판에 비스듬히 부착시킨 버팀으로 보통 노통 보일러의 평경판을 보강시키는 데 사용되는 것은?

① 맨홀 ② 관스테이
③ 거싯스테이 ④ 아담슨링

54 2개 이상의 엘보(Elbow)로 나사의 회전을 이용하여 온수 또는 저압증기용 배관에 사용하는 신축이음 방식은?

① 루프형(Loop Type) ② 벨로스형(Bellows Type)
③ 슬리브형(Sleeve Type) ④ 스위블형(Swivel Type)

55 관류식 벤슨 보일러의 특징을 가장 옳게 설명한 것은?

① 낮은 압력에서 주로 사용된다.
② 모노튜브 형식이다.
③ 슬래그탭 연소를 할 수 있다.
④ 효율이 낮다.

번호				
31	①	②	③	④
32	①	②	③	④
33	①	②	③	④
34	①	②	③	④
35	①	②	③	④
36	①	②	③	④
37	①	②	③	④
38	①	②	③	④
39	①	②	③	④
40	①	②	③	④
41	①	②	③	④
42	①	②	③	④
43	①	②	③	④
44	①	②	③	④
45	①	②	③	④
46	①	②	③	④
47	①	②	③	④
48	①	②	③	④
49	①	②	③	④
50	①	②	③	④
51	①	②	③	④
52	①	②	③	④
53	①	②	③	④
54	①	②	③	④
55	①	②	③	④
56	①	②	③	④
57	①	②	③	④
58	①	②	③	④
59	①	②	③	④
60	①	②	③	④

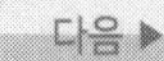

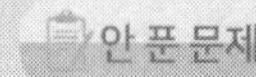

56 강제순환에 있어서 순환비에 대하여 옳게 나타낸 것은?

① 순환수량과 발생증기량의 비율
② 순환수량과 포화증기량의 비율
③ 순환수량과 포화수의 비율
④ 포화증기량과 포화수량의 비율

57 급수내관의 통상적인 설치위치로서 가장 옳은 것은?

① 안전저수위보다 5cm 높게 설치한다.
② 안전저수위보다 5cm 낮게 설치한다.
③ 사용저수위보다 5cm 높게 설치한다.
④ 사용저수위보다 5cm 낮게 설치한다.

58 제게르콘은 주로 내화물의 어떠한 것을 시험하기 위해 사용되는가?

① 열팽창성
② 내화도
③ 스폴링(Spalling)성
④ 내마모성

59 노통연관 보일러에서 노통에 돌기가 설치되어 있는 경우에 노통의 바깥면과 연관 사이의 거리는 몇 mm 이상으로 하여야 하는가?

① 30
② 40
③ 50
④ 60

60 맞대기 용접이음에서 인장하중이 2,000kgf, 강판의 두께가 6mm라 할 때 용접길이는 약 몇 mm인가?(단, 용접부의 허용인장응력은 $7kgf/mm^2$이다.)

① 33
② 37
③ 42
④ 48

31	①	②	③	④
32	①	②	③	④
33	①	②	③	④
34	①	②	③	④
35	①	②	③	④
36	①	②	③	④
37	①	②	③	④
38	①	②	③	④
39	①	②	③	④
40	①	②	③	④
41	①	②	③	④
42	①	②	③	④
43	①	②	③	④
44	①	②	③	④
45	①	②	③	④
46	①	②	③	④
47	①	②	③	④
48	①	②	③	④
49	①	②	③	④
50	①	②	③	④
51	①	②	③	④
52	①	②	③	④
53	①	②	③	④
54	①	②	③	④
55	①	②	③	④
56	①	②	③	④
57	①	②	③	④
58	①	②	③	④
59	①	②	③	④
60	①	②	③	④

4과목 열설비 취급 및 안전관리

61 다음 중 에너지이용 합리화법에 따라 검사대상기기의 검사유효기간이 다른 하나는?

① 보일러 설치장소 변경검사
② 철금속가열로 운전성능검사
③ 압력용기 및 철금속가열로 설치검사
④ 압력용기 및 철금속가열로 재사용검사

62 신설 보일러의 소다 끓이기의 주요 목적은?

① 보일러 가동 시 발생하는 열응력을 감소하기 위해서
② 보일러 동체와 관의 부식을 방지하기 위해서
③ 보일러 내면에 남아 있는 유지분을 제거하기 위해서
④ 보일러 동체의 강도를 증가시키기 위해서

63 진공환수식 증기난방에서 환수관 내의 진공도는?

① 50~75mmHg ② 70~125mmHg
③ 100~250mmHg ④ 250~350mmHg

64 에너지이용 합리화법에 따라 검사대상기기관리자가 퇴직한 경우, 검사대상기기관리자 퇴직신고서에 자격증수첩과 관리할 검사대상기기 검사증을 첨부하여 누구에게 제출하여야 하는가?

① 시 · 도지사 ② 시공업자단체장
③ 산업통상자원부장관 ④ 한국에너지공단이사장

65 진공환수식 증기난방의 장점이 아닌 것은?

① 배관 및 방열기 내의 공기를 뽑아내므로 증기순환이 신속하다.
② 환수관의 기울기를 크게 할 수 있고 소규모 난방에 알맞다.
③ 방열기 밸브의 개폐를 조절하여 방열량의 폭넓은 조절이 가능하다.
④ 응축수의 유속이 신속하므로 환수관의 직경이 작아도 된다.

66 수격작용을 예방하기 위한 조치사항이 아닌 것은?

① 송기할 때는 배관을 예열할 것
② 주증기 밸브를 급개방하지 말 것
③ 송기하기 전에 드레인을 완전히 배출할 것
④ 증기관의 보온을 하지 말고 냉각을 잘 시킬 것

67 다음은 보일러 설치 시공기준에 대한 설명으로 틀린 것은?

① 전열면적 $10m^2$를 초과하는 보일러에서 급수밸브 및 체크밸브의 크기는 호칭 20A 이상이어야 한다.
② 최대증발량이 5t/h 이하인 관류보일러의 안전밸브는 호칭지름 25A 이상이어야 한다.
③ 2개 이상의 원격지시 수면계를 시설하는 경우에 한하여 유리수면계는 1개 이상으로 할 수 있다.
④ 증기보일러의 압력계에는 물을 넣은 안지름 6.5mm 이상의 사이펀관 또는 동등한 작용을 하는 장치를 부착해야 한다.

68 보일러의 동판에 점식(Pitting)이 발생하는 가장 큰 원인은?

① 급수 중에 포함되어 있는 산소 때문
② 급수 중에 포함되어 있는 탄산칼슘 때문
③ 급수 중에 포함되어 있는 인산마그네슘 때문
④ 급수 중에 포함되어 있는 수산화나트륨 때문

61	①	②	③	④
62	①	②	③	④
63	①	②	③	④
64	①	②	③	④
65	①	②	③	④
66	①	②	③	④
67	①	②	③	④
68	①	②	③	④
69	①	②	③	④
70	①	②	③	④
71	①	②	③	④
72	①	②	③	④
73	①	②	③	④
74	①	②	③	④
75	①	②	③	④
76	①	②	③	④
77	①	②	③	④
78	①	②	③	④
79	①	②	③	④
80	①	②	③	④

69 에너지법에서 에너지공급자가 아닌 것은?

① 에너지를 수입하는 사업자
② 에너지를 저장하는 사업자
③ 에너지를 전환하는 사업자
④ 에너지사용시설의 소유자

70 과열기가 설치된 보일러에서 안전밸브의 설치기준에 대해 맞게 설명된 것은?

① 과열기에 설치하는 안전밸브는 고장에 대비하여 출구에 2개 이상 있어야 한다.
② 관류보일러는 과열기 출구에 최대증발량에 해당하는 안전밸브를 설치할 수 있다.
③ 과열기에 설치된 안전밸브의 분출용량 및 수는 보일러 동체의 분출용량 및 수에 포함이 안 된다.
④ 과열기에 안전밸브가 설치되면 동체에 부착되는 안전밸브는 최대증발량의 90% 이상 분출할 수 있어야 한다.

71 보일러를 사용하지 않고 장기간 보존할 경우 가장 적합한 보존법은?

① 건조 보존법
② 만수 보존법
③ 밀폐 만수 보존법
④ 청관제 만수 보존법

72 증기 발생 시 주의사항으로 틀린 것은?

① 연소 초기에는 수면계의 주시를 철저히 한다.
② 증기를 송기할 때 과열기의 드레인을 배출시킨다.
③ 급격한 압력상승이 일어나지 않도록 연소상태를 서서히 조절시킨다.
④ 증기를 송기할 때 증기관 내의 수격작용을 방지하기 위하여 응축수의 배출을 사후에 실시한다.

답안 표기란

번호	①	②	③	④
61	①	②	③	④
62	①	②	③	④
63	①	②	③	④
64	①	②	③	④
65	①	②	③	④
66	①	②	③	④
67	①	②	③	④
68	①	②	③	④
69	①	②	③	④
70	①	②	③	④
71	①	②	③	④
72	①	②	③	④
73	①	②	③	④
74	①	②	③	④
75	①	②	③	④
76	①	②	③	④
77	①	②	③	④
78	①	②	③	④
79	①	②	③	④
80	①	②	③	④

계산기 다음 ▶

안 푼 문제 답안 제출

73 에너지이용 합리화법에 따라 효율관리기자재에 에너지소비효율 등을 표시해야 하는 업자로 옳은 것은?

① 효율관리기자재의 제조업자 또는 시공업자
② 효율관리기자재의 제조업자 또는 수입업자
③ 효율관리기자재의 시공업자 또는 판매업자
④ 효율관리기자재의 수입업자 또는 시공업자

74 보일러의 만수 보존법은 어느 경우에 가장 적합한가?

① 장기간 휴지할 때
② 단기간 휴지할 때
③ N_2 가스의 봉입이 필요할 때
④ 겨울철에 동결의 위험이 있을 때

75 온도를 측정하는 원리와 온도계가 바르게 짝지어진 것은?

① 열팽창을 이용－유리제 온도계
② 상태 변화를 이용－압력식 온도계
③ 전기저항을 이용－서모컬러 온도계
④ 열기전력을 이용－바이메탈식 온도계

76 특정열사용기자재의 시공업을 하려는 자는 어느 법에 따라 시공업 등록을 해야 하는가?

① 건축법 ② 집단에너지사업법
③ 건설산업기본법 ④ 에너지이용 합리화법

77 단관 중력순환식 온수난방 방열기 및 배관에 대한 설명으로 틀린 것은?

① 방열기마다 에어벤트 밸브를 설치한다.
② 방열기는 보일러보다 높은 위치에 오도록 한다.
③ 배관은 주관 쪽으로 앞 올림 구배로 하여 공기가 보일러 쪽으로 빠지도록 한다.
④ 배수 밸브를 설치하여 방열기 및 관 내의 물을 완전히 뺄 수 있도록 한다.

78 보일러 관석(Scale)의 성분이 아닌 것은?

① 황산칼슘($CaSO_4$)
② 규산칼슘($CaSiO_2$)
③ 탄산칼슘($CaCO_3$)
④ 염화칼슘($CaCl_2$)

79 에너지이용 합리화법에서 에너지사용계획을 제출하여야 하는 민간사업주관자가 설치하려는 시설로 옳은 것은?

① 연간 5천 티오이 이상의 연료 및 열을 사용하는 시설
② 연간 1만 티오이 이상의 연료 및 열을 생산하는 시설
③ 연간 1천만 킬로와트시 이상의 전기를 사용하는 시설
④ 연간 2천만 킬로와트시 이상의 전기를 생산하는 시설

80 어떤 급수용 원심펌프가 800rpm으로 운전하여 전양정이 8m이고 유량 $2m^3/min$을 방출한다면 1,600rpm으로 운전할 때는 몇 m^3/min을 방출할 수 있는가?

① 2
② 4
③ 6
④ 8

번호				
61	①	②	③	④
62	①	②	③	④
63	①	②	③	④
64	①	②	③	④
65	①	②	③	④
66	①	②	③	④
67	①	②	③	④
68	①	②	③	④
69	①	②	③	④
70	①	②	③	④
71	①	②	③	④
72	①	②	③	④
73	①	②	③	④
74	①	②	③	④
75	①	②	③	④
76	①	②	③	④
77	①	②	③	④
78	①	②	③	④
79	①	②	③	④
80	①	②	③	④

CBT 정답 및 해설

01	02	03	04	05	06	07	08	09	10
③	①	④	④	①	③	④	①	③	①
11	12	13	14	15	16	17	18	19	20
③	①	③	④	③	④	②	①	④	①
21	22	23	24	25	26	27	28	29	30
④	④	③	②	②	①	③	④	①	①
31	32	33	34	35	36	37	38	39	40
②	①	④	②	④	③	④	④	④	③
41	42	43	44	45	46	47	48	49	50
④	④	③	②	③	②	②	①	③	④
51	52	53	54	55	56	57	58	59	60
②	④	③	④	③	①	②	②	①	④
61	62	63	64	65	66	67	68	69	70
①	③	③	④	②	④	②	①	④	②
71	72	73	74	75	76	77	78	79	80
①	④	②	②	①	③	③	④	①	②

01 풀이 | 중유의 비중 : 0.86~0.98 정도

02 풀이 | DMS법 : 전황분 검출법

03 풀이 | 석탄가스 : 메탄 및 수소가 주성분이다.

04 풀이 | 고위발열량(H_h)

$$=8,100\text{C}+34,000\left(H-\frac{O}{8}\right)+2,500\text{S}$$
$$=8,100\times0.72+34,000\left(0.053-\frac{0.089}{8}\right)+2,500\times0.004$$
$$=5,832+1,423.75+10$$
$$=7,265.75\text{kcal/kg}$$

05 풀이 | 대용량(지하 저유조, 서비스 탱크 등)의 오일은 증기식 및 온수식의 사용이 경제적이다.

06 풀이 | 예혼합연소(내부혼합식) 방식은 역화의 위험성이 크다.

07 풀이 | 실제공기량=이론공기량×과잉공기계수

$CH_4+2O_2 \rightarrow CO_2+2H_2O$

∴ A(실제공기량)=이론공기량×과잉공기계수

$$=\left(2\times\frac{1}{0.21}\right)\times1.1$$
$$=10.476\text{Nm}^3/\text{Nm}^3$$

08 풀이 | 연소가스에 의해 열효율계산은 가능하다.

09 풀이 | 연료는 저온부식을 발생하는 황(S) 등의 성분은 제거하고 정제한다.

10 풀이 | 타이젠와셔 : 세정액을 이용한 습식집진장치이다.

11 풀이 | 임계점 이상에서는 액체와 증기가 평형을 이룰 수 없다.(그 이상의 압력에서는 액체와 증기가 서로 평형을 이룰 수 없는 상태)

12 풀이 | 열역학 제1법칙 : 에너지 보존의 법칙

13 풀이 | 효율(η)$=\frac{1,000-400}{1,000}\times100=60\%$

14 풀이 | 성능계수(COP)$=\frac{100}{25}=4.0$

15 풀이 | 몰리에 선도

㉠ 증기선도 : $h-s$ 선도(엔탈피－엔트로피)

㉡ 냉매선도 : $P-h$ 선도(압력－엔탈피)

16 풀이 | $C_p-C_v=AR$(SI 단위)

∴ 가스상수(R)$=\frac{Q_2}{G\Delta T}=\frac{600}{5\times500}=0.24\text{kJ/kg}\cdot\text{K}$

17 풀이 | 압축기 동력크기

$m(h_2-h_1)$

18 풀이 | 추의 위치에너지$=9.8\text{m/s}^2\times500\text{kg}\times10\text{m}$

$=49,000\text{J}=49\text{kJ}$

'액체가 받은 열량=추의 위치에너지'이므로

$5\text{kg}\times2\text{kJ/kg}\cdot℃\times\Delta t=49\text{kJ}$

∴ $\Delta t=\frac{49}{10}℃=4.9℃$

19 풀이 | 실제기체가 압력이 낮고 온도가 높으면 이상기체와 비슷해진다.

20 풀이 | 내부에너지 변화

$u_2=u_1+q+w$

21 풀이 | 유속 : m/s

22 풀이 | $P_x = \gamma_2 h_2 - \gamma_1 h_1$
$= (13.55 \times 20) - (0.9 \times 300)$
$= 271 - 270 = 1$

23 풀이 | ㉠ 압력계 이용
㉡ 차압계 이용
㉢ 기포식 이용
(㉠~㉢) 간접식 액면계

24 풀이 | 센서 : 전기적 이용

25 풀이 | 연소제어 : 시퀀스 제어

26 풀이 | 비접촉식 방사 고온계 : 방사에너지 측정 온도계

27 풀이 | 방사고온계는 피측온체와의 사이에 흡수체로 작용하는 CO_2, H_2O, 연기 등의 영향을 받는다.

28 풀이 | • 10^1 : 데카 • 10^{12} : 테라
• 10^{15} : 페타 • 10^{18} : 엑사
• 10^{24} : 요타

29 풀이 | 피라미드 진공계 : 휘트스톤 브리지 사용

30 풀이 | 제게르콘 : 벽돌의 내화도 측정

31 풀이 | 가스분석순서 : $CO_2 \rightarrow O_2 \rightarrow CO$

32 풀이 | 시퀀스 제어 : 보일러 자동 점화 및 소화

33 풀이 | 다이어프램(격막식) 압력계는 내식재료로 라이닝하여 부식성 유체 측정이 가능하다.

34 풀이 | • 철(+)－콘스탄탄(－) 온도계
• 구리(+)－콘스탄탄(－) 온도계

35 풀이 | 캐스케이드 제어
㉠ 1차 제어장치 : 제어량 측정
㉡ 2차 제어장치 : 제어량 조절

36 풀이 | 검출부
제어량에 의해 검출 후 비교부로 보낸다.

37 풀이 | 봉입액체 온도계
수은, 알코올, 아닐린 등

38 풀이 | 면적식 유량계
고점도 유체나 소유량에 대한 측정이 가능하다.

39 풀이 | 와류식 유량계
㉠ 델타 유량계
㉡ 칼만 유량계
㉢ 스와르 메타 유량계

40 풀이 | 가스분석 시 적합한 온도계 : 상온 20℃

41 풀이 | 제강로
㉠ 전기로
㉡ 평로
㉢ 전로

42 풀이 | 괴상화용 노
분상의 철광석을 괴상화시켜 통풍이 잘 되고 용광로의 능률을 향상시키기 위해서 사용되는 노로서 소결법, Pellet 소성법이 있다.

43 풀이 | 평로는 연소가스의 여열을 이용하여 연소용 공기를 예열시킨다.

44 풀이 | 열풍로
전열식, 축열식, 카우버식, 매크루식, 큐폴라식 열풍로가 있다. 용광로에서는 800℃ 정도로 예열된 공기가 열풍로에서 송풍구로 들어와 코크스에 점화시킨다.

45 풀이 | 스폴링 현상(박락 현상)
㉠ 열적 스폴링
㉡ 기계적 스폴링
㉢ 조직적 스폴링

46 풀이 | 크롬마그네시아(염기성) 내화벽돌은 염기성 슬래그에 대한 저항성이 큰 노재이다.

47 **풀이 |** LD전로(제강로)는 노의 윗부분으로 산소가 취입된다.(종류는 토마스법과 베서머 LD전로가 있다.)

48 **풀이 |** ㉠ 규산칼슘 : 650℃
㉡ 유리섬유 : 300℃
㉢ 규조토 : 500℃
㉣ 탄산마그네슘 : 250℃

49 **풀이 |** 열전도 손실열량(Q)

$$=\frac{\lambda\times(T_2-T_1)}{b}\times h$$

$$=\frac{3.3\times(400-25)}{0.2}\times 10$$

$$=61,875\text{kcal/m}^2$$

50 **풀이 |** • 반연속요 : 등요, 셔틀요
• 연속요 : 윤요(고리가마), 터널요
• 불연속요 : 횡염식 요, 승염식 요, 도염식 요

51 **풀이 |** 머플로(간접가열로)의 노 내는 진공분위기와는 관련이 없다.

52 **풀이 |** 주철관은 용접 접합이 불가능하다.

53 **풀이 |** 거싯스테이
한 장의 삼각형 판으로 만든 스테이로서 평경판을 보강한다.

54 **풀이 |** 스위블형 신축조인트
2개 이상의 엘보를 이용한 신축이음이다.

55 **풀이 |** 벤슨 보일러(관류보일러)
슬래그탭 연소 : 1, 2차로 구성된 노에서 재가 용융되며, 80%가 슬래그탭 노인 1차 연소로에서 제거된다.

56 **풀이 |** 순환비 $=\dfrac{\text{순환수량}}{\text{발생증기량}}$

57 **풀이 |** 급수내관은 안전저수위보다 5cm 낮게 설치한다.

58 **풀이 |** 제게르콘 : 내화도 측정

59 **풀이 |** 노통에 돌기가 설치된 경우 노통의 바깥면과 연관 사이는 30mm 이상의 이격거리가 유지된다.

60 **풀이 |** 용접길이 $=\dfrac{W}{\sigma_1 l}=\dfrac{2,000}{7\times6}=47.6\text{mm}$

61 **풀이 |** • ① : 검사유효기간 1년
• ②, ③, ④ : 검사유효기간 2년

62 **풀이 |** 신설 보일러의 소다 끓이기는 보일러 내면에 남아 있는 유지분(보일러 과열 촉진)을 제거하기 위함이다. 압력 0.3∼0.5(kgf/cm^2)에서 2∼3일간 끓인 후 분출하고 새로 급수한 후에 사용한다.(탄산소다 0.1% 정도 용액으로 사용

63 **풀이 |** 증기난방 응축수 회수방법
㉠ 기계환수식(환수 펌프 사용)
㉡ 중력환수식(밀도차 이용)
㉢ 진공환수식(진공도 100∼250mmHg)

64 **풀이 |** 검사대상기기관리자의 선임신고서, 퇴직신고서, 해임신고서는 한국에너지공단이사장에게 제출한다.

65 **풀이 |** 진공환수식 증기난방은 환수관의 기울기에는 별로 영향받지 않고 대규모 난방에서 채택을 많이 한다.

66 **풀이 |** 수격작용(워터해머)을 방지하려면 관 내 응축수의 생성을 방지해야 하므로 증기관의 보온을 철저하게 한다.

67 **풀이 |** ②의 관류보일러는 안전밸브의 호칭지름이 20A 이상이면 기준에 부합된다.

68 **풀이 |** 점식(공식, 점형부식)은 보일러 수면 부근에서 발생하며 보일러수의 고열에 의해 용존산소가 분출되면서 발생하는 점부식(곰보부식)이다.

69 **풀이 |** 에너지관리자
㉠ 에너지사용시설의 소유자
㉡ 에너지사용시설의 관리자

70 **풀이 |** 과열기 안전밸브 설치기준
㉠ 출구에 1개 이상의 안전밸브가 있어야 한다.
㉡ 증기분출용량은 과열기의 온도를 설계온도 이하로 유지하는 데 필요한 양의 보일러 최대증발량의 15%를 초과하는 경우에는 15% 이상이어야 한다.
㉢ 관류 보일러에는 과열기 출구에 최대증발량에 상당하는 분출용량의 안전밸브를 설치할 수 있다.

71 풀이 | 보일러 장기보존법
건조 보존법, 석회밀폐 건조 보존법, 질소봉입 건조밀폐 보존법

72 풀이 | 송기(증기이송) 시 응축수 배출 후에 주증기 밸브를 개방하여 수격작용을 방지한다.

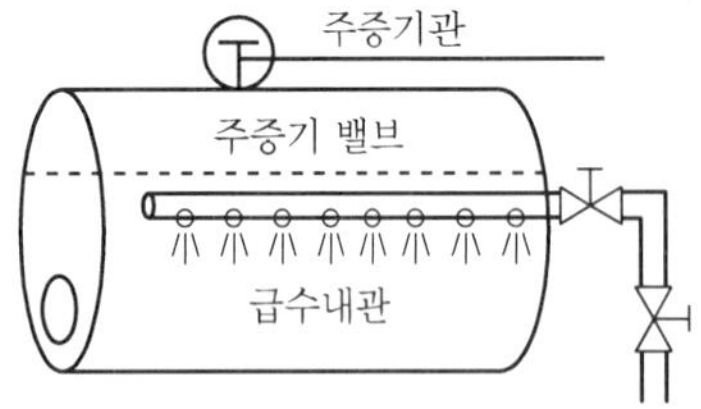

73 풀이 | 효율관리기자재에 에너지소비효율 등을 표시해야 하는 자
㉠ 제조업자
㉡ 수입업자

74 풀이 | 보일러 보존법
㉠ 단기 보존 : 만수 보존(물 이용)
㉡ 장기 보존 : 건조 보존(N_2 가스 이용)

75 풀이 | ㉠ 상태 변화 : 바이메탈 온도계
㉡ 전기저항 변화 : 서미스터 온도계
㉢ 열기전력 변화 : 열전대 온도계

76 풀이 | 특정열사용기자재시공업(전문건설업)은 건설산업기본법에 의해 시 · 도지사에게 등록한다.

77 풀이 | 공기 빼기는 외기 쪽으로 한다.

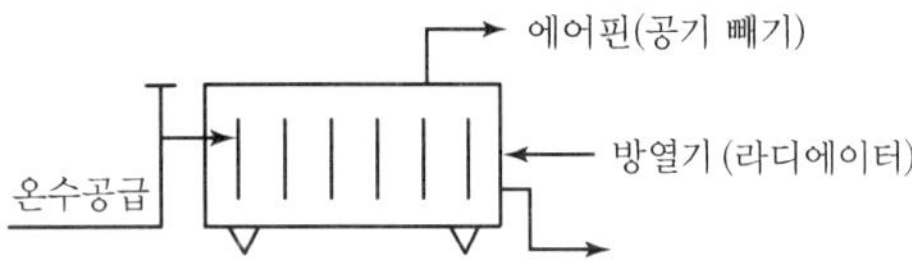

78 풀이 | ㉠ 염화칼슘 : 흡수제
㉡ 관석(스케일) : $Ca(HCO_3)_2$, $CaSO_4$, $Mg(HCO_3)_2$, $MgCl_2$, $MgSO_4$, SiO_2, 유지분 등

79 풀이 | 민간사업주관자의 에너지사용계획 제출 기준
㉠ 연간 5천 TOE 이상의 연료 및 열을 사용하는 시설
㉡ 연간 2천 킬로와트시 이상의 전력을 사용하는 시설

80 풀이 | 펌프의 회전수 증가에 의한 유량(Q')

$$Q' = Q \times \frac{N_2}{N_1} = 2 \times \frac{1,600}{800} = 4(\mathrm{m^3/min})$$

04회 실전점검! CBT 실전모의고사

수험번호 :
수험자명 :

제한 시간 : 2시간
남은 시간 :

글자 크기 100% 150% 200% 화면 배치 전체 문제 수 : 안 푼 문제 수 :

답안 표기란

1	①	②	③	④
2	①	②	③	④
3	①	②	③	④
4	①	②	③	④
5	①	②	③	④
6	①	②	③	④
7	①	②	③	④
8	①	②	③	④
9	①	②	③	④
10	①	②	③	④
11	①	②	③	④
12	①	②	③	④
13	①	②	③	④
14	①	②	③	④
15	①	②	③	④
16	①	②	③	④
17	①	②	③	④
18	①	②	③	④
19	①	②	③	④
20	①	②	③	④
21	①	②	③	④
22	①	②	③	④
23	①	②	③	④
24	①	②	③	④
25	①	②	③	④
26	①	②	③	④
27	①	②	③	④
28	①	②	③	④
29	①	②	③	④
30	①	②	③	④

1과목 열역학 및 연소관리

01 연료의 연소 시 고온부식의 주된 원인이 되는 성분은?

① 질소 ② 황
③ 바나듐 ④ 탄소

02 다음 기체연료를 1m³씩 완전연소시켰을 때 연소가스가 가장 많이 발생하는 것은?

① 일산화탄소 ② 프로판
③ 수소 ④ 부탄

03 다음 중 유류 화재에 가장 부적당한 소화설비는?

① 포화설비 ② 옥외소화전설비
③ 분말소화설비 ④ 이산화탄소소소화설비

04 탄소(C) 87.5v%, 수소(H) 12.5%인 조성의 액체연료를 공기과잉률 1.3으로 연소시키기 위한 실제 공기량은 약 몇 Nm^3/kg인가?(단, 공기 중의 산소는 21%이다.)

① 10.5 ② 14.5
③ 20.1 ④ 25.3

05 연통의 평균가스온도가 300℃, 외기온도(대기온도)가 27℃일 때 통풍력으로서 20mmH_2O를 얻기 위해 필요한 연통의 높이는 약 몇 m인가?

① 23.1 ② 28.3
③ 31.7 ④ 35.5

계산기 다음 ▶ 안 푼 문제 답안 제출

06 석탄의 분쇄성을 표시하는 지표는?

① 하드그로브 지수 ② 탄화도
③ 기공율 ④ 비중

07 프로판가스(C_3H_8) 1Nm^3을 완전연소시킬 경우 이론건조연소 가스양은 약 몇 Nm^3/Nm^3가 되는가?

① 12 ② 22
③ 32 ④ 42

08 기체연료의 장점에 대한 설명으로 가장 거리가 먼 것은?

① 저장이 쉽고 운송이 용이하다.
② 적은 공기로 완전연소가 가능하다.
③ 연료의 공급량 조절이 쉽다.
④ 연소 후 유해 잔류성분이 거의 없다.

09 연료의 원소분석법 중 탄소의 분석법은?

① 에쉬카법 ② 리비히법
③ 켈달법 ④ 보턴법

10 연소에서 유효수소를 옳게 나타낸 것은?

① $H-\frac{C}{8}$ ② $H-\frac{O}{8}$
③ $O-\frac{S}{8}$ ④ $O-\frac{H}{8}$

1	①	②	③	④
2	①	②	③	④
3	①	②	③	④
4	①	②	③	④
5	①	②	③	④
6	①	②	③	④
7	①	②	③	④
8	①	②	③	④
9	①	②	③	④
10	①	②	③	④
11	①	②	③	④
12	①	②	③	④
13	①	②	③	④
14	①	②	③	④
15	①	②	③	④
16	①	②	③	④
17	①	②	③	④
18	①	②	③	④
19	①	②	③	④
20	①	②	③	④
21	①	②	③	④
22	①	②	③	④
23	①	②	③	④
24	①	②	③	④
25	①	②	③	④
26	①	②	③	④
27	①	②	③	④
28	①	②	③	④
29	①	②	③	④
30	①	②	③	④

04회 실전점검!

CBT 실전모의고사

수험번호 :

수험자명 :

제한 시간 : 2시간

남은 시간 :

글자 크기  100%  150%  200%

화면 배치  

전체 문제 수 :

안 푼 문제 수 :

11 압력과 온도가 각각 300kPa, 300℃인 공기 3kg이 단열 변화하여 체적이 5배로 되었을 때 외부에 대한 일은 약 몇 kJ인가?(단, 비열비는 1.4이고 기체상수 R은 0.287kJ/kg · K이다.)

① 476　　② 584

③ 638　　④ 933

12 15℃인 공기 4kg이 일정한 체적을 유지하며 400kJ의 열을 받는 경우 엔트로피 증가량은 약 몇 kJ/kg · K인가?(단, 공기의 정적비열은 0.71kJ/kg · K이다.)

① 1.13　　② 26.7

③ 100　　④ 400

13 열역학 제2법칙에 대한 설명이 아닌 것은?

① 열은 스스로 저온부에서 고온부로 이동될 수 없음을 의미하는 법칙이다.

② 열과 일의 형태인 에너지가 보존된다는 법칙이다.

③ 열효율이 100%인 열기관은 없다.

④ 고립계에서는 엔트로피가 감소하지 않는다.

14 가스가 40kJ의 열량을 받음과 동시에 외부에 30kJ의 일을 했다. 이때 가스의 내부에너지 변화량은?

① 10kJ 증가　　② 10kJ 감소

③ 30kJ 증가　　④ 30kJ 감소

15 Van der Waals 상태방정식을 옳게 표현한 것은?(단, a와 b는 양의 상수이다.)

① $PV = RT$　　② $\left(P + \frac{a}{V^2}\right)(V - b) = RT$

③ $PV = RT + bP$　　④ $\left(P + \frac{a}{TV^2}\right)(V + b) = RT$

답안 표기란

1	①	②	③	④
2	①	②	③	④
3	①	②	③	④
4	①	②	③	④
5	①	②	③	④
6	①	②	③	④
7	①	②	③	④
8	①	②	③	④
9	①	②	③	④
10	①	②	③	④
11	①	②	③	④
12	①	②	③	④
13	①	②	③	④
14	①	②	③	④
15	①	②	③	④
16	①	②	③	④
17	①	②	③	④
18	①	②	③	④
19	①	②	③	④
20	①	②	③	④
21	①	②	③	④
22	①	②	③	④
23	①	②	③	④
24	①	②	③	④
25	①	②	③	④
26	①	②	③	④
27	①	②	③	④
28	①	②	③	④
29	①	②	③	④
30	①	②	③	④

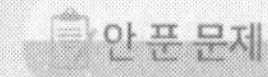

답안 제출

04회 실전점검!
CBT 실전모의고사

수험번호 :
수험자명 :

제한 시간 : 2시간
남은 시간 :

글자 크기 100% 150% 200% 화면 배치

전체 문제 수 :
안 푼 문제 수 :

답안 표기란

16 재생 랭킨 사이클을 보일러 및 증기동력 사이클에 채용하는 주된 이유는 무엇인가?

① 급수를 가열하여 열효율을 높이기 위하여
② 터빈 출구의 수증기의 건도를 높이기 위해서
③ 응축수를 이용하여 연소용 공기를 예열하기 위해서
④ 펌프 일을 감소시키기 위해서

17 오토사이클에 대한 설명으로 틀린 것은?

① 일정 체적 과정이 포함되어 있다.
② 압축 및 팽창은 등엔트로피 과정으로 이루어진다.
③ 압축비가 클수록 열효율이 감소한다.
④ 스파크 점화 내연기관의 사이클에 해당된다.

18 공기 표준 카르노 사이클에 대한 설명 중 틀린 것은?

① 실제로는 불가능하다.
② 두 개의 등압과정과 두 개의 등적과정으로 이루어져 있다.
③ 다른 공기 사이클에 대한 기준이 된다.
④ 가역과정으로 이루어진 사이클이다.

19 열역학 제1법칙과 관련되는 에너지의 형태가 아닌 것은?

① 내부에너지 ② 엔탈피
③ 엔트로피 ④ 반응열

20 다음 열기관 사이클 중 가장 이상적인 사이클은?

① 랭킨 사이클 ② 재열 사이클
③ 카르노 사이클 ④ 재생 사이클

1	①	②	③	④
2	①	②	③	④
3	①	②	③	④
4	①	②	③	④
5	①	②	③	④
6	①	②	③	④
7	①	②	③	④
8	①	②	③	④
9	①	②	③	④
10	①	②	③	④
11	①	②	③	④
12	①	②	③	④
13	①	②	③	④
14	①	②	③	④
15	①	②	③	④
16	①	②	③	④
17	①	②	③	④
18	①	②	③	④
19	①	②	③	④
20	①	②	③	④
21	①	②	③	④
22	①	②	③	④
23	①	②	③	④
24	①	②	③	④
25	①	②	③	④
26	①	②	③	④
27	①	②	③	④
28	①	②	③	④
29	①	②	③	④
30	①	②	③	④

계산기 다음 ▶ 안 푼 문제 답안 제출

04회 실전점검! CBT 실전모의고사

수험번호 :
수험자명 :

제한 시간 : 2시간
남은 시간 :

글자 크기 100% 150% 200% 화면 배치

전체 문제 수 :
안 푼 문제 수 :

답안 표기란

1	①	②	③	④
2	①	②	③	④
3	①	②	③	④
4	①	②	③	④
5	①	②	③	④
6	①	②	③	④
7	①	②	③	④
8	①	②	③	④
9	①	②	③	④
10	①	②	③	④
11	①	②	③	④
12	①	②	③	④
13	①	②	③	④
14	①	②	③	④
15	①	②	③	④
16	①	②	③	④
17	①	②	③	④
18	①	②	③	④
19	①	②	③	④
20	①	②	③	④
21	①	②	③	④
22	①	②	③	④
23	①	②	③	④
24	①	②	③	④
25	①	②	③	④
26	①	②	③	④
27	①	②	③	④
28	①	②	③	④
29	①	②	③	④
30	①	②	③	④

2과목 계측 및 에너지 진단

21 보일러 내의 온도를 측정하는 데 부적당한 계기는?

① 열전대 온도계　② 압력 온도계
③ 저항 온도계　④ 건습구 온도계

22 벨로스 압력계에 대한 설명으로 틀린 것은?

① 정도는 ±1~2% 정도이다.
② 벨로스 재질은 인청동이 사용된다.
③ 측정압력 범위는 1~2,000kg/cm^2 정도이다.
④ 벨로스 압력에 의한 신축을 이용한 것이다.

23 다이어프램 압력계에 대한 설명으로 틀린 것은?

① 연소로의 드래프트게이지로 사용된다.
② 다이어프램의 재료로는 고무, 인청동, 스테인리스 등의 박판이 사용된다.
③ 측정이 가능한 범위는 공업용으로는 20~5,000mmH_2O 정도이다.
④ 먼지를 함유한 액체나 점도가 높은 액체의 측정에는 부적당하다.

24 1차 지연요소에서 시정수(Time Constant)란 최대출력의 몇 %에 이를 때까지의 시간인가?

① 50%　② 63%
③ 95%　④ 100%

25 오리피스(Orifice)에 의한 유량측정과 관계있는 것은?

① 유로의 교축기구 전후의 압력차
② 유로의 교축기구 전후의 온도차
③ 유로의 교축기구 입구에 가해지는 압력
④ 유로의 교축기구 출구에 가해지는 압력

계산기　다음 ▶　안 푼 문제　답안 제출

26 다음의 특징을 가지는 분석기기는?

- 응답속도가 대체로 늦다.
- 여러 성분이 섞여 있는 시료가스 분석에 적당하다.
- 분리 능력과 선택성이 우수하다.
- 자동 Sampling 장치 부착 시 자동분석이 가능하다.

① 가스크로마토그래피　　② 적외선가스분석계
③ 자기식 O_2계　　④ 세라믹 O_2계

27 다음 중 구리 – 콘스탄탄 열전대의 표시기호는?

① T　　② K
③ E　　④ S

28 감도 및 정확성이 높아 대기압차가 적은 미소압력을 측정할 때 적당하며 보일러 연소가스의 통풍계로도 사용되는 것은?

① 분동식 압력계　　② 다이어프램식 압력계
③ 벨로스 압력계　　④ 부르동(Bourdon)관 압력계

29 방사온도계에 대한 설명으로 틀린 것은?

① 물체로부터 방사되는 모든 파장의 전 방사에너지는 물체의 절대온도(K)의 4제곱에 비례한다는 원리를 이용한 것이다.
② 측정의 시간지연이 작고, 발신기를 이용하여 기록이나 제어가 가능하다.
③ 피측온체와의 사이에 흡수체로 작용하는 CO_2, 수증기, 연기 등의 영향을 받지 않는다.
④ 피측정물과 접촉하지 않기 때문에 측정조건을 지나치게 어지럽히지 않는다.

30 피토관(Pitot Tube)은 무엇을 측정하기 위한 기기인가?

① 유속계　　② 압력계
③ 액면계　　④ 온도계

번호				
1	①	②	③	④
2	①	②	③	④
3	①	②	③	④
4	①	②	③	④
5	①	②	③	④
6	①	②	③	④
7	①	②	③	④
8	①	②	③	④
9	①	②	③	④
10	①	②	③	④
11	①	②	③	④
12	①	②	③	④
13	①	②	③	④
14	①	②	③	④
15	①	②	③	④
16	①	②	③	④
17	①	②	③	④
18	①	②	③	④
19	①	②	③	④
20	①	②	③	④
21	①	②	③	④
22	①	②	③	④
23	①	②	③	④
24	①	②	③	④
25	①	②	③	④
26	①	②	③	④
27	①	②	③	④
28	①	②	③	④
29	①	②	③	④
30	①	②	③	④

수험번호 :
수험자명 :

제한 시간 : 2시간
남은 시간 :

글자 크기  100%  150% 200%

화면 배치 

전체 문제 수 :
안 푼 문제 수 :

답안 표기란

번호				
31	①	②	③	④
32	①	②	③	④
33	①	②	③	④
34	①	②	③	④
35	①	②	③	④
36	①	②	③	④
37	①	②	③	④
38	①	②	③	④
39	①	②	③	④
40	①	②	③	④
41	①	②	③	④
42	①	②	③	④
43	①	②	③	④
44	①	②	③	④
45	①	②	③	④
46	①	②	③	④
47	①	②	③	④
48	①	②	③	④
49	①	②	③	④
50	①	②	③	④
51	①	②	③	④
52	①	②	③	④
53	①	②	③	④
54	①	②	③	④
55	①	②	③	④
56	①	②	③	④
57	①	②	③	④
58	①	②	③	④
59	①	②	③	④
60	①	②	③	④

31 다음 중 잔류편차(Offset)가 발생되는 결점을 제거하기 위한 제어동작으로 가장 적합한 것은?

① 비례동작　② 미분동작
③ 적분동작　④ On－off 동작

32 프로세스 제어의 난이 정도를 표시하는 값으로 L(Dead Time)과 T(Time Constant)의 비, 즉 L/T가 사용되는데, 이 값이 작을 경우 어떠한가?

① P 동작 조절기를 사용한다.　② PD 동작 조절기를 사용한다.
③ 제어가 쉽다.　④ 제어가 어렵다.

33 다음 단위 중 압력에 대한 단위가 아닌 것은?

① Pa　② N/m^2
③ J/s　④ kgf/m^2

34 다음의 블록 선도에서 피드백제어의 전달함수를 구하면?

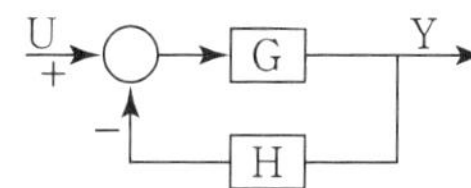

① $F = \frac{G}{1-H}$　② $F = \frac{G}{1+H}$
③ $F = \frac{G}{1-GH}$　④ $F = \frac{G}{1+GH}$

35 제어장치를 사용하여 어떤 프로세스(Process)를 운전 시 자동제어가 잘 되고 있는지를 의논할 때 가장 일반적으로 고려되어야 할 사항이 아닌 것은?

① 잔류편차(Offset)　② 속응성(Quick Response)
③ 외란(Disturbance)　④ 안정성(Stability)

계산기　다음 ▶　안 푼 문제　답안 제출

04회 실전점검! CBT 실전모의고사

수험번호 :
수험자명 :

제한 시간 : 2시간
남은 시간 :

글자 크기 100% 150% 200% 화면 배치

전체 문제 수 :
안 푼 문제 수 :

답안 표기란

31	①	②	③	④
32	①	②	③	④
33	①	②	③	④
34	①	②	③	④
35	①	②	③	④
36	①	②	③	④
37	①	②	③	④
38	①	②	③	④
39	①	②	③	④
40	①	②	③	④
41	①	②	③	④
42	①	②	③	④
43	①	②	③	④
44	①	②	③	④
45	①	②	③	④
46	①	②	③	④
47	①	②	③	④
48	①	②	③	④
49	①	②	③	④
50	①	②	③	④
51	①	②	③	④
52	①	②	③	④
53	①	②	③	④
54	①	②	③	④
55	①	②	③	④
56	①	②	③	④
57	①	②	③	④
58	①	②	③	④
59	①	②	③	④
60	①	②	③	④

36 적외선 가스분석계의 특징에 대한 설명으로 옳은 것은?

① 선택성이 뛰어나다.
② 대상 범위가 좁다.
③ 저농도의 분석에 부적합하다.
④ 측정가스의 Dust 방지나 탈습에 충분한 배려가 필요 없다.

37 섭씨 98℃를 화씨로 나타내면 몇 ℉인가?

① 208.4
② 210.4
③ 212.4
④ 214.4

38 다음 액면계에 대한 설명 중 틀린 것은?

① 고압 밀폐탱크의 액면제어용으로 가장 많이 사용하는 것은 부자식 액면계이다.
② 개방탱크나 저수조에 주로 사용하는 것은 검척식 액면계이다.
③ 공기압을 이용하여 액면을 측정하는 액면계는 퍼지식 액면계이다.
④ 관 내의 공기압과 액압이 같아지는 압력을 측정하여 액면의 높이를 측정하는 것은 정전용량식 액면계이다.

39 다음 압력계 중 고압 측정에 가장 적당한 것은?

① 다이어프램식
② 벨로스식
③ 부르동관식
④ 링밸런스식

40 세라믹식 O_2계에 대한 설명으로 옳은 것은?

① 응답이 느리다.
② 온도조절용 전기로가 필요 없다.
③ 연속측정이 가능하며 측정범위가 좁다.
④ 측정가스 중에 가연성 가스가 존재하면 사용이 불가능하다.

계산기 다음 ▶ 안 푼 문제 답안 제출

3과목 열설비구조 및 시공

41 고로에 대한 설명으로 틀린 것은?

① 광석을 제련상 유리한 상태로 변화시키는 데 목적이 있다.
② 제철공장에서 선철을 제조하는 데 사용된다.
③ 용광로의 상부에 철광석과 환원제 그리고 원료로서 코크스를 투입한다.
④ 용광로의 하부에 배치된 우구(Tuyere)로부터 고온의 열풍을 취입한다.

42 보일러에서 발생할 수 있는 워터해머링(수격작용)의 원인으로 가장 거리가 먼 것은?

① 수위가 낮기 때문에
② 증기밸브를 급히 열었기 때문에
③ 보일러수가 농축되었기 때문에
④ 증기관이 보온되지 않아 냉각되었기 때문에

43 보일러수에 함유된 탄산가스는 주로 어떤 장애를 일으키는가?

① 물때 ② 절연
③ 점식 ④ 부하

44 가마 바닥에 여러 개의 흡입공(吸入孔)이 마련되어 있는 가마는?

① 승염식 가마 ② 횡염식 가마
③ 도염식 가마 ④ 고리 가마

45 알루미늄 용해 조업에서 고온을 피하고 노 온도를 700~750℃로 지정한 주된 이유는?

① 연료 절약
② 가스의 흡수 및 산화 방지
③ 노재의 침식 방지
④ 알루미늄의 증발 방지

46 A, B, C 3종류 내화물의 열전도율(kcal/m · h · ℃)이 각각 8, 1, 0.2이고, A 10cm, B 20cm, C 10cm의 3중 두께로 겹쳐 쓰는 노벽의 노 내가 1,100℃이고, 노 표면이 60℃이면 접촉저항을 무시했을 때 노벽 m^2당 매시 손실되는 열량은?

① 113kcal
② 650kcal
③ 1,460kcal
④ 1,816kcal

47 판상 보온재를 사용하는 경우 소정 두께의 보온판을 철사로 묶어서 밀착시킨다. 보온재의 두께가 얼마를 넘을 경우 가능한 한 2층으로 나누어 시공하는가?

① 10mm
② 25mm
③ 50mm
④ 75mm

48 요(窯)를 조업방법에 따라 분류할 때 불연속요는?

① 윤요
② 터널요
③ 도염식요
④ 셔틀요

49 주로 점토 제품에 사용하는 연속식 가마로서 Hoffman식 가마라고도 하며 열효율은 좋지만 소성실 내의 온도분포가 균일하지 않은 것이 단점인 가마는?

① 고리가마
② 도염식 가마
③ 각가마
④ 터널가마

50 중유연소식 제강용 평로에서 연소용 공기를 예열하기 위한 방법은?

① 발열량이 큰 중유를 사용
② 질소가 함유되지 않은 순 산소를 사용
③ 연소가스의 여열을 이용
④ 철, 탄소의 산화열을 이용

51 비동력급수장치인 인젝터(Injector) 사용상의 특징에 대한 설명 중 틀린 것은?

① 구조가 간단하다.
② 흡입양정이 낮다.
③ 급수량의 조절이 쉽다.
④ 증기와 물이 혼합되어 급수가 예열된다.

52 소성 고알루미나질 내화물의 특성에 대한 설명 중 틀린 것은?

① 내화도가 높다.
② 열전도율이 나쁘다.
③ 급열, 급랭에 대한 저항성이 크다.
④ 하중연화 온도가 높고 고온에서 용적 변화가 작다.

53 크롬 철광을 원료로 하는 내화물이 온도 1,600℃ 이상에서 산화철을 흡수하여, 표면이 부풀어 올라 떨어져 나가는 현상을 무엇이라고 하는가?

① 버스팅(Bursting)
② 스폴링(Spalling)
③ 라미네이션(Lamination)
④ 블리스터(Blister)

54 열팽창계수와 온도차 등이 포함되어 있어 자연대류에 대하여 가장 잘 표현할 수 있는 무차원수는?

① 레이놀즈수
② 그라쇼프수
③ 프란틀수
④ 너셀수

55 화염검출기의 종류가 아닌 것은?

① 플레임 아이(Flame Eye)　② 플레임 로드(Flame Lod)
③ 스택 스위치(Stack Switch)　④ 로드 바(Laod Bar)

56 맞대기 용접이음에서 인장하중이 2,000kgf, 강판의 두께가 6mm라 할 때 용접길이는 약 몇 mm인가?(단, 용접부의 허용인장응력은 $7kgf/mm^2$이다.)

① 40　② 44
③ 48　④ 52

57 관의 내외에서 열을 주고받을 목적으로 보일러의 수관, 열교환기 등에 사용되는 강관은?

① SPW　② STH
③ SPS　④ STA

58 카올린을 사용한, 안정성을 크게 하기 위하여 하소하여 분쇄한 것을 무엇이라고 하는가?

① 클링커　② 샤모트
③ 폴스테라이트　④ 토리아

59 다음 중 기계식 증기트랩에 속하지 않는 것은?

① 버킷형 트랩　② 프리볼 버킷형 트랩
③ 플로트형 트랩　④ 디스크형 트랩

60 캐스터블 내화물의 구비조건이 아닌 것은?

① 내마모성이 적고 가공이 용이하여야 한다.
② 적은 가수량에서도 충분한 유동성을 가져야 한다.
③ 가수혼련물은 입자들 간의 분리가 없어야 한다.
④ 시공 성형체는 가능한 한 큰 강도를 가져야 한다.

31	①	②	③	④
32	①	②	③	④
33	①	②	③	④
34	①	②	③	④
35	①	②	③	④
36	①	②	③	④
37	①	②	③	④
38	①	②	③	④
39	①	②	③	④
40	①	②	③	④
41	①	②	③	④
42	①	②	③	④
43	①	②	③	④
44	①	②	③	④
45	①	②	③	④
46	①	②	③	④
47	①	②	③	④
48	①	②	③	④
49	①	②	③	④
50	①	②	③	④
51	①	②	③	④
52	①	②	③	④
53	①	②	③	④
54	①	②	③	④
55	①	②	③	④
56	①	②	③	④
57	①	②	③	④
58	①	②	③	④
59	①	②	③	④
60	①	②	③	④

04 회 실전점검!
CBT 실전모의고사

수험번호 :
수험자명 :

제한 시간 : 2시간
남은 시간 :

글자 크기 100% 150% 200% 화면 배치 전체 문제 수 : 안 푼 문제 수 :

답안 표기란

61	①	②	③	④
62	①	②	③	④
63	①	②	③	④
64	①	②	③	④
65	①	②	③	④
66	①	②	③	④
67	①	②	③	④
68	①	②	③	④
69	①	②	③	④
70	①	②	③	④
71	①	②	③	④
72	①	②	③	④
73	①	②	③	④
74	①	②	③	④
75	①	②	③	④
76	①	②	③	④
77	①	②	③	④
78	①	②	③	④
79	①	②	③	④
80	①	②	③	④

4과목 열설비 취급 및 안전관리

61 보일러 수질기준에서 순수처리 기준에 맞지 않는 것은?(단, 25℃ 기준이다.)

① pH : 7~9
② 총경도 : 1~2
③ 전기전도율 : 0.5μS/cm 이하
④ 실리카 : 흔적이 나타나지 않음

62 고온의 응축수 흡입 시 흡입력 증가를 위해 보조로 사용하며 일반적인 펌프보다 효율은 떨어지나 취급이 용이한 펌프의 종류는?

① 제트펌프
② 기어펌프
③ 와류펌프
④ 축류펌프

63 보일러 청관제 중 슬러지 조정제가 아닌 것은?

① 탄닌
② 리그닌
③ 전분
④ 수산화나트륨

64 에너지이용 합리화법령에서 정한 효율관리기자재에 속하지 않는 것은?(단, 산업통상자원부장관이 그 효율의 향상이 특히 필요하다고 인정하여 따로 고시하는 기자재 및 설비는 제외한다.)

① 전기냉장고
② 자동차
③ 조명기기
④ 텔레비전

계산기 다음 ▶ 안 푼 문제 답안 제출

65 **연도 내에서 가스폭발이 일어나는 원인으로 가장 옳은 것은?**

① 연소 초기에 통풍이 너무 강했다.
② 배기가스 중에 산소량이 과다했다.
③ 연도 중의 미연소 가스를 완전히 배출하지 않고 점화하였다.
④ 댐퍼를 너무 열어 두었다.

66 **다음 중 구식(Grooving)이 가장 발생하기 쉬운 곳은?**

① 기수드럼
② 횡형 노통의 상반면
③ 연소실과 접하는 수관
④ 경판 구석의 둥근 부분

67 **다음 중 에너지이용 합리화법령상 매년 1월 31일까지 그 에너지사용시설이 있는 지역을 관할하는 시 · 도지사에게 전년도 분기별 에너지사용량을 신고하여야 하는 자에 대한 기준으로 옳은 것은?**

① 연료 · 열 및 전력의 분기별 사용량의 합계가 5백 티오이 이상인 자
② 연료 · 열 및 전력의 연간 사용량의 합계가 2천 티오이 이상인 자
③ 연간 사용량 1천 티오이 이상의 연료 및 열을 사용하거나 연간 사용량 2백만 킬로와트시 이상의 전력을 사용하는 자
④ 연간 사용량 1천 티오이 이상의 연료 및 열을 사용하거나 계약전력 5백 킬로와트 이상으로서 연간 사용량 2백만 킬로와트시 이상의 전력을 사용하는 자

68 **보일러의 장기보존 시 만수보존법에 사용되는 약품은?**

① 생석회
② 탄산마그네슘
③ 가성소다
④ 염화칼슘

69 온수난방에서 방열기의 평균온도 80℃, 실내온도 18℃, 방열계수 8.1W/m² · ℃의 측정결과를 얻었다. 방열기의 방열량(W/m²)은 약 얼마인가?

① 146　② 502
③ 648　④ 794

70 수트 블로어를 실시할 때 주의사항으로 틀린 것은?

① 수트 블로어 전에 반드시 드레인을 충분히 한다.
② 부하가 클 때나 소화 후에 사용해야 한다.
③ 수트 블로어를 할 때는 통풍력을 크게 한다.
④ 수트 블로어는 한 장소에서 오래 사용하면 안 된다.

71 난방부하를 계산하는 경우 여러 가지 여건을 검토해야 하는데 이에 대한 사항으로 거리가 먼 것은?

① 건물의 방위　② 천장높이
③ 건축구조　④ 실내소음, 진동

72 에너지이용 합리화법령에 따라 검사대상기기관리자를 선임하지 아니하였을 경우에 부과되는 벌칙기준으로 옳은 것은?

① 100만 원 이하의 벌금
② 500만 원 이하의 벌금
③ 1천만 원 이하의 벌금
④ 2천만 원 이하의 벌금

73 에너지이용 합리화법령에 따라 산업통상자원부장관이 에너지저장의무를 부과할 수 있는 대상자는?(단, 연간 2만 티오이 이상의 에너지를 사용하는 자는 제외한다.)

① 시장 · 군수
② 시 · 도지사
③ 전기사업법에 따른 전기사업자
④ 석유사업법에 따른 석유정제업자

74 에너지이용 합리화법령에 따라 제조업자 또는 수입업자가 효율관리기자재의 에너지 사용량을 측정받아야 하는 시험기관은 누가 지정하는가?

① 산업통상자원부장관
② 시 · 도지사
③ 한국에너지공단이사장
④ 국토교통부장관

75 환수관이 고장을 일으켰을 때 보일러의 물이 유출하는 것을 막기 위하여 하는 배관 방법은?

① 리프트 이음 배관법
② 하트포드 연결법
③ 이경관 접속법
④ 증기 주관 관말 트랩 배관법

76 가마울림 현상의 방지대책이 아닌 것은?

① 수분이 많은 연료를 사용한다.
② 연소실과 연도를 개조한다.
③ 연소실 내에서 완전연소시킨다.
④ 2차 공기의 가열, 통풍 조절을 개선한다.

77 다음 중 온수난방용 밀폐식 팽창탱크에 설치되지 않은 것은?

① 압축공기 공급관
② 수위계
③ 일수관(Overflow 관)
④ 안전밸브

04회

실전점검!
CBT 실전모의고사

수험번호 :
수험자명 :

제한 시간 : 2시간
남은 시간 :

글자 크기 100% 150% 200% 화면 배치

전체 문제 수 :
안 푼 문제 수 :

78 **프라이밍, 포밍의 방지대책 중 맞지 않는 것은?**

① 수증기 밸브를 천천히 개방할 것
② 가급적 안전고수위 상태로 지속 운전할 것
③ 보일러수의 농축을 방지할 것
④ 급수처리를 하여 부유물을 제거할 것

79 **다음 중 보일러 운전 중 압력 초과의 직접적인 원인이 아닌 것은?**

① 압력계의 기능에 이상이 생겼을 때
② 안전밸브의 분출압력 조정이 불확실할 때
③ 연료공급을 다량으로 했을 때
④ 연소장치의 용량이 보일러 용량에 비해 너무 클 때

80 **노통이나 화실 등과 같이 외압을 받는 원통 또는 구체의 부분이 과열이나 좌굴에 의해 외압에 견디지 못하고 내부로 들어가는 현상은?**

① 팽출 ② 압궤
③ 균열 ④ 블리스터

답안 표기란

61	①	②	③	④
62	①	②	③	④
63	①	②	③	④
64	①	②	③	④
65	①	②	③	④
66	①	②	③	④
67	①	②	③	④
68	①	②	③	④
69	①	②	③	④
70	①	②	③	④
71	①	②	③	④
72	①	②	③	④
73	①	②	③	④
74	①	②	③	④
75	①	②	③	④
76	①	②	③	④
77	①	②	③	④
78	①	②	③	④
79	①	②	③	④
80	①	②	③	④

계산기 다음 ▶ 안 푼 문제 답안 제출

01	02	03	04	05	06	07	08	09	10
③	④	②	②	④	①	②	①	②	②
11	12	13	14	15	16	17	18	19	20
②	①	②	①	②	①	③	②	③	③
21	22	23	24	25	26	27	28	29	30
④	③	④	②	①	①	①	②	③	①
31	32	33	34	35	36	37	38	39	40
③	③	③	④	③	①	①	④	③	④
41	42	43	44	45	46	47	48	49	50
①	①	③	③	②	③	④	③	①	③
51	52	53	54	55	56	57	58	59	60
③	②	①	②	④	③	②	②	④	①
61	62	63	64	65	66	67	68	69	70
②	①	④	④	③	④	②	③	②	②
71	72	73	74	75	76	77	78	79	80
④	③	③	①	②	①	③	②	③	②

01 풀이 | ㉠ 고온부식 원인 인자 : 바나듐(V)
㉡ 저온부식 원인 인자 : 황(S)

02 풀이 | ㉠ $CO+\frac{1}{2}O_2 \rightarrow CO_2$
㉡ $C_3H_8+5O_2 \rightarrow 3CO_2+4H_2O$
㉢ $H_2+\frac{1}{2}O_2 \rightarrow H_2O$
㉣ $C_4H_{10}+6.5O_2 \rightarrow 4CO_2+5H_2O$

03 풀이 | 옥외소화전설비는 A급 화재(일반화재)용 소화설비이다.

04 풀이 | 실제공기량(A)=이론공기량×공기비
이론공기량$=8.89C+26.67\left(H-\frac{O}{8}\right)+3.33S$
$\therefore A=(8.89\times0.875+26.67\times1.125)\times1.3$
$=14.446Nm^3/kg$

05 풀이 | $20=H\times\left(\frac{353}{273+27}-\frac{367}{273+300}\right)$
연통높이$(H)=\dfrac{20}{\left(\frac{353}{300}-\frac{367}{573}\right)}=36m$

06 풀이 | 석탄의 분쇄성을 표시하는 지수
HGI(하드그로브지수)

07 풀이 | $C_3H_8+5O_2 \rightarrow 3CO_2+4H_2O$
이론건연소가스양(G_{od})
$=(1-0.21)A_o+CO_2$
$=(1-0.21)\times\frac{5}{0.21}+3$
$=21.809Nm^3/Nm^3$

08 풀이 | 기체연료는 저장과 수송이 매우 불편하다.

09 풀이 | 원소분석법
㉠ 탄소, 수소 : 리비히법, 세필드 고온법
㉡ 전유황 : 에쉬카법, 연소용량법
㉢ 질소 : 켈달법, 세미마이크로 켈달법

10 풀이 | 유효수소$=H-\frac{O}{8}\left(=수소-\frac{산소}{8}\right)$

11 풀이 | $T_2=T_1\times\left(\frac{V_1}{V_2}\right)^{k-1}=573\times\left(\frac{1}{5}\right)^{1.4-1}=301K$
외부 일$(W_2)=\frac{GR}{k-1}(T_1-T_2)$
$=\frac{3\times0.287}{1.4-1}\times(573-301)=585kJ$

12 풀이 | $Q=mC_v(T_2-T_1)$이므로
$400=4\times0.71\times\{T_2-(273+15)\}$
$T_2=\frac{400}{0.71\times4}+288 \fallingdotseq 428.84$
$\therefore \Delta S=mC_v\ln\frac{T_2}{T_1}=4\times0.71\times\ln\frac{428.84}{288}\fallingdotseq1.13$

13 풀이 | 열역학 제1법칙에서 열과 일은 모두 에너지이다.

14 풀이 | $du=40-30=10kJ$

15 풀이 | 반데르발스 법칙
$\left(P+\frac{a}{V^2}\right)(V-b)=RT$

16 풀이 | 재생사이클은 터빈을 나오는 증기를 일부 추출해서 급수의 가열에 이용한다. 복수기에서 방출되는 열량을 감소시킨다.

17 풀이 | 오토 내연기관 사이클은 열효율에서는 압축비만의 함수이며 압축비가 커질수록 열효율은 증가한다.
$\therefore \eta_o=1-\left(\frac{1}{\varepsilon}\right)^{k-1}$

18 **풀이 |** • 역브레이튼사이클 : 공기냉동사이클
• 사이클의 순서 :
단열팽창 → 정압훈련 → 단열압축 → 정압방열

19 **풀이 | 엔트로피**
열역학 제2법칙이며 과정 변화 중에 출입하는 열량의 이용가치를 나타내는 양으로 에너지도 아니며 온도와 같이 감각으로 알 수 없다. 또한 측정도 불가능한 물리학상의 열적 상태량이다.

20 **풀이 |** • 1 → 2(등온팽창) • 2 → 3(단열팽창)
• 3 → 4(등온압축) • 4 → 1(단열압축)

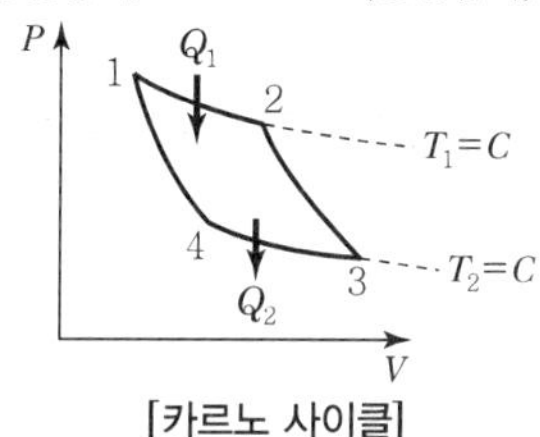

[카르노 사이클]

21 **풀이 |** 건습구 온도계 : 건구와 습구의 공기온도계

22 **풀이 |** 벨로스식 압력계 측정범위는 $10mmH_2O$~$10kg/cm^2$ 정도이다.

23 **풀이 | 다이어프램식 압력계**
㉠ 고체 부유물이 있는 유체 압력 측정 가능
㉡ 내식성 재료를 사용하면 부식성 유체 압력 측정 가능
㉢ 점도가 큰 액체 압력 측정 가능

24 **풀이 | 1차 지연요소 시정수**
최대출력의 63%에 이를 때까지의 시간

25 **풀이 |** 차압식 유량계는 유로의 교축기구 전후의 압력차로 유량 측정

26 **풀이 | 가스크로마토그래피**
여러 성분이 섞여 있는 시료가스 분석에 적당하다.

27 **풀이 |** T : 구리~콘스탄탄 열전대온도계

28 **풀이 |** 다이어프램식 압력계는 미소압력계, 통풍계로도 사용한다.

29 **풀이 |** 방사온도계는 CO_2, H_2O, 연기 등의 영향을 받으면 오차가 발생한다.

30 **풀이 |** 피토관 : 유속계(유량계)

31 **풀이 |** 적분동작 : 잔류편차 제거

32 **풀이 |** $\frac{L}{T}$ 값이 작으면 제어가 용이하다.

33 **풀이 | 압력의 단위**
Pa, N/m^2, kg/m^2, mmHg, mmH_2O, psi

34 **풀이 |** 전달함수(F) = (U − YH)G=Y
UG=Y + YHG
$\therefore \frac{Y}{U}=\frac{G}{1+GH}$

35 **풀이 | 프로세스 자동제어의 일반적 고려사항**
㉠ 잔류편차, ㉡ 속응성, ㉢ 안정성

36 **풀이 |** 적외선 가스분석계 : 선택성이 뛰어나다.

37 **풀이 |** ℉ = 1.8 × ℃ + 32
1.8 × 98 + 32 = 208.4℉

38 **풀이 | 정전용량식 액면계**
측정물의 유전율을 이용하여 정전용량의 변화로 액면 측정

39 **풀이 | 부르동관식**
0.5~3,000kg/cm^2까지 측정(정도 : ±1~2%)

40 **풀이 |** 세라믹식(자기식 O_2계)은 측정가스 중에 가연성 가스가 존재하면 사용이 불가능하다.

41 **풀이 |** 고로 : 선철제조용 용광로

42 **풀이 |** 수위가 낮으면 저수위 사고 발생

43 **풀이 |** 탄산가스, 산소 : 점식(부식)

44 **풀이 |** 도염식 불연속가마 : 가마 바닥에 흡입공이 있다.

45 **풀이 |** 알루미늄 용해 조업에서 고온을 피하는 이유는 가스의 흡수 및 산화를 방지하기 위해서다.

46 **풀이 |** 열전도 손실열량(Q) $= \dfrac{(1,100-60)}{\dfrac{0.1}{8}+\dfrac{0.2}{1}+\dfrac{0.1}{0.2}}$

$= 1,460\text{kcal/m}^2\text{h}$

47 **풀이 |** 판상보온재 두께가 75mm를 넘으면 2층으로 나누어 시공한다.

48 **풀이 |** 불연속요
승염식 요, 횡염식 요, 도염식 요

49 **풀이 |** 고리가마
점토 제품용 연속 호프만식 가마이며 소성실 내의 온도 분포가 불균일하다.

50 **풀이 |** 중유연소식 평로에서 연소용 공기를 예열하기 위한 열매로 연소가스의 여열을 이용한다.

51 **풀이 |** 인젝터 급수설비(무동력용)는 급수량의 조절이 어렵다.

52 **풀이 |** 소성 고알루미나질 벽돌은 열전도율이 좋고 스폴링성이 크다.

53 **풀이 |** 버스팅 현상
크롬철광을 함유한 내화물이 1,600℃ 이상에서 산화철을 흡수하여 표면이 부풀어 올라 떨어지는 현상

54 **풀이 |** 그라쇼프수
열팽창계수와 온도차 등이 포함되어 있어 자연대류에 대한 표현이 가장 잘되어 있는 수이다.

55 **풀이 |** 화염검출기
플레임 아이, 플레임 로드, 스택 스위치

56 **풀이 |** $L = \dfrac{2,000}{7\times 6} = 48\text{mm}$

57 **풀이 |** STH : 보일러 열교환기용 강관

58 **풀이 |** 샤모트
카올린을 사용상 안정성을 크게 하기 위하여 하소하여 분쇄한 것

59 **풀이 |** 디스크형 · 오리피스형 스팀트랩은 열역학적 증기트랩이다.

60 **풀이 |** 캐스터블 내화물
㉠ 내마모성이 커야 하며 내스폴링성이 크고 열전도율이 작다.
㉡ 골재+알루미나 시멘트 15~25%를 배합 시공 후 24시간 만에 사용이 가능하다.
㉢ 골재 : 점토질 샤모트, 알루미나질, 크롬질

61 **풀이 |** 보일러 수질기준(25℃, 순수처리)
㉠ pH : 7~9
㉡ 총경도 : 0
㉢ 실리카 : 흔적이 나타나지 않음
㉣ 전기전도율 : 0.5μS/cm 이하

62 **풀이 |** 제트펌프
고온의 응축수 흡입 시 흡입력 증가를 위해 보조로 사용하며 일반적인 펌프보다 효율은 떨어지나 취급이 용이한 펌프이다.

63 **풀이 |** 가성소다(NaOH, 수산화나트륨)
알칼리도 증가, pH 상승, 관수의 연화제로 사용

64 **풀이 |** 효율관리기자재의 종류(규칙 제7조)
㉠ 전기냉장고 ㉡ 전기냉방기
㉢ 전기세탁기 ㉣ 조명기기
㉤ 삼상유도전동기 ㉥ 자동차
㉦ 그 밖에 산업통상자원부장관이 고시하는 기자재 및 설비

65 **풀이 |**

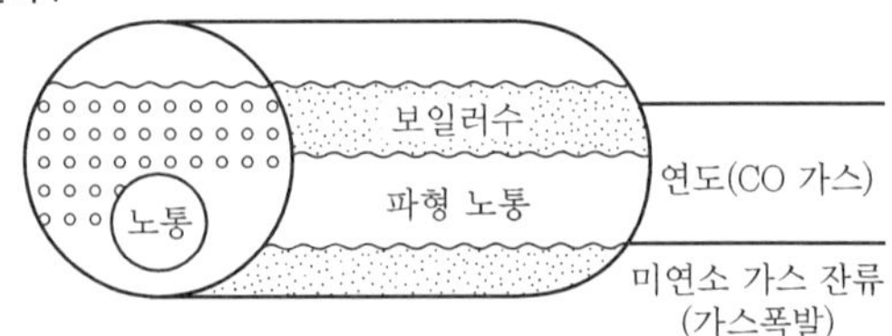

66 **풀이 |** 구식(그루빙 부식)
노통 보일러 플랜지 만곡부 경판에 뚫린 급수구멍, 접시형 경판의 모통이 만곡부에 생기는 긴 도랑 형태의 부식으로, 가장 많이 발생하는 곳은 경판 구석의 둥근 부분이다.(일종의 도랑 부식이다.)

67 풀이 | 에너지다소비사업자(영 제35조)

㉠ 연료 및 전력의 연간 사용량 합계 2천 티오이 이상 사용자

㉡ 신고사항

- 전년도의 분기별 에너지사용량, 제품생산량
- 해당 연도의 분기별 에너지사용예정량, 제품생산예정량
- 에너지사용기자재의 현황
- 전년도의 분기별 에너지이용 합리화실적 및 해당 연도의 분기별 계획

68 풀이 | 만수보존법(습식 단기보존법)에 사용되는 약품

㉠ 가성소다, 탄산소다

㉡ 아황산소다, 히드라진

㉢ 암모니아

69 풀이 | 방열기(라디에이터)의 소요방열량(Q)

Q= 방열계수×온도차

$=8.1\times(80-18)=502.2\mathrm{W/m^2}$

70 풀이 | 수트 블로어(화실 그을음 청소) 실시에는 증기스팀이나 압축공기를 사용하며 보일러 부하 50% 이하에서는 사용하지 않는다.

71 풀이 | ㉠ 난방부하 = 면적×단위면적당 손실열량(kcal/h)

= 상당방열면적×방열기 상당방열량

㉡ 난방부하 검토 시 고려사항

- 건물의 방위
- 천장높이
- 건축구조

72 풀이 | 검사대상기기관리자(보일러, 압력용기 조종자)를 선임하지 않으면 1천만 원 이하의 벌금에 처한다.

73 풀이 | 에너지저장의무 부과대상자(영 제12조)

㉠ 전기사업자 ㉡ 도시가스사업자

㉢ 석탄가공업자 ㉣ 집단에너지 사업자

㉤ 연간 2만 석유환산톤 이상 에너지 사용자

74 풀이 | 효율관리기자재의 시험기관 지정권자 : 산업통상자원부장관

75 풀이 | 하트포드 연결법

환수관이 고장을 일으킬 때 보일러의 물이 유출하는 저수위 사고를 미연에 방지하는 배관이다.

76 풀이 | 연도 내 가마울림(공명음) 현상을 방지하려면 수분이나 습분이 적은 연료를 사용하여 완전연소시킨다.

77 풀이 | 개방식 팽창탱크(저온수난방용)

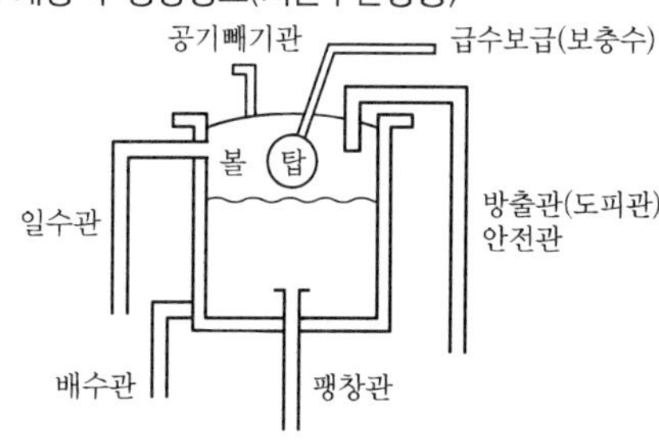

78 풀이 | • 프라이밍(비수), 포밍(물거품)이 발생하면 캐리오버(기수공발)가 발생한다.

• 가급적 수면계의 $\frac{1}{2}$ 기준수위로 운전하여 프라이밍, 포밍의 발생을 억제한다.

79 풀이 | 연료를 다량으로 공급하면 불완전연소(공기공급 부족)가 지속된다.

80 풀이 |

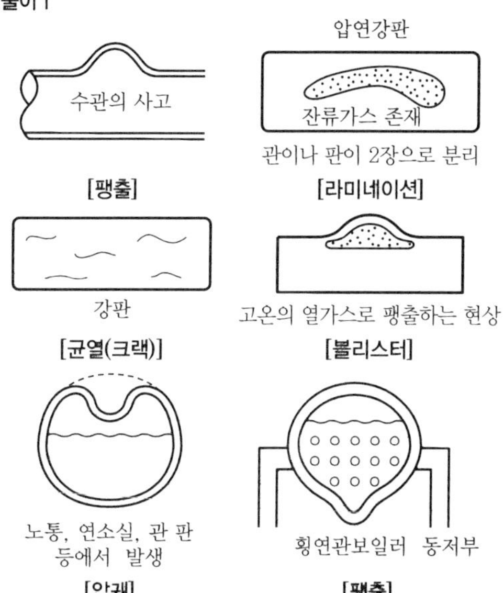

에너지관리산업기사 필기
과년도 문제풀이 10개년

발행일 | 2011. 1. 15 초판 발행
2012. 2. 20 개정 1판1쇄
2014. 1. 15 개정 2판1쇄
2015. 1. 15 개정 3판1쇄
2016. 1. 15 개정 4판1쇄
2017. 1. 15 개정 5판1쇄
2018. 1. 20 개정 6판1쇄
2019. 1. 20 개정 7판1쇄
2020. 1. 20 개정 8판1쇄
2021. 2. 10 개정 9판1쇄
2022. 1. 15 개정 10판1쇄

저 자 | 권오수
발행인 | 정용수
발행처 | 예문사

주 소 | 경기도 파주시 직지길 460(출판도시) 도서출판 예문사
TEL | 031) 955 - 0550
FAX | 031) 955 - 0660
등록번호 | 11 - 76호

정가 : 22,000원

ISBN 978-89-274-4255-4 13530